普通高等教育"十三五"规划教材

# 耐火材料工艺学

武志红　丁冬海　主编

U0315684

北　京

冶金工业出版社

2022

## 内 容 提 要

本书详细阐述了耐火材料的组成、性质、结构、工艺、检测方法及应用，重点对铝硅系耐火材料、碱性耐火材料、含锆耐火材料、含碳耐火材料、特种耐火材料、不定形耐火材料、隔热耐火材料进行了介绍。本书强化了对耐火材料基础理论知识的介绍，增加了近年来新兴的主要耐火材料品种，以及耐火材料工程应用方面的最新内容。

本书为高等学校无机非金属材料工程、冶金工程、热能工程等专业的教材，也可供从事耐火材料生产的工程技术人员及管理人员参考。

**图书在版编目（CIP）数据**

耐火材料工艺学 / 武志红，丁冬海主编. —北京：冶金工业出版社，2017.7（2022.6 重印）

普通高等教育"十三五"规划教材

ISBN 978-7-5024-7520-8

Ⅰ.①耐… Ⅱ.①武… ②丁… Ⅲ.①耐火材料—工艺学—高等学校—教材 Ⅳ.①TQ175.1

中国版本图书馆 CIP 数据核字（2017）第 105370 号

**耐火材料工艺学**

| | | | |
|---|---|---|---|
| 出版发行 | 冶金工业出版社 | 电　话 | （010）64027926 |
| 地　址 | 北京市东城区嵩祝院北巷 39 号 | 邮　编 | 100009 |
| 网　址 | www.mip1953.com | 电子信箱 | service@mip1953.com |

责任编辑　杨　敏　　美术编辑　吕欣童　　版式设计　孙跃红
责任校对　卿文春　　责任印制　李玉山

三河市双峰印刷装订有限公司印刷

2017 年 7 月第 1 版，2022 年 6 月第 5 次印刷

787mm×1092mm　1/16；22.5 印张；542 千字；346 页

定价 49.00 元

投稿电话　（010）64027932　投稿信箱　tougao@cnmip.com.cn
营销中心电话　（010）64044283
冶金工业出版社天猫旗舰店　yjgycbs.tmall.com
（本书如有印装质量问题，本社营销中心负责退换）

# 前　言

　　耐火材料是冶金、建材、石化及电力等行业中不可缺少的基础材料，随着社会发展和科技进步，耐火材料的应用范围越来越大，功能也越来越多，对耐火材料的要求也越来越高。相应的，高校对耐火材料有关知识的教学也越来越重视。鉴于现有教材在内容上已不能充分体现当前行业的发展现状和趋势，为了使无机非金属材料及相关领域的读者对耐火材料的组成、性质、结构、工艺、应用及发展等有系统全面的了解，我们特地编写了本书。

　　本书共 10 章，先对耐火材料的组成、性质、生产工艺原理、检测方法进行了介绍，然后按类别对不同品种耐火材料（包括传统耐火材料、特种耐火材料、不定形耐火材料及隔热耐火材料等)进行了详细阐述。为了使读者能快速了解各章的主要内容,在每章开头都列有"本章主要内容及学习要点";为了利于读者理解、掌握基本概念与相关知识,每章结尾部分安排有"复习思考题"。

　　本书由西安建筑科技大学材料与矿资学院的专业教师编写，武志红与丁冬海担任主编。各编写人员分工如下：第 1 章、第 5 章由武志红编写；第 2 章、第 4 章由李延军编写；第 3 章、第 8 章由张电编写；第 6 章、第 7 章由丁冬海编写；第 9 章、第 10 章由马昱昭编写。

　　西安建筑科技大学薛群虎教授与肖国庆教授、安徽理工大学刘振英副教授对本书初稿进行了审阅，提出了许多宝贵意见，特此致以诚挚的谢意。

　　在本书的编写过程中，得到了北京科技大学、中钢集团洛阳耐火材料研究院有限公司、中钢集团耐火材料有限公司、营口青花集团等国内有关企业技术人员和同行专家的指导和帮助，英国埃克塞特大学（University of Exeter）博士生刘诚为本书的编写提供了资料，西安建筑科技大学研究生张聪、李妤婕给予了热心帮助；同时参阅了国内外有关专家学者的文献资料，从中获得了许多最新前沿知识，在此一并对他们表示谢意。

　　由于编者水平有限，同时耐火材料的研究与应用领域发展迅速，书中不足之处，诚恳希望读者提出宝贵意见。

编　者

2017 年 3 月

# 目　　录

# **1** 耐火材料的组成与性质

【本章主要内容及学习要点】本章主要介绍耐火材料的定义和分类、耐火材料的化学与矿物组成及宏观组织结构、耐火材料的高温使用性质等。重点掌握耐火材料的组成、常温及高温力学性能、耐火材料高温使用性质及基本性能参数。

耐火材料指的是物理和化学性质适宜于在高温下使用的非金属材料，但不排除某些产品可含有一定量的金属材料（GB/T 18930—2002）。一般是指耐火度不低于1580℃的无机非金属材料或制品。耐火材料有一个标志性指标——耐火度，指的是耐火材料在无荷重的条件下抵抗高温而不熔化的特性。也可以理解为在高温作用下，耐火材料达到特定软化程度时的温度。它是一种材料抵抗高温作用的指标，可以作为窑炉在高温下使用的基本保证。耐火材料在使用过程中，除了受到高温（一般为1000~1800℃）作用外，还要受到物理、化学、机械等方面的作用，如：高温下承受炉体及物料的荷重；操作过程中的外界应力；由于温度的急剧变化、受热不均而出现的极大温差以及由此而产生的内应力；各种高温流体及炉渣、烟尘的冲刷；液态金属、炉渣及杂质元素的侵蚀；环境气氛的转变及作用等。因此，选用耐火材料除了考虑耐火度以外，还需要考虑耐火材料全面抵抗上述作用的性质，使耐火材料能够尽可能在各种操作条件下适用。

耐火材料因材质、外形、制造方法及使用对象复杂，如不进行合理的划分将不利于（或不便于）进行研究、生产和选用，因此，有必要对耐火材料进行科学分类。通常按耐火材料的共性和特性进行划分，也可以按照材料的化学、矿物组成进行分类，还可以按照材料的制备方法、材料的形状尺寸及材料的应用等来分类。我们仅介绍耐火材料的主要分类方法。

## 1.1 耐火材料分类

### 1.1.1 按化学性质分类

耐火材料在使用过程中除承受高温作用外，往往伴随着熔渣（液态）及气体的化学侵蚀。为了保证耐火材料在使用中有足够的抗侵蚀能力，选用的耐火材料的化学属性应与侵蚀介质的化学属性相同或接近。按化学属性分类对于了解耐火材料的化学性质，判断耐火材料在实际使用过程中与接触物之间的化学作用具有重要意义。

耐火材料按化学属性可分为酸性耐火材料、中性耐火材料及碱性耐火材料。

#### 1.1.1.1 酸性耐火材料

通常是指以 $SiO_2$ 为主成分的耐火材料。在高温下易与碱性耐火材料、碱性渣、含碱化合物或高铝质耐火材料起化学反应。一般为硅质耐火材料（酸性最大）、黏土质耐火材料（弱酸性）及半硅质耐火材料（酸性居于以上两者之间）。也有将锆英石质耐火材料和碳化硅质耐火材料归入酸性耐火材料的，因为此类材料中含有较高的 $SiO_2$ 或在高温状态下能转变为 $SiO_2$。酸性耐火材料对酸性介质的侵蚀具有较强的抵抗能力。

#### 1.1.1.2　中性耐火材料

在高温下与酸性耐火材料、碱性耐火材料、酸性或碱性渣或熔剂不发生明显化学反应的耐火材料称为中性耐火材料。按严格意义讲是指碳质耐火材料。通常也将以三价氧化物为主体的高铝质、刚玉质、锆刚玉质、铬质耐火材料归入中性耐火材料。因为此类材料含有较多的两性氧化物如 $Al_2O_3$、$Cr_2O_3$ 等。此类耐火材料在高温状况下对酸、碱性介质的化学侵蚀都具有一定的稳定性，尤其对弱酸、弱碱的侵蚀具有较好的抵抗能力。

#### 1.1.1.3　碱性耐火材料

碱性耐火材料是指在高温下易与酸性耐火材料、酸性渣、酸性熔剂或高铝质耐火材料起化学反应的耐火材料。一般是指以 MgO、CaO 或以 MgO·CaO 为主要成分的耐火材料，如镁质、石灰质、镁铬质、镁硅质、白云石质耐火材料。镁质、石灰质、白云石质耐火材料为强碱性耐火材料；镁铬质、镁硅质及尖晶石质耐火材料为弱碱性耐火材料。这类耐火材料的耐火度都比较高，对碱性介质的化学侵蚀具有较强的抵抗能力。

### 1.1.2　按化学组成分类

此种分类法能够很直接地表征各种耐火材料的基本组成和特性，在生产、使用、科研上是常见的分类法，具有较强的实际应用意义。

#### 1.1.2.1　硅质耐火材料

以 $SiO_2$ 为主要成分的耐火材料通常称为硅质耐火材料，主要包括硅砖及熔融石英制品。二氧化硅含量（质量分数）不小于93%，以天然石英岩为主要原料的耐火材料为硅石耐火材料。硅砖以硅石为主要原料生产，其 $SiO_2$ 含量（质量分数）一般不小于85%而小于93%，主要矿物组成为鳞石英和方石英，主要用于焦炉和玻璃窑炉等热工设备的构筑。熔融石英制品以熔融石英为主要原料生产，其主要矿物组成为石英玻璃，由于石英玻璃的膨胀系数很小，因此熔融石英制品具有优良的抗热冲击能力。如熔融石英质浸入式水口用于炼钢连铸中，具有较好的使用效果。

#### 1.1.2.2　硅酸铝质耐火材料

以 $SiO_2$-$Al_2O_3$ 系矿物为主要原料的耐火材料，为硅酸铝质耐火材料。依据 $Al_2O_3$ 含量的不同，可将硅酸铝质耐火材料划分为不同的种类，如表1-1所示。

表1-1　$SiO_2$-$Al_2O_3$ 系耐火材料

| 化学组成 | 耐火材料名称 | 主体原料 | 主要物相 |
| --- | --- | --- | --- |
| $w(Al_2O_3) = 1\% \sim 1.55\%$，$w(SiO_2) > 85\%$ | 硅质 | 硅石 | 鳞石英、方石英、残留石英、玻璃相 |
| $w(Al_2O_3) = 10\% \sim 30\%$ | 半硅质 | 半硅质黏土、叶蜡石、黏土加石英 | 莫来石（约50%）和玻璃相 |

| 化学组成 | 耐火材料名称 | 主体原料 | 主要物相 |
|---|---|---|---|
| $w(Al_2O_3)=30\%\sim45\%$ | 黏土质 | 耐火黏土 | 莫来石（约50%）和玻璃相 |
| $w(Al_2O_3)=45\%\sim95\%$ | 高铝质 | 高铝矾土加黏土 | 莫来石（70%～85%）和玻璃相（4%～25%） |
| $w(Al_2O_3)>95\%$ | 高铝质 | 高铝矾土加工业氧化铝，电熔刚玉加工业氧化铝 | 刚玉和少量玻璃相 |

#### 1.1.2.3　镁质耐火材料

镁质耐火材料是指以镁砂为主要原料，以方镁石为主晶相，MgO 含量（质量分数）大于80%的碱性耐火材料。通常依其化学组成不同分为：

（1）镁质制品。$w(MgO)\geqslant87\%$，主要矿物为方镁石。

（2）镁铝质制品。$w(MgO)>75\%$，$w(Al_2O_3)$ 一般为 7%～8%，主要矿物成分为方镁石和镁铝尖晶石（$MgO\cdot Al_2O_3$）。

（3）镁铬质制品。$w(MgO)>60\%$，$w(Cr_2O_3)$ 一般在 20% 以下，主要矿物成分为方镁石和铬尖晶石。

（4）橄榄石质及镁硅质制品。此种镁质材料中除含有主成分 MgO 外，第二化学成分为 $SiO_2$。镁橄榄石砖比镁硅砖含有更多的 $SiO_2$，前者的主要矿物成分为镁橄榄石和方镁石，后者的主要矿物为方镁石和镁橄榄石。

（5）镁钙质制品。此种镁质材料中含有一定量的 CaO，主要矿物成分除方镁石外还含有一定量的硅酸二钙（$2CaO\cdot SiO_2$）。

#### 1.1.2.4　白云石质耐火材料

以天然白云石为主要原料生产的碱性耐火材料称为白云石质耐火材料。主要化学成分为 30%～42% 的 MgO 和 40%～60% 的 CaO，二者之和一般应大于90%。其主要矿物成分为方镁石和方钙石（氧化钙）。

#### 1.1.2.5　含碳耐火材料

含碳耐火材料，又称碳复合耐火材料，是指以不同形态的炭素材料与耐火氧化物复合生产的耐火材料。含碳耐火材料主要包括镁碳材料、镁铝碳材料、铝碳材料、铝碳化硅碳材料等。

#### 1.1.2.6　含锆耐火材料

含锆耐火材料是指以氧化锆（$ZrO_2$）、锆英石等含锆材料为原料生产的耐火材料。含锆耐火材料制品通常包括锆英石制品、锆莫来石制品、锆刚玉制品等。

#### 1.1.2.7　特种耐火材料

上述分类所不能包括的材料，此类材料除其化学组成比较特殊，不宜归类到上述类别中外，通常它们还具有各自的较为突出的特点，如优良的热震稳定性、抗渣性等，这些特点往往用于特定的使用条件。特种耐火材料制品又可分为如下品种：

（1）碳质制品。碳质制品包括碳砖和石墨制品。

（2）纯氧化物制品。纯氧化物制品包括氧化铝制品、氧化锆制品、氧化钙制品等。

（3）非氧化物制品。非氧化物制品包括碳化硅、碳化硼、氮化硅、氮化硼、硼化锆、硼化钛、赛隆（SiAlON）、阿隆（AlON）、镁阿隆（MgAlON）制品等。

### 1.1.3　其他分类方法

（1）按耐火材料供给形态可分为定形耐火材料和不定形耐火材料。定形耐火材料指具有固定形状的耐火制品，分为致密定形制品与保温定形制品两类，前者为总气孔率小于45%的制品，后者为总气孔率大于45%的制品。包括标型砖、异型砖、特异型砖，以及实验室和工业用坩埚、管、器皿及其他形状复杂的制品等。不定形耐火材料是指由骨料（颗粒）、细粉与结合剂及添加物组成的混合料，以散状为交货状态直接使用，或者加入一种或多种不影响耐火材料使用性能的合适液体后使用的耐火材料。在某些不定形耐火材料中还可以加入少量金属、有机或无机纤维材料。不定形耐火材料的品种很多，主要有浇注料、可塑料、捣打料、干式料、喷射料、接缝料、挤压料、涂料、炮泥、泥浆等。具体内容将在不定形耐火材料一章中进行讨论。

应该说明的是，所谓定形与不定形耐火材料是相对的。由不定形耐火材料浇注或模塑成一定形状并经预处理而得到的预制块是以定形制品的形式供货的，但它的整个生产工艺与不定形耐火材料相同，因此，也可将它归入不定形耐火材料中。

（2）按耐火度，可分为普通耐火制品（1580~1770℃）、高级耐火制品（1770~2000℃）、特级耐火制品（>2000℃）、超级耐火制品（>3000℃）。

（3）按生产工艺，可分为烧成制品、熔铸制品及不烧制品。

（4）依据形状及尺寸的不同，可分为标普型：230mm×113mm×65mm，不多于4个量尺，Max∶Min<4∶1（尺寸比）；异型：不多于2个凹角，Max∶Min<6∶1（尺寸比），或有一个50°~70°的锐角；特异型 Max∶Min<8∶1（尺寸比），或不多于4个凹角，或有一个30°~50°的锐角等。

对耐火材料而言，其使用条件比较复杂，与金属材料、高分子材料及其他陶瓷材料相比，其组成也相对复杂，是一种多相非均质材料，给研究工作带来许多困难。近年来，由于材料科学以及研究方法与设备的进步，对耐火材料的显微结构、组成以及其与耐火材料的性质的关系有了更多的认识。本章将讨论耐火材料的组成、性质以及它们之间的关系。

## 1.2　耐火材料的化学与矿物组成

选用耐火材料的依据是其性质，而耐火材料的性质取决于其化学组成和生产工艺条件。耐火材料的化学组成可由原料的种类来确定，但其物相组成、组织结构（宏观结构和显微结构等）还有赖于"生产工艺"条件这一外界因素。耐火材料是由多种不同化学成分及不同结构矿物组成的非均质体，随着耐火材料使用条件的进一步特殊及特定化，其组成将进一步复杂。但是总体上可以用两种方式来分析及描述它们，即耐火材料的化学组成及矿物组成。

### 1.2.1　耐火材料的化学组成

化学组成即化学成分。耐火材料的化学组成，即是耐火材料中所包含的各种不同化学成分及其百分含量。它是耐火材料制品的最基本特性之一。耐火材料的化学组成决定了耐火材料的许多性质。耐火材料是非均质体，有主、副成分之别，主成分是耐火材料化学组成的主体成分，含量高；副成分为原料中的杂质成分、工艺中混入或添加剂成分等，含量低，为从属成分。耐火材料的主要功能是抵抗高温作用，因此它主要由熔点较高的化合物组成，如硼、碳、氮、氧的化合物等。耐火制品及原料的化学组成应按国家标准进行化学分析来获得。

#### 1.2.1.1 主成分

主成分是耐火制品的主体，是耐火材料的属性根源、特性基础。耐火材料的主要性质更多地取决于主成分，其通常由高熔点耐火氧化物、非氧化物或复合矿物的一种或几种组成。主成分可以是元素（如 C），也可以是化合物（如 $Al_2O_3$、$ZrO_2$、$SiC$、$Si_3N_4$），或者可以是一种或一种以上的成分。耐火材料的主成分按化学性质可分为酸性、中性、碱性三类，但是由于人们认识上的不同，有些耐火材料的酸碱性问题很难达到统一的共识。

#### 1.2.1.2 副成分

副成分可以分为添加成分及杂质成分。添加成分是为了提高制品某方面性能而有意添加的成分；杂质成分是无意或不得已而带入的无益或有害成分。杂质成分的来源为天然耐火原料中的伴生夹杂矿物，或耐火材料生产中混入的物质（如破碎机工作部件的磨蚀物）。杂质成分一般降低耐火材料的高温性能，为有害成分。

A 添加成分

添加成分是为弥补主成分在使用性能、生产性能或作业性能某方面的不足而使用的。常被称为添加剂或结合剂，它们可能是氧化物，也可能是非氧化物；可能是有机物，也可能是无机物。总之，种类非常繁多，是当前耐火材料行业研究的重点对象。它们添加在耐火制品的生产或使用现场的施工中，或者是为了促进某些高温物理化学反应、降低烧成温度；或者是因生产工艺（注浆成型的减水剂）及施工的需要（浇注料流动性和致密性）；或者是为了得到有益的物相组成（硅砖生产中的矿化剂、氧化锆材料中的稳定剂等）。其无机成分进入配合料的化学组成中。

这些添加剂按其目的和用途可以称为矿化剂、稳定剂、烧结剂、减水剂、抗水化剂、抗氧化剂、促凝剂、膨胀剂、润滑剂、助磨剂等。其共同特点是：（1）加入量很少，甚至是极微量的；（2）能明显地改变耐火制品的某种功能或特性；（3）对该制品的其他性能无太大影响。有些添加剂成分作用会类似于杂质成分，需要认真对待。

B 杂质成分

杂质成分是指由于原料纯度有限而被带入或生产过程中混入的对耐火制品性能具有不良影响的成分。一般来说，$K_2O$、$Na_2O$、$FeO$ 或 $Fe_2O_3$ 等都是耐火材料中的有害杂质成分。另外，碱性耐火材料（RO 为主成分）中的酸性氧化物（$RO_2$）及酸性耐火材料中的碱性氧化物都被视为有害杂质。

一般杂质成分或含杂质成分的化合物，其危害性表现在：（1）自身的熔点低；（2）与主成分相互作用，可在很低温度下形成共熔液相；（3）即使与主成分相互作用的共熔液相温度不算低，但在此温度下的液相量多；（4）与主成分相互作用形成的共溶液相，液相量会随温度升高而急剧增加，并且液相黏度减小，对主成分物相的润湿性更强。

例如，表 1-2 列出了一些氧化物对 $SiO_2$ 的熔剂作用。由表中可见，$Al_2O_3$ 和 MgO 对 $SiO_2$ 的熔剂作用差别较大：虽然 $Al_2O_3$-$SiO_2$ 和 MgO-$SiO_2$ 两个二元系的共熔温度分别为 1545℃ 和 1543℃，温度相差非常小，但是二者含量均为 1% 时的液相量却相差近六倍（液相量分别为 18.2% 和 2.9%），因而 $Al_2O_3$ 对 $SiO_2$ 的熔剂作用比 MgO 强。由表 1-2 中分析可见，对 $SiO_2$ 的熔剂作用强的氧化物有：$K_2O$、$Na_2O$、$Li_2O$、$Al_2O_3$ 等，因此硅质耐火材料中应严格控制它们的含量。

表 1-2　某些氧化物对 $SiO_2$ 的溶剂作用

| 氧化物 | 共　熔　点 | | | 液相内 $SiO_2$ 含量/% | | | | |
|---|---|---|---|---|---|---|---|---|
| | 平衡相 | 温度/℃ | 系统内每1%杂质生成液相量/% | 氧化物含量/% | 共熔点/℃ | 1400℃ | 1600℃ | 1850℃ |
| $K_2O$ | 石英（$SiO_2$）—$K_2O \cdot 4SiO_2$ | 769 | 3.6 | 27.5 | 72.5 | 87 | 96.2 | 98 |
| $Na_2O$ | 石英（$SiO_2$）—$Na_2O \cdot 2SiO_2$ | 782 | 3.9 | 25.4 | 74.6 | 88 | 95.8 | 97.8 |
| $Li_2O$ | 鳞石英（$SiO_2$）—$Li_2O \cdot 2SiO_2$ | 1028 | 5.6 | 17.8 | 88.2 | 88.8 | 96.5 | 98.5 |
| $Al_2O_3$ | 方石英（$SiO_2$）—$Al_2O_3 \cdot 2SiO_2$ | 1545 | 18.2 | 5.5 | 94.5 | — | 96.9 | 98.1 |
| $TiO_2$ | 方石英（$SiO_2$）—$TiO_2$ | 1550 | 9.5 | 10.5 | 89.2 | | 92 | 95.4 |
| CaO | 鳞石英（$SiO_2$）—$CaO \cdot SiO_2$ | 1436 | 2.7 | 37 | 63 | | 67.8 | 69.5 |
| MgO | 方石英（$SiO_2$）—$MgO \cdot SiO_2$ | 1543 | 2.9 | 35 | 65 | | 65.5 | 67.8 |
| BaO | 鳞石英（$SiO_2$）—$BaO \cdot SiO_2$ | 1374 | 2.1 | 47 | 53 | 53.5 | 61.2 | 67 |
| ZnO | 鳞石英（$SiO_2$）—$2ZnO \cdot SiO_2$ | 1432 | 2.1 | 48 | 52 | | 60 | 64 |
| MnO | 鳞石英（$SiO_2$）—$MnO \cdot SiO_2$ | 1291 | 1.8 | 55.8 | 44.2 | 45 | 50.4 | 52.5 |
| FeO | 鳞石英（$SiO_2$）—$2FeO \cdot 4SiO_2$ | 1178 | 1.6 | 62 | 38 | 41.2 | 47.5 | 51.7 |
| $Cu_2O$ | 鳞石英（$SiO_2$）—$Cu_2O$ | 1060 | 1.1 | 92 | 8 | 19.2 | 29.6 | 32.7 |

杂质成分的危害性所带来的熔剂作用，使耐火材料的高温性能降低。杂质成分对高温性质的影响大致为：

（1）当共熔液相生成温度低、液相量大时，高温荷重软化温度、耐火度、高温蠕变、高温强度、抗渣性等性质指标就差；反之，这些指标就高。

（2）材料组成点处的液相线（二元系）或共熔线的曲线的平缓程度，影响耐火材料的高温荷重软化温度范围（见图 4-1 $Al_2O_3$-$SiO_2$ 系统相图）。

（3）具有一定液相量的耐火材料，在共熔温度以上的热震稳定性好，而在共熔温度以下则热震稳定性差，液相的存在可以缓冲热震过程产生的热应力。

分析杂质成分对耐火材料的影响时，还需要考虑以下几方面：（1）杂质成分的熔剂作用、种类数目、含量及其相互作用对耐火材料的影响；（2）杂质成分的熔剂作用分析结果是平衡状态时的情况，而耐火材料在烧成和使用过程中为非平衡状态，特别是配合料中杂质成分与主成分的颗粒度较大或分布不均匀时，要特别注意作用结果会不同；（3）杂质成分的熔剂作用除了危害作用外，也有降低烧成温度、促进配合料烧结的有利作用。

## 1.2.2　耐火材料的矿物组成

矿物是指由相对固定的化学组分构成的有确定的内部结构和一定物理性质的单质或化

合物。分析耐火材料制品的组成对其性质的影响时，单纯从化学组成出发分析考察问题是不够的，还应进一步考察矿物组成与显微结构对其性质的影响。

### 1.2.2.1　矿物组成

耐火材料的矿物组成是指耐火材料中存在的各种物相及其百分含量。耐火制品一般为多相聚集体。这些矿物皆为固态晶体，且多为由氧化物或其复合盐类构成，除部分矿物是由前述高熔点单一氧化物或其他化合物呈稳定结晶体构成的以外，还有由复合氧化物构成的高熔点矿物。其中最主要的是由铝酸盐、铬酸盐、磷酸盐、硅酸盐、钛酸盐和锆酸盐构成的矿物。另外，许多耐火材料中还有少量非晶质的玻璃相，仅有极少数耐火材料是完全由非晶质的玻璃构成的。

耐火材料在常温下除极少数外，都是由单相或多相多晶体，或多晶体同玻璃相共同构成的集合体，许多耐火材料中还含有气孔。若耐火材料的化学组成相同，而其中存在的晶体和玻璃相等物相种类、性质、数量、晶粒形状和大小、分布和结合状态等不同，则这些耐火材料性质的优劣可能差别很大。根据耐火材料中构成相的性质、所占比重和对材料技术性质的影响，耐火材料矿物组成可分为两大类：结晶相与玻璃相，其中结晶相又分为主晶相和次晶相。

#### A　主晶相

主晶相是指构成材料结构的主体，熔点较高，对材料的性质起支配作用的一种晶相。通常是由一定配比的原料在不同的工艺条件下，通过高温物理化学反应由主成分形成的。耐火制品中的主晶相随着平衡体系中的组分数和相对含量的不同而有所不同，其性质、数量、分布和结合状态直接决定制品的性质。许多耐火制品（如莫来石砖、刚玉砖、方镁石砖、尖晶石砖、碳化硅耐火制品等）皆以其主晶相命名。

#### B　次晶相

次晶相又称第二晶相或第二固相，是指耐火材料中在高温下与主晶相和液相并存的，一般其数量较少和对材料高温性能的影响较主晶相小的第二种晶相。通常可以由主成分、副成分或副成分与主成分相互作用形成。如镁铬砖中与方镁石并存的尖晶石，镁铝砖中的尖晶石，镁钙砖中的硅酸二钙，镁硅砖中的镁橄榄石等。次晶相也是熔点较高的晶体，它可提高耐火制品中固相间的直接结合，同时可以改善制品的某些特定的性能。耐火材料中次晶相的存在对耐火材料的结构，特别是对高熔点晶相间的直接结合，抵抗高温作用也有裨益。与普通镁砖相比，次晶相的存在可使制品的荷重软化温度有所提高。如镁铬砖中，氧化铬与氧化镁反应生成的镁铬尖晶石存在于方镁石主晶相间，提高了制品中结晶相间的固－固结合程度和两面角，从而提高制品的高温结构强度以及抗熔渣渗透、侵蚀的能力。

许多依矿物组成命名的耐火材料，就是以其主晶相和次晶相复合命名的。如莫来石刚玉砖、刚玉莫来石砖，前者为主晶相，后者为次晶相。

一般在两相之间都会形成界面，如固相与液相之间，固相与气相之间，不同固相之间的界面等，我们称之为相界。在耐火材料显微结构中，颗粒与基质、晶相与玻璃相、晶相与气孔等不同相之间的界面都属于相界。晶粒与晶粒之间的界面称晶界。在晶界和相界之间都存在界面能，会对材料的性能有一定影响，因此控制晶界和相界的组成是耐火材料设计中的一个重要组成部分。

## C　基质

填充于主晶相之间的不同成分的结晶矿物（次晶相）和玻璃相统称为基质，也称为结合相。玻璃相是由副成分或副成分与主成分的相互作用所形成的高温液相经快速冷却而成的非晶体物质。对由一些骨料组成的耐火材料而言，其间的填充物也称为基质。基质既可由细微结晶体构成，也可由玻璃相构成，或由两者的复合物构成。如镁砖、镁铬砖、镁铝砖等碱性耐火材料中的基质是由结晶体构成；硅砖、硅酸铝质耐火材料中的基质多是由玻璃相构成。

由于烧成后制品的基质主要是由耐火制品配料中的部分细粉形成的，生产中有时也将细粉称为基质。相对而言，基质的数量不多，但基质的组成和形态对耐火制品的高温性质和抗侵蚀性能起着决定性的影响。基质是主晶相或主晶相和次晶相以外的物相，往往含有主成分以外的全部或大部分杂质在内。因此，这些物相在高温下易形成液相，从而使制品易于烧结，但有损于主晶相间的结合，危害耐火材料的高温性质。当基质在高温下形成液相的温度低、液相的黏度低和数量较多时，耐火制品的生产和其性质，实质上受基质所控制。因为基质对于主晶相而言是制品的相对薄弱之处，在使用中无论物理因素还是化学因素的破坏，往往首先从基质部分开始，基质被破坏后主晶相失去基质的保护才被损坏。

为了提高耐火制品的使用寿命，在生产实践中，必须提高耐火材料基质的质量，减少基质的数量，改善基质的分布，使其在耐火材料中由连续相孤立为非连续相等调整和改变制品的基质组成的工艺措施，改善和提高耐火制品的性质。

### 1.2.2.2　显微结构

可在光学和电子显微镜下分辨出的试样中所含有相的种类及各相的数量、形状、大小、分布取向和它们相互之间的关系，称为显微结构。由于电子显微镜的出现及其分辨率越来越高，在显微镜下能观察到的东西越来越多，也越来越小。高分辨率的透射电镜已经可观察到晶体结构。光学显微镜的最高分辨率是 $0.2\mu m$，当采用暗场照明或干涉相衬装置时，或者是应用扫描近场光学显微镜 – SNOM 时，可使分辨力达 2nm 或 20～50nm；电子显微镜的点分辨率可以达到 0.3nm，高分辨率透射电镜（HRTEM）可以观察到晶格像。在本书我们所讨论的显微结构中，不涉及材料的晶体结构和分子结构。

根据上面显微结构的定义，可将其分解为物相形貌观察及结构参数测定两部分内容。研究工具主要是各种光学显微镜和电子显微镜，还有其他测试仪器，研究方法也有图像分析法和非图像分析法之分。为了全面描述耐火材料的显微结构，除了熔铸制品以外，耐火材料的显微结构也可以用图 1-1 内所示的内容来描述。由图 1-1 可以看出，一般耐火材料的显微结构复杂，具有多相非均质结构，可大致分为颗粒与基质两部分。耐火材料中的颗粒有不同的尺寸，并按尺寸大小进行分级混合，以便达到最紧密堆积。颗粒大小及其分布对于耐火材料的体积密度、气孔率以及其他性能有较大影响。

在耐火材料中，主晶相与基质的结合形态有两种：基质胶结型（或称陶瓷结合型）和直接结合型。

### A　基质胶结型显微结构

基质胶结型又称陶瓷结合型，其结构特征是耐火制品主晶相之间由低熔点的硅酸盐非晶质和晶质联结在一起而形成的结合（见图 1-2（a））。或者说是由硅酸盐（硅酸盐晶体

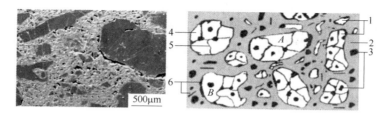

图 1-1　耐火材料的显微结构

1—颗粒（骨料）；2—基质；3—气孔；4—晶粒；5—晶界；6—裂纹

矿物或玻璃体）结合物胶结晶体颗粒的结构类型。例如，基质为玻璃相的耐火材料有黏土砖、硅砖等。基质在高温时为液相，冷却后为玻璃相，并将骨料颗粒包裹。

**B　直接结合型显微结构**

直接结合是指耐火制品中，高熔点的主晶相之间或主晶相与次晶相间直接接触产生结晶网络的一种结合，而不是靠低熔点的硅酸盐相产生的结合（见图1-2(b)）。直接结合型显微结构与基质胶结型显微结构的区别取决于各相之间的界面能和液相对固相的润湿情况。例如，在高纯的镁砖、镁铬砖等碱性耐火制品中，高温时少量的液相基质冷却过程中不形成玻璃相，在主晶相骨料颗粒的间隙中析出次晶相，对主晶相颗粒不形成包裹状态，主晶相颗粒之间直接接触结合。材料的固－固界面能小于固－液界面能时，液相对固相润湿不良，易于形成主晶相颗粒的直接结合状态，液相量少更是如此。

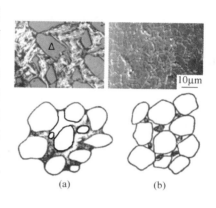

图 1-2　基质胶结型显微结构

直接结合耐火制品一般具有较高的高温力学性能，与材质相近的硅酸盐结合的耐火制品相比，高温强度可成倍提高，其抗渣蚀性能和体积稳定性也较高。通常的做法就是采用高纯原料，以减少耐火制品中低熔点硅酸盐结合物的生成量；或者采用适当的工艺使高温下产生的液相移向颗粒间隙中，尽量不包裹在固体颗粒周围，促使固体颗粒间形成连续的结晶网络，从而形成直接结合的特征结构，提高材料的高温性能指标。

研究分析原料加热过程、制品烧成、制品使用中的相变化，以及鉴定研究原料、制品、残砖的矿物组成和显微结构，对制定生产工艺参数、改进提高耐火制品性能质量，具有重要意义。

**1.2.2.3　物相组成和显微结构与化学组成和工艺条件的关系**

耐火制品的性质取决于其物相组成和显微结构，满足耐火制品使用要求的物相组成和显微结构是由化学组成与生产工艺所决定的。耐火原料与配方确定后，其化学组成也就确定了。然而，耐火制品的相组成和显微结构并非就相应地确定了，耐火制品的物相组成和显微结构在很大程度上还依赖于生产工艺条件。化学组成相同的耐火制品，由于生产工艺条件的不同，最终的物相种类、数量、矿物晶粒的大小及完整程度、各相之间的结合情况就可能不同，制品的物理性质也就有所差异。例如，$SiO_2$含量相同的硅质制品，烧成温度不同、烧成气氛不同、加热冷却的速率不同，最终的鳞石英、方石英、玻璃相的含量、晶粒大小及形状、各相的结合状态等就不同，其物理性质也就不同。再如，电熔刚玉制品熔铸后的冷却制度不同，矿物组成虽然相同，但是晶粒的大小、形状、分布，以及制品的密度、气孔率等就有差别。

### 1.2.3　耐火材料应具有的性质及其依赖关系

#### 1.2.3.1　耐火材料的一般性质

耐火材料的一般性质有以下方面：

（1）化学矿物组成：化学组成、矿物组成。

（2）组织结构：气孔率、体积密度、真密度。

（3）热学性质：热膨胀、热导率、热容、温度传导性。

（4）力学性质：常温力学性质（耐压、抗折、抗拉、扭转、耐磨、弹性模量）、高温力学性质（耐压、抗折、扭转、蠕变、弹性模量）。

（5）高温使用性质：耐火度、高温荷重软化温度、高温体积稳定性、热震稳定性、抗渣性、耐真空性。

（6）其他性质：导电性（如电炉的绝缘材料及 $ZrO_2$ 探头等）、外观形状尺寸的规定性，以及特殊材料的专有性质。

#### 1.2.3.2　耐火材料性质间的一般依赖关系

耐火材料性质间的一般依赖关系，如图1-3所示。

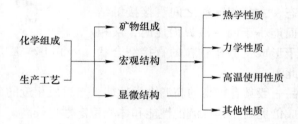

图1-3　耐火材料的性质及其一般依赖关系

以 $SiO_2$ 的同质多晶转变和硅砖的生产为例。当工艺过程中不引入矿化剂时，纯 $SiO_2$ 系统和非纯 $SiO_2$ 系统的转化过程存在差异。其原因在于：高温时矿化剂与 $SiO_2$ 相互作用形成液相，$\alpha$－石英及反应过程中首先形成的中间变体"亚稳方石英"不断溶解于液相中，液相形成硅氧的过饱和溶液，使鳞石英不断从液相中析晶出来，并稳定存在砖体中，最终的主要矿物组成应为大量的鳞石英和少量 $\alpha$－方石英。

#### 1.2.3.3　耐火材料性质的应用

耐火材料的质量取决于其性质，耐火材料的性质是其质量性能的体现，因此耐火材料的性质可以作为鉴定评价耐火材料质量的标准；可以是生产过程中制定、检查、改进生产工艺参数的根据；同时也是合理选用耐火材料的依据。

#### 1.2.3.4　耐火材料性质的测试

根据耐火材料的化学－矿物组成、组织结构、力学性质、热学性质及高温使用性质等可以预测耐火材料在高温环境下的使用情况。同样的，通常也需要根据热工设备的工作性质与操作环境，来研制、设计、生产或选择能适应操作环境、满足使用要求的耐火材料。对生产出的耐火材料进行适当的检测，从而判断其是否满足使用要求。各国的检验标准有所不同，由于实验室条件下的检验和实际有一定的差距，实验室的检验结果仅起到预测作用。

耐火材料性质的测试标准，国外有俄罗斯的ГОСТ（对应拉丁字母是"GOST"，谐音"过斯特"。全称是Государственныестандарты）、日本的JIS（Japanese Industrial Standards）、英国的BSI（British Standards Institution）、美国的ASTM（American Society of Testing Materials）、德国的DIN等。我国1959年制定"重标"即重工业部标准，后来有冶金工业部标准YB、国家标准GB。这些标准会根据耐火材料生产及应用的变化，不断地进行修订。到目前为止，我国耐火材料标准汇编已经经过了5次修订，目前为第五版，共分上、中、下三册。《耐火材料标准汇编（第5版）》收录了截至2014年底发布的标准292项，其中国家标准139项，行业标准153项。

#### 1.2.3.5 耐火材料性质与实际使用情况的差别

耐火材料性质中有些与常温性质不同的性质，如热学性质、高温力学性质、高温使用性质等，这些涉及高温的性质测试条件并不完全符合耐火材料的真实使用条件。耐火材料的测试条件，一般采用模拟和强化实际使用条件的方法测试耐火材料的性质。这是由于有的耐火材料使用期限长达数年，而实验室中不可能进行长达数年的性质测试。例如：高温荷重软化温度及高温蠕变性的测试，都施加了比实际使用条件大得多的载荷，以便缩短性质测试时间，并达到反映制品性能的目的。

尽管由于测试条件与实际使用条件有差别，单凭耐火材料性质的测试结果不能准确预示耐火材料在实际使用时的工作性能和推知其服役期限，但是仍然可用于作为选择和改进耐火材料、推测判断其高温使用状态的参考依据。

## 1.3　耐火材料的宏观组织结构

能被肉眼和放大镜观察到的结构称为宏观结构。耐火材料的宏观组织结构是由固态物质和气态孔共同组成的非均质体。气孔的形状、尺寸、数量、分布，以及气孔与固相的结合状态，构成了耐火材料的宏观组织结构，其特征是影响耐火制品其他性质的主要因素。特别是在高温条件下，使制品对外界侵蚀的抵抗能力大大降低。气孔形成原因是：制品成型时物料中的空气未完全排除；物料水分排除后留下空间；原料煅烧不充分，有些应分解的盐类未完全分解，应灼烧的成分未完全灼烧；物料成分不均匀，高温烧成时收缩不均匀等。但在有些轻质隔热制品制作中，人们还特定引进一些分布比较均匀的气孔。气孔的存在，直接影响了耐火材料的气孔率、吸水率、体积密度、透气度等指标。

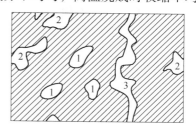

图1-4　耐火材料制品中气孔类型
1—封闭气孔；2—开口气孔；3—贯通气孔

### 1.3.1　气孔率

耐火制品的气孔分为贯通气孔、开口气孔（或称显露气孔）及封闭气孔3种类型（见图1-4）。贯通气孔是贯通制品的两面,能被流体所通过的气孔;开口气孔是一端封闭,另一端与外界相通,能被流体所填充的气孔;封闭气孔是封闭在制品中不与外界相通的气孔。气孔的来源是配合料中颗粒内部的原有气孔,以及成型后物料之间的未经烧结或烧结后未排净的孔隙。含有可挥发成分的物料加热时也容易在制品中产生气孔。制品中气孔的直径、数量等影响着制品的荷软、蠕变、热震、抗渣、透气、导热、强度等许多性质。开口气孔、贯通气孔合称为显气孔,显气孔与闭口气孔之和称为总气孔。由于开口气孔和贯通气孔占总气孔体积的绝大部分,而且对制品的使用性能影响最大,又较易测定,因此在耐火制品的检测标准中,以显气孔率,即开口气孔与贯通气孔的体积之和占制品总体积的百分率表示该指标。气孔的体积与试样体积之比称为气孔率,由此就有开口气孔率、闭口气孔率、总气孔率(真气孔率)。

理论上,真气孔率(总气孔率)

$$P_t = \frac{V_1 + V_2}{V_0} \times 100\% \qquad (1\text{-}1)$$

开口气孔率(显气孔率)

$$P_a = \frac{V_1}{V_0} \times 100\% \qquad (1\text{-}2)$$

闭口气孔率

$$P_c = \frac{V_2}{V_0} \times 100\% \qquad (1\text{-}3)$$

式中    $V_0$,$V_1$,$V_2$——分别为试样的体积、开口(含贯通)气孔的体积及闭口气孔的体积。

实际操作中,我们可以通过测量试样的质量来计算制品的显气孔率,其计算公式如下:

$$P_a = \frac{m_3 - m_1}{m_3 - m_2} \times 100\% \qquad (1\text{-}4)$$

式中    $m_1 \sim m_3$——分别为干试样质量、饱和试样在浸液中的质量、饱和试样在空气中的质量。

实际上,闭口气孔体积难于测定,故可以应用的制品气孔率指标只有开口气孔率(显气孔率),常用它表示制品的该项性质。当气孔率一定,孔隙的直径、分布等不同,对制品的其他性质的影响则不同。特别是抗渣性、热震、导热、强度等性质。

一般耐火砖的开口气孔率为20%左右;熔铸砖的开口气孔率和闭口气孔率都很小;轻质隔热砖的闭口气孔率很大;黏土砖的闭口气孔率为3%左右,特别是在加热速度过快且原料中含有碳酸盐或硫酸盐杂质的条件下,快速加热使砖坯表面处产生的液相会封闭部分砖坯的孔隙,使碳酸盐、硫酸盐分解后的气体被封闭在砖坯中,形成较多的闭气孔。

## 1.3.2 吸水率

吸水率是制品的全部开口气孔中所吸满的水的质量与制品的干燥质量之比。它的实质是反映了开口气孔率的技术指标,由于吸水率的测定方法简便,在实际生产中常用来鉴定原料煅烧的质量,原料煅烧得愈好则吸水率值就愈小。

(1)理论分析:吸水率的计算式为

$$W = \frac{m_{水}}{m_{干样}} \times 100\% \qquad (1-5)$$

式中　$m_{水}$，$m_{干样}$——分别为气孔中所吸满的水的质量、试样的干燥质量。

（2）实际测定：

$$W = \frac{m_3 - m_1}{m_1} \times 100\% \qquad (1-6)$$

式中符号意义，同显气孔率实际测定。

### 1.3.3　体积密度

体积密度表示干燥制品的质量与干燥制品的体积之比，即单位表观体积的质量。

（1）理论分析：体积密度的计算式为

$$D_{体} = \frac{m_{干样}}{V_0} \qquad (1-7)$$

式中　$D_{体}$——试样的体积密度，$g/cm^3$；

$\quad\quad m_{干样}$——干燥试样的质量，$g/cm^3$；

$\quad\quad V_0$——试样的体积。

（2）实际测定：

$$D = \frac{m_1 \cdot d_{液}}{m_3 - m_2} \qquad (1-8)$$

式中　$m_1$——试样干燥质量；

$\quad\quad m_2$——饱和悬浮试样质量；

$\quad\quad m_3$——饱和试样质量；

$\quad\quad d_{液}$——在试验温度下，浸渍液体的密度。

体积密度直观地反映出了制品的致密程度，是表征制品致密度的技术指标，是制品中气孔体积量和矿物组成的综合反映，与真密度相比较可反映出制品的真气孔率情况。体积密度计算简便，生产中作为控制评判制品的烧结程度、成型砖坯的致密度、原料的煅烧程度等的依据。不同化学矿物组成的制品，比较 $D_{体}$ 没有意义，只有当制品的化学矿物组成一定时，体积密度才是衡量制品中气孔体积多少的指标。$D_{体}$ 对制品物理性质的影响作用与气孔率的影响作用相同。一些耐火材料的气孔率、$D_{体}$，如表 1-3 所示。一般来说，耐火制品的体积密度越高，其各项性能也越好，但在轻质隔热制品的生产中，人们又采用各种手段降低制品的体积密度，来降低制品的热容和热导率。

表 1-3　常见制品的体积密度及显气孔率

| 制品名称 | 体积密度/$g \cdot cm^{-3}$ | 气孔率/% |
|---|---|---|
| 普通黏土砖 | 1.8～2.0 | 30.0～24.0 |
| 致密黏土砖 | 2.05～2.20 | 20.0～16.0 |
| 高致密黏土砖 | 2.25～2.30 | 15.0～10.0 |
| 硅砖 | 1.80～1.95 | 22.0～19.0 |
| 镁砖 | 2.60～2.70 | 24.0～22.0 |

#### 1.3.4　真密度

真密度是指不包括气孔的单位体积耐火材料的质量，即干燥材料的质量与其真体积（不包括气孔体积）之比值。该指标可以鉴定材料的化学矿物组成，可以反映材质的成分纯度或晶型转变的程度、比例等。通常与理论密度相比较可用来评价原料的煅烧质量、制品中的物理化学反应进行的程度等。

（1）理论分析：真密度的计算式为

$$Q = \frac{m}{V_0 - (V_1 + V_2)} \tag{1-9}$$

式中　　$m$——干燥试样的质量；
$V_0$，$V_1$，$V_2$——分别为试样体积、开口及闭口气孔体积。

（2）实际测定：

$$Q = \frac{m \cdot d_{液}}{m_1 + m_3 - m_2} \tag{1-10}$$

式中　$m_1$——试样的干燥质量；
$m_2$——装有试样和选用液体的比重瓶质量；
$m_3$——装有选用液体的比重瓶质量。

#### 1.3.5　透气度

透气度是表示气体通过耐火制品难易程度的特性值，也就是说制品允许气体在压差下通过的性能。其物理意义可以表述为：一定压力的气体在一定时间内，通过一定面积和厚度试样的气体量。透气度系数 $K$ 是评价耐火制品透气性能的指标。

透气度系数的计算公式如下：

$$K = \frac{Qd}{\Delta p A t} \tag{1-11}$$

式中　$K$——透气度系数或称透气率；
$Q$——气体通过量；
$d$，$A$——分别为试样的厚度、横截面积；
$\Delta p$——试样两端的压力差；
$t$——气体透过时间。

气体的透过量与气体的黏度成反比。由于气体的黏度随温度升高而增大，因此通过的气体量将随温度升高而减小。

考虑温度、气体黏度的影响，又有绝对透气度系数 $K' = \eta \cdot K$。透气度系数取决于制品中的贯通气孔的直径、数量、走向及实际长度，在贯通气孔的截面积一定的情况下，气孔的数量多、直径小，透气度系数小，反之亦然（实验证明，气体通过量与孔道半径的4次方成正比）。

一般同类耐火制品，其透气度系数高，抗侵蚀性就差，制品的使用寿命将缩短。另外透气度高，也会使热工窑炉的热损失增大，因此，在一般情况下，希望制品的透气度越小越好。但是在特定的使用领域，往往需要具有较高透气度系数的材料。如炉外精炼钢液净

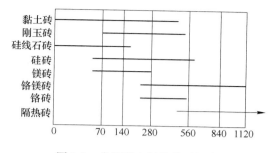

图 1-5　常用耐火制品的透气率

化用的吹氩透气砖、汽车尾气净化用的多孔催化剂载体等。同时应该注意到，同一制品的透气度随气体透过的方向的不同而不同，因此在测定制品的透气度时，应注意其与成型加压方向的关系。常用耐火制品的透气率如图 1-5 所示。

耐火材料经常在加热情况下使用，因此耐火材料的热学性质就成为耐火材料性质中的重要方面。耐火材料的热学性质主要有热膨胀、热导率、热容、温度传导性，此外还有热辐射性等。

耐火材料的热膨胀是其体积或长度随温度变化而变化的物理性质。若耐火材料因为温度的升高而其体积或长度增大，则原因可能是材料中的原子受热激发的非谐性振动使原子的间距增大而产生的长度或体积膨胀。

耐火材料使用过程中常伴有极大的温度变化，随之而来的长度与体积的变化，会严重影响热工设备砌体的尺寸严密程度及结构，甚至会使新砌体破坏。此外，耐火材料的热膨胀情况还能反映出制品受热后的热应力分布和大小，晶型转变及相变、微细裂纹的产生及抗热震稳定性等。衡量耐火材料的热膨胀性能的技术指标有热膨胀率、热膨胀系数。其表示方法有线膨胀率和线膨胀系数两种，也可以用体积膨胀率或体积膨胀系数表示。

### 1.3.6　热膨胀率

热膨胀率通常是指线膨胀率，物理意义：是试样在一定的温度区间的长度相对变化率，一般是指室温至试验温度之间试样长度的相对变化率。测定出了热膨胀率，就能计算出热膨胀系数。线膨胀率的表达式如下：

$$\rho = \frac{(L_t - L_0) + A_k}{L_0} \times 100\% \qquad (1\text{-}12)$$

式中　$\rho$——试样的线膨胀率；
　　$L_t$，$L_0$——分别为试样在温度 $t$、$t_0$ 时的长度；
　　$A_k$——在温度 $t$ 时仪器的校正值。

由于晶型转变，相变化等多种原因，耐火材料的热膨胀变化率并不是一恒定值，在各个温度区间内的数值经常是变化的，因此常用曲线来表示，几种常用耐火制品的热膨胀曲线如图 1-6 所示。

### 1.3.7　热膨胀系数

热膨胀系数有平均线膨胀系数 $\alpha$、真实线膨胀系数 $\alpha_T$，体膨胀系数 $\beta$。以后除特别说明外，热膨胀系数一般指的是平均线膨胀系数。线膨胀系数物

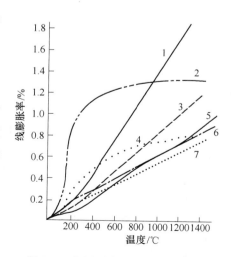

图 1-6　常用耐火砖的热膨胀曲线

1—镁砖；2—硅砖；3—铬镁砖；4—半硅砖；
5—黏土砖；6—高铝砖；7—碳化硅砖

理意义：在一定温度区间，温度升高1℃，试样长度的相对变化率。

平均线膨胀系数：

$$\alpha = \frac{\rho}{(t - t_0) \times 100} \tag{1-13}$$

式中　$t$，$t_0$——分别为测试终了温度、测试初始温度。

体膨胀系数：

$$\beta = \frac{\Delta V}{V_0 \Delta T} \tag{1-14}$$

式中　$V_0$——试样在初始温度 $T_0$ 时的体积。

真实线膨胀系数：

$$\alpha_T = \frac{\mathrm{d}L}{L\mathrm{d}T} \tag{1-15}$$

式中　$L$——试样在某温度时的长度。

如线膨胀系数数值很小，则体膨胀系数约等于线膨胀系数的 3 倍。对于各向同性晶体，体膨胀系数 $\beta \approx 3\alpha$；对于各向异性晶体，体膨胀系数等于各晶轴方向的线膨胀系数之和，即

$$\beta = \alpha_a + \alpha_b + \alpha_c$$

影响材料线膨胀系数的因素有：化学矿物组成、晶体结构类型和键强等。

（1）化学矿物组成的影响。含有多晶转变的制品，线膨胀系数的变化不均匀，在相变点会发生突变，例如硅质制品和氧化锆制品；材料中含有较多低熔液相或挥发性成分时，线膨胀系数 $\alpha$ 在相应的温度区域也发生较大的变化。

（2）晶体结构类型的影响。结构紧密的晶体线膨胀系数较大、无定型的玻璃线膨胀系数较小，如多晶石英的线膨胀系数 $\alpha = 12 \times 10^{-6}℃^{-1}$，而石英玻璃的 $\alpha = 0.5 \times 10^{-6}℃^{-1}$，前者比后者大得多；氧离子紧密堆积结构的氧化物一般线膨胀系数较大，如 $MgO$、$Al_2O_3$ 等；在非同向性晶体（非等轴晶体）中，各晶轴方向的热膨胀系数不等，如石墨：垂直于 $c$ 轴的层间线膨胀系数为 $\alpha = 1 \times 10^{-6}℃^{-1}$，而平行于 $c$ 轴垂直层间线膨胀系数为 $\alpha = 27 \times 10^{-6}℃^{-1}$；等轴晶体的线膨胀系数比非等轴晶体大的多，如等轴晶体的 $MgO$ 方镁石的 $\alpha = 13.8 \times 10^{-6}℃^{-1}$，而晶体非等轴程度较高的石墨、堇青石、钛酸铝等的 $\alpha < 3 \times 10^{-6}℃^{-1}$，特别是钛酸铝的 $\alpha < 1 \times 10^{-6}℃^{-1}$，采用恰当的工艺方法甚至可以使 $\alpha < 0$。

（3）键强的影响。$SiC$ 的质点间主要为键力强的原子键，其线膨胀系数就较小，且硬度也很高。

要注意的是：线膨胀系数 $\alpha$ 在不同温度区间的数值不同，一般材料高温区间比低温区间的 $\alpha$ 小；材料中含有晶型转变的矿物成分时，线膨胀系数 $\alpha$ 在相变温度点产生突变，如硅质制品中石英的多晶转变；材料中含有较多低熔液相或挥发性成分时，线膨胀系数 $\alpha$ 在相应的温度区域也发生较大的变化。

线膨胀系数 $\alpha$ 对耐火材料的抗热震性影响很大。耐火材料在经受快速的加热或冷却过程中，材料中因温差产生的热应力 $\sigma = E\alpha\Delta T$。在温度急变的使用场合，应该首先考虑选用较低线膨胀系数的耐火材料。常用耐火材料的线膨胀系数如表 1-4 所示，常用耐火混

凝土线膨胀系数如表 1-5 所示。

表 1-4　常用耐火制品平均线膨胀系数

| 名　称 | 黏土砖 | 莫来石砖 | 莫来石刚玉砖 | 刚玉砖 | 半硅砖 | 硅　砖 | 镁　砖 |
|---|---|---|---|---|---|---|---|
| 平均线膨胀系数<br>（20~1000℃）<br>/×10$^{-6}$℃$^{-1}$ | 4.5~6.0 | 5.5~5.8 | 7.0~7.5 | 8.0~8.5 | 7.0~7.9 | 11.5~13.0 | 14.0~15.0 |

表 1-5　耐火混凝土的平均线膨胀系数

| 胶结剂种类 | 骨料品种 | 测定温度/℃ | 平均线膨胀系数/×10$^{-6}$℃$^{-1}$ |
|---|---|---|---|
| 矾土水泥 | 高铝质<br>黏土质 | 20~1200 | 4.5~6.0<br>5.0~6.5 |
| 磷酸 | 高铝质<br>黏土质 | 20~1300 | 4.0~6.0<br>4.5~6.5 |
| 水玻璃 | 黏土质 | 20~1000 | 4.0~6.0 |
| 硅酸盐水泥 | 黏土质 | 20~1200 | 4.0~7.0 |

### 1.3.8　热导率

（1）热导率的实质。热导率（也称导热系数）是耐火材料导热特性的一个物理指标，其值等于热流密度除以负温度梯度。物理意义：材料在单位温度梯度下，单位时间内通过单位垂直面积的热量。晶体导热的实质是晶格质点的热振动，邻近质点由于热振动的相互作用，发生能量转移而实现热量的传递。

热导率的表达式如下（热线法测定用）：

$$\lambda = \frac{I \cdot V}{4\pi L} \times \frac{\ln \dfrac{t_2}{t_1}}{\theta_2 - \theta_1} \tag{1-16}$$

式中　$\lambda$——热导率；

　　　$I$——加热电流；

　　　$V$——热线两端电压；

　　　$L$——热线长度；

$t_1$，$t_2$——加热电流接通后测量的时间；

$\theta_1$，$\theta_2$——热线在 $t_1$、$t_2$ 时的对应温度。

不同的使用条件，需要不同热导率的耐火材料。在生产实际中，一般的热工设备需考虑热量通过耐火材料后的损失量，需要计算隔热耐火材料的保温效果，在有些隔焰加热炉如焦炉等，还需要耐火材料的隔墙具有较高的热导率。如陶瓷隔焰隧道窑及马弗式电炉，要求分隔板的热导率高；而要求具有保温隔热功能的材料则热导率应低。由此可见热导率指标在热工设计中的重要性。热导率高的材料往往具有较好的抗热震性。热导率是热工窑炉设计中选用耐火材料时不可缺少的数据指标。

（2）影响热导率的因素。耐火材料的热导率与其化学矿物组成、宏观组织结构、温度、晶体结构的关系密切。制品的化学组成中组分多、杂质多、形成的固溶体和玻璃液相多、晶体结构复杂程度高、制品中的孔隙微小众多，制品的热导率相对就较小。

例如，镁铝尖晶石 $MgAl_2O_4$ 比刚玉 $Al_2O_3$、方镁石 $MgO$ 小；莫来石 $Al_2O_3$-$SiO_2$ 比镁铝尖晶石 $MgAl_2O_4$ 的结构复杂程度高，热导率就小。玻璃相中质点排列的有序程度比晶体的低，热导率就小，如石英玻璃比石英晶体的热导率低得多。含有较多玻璃相的黏土砖热导率也较小（晶体的结构复杂，以及固溶体、玻璃相等，其结构中的质点排列无序程度高，传递热量的声子的平均自由程较小，热导率 $\lambda$ 与平均自由程长度成正比，因而相应材料的热导率就较小）。

温度对热导率的影响一般为：晶相物质随温度升高 $\lambda$ 减小，玻璃相等物质随温度升高 $\lambda$ 增大，各材料的 $\lambda$ 与温度的关系如图 1-7 所示。

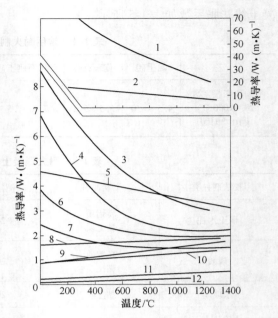

图 1-7    各种耐火材料的热导率与温度的关系
1—石墨砖；2—碳化硅；3—镁砖；4—高铝砖（$Al_2O_3$）；5—碳化硅砖（SiC）；6—锆石英砖；7—铬镁砖；8—铬砖；9—硅砖；10—黏土砖；11—黏土隔热砖；12—硅藻土砖

气体的热导率低，耐火材料中的微小气体孔隙阻碍了热量传递，高气孔率的耐火材料的 $\lambda$ 一般较小。但是高温时，大尺寸气孔会导致材料的高温 $\lambda$ 加大，因为高温时大气孔处的固相材料间辐射传热程度大于气体的传导传热（辐射传热正比于温度 4 次方），且大气孔中还存在着气体的对流传热。所以，轻质隔热耐火材料中的气孔应设置为微细众多的孔隙的结构，可以获得很小的热导率。以黏土砖为例，其密度变化与热导率的关系如表 1-6 所示。

表 1-6    黏土砖体积密度变化与热导率的关系

| 体积密度/g·cm$^{-3}$ | | 0.80 | 1.95 | 2.2 |
|---|---|---|---|---|
| 热导率 | W/(m·K) | 0.58 | 1.05 | 1.28 |
| | kJ/(m·h·℃) | 2.09 | 3.76 | 4.6 |

含有较高程度晶轴各向异性的晶体材料，或材料中各成分固相颗粒的热膨胀系数差异较大的复相材料，在温度升降过程中，晶界或细小颗粒的界面会形成众多、取向不同的微裂纹。这些微裂纹孔隙成为热流传递的热阻，也可以使材料表现出很小的热导率。常见耐火制品的热导率曲线如图 1-7 所示；轻质隔热制品的热导率曲线如图 1-8 所示；几种耐火混凝土的热导率曲线如图 1-9 所示。

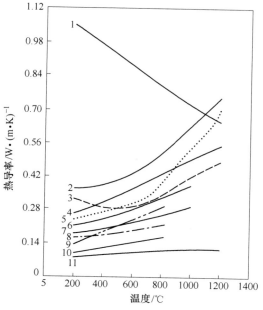

图 1-8　各种隔热砖的热导率曲线

1—硅线石砖（体积密度 1.6g/cm³）；2—黏土砖（体积密度 1.2g/cm³）；3—硅线石砖（体积密度 1.1g/cm³）；4—黏土砖（体积密度 1.0g/cm³）；5—硅砖（体积密度 0.7g/cm³）；6—黏土砖（体积密度 0.7g/cm³）；7—黏土砖（体积密度 0.55g/cm³）；8—硅藻石隔热砖（体积密度 0.7g/cm³）；9—蛭石砖（体积密度 0.47g/cm³）；10—硅藻石隔热砖（体积密度 0.45g/cm³）；11—硅藻石隔热砖（体积密度 0.38g/cm³）

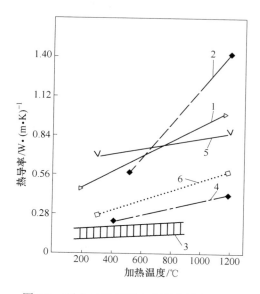

图 1-9　耐火材料混凝土高温热导率曲线

1—矾土水泥黏土质耐火混凝土；2—磷酸高铝制耐火混凝土；3—矾土水泥珍珠岩耐火混凝土；4—矾土水泥珍珠岩轻质砖砂耐火混凝土；5—纯铝酸钙水泥氧化铝空心球耐火混凝土；6—磷酸加气耐火混凝土

## 1.3.9　比热容

比热容是指常压下加热 1kg 物质，温度升高或降低 1℃ 所需热量。比热容的表示式为：

$$c = \frac{Q}{G(t_1 - t_0)} \tag{1-17}$$

式中　$c$——耐火材料的等压比热容；

　　　$Q$——加热试样所消耗的热量；

　　　$G$——试样的质量；

　　　$t_0$——试样加热前的温度；

　　　$t_1$——试样加热后的温度。

材料的比热容取决于其化学矿物组成及所处的温度。材料的热容影响着其被加热或冷却的速度，对材料的蓄热能力和抗热震性具有重要意义。在设计和控制炉体的升温、冷却，特别是蓄热砖的蓄热能力计算中，具有重要意义，是热工窑炉设计中的材料技术指标。图 1-10 所示为耐火材料热容随矿物组成和温度变化的关系曲线图。

### 1.3.10　温度传导性

温度传导性表示材料在加热或冷却过程中，各部分温度趋向一致的能力，即体现温度在材料中的传递速度的快慢。它体现了材料的均热能力，决定了急冷急热时材料内部温度梯度的大小。温度传导性用热扩散率（或导温系数）来表示，是材料的一种热物理性质，与热导率、比热容、体积密度有关。导温系数越大，材料内部的温度分布趋于均匀越快。

温度传导性（导温系数）

$$a = \frac{\lambda}{\rho c} \qquad (1\text{-}18)$$

式中　$\lambda$——耐火材料的热导率；

　　　$c$——耐火材料的比热容；

　　　$\rho$——耐火材料的体积密度。

物料的导温系数等热物性参数是对特定热过程进行基础研究、分析计算和工程设计的关键参数。

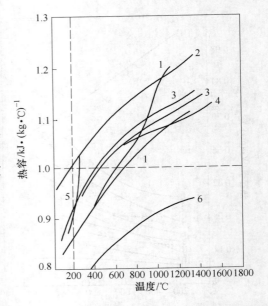

图 1-10　耐火砖的平均热容与温度的关系曲线
1—黏土砖；2—镁砖；3—硅砖；4—硅线石砖；
5—白云石砖；6—铬砖

### 1.3.11　热辐射性

任何物质在绝对零度以上都能发出电磁辐射，这是热量传递的 3 种方式之一。物质的温度愈高，辐射出的总能量就愈大，短波成分也愈多。热辐射是指物质发射波长为 0.1 ~ 100μm 的辐射热射线在空间传递能量的现象。热辐射性，即为固体材料在高温状态下，受热激发向外辐射出热射线的性能。

热辐射的过程可分为三个阶段：一是热物体的表面或近表面层的热能转变成电磁波状的振动；二是这种电磁波状的振动透过了中间的空气传播；最后，在接受辐射热的物体表面，电磁波又转变成热能，被该物体所吸收。

假定物体受到的辐射总能量为 $Q_c$，其中 $Q_a$ 部分被物体吸收、$Q_r$ 部分被反射而回，$Q_t$ 部分辐射热穿透物体，则：

$$Q_a + Q_r + Q_t = Q_c \Rightarrow \frac{Q_a}{Q_c} + \frac{Q_r}{Q_c} + \frac{Q_t}{Q_c} = 1 \qquad (1\text{-}19)$$

式中的三项比值分别为吸收率 $\alpha$、反射率 $\rho$ 和穿透率 $\tau$，由此可见：

$$\alpha + \rho + \tau = 1 \qquad (1\text{-}20)$$

对于固体和液体接受热辐射，实际上都可视为不透明体，即 $\tau = 0$，$\alpha + \rho = 1$。即，热辐射体（燃烧着的煤和高温物体）所发出的热量，一部分被吸收体吸收，另一部分则被吸收体反射。已经被吸收体吸收的热能，也将有部分能量以辐射能的形式又重新辐射出去，其数量取决于吸收体本身的温度和辐射性质。

物体在单位面积单位时间内所辐射出的能量，叫做该物体的辐射强度（$W$ 表示）。任

何物体的辐射强度 $W_s$ 和同一温度下绝对黑体的辐射强度 $W_b$ 的比值，称为该物体的发射率（$\varepsilon$ 表示）。即 $W_s/W_b = \varepsilon$。

如果物体的发射率或吸收率可认为与波长和温度无关，则该物体称为灰体（一般非金属材料均为灰体）。任何灰体在同一温度上测得的发射率与吸收率相等，即 $\varepsilon = \alpha$。

辐射学研究结果表明，黑体的辐射能量方程为：

$$E_b = \sigma T^4 \tag{1-21}$$

灰体的辐射能量方程为：

$$E = es T^4 \tag{1-22}$$

热辐射率是选用高热辐射性能材料的重要技术指标。高辐射炉衬材料对热量的吸收率近似等于辐射率，可以有效地吸收高温焰气辐射出的热量并以宽频连续的热射线辐射出去，对制品实现高效传热。并且减小了焰气对炉墙反射热的再吸收比例，使废焰气外排时所携带的热量大大降低。因此，高辐射材料有效地提高了窑炉内制品的受热程度，同时窑炉的能耗也明显降低。各种耐火材料的辐射率 $\varepsilon$ 如表 1-7 所示。影响热辐射率的因素主要材料种类（即化学矿物组成）和温度。

表 1-7　各种耐火材料的辐射率 $\varepsilon$

| 材　　料 | 温度范围/℃ | 辐射率（$\varepsilon$） |
|---|---|---|
| SiC | 1010~1400 | 0.81~0.92 |
| $Al_2O_3$ 颗粒 | 1010~1560 | 0.18~0.5 |
| $Al_2O_3$-$SiO_2$ 系颗粒 | 1010~1560 | 0.43~0.78 |
| $SiO_2$ 颗粒 | 1010~1560 | 0.33~0.62 |
| 硅砖 | 1000 | 0.80 |
| 镁砖 | 1000 | 0.38 |
| 铬砖 | 600~1100 | 0.95~0.97 |

注：本表引自《耐火材料与能源》P227。

将高辐射率材料制成粉末涂料应用于高温炉衬，近年来在国内外均有较多的应用实例。如在轧钢加热炉等热工设备上使用，可以节能 10%~30%；将高辐射材料应用于燃气加热炉炉衬，其节能效果更显著。

# 1.4　耐火材料的力学性质

耐火材料的力学性质主要包括材料在不同温度下的强度、弹性和塑性性质。耐火材料在常温或高温的使用条件下，都要受到各种应力的作用而变形或损坏，这些应力有压应力、拉应力、弯曲应力、剪应力、摩擦力和撞击力等。按照所处的不同环境，耐火材料的力学性质一般分为常温力学性质和高温力学性质两大类。耐火材料的力学性质，可间接反映其他的性质情况。检验耐火材料的力学性质，研究其损毁机理和提高力学性能的途径，是耐火材料生产和使用中的一项重要工作内容。

## 1.4.1　常温力学性质

耐火材料的常温力学性能主要有常温抗折强度、常温耐压强度、耐磨性等，它们的高低直接反映了耐火材料常温下的结构强度。

### 1.4.1.1　常温耐压强度

常温耐压强度是指常温下耐火材料在单位面积上所能承受的最大压力，也即材料在压应力作用下所能承受而不被破坏的极限载荷。根据所记录的最大载荷和试样受荷载的面积，可用下式来计算试样的常温耐压强度。

常温耐压强度

$$p_{压} = \frac{F}{A} \tag{1-23}$$

式中　　$F$——试验受压破坏时的极限压力；

　　　　$A$——试样的受压面积。

在耐压强度的测试过程中，载荷的加压速度、试样尺寸的平行度以及在耐火材料制品上取样的方向都会对试验精度产生影响。通常规定试验加压方向应与制品成型加压方向一致。在试验中，常在试样上下两受压面上各加一厚约 2mm 的草纸板。在我国标准及国际标准中都规定有无衬垫仲裁试验方法。这些方法中对试样表面粗糙度以及平行度都有更高的要求。

由于试样的品种对强度的测定有一定的影响，对于不同的耐火材料品种，如致密定形耐火材料、轻质保温耐火材料、浇注料等的耐压强度的测定方法在各国的标准中常有不同的规定细则。实际检测过程中可按标准方法进行。例如，对耐火材料常温耐压强度的要求，并不是针对其使用中的受压损坏，而是通过该性质指标的大小，在一定程度上反映材料中的粒度级配、成型致密度、制品烧结程度、矿物组成和显微结构，以及其他性能指标的优劣。

由于常温耐压强度可以反映耐火材料的烧结、结合情况，组织结构相关的性质，因此耐压强度是耐火材料检验的常用项目。

### 1.4.1.2　常温抗折、常温抗拉、扭转强度

与耐压强度类似，抗折、抗拉和扭转强度是材料在弯曲应力、拉应力和剪应力的作用下，材料被破坏时单位面积所承受的最大外力。与耐压强度不同，抗折、抗拉和扭转强度，既反映了材料的制备工艺情况和相关性质指标间的一致性，也体现了材料在使用条件下的必须具备的强度性能。

抗折强度 $\sigma_f$ 按下式计算：

$$\sigma_f = \frac{3}{2} \times \frac{F_{max} L_s}{bh^2} \tag{1-24}$$

式中　　$F_{max}$——对试样施加的最大压力；

　　　　$L_s$——下刀口间的距离；

　　　　$b$——试样的宽度；

　　　　$h$——试样的高度。

影响材料的抗拉、抗折和扭转强度的因素，主要有宏观结构和显微组织结构。临界颗粒较小的细颗粒级配，有利于这些指标的提高。和耐压强度一样，不同的耐火材料品种的测定方法与程序有一定的差别，测定的标准方法也不完全相同。可以从相关的标准中找到，按规定的标准方法进行测定。我国目前采用的标准是 GB/T 3001—2007 耐火材料常温

抗折强度试验方法。

### 1.4.1.3　耐磨性

耐磨性是耐火材料抵抗坚硬物料、含尘气体的磨损作用（摩擦、剥磨、冲击等）的能力。是耐火材料在使用过程中，受其他介质磨损作用较强的工作环境下，评价和选用耐火材料制品的性质指标。如水泥窑预热器、高炉炉身、焦炉碳化室、高温固体颗粒气体输送管道等所用耐火材料的选用，需要根据耐磨性指标对各种耐火材料制品进行遴选。

影响耐火材料耐磨性的因素很多，概括起来主要包括下列几个方面：

（1）硬度。通常认为硬度是衡量材料耐磨性的重要指标。硬度是指材料抵抗外力刻划、压入及研磨的能力。材料越硬其耐磨性也越好，但在冲击磨损很大的情况下，硬度影响并不一定非常大。前面提到耐火材料为非均质体，各部分的硬度可能不同。对于包含有刚玉、碳化硅等高硬度材料的耐火材料，如果结合强度足够，当硬度小的易磨损材料磨损后，这些高硬度的材料仍能抵抗外界力量对耐火材料的磨损。

（2）晶体结构与晶体的互溶性。具有某种特定晶体结构的材料有较好的耐磨性，如具有密排六方结构的钴的摩擦系数小，耐磨损。冶金上互溶性差的金属之间的耐磨性也好。

（3）强度。耐火材料的使用过程中会碰到大量的冲击磨损，因此，高强度的耐火材料抗磨损的能力强。

（4）体积密度。体积密度大，显气孔率低的耐火材料抗磨损能力高。

（5）温度。温度对材料的硬度、互溶性及反应性等有影响，因而间接影响耐火材料的耐磨性。通常，随温度的升高，硬度下降，互溶性及反应性提高，材料的耐磨性下降。耐火材料是在高温下使用的，高温下的耐磨性很重要。可将试样放入炉子中按常温测定办法测定耐火材料在高温下的耐磨性。

（6）气氛。与温度的影响相似，气氛影响材料之间的互溶性与反应性，从而影响其耐磨性。

严格地讲，耐火材料的耐磨性不属于物理性质，而应归入使用性能中，但它与硬度有密切关系，因而并入这一节中介绍。提高制品的耐磨性，工艺上可以选择耐磨性好的物料、合理的配料级配、保证制品的良好成型致密度和烧结程度、选用适宜的颗粒黏结剂、在制品表面施加耐磨强化涂料等。

### 1.4.1.4　断裂功

耐火材料的断裂功是耐火材料的一个重要的断裂参数，反映耐火材料实际抗裂纹扩展的能力，与材料的抗热震性能有密切关系。耐火材料的断裂功是耐火材料中的原始裂纹在启动和扩展全过程中，每扩展单位面积外力所做的功，是用断裂功法测定的断裂能。

断裂功法是对单边缺口梁进行弯曲加载，测定在稳态裂纹扩展下产生单位新表面积所需功的方法。断裂功按下式计算：

$$\gamma_{WOF} = \frac{1}{2A}\int p\,\mathrm{d}\delta \tag{1-25}$$

式中　$\gamma_{WOF}$——断裂功；

$A$——断裂表面的投影面积；

$\int p\mathrm{d}\delta$——外施载荷所做的总功，可由实验中载荷－位移曲线下的面积算出。

断裂功测量的试样如图 1-11 所示。

### 1.4.2　高温力学性质

#### 1.4.2.1　高温耐压强度

高温耐压强度是材料在高温下单位面积所能承受的极限压力。与常温耐压强度相比，该性能指标除反映了材料的工艺因素外，主要体现了制品中液相的黏度性质与结合作用。耐火材料的高温耐压强度决定了该制品的使用范围，它是耐火材料应用选择的重要依据之一，各种常见耐火材料的高温耐压强度与温度的关系，如图 1-12 所示。

由图可见，黏土砖、高铝砖 900℃ 左右液相产生，且黏度较高，高温耐压强度增大；温度继续升高液相黏度减小、数量增多，高温耐压强度自高点急剧降低。而镁砖高温液相黏度小，所以其高温耐压强度并未出现增大的现象。表明了液相的黏度及数量，对颗粒间的结合作用明显。

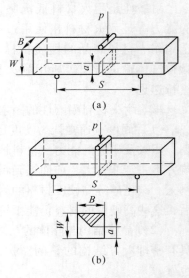

图 1-11　断裂功法试样切口示意图
(a) 直切口；(b) V 形切口

高温耐压强度指标，可反映出制品在高温下的结合状态的变化，特别是对于耐火可塑料、浇注料和不烧砖等。当温度升高，结合状态发生改变时，高温耐压强度的测定更为重要。因为这些材料一般都加入一定数量的结合剂或外加剂，其常温的结合方式及强度随着温度的升高将产生变化，它们在工作温度下能否满足使用要求，需靠此项指标验证。

#### 1.4.2.2　高温抗折强度

高温抗折强度是材料在规定的高温条件下单位面积所承受的极限弯曲应力。该技术指标与实际使用情况密切相关。测定原理同常温抗折强度，只是增加了高温条件。

高温抗折强度又称高温弯曲强度或高温断裂模量。其测定装置如图 1-13 所示，测定时将试样置于规定距离的支点上，在上面正中施加负荷，得出断裂时极限负荷后，计算出其高温抗折强度。

高温抗折强度，与高温耐压强度的影响因素基本相同，反映耐火材料的使用性能和质量，特别是对镁质直接结合砖的评价。高温抗折能

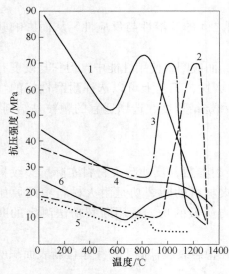

图 1-12　不同材质耐火制品的高温
耐压强度曲线

1—刚玉砖；2—黏土砖；3—矾土砖（1300℃
烧成）；4—镁砖；5—硅砖 1；6—硅砖 2

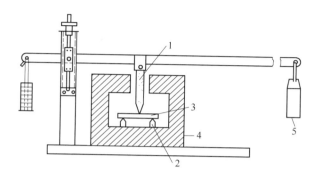

图 1-13　高温抗折测定装置

1—上刀口；2—下刀口；3—试样；4—加热炉；5—载荷装置

力强的制品，在使用的高温条件下，对于物料的撞击、磨损、液态渣的冲刷等，均有较好的抵抗能力，因此该指标的检测已被愈来愈多地采用。几种常用耐火砖的高温抗折强度曲线见图 1-14。

### 1.4.2.3　高温扭转强度

高温扭转强度是指高温下材料被扭断时的极限剪切应力。耐火材料砌筑体的结构复杂，在温度变化时砌筑体的不均匀变形，不可避免地导致耐火材料内部产生剪切应力。

与常温扭转强度相比，较有意义的是测量耐火材料在高温下的抗扭转强度，测量方法要点是：将制品制成长条状试样放在卧式高温炉中，两端置于炉外，一端固定，另一端施加力矩作用，将炉温升高至一定温度和保温一定时间，试样开始扭曲变形。当应力超过一定极限时，试样发生断裂，记录施加的力值，计算出单位面积上的极限剪应力。

该指标也反映了材料的实际使用情况，特别

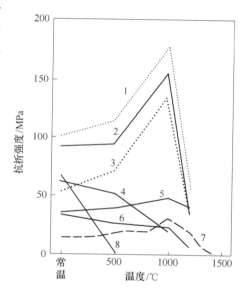

图 1-14　几种耐火砖的高温抗折强度曲线

1—白云石砖；2—高铝砖；3—叶蜡石砖；
4—镁砖；5—硅砖；6—铬砖；
7—熟料转；8—不烧镁铬砖

是在镁质等碱性耐火材料使用情况的研究方面有重要意义。图 1-15 所示为部分材料试样在不同温度下的扭转变形情况。

扭转变形对温度升高敏感，高温时液相导致材料易于产生扭转软化变形。材料的高温扭转试验也可测定其弹性模量、蠕变曲线。

### 1.4.2.4　高温蠕变性

A　高温蠕变的定义、测定与分类

蠕变是指材料在高温下承受小于其极限强度的某一恒定荷重时产生塑性变形，变形量会随时间的增长而逐渐增加，甚至会使材料破坏的现象。

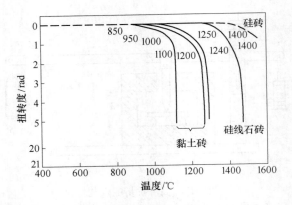

图 1-15    几种耐火材料的扭转软化曲线

（试样截面 15mm × 15mm，扭转力矩 7.5kg/cm²）

高温蠕变性是指在恒定高温和一定的荷重作用下，材料产生的变形与时间的关系。或者简述为：承受应力的材料随时间变化而发生的高温等温变形。这种条件下耐火材料的高温损毁并不是因强度原因破坏，而是高温、强度、时间三者综合作用的结果。高温窑炉的使用寿命有的长达几年，甚至十几年。例如，热风炉的格子砖经长时间的高温工作，特别是下部的砖体在荷重和高温的作用下，砖体逐渐软化产生塑性变形，强度下降直至破坏；特别注意的是，因温度、结构的不均匀，部分砖体塑性变形严重，会导致窑炉构筑体的整体性破坏。

高温蠕变技术指标，反映了耐火材料在长时间、荷重、高温等条件下工作的体积稳定性。根据工作条件的不同，高温蠕变技术指标又分为高温压缩蠕变、高温拉伸蠕变、高温抗折蠕变、高温扭转蠕变等。常用的是高温压缩蠕变，其测定也较容易。

高温蠕变性能的测定是在较短的时间内，强化荷重与温度，所获得的变形率 $\varepsilon$（%）与时间（$h$）的关系曲线，称之为蠕变曲线。高温蠕变也可以表示为蠕变速率%/h，或表示为达到某变形量所需的时间。

高温压缩蠕变测定：试样为带中心孔的圆柱体，尺寸为高 $H = 50$mm，直径 $D = 50$mm，中心孔的直径 $d_{孔} = 12 \sim 13$mm；恒温时间一般为25h、50h或100h；每5h测定计算一次蠕变率 $\varepsilon$。高温蠕变实验装置没有统一的规定，一般是由加热时能保持一定温度的加热炉、加压机构和变形量指示或记录机构等组合而成。

图 1-16 为典型的高温蠕变曲线，曲线划分为三个特征阶段；曲线的第一阶段为 1 次蠕变（又可称为初期蠕变或减速蠕变），该曲线斜率 d$\varepsilon$/d$t$ 随时间增加而趋于减小，曲线渐趋平缓；第一阶段需时较少；第二阶段为 2 次蠕变（或黏性蠕变、均速蠕变、稳速蠕变），其蠕变速率保持基本不变，几乎与时间无关；第二阶段耗时多，是曲线中的最小速率阶段；第三阶段为 3 次蠕变（或加速蠕变），蠕变速率迅速增加直至试样损坏。

对于某一确定的材料而言，其蠕变曲线不一定完全具有上述三个阶段。不同材质的材料、测定的条件不同（温度、荷重各不同），曲线的形状也不相同。

例如，根据在 0.2MPa 的荷重和不同温度下，对黏土砖、高铝砖和硅砖所测得的蠕变曲线，蠕变曲线的形状可分为如下几种类型（见图1-17）：

（1）初期蠕变后基本上不再产生变形：与图中最下方虚线曲线的形状近似。

（2）初期蠕变后，继续发生匀速蠕变：与图中自下而上的第4条实线曲线形状近似。

（3）初期蠕变和匀速蠕变后，发生加速蠕变：与图中自下而上第5条实线曲线形状近似。

（4）初期蠕变后，直接进行加速蠕变：与图中自下而上的第6条实线曲线形状近似。

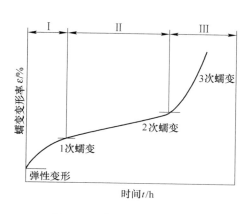

图1-16 典型高温蠕变曲线

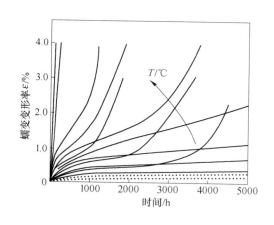

图1-17 固定温度时的荷重和固定荷重时的温度对蠕变的影响

### B 影响材料高温蠕变的因素

影响高温蠕变的因素有：材料的使用条件（如温度、荷重、时间、气氛性质等）和材料材质（如化学及矿物组成）与组织结构（宏观、显微的组织结构）。

#### a 温度、荷重、时间等对蠕变的影响

温度越高、荷重越大，曲线的倾斜度也越大，蠕变曲线的形状自右下向左上方变化，如图1-17所示的箭头指向。

（1）材质和温度一定时，荷重对蠕变速率 $\dot{\varepsilon}$ 的影响为：

$$\dot{\varepsilon} = k\sigma^n \tag{1-26}$$

式中，$k$ 为常数；$\sigma$ 为荷重；$n$ 为指数，取值 $0.5\sim0.22$。

（2）材料材质、温度及荷重一定时，时间对蠕变变形量 $\varepsilon$ 的影响可以表示为：

$$\varepsilon = ct^{0.44\sim0.48} \approx c\sqrt{t} \tag{1-27}$$

式中，$c$ 为包括材质、温度及荷重等因素的常数；$t$ 为时间。

该式是由铝硅系制品的测定导出的，对镁质制品的测定也获得了相似的关系式，因此一般情况下可以认为耐火材料材质、温度及荷重一定时，其蠕变变形量与时间的平方根成正比。

　　b　材料材质与组织结构对蠕变速率的影响

　　（1）结晶相、玻璃相和气孔对蠕变速率的影响顺序。耐火材料一般是由结晶相、玻璃相和气孔所组成，材料的抗蠕变性随这些相的存在状态的变化而不同。通常是按照结晶相→玻璃相→气孔这个顺序对蠕变率的影响依次增大。

　　（2）玻璃相和结晶相对蠕变速率 $\varepsilon$ 的影响。

　　1）玻璃相、结晶相的相对含量与分布对蠕变率的影响。玻璃相与结晶相的相对含量：当温度升高时玻璃液相的含量相对增多（结晶相的含量相对减少）、黏度降低，制品的塑性提高，玻璃相的这种变化使制品的蠕变率增大。

　　玻璃相和结晶相的分布（相对于玻璃液相对结晶相的润湿程度和显微结构）情况：若玻璃液相完全润湿晶相颗粒，玻璃液相侵入晶界处将晶粒包裹、液相形成连续相结构（即，基质为玻璃相的基质胶结型显微结构），提高了制品的塑性，在较低温度下极易产生较大的蠕变；若玻璃液相不润湿晶相颗粒，则在晶界处形成晶粒与晶粒直接结合结构，制品的塑性，因此蠕变率小、具有较好的抗蠕变能力。

　　2）结晶相对蠕变速率的影响。材料中的晶粒愈小，其蠕变率愈大；多晶材料比单晶材料的蠕变率高。其原因是晶粒间的界面比例增大、易沿晶界处产生滑动而使制品的塑性提高所致。

　　3）宏观组织结构对蠕变的影响。由于制品中气孔的存在，减少了抵抗蠕变的有效截面积；材料中的气孔率愈高，蠕变率愈大。

　　C　材料蠕变的测定意义与提高材料的抗蠕变性

　　a　材料蠕变的测定意义

　　根据材料的蠕变曲线，可以了解制品发生蠕变的最低温度、不同温度下的蠕变速率特征，研究材料长时间在高温、荷重条件下的物相组成与组织结构的变化，进而预测耐火制品的使用情况，为窑炉设计中选用耐火材料提供参考依据。

　　蠕变曲线所反映地材料的物相组成、组织结构情况，可用于材料生产制备工艺过程（原料配方、颗粒级配、成型致密度、烧成制度等）的检验和评价，是改进生产工艺和提高产品质量的依据。

　　b　提高材料抗蠕变性的途径

　　（1）纯化原料。提高原料的纯度或对原料进行提纯，尽量减少低熔物和强熔剂等杂质成分（如黏土砖中的 $Na_2O$、硅砖中的 $Al_2O_3$、镁砖中的 $SiO_2$ 和 $CaO$ 等）的含量，从而降低制品中的玻璃相含量（这是提高该性能的首选方法）。

　　（2）强化基质。引入"逆蠕变效应"物质。如在高铝砖配料中引入一定尺寸的石英颗粒，高铝砖在高温下使用时，其中石英 $SiO_2$ 和高铝原料中的 $Al_2O_3$ 持续发生莫来石的合成反应，反应过程伴随有一定程度的体积膨胀。这种体积膨胀的作用既是"逆蠕变效应"，可以抵消材料蠕变时的收缩变形，从而提高了高铝砖的抗蠕变性能。

　　（3）改进工艺。合理设计配合料的颗粒级配，提高坯体的成型压力，获得高致密度坯体，减少制品中的气孔数量，使制品抗蠕变的有效成分增加；合理制定烧成制度（烧成温、保温时间、加热及冷却速度），使材料中的必要物化反应充分进行，获得需要的物相组成和组织结构。

### 1.4.2.5 弹性模量（E）

材料在其弹性限度内受外力作用产生变形，当外力撤除后，材料仍能恢复到原来的形状，此时的应力与应变之比称为弹性模量。弹性模量 E 可以表示为：

$$E = \frac{\sigma l}{\Delta l} \tag{1-28}$$

式中 $\sigma$——材料的所受应力（外力或材料中产生的应力）；

$\frac{\sigma l}{\Delta l}$——材料受力时的长度相对变化。

E 值大，应力 $\sigma$ 一定时，材料的变形 $\Delta l$ 就小。物理意义：将单位面积、单位长度的试样拉伸一倍时所发生的应力。

弹性模量是材料的一个重要的力学参数，它表示了材料抵抗变形的能力，是原子间结合强度的一个指标，在很大程度上反映了材料的结构特征。

耐火材料的弹性模量随温度而变化，研究它有助于了解耐火材料的高温性能。

A  耐火材料在高温下因应力作用而发生变形的原因

目前，普遍认为耐火材料在高温下承受应力而发生的变形是由于两方面的内在原因形成的：一是由于基质的塑性或黏滞流动；二是由于晶体沿晶界面或解理面的滑动作用。

不同成分和结构的耐火材料在高温下对于应力作用的反映不同，这取决于主晶相的性能、基质的特性以及主晶相与基质的结合状况。其中，基质的流动取决于基质液相的数量、黏度、塑性、润湿性等。

B  温度对不同种类材料弹性模量的影响

单相多晶材料中的刚玉 $Al_2O_3$、方镁石 MgO、莫来石 $3Al_2O_3 \cdot 2SiO_2$、尖晶石 $MgO \cdot Al_2O_3$ 等的弹性模量，均随温度升高开始以直线或接近直线下降，至某温度以后不再降低。之后在某温度下并有提高上翘，其温度范围依材料不同而异。此种情况可认为是在较低的温度范围内，单相多晶材料的晶体界面间产生滑移的结果。

对于多相材料，如方镁石与尖晶石的复合物、铬镁砖、硅酸铝耐火材料的弹性模量，开始随温度升高而增大，至某温度时达到最大值，之后随温度升高则急速下降，即超出了材料的弹性变形范围。此种情况可认为是由于不同物相间的热膨胀系数差别，填充了结构中的空隙，或者是颗粒间相互交错镶嵌形成骨架，使材料结构变得密实，刚性增加，弹性模量随之增大（这种情况通常称之为"强化"）。弹性模量的急速下降是因为基质在某温度下软化所致（见图1-18）。

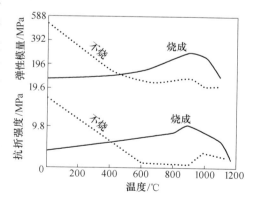

图 1-18  烧成和不烧铬镁砖的高温弹性模量和抗折强度的变化

C  弹性模量的应用

（1）根据不同温度弹性模量的测定结果，可以判定材料中的基质软化、液相形成和由弹性变形过渡到塑性变形的温度范围，确定晶型转变等物化反应温度及其对材料结构的影响（硅砖中的鳞石英与方石英的转变温度附近有弹性模量的最小值）。

（2）一般而言，如果制品的其他性质相同，材料的弹性模量与热震稳定性呈现反比关系，由弹性模量可判断制品的热震稳定性。

（3）如果是同一系统的制品，弹性模量与抗折强度、耐压强度基本上成正比关系，可以根据已有制品的强度和弹性模量、测定其他制品的弹性模量就可以基本确定其强度，此为强度的无损测定，或称非破坏性试验测定方法。

弹性模量测定：一般分为静力法（主要是静荷重法）和动力法（主要是声频法）。其中声频法的原理，是根据弹性体的固有振动频率取决于其形状、致密度、弹性模量，对于形状、致密度已知的试样，测定它的振动频率，就可以求得弹性模量。

# 1.5　耐火材料导电性

导电性是指材料导电的能力。一般耐火材料在使用时通常都不考虑其导电性，但是在某些使用条件下，就得考虑耐火材料导电性对使用性能的影响，甚至有时候还得专门利用其导电性。比如，电弧炉、感应炉、等离子炉、电子轰击护、电热式加热炉及其他一些炉子结构的某些元件，需要采用电器绝缘性能好的高级耐火材料制造。在管式电热器、电子工业、动力工业及新技术领域的某些装置上，则采用耐火材料作电介体。还有一些情况下，例如，利用耐火材料制作热电器、磁流体动力发电机装置等，则需要耐火材料应具有较高的导电性。

常温下耐火材料是电的不良导体（碳质、石墨质和碳化硅制品除外）。随温度升高导电性增强，在 1000℃ 以上电阻急剧降低，至熔融状态时具有较强的导电能力。有几种特殊耐火材料，如 $ZrO_2$、$BeO$ 等，高温电阻率极低，在高温下成为导体。利用这一特性可制作高温发热元件。如稳定化氧化锆，在常温下是不良导体，温度达到 900℃ 以上时，导电性突变良好，用它制成的发热元件，在氧化气氛下使用温度高达 1800℃ 以上。这主要是因为在高温下耐火材料内部有液相生成，由于电离的关系，可大大提高其导电能力。

耐火材料的导电能力一般用电阻率 $\rho$ 表示：

$$\rho = Ae^{\frac{B}{T}} \tag{1-29}$$

式中　$A$，$B$——材料特性系数；

　　　　$T$——绝对温度；

　　　　e——常数，约为 2.71828。

对含碳耐火制品的常温电阻率的测量，是按照冶金行业标准 YB/T 173—2000 的试验方法进行，其原理是采用直流双臂电桥直接测出试样电阻，按试样长度和平均截面积计算电阻率。计算公式如下：

$$\rho = \frac{R \cdot A}{L} \tag{1-30}$$

式中　$\rho$——试样的电阻率；

　　　　$R$——试样的电阻；

　　　　$A$——试样的平均截面积；

　　　　$L$——试样的长度。

　　影响材料的导电性因素主要是化学矿物组成，特别是杂质的种类与数量。此外，原料的粒度、气孔率、成型压力、烧结的温度及气氛等也影响着材料电阻率的变化。通常耐火材料的电阻随气孔率的增大而增大，但在高温下气孔率对电阻的影响会显著减弱，甚至消失，这是由于高温下液相的出现和液相对气孔的填充作用所致。

　　杂质对电阻率的影响也很大。多元体系耐火材料中的杂质，并不是作为点状缺陷、电子缺陷及新的动力水平的来源影响电阻率，而是作为决定结晶界面上得到硅酸盐玻璃相的材料来源而影响导电性。对一般电阻率高的耐火材料而言，耐火材料的电阻率由基质成分和硅酸盐玻璃相的电阻率共同决定。常温时，因两者的电阻率均较高，杂质成分的影响不明显，当温度升高时，玻璃相比结晶相的电阻率降低得快，就可以显著地提高耐火材料的导电性。

　　当耐火材料用作电炉的衬砖和电的绝缘材料时，这种性质具有很大的意义。随着电炉操作温度的提高，特别是高频感应炉采用的耐火材料的高温电阻，是直接关系到防止高温使用时，由于电流短路而引起的线圈烧断等事故的重要性质。另外，各种非金属电阻发热体的发展也日益引起了重视。与材料导电性相关的主要应用方面有：要求绝缘性良好的高温感应电炉用耐火材料；要求导电性良好的非金属发热体材料，如 SiC、$ZrO_2$、$MoSi_2$ 及 $LaCrO_3$；以及氧浓差电池 $ZrO_2$ 固体电解质材料等。

# 1.6　耐火材料高温使用性质

　　耐火材料的使用性质是表征其使用时的特性并直接与其使用寿命相关的性质，包括耐火度、荷重软化温度、抗侵蚀性、高温体积稳定性、抗热震性以及耐真空性等。其中，抗侵蚀性是指抵抗各种侵蚀介质侵蚀的能力，包括抗熔体侵蚀性（抗水化性、抗渣性）、抗气体侵蚀性（抗氧化性、抗 CO 侵蚀性）等。

## 1.6.1　耐火度

### 1.6.1.1　耐火度定义

　　耐火材料是一个多组分的复合材料，它没有固定的熔点，因而需要一个特定的指标来衡量耐火材料抗高温的能力，即耐火度。由于耐火度是一个使用性质，所以在一些标准中强调使用条件。如 ISO 标准中规定耐火度是指：在使用环境与条件下耐火抵抗高温的能力。ASTM 标准中将耐火度定义为：在使用环境与条件下耐火材料在高温下保持其物理与化学本性的能力。我国标准中定义耐火度为：耐火材料在无荷重条件下抵抗高温而不熔化的特性。耐火度是个耐火材料高温性质的技术指标，对于耐火材料而言，耐火度表示的意义与熔点不同。熔点是纯物质的结晶相与其液相处于平衡状态下的温度，如氧化铝 $Al_2O_3$ 熔点为 2050℃，氧化硅 $SiO_2$ 的熔点为 1713℃，方镁石 MgO 的熔点为 2800℃ 等。但是，一般耐火材料是由各种物质组成的多相固体混合物，并非单相的纯物质，故没有固定的熔点，其熔融是在一定的温度范围内进行的，即只有一个固定的开始熔融温度和一个固定的熔融终了温度，在这个温度范围内液相和固相是同时存在的。

### 1.6.1.2　耐火度测定

　　由于耐火材料没有固定的熔点，它在升温过程中不断生成液相而软化，所以规定一个特殊的方法来测定耐火材料的耐火度。在实际中，耐火度的测定并非采用直接测温的方法，而是通过具有固定弯倒温度的标准锥与被测锥弯倒情况的比较来测定的。

GB/T 7322—2007 规定了耐火度的试验方法。试验锥的制备采用两种方法：一种是切取试验锥，就是从砖或制品上用锯片切取试验锥并用砂轮修磨，再去掉烧成制品的表皮；另一种是模具成型试验锥，就是将耐火材料按照四分法或多点取样法取 15～20g，并研磨至 180μm 左右，加上结合剂，用模具制成截头三角锥，上底边长 2mm，下底边长 8mm，高 30mm，截面成等边三角形。将 2 只被测锥与 4 只标准锥用耐火泥交错固定于耐火材料台座上，6 个锥锥棱向外成六角形布置，锥棱与垂线夹角为 8°。台座转速为 2r/min，在 1.5～2h 内，快速升温至比估计的耐火度低 200℃ 的温度时，升温速度变为 2.5℃/min。由于被测锥产生液相及自重的作用，锥体逐渐变形弯倒，锥顶弯至与台座接触时的温度，即为被测材料的耐火度（记下 2 个参考高温标准锥的锥号，例如 CN168～170）。图 1-19 所示为三角锥在不同熔融程度下的弯倒情况。

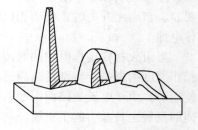

图 1-19　三角锥弯倒情况

标准锥称为标准测温锥，分为小号锥（温度范围为 1500～1800℃ 的实验室用标准测温锥）和大号锥（温度范围为 1220～1580℃ 的工业窑炉用测温锥）两类（锥的尺寸形状见第 3 章中的图 3-11）。

各国标准中表示锥号的方式不同，我国标准中规定了不同耐火度的标准锥号，如 CN164 表示耐火度为 1640℃ 的标准锥。当试锥的弯倒情况介于两个标准锥之间时，也可以用相邻两个标准锥来表示，如 CN166 - 168。不同国家标准锥的表示方法不同，英、美等国用 SK 加数字编号来表示其耐火度。但是 SK 后面的数字并不能直接反映耐火材料的耐火度，需根据有关标准查出。而且同一标号的标准锥在不同的标准中查出的耐火度可能有所出入。我国测温锥用 "CN" 表示锥体弯倒温度的 1/10 进行标号；前苏联用 "ΠK"，英国、日本等国用 "SK" 等标号测温锥。我国标准测温锥系列锥号及相应弯倒温度如表 1-8 所示。

表 1-8　标准测温锥系列锥号及相应弯倒温度

| 标记 | 标准温度/℃ | | 标记 | 标准温度/℃ | |
|---|---|---|---|---|---|
| | 小号锥 | 大号锥 | | 小号锥 | 大号锥 |
| 122 | — | 1220 | 140 | — | 1400 |
| 124 | — | 1240 | 142 | — | 1420 |
| 126 | — | 1260 | 144 | — | 1440 |
| 128 | — | 1280 | 146 | — | 1460 |
| 130 | — | 1300 | 148 | — | 1480 |
| 132 | — | 1320 | 150 | 1500 | 1500 |
| 134 | — | 1340 | 152 | 1520 | 1520 |
| 136 | — | 1360 | 154 | 1540 | 1540 |
| 138 | — | 1380 | 156 | 1560 | 1560 |

| 标记 | 标准温度/℃ | | 标记 | 标准温度/℃ | |
|---|---|---|---|---|---|
| | 小号锥 | 大号锥 | | 小号锥 | 大号锥 |
| 158 | 1580 | 1580 | 170 | 1700 | — |
| 160 | 1600 | — | 172 | 1720 | — |
| 162 | 1620 | — | 174 | 1740 | — |
| 164 | 1640 | — | 176 | 1760 | — |
| 166 | 1660 | — | 178 | 1780 | — |
| 168 | 1680 | — | 180 | 1800 | — |

锥体弯倒时的液相含量约为 70% ~ 80%，其黏度约为 10 ~ 50Pa·s。

### 1.6.1.3 影响材料耐火度的因素

决定耐火材料耐火度的主要因素是材料的化学矿物组成及其分布情况。各种杂质成分特别是具有强熔剂作用的杂质成分，会严重降低制品的耐火度，因此提高耐火材料耐火度的主要途径应是采取措施来保证和提高原料的纯度。如 $Al_2O_3$ 熔点约 2015℃，$SiO_2$ 熔点约 1650℃，由它们作为主要成分制备的耐火材料因常含有一些杂质，如 $K_2O$、$Na_2O$ 及氧化铁等，使得在高温下与主成分相互作用产生液相，从而耐火度下降。产生的液相量与液相的黏度等性质对耐火度有很大影响。通常产生的液相量越大，它的黏度越小，耐火度越低。试锥弯倒时液相的黏度与其组成及结构有关。有关规律与玻璃及炉渣相同，可以参考玻璃工艺学及冶金学有关资料。通常，液相中 $SiO_2$ 含量愈高，黏度愈大。

影响耐火材料耐火度的因素是耐火度的测定条件与试验方法，包括如下几个方面：

（1）被测物料的粒度。被测物料的粒度过小，在同一条件下产生的液相量越多，不同组分之间的反应愈容易，会使耐火度测定值偏小。因此，在试样研磨过程中要经常分析试样的粒度，以避免小于 180μm 的细粉中过细的颗粒太多。

（2）测试方法和测试条件。被测锥制备方法、被测锥的形状尺寸及安放方法、台座的转速、升温速度、加热炉气氛和温度分布情况等，对耐火度测定的数值都有一定的影响。

耐火度与使用温度的区别。耐火度与使用温度的温度差可能很大，其因是耐火材料在使用中要经受荷重、工作介质（熔体、固体、气体）的机械冲击磨损和化学侵蚀、温度的急变等。而耐火度的测量过程中没有外界机械作用或侵蚀影响，相对使用温度来说是一种比较"理想"的测试环境。因而耐火度不能视为制品使用温度的上限，认为"耐火度越高耐火材料性能越好"是错误的。耐火度可以作为选用耐火材料时综合评价判断的一个参考数据，只有在综合考虑其他性质之后，才能判断耐火材料的价值。在实际应用中，原料的耐火度测定可以相对地判断原料的杂质成分与含量。常见耐火原料及耐火制品的耐火度指标如表 1-9 所示。

**表 1-9 部分耐火原料及耐火制品的耐火度（CN）**

| 结晶硅石 | 硅砖 | 硬质黏土 | 黏土砖 | 高铝砖 | 镁砖 | 白云石砖 |
|---|---|---|---|---|---|---|
| 174 ~ 178 | 170 ~ 174 | 176 ~ 178 | 162 ~ 176 | 178 ~ 200 | > 200 | > 200 |

### 1.6.2　高温荷重软化温度

在实际生产过程中，耐火材料会受到载荷与高温的共同作用，因此寻找一个能反映在有负荷的条件下抵抗高温能力的耐火材料指标就显得非常有意义，荷重软化温度与高温蠕变就是反映此能力的两个指标。这两个指标，分别从两个不同的侧面反映耐火材料在荷重条件下抵抗高温的能力。在一定程度上表明制品在与其使用情况相仿条件下的结构强度，因而可以对材料做出较全面的估价。

#### 1.6.2.1　高温荷重软化温度定义

我国标准 GB/T 5989—2008 定义荷重软化温度是：耐火材料在规定的升温条件下，承受恒定荷载产生规定变形时的温度。荷重软化点的测定方法包括示差－升温法与非示差－升温法两种，国家标准中规定的是示差－升温法，非示差－升温法现仅在行业标准（YB/T 370—1995）中使用。两者的区别仅在于试验设备及试样尺寸与形状，原理是相同的。它们的试验方法是：圆柱体试样在规定的恒定载荷和升温速率下加热，直到其产生规定的压缩形变，记录升温时试样的形变，测定在产生规定形变量时的相应温度。耐火材料发生不同变形率的温度区间，反映了耐火材料呈现明显塑性变形的软化温度范围。该技术指标表示了耐火材料对温度与荷重同时作用的抗变形能力。在一定程度上体现了材料在使用条件下的结构强度。

#### 1.6.2.2　高温荷重软化温度的影响因素

影响高温荷重软化温度的主要因素是：主晶相的晶体构造及特性、主晶相颗粒间结合状态、结合物的种类等；主晶相与液相的相对比例，温度变化时二者的相互作用及对液相数量、黏度的影响；组织结构中的气孔数量、尺寸等。

某些常见耐火材料的荷重变形温度如图 1-20 所示。

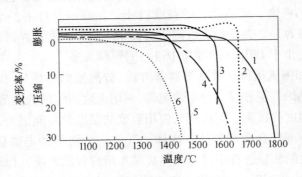

图 1-20　常见耐火材料的荷重变化曲线

从图中可见，耐火材料因其结构性能的不同，高温荷重软化温度曲线形状也不同。1号、4号、6号曲线为黏土质耐火材料和高铝质耐火材料，由于晶相与液相的比例差异，荷重软化开始温度不一致，但是液相量和液相黏度随温度升高的变化程度均较小，曲线较平缓。

2号曲线为硅砖，由于鳞石英构成的结晶骨架坚强，材料中的液相量少且黏度大，当温度接近鳞石英的熔点时试样才开始变形，结晶骨架破坏，迅速坍塌。荷重软化开始温度与变形 40% 的温度只差 20℃，仅比耐火度低 60~70℃。

3号曲线为镁砖，方镁石是被结合物（低熔结晶化合物）胶结，当温度升高至低熔化合物的熔点以后，生成了黏度很小的液相，导致结构体的松垮。荷重软化开始温度与结构溃裂时的温度仅差 $10 \sim 30 \text{℃}$ ，而与耐火度却相差 $1000 \text{℃}$ 以上。

下面仅就黏土砖荷重软化温度曲线进行举例说明。

黏土砖的主要相组成是莫来石和作为莫来石基质的大量的硅酸盐玻璃相。氧化铝含量较高的黏土砖有 $50\%$ 左右的莫来石晶体，针状莫来石晶体孤立的分散于基质中，而不形成结晶网络，硅酸盐玻璃相在较低的温度甚至 $800 \sim 900 \text{℃}$ 下就开始转变为黏度很大的液相。随着温度升高，液相的黏度并未降低，而是由于莫来石晶体在液相中特别是在含有一定数量的碱类液相中具有显著的分解或溶解作用，提高液相中 $Al_2O_3$ 特别是 $SiO_2$ 的含量，从而使液相的黏度增大。所以在一定温度范围内，温度升高不足以使液相的高度黏滞性有明显的变化，大量黏度非常高的液相的存在以及这种液相黏度并不因温度升高而降低的特点，决定了黏土砖具有很宽的荷重变形温度范围。

### 1.6.2.3 高温荷重软化温度的提高途径

提高高温荷重软化温度的途径，与提高材料抗蠕变性的途径基本相同。

（1）纯化原料。提高原料的纯度或对原料进行提纯，尽量减少低熔物和强熔剂等杂质成分（如黏土砖中的 $Na_2O$ 、硅砖中的 $Al_2O_3$ 、镁砖中的 $SiO_2$ 和 $CaO$ 等）的含量，从而降低制品中的玻璃相含量（这是提高该性能的首选方法）。

（2）强化基质。引入增大液相黏度的物质和能形成高熔点化合物的成分，或加入能产生体积膨胀的物质。

（3）改进工艺。合理设计配合料的颗粒级配，提高坯体的成型压力，获得高致密度坯体，减少制品中的气孔数量，使制品抗蠕变的有效成分增加；合理制定烧成制度（烧成温、保温时间、加热及冷却速度），使材料中的必要物化反应充分进行，获得需要的物相组成和组织结构。

### 1.6.2.4 高温荷重软化温度与使用条件的差异

根据耐火材料的高温荷重软化温度指标，可以判断耐火材料使用过程中在何种条件下失去承载能力以及制品内部的结构的变化情况，可以作为评价和选用材料的依据。但是，高温荷重软化温度的测定条件与耐火制品的使用情况还存在着较大差异，制品在使用条件下的荷重比试验时小得多，因此制品使用时的荷重软化开始温度比测定值要高；测定时材料整体处于同等的受热条件，而使用时大多数情况是沿受热面的垂直方向存在着较大的温度梯度，材料的承载主要是材料的冷端部分；耐火材料的承受高温荷重的使用时间要比试验测定时多得多；在实际使用过程中，耐火材料还可能受到弯曲、拉伸、扭转、冲击化学介质和工作气氛的作用影响。

## 1.6.3 高温体积稳定性

在高温下长期使用的耐火材料是处于热力学非平衡状态，因此会有一些物理与化学反应发生，这些反应有时会带来一定的体积变化，并可能危害衬体材料的稳定性与使用寿命。若在使用过程产生较大的收缩，则可能产生大量的裂纹使炉衬解体。相反，若产生较大的膨胀，则可能在炉衬中造成较大的应力而导致炉衬耐火材料翘曲脱离衬板而破坏，所以需要一个评价在使用过程中因物理化学变化导致耐火材料体积变化的性能指标。由于直接在高温下测定体积变化需要特殊的设备，同时还要排除线膨胀的影响，实际操作起来比较困难。所以，常采用用耐火材料再次经高温处理后试样体积或尺寸变化，来表征耐火材料在使用温度下可发生的变形大小，这就是耐火材料的重烧线变化。

### 1.6.3.1　高温体积稳定性的定义及意义

耐火材料在高温下长期使用时，其外形体积保持稳定不发生变化（收缩或膨胀）的性能，称为耐火材料的高温体积稳定性。高温体积稳定性是评价耐火材料制品质量的一项重要指标。

耐火材料在烧成过程中，其间的物理化学变化一般都未达到烧成温度下的平衡状态。当制品长期使用时，一些物理化学反应在高温下会继续进行。另一方面，耐火材料在实际烧成过程中，因种种原因会有烧结不充分的制品，在制品使用中会因再受高温作用而产生进一步的烧结。在此过程中，也导致制品会发生不可逆的体积尺寸的变化，即残余膨胀或收缩，也称为重烧膨胀或收缩。重烧体积变化的大小，即表明制品的高温体积稳定性。

耐火制品的高温体积稳定性这一指标对于其使用具有指导意义。重烧膨胀或收缩较大的制品，高温使用时的体积尺寸变化会造成制品的脱落或应力破坏，甚至可能使耐火材料的砌筑体松散，工作介质侵入到砌筑体内部，最后导致砌筑体的损毁。不定形耐火材料和不烧砖因其使用前无需烧成，该指标的测定尤为重要。提高定形制品的高温体积稳定性，可以适当提高烧成温度与保温时间，以使物化反应及烧结充分进行。

### 1.6.3.2　影响高温体积稳定性的因素

耐火材料的重烧线变化是耐火材料高温体积稳定性的直接反映，它间接反映了耐火材料偏离热力学平衡状态的程度。因此，耐火材料的化学矿物组成与显微结构是影响重烧线变化的重要因素。在重烧过程中可能产生化学反应与相变，导致耐火制品体积膨胀与收缩。当反应产物的密度小于反应物的密度时，发生膨胀，如红柱石、硅线石与蓝晶石的莫来石化、氧化镁与三氧化二铝反应生成尖晶石等。如果反应产物的密度大于反应物就会产生收缩。

烧结是重烧过程中发生的一个重要过程，它是导致重烧线收缩的重要原因。耐火材料中气孔率、液相量、液相组成与晶粒大小都会对烧结产生很大的影响。液相量越多，晶粒尺寸越小，气孔率越大，烧结越容易进行，产生的重烧收缩也越大。

耐火材料制造工艺参数对其重烧线变化率有一定影响。如提高制品的烧成温度与延长保温时间，可以缩短耐火材料与其热力学平衡态的距离，可以降低重烧线变化率。

## 1.6.4　热震稳定性

耐火材料在使用过程中，其环境温度的变化是不可避免的。有时甚至是非常急剧的变化，例如，冶金操作中的转炉、电炉加料、升温，出钢时的炉温变化，铸钢时盛钢桶和流钢砖的温度变化等，最大的温度变化可在一瞬间使砖的工作面温升千度以上。制品由此而产生裂纹、剥落或崩损。这种破坏作用限制了窑炉的加热和冷却速度、限制窑炉的强化操作，而且也是制品和窑炉加速损坏的主要原因之一。

### 1.6.4.1　热震稳定性的定义

耐火材料抵抗温度急剧变化而不破坏的性能称为热震稳定性（也称为抗热震性或温度急变抵抗性）。如果某材料抵抗温度急变而不破坏的能力强，则称之为热震稳定性高（或抗热震性好）；否则，称之为热震稳定性低（或抗热震性差）。例如，莫来石、堇青石质耐火材料经受温度急变而不易断裂和剥落，则为热震稳定性高（或抗热震性好）的材料；硅砖、镁砖经受温度急变易于断裂和剥落，则为热震稳定性低（或抗热震性差）的材料。对于像钢包、转炉内衬及陶瓷隧道窑窑车和窑具等，其工作时温度急变程度大，则应选择热震稳定性高的耐火材料。

### 1.6.4.2　热震破坏的理论基础及类型

耐火材料是非均质的脆性材料，与金属制品相比，由于它的热膨胀率较大，热导率和弹性较小、抗张强度低，抗热应力而不破坏的能力差，导致其抗热震性较低。陶瓷与耐火材料中热应力主要来自两方面。一方面，由于耐火材料在加热与冷却过程中自耐火材料的表面至内部存在温度梯度，该温度梯度在材料内产生的应力如图 1-21 所示。在冷却过程中，材料表面的温度低，它要收缩，而材料内部的温度高要阻碍表面收缩，结果材料表面承受张应力而材料内部要承受压应力。在材料升温过程中则恰好相反，材料表面的温度高于其内部温度，则在材料表面承受压应力而内部承受张应力。另一种应力则来源于耐火材料组成与显微结构不均匀性。由于材料中各相的线膨胀系数不同，各相膨胀或收缩相互牵制而产生的应力。这种应力不仅仅是来源于存在材料中的温度梯度，即使是材料中各部分的温度相同，由于各相膨胀系数的差异也会在材料中产生应力。

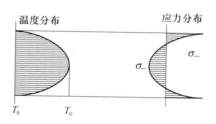

图 1-21　冷却过程中耐火材料的温度分布与应力分布

### 1.6.4.3　提高耐火制品抗热震性的工艺措施

具体工艺措施如下：

（1）选用具有较低的热膨胀系数 $\alpha$ 及较高的热导率 $\lambda$ 的材料为原料。

（2）增大晶粒尺寸或配料颗粒度，以便扩大原始裂纹长度，是提高抗热震性的有效措施；人为地在材料中引入适量的第二相材料（在制品烧成时产生体积膨胀或收缩的微粉），造成复相材料在温度急变过程中易于形成微裂纹或微细孔隙，由此可使裂纹作准静态连续稳定扩展，并起到钝化扩展裂纹尖端的应力集中作用。

（3）调节配合料颗粒级配及成型压力，使材料中保持一定的气孔率；调整烧成制度使制品烧成时轻度欠烧或轻烧，可使颗粒间存有微小空隙。

（4）在允许的情况下，改变制品的形状和尺寸等。

## 1.6.5　抗渣性

耐火材料在使用过程中最常接触到的是各种冶金熔渣、熔融玻璃等。渣蚀损毁是耐火材料破坏的两大主要原因之一，它对耐火材料的使用寿命有很大影响。本小节中我们首先了解熔渣的概念，接着讨论渣对耐火材料的侵蚀形式，然后讨论耐火材料的抗渣性与其影响因素等。

### 1.6.5.1　抗渣性定义

耐火材料在高温抵抗熔渣侵蚀作用而不破坏的能力称为抗渣性。这里的熔渣是一个广义的概念，涵盖了高温下与耐火材料相接触的固体、液体、气体三个状态的物质。例如，冶金炉料、燃料灰分、飞尘、水泥熟料、煅烧的石灰、炉体中比邻的化学性质差异大的耐火材料、固态金属物质、焦炭等；金属熔体、冶金熔渣、玻璃液等；煤气、一氧化碳、氟、硫、锌、碱等蒸气。

熔渣侵蚀是耐火材料在使用过程中最常见的一种损坏形式。在耐火材料的实际使用中，有50%是由于熔渣侵蚀而损坏，如炼钢炉衬、钢包衬、高炉炉腰炉缸内衬、有色冶金炉衬、玻璃池窑的池壁池底、水泥回转窑内衬等材料的损坏，基本上是熔渣侵蚀的结果。

### 1.6.5.2　熔渣侵蚀的形式

熔渣物质在高温下一般形成液相物质与耐火材料接触，即固体物质、气体物质在高温下与耐火材料反应后，最终也会形成液相。所以，熔渣侵蚀的实质是液相熔渣的侵蚀过程，即主要是耐火材料在熔渣中的溶解过程和熔渣向耐火材料内部的侵入渗透过程。熔渣侵蚀的形式可分为：

（1）单纯溶解。耐火材料与液相熔渣不发生化学反应的物理溶解过程。

（2）反应溶解。耐火材料与液相熔渣在其界面处发生化学反应，耐火材料的工作面部分地转变为低熔化合物而溶入渣中，熔渣的化学组成也发生了改变。

（3）侵入变质溶解：高温液相熔渣通过气孔侵入耐火材料的内部深处，向耐火材料中的液相或固相进行扩散，使耐火制品的组成与结构发生质的改变，使耐火材料易于溶入熔渣中。

#### A　熔渣对耐火材料的单纯溶解

熔渣对耐火材料的溶解过程，存在着溶解度和溶解速度两个因素。溶解度是耐火材料与熔渣在某一个温度下处于相平衡状态时，耐火材料在熔渣中的溶解程度，即饱和溶解度。饱和溶解度可由杠杆规则求出，如图1-22所示。$F$为耐火材料组成点，$S$为熔渣组成点，饱和溶解度 $C_o = SL/FS \times 100\%$。

实际的溶解过程并非是相平衡状态，在溶解过程中，饱和溶解度 $C_o$ 只是处于耐火材料与熔渣的接触面部位，距接触面一定距离以外，是耐火材料溶入熔渣的实际浓度 $C_x$，如图1-23所示。耐火材料的溶解速度 $\mathrm{d}C/\mathrm{d}t$ 为：

$$\frac{\mathrm{d}C}{\mathrm{d}t} = \frac{D(C_o - C_x)S}{\delta} \tag{1-31}$$

式中　$D$——耐火材料通过扩散层的扩散系数；

　　　$S$——熔渣与耐火材料的接触面积；

　　　$\delta$——扩散层厚度。

温度改变，熔渣的黏度和扩散层厚度变化，物质在熔渣扩散层中的扩散速度发生变化，溶解速度也发生变化。

熔渣的流动程度对溶解速度影响很大。熔渣高速流动使扩散层变薄，溶解速度加大。

#### B　熔渣对耐火材料的反应溶解

耐火材料在熔渣中的溶解多是反应溶解过程，反应溶解过程的速度取决于：熔渣中反应物离子通过熔体及扩散层扩散到熔渣与耐火材料接触的相界面上的扩散速度、界面上的二者的反应速度、反应产物溶入熔渣并扩散离开界面的速度。并且主要为三者中速度最慢的过程所控制。

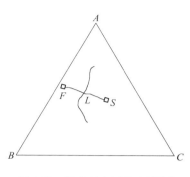

图 1-22 饱和溶解度杠杆规则

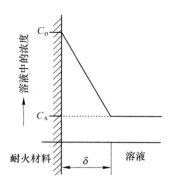

图 1-23 物质在耐火材料中的扩散

耐火材料与非金属的液相熔渣作用引起的熔蚀，一般认为是由扩散传质所控制；而与熔融金属等作用时，则是由界面反应速度控制。

耐火材料与液相熔渣的反应速度快，低熔反应产物大量生成。若反应物或熔渣的黏度低时，反应物易于从反应界面处移走，材料表面又与新的熔渣层接触发生反应。由此，耐火材料将被液相熔渣快速熔蚀。

耐火材料与液相熔渣的反应速度慢，低熔反应产物极少量生成。耐火材料难于被熔渣熔蚀。一般情况下，化学反应的酸碱性原则也适用于耐火材料与液相熔渣的反应程度。酸性耐火材料抗酸性渣能力强，碱性耐火材料抗碱性渣能力强。

液相熔渣对耐火材料的熔蚀溶解速度，代表性的关系式为：

$$\Delta d = A \cdot \left( \frac{T}{\eta} \right)^{\frac{1}{2}} \cdot t^{\frac{1}{2}} \tag{1-32}$$

式中　$\Delta d$——耐火材料的蚀损量；

　　　$A$——常数；

　　　$T$——熔渣温度；

　　　$\eta$——熔渣黏度；

　　　$t$——反应时间。

熔渣的温度高、黏度小，耐火材料与熔渣易于反应，反应产物易于从接触界面上移走，耐火材料的熔蚀程度相应就大。

C　熔渣对耐火材料的侵入变质溶解

具有较大尺寸开口气孔的耐火材料，液相熔渣对耐火材料的侵蚀不仅在接触界面上进行，还能够经气孔侵入渗透至材料的内部进行。其侵入速度要比通过液相侵入或固相扩散都要大得多。由此，反应溶解的深度和面积扩大，使液相熔渣侵入区域内的材料组成与结构发生变质，形成溶解度高的变质层，加速了材料的熔蚀。此外，变质层与材料本体的化学矿物组成、结构等不同，高温及力学性能也不同，若有温度急变发生，变质层极易从材料上剥离下来，材料的新表面再与液相熔渣接触，又可能重复液相熔渣的侵入与变质层的剥离，加剧了材料的蚀损。此种情况是钢包包衬的使用寿命低的主要原因。

耐火材料中的开口气孔，可视为毛细管。根据镁砖与 C-A-S 系液相熔渣作用确定的侵入速度关系式为（熔渣侵入量公式）：

$$V_t = A\left(\frac{\varepsilon^2 r}{2}\right)^{\frac{1}{2}} \cdot \left(\frac{\sigma\cos\theta}{\eta}\right)^{\frac{1}{2}} \cdot t^{\frac{1}{2}} \tag{1-33}$$

式中  $V_t$——熔渣侵入量；

$A$——接触面积；

$\varepsilon$——开口气孔率；

$r$——气孔半径；

$\sigma$——液相熔渣表面张力；

$\theta$——液相熔渣与耐火材料的接触角；

$\eta$——液相熔渣的黏度；

$t$——时间。

**1.6.5.3　熔渣侵蚀的影响因素**

**A　气孔率和气孔尺寸对熔渣侵蚀的影响**

耐火材料开口气孔率愈高，液相熔渣的侵入速度愈快，液相熔渣的侵入速度大致与气孔率成正比。当耐火材料的气孔率一定时，气孔的形状、直径、长度、分布等情况不相同，则液相熔渣的侵入速度可能变化很大。

气孔直径尺寸大，液相熔渣顺利通过较大气孔侵入，基质部分容易被熔蚀掉，而使大颗粒裸露突出，颗粒与液相熔渣的接触面积加大，颗粒的溶解与反应程度加大，颗粒还容易被液相熔渣从制品上熔涮下来。另外有人提出，熔渣不侵入气孔尺寸小于 $5\mu m$ 的气孔。

**B　液相熔渣与耐火材料的润湿程度对熔渣侵蚀的影响**

液相熔渣对耐火材料的润湿作用程度，是液相熔渣对耐火材料溶解、反应、侵入等过程进行的前提和必要条件。若液相熔渣不润湿耐火材料，则耐火材料就不易被液相熔渣所溶解或与其反应。特别是当开口气孔为直径小的毛细管时，液相熔渣与耐火材料的润湿程度就尤为重要，表面张力导致的弯曲液面上的附加压力的作用方向，是自液面指向弯曲液面的曲率中心的，是背离凹液面指向的。若液相熔渣不润湿或润湿不良时，其润湿接触角 $\theta > 90°$，液相熔渣进入气孔中的弯曲液面附加压力的方向是指向液相熔渣的。液面附加压力的作用可以阻止液相熔渣向气孔中的推入。熔渣对耐火材料表面的润湿性取决于润湿角 $\theta$，只有当润湿角 $\theta < 90°$ 时，熔渣向砖内气孔侵入（渗透）才有可能。

不同物质之间的润湿情况如图 1-24 所示，据此可对确定的液相熔渣选用相应的适宜材料。例如，碳砖不为熔渣所润湿，因此实际上也不被熔渣所侵蚀；再如，氧化锆是难以被熔渣润湿的材料，这是连铸水口砖选用氧化锆的理由之一。此外，炼钢转炉用碱性砖以焦油为结合剂以及某些

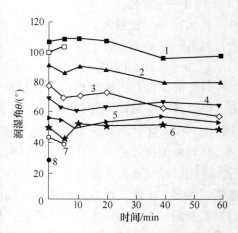

图 1-24　钢水耐火材料的润湿（1580℃）

1—二氧化锆；2—锆英石；3—硅石；

4—镁石；5—铬镁；6—电熔镁铬；

7—电熔莫来石；8—黏土

制品需浸渍焦油或沥青后使用,其作用均起着润湿不良的效果。

C 液相熔渣的黏度对熔渣侵蚀的影响

液相熔渣的黏度小,物质通过液相的扩散及溶解度加大,液相熔渣易于流动,加剧了溶解、反应溶解、熔渣侵入等。但是,某些耐火材料溶入熔渣后,液相熔渣的黏度增大,浓度很大的液相熔渣会在耐火材料的表面处形成"覆盖保护层",使耐火材料免遭液相熔渣的溶解、反应、侵入。如硅砖、叶蜡石耐火材料较好地应用于冶金炉衬和钢包内衬上即是缘由于此。

D 高温环境气氛对熔渣侵蚀的影响

这里讲到的环境气氛指的是气体的氧含量的多少。某些氧化还原变价元素及其化合物,在氧化或还原气氛中元素的变化对耐火材料抗侵蚀性的影响不可忽视。如 $Al_2O_3$-$SiO_2$ 质耐火制品中的 $Fe_2O_3$,还原气氛时以 FeO 形式存在,其与耐火材料的主成分在较低温度 1205℃产生液相,氧化气氛时以 $Fe_2O_3$ 形式存在时,产生液相的温度则在 1380℃以上。这样,$Al_2O_3$-$SiO_2$ 质耐火制品在还原气氛下的抗侵蚀性就差。

### 1.6.5.4 提高耐火材料抗侵蚀性的途径

A 纯化原料及强化基质

纯化原料及强化基质是提高耐火材料许多性能的有效方法,同样地也可以改善耐火材料的抗侵蚀性。选用纯度高的原料,减少原料中的杂质含量,制品中高耐火性能主晶相的含量多,液相及低耐火性能的次晶相的含量低。

配料中加入某种物质,使其与基质中的成分作用生成高耐火性能的晶相,或提高液相基质的黏度。如 $Al_2O_3$-$SiO_2$ 质耐火制品中引入氧化铝细粉、锆英石细粉、或叶蜡石细粉、石英细粉等。

B 选择适宜的生产工艺方法

调节配料的颗粒级配,使制品易于形成最紧密堆积,减小气孔率,提高致密度。改进成型设备及工艺操作,增加成型压力和次数,先轻后重,第一次的加压和抬起速度要慢,制品坯体的裂纹少、气孔率低、致密度高。

烧成制度合理,减少制品的欠烧和过烧,减少制品烧成中产生的相变裂纹、快烧及快冷裂纹。

## 1.6.6 耐真空性

耐火材料常压下的蒸气压很低,较稳定不易挥发。而在高温时的真空条件下(如冶金真空熔炼炉、或钢水真空脱气处理等),耐火材料的挥发量加大,使其使用寿命或性能降低。

某些元素的化合物或其缺氧化合物,在高温真空条件下易于挥发。如 $SiO_2$、$Cr_2O_3$ 等化合物及制品,其高温真空耗损大。而 $Al_2O_3$、CaO、$ZrO_2$ 等化合物及其制品耐高温真空性较好。

耐火材料在高温真空条件下,因真空所致,耐火材料的质量、密度、气孔率、化学矿物组成,以及其力学性能、高温性能等均容易发生变化,性能降低导致材料损坏。

# 1.7　耐火材料形状的正确性及尺寸的准确性

　　耐火材料形状的正确性及尺寸的准确性，即指耐火材料的形状和尺寸要符合用户的要求。形状尺寸不合格的耐火材料使用时，会导致炉窑砌筑体的整体性差、强度低、气密性差。降低炉体的使用寿命，特别是降低炉体的抗渣性、高温强度、抗热震性等。

　　影响耐火材料形状尺寸不合格的因素很多，有试验设计方面（制品的缩放尺）、原料变动更换、配料准确性、颗粒级配、配合料的水分、坯体干燥与烧成制度等。此外，坯体的装窑位置、砖垛的稳固平整程度等也是重要的影响因素。

　　可以改进生产工艺技术，生产形状尺寸合格的制品，即生产出尺寸公差小于规定值的制品。对于使用期长、工程投资大、质量要求严格的窑炉，耐火材料使用前甚至还需要使用金刚石工具进行切割、磨抛等机械加工。

　　耐火材料的外观检查项目和规定要求，各种耐火制品有专门的标准。

## 复习思考题

1-1　什么是耐火材料的性质？

1-2　耐火材料的耐火度是否可以作为选用耐火材料的依据，为什么？

1-3　如何测定不规则形状材料的体积密度？

1-4　创造性思维题：如何获得多孔透气制品具有众多均匀的微小孔隙（思路：等大颗粒的直接结合、定向有机纤维烧失等）？

1-5　解释概念：气孔率和体积密度、化学组成和矿物组成、主成分和杂质、主晶相和基质。

1-6　耐火材料的热膨胀系数和高温体积稳定性有什么关系，各自影响因素有哪些？

1-7　什么是耐火度，与纯物质熔点有何区别？

1-8　何为常温耐压强度？耐火材料一般不因为常温耐压强度不够而破坏，为什么还要测其常温耐压强度？

1-9　什么是耐火材料的弹性模量，有哪些影响因素，有何使用意义？

1-10　什么是荷重软化温度，有哪些影响因素？

1-11　什么是热震稳定性，分析提高耐火材料热震稳定性的工艺措施有哪些？

1-12　什么是抗热震断裂性和热震损伤性，两者的判据是什么？

1-13　何为抗渣性，从影响因素分析提高耐火材料抗渣性的工艺措施有哪些？

# 2 耐火材料基本生产工艺原理

【本章主要内容及学习要点】本章主要介绍包括原料的种类及加工制备方法，坯料的制备方法，成型方法，干燥过程，烧成以及后续的成品的加工与精选等在内的耐火材料的生产工艺过程。重点掌握耐火材料生产过程的总体工艺过程，掌握相关工序所需设备及影响工艺因素。

## 2.1 耐 火 原 料

### 2.1.1 耐火原料分类

耐火材料是由各种不同种类的耐火原料在特定的工艺条件下加工生产而成。耐火材料在使用过程中会受到各种外界条件的单独或复合作用，因此要有多种具有不同特性的耐火材料来满足特定的使用条件，其所用的耐火原料种类也是多种多样的。

耐火原料的种类繁多，分类方法也多种多样。

按原料的生成方式可分为天然原料和人工合成原料两大类，天然矿物原料是耐火原料的主体。天然耐火原料的主要品种有：硅石、石英、硅藻土、蜡石、黏土、铝矾土、蓝晶石族矿物原料、菱镁矿、白云石、石灰石、镁橄榄石、蛇纹石、滑石、绿泥石、锆英石、珍珠岩、铬铁矿和石墨等。天然原料通常含杂质较多，成分不稳定，性能波动较大，只有少数原料可直接使用，大部分都要经过提纯、分级甚至煅烧加工后才能满足耐火材料的生产要求。

人工合成耐火原料在近几十年的发展十分迅速。这些合成的耐火原料可以完全达到人们预先设计的化学矿物组成与组织结构，质量稳定，是现代高性能与高技术耐火材料的主要原料。常用的人工合成耐火原料有：莫来石、镁铝尖晶石、锆莫来石、堇青石、钛酸铝、碳化硅等。

按耐火原料的化学组分，可分为氧化物原料与非氧化物原料。

按化学特性，耐火原料又可分为酸性耐火原料，如硅石、黏土、锆英石等；中性耐火原料，如刚玉、铝矾土、莫来石、铬铁矿、石墨等；碱性耐火原料，如镁砂、白云石砂、镁钙砂等。

按照其在耐火材料生产工艺中的作用，耐火原料又可分为主要原料和辅助原料。主要原料是构成耐火材料的主体。辅助原料又分为结合剂和添加剂。结合剂的作用是耐火材料坯体在生产与使用过程中具有足够的强度。常用的有亚硫酸纸浆废液、沥青、酚醛树脂、铝酸盐水泥、水玻璃、磷酸及磷酸盐、硫酸盐等，有些主要原料本身又具有结合剂的作用，如结合黏土；添加剂的作用是改善耐火材料生产或施工工艺，或强化耐火材料的某些性能，如稳定剂、促凝剂、减水剂、抑制剂、发泡剂、分散剂、膨胀剂、抗氧化剂等。

习惯上，人们通常按耐火原料的化学矿物组成、开采或加工方法、特性以及在耐火材料中的作用进行综合分类。表 2-1 所示为耐火原料的综合分类表，表 2-2 所示为耐火材料的种类与所用的耐火原料。

**表 2-1　耐火原料的综合分类**

| 耐火原料的分类 | 主要品种（原料举例） |
|---|---|
| 硅质及半硅质 | 硅石（脉石英、石英岩、石英砂岩、燧石岩），熔融石英，硅微粉，叶蜡石，硅藻土 |
| 黏土质原料 | 高岭土，球黏土，耐火黏土（软质黏土、硬质黏土、半软质黏土），焦宝石 |
| 高铝质原料 | 铝矾土，蓝晶石族原料（蓝晶石、红柱石、硅线石），合成莫来石（莫来石、锆莫来石） |
| 氧化铝质原料 | 氢氧化铝，氧化铝（煅烧氧化铝、烧结氧化铝、板状氧化铝），电熔刚玉（电熔刚玉、电熔亚白刚玉、电熔棕刚玉、电熔致密刚玉、锆刚玉） |
| 碱性原料 | 轻烧菱镁矿，烧结镁砂，电熔镁砂，海水镁砂，白云石砂，合成镁白云石砂，钙砂，镁钙砂 |
| 尖晶石族原料 | 镁铝尖晶石，镁铬砂，铬铁矿 |
| 镁铝硅质原料 | 镁橄榄石，蛇纹石，滑石，绿泥石，海泡石 |
| 碳质原料 | 天然鳞片石墨，土状石墨，焦炭，石油焦，烟煤及无烟煤 |
| 锆基原料 | 锆英石，斜锆石，氧化锆，锆刚玉，锆莫来石 |
| 低膨胀原料 | 合成堇青石，钛酸铝，熔融石英，含锂矿物 |
| 非氧化物原料 | 碳化硅，氧化硅，赛隆，氧化硼，氮化铝，碳化硼 |
| 结合剂 | 有机结合剂（天然结合剂、合成结合剂、合成树脂、石油及煤的分馏物），无机结合剂（铝酸盐水泥、硅酸盐、磷酸及磷酸盐、硫酸盐、溶胶、结合黏土等） |
| 添加剂 | 稳定剂，促凝剂，增塑剂，减水剂，分散剂，抑制剂，发泡剂，抗氧化剂 |

**表 2-2　耐火材料的种类与所用原料**

| 耐火材料的种类 | 主 要 原 料 | 辅 助 原 料 |
|---|---|---|
| 硅质 | 硅石、废硅砖 | 石灰、铁鳞、亚硫酸纸浆废液 |
| 黏土质 | 黏土熟料 | 结合黏土、水玻璃等 |
| 高铝质 | 铝矾土熟料 | 结合黏土、工业氧化铝，蓝晶石族原料 |
| 刚玉质 | 电熔或烧结刚玉、莫来石、氧化铝 | 结合黏土、蓝晶石族原料、磷酸铝等 |
| 碳质 | 炭黑、无烟煤、沥青焦、石墨 | 酚醛树脂、煤焦油、沥青、结合黏土 |
| 碳化硅质 | 碳化硅 | 结合黏土、氧化硅微粉、硅粉、纸浆废液 |
| 镁质 | 烧结镁砂、电熔镁砂 | 纸浆废液、卤水 |
| 铬质 | 铬铁矿、镁砂 | 卤水、纸浆废液 |
| 镁铬质 | 铬铁矿、电熔或烧结镁砂 | 卤水、硫酸镁、纸浆废液 |
| 白云石质 | 白云石砂、镁砂 | 煤焦油、酚醛树脂 |
| 镁碳质 | 镁砂、石墨 | 酚醛树脂、金属添加物 |
| 莫来石质 | 合成莫来石、刚玉 | 结合黏土、蓝晶石族矿物 |
| 莫来石堇青石质 | 合成莫来石、焦宝石、黏土 | 氧化铝、蓝晶石族矿物、滑石 |
| 锆英石质 | 锆英石砂 | 纸浆废液 |

## 2.1.2 选矿提纯

天然矿物原料通常有贫矿与富矿，成分不均匀，质量波动较大，直接用于耐火材料会给生产工艺带来麻烦并造成质量不稳定，有时甚至无法使用，因此需要经过选矿富集和分级。选矿是利用多种矿物的物理和化学性质的差别，将矿物几何体的原矿粉碎，并分离出多种矿物加以富集的过程。

选矿的作用有：

（1）将矿石中的有用矿物和脉石矿物相互分离，富集有用矿物；

（2）除去矿石中的有害杂质；

（3）尽可能地回收有用的伴生矿物，综合利用矿产资源。

选矿的主要方法有浮选、磁选、重选、电选（静电选）、光电选、手选、化学选矿、摩擦与淘汰选矿以及按粒度、形状与硬度的选矿等。对耐火原料来说，采用何种选矿方法或几种选矿方法的组合，取决于原料中各种矿物的物理性质，如颗粒大小与形状、密度、滚动摩擦与滑动摩擦、润湿性、电磁性质、溶解度等。

按照颗粒的形状来选矿是用于具有片状的或针状的结晶（如云母、石墨、石棉等）矿物。这种形状的颗粒，大部分都通不过圆孔筛。

按照密度来进行选矿的原理，是由密度相差很大而颗粒大小相同的矿物构成的松散物料，经过淘洗或空气分离器，密度大的矿物降落在近处，而密度小的矿物则落在较远处。

浮选法选矿是利用矿物被液体所润湿程度的差别来进行的。放入液体中的固体矿物，力图突破液体的表面层，而表面层由于表面张力的作用给予其以反作用力。当矿物细磨后并放入液体中时，其中某些矿物可能不被液体润湿，浮在其表面上，而另一些矿物可能被润湿而沉底。

重液选矿法亦称重介质选矿法，这是一种利用矿物的密度差，在重液中进行分离的方法。

根据 H. B. 约翰逊的矿物分类，各种不同矿物对不同的电极极性，其导电性和飞散距离亦不相同。当电压为负时，导电的矿物称为正整流性矿物。电压为正时，导电的矿物称为负整流性矿物。不受极性影响的矿物称全整流性矿物。在相同整流性矿物中，临界电位各不相同，只有达到该矿物的临界电位后才能导电。利用整流性和临界电压的不同，在静电选矿机上，可把不同矿物分离。

磁力选矿法是基于不同的矿物具有不同的导磁系数。例如，Fe、Ni、Co 及其化合物，很容易被磁铁吸引，而有些物质则不被磁铁吸引。电磁选矿通常用来除掉耐火原料中的杂质（主要是铁质）。

电渗选矿法的原理是利用悬浊液的质点（如黏土、高岭土）带有电荷（一般为负电核），电流通过悬浊液时，带电的微粒向带有相反电荷的电极移动，并沉积在其表面上。

化学方法提纯是目前制备高纯原料的重要手段。它是利用一系列化学及物理化学反应，使矿物分离。例如，用海水或卤水制备高纯氧化镁。这种方法的缺点是反应过程复杂、成本高。

目前，耐火原料的常用选矿方法如表 2-3 所示。

表 2-3　耐火原料的常用选矿方法

| 耐火原料 | 选 矿 方 法 | 耐火原料 | 选 矿 方 法 |
|---|---|---|---|
| 蓝晶石 | 浮选，重选，磁选 | 叶蜡石 | 磁选，浮选 |
| 硅线石 | 浮选，磁选 | 滑石 | 手选，光电选，浮选，磁选，干法风选 |
| 红柱石 | 手选，磁选，重介质选 | 锆英石 | 重选，浮选，电选，磁选 |
| 鳞片石墨 | 浮选，重选 | 蛭石 | 手选，风选，静电选，重选，浮选 |
| 土状石墨 | 手选 | 硅藻土 | 干法重选，湿法重选 |
| 高岭土 | 重选，浮逃，磁选，化学选 | 菱镁矿 | 热选，浮选，重选，化学选矿 |

### 2.1.3　耐火原料的煅烧

　　大部分用作耐火材料骨料的原料都需经过高温煅烧。硅石、叶蜡石等耐火原料，由于在加热过程中发生体积膨胀或收缩很小，可不经预先煅烧而直接制砖。除这些原料外，耐火原料有的含结晶水，有的为碳酸盐矿物，加热时释放出水分或排出 $CO_2$，伴随有较大的体积收缩；有的原料加热时产生晶型变化，伴随较大的体积变化。

　　原料煅烧时产生一系列物理化学变化，形成熟料，用熟料为原料，能够改善制品的成分和结构，保证制品的体积稳定和外形尺寸的准确性，提高制品的性能。

　　原料煅烧过程中主要发生两大变化：其一是物理化学变化，根据原料不同可能涉及吸附水、结晶水以及有机物的排出、分解反应、相变、固相反应等；其二是烧结，烧结的主要目的是降低气孔率，达到一定的体积密度。作为耐火材料，不但天然原料需要烧结，合成原料也需要烧结，不同原料的烧结存在很多共性。

　　烧结的基本推动力是系统表面自由能的减少，通过物质迁移而实现的。影响烧结的因素主要有如下三方面：

　　（1）原料的颗粒尺寸与分布以及晶体的完整程度。通常，颗粒尺寸越小，晶体的缺陷越多，则越容易烧结。

　　（2）添加物的种类和数量。添加物的作用是与主烧结相形成固溶体活化晶体或生成液相而加速传质过程，或抑制晶粒长大、控制相变等。

　　（3）烧结工艺条件。如烧结温度、升温速度与气氛、坯体密度及热压压力等均对烧结有较大影响。

　　有的耐火原料很难烧结，因为它具有较大的晶格能和较稳定的结构，质点迁移需要较高的活化能，即活性较低之故。例如，高纯天然白云石真正烧结需要 1750℃ 以上的高温，而提纯的高纯镁砂，需 1900～2000℃ 以上才能烧结。这对高温设备、燃料消耗等方面都带来了一系列新问题。所以，根据原料特点和工艺要求，提出了原料的活化烧结、轻烧活化、二步煅烧及死烧等概念。

　　（1）活化烧结。早期的活化烧结是通过降低物料粒度，提高比表面和增加缺陷的办法实现的，把物料充分细磨（一般小于 $10\mu m$），在较低的温度下烧结制备熟料。但是，单纯依靠机械粉碎来提高物料的分散度毕竟是有限的，能量消耗大大增加。于是开辟了新的途径。

　　（2）轻烧活化.用化学法提高物料活性，研制降低烧结温度促进烧结的工艺方法，提出了轻烧活化，即轻烧—压球（或制坯）—死烧。轻烧的目的在于活化。菱镁矿加热后，在 600℃ 出现等轴晶系方镁石，650℃ 出现非等轴晶系方镁石，等轴晶系方镁石逐渐消失，850℃ 完全消失。这些 MgO 晶格，由于缺陷较多，活性高，在高温下加强了扩散作用，促进了烧结。轻烧温度对活性有很大的影响，它直接关系到熟料的烧结温度及体积密度。试验指出，低温分解的 $Mg(OH)_2$ 具有较高的烧结活性，MgO 雏晶尺寸小，晶格常数大，因而结构松弛且具有较多的晶格缺陷。随着分解温度升高，雏晶尺寸长大，晶格常数减小，并在接近 1400℃ 时达到方镁石晶体的正常数值。一般来讲，对于已确定的物料，总有一个最佳轻烧温度。$Mg(OH)_2$ 的轻烧温度通常为 900℃ 左右，轻烧温度过高会使结晶度增高，粒度变大，比表面和活性下降；轻烧温度过低则可能有残留的未分解的母盐而妨碍烧结。

（3）二步煅烧。20 世纪 60 年代的研究证明，"二步煅烧"有明显的效果，即轻烧—压球—死烧工艺。在 1600℃ 以下，可制成高纯度、高密度的烧结镁石，$w(MgO)$ 高达 99.9%，密度可达 3.4g/cm³。这样就基本解决了高纯镁砂（杂质总含量小于 2%）的烧结问题。这种工艺也逐渐推广到由浮选天然镁精矿制取高纯高密度镁砂上。

二步煅烧对制备高纯度、高密度的镁砂，合成镁白云石砂开辟了新的途径。但是，二步煅烧与一次煅烧结相比，工艺过程较复杂，燃耗较大，所以对于纯度不高的物料，如杂质总量达到 4% 的镁砂，可不必强调采用二步煅烧工艺。死烧的目的在于使物料达到完全烧结。

### 2.1.4 耐火原料的合成

天然原料经上述工艺加工，其质量和品种仍不能满足多品种的耐火材料需求，因此需要人工合成耐火原料，合成原料可按使用目的人为地控制其化学组成和物相组成，具有优于天然原料的多种性能。控制合成原料的化学组成和物相组成是通过控制所用原料和合成过程两个环节实现的。自然界中存在但不具开采价值而又十分重要的耐火原料也可通过人工合成而得到。

合成原料的方法有烧结法、熔融（电熔）法、化学法等。

#### 2.1.4.1 烧结法

烧结法合成耐火原料是以天然原料或工业原料，经过细磨、均化和高温煅烧形成预期的矿物相。

A 均化

均化对烧结法合成耐火原料尤其重要。要想得到物相均匀的合成原料，应把所使用的天然原料、工业原料和添加物严格计量，充分混合细磨，使其组分高度均匀的分散。湿法混磨工艺能最大限度地保证合成原料的均匀性。

B 成型

成型方法根据均化的方式而定。均化为干法，成型方法有压球机压球、成球盘成球、压砖机压荒坯三种方法。均化为湿法，成型方法为挤泥成条状或方坯状。

C 烧成

坯体经干燥后，入窑烧成。烧结法合成原料实际上是配合料在高温下的烧结，常用的烧结设备有竖窑、回转窑及隧道窑。小批量合成料可用倒焰窑、梭式窑。

#### 2.1.4.2　熔融（电熔）法

熔融（电熔）法通过高温熔融的方法获得预期的矿物组成的原料。熔融法较烧结法工艺过程简化，熔化温度高，合成的原料纯度较高且晶体发育良好，因此某些性能比烧结法好，它是未来十分有发展前途的耐火原料合成方法。与烧结法不同，该方法还具有部分除去杂质的作用，如用矾土为主要原料的电熔莫来石，可除去大部分的氧化铁和部分氧化钛。

#### 2.1.4.3　化学法

化学方法提纯，是目前制备高纯原料的重要手段。它是利用一系列化学及物理化学反应，达到使矿物分离的目的。例如，矾土矿用拜耳法制取工业氧化铝，用海水或卤水制备高纯氧化镁。但这种方法的缺点是反应过程复杂、成本高。

#### 2.1.4.4　其他方法

除上述方法外，还有其他特有的方法。例如，制造碳化硅为硅石、焦炭在电阻炉内加热到 $2000 \sim 2500℃$ ，通过反应生成；合成氮化硅通过金属硅粉直接氮化反应生成，合成温度一般为 $1200 \sim 1450℃$ 。

二氧化硅微粉（简称硅微粉）也称 $SiO_2$ 粉尘、硅微粉、硅灰等，是冶炼铁合金和金属硅的副产品。在高温冶炼炉内，石英约在 $2000℃$ 下被炭还原成液态金属硅，同时也产生 $SiO$ 气体，随炉气逸出炉外。$SiO$ 气体遇到空气时被氧化成 $SiO_2$ ，即凝聚成非常微小且具有活性的 $SiO_2$ 颗粒。经干式收尘装置收集，即得到硅灰。

上述合成方法中，以烧结法和熔融法为主。常见的部分合成原料的生产工艺特点如表2-4 所示。

**表 2-4　几种合成原料的生产工艺特点**

| 合成原料种类 | 原　　料 | 电熔或煅烧温度/℃ | 窑炉类型 |
|---|---|---|---|
| 电熔刚玉 | 工业氧化铝 | ≥2100 | 电弧炉 |
| 烧结刚玉 | 工业氧化铝 | 1750 ~ 1950 | 高温竖窑、隧道窑 |
| 烧结莫来石 | 工业氧化铝、硅石、矾土、高岭土 | 1600 ~ 1750 | 回转窑、隧道窑 |
| 镁铝尖晶石 | 工业氧化铝、矾土、菱镁矿 | 1700 ~ 1850 | 回转窑 |
| 镁钙砂 | 菱镁矿、白云石、石灰石 | 1650 ~ 1700 | 回转窑、竖窑 |
| 堇青石 | 滑石、高岭石、菱镁矿、氧化铝等 | 1300 ~ 1420 | 回转窑等 |

### 2.1.5　原料的加工

#### 2.1.5.1　破粉碎

生产耐火材料用耐火熟料（或生料）的块度，通常具有各种不同的形状和尺寸，其大小可由粉末状至 $350mm$ 左右的大块。另外，由实验和理论计算表明，单一尺寸颗粒组成的泥料不能获得紧密堆积，必须由大、中、小颗粒组成的泥料才能获得致密的坯体。因此，块状耐火原料经拣选后必须进行破粉碎，以达到制备泥料的粒度要求。

耐火原料的破粉碎，是用机械方法（或其他方法）将块状物料减小成为粒状和粉状物料的加工过程，习惯上又称为破粉碎，具体分为粗碎、中碎和细碎。粗碎、中碎和细碎的控制粒度根据需要进行调整。粗碎、中碎和细碎分别选用不同的设备。

A 粗碎（破碎）

物料块度从350mm破碎到小于50~70mm。粗碎通常选用不同型号的颚式破碎机。其工作原理是靠活动颚板对固定颚板作周期性的往复运动，对物料产生挤压、劈裂、折断作用而破碎物料的。

B 中碎（粉碎）

物料块度从50~70mm粉碎到小于5~20mm。中碎设备主要有圆锥破碎机、双辊式破碎机、冲击式破碎机、锤式破碎机等。圆锥破碎机的破碎部件是由两个不同心的圆锥体，即不动的外圆锥体和可动的内圆锥体组成的，内圆锥体以一定的偏心半径绕外圆锥中心线作偏心运动，物料在两锥体间受到挤压和折断作用被破碎。双辊式破碎机是物料在两个平行且相向转动的辊子之间受到挤压和劈碎作用而破碎。冲击式破碎机和锤式破碎机是通过物料受到高速旋转的冲击锤冲击而破碎，破碎的物料获得动能，高速冲撞固定的破碎板，进一步被破碎，物料经过反复冲击和研磨，完成破碎过程。

C 细碎（细磨）

物料粒度从5~30mm细磨到小于0.088mm或0.044mm，甚至约0.002mm。细碎设备有筒磨机、雷蒙磨机（又称悬辊式磨机）、振动磨机、气流磨机和搅拌式磨机等。

影响耐火原料破粉碎的因素，主要是原料本身的强度、硬度、塑性和水分等，同时也与破粉碎设备的特性有关。

在耐火材料生产过程中，将耐火原料从350mm左右的大块破粉碎到5~0.088mm的各粒度料，通常采用连续粉碎作业，并根据破粉碎设备的结构和性能特点，采用相应的设备进行配套。例如，采用颚式破碎机、双辊式破碎机、筛分机、筒磨机，或者采用颚式破碎机、圆锥破碎机、筛分机、筒磨机等进行配套，对耐火原料进行连续破粉碎作业。

连续破粉碎作业的流程通常有两种，即开流式（单程粉碎）和闭流式（循环粉碎）。

（1）开流式粉碎的流程简单，原料只通过破碎机一次。但是，要使原料只经过一次粉碎后完全达到要求的粒度，其中必然会有一部分原料成为过细的粉料，这称为过粉碎现象。它不但降低粉碎设备的粉碎效率，而且不利于提高制品的质量。

（2）闭流式粉碎时，原料经过破碎机后被筛分机将其中粗粒分开，使其重新返回破碎机与新加入的原料一起再进行粉碎。显然，闭流式粉碎作业的流程较复杂，并需要较多的附属设备。但采用闭流式粉碎时，破碎机的粉碎效率较高，并可减少原料的过粉碎程度。在耐火材料生产中，原料粗碎通常采用开流式，而中碎系统采用闭流式循环粉碎。

原料在破粉碎过程中不可避免地带入一定量的金属铁杂质。这些金属铁杂质对制品的高温性能和外观造成严重影响，必须采用有效方法除去。除铁方法有物理除铁法和化学除铁法。物理除铁法是用强磁选机除铁，对颗粒和细粉选用不同的专用设备。化学除铁法是采用酸洗法除铁。对于白刚玉等高纯原料，用该方法除铁才能保证原料的高纯度。除铁设备有耐酸泵、耐酸缸、搅拌机、离心机、干燥机和打粉机等。

### 2.1.5.2 筛分

筛分是指破粉碎后的物料，通过一定尺寸的筛孔，使不同粒度的原料进行分离的工艺过程。耐火原料经破碎后，一般是大中小颗粒连续混在一起。为了获得符合规定尺寸的颗粒组分，需要进行筛分。

筛分过程中，通常将通过筛孔的粉料称为筛下料，残留在筛孔上粒径较大的物料称为筛上料，在闭流循环粉碎作业中，筛上料一般通过管道重返破碎机进行再粉碎。

根据生产工艺的需要，借助于筛分可以把颗粒组成连续的粉料，筛分为具有一定粒度上下限的几种颗粒组分，如3～1mm的组分和小于1mm的组分等。有时仅筛出具有一定粒度上限（或下限）的粉料，如小于3mm的全部组分或大于1mm的全部组分等。要达到上述要求，关键在于确定筛网的层数和选择合理的筛网孔径。前者应采用多层筛，后者可采用单层筛。筛分时，筛下料的粒度大小不仅取决于筛孔尺寸，同时也与筛子的倾斜角、粉料沿筛面的运动速度、筛网厚度、粉料水分和颗粒形状等因素有关。在生产时，改变筛子的倾斜角或改变沿筛面的运动速度，就可在一定程度上调整筛下料的颗粒大小。

目前，耐火材料生产用的筛分设备主要有振动筛和固定斜筛两种，前者筛分效率高达90%以上，后者则低，一般为70%左右。

### 2.1.5.3 粉料储存

耐火原料经粉碎、细磨、筛分后，一般存放在储料仓内供配料使用。粉料储存在料仓内的最大问题是颗粒偏析。因为在粉料颗粒中一般都不是单一粒级，而是由粗到细的连续粒级组成的，只是各种粉料之间颗粒大小和粒级之间的比例不同而已。当粉料卸入料仓时，粗细颗粒就开始分层，细粉集中在卸料口的中央部位，粗颗粒则滚到料仓周边。当从料仓中放料时，中间的料先从出料口流出，四周的料随料层下降，而分层流向中间，然后从出料口流出而造成颗粒偏析现象。

目前生产中解决储料仓颗粒偏析的方法，主要有以下几种：（1）对粉料进行多级筛分，使同一料仓内的粉料粒级差值小些；（2）增加加料口，即多口上料；（3）将料仓分隔。

# 2.2 坯料制备

## 2.2.1 配料

根据耐火制品的要求和工艺特点，将不同材质和不同粒度的物料按一定比例进行配合的工艺称为配料。配料规定的配合比例也称配方。

确定泥料材质配料时，主要考虑制品的质量要求，保证制品达到规定的性能指标。经混练后坯料具有必要的成型性能，同时还要注意合理利用原料资源，降低成本。

### 2.2.1.1 粒度组成

泥料中颗粒组成的含意包括：颗粒的临界尺寸、各种大小颗粒的百分含量和颗粒的形状等。颗粒组成对坯体的致密度有很大影响。只有符合紧密堆积的颗粒组成，才有可能得到致密坯体。

不同尺寸的圆球体堆积状态计算表明，通常向大颗粒的组分中加入一定数目尺寸较小的颗粒，使其填充于大颗粒的间隙中，则堆积物间隙可进一步降低。假如向第一组球内引入第二组球，其尺寸比第一组球小，第二组球在空隙内也能以配位数为8的方式堆积，则混合物的空隙下降为14.4%。依此类推，再加入体积更小的第三、第四组球，则空隙还会进一步下降，如表2-5所示。当三组分球作最紧密堆积时，气孔率下降显著，当组分大于3时，则气孔率下降幅度减小。

表2-5　多组分球体堆积特征

| 球体组分 | 球体体积/% | 气孔率/% | 气孔率下降/% |
|---|---|---|---|
| 1 | 62 | 38 | — |
| 2 | 58.6 | 14.4 | 23.6 |
| 3 | 64.6 | 5.4 | 9.0 |
| 4 | 98 | 2 | 3.4 |
| 5 | 99.2 | 0.8 | 1.2 |

在工艺上主要是用来满足耐火制品气孔率、热震稳定性以及透气性的要求，但实际应用时，除考虑最紧密堆积原理外，还须根据原料的物理性质、颗粒形状、制品的成型压力、烧成条件和使用要求全面考虑并加以修正。

最紧密堆积的颗粒，可分为连续颗粒和不连续颗粒。

图2-1给出不连续三组分填充物堆积密度的计算值和实验值。由图可见，堆积密度最大的组成为：55%～65%粗颗粒，10%～30%中颗粒，15%～30%细颗粒。

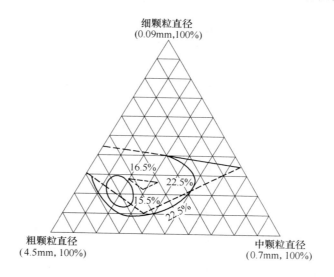

图2-1　熟料堆积的气孔率

（虚线—计算结果；实线—实验结果）

用不连续颗粒可以得到最大的填充密度，但其缺点是将产生严重的颗粒偏析，而且也是不实际的。实际生产中，还是选择级配合理的连续颗粒，通过调整各粒级配合的比例量，达到尽可能高的填充密度。

在连续颗粒系列中，设 $D$ 是最大颗粒粒径，$d$ 是任意小颗粒的粒径，$y$ 是粒径 $d$ 以下的含有量，若取配合料总量为100%，则

$$y = 100 \left( \frac{d}{D} \right)^q \tag{2-1}$$

式中，$q$ 值随颗粒形状等因素变化，实际上取 $0.3 \sim 0.5$ 时，该颗粒系列构成紧密堆积。

根据有关文献，适应于耐火材料颗粒组成的计算公式为：

$$y = 100 \times \left[ \alpha + (1 - \alpha) \left( \frac{d_1}{D} \right)^n \right] \tag{2-2}$$

式中　$\alpha$——系数，取决于物料的种类和细粉的数量等因素，一般情况下，$0 < \alpha < 0.4$；

　　　$n$——指数，与颗粒的分布及细粉比例有关，$n = 0.5 \sim 0.9$；

　　　$D$——临界颗粒尺寸；

　　　$d_1$——最小颗粒尺寸。

式中物料的堆积密度与物理化学性质以及 $D$、$n$ 和 $\alpha$ 值有关。

在一定范围内，试样显气孔率随细粉的增加而降低。当 $\alpha = 0.31$ 和 $\alpha = 0.32$ 时，临界粒度为 $3mm$ 和 $4mm$ 的物料，从其紧密堆积时的颗粒组成计算得知，小于 $0.06mm$ 的颗粒应占 $34\%$ 和 $42\%$。

在耐火制品生产中，通常力求制得高密度砖坯，为此常要求泥料的颗粒组成应具有较高的堆积密度。要达到这一目的，只有当泥料内颗粒堆积时形成的孔隙被细颗粒填充，后者堆积时形成的孔隙又被更细的颗粒填充，在如此逐级填充条件下，才可能达到泥料颗粒的最紧密堆积。在实际配制泥料时，要按照理论直接算出达到泥料最紧密堆积时的最适宜的各种粒度的直径和数量比是困难的，但是按照紧密堆积原理，通过实验所给出的有关颗粒大小与数量的最适宜比例的基本要求，对于生产是有重要的指导意义。

通过大量的试验结果表明，在下述条件下能获得具有紧密堆积特征的颗粒组成：

（1）颗粒的粒径是不连续的，即各颗粒粒径范围要小。

（2）大小颗粒间的粒径比值要大些，当大小粒径间的比值达 $5 \sim 6$ 以上时，即可产生显著的效果。

（3）较细颗粒的数量，应足够填充于紧密排列的颗粒构成的间隙中。当两种组分时，粗细颗粒的数量比为 $7 : 3$；当三种组分时为 $7 : 1 : 2$，其堆积密度较高。

（4）增加组分的数目，可以继续提高堆积密度，使其接近最大的堆积密度。

上述最紧密堆积理论，只是对获得堆积密度大的颗粒组成指出了方向，在实际生产中并不完全按照理论要求的条件去做。这首先是因为粉料的粒级是连续的，要进行过多的颗粒分级将使得粉碎和筛分程序变得很复杂；其次，虽然能紧密堆积的颗粒组成是保证获得致密制品具有决定性意义的条件，但在耐火制品生产过程中还可以采用其他工艺措施，也同样能提高制品的致密度。另外，原料的性质，制品的技术要求和后道工序的工艺要求等，都要求泥料的颗粒组成与之相适应。因此，在生产耐火制品时，通常对泥料颗粒组成提出的基本要求是：

（1）应能保证泥料具有尽量大的堆积密度。

（2）满足制品的性质要求。如要求热稳定性好的制品，应在泥料中适当增加颗粒部分的数量和增大临界粒度；对于要求强度高的制品，应增加泥料的细粉量；对于要求致密的抗渣性好的制品，可以采取增大粗颗粒临界粒度和增加颗粒部分的数量，从而提高制品的密度，降低气孔率，如镁碳砖。

（3）原料性质的影响。如在硅砖泥料内，要求细颗粒多些，使砖坯在烧成时易于进行多晶转化；而镁砖泥料中的细颗粒过多则就易于水化，对制品质量不利。

（4）对后道工序的影响。如泥料的成型性能，用于挤泥成型应减小临界粒度，并增大中间粒度数量；用于机压成型大砖，应增加临界粒度。

普通耐火制品为三级配料，这类制品如普通黏土砖、高铝砖等。制造耐火制品用泥料的颗粒组成多采取"两头大，中间小"的粒度配比，即在泥料中粗、细颗粒多，中间颗粒少。因此，在实际生产中，无论是原料的粉碎或泥料的制备，在生产操作和工艺检查上，对大多数制品的粉料或泥料，只控制粗颗粒筛分（如 2~3mm 或 1~2mm）和细颗粒筛分（如小于 0.088mm 或小于 0.5mm）两部分的数量。

中、高档耐火制品采用多级配料，如镁碳砖、铝碳滑板砖、刚玉砖等，根据制品的性能要求配料更为细致。

### 2.2.1.2 原料组成

原料组成除规定原料粒度比例外，还有原料种类比例。所用原料的性质及工艺条件应满足制品类型和性能要求。

（1）从化学组成方面看，配料的化学组成必须满足制品的要求，并且应高于制品的指标要求。因为要考虑到原料的化学组成有可能波动，制备过程中可能引入的杂质等因素。

（2）配料必须满足制品物理性能及使用要求。在选择材质时应考虑原料的纯度、体积密度、气孔率、类型（烧结料或电熔料）等。

（3）坯料应具有足够的结合性，因此配料中应含有结合成分。有时结合作用可由配料中的原料来承担。但有时主体原料是瘠性料的，则要由具有黏结能力的结合剂来完成，如纸浆废液、糊精、结合黏土和石灰乳等。纸浆废液不影响制品化学组成，而结合黏土和石灰乳影响制品化学组成。所选用的结合剂应当对制品的高温性能无负面作用，黏土和石灰乳可分别用作高铝砖和硅砖的结合剂。

### 2.2.1.3 配料方法

通常配料的方法有质量配料法和容积配料法两种。

质量配料的精确度则较高，一般误差不超过 2%，是目前普遍应用的配料方法。质量配料用的称量设备有手动称量秤、自动定量秤、电子秤和光电数字显示秤等。上述设备中，除手动称量秤外，其他设备都可实现自动控制。它们的选用应根据工艺要求、自动控制水平以及操作和修理技术水平而定。

容积配料是按物料的体积比来进行配料，各种给料机均可作容积配料设备，如皮带给料机、圆盘给料机、格式给料机和电磁振动给料机（不适用于细粉）等。容积配料一般多使用于连续配料，其缺点是配料精确性较差。

## 2.2.2 混练

混练是使不同组分和不同粒度的物料同适量的结合剂经混合和挤压作用达到分布均匀和充分润湿的泥料制备过程。混练是混合的一种方式，伴随有一定程度的挤压、捏和、排气过程在内。坯料混合的最终目的，旨在使坯料中成分和性质均匀，即在单位质量或体积内具有同样的成分和颗粒组成。

影响泥料混练均匀的因素很多，如合理选择混练设备，适当掌握混练时间，以及合理选择结合剂并适当控制其加入量等，都有利于提高泥料混练的均匀性。另外，加料顺序和粉料的颗粒形状等对泥料混练的均匀性也有影响，如近似球形颗粒的内摩擦力小，在混练过程中相对运动速度大，容易混练均匀，棱角状颗粒料的内摩擦力大，不易混练均匀，故与前者相比都需要较长的混练时间。

### 2.2.2.1  混合混练设备

目前，在耐火材料生产中根据不同用途和目的，常用的混合混练设备有预混合设备、造粒设备、混练设备等。

**A  预混合设备**

预混合设备是生产各类耐火材料过程中，混合细粉、微粉和微量添加剂时所使用的设备，可使细粉和微量添加剂充分混合均匀。常用的预混合设备有螺旋锥型混合机、双锥型混合机及 V 型混合机等。

**B  混练设备**

**a  湿碾机**

湿碾机是利用碾轮与碾盘之间的转动对泥料进行碾压、混练及捏合的混合设备。主要常见老型号是底部下传动盘转湿碾机及少量上部传动碾陀转的湿碾机，这些设备笨重，混合过程中物料易被粉碎，动力消耗大。但由于其结构简单，在耐火材料厂尚未被完全替代。新型号的湿碾机碾轮与碾盘之间的间距可调整，减少对物料的粉碎。

**b  行星式强制混合机**

行星式强制混合机的中心立轴担有一对悬挂轮、两付行星铲和一对侧刮板，盘不转，中心立轴转，带动悬挂轮、行星铲和侧刮板顺时针转，行星铲又作逆时针自转，泥料在三者之间为逆流相对运动，在机内既作水平运动又被垂直搅拌，5～6min 可得到均匀混合，而颗粒不破碎。根据工艺需要，可以增添加热装置。

该机效率高、能耗低、混合均匀；整机密封好，无粉尘、噪声低；出料迅速、干净；可混合干料、半干料、湿料或胶状料。

**c  高速混合机**

高速混合机由混合槽、旋转叶片、传动装置、出料门以及冷却、加热装置等部分组成，结构如图 2-2 所示。

混合槽是由空心圆柱形碾盘、锥台形壳体和圆球形顶盖等组成的容器。下部碾盘为夹套式结构，由冷却、加热装置向夹套供给冷水或热水，控制物料混合温度。

主轴上安装特殊形状的搅拌桨叶，构成旋转叶片。旋转叶片的转速在工作过程中可以变换，从而使物料得到充分的混合。

参与混合的各种原料及结合剂，由上部入料口投入。电动机通过皮带轮、减速机带动旋转叶片旋转，在离心力的作用下，物料沿固定混合槽的锥壁上升，向混合机中心作抛物线运动，同时随旋转叶片作水平

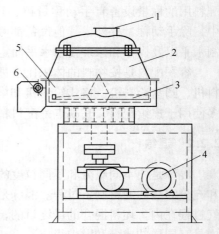

图 2-2  600L 高速混合机

1—入料口；2—锥形壳体；3—旋转叶片；
4—传动装置；5—碾盘；6—出料门

回转，处于一种立体旋流状态，对于不同密度、不同种类的物料易于在短时间内混合均匀，混合效率比一般混合机高一倍以上。混合后的物料由混合槽的侧面出料门排出。为适应某些物料混合温度要求，由冷却、加热装置对物料进行冷却、加热和温等调控，从而获得高质量的混料。

高速混合机不破碎泥料颗粒，混合均匀，混料效率高，能控制混料温度，特别适应混合含石墨的耐火泥料。该机已在生产高级含碳耐火材料制品的厂家得到推广。

d 强力逆流混合机

强力逆流混合机是应用逆流相对运动原理，使物料反复分散、掺和的混合设备。由旋转盘、搅拌星高速转子、固定刮板、卸料门、液压装置、机架及密封护罩等部分组成。

在混合机的料盘中，偏心安装搅拌星与高速转子。料盘以低速顺时针方向旋转，连续不断地将物料送入中速逆时针转动的搅拌星的运动轨迹内，借助料盘旋转及刮料板的作用，将料翻转送入高速逆时针旋转的高速转子运动的轨迹内进行混料。在连续的、逆流相对运动高强度混练过程中，物料能够在很短的时间内混合均匀一致，达到所需的混合程度。

### 2.2.2.2 混练时间

在泥料混练时，通常混练时间越长，混合得越均匀。在泥料混合初期，均匀性增加很快但当混合到一定时间后，再延长混合时间对均匀性的影响就不明显了。因此，对于不同类型混合机械所需混合时间是有一定限度的。

物料中瘠性料的比例、结合剂与物料的润湿性等影响混练的难易程度，因此不同性质的泥料对混练时间的要求也不同。如用湿碾机混练时，黏土砖料为 $4 \sim 10min$，硅砖料为 $15min$ 左右，镁砖料则 $20min$ 左右，铝碳滑板砖料约为 $30min$。混练时间太短，会影响泥料的均匀性；而混练时间太长，又会因颗粒的再粉碎和泥料发热蒸发而影响泥料的成型性能。因此，对不同砖种泥料的混练时间应加以适当控制。为了减少湿碾机混练时的再粉碎现象，通常可调节湿碾机的碾陀与底盘间的间距，使碾陀与底盘之间留有 $40 \sim 50mm$ 的间隙。

### 2.2.2.3 混练顺序

用湿碾机混练泥料时，加料顺序会影响混练效果。通常先加入颗粒料，然后加结合剂，混合 $2 \sim 3min$ 后，再加细粉料，混合至泥料均匀。若粗细颗粒同时加入，易出现细粉集中成小泥团及"白料"。

泥料的混练质量对成型和制品性能影响很大。混练泥料的质量表现为泥料成分的均匀性（化学成分、粒度）和泥料的塑性。在高铝砖实际生产中，通常以检查泥料的颗粒组成和水分含量来评定其合格与否。混练质量好的泥料，细粉形成一层薄膜均匀地包围在颗粒周围，水分分布均匀，不单存在于颗粒表面，而且渗入颗粒的孔隙中；泥料密实，具有良好的成型性能。如果泥料的混练质量不好，则用手摸料时有松散感，这种泥料的成型性能就较差。

## 2.2.3 困料

"困料"就是把初混后的泥料在适当的温度和湿度下储放一定的时间。泥料困料时间的长短，主要取决于工艺要求和泥料的性质。

困料的作用包括如下几个方面：

（1）让水分、结合剂及其他添加剂通过毛细管的作用在泥料中分布均匀。

（2）让泥料中的某些化学反应有时间充分完成以减少对后续工序的影响或提高泥料的性能。

困料的作用随泥料性质不同而异，如黏土砖料，是为了使泥料内的结合黏土进一步分散，从而使结合黏土和水分分布得更均匀些，充分发挥结合黏土的可塑性能和结合性能，以改善泥料的成型性能；而对氧化钙含量较高的镁砖泥料进行困料，则为了使 CaO 在泥料中充分消化，以避免成型后的砖坯在干燥和烧成初期由于 CaO 的水化而引起坯体开裂；又如，对用磷酸或硫酸铝作胶结剂的泥料进行困料，主要是去除料内因化学反应产生的气体等等。

困料的主要目的是增加泥料的塑性，改善成型性能。通常晒料时，应避免泥料水分的散失。困料后的泥料有时需经第二次混合。是否需要困料与第二次混合，需根据生产实际过程而定。困料延长生产周期，增加成本，因此，并非一定需要。

随着耐火材料生产技术水平的发展和原料质量的提高（如半干料机压成型法的普遍应用和高压力液压机的采用），使大部分耐火制品在生产过程中省略了晒料工序，从而简化了耐火材料生产工艺。

## 2.3　成　　型

### 2.3.1　成型方法

耐火坯料借助外力和模型，成为具有一定尺寸、形状和强度的坯体或制品的过程称成型。

成型是耐火材料生产过程的重要环节。耐火材料的成型方法很多，多达十余种。按坯料含水量的多少，成型方法可分为如下 3 种：

（1）半干法：坯料水分 5% 左右；

（2）可塑成型：坯料水分 15% 左右；

（3）注浆法：坯料水分 40% 左右。

对于一般耐火制品，大多采用半干法成型。至于采用什么成型方法，主要取决于坯料性质、制品形状尺寸以及工艺要求。可塑法有时用来制造大的异形制品，注浆法用来生产空薄壁的高级耐火制品。除上述方法外，还有振动成型、热压注成型、熔铸成型以及热压成型等。

### 2.3.2　机压成型法

机压成型法是使用压砖机将坯料压制成坯体的方法，实质上是一个使坯料内颗粒密集和空气排出、形成致密坯体的过程。一般机压成型均指含水量为 4%～9% 的半干料成型方法。常用的设备有摩擦压砖机、杠杆压砖机和液压机等。

#### 2.3.2.1　压制过程

机压成型的压制过程大致分为三个阶段，如图 2-3 所示。

在第一阶段中，泥料在压力作用下颗粒发生移动，形成坯体。其特点是泥料压缩量大，而且压缩量几乎与压力成正比增加；当坯体被压缩到一定程度后，就进入了压制过程的第二个阶段。在这个阶段中，成型压力已增加到能使泥料内颗粒发生脆性和弹性变形的程度，所以在压制时由于泥料内颗粒受压变形和多角型颗粒的棱角被压掉，从而使坯体内颗粒间的接触面增加，摩擦阻力增大，因此，使这一阶段的压制特性表现为跳跃式的压缩变化，即呈阶梯形变化曲线。当压制进入第三阶段时，成型压力已超过临界压力，即使压力再升高，坯体几乎不再被压缩。

### 2.3.2.2　压制压力

机压成型的砖坯具有密度高、强度大、干燥收缩和烧成收缩小、制品尺寸容易控制等优点，所以该法在耐火材料生产中占主要地位。为获得致密的坯体，必须给予坯料足够的压力。其压力的大小应能够克服坯料颗粒间的内摩擦力、坯料颗粒与模壁间的外摩擦力以及由于坯料水分、颗粒及其在模具内填充不均匀而造成的压力分布不均匀性。这三者之间的比例关系取决于坯料的分散度、颗粒组分、坯料水分、坯体的尺寸和形状等。

### 2.3.2.3　压力分布与层密度现象

当压制砖坯时，上部料层先受压，压力沿受压方向一层层地往下传递。在传递过程中，部分压力用于克服颗粒之间的内摩擦力、颗粒与模壁间的外摩擦力以及被压坯料的变形，造成所施压力的分布不均匀，随远离受压面压强逐渐降低。

成型后砖坯的密度沿着加压方向递变的现象称为层密度。由于成型压力沿受压方向的不均匀性，造成砖坯沿受压方向离受压面越远，密实程度越低的不均匀性的现象，即如图2-4所示的那样，$D_1 > D_2 > D_3$。

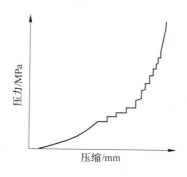

图2-3　坯体压制过程曲线

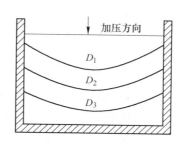

图2-4　成型坯体密度的不均匀性

压制砖坯时的层密度现象，对厚度及高度大的砖坯表现得比较明显，这与压制上述制品压力递减程度有密切关系。在耐火材料生产中，为了减轻或消除砖坯压制时产生的层密度现象，通常采取如下的几种方法：

（1）对厚度及高度大的制品，一般采用双面加压，以缩短压力传递距离，减少压力递减程度。

（2）提高模板加工精度和在模壁上涂以润滑油，以降低泥料和模壁之间的摩擦力。

（3）在泥料内加入一些活化剂（如纸浆废液等），以降低压制时泥料内的摩擦力。

#### 2.3.2.4　弹性后效

弹性后效通常是指在模型内由泥料制成的坯体受力时产生的弹性变形，在外力解除后引起坯体膨胀的现象。造成这种现象的主要原因是泥料内含有空气和水分，在成型加压时它们发生压缩和迁移。而在撤压后，又发生再迁移和膨胀，从而引起坯体的体积膨胀。弹性后效往往是在压制过程中造成废品的直接原因。

成型时，坯体受压方向所受到的压力数倍于横向压力，因而弹性后效在纵向（受压方向）上较大。当成型压力取消后，坯体的横向膨胀被模具侧壁所阻，纵向周边的膨胀又为侧壁摩擦力所阻，因此使砖坯纵向中间部位呈现出较大的膨胀。

由弹性后效引起的砖坯体积膨胀，当砖坯强度不足时，会使砖坯产生垂直于加压方向的裂纹（又称层裂）。

#### 2.3.2.5　影响层裂的因素及防止方法

压制过程中坯体产生层裂是一个非常复杂的过程，其影响因素较多且复杂，如坯料本身的影响（颗粒组成、水分、可塑性等等）、操作条件（压机结构、加压操作情况等等）的影响。

**A　气相的影响**

坯料中大部分气体在压制过程中被排除，一部分被压缩，应当强调的是，压制时坯料体积的减小并不等于排出坯料中空气的体积，因为压制时尚有颗粒的弹性、脆性变形和空气本身的压缩。坯料中的气体，能够增加物料的弹性变形和弹性后效。

如果压制造程中坯料中的空气未从模内排出，则被压缩在坯体内的空气的压力是很大的。计算结果表明，这样高的压力实际已超过了砖坯的断裂强度。所以残留在坯体内的空气是造成坯体层裂的重要原因，在其他条件相同的状况下，坯料内的空气量越多，压制时造成层裂的可能性超大，所以空气若不能从坯体中排出，则不可能得到优质产品。

坯体中气相数量的多少，也与很多因素有关，如坯料成分、颗粒组成、混练和压制操作等工艺条件，但是颗粒组成是先决条件。

**B　水分的影响**

在半干压制坯料中水分太大会引起层裂。因为水的压缩性很小，具有弹性，在高的压制压力下，水从颗粒的间隙处被挤入气孔内，当压力消除后，它又重新进入颗粒之间使颗粒分离，引起坯体体积膨胀，产生层裂。总之，在水分过大时，水分是引起层裂的主要原因，在水分小时，弹性后效是引起层裂的主要原因。

**C　加压次数对层裂的影响**

如图 2-5 所示，加荷卸荷次数增多，则残余变形逐渐减小，所以在条件相同的情况下，间断地卸荷比一次压制密度高。

**D　压制时间及压力的影响**

在条件相同的情况下，慢慢地增加压力，即延长加压时间，也能得到类似压缩程度很大的结果。物料在持续负载的作用下塑性变形很大。塑性变形的绝对值取决于变形速度，

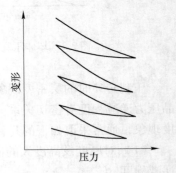

图 2-5　加荷卸荷压力
与变形的关系

在任一级最终载荷下，缓慢加荷比快速加荷使坯体具有更大的塑性变形。

实践证明，坯体在压力不大但作用时间长的情况下加压，比大压力一次性加压产生的塑性变形大。例如，把黏土砖的加压时间增大三倍，其气孔率大约下降了 5%。

### 2.3.3　其他成型方法

#### 2.3.3.1　可塑成型法

可塑成型是指用可塑性泥料制成坯体的方法。在耐火原料中，软质黏土加水调和后具有可塑性。可塑性在一定范围内随水分的增加由弱变强，因此，用于可塑性成型法的泥料应含相当数量的软质结合黏土（一般为 40% 以上）和一定的水分（一般为 16% 以上）。

可塑成型所用设备多为挤泥机和再压设备，有时用简单工具以手工进行，称为手工成型法。采用手工成型时，坯料有时不含有黏土，如镁砖及硅砖用卤水或石灰乳作为成型塑化介质。这时手工成型料的含水量也较低，水分含量近于半干成型坯料含水量的上限。

在用挤泥机生产时，将制备好的泥料放入挤泥机中，挤成泥条，然后切割，按所需尺寸制成毛坯，再将毛坯用压砖机压制，使坯体具有规定的尺寸和形状。坯料的含水量与原料性质、制品要求有关。水分可按坯料中软质黏土的多少及其可塑性强弱进行调整。挤泥机的临界压力与坯料的含水量有关，水分越大，挤泥机的临界压力便越低。可塑成型法多用来生产大型或特异型耐火制品。与半干法相比，其缺点是坯体水分大，砖坯强度低，外形尺寸不准确，干燥过程复杂，收缩有时达 10% 以上。因此，在耐火制品生产中，除部分制品外，一般很少采用。

#### 2.3.3.2　注浆成型法

制成含陶瓷粉料的悬浮液，它具有一定的流动性，将悬浮液注入模腔得到具有一定形状的毛坯，这种方法称作注浆成型。

为了保证注浆坯体的质量，注浆用浆料必须满足以下要求：

（1）黏度小，流动性好，以保证料浆充满型腔；

（2）料浆稳定性好，不易沉淀与分层；

（3）在保证流动性的前提下，含水量应尽量少，以避免成型和干燥后的收缩、变形、开裂；

（4）触变性要小，保证料浆黏度不随时间而变化，同时在脱模后坯体不会在外力作用下变软；

（5）料浆中的水分容易通过已形成的坯体被模壁吸收；

（6）形成的坯体容易从模型上脱离，并不与模型反应；

（7）尽可能不含气泡，可在浇注前对料浆进行真空处理。

可采用空心注浆和实心注浆的方法进行注浆成型。

空心注浆又称单面注浆，所使用的石膏模没有型芯。将调制好的陶瓷浆料注满模型后，经过一段时间待模型内壁粘附一定厚度的坯体后将多余浆料倒出，使坯体形状在模型内固定下来。这种方法用于浇铸小型薄壁产品。

实心注浆是将陶瓷浆料倒入外模与型芯之间，坯体的外部形状由外模决定，内部形状由型芯决定。这种方法适用于内外形状不同和大型、厚壁的产品，由于模型从两个方向吸取水分，靠近模壁处坯体较致密，坯体中心部位称疏松，因此要求浆料的浓度和注浆操作都比较严格。

为了提高注浆浇注速度和坯体的质量，还可以采用压力注浆、离心注浆和真空注浆等新工艺方法。压力注浆是采用重力或压缩空气将浆料注入模型。压力注浆可以缩短吸浆时间，减少坯体的干燥收缩，并减少脱模后坯体的残留水分；离心注浆是在模型旋转的情况下，将料浆注入模型，在离心力的作用下料浆紧贴模壁坯体，这种方法得到的坯体厚度均匀，变形较少；真空注浆可以在石膏模外抽取真空，也可以在真空室中负压下注浆，都可加速坯体成型。真空注浆可减少气孔和针眼，提高坯体强度。

### 2.3.3.3　等静压成型法

等静压成型是指在常温下对密封于塑性模具中的粉料各向同时施压的一种成型工艺技术。与前述常规机械模压相比，在等静压过程中粉料颗粒与塑性包套接触的表面在成型期间无相对位移，不存在模壁摩擦作用，即使对与塑性包套中有刚性模件的情况，其粉料颗粒与刚性模表面之间的摩擦作用也远远低于常规模压。可以认为，在等静压过程中，成型压力不受或很少受到模壁摩擦力的抵消，成型压力通过包套壁在各个方向作用于粉料，因此所得到的坯体密度比常规模压高，而且均匀。

等静压成型分湿袋法和干袋法两种。

对于湿袋法，成型前在压机外对模具装粉组装，抽真空密封后放入高压缸中，直接与高压液体介质接触，成型后从高压缸中取出模具，脱模得到坯体。其操作工序多，适用于生产多品种、复杂形状、产量小、大型制品。

对于干袋法，成型前弹性模具直接固定在高压缸内，并用带孔钢罩支撑，粉料直接装入干袋模中，如果需要排出粉料中的气体，可采用振动装置或真空泵，加压时液态介质注入缸内壁与模具外表面之间，对模具各向同时均匀加压。干袋法适合生产形状简单、批量大的小型产品。我国自制和引进的等静压机多数采用湿袋法，目前设备向大型化、高压化方向发展。

等静压的加压过程由三个阶段组成：

第一阶段：升压阶段。升压速度应该力求快而平稳，升压速度的快慢由设备能力与预成型坯体大小所决定。压制塑性粉料时应采用较低的最高成型压力，压制硬而脆的粉料时则应采用尽可能高的压力。

第二阶段：保压阶段。保压可增加颗粒的塑性变形，提高坯体密度，在实际生产中保压时间一般为几分钟，不超过 10min，坯体截面较大时保压时间可长些。但有研究表明，当采用厚壁模型进行均衡压制时，保压有降低坯体密度的趋势。一般来说，最佳保压时间为 $40 \sim 60s$。

第三阶段：卸压阶段。在等静压成型工艺中，卸压速度是一个十分重要的工艺参数。对小型坯体来说，卸压速度没有多少区别。但对于大型坯体，卸压速度控制不当，则会由于坯体中残余气体的膨胀、压制坯体的弹性后效、塑性模套的弹性回复造成坯体开裂，一般应控制卸压速度，以免这些现象的产生。

等静压成型有以下特点：

(1) 坯体密度高，均匀性好，烧成收缩小，不易变形、开裂；

(2) 可以制造大型、异型制品；

(3) 坯体不必加黏结剂，只有少量水分的粉料即可，含水量以 $1\% \sim 4\%$ 为好。因此，有利于烧成，降低制品的气孔率，提高机械强度，不易产生变形、开裂的废品；

（4）生坯机械强度大，可以满足毛坯处理和机加工的需要。

（5）不需要金属模具，模具制造方便。

### 2.3.3.4　振动成型法

振动成型方法的原理是物料在每分钟 3000 次左右频率的振动下，坯料质点相撞击，动摩擦代替了质点间的静摩擦，坯料变成具有流动性的颗粒。由于得到振动输入的能量，颗粒在坯料内部具有三度空间的活动能力，使颗粒能够密集并填充于模型的各个角落而将空气排挤出去，因此，甚至在很小的单位压力下能得到较高密度的制品。在成型多种制品时，振动成型能够有效地代替重型的高压压砖机，成型那些需要手工成型或捣打成型的复杂的异型和巨型大砖，大大提高了劳动生产率，减轻劳动强度。振动成型也适于成型密度相差悬殊的物料和成型易碎的脆性物料。由于成型使物料颗粒不受破坏，所以适于成型易水化的物料，如焦油白云石、焦油镁砂料等。

振动成型时泥料在振动作用下，大大减少了泥料内部以及泥料对模板的摩擦力，泥料颗粒具有较好的流动性，具有密聚和填满砖模各部位的能力，能在很小的单位压力作用下就能得到较高密度的制品。作为振动成型装置的激振器（或称振动器、振动子）有机械的、压气的或液压的，目前以机械式的激振器居多。

振动成型具有下列优点：（1）设备结构简单，易于自制，造价低，所需动力较小，操作简单；（2）在正确选择工艺因素和振动成型参数的条件下，所成型的砖坯密度较高且比较均匀，气孔率较低，耐压强度高，外形规整，棱角完好；（3）采用振动成型时，对砖模的压力和摩擦力很小，故对模板的材质要求不高。但是，振动成型设备的零部件都应具有较高的强度和刚度，要采用抗振基础；（4）振动成型设备的噪声较大，必须采用隔音设备等。

振动成型机的结构和形式有很多种，其中以"加压振动式"最为简单实用，我国有些工厂用这种振动成型设备生产焦油白云石等转炉炉材大砖。

采用振动成型时，工艺因素和振动过程参数对制品性能影响很大，试验表明，振动成型时，振动频率与振幅、结合剂种类、结合剂数量、水分、颗粒级配、加压压力等对制品的性能都有影响。

### 2.3.3.5　捣打成型法

捣打成型是用捣锤捣实泥料的成型方法。捣打成型适用于半干泥料，采用风动或电动捣锤逐层加料捣实。

用风动捣锤时，动力为压缩空气。空气压缩机给出的压力为 0.7～0.8MPa 时，在端面积为 $60cm^2$ 的捣锤作用下，即能够在坯料单位表面积上受到使泥料足够致密的压力；在空气压缩机生产率为 $10m^3/min$ 的情况下，可同时安排 6～7 名工人操作，一个气锤的生产率可达 200kg/h。

捣打成型既可在模型内成型大型和复杂型制品，也可在炉内捣打成整体结构，捣打的模型可用木模型或金属模型。

捣打成型的泥料水分一般在 4%～6% 范围内，在生产大型制品时，泥料的临界粒度应比机压成型适当增大，如 6～9mm，以提高坯体的体积密度。捣打成型由于是分层加料，在加料前必须将捣打坚固的料层扒松，然后进行加料。捣打成型操作劳动强度大，使用悬挂式减震工具可适当改善操作条件。

### 2.3.3.6　挤压成型法

挤压成型是将可塑料用挤压机的螺旋或活塞挤压向前，通过机嘴成为所要求的各种形状。挤压成型适宜成型各种管状产品、柱状产品和断面规则的产品（如圆形、椭圆形、方形、六角形等），也可用来挤制长 100~200mm、厚 0.2~3mm 的片状膜，半干后再冲制成不同形状，或用来挤制 100~200 孔/cm$^2$ 的蜂窝状、筛格式穿孔制品。挤压成型具有污染少，效率高，操作易于自动化，可连续生产等优点；但机嘴结构复杂，加工精度要求高，同时由于溶剂和塑化剂加入较多，坯体干燥与烧成时收缩大。

挤压时，过大的挤制压力将产生大的摩擦阻力，设备负担重；压力过小则要求可塑料含水量大，会造成坯体强度低、收缩大。挤制压力主要决定于机嘴的锥角，锥角大，阻力大，需要更大推力；锥角小，阻力小，挤出毛坯不致密，强度低。为了保证坯体的光滑和质量的均匀，机嘴出口处有一定型带，其长度与机嘴出口直径有关，一般为直径的 2~2.5 倍。定型带长，内应力大，坯体易出现纵向裂纹；定型带短，挤出的坯体会产生弹性膨胀，导致出现横向裂纹，且挤出的坯料容易摆动。当挤制压力固定后，挤出速率主要决定于转速和加料速度，坯体的弹性后效在挤出速率过快时易造成坯体变形。在挤出管子时，壁厚与管径有一定比例关系，过薄的管壁易变形，表 2-6 为供参考用的挤压成型时管径与壁厚的关系。

表 2-6　挤压成型时管径与壁厚的关系

| 外径/mm | 3 | 4~10 | 12 | 14 | 17 | 18 | 20 | 25 | 30 | 40 | 50 |
|---|---|---|---|---|---|---|---|---|---|---|---|
| 壁厚/mm | 0.2 | 0.3 | 0.4 | 0.5 | 0.6 | 1.0 | 2.0 | 2.5 | 3.5 | 5.5 | 7.5 |

挤压成型要求粉料粒度较细，外形要圆，以长时间小磨球球磨的粉料为好；同时要求塑化剂用量要适当，否则影响坯体质量。

挤压成型易出现的缺陷如下：

（1）塑化剂加入后混练时，混入的气体会在坯体中造成气孔或混料不匀造成挤出后坯体断面出现裂纹；

（2）坯料过湿，组成不均匀或承接托板不光滑造成坯体弯曲变形；

（3）型芯和机嘴不同心造成管壁厚度不一致；

（4）挤压压力不稳定，坯料塑性不好或颗粒定向排列易造成坯体表面不光滑。

### 2.3.3.7　熔铸成型法

熔铸成型方法是物料熔化后浇铸成型的方法。熔铸法制造耐火制品一般使用配有调压变压器的三相电弧炉。砖料在电弧炉内熔化，然后将熔液倒入耐高温的模型中，经冷却、退火后切割成所需形状的制品。

熔铸耐火材料具有晶粒大、结构致密、机械强度高、耐侵蚀等一系列优良性能。可以制造尺寸大的制品，主要用于玻璃熔窑。玻璃工业用熔铸耐火材料有锆刚玉和刚玉质等多种产品。

制造熔铸耐火材料的配合料有粉状和粒状两种。其中粒状料不产生粉尘飞扬，可用容量大的电炉生产，物料组成准确，投料可机械化。配合料的熔化在电弧炉中进行，利用电弧放电时在较小空间集中巨大的能量而获得3000℃以上的高温，将物料很快熔化。浇铸时倾斜炉体，使熔液从出料口流出，经流料槽流入预制和装配好的耐火模型中。模型可用石英砂、刚玉砂或石墨板制成，要求模型具有不低于1700℃的耐火性能、好的透气性和耐冲击强度、与熔体不产生反应以及良好的抗热震性。

在电热熔化过程中，物料组成会发生变化，如在高温下SiO挥发，以及$Fe_2O_3$受碳电极的还原形成金属铁等。铸件在降温过程中，由于表皮部分温度急剧下降，而中心部分硬化速度较慢，在铸件内部产生热应力形成裂隙。为了消除这种应力，铸件要进行退火，以保证质量。

退火实际上就是控制铸件的硬化和冷却速度。退火有两种方式：一种是自然退火，将铸件连同铸模一起放入保温箱中，使其自然缓慢冷却；另一种是可控退火，将表皮已硬化的铸件脱模后放入小型隧道窑中，按规定的退火曲线进行缓慢冷却。可控退火的铸件质量优于自然退火。

### 2.3.3.8　热压成型法

用烧结法制造的耐火制品，需要很长的烧结时间，而气孔率仍然高达10%～20%；用烧结法制备陶瓷材料及制品，即使在理想状态下，也仍然存在3%～5%的真气孔率，非氧化物陶瓷材料，如碳化物、氮化物等，气孔率就更大。

制得非常致密的制品比较困难，是因为在烧结过程中，一方面气孔中的气压增大，抵消了作为推动力的界面能的作用；另一方面，封闭的气孔中，只能通过晶体内部物质扩散来充填，但内部扩散比界面扩散慢得多。

要使烧结过程进行到最后阶段，使制品达到理想的致密状态，有以下两种方法：一种是采用真空烧结法，避免在气孔中聚集气体；另一种是烧结时施以压力，以保证足够的推动力。后者称为热压成型。与普通的烧结法相比，热压法的优点在于可获得致密度很高的特殊制品，其密度值接近或等于理论密度；控制晶粒生成以及有助于颗粒之间的接触和扩散，从而降低烧结温度。

在耐火材料和特种陶瓷制备中，对于难以烧结的非氧化物制品，如碳化硅、氮化硅、氮化硼，为了在较低烧结温度下得到较高的致密度可采用热压烧结。

热压模具材料的选择限定了热压温度和热压应力的上限。石墨是在1200℃或1300℃以上进行热压最合适的模具材料，根据石墨质量的不同，其最高压力可限定在十几至几十兆帕，根据不同情况，模具的使用寿命可以从几次到几十次。为了提高模具的使用寿命，有利于脱模，可在模具内壁涂上一层h - BN粉末。但石墨模具不能在氧化性气氛使用。氧化铝模具可在氧化性气氛使用，热压压力可达几百兆帕。

热压法的缺点是模具必须与制品同时加热、冷却，单件生产，效率低；同时只能生产形状简单的制品，而且热压后的后加工较困难。

### 2.3.3.9　热压铸成型法

热压铸是注浆法之一，是一种生产陶瓷制品和特种耐火材料的方法。

热压铸法一般以有机结合剂作为分散介质，以硅酸盐矿物粉为分散相，在一定温度（70～85℃）下，配制成料浆，然后在金属模型中成型制品。这种方法适用于生产形状复杂，具有特殊要求的小件制品，还适用于生产可塑性小的材料。其半成品机械强度高，可用机床车削及钻孔加工；可以省掉石膏模型、干燥工序，设备简单，易实现机械化。热压铸的工艺流程简述如下。

A　制备料浆

（1）分散相：根据不同产品所配制的粉状坯料，应充分干燥；

（2）分散介质——结合剂：常以热塑性有机物，如石蜡、地蜡以及它们的溶合物作为结合剂，其中以石蜡使用最多。油酸是结合剂的外加成分，它是一种表面活性物质，可以在保证流动性的前提下，大大减少石蜡的用量。石蜡用量太多，制品的收缩大，但油酸的用量也不能太多，否则会形成多分子吸附层，产生凝聚现象，颗粒沉淀，影响料浆的均匀性和流动性。

B　制成料饼

为了便于储放混好的料浆，可将其倒入容器中（如搪瓷盘）冷却固化，冷却过程中使其振动，有利于使气泡逸出。制好的料饼应置于清洁干燥处。

C　热压铸成型

热压铸成型过程是将料饼加热熔化，并不断地均匀搅拌，使气泡逸出。熔化的料浆倒入热压铸成型机中，热压铸时的工作压力依据注件尺寸大小而异，一般在 $0.4 \sim 0.6$ MPa 压力范围内，工作温度一般为 $50 \sim 60$ ℃。

影响热压铸工艺的主要因素是料浆温度、铸模气压、稳定时间（即压缩空气持续时间）、浇铸速度、铸型温度及铸件冷却速度。

热压铸成型后，坯体还要经过脱蜡，素坯加工和烧成等工序。

热压铸常见的缺陷包括：

（1）温度过低、流动性不够、压力偏低、保压时间不够所产生的欠注（型腔未充满）。

（2）温度过高、进料口太小、脱模过早所产生的凹坑现象。

（3）温度过低、流动性较差、模具排气不彻底所产生的坯体表面皱纹。

（4）浆料除气不彻底，流动性与压力过大，以及磨具设计不合理所引起的气泡。

（5）模具过热、脱模过早产生的形变，模具温度过低、脱模过晚等引起的开裂。

脱蜡过程时间很长，易产生废品，应特别小心。

# 2.4　干　燥

成型砖坯一般含水量较高（3.5% 以上），而且强度较低，如果直接进入烧成工序，就会因烧成初期升温速度较快，水分急剧排出而产生裂纹废品。同时，在运输、装窑过程中也会容易产生较多的破损。因此，需进行干燥。干燥的目的在于提高坯体的机械强度和保证烧成初期能够顺利进行。

## 2.4.1　物料与水分的结合方式

根据水与物料结合程度的强弱，物料内的水分可分为如下三种结合方式：

（1）化学结合水：包括水分与物料的离子结合和结晶型分子结合。化学结合水与物料的结合最为牢固，若脱掉结晶水，晶体必遭破坏。因此，化学结合水的脱除不属于干燥的范围，干燥工艺中一般不考虑。

（2）物理化学结合水：包括吸附水、渗透水、微孔毛细管水和结构水。吸附水在物料内、外表面皆可吸附，在物理化学结合水中，吸附水与物料的结合最强。渗透水是由于物料界面（组织壁）内、外存在着溶解浓度差，而产生渗透压，使物料界面（组织壁）内、外存在渗透水。微孔（半径小于 $0.1\mu m$）毛细管水因毛细管力对水的作用形成。结构水是在胶体形成时，将水分结合在物料的组分结构空隙内。物理化学结合水与物料的结合较化学结合水要弱，在干燥过程中可以部分脱除。

（3）机械结合水：包括巨孔毛细管水、空隙水和润湿水。巨孔（半径 $0.1 \sim 10\mu m$）毛细管中的水分受重力作用有较小的运动，其饱和蒸汽压近似等于同温度下自由水面的饱和蒸汽压值。当毛细管半径大于 $10\mu m$ 时，其中的水分为空隙水，受重力作用而运动，不会有饱和蒸汽压的降低的现象。润湿水是水与物料的机械混合。机械结合水与物料的结合最弱，干燥过程中最先被脱除。由于机械结合水蒸发时，其饱和蒸汽压值与同温度下自由水面的饱和蒸汽压值是相同的，所以机械结合水又称为自由水。

机械结合水中的巨孔毛细管水、空隙水被脱除后，物料之间相互靠拢，体积收缩，当收缩受到限制时产生干燥应力。此时，如果干燥速度过快，制品可能因较大的变形应力而变形或开裂。

## 2.4.2　物料与结合水分的平衡关系

### 2.4.2.1　平衡水分

当一种物料与一定温度及湿度的空气接触时，物料势必会放出水分或吸收水分，物料的水分将趋于一定值。只要空气状态不变，此时物料中的水分将不因与空气接触时间的延长而再变化，这个定值，就称为该物料在此空气状态下的平衡水分。平衡水分代表物料在一定空气状态下干燥的极限，即用热空气干燥法，平衡水分是不能脱除的。

### 2.4.2.2　自由水分

在干燥过程中能够脱除的水分，即是物料中超出平衡水分的部分，这部分水分称为自由水分，或称可除水分。

### 2.4.2.3　结合水分与非结合水分

结合水分是指空气相对湿度为 100% 时物料的衡水分。此时物料湿含量又称为最大吸湿湿含量，料中超过此湿含量的水分称为非结合水分。

图 2-6 反映了此 4 种水分的关系。

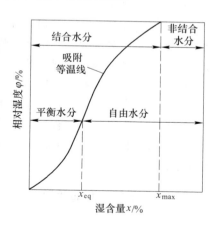

图 2-6　与平衡水分相关的水分

## 2.4.3　干燥过程

物料干燥包括加热、外扩散和内扩散三个过程。物料受热后，当其表面的水蒸气分压大于干燥介质中的水蒸气分压时，物料表面的水分向干燥介质中扩散（蒸发），该过程称为外扩散；随着干燥的进行，物料内部和表面之间的水分浓度平衡就会被破坏，物料内部的水分浓度大于物料表面的水分浓度，在这个浓度差的作用下，物料内部的水分向物料表面迁移，该过程称为内扩散过程（湿扩散）。假定干燥介质的条件在干燥过程中保持不变，则物料的干燥过程中各常数的变化如图 2-7 所示。

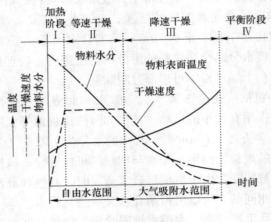

图 2-7    干燥过程曲线

干燥过程可分为 3 个阶段：

（1）加热阶段。在干燥的初期阶段，干燥介质传给物料的热量大于物料中水分蒸发所需热量，多余的热量使物料温度不断升高。随着物料温度的升高，水分蒸发量也随着升高，由此，很快到达一种动态平衡，即到达等速干燥阶段。

（2）等速干燥阶段。在等速干燥阶段，干燥介质传给物料的热量等于物料中水分蒸发所需热量，所以物料温度保持不变。物料表面水分不断蒸发，同时，物料内部水分不断向物料表面迁移，保持物料表面为润湿状态，即内扩散速率要大于外扩散速率。在等速干燥阶段主要是机械结合水的排除，在此阶段若干燥速度过大，会发生因物料体积收缩而引起制品的变形或开裂。

（3）降速干燥阶段。在降速干燥阶段，内扩散速率小于外扩散速率，所以，此时物料表面不可能再保持湿润。由于干燥速率的降低，干燥介质传给物料的热量大于物料中水分蒸发所需热量，多余的热量使物料的温度不断升高。降速干燥阶段主要是物理化学结合水的排除，在该阶段不必考虑因干燥速率过大引起制品变形或开裂等现象的发生。当物料水分到达平衡水分时，干燥速率降为零，这时干燥过程终止。

以上 3 个阶段的明显程度，根据坯体中水分的多少而定，一般对可塑法成型的坯体来说，3 个阶段比较明显，而对水分不大的半干法成型的坯体，如多熟料砖、硅砖和镁砖等就不大明显。

### 2.4.4   干燥收缩及制品变形

#### 2.4.4.1   干燥收缩

在干燥时湿物料的体积会收缩。若收缩是各向异性的，则被干燥物料可能因收缩而变形或开裂。物料收缩时的容积通常是平均湿含量的线性函数：

$$V = V_0(1 + \beta x) \tag{2-3}$$

式中   $x$——干基湿含量，$x = m_w/m_d$，$m_w$，$m_d$ 分别为湿物料中湿分质量和绝干物料质量；

　　β——体积收缩系数；

　　$V_0$——绝干物料的体积。

　　虽然收缩往往是各向异性的，但常简化为线性收缩，则有：

$$L = L_0 (1 + \beta x)^{\frac{1}{3}} \approx L_0 (1 + \gamma x) \tag{2-4}$$

式中　$\gamma$——线性收缩系数，$\gamma = \beta / 3$；

　　$L_0$——绝干物料在某方向的线性尺寸。

　　物料的线性收缩系数在不同方向常有不同的值，线性收缩系数与物料种类、湿含量及干燥温度和速度有关，呈现不同的规律性。

　　物料在干燥过程中，因收缩受限制所产生的干燥应力导致变形或破坏的程度，与物料中湿含量的变化梯度有关，物料的湿含量较低时，其弹性模数和极限断裂强度较高，能承受较强烈干燥条件。

### 2.4.4.2　制品在干燥过程中的变形

　　陶瓷和耐火材料等坯体制品在干燥过程中的自由水排除阶段，随着水分的排除，物料颗粒相互靠拢，产生收缩而使制品发生变形。自由水排除完毕，进入降速干燥阶段时，收缩即停止。各种黏土质制品的线性收缩系数 $\gamma$ 值在 0.0048 ~ 0.007 之间。对于薄制品，内部湿含量梯度不大，其线性收缩系数受干燥条件影响较小。但对于厚壁制品，因内部湿含量梯度大，干燥条件对线性收缩系数有显著影响。当内部湿含量不均匀或制品各方向厚薄不均时，会产生不匀收缩的干燥应力，造成制品的变形。当应力超过强度极限时，就会产生开裂。为了防止制品在干燥过程中的变形或破坏，应限制制品内部与表面的湿分差，并严格控制干燥速率。在最大允许湿分差条件下的干燥速率称为最大安全干燥速率。

## 2.4.5　干燥制度

　　干燥制度是砖坯进行干燥时的条件总和。它包括干燥时间、进入和排出干燥介质的温度和相对温度，砖坯干燥前的水分和干燥终了后的残余水分等。

　　目前，耐火材料大中型企业多采用隧道干燥器对砖坯进行干燥，干燥时间以推车间隔时间表示。推车时间间隔的确定应考虑如下因素：物料的性质和结构、砖坯的形状和大小、坯体最初含水量和干燥终了对残余水分的要求、干燥介质的温度、湿度和流速、干燥器的结构等。通常推车间隔时间为 15 ~ 45min，大型和特异型制品，在进入干燥器之前，应自然干燥 24 ~ 48h 再进入干燥器，以防止干燥时过快而出现开裂。

　　干燥器内压力制度，一般应采用正压操作，防止冷空气吸入。如采用废气作为干燥介质时，应采用微负压或微正压操作，避免烟气外逸，影响工人健康。

　　砖坯干燥残余水分根据下列因素确定：

　　（1）砖坯的机械强度应能满足运输装窑的要求；

　　（2）满足烧成初期能快速升温的要求，即不致因过热蒸气发生裂纹，以及镁质制品不致因水化产生裂纹；

　　（3）制品的大小和厚度，通常形状复杂的大型和异型制品的残余水分应低些；

　　（4）不同类型烧成窑有不同的要求。残余水分过低是不必要的，因为要排出最后的这一部分水分，不但对干燥器来讲是不经济的，而且过干的砖坯因脆性而给运输和装窑带来困难。干燥砖坯残余水分的要求一般为：黏土制品 2.0% ~ 1.0%；高铝制品 2.0% ~ 1.0%；硅质制品 0.5% ~ 1.0%；镁质制品小于 1.0%。

耐火制品的干燥设备有隧道干燥器、室式干燥器以及其他类型的干燥器。干燥方式分为：自然干燥、气体介质强制对流干燥、微波干燥、电干燥等。

# 2.5　烧　　成

烧成是指对砖坯进行煅烧的热处理过程。烧成是耐火材料生产中最后一道工序。制品在烧成过程中发生一系列物理化学变化，随着这些变化的进行，气孔率降低，体积密度增加，使坯体变成具有一定尺寸形状和结构强度的制品。另外，通过烧成过程中一系列物理化学变化，形成稳定的组织结构和矿物相，以获得制品的各种性质。

## 2.5.1　烧成过程中的物理化学变化

耐火材料在烧成过程中的物理化学变化，是确定烧成过程中的热工制度（烧成制度）的重要依据。

烧成过程中的物理化学变化主要取决于坯体的化学矿物组成、烧成制度等。不同的坯体物理化学反应不尽相同，耐火制品大致可分为以下几个主要阶段：

（1）坯体排出水分阶段（10 ~ 200℃）。在这一阶段中，主要是排出砖坯中残存的自由水和大气吸附水。水分的排除，使坯体中留下气孔，具有透气性，有利于下一阶段反应的进行。

（2）分解、氧化阶段（200 ~ 1000℃）。此阶段发生的物理化学变化因原料种类而异。发生化学结合水的排出、碳酸盐或硫酸盐分解、有机物的氧化燃烧等。此外，还可能有晶型转变发生或少量低温液相的开始生成。此时坯体的质量减轻，气孔率进一步增大，强度亦有较大变化。

（3）液相形成和新相生成阶段（1000℃以上）。此时分解作用将继续完成，并随温度升高其液相生成量增加，液相黏度降低，某些新矿物相开始形成，并开始进行溶解重结晶。

（4）烧结阶段。坯体中各种反应趋于完全，液相数量继续增加，由于液相的扩散、流动、溶解沉析传质过程的进行，颗粒在液相表面张力作用下，进一步靠拢而促使坯体致密化，体积缩小，气孔率降低，烧结急剧进行。同时，结晶相进一步成长而达到致密化即所谓"烧结"。

（5）冷却阶段。从最高烧成温度至室温的冷却过程中，主要发生耐火相的析晶、某些晶相的晶型转变、玻璃相的固化等过程。在此过程中坯体的强度、密度、体积都有相应的变化。

## 2.5.2　烧成的工艺过程

烧成的工艺过程包括装窑、烧窑和出窑三道工序。

装窑的方法及质量对烧窑操作及制品的质量有很大影响，它直接影响窑内制品的传热速率、燃烧空间大小及气流分布的均匀性，同时也关系到烧成时间及燃料消耗量。装窑的原则是砖垛应稳固，火道分布合理，并使气流按各部位装砖量分布达到均匀加热，不同规格、品种的制品应装在窑内适当的位置，最大限度利用窑内有效空间以增加装窑量。装窑操作按照预先制定的装砖图进行，装砖图规定砖坯垛高度、排列方式、间距、不同品种的码放位置、火道的尺寸和数量等。

装窑的技术指标有装窑密度（t/m³）、有效断面积（%）、加热有效面积（m²/m³）等。制品在窑中的加热速度与有效断面积、加热有效面积和加热的均匀性有关。

烧窑操作按着已确定的烧成制度进行。对间歇窑来说，烧成都要经过升温、保温、降温 3 个阶段，而连续式窑炉则只需保持窑内各部位的温度和推车制度。烧成过程中为了保证烧成温度制度和烧成气氛，还应注意保持窑内的压力制度。为了保证制品的质量均匀性和稳定性，应尽量消除和降低窑内温差。

将烧好的制品从窑内取出或从窑车上卸下的过程称出窑。出窑操作时应注意轻拿轻放避免出窑过程对制品的损伤，不同砖号和品种制品应严格分开。

### 2.5.3 烧成制度的确定

烧成制度包括如下几个部分：（1）温度制度：最高烧成温度、保温时间、升温与冷却制度；（2）烧成气氛：氧化气氛、还原气氛；（3）压力制度：正压操作、负压操作。

#### 2.5.3.1 温度制度

温度制度包括升温速度、最高烧成温度、在最高烧成温度下的保温时间及冷却速度等。总的来说，就是温度与时间的关系，生产上也称作温度曲线。

##### A 升温速度和冷却速度

窑内单位时间内升高（或降低）的温度称为升温速度（或冷却速度）。在烧成过程中，升温速度或冷却速度的允许值取决于坯体在烧成或冷却过程中所能承受的应力。这种应力主要来源于两个方面：一是烧成过程中的温度梯度和热膨胀或收缩造成的热应力；另一个是由于制品内部一系列物理化学反应，如化学反应、晶型转变、重结晶、晶体长大等导致的体积变化而产生的应力。在工艺制度已经确定的条件下，如何保证产品的质量，是确定烧成制度应考虑的问题。

坯体加热时不出现裂纹的最大升温速度 $dT/dt$，从理论上（以厚度为 $2b$ 的平板为例）可以表示为：

$$\frac{dT}{dt} = \frac{\sigma_1(1-\mu)}{\alpha \cdot E} \cdot \frac{\lambda}{c \cdot \rho} \cdot \frac{3}{b^2} \tag{2-5}$$

式中　$\sigma_1$——坯体的抗拉强度；

$\mu$——泊松比；

$\alpha$——坯体的热膨胀系数；

$E$——弹性模量；

$\lambda$——导热系数；

$c$——比热容；

$\rho$——坯体密度。

由上式可知，坯体加热时的最大升温速度与膨胀系数 $\alpha$、弹性模量 $E$、抗拉强度 $\sigma_1$、导温系数（$\lambda/(c \cdot \rho)$）等因素有关。此外，还受坯体厚度、形状复杂程度等的影响。在实际生产中，通常可参考坯体加热时的线变化值，作为确定各温度范围升温速度和制定合理烧成曲线的依据。若在烧成过程中发生化学反应或相变而导致发生较大体积膨胀的情况下，在发生相变与反应的温度范围内应降低升温或冷却速度，甚至在相应温度下保温一段时间，使反应与相变过程平稳进行，减少开裂的可能性。

在生产实际中，特别是在大型连续式生产窑炉中，在多个温度范围内控制升温或降温速度有一定困难。在某些窑炉中，如隧道窑则需通过调整窑炉的结构与使用烧嘴的数量在一定条件下改变升温速度。

**B　最高烧成温度**

最高烧成温度简称为烧成温度，是烧成制度中最重要的部分。在烧成温度下物料完成必需的物理化学变化，达到所要求的组成、结构与性能。烧成温度是指被烧物料本身在窑炉中应达到的最高温度，这一温度是由火焰温度来保证的，火焰温度应高于烧成温度。火焰通过辐射、对流等传热方式将热量传给被烧物料以保证被烧物料达到烧成温度。因此，火焰温度及火焰传热方式对烧成温度有决定性的影响。

**C　保温时间**

为了使制品在烧成过程中能均匀烧成并反应充分，需要在最高烧成温度下保温一段时间，即所谓"保温时间"。一般认为，保温时间越长，反应越充分。但反应速度随时间延长而减慢，过分地延长保温时间使能耗增加。因此，在不影响制品性质的前提下，缩短保温时间，可以降低能耗。

保温时间与最高烧成温度有较密切的关系。通常若烧成温度高则保温时间可缩短，较低的烧成温度则需要较长的保温时间。实际生产中常需要根据产量及对产品质量的要求调整。此外，窑炉的结构、燃烧器的布置形式、燃料燃烧方式、窑炉操作等因素都影响保温时间。对隧道窑来说，烧成带燃烧器的个数决定保温时间。也可通过改变推车制度而改变保温时间。

**2.5.3.2　烧成气氛**

烧成时窑内的气氛分为氧化气氛和还原气氛。当空气过剩系数大于1，燃烧中提供的空气量大于理论燃烧空气量时，燃烧产物中有过剩的空气存在，窑内为氧化气氛。反之，当空气过剩系数小于1，向燃烧提供的空气量小于理论燃烧空气量时，燃料不能完全燃烧，燃烧产物中有 $CO$ 等可燃成分存在，窑内为还原气氛。实际生产中，一般采用弱氧化或弱还原气氛。

气氛性质对制品的组成及性质有一定影响。烧成时采用什么气氛，要根据物料的组成和性质及加入物决定。如硅砖烧成时在高温状态下，要求窑内保持还原气氛，使制品烧成缓和，形成足够的液相，有利于鳞石英的成长；而镁砖烧成时则应在弱氧化气氛下进行。

**2.5.3.3　压力制度**

窑内气体压力对耐火材料生产及窑炉的控制有很大影响。通常，窑内气体的压力是以它与大气压之差（表压）来表示的。若窑内气体的压力大于大气压，称之为"正压"，若窑内的气体压力小于大气压，压力差为负值，称之为"负压"；窑内气体压力等于大气压则称之为零压。

窑内气体的压力对窑内气氛及窑况有较大影响。当窑炉为负压操作时，窑外的空气就可能进入窑内，冷空气的进入会影响窑内温度分布的均匀性，改变空气过剩系数。因此，当要求窑内为还原气氛时，通常会采用正压操作。正压操作时，若窑内的压力过大，则会使窑内的高温气体外泄，使窑外环境恶化，严重时还会损坏窑炉上的金属构件。因此，无论是正压操作还是负压操作，窑内气体的压力与大气压之差都不宜太大。通常采用微正压或微负压操作。

窑炉的压力制度是指窑炉压力与烧成时间或窑炉位置的关系。在间歇式窑中为压力与时间的关系，在隧道窑中指压力与位置的关系。

# 2.6　加工与成品拣选

## 2.6.1　机械加工

多数耐火材料制品不需机械加工，即可进入下道工序，但有些耐火材料制品需要机械加工。

（1）对于尺寸公差要求高的耐火材料制品，通常按生产工艺生产的制品不能满足要求，需要通过经过机械加工达到公差要求，如一些窑炉用的组合砖等。

（2）一些功能耐火材料形状特殊，使用组装要求严密配合。如钢铁连铸用的铝碳"三大件"，成型的坯体在车床和铣床上按要求的尺寸加工成各种需要的半成品后送往烧成工序进行烧成。滑板的工作板面平整度要求小于 0.03mm，因此滑板砖需要上磨床加工。有的滑板需要经过 2~3 次磨面加工。

（3）特殊耐火材料。如熔铸耐火材料，熔铸的坯料需切割加工，才能达到要求的尺寸；如玻璃窑用的烧结致密铬、致密锆砖，其生产工艺为：造粒料分批装入包套模具，等静压成型，经高温烧后的制品坯料，再经过切割机、铣磨机进行铣磨加工才成为尺寸符合要求的制品。

机械加工的材料多数为金刚石、碳化硅材质。机械加工的设备有切割机、铣磨机、钻床、车床等。

## 2.6.2　成品拣选

从原料粉碎起，经一系列加工制造工序，直至烧成出窑的耐火制品，其外形尺寸等不可能全部是合格品，存在着一些外形质量不符合要求的废品。成品拣选工作，就是拣选工按国家标准或有关合同条款对不同耐火制品的外形要求、规定的检验项目及技术要求，对成品进行逐块检查，剔除不合格品；根据标准规定或使用要求，将合格品进行分级，以保证出厂的耐火制品外形质量符合标准规定的等级。

成品拣选的基本要求是掌握国家标准对不同耐火制品的外形质量要求，以及各项检验项目的检查方法，并在成品拣选过程中能熟练应用。这样才能在拣选过程中做到快速、准确。否则就会出现两种情况：一种是把废品当成合格品，影响制品的使用寿命；另一种是把合格品当做废品，造成浪费。

耐火制品的外形检验项目包括外形尺寸、缺陷和生烧。

#### 2.6.2.1　外形尺寸

耐火制品在拣选过程中，首先是检查制品形状、尺寸是否符合图纸要求。制品外形尺寸的检验方法，是用钢尺按标准对不同制品和不同级别尺寸允许偏差的要求，对制品各部位（如砖的长度、宽度、厚度或其他部位）进行测量，正确判定合格与否。

#### 2.6.2.2　缺陷

##### A　扭曲

耐火制品在烧成过程中出现的弯曲变形称为扭曲。标准中对制品扭曲的规定，按制品外形质量要求、等级、对砌筑质量的影响和制品被测面的长度，各不一样。扭曲的检验方法是将制品的被检查面放在平板上（此板面积应大于制品被检查的面积），保持自然平稳。然后，将塞尺沿着板面平滑地插入平板与制品间所构成的最大缝隙内。耐火制品的扭曲检查方法还有钢平尺—楔形规法。

##### B　缺角、缺棱

不同品种的耐火制品，根据它们的使用条件、外形质量要求和等级不同，在标准中对缺角、缺棱的深度有明确的规定，少数品种（如塞头砖）还对缺棱长度进行限制。缺角、缺棱的检验，是使用专门制造的可紧密套在制品棱角上的带有沿规定方向滑动的刻度尺的测角器和测棱器进行检验的。测量制品缺角深度时，对于直角形制品，使用立方体形测角器，沿立方体中心对角方向进行测量；对于非直角形制品，使用三棱体形测角器沿三棱体中心线方向进行测量。制品缺棱深度的测量方法，是沿制品两面夹角的等分线方向测量缺棱的最深处；有长度限制的，同时测量缺棱的全长。

##### C　熔洞

耐火制品的熔洞，指砖面上低熔物质的熔化造成的凹坑。标准中对用于与熔体直接接触的耐火制品表面（工作面）有较严格的控制。

检验耐火制品熔洞时，一般是先用金属小锤轻敲制品表面因低熔物而产生的熔化空洞和显著的变色部分，然后用钢尺测量熔洞的最大直径。

##### D　裂纹

凡是制品的某一部分的组织结构分裂，而从制品表面可以看出来的缝隙，叫做裂纹。对各种耐火制品的裂纹规定也是根据其使用条件而有所不同。检验时将钢丝自然插入裂纹的最宽处，但不得插入肉眼可见的颗粒脱落处。凡 0.25mm 钢丝不能插入的裂纹，其宽度用 <0.25mm 表示；凡 0.25mm 钢丝能够插入而 0.5mm 钢丝不能插入的裂纹，其宽度用 0.26~0.5mm 表示；依此类推。

对裂纹长度的检验，直线裂纹可用钢尺直接测量；弯曲裂纹，可用软线随其弯曲程度来量，然后伸直用钢尺量出具体数值。

#### 2.6.2.3　生烧品（或称欠烧品）

凡采用同一工艺生产的制品，烧成后外观颜色与正常生产的制品有显著不同，尺寸胀缩不足，称为生烧品。判断生烧品时，除制品的上述因素外，还应参照制品烧成情况和理化性能鉴定进行综合评定。被判断为生烧品的制品，即按不合格品处理。

## 复习思考题

2-1 简述耐火材料所用原料的分类方式及种类。

2-2 试叙述困料过程中的物理化学变化及对坯料成型性能的影响。

2-3 分析成型过程中导致产生"层裂"的因素。

2-4 描述干燥过程，并分析干燥过程中导致变形的因素，如何避免或缓解坯体干燥变形?

2-5 分析确定烧成工艺的参考因素。

# 3 耐火材料检测方法

【本章主要内容及学习要点】本章介绍耐火材料主要性能的检测与表征方法，重点掌握其结构性能和物理性能的表征检测方法，理解其使用性能的表征检测方法。

## 3.1 概 述

耐火材料成分、物相、显微结构、力学、热学等性能的测试与表征方法与陶瓷等其他材料类似。同时，作为一种特定用途的材料，耐火材料还有其特有的表征和测试方法。概括分类可将耐火材料的性质分为：结构性质、物理性质、服役性能。结构性质包括成分、物相、微观形貌和组织、体积密度、显气孔率和吸水率等；物理性质包括强度等力学性质，热膨胀系数、热容、热导率等热学性质以及电学性质；服役性能则主要针对具体应用环境而提出，包括耐火度、荷重软化、高温蠕变、高温体积稳定性、抗热震性、抗侵蚀性等。对耐火材料每一项具体的性质都有相应的测试方法。本章介绍其中主要常规性能表征和测试方法。

## 3.2 成 分 检 测

成分分析可以采用化学方法或物理方法，前者主要采用湿法检测手段，后者包括能谱、光谱、质谱等仪器检测手段。

### 3.2.1 常规湿法分析

湿法检测是以物质的化学反应为基础，根据反应结果判定试样中所含成分并测定含量的一类化学分析方法。在进行湿法分析之前，先采用与待测样品相应的方法将样品灼烧至恒重，以排除水分和挥发成分对实验的影响。以硅质耐火材料为例，其分析项目主要是 $SiO_2$，其次是 $Al_2O_3$、$CaO$ 和 $MgO$ 等，对其分别采用如下湿法分析（详细的测试过程见 GB/T 6901—2008）。

#### 3.2.1.1 $SiO_2$ 测定

以湿法对其 $SiO_2$ 成分进行分析时，采用氢氟酸质量法。其原理是利用氢氟酸、硝酸溶解试样，蒸干挥散除硅（$SiO_2$ 生成 $SiF_4$ 气体），再以硝酸除去氟。于 $1000 \sim 1100℃$ 灼烧至恒重。两次称量之差，即为 $SiO_2$ 的含量。

### 3.2.1.2 Al₂O₃ 的测定

对其 Al₂O₃ 含量，可采用氟盐置换 EDTA（乙二胺四乙酸）容量法。其原理是试样用硫酸－氢氟酸除硅后，以混合熔剂熔融，稀盐酸浸取。用苯羟乙酸掩蔽钛。在过量的 EDTA 存在下，调 pH 值为 3～4，加热使铝、铁等离子与 EDTA 配合，加入 pH 值为 5.5 的六次甲基四胺缓冲溶液，以二甲酚橙为指示剂，先用乙酸锌标准滴定溶液滴定过量的 EDTA，再用氟盐取代与铝配合的 EDTA，最后用乙酸锌标准滴定溶液滴定取代出的 EDTA 求得 Al₂O₃ 的量。

### 3.2.1.3 其他测定

CaO 和 MgO 等其他测定同样可采用类似的 EDTA 配合滴定法进行测定。

## 3.2.2 能谱分析

能谱仪（energy dispersive x-ray spectrum，EDX/EDS）是以高速电子束入射样品表面，使样品原子内层电子被轰击出，其原子外层电子向内层跃迁并发射特征 X 射线，对这些特征 X 射线的能量进行检测并与各元素的特征谱线对比进行标定，从而获得样品所含元素的种类和含量。

能谱仪通常与扫描电子显微镜和透射电子显微镜相联接。采用扫描电子显微镜所联接的能谱仪可对粉末样品或者块状样品的化学成分进行分析（不包括元素周期表中 C 以前的元素），其分析区域最小尺寸一般在微米级以上。测试前样品必须充分烘干以便样品仓能快速到达所要求的真空度。由于耐火材料大部分都为电绝缘性质，因此样品还需要进行喷金或喷碳处理，以防止样品表面电荷积累造成的放电和图像漂移等现象。采用透射电子能谱可对透射样品的晶界等纳米尺度微区的成分进行分析。

以能谱探头收集样品发射出的特征 X 射线形成 EDX 谱，该谱经过分析软件进行解析计算，便可得出样品的化学成分。其计算过程包括：将该谱与标准物质的特征 X 射线数据库进行对比，从而进行元素的辨认标识；随后对谱线进行拟合；再与标准的强度进行比对，采用式（3-1）进行计算。式中 $I_i$ 和 $I_{(i)}$ 分别为样品和标准物质的特征 X 射线强度；$C_i$ 和 $C_{(i)}$ 分别为样品和标准物质中相应元素的质量分数；此结果再经过函数修正，最后得出各成分的含量。需要指出的是，理论上 EDX 的检测限为 0.1%，误差为 0.5%，而实际上这两个值与具体的元素有关。比如对重元素而言，误差较小，而对轻元素则误差较大，对于元素周期表中 C 以前的 H、Li、Be 元素则无法检出。同时，误差还与样品形貌和导电性有关。

$$C_i = \frac{I_i}{I_{(i)}} C_{(i)} \qquad (3-1)$$

如图 3-1 所示为高纯氧化铝耐火材料的能谱，由此能谱计算得到的各化学成分的含量，如图 3-1 中插入的表所示。能谱中 Au 元素来自于样品喷金，C 元素部分来

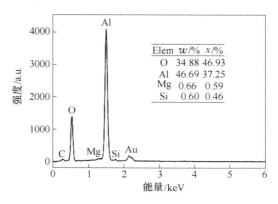

| Elem | $w$/% | $x$/% |
|------|------|------|
| O | 34.88 | 46.93 |
| Al | 46.69 | 37.25 |
| Mg | 0.66 | 0.59 |
| Si | 0.60 | 0.46 |

图 3-1　高纯氧化铝耐火材料能谱

自于样品吸附 C。扣除 Au 和 C 元素，其他元素的质量分数（%）和摩尔分数（%）从图3-1 内插表格也可看出。

### 3.2.3　光谱分析

耐火材料成分的光谱分析手段有多种，其中最常用的是原子吸收光谱分析，即原子吸收分光光度法。采用该法检测耐火材料试样品成分比如 Ca、Mg、Fe、K、Na 等时，将试样经氢氟酸－高氯酸分解除 Si 后，用稀盐酸或硝酸溶解残渣，然后加入氯化锶等消除 Al、Ti、Zr 等元素对 Ca、Mg 的干扰，最后采用空气－乙炔火焰。按照标准曲线等方法，在原子吸收分光光度计上测定待测元素的吸光度，并计算其含量。例如测定黏土质耐火材料样品中 Fe、Ca 成分的过程如下。

称取 0.1000g 的试样置于铂皿中，用水润湿，加高氯酸 5mL、氢氟酸 10mL，低温加热分解直至出现白烟并蒸干。将其取下稍冷，用水冲洗铂皿内壁，再加高氯酸 3mL，继续加热直至白烟冒尽，取下稍冷，加盐酸 4mL，加少许水，然后加热使盐类溶解，冷却至室温后移入 100mL 容量瓶中，加浓度为 200g/L 的二氯化锶溶液 5mL，用水稀释至刻度，摇匀。

按照选定的仪器工作条件调整仪器，空心阴极灯预热 20～30min 后，点燃火焰，等燃烧正常时，调节空气和乙炔流量。用水喷雾调整零点，然后分别用试液和与待测元素浓度相近的标准溶液系列进行喷雾，读取相应的吸光度。最后从标准曲线上查得相应的微克数。试样中各元素氧化物的含量按照式（3-2）计算：

$$w = \frac{c \cdot V/1000000}{G \times (V_1/100)} \times 100 \tag{3-2}$$

式中　$w$——试样中被测元素氧化物的含量；

　　　$c$——从标准曲线上查得试样中被测元素氧化物浓度；

　　　$V$——测定时被测试液的体积；

　　　$V_1$——分取试液的毫升数（不分取时，$V_1/100$ 项省略）；

　　　$G$——试样质量。

### 3.2.4　质谱分析

质谱分析也是化学成分分析的一大类手段，在无机材料中可应用的主要有电感耦合等离子质谱（inductively coupled plasma mass spectrometry，ICP-MS）、辉光放电质谱（glow discharge mass spectrometry，GDMS）、二次离子质谱（secondary ion mass spectrometry，SIMS）、激光电离质谱（laser ionization mass spectrometry，LIMS）等。这些质谱分析的所采用的样品及其信号产生方式不同，其中 ICP-MS 的样品需要液态样品进行分析，而后三者因可直接采用固体样品而更为方便。这些分析方法的基本原理类似，以 SIMS 为例，在高真空条件下，离子枪产生的高能一次离子流（$Cs^+$、$Ar^+$、$Ga^+$ 等）入射到样品表面，样品表面原子被溅射，其中含有样品离子，这些二次离子中不同元素离子的荷质比不同，经过能量分析器和质量分析器检测，最终形成质谱图。

二次离子质谱的灵敏度非常高，检测限达到 $10^{-6}$（ppm）量级乃至 $10^{-9}$（ppb）量级，能检测包括 H 元素在内的所有元素及同位素，能对样品微区成分进行深度剖面分析。

图 3-2 所示为 AlN 单晶体内 O、Si 等杂质浓度的 SIMS 深度分布。使 Yb 元素从化学比的及富 Y 的两种钇铝石榴石（yttrium aluminum garnet，YAG）高温陶瓷的表面向陶瓷内扩散，对其 YbO‾ 离子的浓度分布进行 SIMS 分析，并以 YAG 单晶作为对比，如图 3-2 所示镱元素在钇铝石榴石高温陶瓷及单晶中的扩散浓度分布。由图可见，Yb 离子在化学比的 YAG 陶瓷中扩散得更深且浓度更高，而其在富 Y 的 YAG 陶瓷中与在 YAG 单晶中的扩散深度相似。

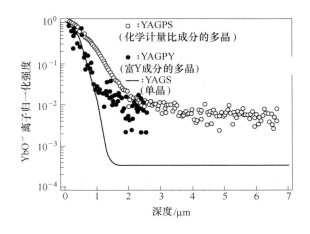

图 3-2　镱元素在钇铝石榴石高温陶瓷及单晶中的扩散浓度分布

## 3.3　物　相　检　测

### 3.3.1　粉末 X 射线衍射

耐火材料的物相检测是对耐火材料中所包含的各种结晶态物质的种类和含量进行分析的方法。通常都采用多晶 X 射线衍射（X-ray diffraction，XRD）进行分析，采用 Cu Kα 射线（$\lambda = 0.154059\text{nm}$），它可以针对粉末和多晶材料进行物相判定，物相含量和晶格常数计算，晶粒尺寸估算，应力计算等等。样品可采用块状或者粉末状，将样品装入样品台开始扫描，获得类似图 3-3（AlN 陶瓷的 XRD 谱线）所示的 XRD 图谱。然后，采用分析软件对 XRD 谱线进行分析，从而计算出各物相的相对含量。通常采用国际衍射数据中心（International Centre for Diffraction Dates，ICDD）提供的卡片及其 RIR 值以及拟合方法对进行物相及其含量进行判定和计算。采用 XRD 计算混合物物相含量的方法为 RIR 法（reference intensity ratio），它是一种快速的定量分析法，其原理为：对于 α 和 β 两相的混合物，α 和 β 的最强衍射线的强度 $I_\alpha$ 和 $I_\beta$ 与它们各自的质量分数比之间的关系可以采用式（3-3）表达。其中，$(I/I_{\text{cor}})_\alpha$ 和 $(I/I_{\text{cro}})_\beta$ 分别是 α 和 β 相的 RIR 值，而 $X_\alpha$ 和 $X_\beta$ 则分别为 α 和 β 两相在混合物种的质量分数。但是必须注意，采用 RIR 法时，对于 XRD 谱没有检测出的迹量物相，无法给出定量结果；有些特殊物质目前还没有 RIR 值，也无法计算其含量；对于化学成分存在偏差的非化学比材料，定量分析会受到一定影响。

$$\frac{I_\alpha}{I_\beta} = \frac{(I/I_{cro})_\alpha}{(I/I_{cro})_\beta} \cdot \frac{X_\alpha}{X_\beta} \qquad (3\text{-}3)$$

图 3-3 所示为一种 AlN 陶瓷的 XRD 谱线，对其进行判相并进行半定量分析，AlN 主晶相、钇铝石榴石 $Al_5Y_3O_{12}$ 及二铝酸钙 $CaAl_4O_7$ 含量（质量分数）分别为 93.8%、3.8% 及 2.4%。

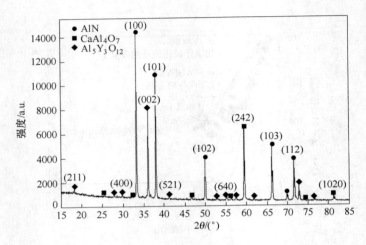

图 3-3　AlN 陶瓷的 XRD 谱线

### 3.3.2　选区电子衍射

耐火材料尤其是特种耐火材料，其颗粒间界和晶界的成分和结构是决定材料性能的关键因素，如果颗粒间界和晶界控制不当，会严重降低材料的力学、热学、耐高温和抗腐蚀等性能。然而由于颗粒间界和晶界尺寸极小，无法采用上述粉末 XRD 进行分析。对于这种微区分析，在研究中可以采用透射电子进行选区电子衍射（selected area electron diffraction，SAED），对衍射斑点进行标定，从而判定物相结构及结晶关系。

例如，以 $La_2O_3$、$Y_2O_3$ 和 SrO 为烧结助剂并采用气压烧结的氮化硅（$Si_3N_4$）耐火材料，其透射显微形貌如图 3-4（a）所示，可见 $\beta\text{-}Si_3N_4$ 柱状晶粒（高亮度的区域）形成的交错互锁结构，其中包含图示颗粒间界和相邻两晶粒形成的晶界（低亮度的区域）。为了解这些微区的物相，分别进行 SAED 分析。图 3-4（b）为相邻两晶粒形成的晶界的 SAED 图，对其进行标定，其中大而亮的一套衍射斑点属于一个 $\beta\text{-}Si_3N_4$ 柱状晶，图中呈直线分布的较小一组衍射斑点属于相邻的另一个 $\beta\text{-}Si_3N_4$ 柱状晶。图中箭头所指的强度微弱的衍射斑点不属于 $\beta\text{-}Si_3N_4$ 而是属于晶界相，这说明晶界为结晶相，由衍射斑点所确定的面间距与 $La_5Si_3O_{12}N$ 等几种可能的物相匹配。颗粒间界的 SAED 如图 3-4（c）和图 3-4（d）所示，对衍射花样进行标定，前者属于 $La_5Si_3O_{12}N$，后者属于 $Y_5Si_3O_{12}N$。由此可见，颗粒间界已有烧结时的液相转变为结晶态。与非晶态的颗粒间界和晶界相比，这种结晶态结构非常有利于提高 $Si_3N_4$ 特种耐火材料的力学、热学、耐高温和抗腐蚀等性能。

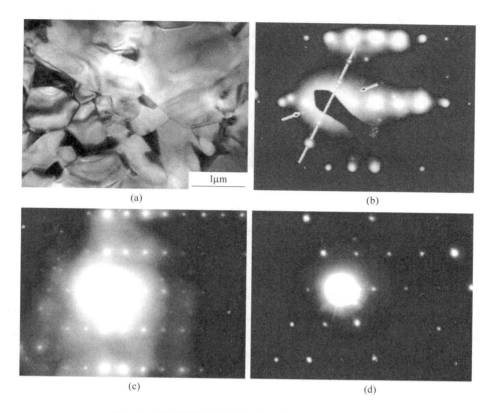

图 3-4 气压烧结的氮化硅耐火材料的透射电镜照片

（a）低倍照片；（b）相邻两晶粒形成的晶界的 SAED 图；（c）颗粒间界 SAED 的 $La_5Si_3O_{12}N$

衍射斑点；（d）颗粒间界 SAED 的 $Y_5Si_3O_{12}N$ 的衍射斑点

# 3.4 显微形貌测试

## 3.4.1 扫描电子显微镜

耐火材料的显微形貌通常采用扫描电子显微镜（Scanning Electron Microscopy，SEM）测试。在使用 SEM 进行耐火材料的形貌观测时，测试前样品必须充分烘干以便样品仓能快速到达所要求的真空度。由于耐火材料大部分都是绝缘性质的，因此样品还需要喷金或喷碳处理以防止样品表面电荷积累造成的放电和图像漂移等现象。

耐火材料的显微结构包括所有相如结晶相、非晶相、气孔和裂纹等的大小、形状、数量、边界状态和几何分布等信息。如图 3-5 所示为一种氮化硅结合碳化硅耐火材料的断口样品的显微形貌，图中低倍照片可以看到氮化硅基质和碳化硅骨料颗粒，基质的背底亮度高是其导电性差造成的，而骨料的背底亮度低是其导电性好所致，基质与骨料结合紧密，由照片上的标尺可见，骨料颗粒的尺寸达到 $100\mu m$；进一步放大则可以发现基质与骨料的结合区存在微小的空洞，并且基质中有氮化硅晶须存在，其长度为数微米，直径约在 $100nm$ 以下。

图 3-5　氮化硅结合碳化硅耐火材料

（a）低倍显微形貌；（b）Si₃N₄ 基质与 SiC 颗粒界面

### 3.4.2　透射电子显微镜

由于通常的扫描电子显微镜在分辨能力最高只能达到 5nm 左右，对于更细小的显微形貌则无法分辨，在进行纳米材料和晶界等微区形貌分析时则可采用透射电子显微镜（transmission electron microscopy，TEM）。透射电镜采用高压透射电子成像，并且样品尺寸小，且负载于导电的铜网或者碳膜上，因而样品不需要喷金或喷碳处理。TEM 可以对样品的高倍形貌成像，还可以对微区的衍射条纹像，还可以用来做前述 SAED。

例如，前述的以 $La_2O_3$、$Y_2O_3$ 和 SrO 为烧结助剂并采用气压烧结的氮化硅（$Si_3N_4$）耐火材料，对图 3-4（a）的晶界进行分析可发现两种不同形貌，如图 3-6（a）所示的晶界为非晶态，而结晶态的晶界如图 3-6（b）所示，而且能看到两颗粒及其结晶的条纹相。

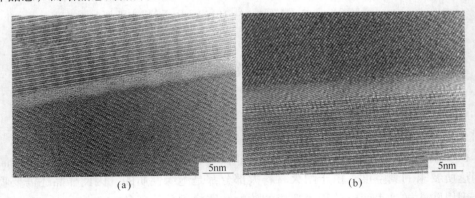

图 3-6　气压烧结的氮化硅耐火材料微区高倍显微形貌

（a）$Si_3N_4$ 颗粒间的非晶态晶界；（b）$Si_3N_4$ 颗粒间的晶态晶界

## 3.5　密度、气孔率和吸水率的测试方法

密度包括体积密度、真密度，气孔率包括显气孔率、闭口气孔率和真气孔率，其基本概念及定义见第 1 章 1.2 节所述，现仅就其测试方法进行概述，详细的测试过程按照

GB/T 2997—2000 和 GB/T 2998—2001 进行。

### 3.5.1 体积密度、显气孔率和吸水率的测试方法

常用的体积密度的测定方法有两种，其不同之处在于如何测得试样的体积。

对于轻质保温耐火材料，采用体积不小于 150cm³，棱长或直径不小于 50mm 的长方体或圆柱体式样，精确测量其质量和三维尺寸，计算出它的体积 $V$，然后直接除以其干燥质量 $m$，即可得到体积密度（见第 1 章中式（1-7））。这种体积密度也有称之为假密度、表观密度的。

另一种测定耐火材料体积的方法是阿基米德法，即用排水法来测定试样的体积，是目前各国标准中规定的方法。这种方法针对一般致密耐火制品，用体积 50～200cm³ 的棱柱体或圆柱体式样。为了准确测得试样的体积，测定方法也可以分为两类：一是真空法，即将试样放在密闭容器中抽真空达到一定的真空度以后再注液体浸泡液体（可以是水或油等任何液体，但对于易水化或者在水中易散开的坯体等试样不宜用水浸泡）来浸泡试样；另一方法是将烘干的试样放入沸水中浸泡。将试样放入液体中浸泡，浸泡完成后，试样在液体中称取其悬浮在液体中的质量。然后将试样从浸泡中取出，用饱和了浸泡液的毛巾小心地擦去多余的液滴（不能吸出试样气孔中的液体）。在空气中测得饱和试样的质量，同时测定试验温度下液体密度。则可用第 1 章中式（1-1）～式（1-3）及式（1-8）计算材料的真气孔率、显气孔率、闭口气孔率和体积密度。

### 3.5.2 真密度的测试方法

采用真密度测定仪进行测试时，先把干燥后的试样破碎磨细成尽可能不存在封闭气孔的粉末试样（通过 0.063mm 筛孔）。称量空比重瓶及其装有一定量粉末试样时的质量，其差值就是样品的干燥质量；随后将其注满水或其他已知密度的液体，称量其质量；最后将该比重瓶清空，重新装满同一液体，再称量其质量。由于比重瓶容积精确恒等，因此真密度采用第 1 章中式（1-10）计算。

### 3.5.3 气体孔径分布测试方法

#### 3.5.3.1 压汞法

采用压汞仪进行气孔孔径分布测试，其原理是将汞在一定的压力下浸入样品的开口气孔，被浸入的细孔大小和所加的压力成反比。增加压力时，更小尺寸的气孔被汞渗入，如此就可以得出气孔尺寸的分布图。

采用压汞法测试孔径分布时，首先将 4～8mm 尺寸的样品烘干，至于容器中，抽真空后充满汞，随后逐渐加压，使汞不断渗入样品内的更为细小的气孔中，汞的容积不断减小。根据不同压力下渗入样品的汞的容积，计算对应孔径气孔的体积，便可便得到气孔分布。其孔径测量范围为 0.005～1000μm。平均孔径可按照式（3-4）计算：

$$\overline{D} = \frac{\int_0^{V_t} D \mathrm{d}V}{V_t} \tag{3-4}$$

式中　$\overline{D}$——平均孔径；

$D$——某一压力所对应的孔直径；

$V_t$——开口气孔的总容积；

$\mathrm{d}V$——孔容积微分值。

压汞法的详细测试过程参见 YB/T 118—1997。

#### 3.5.3.2　水 – 空气置换法

该测试在透气度测试仪中进行。首先使待测试样品被水完全饱和，然后置于透气度测试仪中，在空气的压力下，低压时孔径较大的贯通气孔中的水被排除，气流导通形成出现一定的气体流量。随后逐渐增大压力，较小贯通气孔中的水排除，气体流量逐渐增大。根据压力—流量变化曲线，就可以计算相应孔径的气孔体积，得到孔径分布。

#### 3.5.3.3　显微镜观察法

利用光学显微镜和电子显微镜观察试样断口中气孔大小和相貌并拍照，随后利用软件或人工对图像进行分析，统计得到孔径的分布。

### 3.5.4　透气度测试方法

透气度是在一定压差下，气体透过耐火材料制品的难易程度的特征值。透气度的国际统一单位制的单位为 $\mathrm{m}^2$，常用 $\mu\mathrm{m}^2$。在 1Pa 的压差下，动力黏度为 1Pa·s 的气体，通过面积 $1\mathrm{m}^2$、厚度 1m 的制品的体积流量为 $1\mathrm{m}^3 \cdot \mathrm{s}^{-1}$ 时，透气度为 $1\mathrm{m}^2$。

采用透气度测定仪对致密定形耐火材料进行测试时，取直径 50mm、高 50mm 的圆柱试样，经干燥后，在 3 个不同压差下，测定流过试样两端面的干燥空气（或氮气）的流量，按照式（3-5）计算试样的透气度 $K$：

$$K = 2.16 \times 10^{-6}\eta \times \frac{h}{d^2} \times \frac{q_v}{p_1 - p_2} \times \frac{2p_1}{p_1 + p_2} \tag{3-5}$$

式中　$K$——透气度；

$\eta$——试验温度下气体的动力黏度；

$h$——试样高度；

$d$——试样直径；

$q_v$——通过试样的气体流量；

$p_1$——气体进入试样端的绝对压力；

$p_2$——气体逸出试样端的绝对压力。

详细的测试方法可见 GB/T 3000—1999。

# 3.6　物　理　性　质

### 3.6.1　力学性质

耐火材料的力学性质主要包括它的弹性模量、泊松比、硬度、耐压强度与抗折强度、断裂韧性等。它不仅表示耐火材料抵抗外力作用而不破坏的能力，还对其抗热震性有较大影响。下面只介绍耐压强度、抗折强度和耐磨性的测试方法。

#### 3.6.1.1　常温和高温耐压强度

耐火材料的耐压强度是单位面积上所能承受而不破坏的极限载荷。耐火材料耐压强度的测定可以在常温下进行，也可以在高温下进行。前者称为常温耐压强度，后者称为高温耐压强度。

耐火材料耐压强度的测定方法是在机械或液压试验机上进行。对致密定形耐火材料测试其常温耐压强度时，由砖的一角切厚度立方体试样，或钻取 $\phi 50mm \times 50mm$ 的圆柱体，测定其干燥样品的长度、宽度或直径，以规定的加压速率连续均匀地对圆形或方形试样加荷，直到试样破碎。根据所记录的最大载荷和试样尺寸，用式（3-6）计算试样的耐压强度：

$$S_c = \frac{F_{max}}{lb} \tag{3-6}$$

式中　$S_c$——试样耐压强度；

　　　$F_{max}$——试样破坏时最大载荷；

　　　　$l$——试样的长度；

　　　　$b$——试样的宽度。

载荷的加压速度、试样尺寸的平行度以及在耐火材料制品上取样的方向都会对试验产生影响。通常规定试验加压方向应与制品成型加压方向一致。在试验中，常在试样上下两受压面上各加一厚约 2mm 的草纸板作为衬垫。此外，在我国标准及国际标准中都规定有无衬垫仲裁试验方法，其中对试样表面粗糙度以及平行度都有很高的要求。

高温耐压强度在高温耐压强度试验机上进行，其样品处于高温炉内上压头和下压头之间。测试时，首先将高温炉加热到测试温度，随后保温一定时间（通常为30min）使样品恒温在规定温度，然后进行加压并记录。高温耐压强度同样以式（3-6）计算。

常温耐压强度的试验方法可采用 GB/T 5072—2008，高温耐压强度的试验方法可参照 GB/T 5072—2008。

### 3.6.1.2　常温和高温抗折强度

耐火材料的抗折强度是指将规定尺寸的长方体试样在三点弯曲装置上能够承受的最大应力。实验可以在常温下进行，也可以在高温下进行。前者称为常温抗折强度，后者称为高温抗折强度。

抗折强度的测定方法如图 3-7 所示。采用抗折试验机测试抗折强度时，将长方形耐火材料放在两个支撑刀口上，在加荷刀口上按一定的加荷速度加载荷直至试样断裂为止。根据试样品种及强度值的不同，加载速度也不同。通常致密高强度制品的加载速度较大，而轻质低强度制品的加载速度较小。根据记录下的最大压力及试样的尺寸按式（3-7）计算

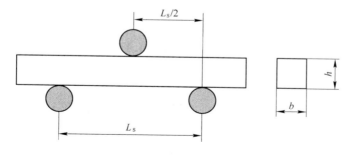

图 3-7　耐火材料抗折试验示意图

试样的抗折强度：

$$S_b = \frac{3}{2} \times \frac{F_{max} L_s}{bh^2}$$ (3-7)

式中    $S_b$——试样抗折强度；

     $F_{max}$——试样折断时最大载荷；

      $L_s$——跨距；

       $h$——试样的高度；

       $b$——试样的宽度。

     同样，在高温抗折试验机中，上述装置及试样放入高温炉的恒温区中，按一定的升温速度升温到试验温度后进行测定，则按照式（3-7）得到高温抗折强度。

     和耐压强度一样，不同的耐火材料品种的测定方法与程序有一定的差别，测定的标准方法也不完全相同，可以从相关的标准中找到，按规定的标准方法进行测定，比如常温抗折强度试验方法采用 GB/T 3001—2007，高温抗折强度试验方法采用 GB/T 3002—2004。

### 3.6.1.3   耐磨性能测试

     耐火材料的耐磨性是耐火材料抵抗坚硬物料或含有固体物料的气流的磨损作用的能力。耐磨性通常用在一定研磨条件和研磨时间下制品的重量损失或体积损失表示。目前多采用吹砂法，即在一定时间内将压缩空气和研磨料喷吹于试样表面，测定其减量。但要注意，这种测试不能表明在高温下耐火材料的耐磨性。

     采用耐磨试验机进行耐磨性测试时，称量干燥试样的质量，计算体积。然后将试样的实验面与喷砂管成垂直方向，接通压缩空气，调整压力，将研磨介质在规定时间送出，然后称量磨损后的样品质量，按下式（3-8）计算磨损量：

$$A = \frac{M_1 - M_2}{B}$$ (3-8)

式中    $A$——试样磨损量；

     $M_1$——试验前试样质量；

     $M_2$——试验后试样质量；

     $B$——试样体积密度。

常温耐磨性试验方法可采用 GB/T 18301—2012。

## 3.6.2   热学性质

### 3.6.2.1   热膨胀系数的测试

     耐火材料的热膨胀系数通常是指其平均热膨胀系数，包括线膨胀系数和体积膨胀系数。线膨胀系数或体积膨胀系数是从室温到试验温度，温度每升高 1℃ 试样长度或体积的相对变化率。将试样从室温加热到试验温度，其长度的变化率称为线膨胀率。常见的线膨胀率测定方法有顶杆法与望远镜法。详细的热膨胀试验方法参见 GB/T 7320—2008。

     A   顶杆法测定线膨胀率

     将试样置于炉中的恒温段，通过一个已知其膨胀率的顶杆与外界相连，测得试样与顶杆长度随温度的变化，即可按式（3-9）计算出试样的线膨胀率 $\rho$：

$$\rho = \frac{L_t - L_0 + A_k(t)}{L_0} \times 100\% \qquad (3\text{-}9)$$

式中  $\rho$ ——试样的线膨胀率;

　　　$L_t$ ——试样在试验温度 $t$ 的长度;

　　　$L_0$ ——试样在室温的长度;

　　　$A_k$ ——仪器校正值(包括顶杆的膨胀在内)。

B  望远镜法测定线膨胀率

望远镜法是将试样放在开有两对测试孔的炉内的恒温区。利用在炉外的望远镜与千分表测定试样长度随温度的变化。按式(3-10)计算其线膨胀率:

$$\rho = \frac{L_t - L_0}{L_0} \times 100\% \qquad (3\text{-}10)$$

式中  $\rho$ ——试样的线膨胀率;

　　　$L_t$ ——试样在试验温度 $t$ 的长度;

　　　$L_0$ ——试样在室温的长度。

C  平均线膨胀系数和体积膨胀系数的计算

根据以上两种方法测得的线膨胀率,可按照式(3-11)计算试样的平均线膨胀系数:

$$\alpha = \frac{\rho}{(t - t_R) \times 100} \qquad (3\text{-}11)$$

式中  $\alpha$ ——试样的平均线膨胀系数;

　　　$\rho$ ——试样的线膨胀率;

　　　$t$ ——测试温度;

　　　$t_R$ ——室温。

而体积膨胀系数以式(3-12)进行计算:

$$V_t = V_0(1 + \alpha_v \Delta T) \qquad (3\text{-}12)$$

式中  $V_t$ ——样品在试验温度 $t$ 时的体积;

　　　$V_0$ ——样品在室温时的体积;

　　　$\alpha_v$ ——体积膨胀系数(材料体膨胀系数近似等于其线膨胀系数的 3 倍);

　　　$\Delta T$ ——试验温度与室温的温差。

固体材料热膨胀的本质归结为晶体结构中质点间平均距离随温度的升高而增大,因此晶体材料的热膨胀系数与其晶体结构有密切关系。但是耐火材料不是一个单晶体,它是由晶相(多晶体)、玻璃相(液相)以及气相所构成的复合材料。材料中颗粒大小也不同。因此,影响耐火材料热膨胀性的因素要比一般固相材料复杂得多。

### 3.6.2.2  导热系数的测试

导热系数也称热导率,是物质导热能力的量度,是指当温度梯度下单位时间内,通过单位垂直面积的热量。其具体定义为:在物体内部垂直于导热方向取两个相距 1m,面积为 1m$^2$ 的平行平面,若两个平面的温度相差 1K,则在 1s 内从一个平面传导至另一个平面的热量就规定为该物质的热导率,其单位为 W/(m·K)。

耐火材料导热系数的测定方法与其他材料导热系数测定方法的原理相同,即根据傅里叶的分子传热基本定律式(3-13)设计实验进行测定。常用的方法包括平板导热法、热线法及激光法等。下面介绍这些测定方法的原理与适用范围，具体测定方法须按有关标准（如热线法按照 GB/T 5990—2006）进行。

$$\frac{\mathrm{d}Q}{\mathrm{d}t} = \lambda S \frac{\mathrm{d}T}{\mathrm{d}x} \tag{3-13}$$

式中   $\dfrac{\mathrm{d}Q}{\mathrm{d}t}$——通过某点的热流速率；

     $S$——热流通过的截面积；

     $\lambda$——导热系数（热导率）；

     $\dfrac{\mathrm{d}T}{\mathrm{d}x}$——传热方向上的温度梯度。

    A    平行板法

    该方法基于一维稳态传热模型，原理如图 3-8 所示。发热元件发热使 SiC 均热板的温度升高，均热板使试样热面的均匀受热；热量通过试样传到冷面，使冷面上的水沸腾蒸发；蒸发得到的蒸气被冷凝管冷却成水，收集水并测量蒸发水量。根据规定时间内蒸发水量、热电偶测得的热面温度与冷面温度即可按照式（3-14）计算出试样的导热系数。平板法一般用来测定低导热系数的材料，如绝热板、轻质砖等，适应的温度范围也不高。一般热面的温度维持在 1000℃ 左右。

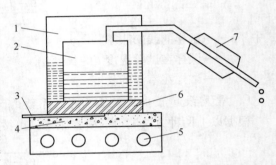

图 3-8   平板导热系数测定原理图
1—辅助量热室；2—量热室；3—热电偶；4—SiC 均热板；5—发热元件；6—试样；7—冷凝管

$$\lambda = \frac{Q\delta}{(t_{\mathrm{h}} - t_{\mathrm{c}})A} \tag{3-14}$$

式中    $\lambda$——导热系数（热导率）；

     $Q$——单位时间水流吸收的热量；

     $\delta$——试样厚度；

     $t_{\mathrm{h}}$——试样热面温度；

     $t_{\mathrm{c}}$——试样冷面温度；

     $A$——试样面积。

    B    热线法

    热线法是一种非稳态的测定方法，即在不稳定传热过程中测定材料的导热系数。热线法又分为普通热线法与平行热线法。前者适合于测定导热系数不大于 $2\mathrm{W/(m \cdot K)}$ 的耐火材料的导热系数，后者可测定的导热系数的范围最高可达 $25\mathrm{W/(m \cdot K)}$。两者的最高测定温度为 1250℃。

    热线法测定导热系数的原理如图 3-9 所示。先在试样表面按图所示，刻出十字交叉槽，将一根铂或铂铑电热丝与热电偶镶嵌在槽中，热电偶与电热丝焊接在一起（热电偶的一极必须与热线同材质）。通过加热电路加热热线，测得不同加热时间热线的温度，即可根据热线 $AB$ 之间的电压、电流、电阻以及不同时间热线的温度计算出材料的导热系数。平行热线法的测定原理与普通热线法一样，只不过用两个试样与两条热线。测定按规定镶嵌在两个试样中的两条热线的温度随时间的变化来计算材料的导热系数。

　　C　激光法

　　激光法测定导热系数如图 3-10 所示。试样为一已知厚度的圆形薄片。在试样的前面用激光加上脉冲强能量，用记录仪测得在试样背面的温升，根据此温度及材料的相关数据即可计算得到材料的导热系数。

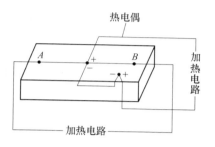

图 3-9　热线法测定导热系数的原理图　　　　图 3-10　激光法测定导热系数的原理图

　　用激光法测定材料的导热系数的温度范围很宽。它原来是为测定致密材料的导热系数而建立起来的，近年来也开始在多孔材料导热系数的测定中应用。

　　3.6.2.3　比热容测试

　　材料的比热容已经积累了充分数据，在设计和计算等工作中需要耐火材料比热容数据时，通常查阅相关手册获得。一般很少测定耐火材料的比热容，也没有相应的测试标准。具体检测方法多采用量热计法。比热容按照式（3-15）计算：

$$c_p = \frac{Q}{m(t_1 - t_0)} \tag{3-15}$$

式中　$c_p$——耐火材料的等压比热容；

　　　　$Q$——加热试样所消耗的热量；

　　　　$m$——试样的质量；

　　　　$t_0$——加热前试样的温度；

　　　　$t_1$——加热后试样的温度。

## 3.6.3　电学性质

　　耐火材料的电学性质主要是导电性，通常用比电阻表示。比电阻的测量方法简单，测试用试样为长方形、圆形及管形，在垂直于电流通过方向的两端面应平整且平行，首先测出试样长度和平均截面积，然后将试样和测试端子固定在夹紧装置上，要求按试样平均截面积计算的压紧强度为 3.3MPa，测试试样的电阻值，按照式（3-16）计算电阻率。

$$\rho = R \cdot \frac{S}{L} \tag{3-16}$$

式中　$\rho$——耐火材料的电阻率；

　　　　$R$——试样电阻；

　　　　$S$——试样截面积；

　　　　$L$——试样长度。

　　详细的测试过程可参见 YB/T 173—2000。

# 3.7　使 用 性 能

　　耐火材料的使用性质是表征其使用时的特性并直接与其使用寿命相关的性质。包括耐火度、荷重软化温度、高温蠕变性、高温体积稳定性、抗热震性以及抗渣性等。由于热震及化学侵蚀是耐火材料损坏的两大重要原因，耐火材料的抗热震性与抗渣性十分重要。

## 3.7.1　耐火度的测试方法

　　将研磨到一定细度（小于 $180\mu m$）的耐火材料或原料制成如图 3-11 所示的三角锥试样，将待测试锥与几个已知耐火度的标准试锥同时放在一个圆盘形或者长方形锥台上，将锥台放入炉子中按规定的升温速度升温，并旋转锥台，观察试锥及标准锥的弯倒情况，与试锥的尖端同时接触到锥台的那个标准锥的耐火度即为试锥的耐火度。

　　耐火度的测定条件与方法对测得的结果有一定影响。包括如下几个方面：

　　（1）试样颗粒大小。试样的颗粒愈小，高温下不同组分之间的反应愈容易。在同一条件下产生的液相量越多，测得的耐火度越偏低。因此，在试样研磨过程中要经常分析试样的粒度，以避免小于 $180\mu m$ 的细粉中过细的颗粒太多。

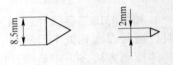

图 3-11　耐火度试锥

　　（2）升温速度。升温速度越慢，达到同一温度产生的液相量越多。所以一般情况下慢升温测得的耐火度要比快升温测得的低。但在过慢的升温过程中也有可能产生从熔体中析晶的现象。随晶体的析出，提高了液相的黏度，从而提高耐火材料的耐火度。

　　（3）炉内气氛。当耐火材料试样中有变价氧化物存在时，气氛会引起变价而改变液相生成温度与液相量。如氧化铁在还原气氛下会变成低熔点的氧化亚铁，降低耐火度。所以我国标准规定耐火度测定时炉内气氛为氧化气氛。

　　（4）试锥的形状与安置。试锥形状与安置方式如不严格按标准进行，就可能影响测定结果。

## 3.7.2　荷重软化温度的测试方法

　　荷重软化温度是耐火材料在规定的升温条件下，受恒定荷载产生规定变形时的温度。荷重软化温度的测定方法包括有示差 – 升温法与非示差 – 升温法两种。前者已定为国家标准（GB/T 5989—2008），后者作为行业标准（YB/T 370—1995）仍在使用。两者在试验设备与方法以及试样尺寸与形状上有一些差别，但原理是相同的。把试样放在一立式试验炉中，加上一定的负荷，通常对于致密定形耐火材料为 0.2MPa，致密不定形耐火材料为 0.1MPa，隔热定形与不定形耐火材料为 0.05MPa。试样在炉内按规定的速度升温，记录下试样变形与温度的关系，得到如图 3-12 所示的曲线。不同试验方法得到的曲线形状基本相同。随着温度的升高，试样开始膨胀。达到某一温度时，由于试样软化而开始收缩，试样到达最大膨胀值，即图中曲线的最高值记为 $t_0$，表示试样开始收缩的温度。然后根据不同的变形量得到不同的温度，下降变形量达到试样尺寸的 $x\%$ 时的温度定义为 $t_x$。在示差－升温法中通常记录 $t_{0.5}$、$t_1$、$t_2$ 与 $t_5$，相应的变形量分别为 0.5%、1%、2% 与 5%。而非示差－升温法中常记录 $t_0$ 与 $t_{0.6}$，有些试样在试验过程中破裂或溃裂，应记录此破裂温度 $t_b$ 作为测定结果。

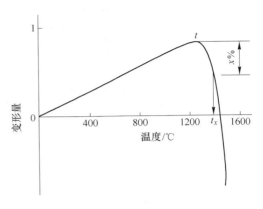

图 3-12    荷重软化温度测定的
变形与温度关系曲线

### 3.7.3  高温蠕变的测试方法

耐火材料在一定的压力下随时间的变化而产生的等温变形称为耐火材料的高温蠕变或压蠕变。压蠕变与荷重软化温度测定的方法不同。后者是随温度的升高测定达到规定变形的温度，而前者是在恒定温度下测定规定时间内的变形，更能反映在长时间作用下耐火材料抵抗负荷与高温同时作用的能力。压蠕变的测定设备及试样基本上与测定荷重软化点的示差－升温法相同。将试样放在炉子中按规定值施加载荷，按规定的升温制度升温至测定蠕变的温度并保温。通常，保温时间为 25h、50h 与 100h。连续记录温度及试样高度随时间的变化。按式（3-17）计算蠕变率。并用列出自保温开始后每隔 5h 的蠕变率。

$$P = \frac{L_n - L_0}{L_i} \qquad\qquad (3-17)$$

式中    $P$——蠕变率；

   $L_i$——原始试样的高度；

   $L_0$——恒温开始时的试样高度；

   $L_n$——试样恒温 $n$ 小时的高度。

详细的高温蠕变试验方法可见 GB/T 5073—2005。

### 3.7.4  高温体积稳定性的表征和测试方法

耐火材料是长期在高温下使用的材料，而其本身处于热力学非平衡状态，所以在使用过程中会有一些物理与化学反应发生。这些反应带来一定的体积变化，这种变化可能危害炉窑的稳定性与寿命。如果在使用过程产生较大的收缩则可能使炉衬解体。相反，如果产生较大的膨胀则可能在炉衬中造成较大的应力而导致炉衬耐火材料破坏。所以需要一个评价在使用过程中因物理化学变化导致耐火材料体积变化的性能指标。由于直接在高温下测定体积变化需要特殊的设备，同时还要排除线膨胀的影响。所以，常用耐火材料再次经高温处理后试样体积或尺寸变化来表征耐火材料在使用温度下发生的变形大小，即重烧线变化或体积变化（也称加热永久线变化或体积变化）。耐火材料在使用温度下的重烧线变化不应很大，应在允许的范围内。重烧线/体积变化是指试样在加热到一定温度保温一段时间后，冷却到室温后所产生的残存膨胀或收缩。可以分别用式（3-18）和式（3-19）来表示：

$$L_c = \frac{L_t - L_0}{L_0} \times 100\% \tag{3-18}$$

式中　$L_c$——重烧线变化率；

　　　　$L_t$——加热到温度 $t$ 保温后冷却到室温的试样的长度；

　　　　$L_0$——加热前试样的长度。

$$V_c = \frac{V_t - V_0}{V_0} \times 100\% \tag{3-19}$$

式中　$V_c$——重烧体积变化率；

　　　　$V_t$——重烧后试样的体积；

　　　　$V_0$——重烧前试样的体积。

详细的高温蠕变试验方法可见 GB/T 5988—2007。

### 3.7.5　抗热震性的测试方法

由于抗热震性是耐火材料的一个重要性质，所以在科研与产品质量的检测上，人们常采用不同的方法测定耐火材料的抗热震性（如表 3-1 所示耐火材料热震性测定方法），但至今尚未有一个公认的好方法。在实际工作中最常见的方法是对耐火材料试样进行反复加热 – 冷却循环，即将试样在一定的温度下保温后，放入冷水、流动的空气或其他冷介质中急冷，反复数次后观察试样的损坏情况。对于不易水化的耐火材料，如铝硅系耐火材料可在水中冷却，而镁质耐火材料等易水化材料则在空气中或其他非水液体材料中冷却。耐火材料抗热震性评价方法包括观察试验后试样上裂纹的状况或破坏的面积、试验前后质量损失率、抗折强度或弹性模量的保持百分率或损失百分率等。也可以测定热震过程中声发射特征的变化来表征试样的抗热震性的好坏。国标中耐火材料抗热震性试验方法见 GB/T 30873—2014。

表 3-1　耐火材料热震性测定方法

| 热震条件 | 检测方法 | 评价依据 |
|---|---|---|
| 加热或冷却 | 裂纹检测 | 目测裂纹状况 |
| 加热 – 冷却循环 | 称重 | 质量损失率 |
| | 抗折强度测试 | 抗折强度保持率 |
| | 弹性模量测试 | 弹性模量保持率 |
| | 声发射技术 | 热震过程中声发射特征 |

#### 3.7.5.1　加热 – 水冷却法

采用电炉加热，首先将电炉加热到预定试验温度并保温一定时间，然后将耐火材料试样（一般为整块耐火砖）从加热面（114mm×65mm）沿长度方向插入炉内 50mm，其余裸露于炉外。加热 15min 后，从炉内取出样品浸入水槽中进行水冷。冷却水应充分流动，注入水槽的冷却水温度控制在 30℃以下。试样冷却 3min 后取出，加热面朝上在空气中自然冷却 12min。记录耐火材料试样产生龟裂和剥落的具体状况，并图示或照相。

### 3.7.5.2　加热 – 空气冷却

空气冷却可采用自然冷却和急冷。采用空气自然冷却时，将耐火材料试样从炉内取出热面朝上冷却 15min，记录试样表面龟裂和剥落状况，可采用图示或拍照的方法。采用空气急冷时，则以 0.1MPa 压缩空气作为介质，对取出炉的样品急冷 5min，并在三点弯曲试验机上做抗折强度测试，以样品经历热震循环后的强度保持率（式（3-20））来评价其抗热震性。

$$S = \frac{S_r - S_s}{S_r} \tag{3-20}$$

式中　$S$——强度保持率；

　　　$S_r$——原始试样的弯曲强度；

　　　$S_s$——热震循环后试样的弯曲强度。

## 3.7.6　抗渣性的测试方法

耐火材料的抗渣性是指耐火材料在高温下抵抗炉渣的侵蚀和冲刷作用的能力。耐火材料的抗渣性的测定方法有多种，大致可分为两大类：一类是所谓静态法，即在检验过程中耐火材料是静止不动的；另一类是所谓动态法，即在检验过程中耐火材料是运动的。各种测定方法的示意图如图 3-13 所示。具体的测试过程参见 GB/T 8931—2007。

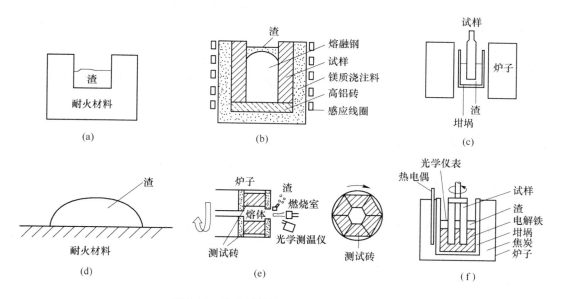

图 3-13　耐火材料抗渣性试验方法示意图

（a）坩埚法；（b）感应炉法；（c）浸棒法；（d）滴渣法；（e）回转渣蚀法；（f）旋棒法

### 3.7.6.1　耐火材料的静态抗渣试验

静态抗渣试验方法包括坩埚法、感应炉法、浸棒法及滴渣法，分别如图 3-13 中(a) ~ (d) 所示。在静态试验方法中，由于耐火材料试样静止不动，试样周围的侵蚀介质（熔渣）变化小，很容易达到饱和状态。这是静态法的缺点。

A　坩埚法

实验室中最常见的抗渣性试验方法为坩埚法。即将要检测的耐火材料压制或浇注成坩埚样。在坩埚中放入一定量试验渣，如图 3-13 （a） 所示。将盛渣的坩埚放入炉中加热到规定的温度后保温一定时间，随炉冷却后将坩埚沿高度方向切开，来观察渣对耐火材料的侵蚀情况。一个典型的渣侵蚀后坩埚截面图如图 3-14 所示。图中 1 为坩埚腔原始截面积 $S_0$，2 为被渣侵蚀的面积 $S_e$，3 为渣渗透的面积 $S_p$。用图像分析或手工方法测出 $S_c$、$S_p$、$S_0$，可以用 $S_c$ 与 $S_p$ 或者用相对值 $S_c/S_0$，$S_p/S_0$ 来表示耐火材料的抗渣性好坏。在实际试验中各层之间的界线常不明显。可根据实际情况确定各层的划分。可以利用光学显微镜、电子显微镜与能谱分析等技术分析研究渗透层与渣蚀层的成分与结构，探求渣对耐火材料的侵蚀机理以及

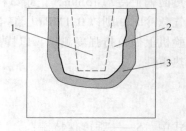

图 3-14　渣侵蚀试验后坩埚
截面示意图
1—原坩埚截面积；2—侵蚀掉
的面积；3—渣渗透面积

提高耐火材料抗渣性的方法。坩埚法的优点是简单易行。可以在同一个炉子中进行多个坩埚的抗渣性试验。但是，除了静态试验共同的缺点外，在耐火材料内部不存在温度梯度是其另一个缺陷，这一点与耐火材料的实际使用情况不同。

B　感应炉法

感应炉法是另一个最常用的抗渣性试验方法，如图 3-13 （b） 所示，在感应炉中砌筑一个耐火材料内衬，在炉中放入一定量的钢块或钢水，在其上面放置一定重量的试验渣。利用电磁感应加热钢样使其熔化，同时熔化渣样。控制电流与电压，使炉温在一定温度下保持一段时间，然后倒出钢与渣，取出耐火材料。根据试样的形状截取截面积并测得渣蚀层与渗透层的面积，利用光学与电子显微镜、能谱分析等方法来分析侵蚀机理。感应炉的优点如下：

（1）在试验耐火材料中存在温度梯度，可以反映出温度梯度对渣侵蚀的影响。试验条件与耐火材料的实际使用条件比较接近。

（2）可以将不同的耐火材料试样砌筑在同一个感应炉中，在同一试验条件下对比不同耐火材料抗同一渣侵蚀的能力。

（3）在感应电场的作用下，钢水会进行一定程度的运动。在研究钢水与耐火材料之间的反应时，钢水的组成比较均匀。钢水运动也会对其上面的熔渣产生一定的影响。

（4）由于许多感应炉配置有真空或封闭系统，因而试验气氛容易控制。

（5）可以分析考察渣 - 金属界面上耐火材料的局部侵蚀。

C　浸棒法

浸棒法也是用得较多的方法之一。将一根或几根长方形或圆形截面的耐火材料试棒漫入到熔化的渣中，如图 3-13 （c） 所示。在规定的温度下保温一定时间。取出试样冷却后切开。观察并测定渣蚀面积与渣渗透面积大小，以衡量耐火材料抗渣性的好坏。同样可以用光学、电子显微镜及能谱等手段研究渣蚀机理。这一方法的好处是可以采用小试棒与大量渣的方法来减小侵蚀试验过程中渣成分的变化，延长渣中耐火材料组分达到饱和的时间。

D　滴渣法

滴渣法较少使用，常用来测定渣对耐火材料的润湿性，如图 3-13 （d） 所示。在一

光滑的耐火材料表面上放置一个球状或柱状渣样，将耐火材料板与渣样一起放入一个炉子中，升温到规定的温度并保温一段时间。温熔化附在耐火材料表面，这时可用特定的设备测定渣对耐火材料的润湿角。试验结束后，也可以切开渣及耐火材料以观察渣对耐火材料的侵蚀与渗透。这一方法对于测定耐火材料的抗渣性而言并不是很好的方法。

### 3.7.6.2 耐火材料的动态抗渣试验

耐火材料抗渣性的动态试验方法主要包括回转渣蚀法与旋棒法。

#### A 回转渣蚀法

回转渣蚀法如图 3-13（e）所示，其主要设备为一个小回转炉。试验耐火材料试样按规定形状砌筑成六边形截面炉衬。试验时先让炉体处于水平位置旋转，升温到规定温度再保温约 30min 后加入一定量的试验渣，使形成约 10mm 的渣池，再保温约 1h 后将炉体倾斜 90°倒渣。渣倒完后，再将炉子放平后可再加渣重复进行上述试验，直到得到满意结果为止。渣蚀试验完成后取出耐火材料，沿平行于渣蚀方向切开测定其渣蚀面积及渗透面积以衡量耐火材料的抗侵蚀能力。也可以利用光学、电子显微镜及能谱分析来研究侵蚀机理。回转渣蚀法的特点如下：

（1）由于渣蚀过程中炉子是转动的，在整个试验过程中炉子中渣的组成是均匀的。同时，由于可以在试验过程中不断加入渣并可以重新换渣，因此，使耐火材料在整个渣蚀过程中与较新鲜的渣接触。还可以模拟在冶炼过程中渣组成变化的情况。

（2）可以在炉衬中砌筑不同的耐火材料，对比它们在同一试验条件下抗同一渣的侵蚀能力。但抗侵蚀能力差异很大的材料不宜砌在同一炉中。

（3）在耐火材料中存在温度梯度，与耐火材料在工业炉中使用的实际情况接近，反映了温度梯度 - 对渣渗透及侵蚀的影响。

（4）试验与设备较其他方法复杂。

在我国及美国等国的耐火材料标准中，已将回转渣蚀法列为检测耐火材料抗渣性的国家标准。试验时可以从其中查到具体试验步骤。

#### B 旋棒法

如图 3-13（f）所示。将装有试验渣的坩埚放入感应炉或电阻炉中。待渣熔化后，将一根或多根棒状耐火材料试样插入熔融渣中。试样以一定的速度在熔渣中旋转，并在规定的温度下保持一段时间后取出。沿渣侵蚀方向截断，在截面上观察渣对耐火材料的侵蚀与渗透情况，求出渣蚀面积与渗透面积。用光学及电子显微镜等研究侵蚀机理。旋棒法的特点是耐火材料是运动的，耐火材料周边的渣的成分比较均匀。与浸棒法相同，可以采用小试棒与大量渣的方法来减小侵蚀试验过程中渣成分的变化，延长渣中耐火材料组分达到饱和的时间。

本章所介绍的耐火材料主要性质的典型测试方法有国家标准和行业标准可以作为参考依据。耐火材料作为一种特殊应用的材料，在各种不同服役环境下的要求不同，并非每项指标都需要测试，重点关注其核心性质。对于一些特殊应用部位，根据其服役环境，还可采取本章所涉及内容之外的测试方法，可借鉴陶瓷、金属和半导体等领域中应用的其他材料测试和表征方法。

复习思考题

3-1　简述能谱分析的基本原理；采用能谱对耐火材料成分分析时需要注意的问题有哪些？

3-2　简述 X 射线衍射进行半定量分析的基本原理。

3-3　采用扫描电子显微镜表征耐火材料的显微形貌时的主要操作步骤有哪些？

3-4　耐火度的测定条件与方法对测得的结果的影响有哪些？

3-5　请画出采用示差－升温法测试耐火材料荷重软化温度所得出的变形与温度关系曲线的示意图。

3-6　耐火材料的抗热震性的测试方法有哪些？

【本章主要内容及学习要点】本章介绍铝硅系产品类型及不同类型产品的生产工艺及特点，重点能掌握铝硅系产品的分类及主要产品类型，掌握不同类型产品的工艺特点，掌握铝硅系产品生产工艺的共性与特性。

铝硅系耐火材料是含 $Al_2O_3$ 和（或）$SiO_2$ 的系列耐火制品，它广泛应用于冶金、玻璃、水泥、石油化工等工业生产领域所用热工设备上。

通常将其分为硅质、硅酸铝质和刚玉质三大类。

硅石耐火材料是指以天然石英岩为主要原料生产的 $w(SiO_2)$ 在 93% 以上的耐火制品，其主晶相是石英及其变体。$w(SiO_2)$ 大于或等于 85%，但小于 93% 的耐火材料称为硅质耐火材料。人们习惯上将硅石耐火材料称为硅质耐火材料，将半硅质耐火材料列入硅酸铝系耐火材料的范畴。

硅酸铝质耐火材料是以 $Al_2O_3$ 和 $SiO_2$ 为基本化学组成的耐火材料，其主晶相是刚玉和莫来石。根据 $Al_2O_3$ 含量的高低，又将硅酸铝质耐火材料分为以下三类：半硅质制品，$w(Al_2O_3)$ 为 15% ~ 30%；黏土质制品，$w(Al_2O_3)$ 为 30% ~ 48%；高铝质制品，$w(Al_2O_3)$ > 48%。由于在高铝砖的组成中有一个稳定的化合物—莫来石，用人工方法可制造出接近理论组成的莫来石矿物相，因此在高铝质耐火材料中又单列出莫来石制品，其 $w(Al_2O_3)$ 为 68% ~ 95%。

刚玉质耐火材料是 $w(Al_2O_3)$ 在 95% 以上的耐火制品，其主晶相是刚玉。

## 4.1 铝硅系耐火材料的相组成与性质

铝硅系耐火材料的相组成可由其化学成分及 $Al_2O_3$-$SiO_2$ 系相图确定。$Al_2O_3$-$SiO_2$ 系相图如图 4-1 所示。

$Al_2O_3$-$SiO_2$ 系相图两端 $Al_2O_3$ 和 $SiO_2$ 的熔点分别为 2050℃ 和 1723℃。系统中唯一稳定晶相为莫来石（$3Al_2O_3 \cdot 2SiO_2$，缩写 $A_3S_2$），熔点为 1850℃。由于莫来石的存在，$Al_2O_3$-$SiO_2$ 系统被分割为两个子系统：$SiO_2$-$A_3S_2$ 和 $Al_2O_3$-$A_3S_2$，可以用它们独立地分析有关材料的相平衡关系。该系统中的莫来石是硅酸铝质耐火材料的一条重要的分界线，$Al_2O_3/SiO_2$ 大于莫来石组成的高铝砖（特等、一等和高二等高铝砖），其基本晶相组成对应为刚玉与莫来石。$Al_2O_3/SiO_2$ 小于莫来石组成的高铝砖（低二等、三等高铝砖）、黏土砖和半硅砖，其基本晶相组成对应为莫来石与方石英。子系统 $SiO_2$-$A_3S_2$ 的固化温度为 1595℃，共晶点组成靠近 $SiO_2$ 一侧。子系统 $Al_2O_3$-$A_3S_2$ 的固化温度为 1840℃，比莫来石

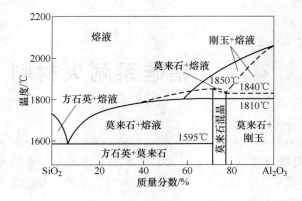

图 4-1　$Al_2O_3$-$SiO_2$ 系相图

熔点只低 10℃，共晶点靠近 $Al_2O_3$ 一侧。

可根据 $Al_2O_3$-$SiO_2$ 系二元相图将 $Al_2O_3$-$SiO_2$ 系耐火材料进行分类，如表 4-1 所示。

**表 4-1　$Al_2O_3$-$SiO_2$ 系耐火材料的分类和主要矿物组成**

| 制品名称 | $w(Al_2O_3)/\%$ | 主要矿物组成 |
| --- | --- | --- |
| 半硅质 | 15~30 | 方石英、莫来石、玻璃相 |
| 黏土质 | 30~45 | 莫来石、方石英、玻璃相 |
| Ⅲ等高铝砖 | 45~60 | 莫来石、玻璃相、方石英 |
| Ⅱ等高铝砖 | 60~75 | 莫来石、少量刚玉、玻璃相 |
| Ⅰ等高铝砖 | >75 | 莫来石、刚玉、玻璃相 |
| 刚玉质 | >95 | 刚玉、少量玻璃相 |

$Al_2O_3$-$SiO_2$ 系中，$Al_2O_3$ 及 $SiO_2$ 的相对含量及杂质的含量决定了耐火材料中的相组成。对耐火材料的性质产生决定性的影响。图 4-2 给出 $Al_2O_3$-$SiO_2$ 耐火材料熔化温度及耐火度与其 $Al_2O_3$ 含量的关系。由图可见，$w(Al_2O_3)$ 小于 5.5%〔$w(SiO_2)$ 大于 93%〕范

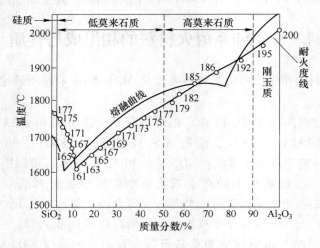

图 4-2　$Al_2O_3$-$SiO_2$ 系组成与熔化温度及耐火度的关系

围，熔融温度高，耐火度高；$w(Al_2O_3)$ 在 5.5% ~ 15% 范围，液线较陡，成分稍有波动，熔融温度变化很大；$w(Al_2O_3)$ 大于 55% 后液相线较平缓，成分稍有变动，熔融温度变化不大；在共晶点到 $Al_2O_3$ 组成范围内，随着 $Al_2O_3$ 含量的增加，制品的耐火度也升高。

# 4.2 硅质耐火材料

硅质耐火材料是以二氧化硅为主要成分的耐火制品，包括硅砖、特种硅砖、石英玻璃及其制品。

硅质制品属于酸性耐火材料，对酸性炉渣抵抗力强，但受碱性渣强烈侵蚀，易被含 $Al_2O_3$，$K_2O$，$Na_2O$ 等氧化物作用而破坏，对 $CaO$、$FeO$、$Fe_2O_3$ 等氧化物有良好的抵抗性。其中典型的产品硅砖具有荷重变形温度高，波动在 1640 ~ 1680℃ 间，接近鳞石英、方石英的熔点（1670℃、1713℃）；残余膨胀保证了砌筑体有良好的气密性和结构强度。最大的缺点是热稳定性低，其次是耐火度不高，这限制了广泛应用。

按气孔率的不同硅砖可分为普通硅砖、高密度硅砖，也有人将高密度硅砖再分为高密度硅砖及超高密度硅砖。硅砖主要用焦炉、高炉热风炉与玻璃熔窑。按用途不同可分为焦炉用硅砖、热风炉用硅砖及玻璃窑用硅砖等。

## 4.2.1 硅砖的组成对性质的影响

硅砖的矿物组成主要是鳞石英、方石英、少量的残余石英与玻璃相。根据使用要求的不同、原料及生产工艺的差别，硅砖的化学及矿物组成大致为：

化学成分（质量分数）/% ：

| $SiO_2$ | $Al_2O_3$ | $Fe_2O_3$ | $CaO$ | $R_2O$ |
|---|---|---|---|---|
| 93 ~ 98 | 0.5 ~ 2.5 | 0.3 ~ 2.5 | 0.2 ~ 2.7 | 1 ~ 1.5 |

矿物组成（质量分数）/% ：

| 鳞石英 | 方石英 | 石英 | 玻璃相 |
|---|---|---|---|
| 3 ~ 70 | 20 ~ 80 | 3 ~ 15 | 4 ~ 10 |

与所有的材料一样，硅砖的组成决定其性质。硅砖中鳞石英、方石英、残存石英与玻璃相的相对含量对硅砖的性质有很大影响。

首先，$SiO_2$ 各种晶型的熔点不同，其中方石英最高，为 1728℃，鳞石英次之，为 1670℃，石英最低，为 1600℃。因此，从提高制品的耐火度考虑，方石英含量高较有利。但对耐火材料而言，仅考虑耐火度是不够的。由于鳞石英晶体具有矛头状双晶结构，晶体在制品中能形成相互交错的网络结构，有利于提高制品的荷重软化温度与高温强度。

其次，不同的氧化硅晶型在加热冷却过程中产生的膨胀也不同。当温度高于 600℃ 时，鳞石英的膨胀率最小，当温度低于 600℃ 时，石英的膨胀率最小。因此，从膨胀率来看，鳞石英的含量高有利于提高制品的抗热震性与体积稳定性。

另一方面，鳞石英的含量与硅砖的导热系数有很大关系。随鳞石英含量的提高，硅砖的导热系数上升。

此外，硅砖的体积密度（显气孔率）对其导热系数也有很大影响。随硅砖显气孔率的提高，其导热系数下降。因此，高密度硅砖具有较高的导热系数。对于一些要求高导热系数的硅砖，如焦炉硅砖，常加 CaO、$Na_2O$、$TiO_2$ 及 $Fe_2O_3$ 等添加剂来提高其导热系数。其中以 CaO 作用最好，据报道加入 CaO 可使硅砖的导热系数提高 20%，$Fe_2O_3$ 次之，$TiO_2$ 最差。由于这些添加物对于硅砖的其他高温性质有影响，所以不宜加入太多，在 2% 左右为宜。

随方石英含量的提高，硅砖抗渣侵蚀的能力下降。

综上所述，硅石制品中 $SiO_2$ 晶型的相对含量对于其性质有很大影响。根据使用条件与要求的性质不同，选择最合理的含量特别是鳞石英与方石英的相对含量，是生产硅砖关键。通常认为硅砖中的残余石英会对硅砖带来不利影响。但是，由于鳞石英在 1000℃ 以上时，其膨胀量减少，制品会产生一定的收缩（负膨胀）。为补偿这一收缩，硅砖应有少量的残余石英。但对于合适的残余石英含量的数值有一些不同的研究结果，从 2% ~3% 到 5% ~6% 不等。有研究表明残余石英大于 2% 的硅砖的膨胀率仍在 1.35% ~1.4%。为了使膨胀率达到 1.3% 以下，硅砖中残余石英的含量必须小于 1%。这可能与所使用的原料以及试样的结构差异有关。这说明对于不同的原料与使用条件需进行专门的研究。

除了上述三晶相外，硅石制品中还含有一部分玻璃相。在硅砖的生产过程中为了促进与控制 $SiO_2$ 晶型的转变，常需加入 CaO、$Fe_2O_3$ 等矿化剂。它们在硅砖的烧成过程中形成液相，促进 $SiO_2$ 晶型的转化。因此，适量的液相对于硅砖的生产是重要的。但如果液相过高，则会对硅砖的高温性能产生不良影响。在满足晶型转化要求的情况下以玻璃相少为好。

### 4.2.2　硅砖的性质

在不同条件下使用的硅砖，对其性质的要求不同。普通硅砖的显气孔率为 19% ~25%，高密度硅砖的显气孔率为 10% ~20%。它们的耐压强度为 20 ~80MPa。与其他耐火材料不同之处是，真密度为考核硅砖的一个重要的性能指标，因为它反映硅砖中 $SiO_2$ 的各相组成，特别是鳞石英的含量。表 4-2 给出了硅砖真密度与相组成的关系。由表可见，随鳞石英含量的减少硅砖的真密度提高。

表 4-2　硅砖真密度与矿物组成的关系

| 硅砖真密度 /g·cm$^{-3}$ | 鳞石英含量（质量分数）/% | 方石英含量（质量分数）/% | 石英含量（质量分数）/% | 玻璃相含量（质量分数）/% |
|---|---|---|---|---|
| 2.33 | 80 | 13 | 1 | 7 |
| 2.34 | 72 | 17 | 3 | 8 |
| 2.37 | 63 | 17 | 9 | 1 |
| 2.39 | 60 | 15 | 9 | 6 |
| 2.40 | 58 | 12 | 12 | 18 |
| 2.42 | 53 | 12 | 17 | 18 |

硅砖的真密度一般为 2.37 ~2.40g/cm$^3$，优质硅砖在 2.33 ~2.35g/cm$^3$ 之间。

硅砖有很高的荷重软化温度，它接近鳞石英的熔点，在 1640 ~1680℃ 之间。同时具有很高的导热系数。当温度高于 600℃ 时，其抗热震性也很好。因而，它用作高炉热风炉及焦炉的砌筑材料。硅砖的主要缺点是，当温度低于 600℃ 时，由于氧化硅的多晶转变导致较大的体积变化，使其在 600℃ 以下的抗热震性差。因此，使用硅砖的炉子不宜冷却至 600℃ 以下。

硅砖抗硅酸盐玻璃成分侵蚀的能力较好，因而也可以用于玻璃熔窑上。

### 4.2.3 硅砖生产的物理化学原理

从上一节的讨论中我们已知，硅砖生产的关键是根据其性能的要求，控制砖中鳞石英、方石英、残余石英及玻璃相的含量。此外，硅石在一定条件下的晶型转变伴随一定的体积变化而产生应力。为了得到合理的相组成又不会因相变应力而导致砖破坏，了解 $SiO_2$ 各种晶型的转换条件，以及矿化剂对其晶型转化的影响，对硅砖的制造、生产和使用均有重要意义。

#### 4.2.3.1 $SiO_2$ 晶型转化（实际）

$SiO_2$ 在常压下有 7 个变体和 1 个非晶体，即 $\beta$ – 石英、$\alpha$ – 石英、$\gamma$ – 鳞石英、$\beta$ – 鳞石英、$\alpha$ – 鳞石英、$\beta$ – 方石英、$\alpha$ – 方石英以及石英玻璃。$SiO_2$ 各种变体的性质和稳定存在温度范围如表 4-3 所示。$SiO_2$ 各晶型间的转变温度以及体积变化值如图 4-3 所示。

表 4-3　$SiO_2$ 各种变体的性质和稳定存在温度范围

| 变　体 | 晶　系 | 真密度/$g \cdot cm^{-3}$ | 温度范围/℃ |
|---|---|---|---|
| $\beta$ – 石英 | 三方 | 2.65 | >573 |
| $\alpha$ – 石英 | 六方 | 2.53 | 573 ~ 870 |
| $\gamma$ – 石英 | 斜方 | 2.37 ~ 2.35 | <117 |
| $\beta$ – 鳞石英 | 六方 | 2.24 | 117 ~ 163 |
| $\alpha$ – 鳞石英 | 六方 | 2.23 | 870 ~ 1470 |
| $\beta$ – 方石英 | 斜方 | 2.31 ~ 2.32 | <180 ~ 270 |
| $\alpha$ – 方石英 | 等轴 | 2.23 | 1470 ~ 1723 |
| 石英玻璃 | 无定型 | 2.20 | <1713（急冷） |

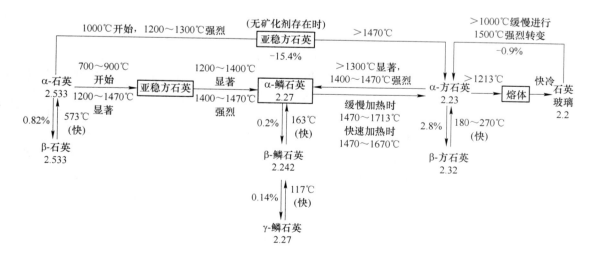

图 4-3　$SiO_2$ 晶型转化（实际）示意图

从图中可以看出，$SiO_2$ 各变体间的转变可分为两类：

第一类是高温型转变，即石英、鳞石英、方石英之间的转变，即图 4-3 中水平方向的转变。由于它们在晶体结构和物理性质方面差别较大，因此转变所需的活化能大，转变温度高而缓慢，因此也称之为缓慢型转变，并伴随有较大的体积效应。有矿化剂存在时可显著加速转变，无矿化剂时几乎不能转变。

第二类是低温型转变，即石英、鳞石英、方石英本身的 α、β、γ 型的转变，即图 4-3 中垂直方向的转变。由于它们在晶体结构和物理性质方面差别很小，因此转变温度低，转变速度快，也称为快速型转变。而且转变是可逆的，所伴随的体积效应也比高温型的小。

### 4.2.3.2    矿化剂的作用

在硅砖生产中，由于 $SiO_2$ 不能由石英直接转变为鳞石英。为了获得大量的鳞石英，必须添加合适的矿化剂。添加的矿化剂必须满足三个条件：首先，促进石英转化为密度较低的鳞石英；其次，不显著降低硅砖的耐火度等高温性能；再次，防止在烧成过程中因相变过快导致制品的松散与开裂。

在有足够数量的矿化剂存在时，首先 β-石英在 573℃ 转变为 α-石英。在 1200~1470℃ 范围内，α-石英不断地转变成亚稳方石英。同时，α-石英、亚稳方石英和矿化剂及杂质等相互作用形成液相，并侵入由石英颗粒转变为亚稳方石英时出现的裂纹中，促进 α-石英和亚稳方石英不断地溶解于所形成液相中，使之成为过饱和熔液，然后以鳞石英形态不断地从熔液中结晶出来。如液相量过少，而且主要是以 CaO 和 FeO 组成时，则析晶主要为方石英。因此，矿化剂促使石英转变为鳞石英能力的大小，主要取决于所加矿化剂与砖坯中的 $SiO_2$ 在高温时所形成液相的数量及其性质，即液相开始形成温度、液相的数量、黏度、润湿能力和其结构等。

矿化剂与氧化硅形成的共熔点越低，矿化作用越强，鳞石英生成量越多，晶粒越大。在 $SiO_2$ 与相关氧化物形成的二元系中，液相出现的温度按下列顺序升高：

$$Na_2O\text{-}SiO_2 > FeO\text{-}SiO_2 > MnO\text{-}SiO_2 > CaO\text{-}SiO_2 > MgO\text{-}SiO_2$$
$$782℃ \qquad 1200℃ \qquad 1300℃ \qquad 1436℃ \qquad 1543℃$$

实际上，硅砖中因有杂质存在，出现液相的温度较上述温度低，可能增强矿化作用。矿化剂与氧化硅所形成的熔液中 O/Si 比值越小，矿化作用越好。

矿化作用还与氧化硅在熔液中的溶解度有关。矿化作用直接决定于形成过饱和熔体的温度，形成的温度越低，熔体的析晶倾向越大，则矿化作用越强。同时，$SiO_2$ 在熔体中的溶解速度，即 $SiO_2$ 的比表面积，其在熔体中的扩散速度和熔体对它的润湿性也对其饱和析晶速度有较大影响。此外，矿化剂的阳离子半径对矿化作用也有影响，半径小的 $Fe^{2+}$、$Mn^{2+}$ 比 $Ca^{2+}$ 可以增加硅酸盐熔体对 $SiO_2$ 的润湿能力，提高矿化作用的效果。

矿化剂与氧化硅所形成的熔体的黏度越小，矿化作用越强。如 $SiO_2$ 与 FeO 形成硅酸盐熔体黏度小，是好的矿化剂，$Al_2O_3$ 则相反，碱金属氧化物形成的硅酸盐熔体黏度最小，鳞石英化的程度也最高。由上述可以看出，矿化作用以碱金属氧化物为最强，FeO、MnO 次之，CaO、MgO 较差。但是这只是说明矿化作用的强弱，而不是选择矿化剂的标准。因为矿化作用强的矿化剂，由于作用过于剧烈，容易产生破裂，烧成成品率降低。还有 $Na_2O$、$K_2O$、$Al_2O_3$、$TiO_2$ 严重降低硅石的耐火度。此外，$Li_2O$、$Na_2O$、$K_2O$ 易溶于水，在砖坯干燥时，扩散至表面，造成砖坯表面矿化剂浓度高，降低烧成制品的性质。它们均不宜用作矿化剂。在实际生产过程中，由于单一的氧化物难以满足要求，常采用复合氧化物矿化剂。

此外，亦可采用非氧化物作为矿化剂，例如用含氟的化合物，氟离子可能降低液相黏度。因此，同等条件下，可以大大加速石英的转化。

在实际生产中，通常可以根据矿化剂与 $SiO_2$ 能否形成二液区以及液相开始形成温度小于鳞石英稳定温度 1470℃ 作为判据来选择矿化剂。可采用 $CaO$、$FeO$ 为硅砖的矿化剂，而 $Al_2O_3$、$K_2O$、$TiO_2$ 等是杂质，应尽可能减少。如生产优质硅砖通常采用低 $Al_2O_3$、低 $R_2O$ 特殊硅石，要求 $CaO$ 的质量分数不大于 3%，$Al_2O_3 + TiO_2 + R_2O$ 的质量分数不大于 0.5%。

### 4.2.3.3 外加物的引入和作用

为了进一步提高硅砖的导热性和热震稳定性等性能，除了采用特殊硅石，控制合适的矿相组成外，引入一定数量级的添加物可以达到较好的效果。如添加金属以及它们的氧化物，如 $Cu$、$Fe$、$CuO$、$MnO$、$Cu_2O$、$TiO_2$、$Fe_2O_3$ 等。

此外，向硅砖配料中引入 $ZrO_2$、董青石，甚至镁铬砖废砖也可提高硅砖的某些性能。如 $ZrO_2$ 微裂纹增韧和相变增韧、董青石较低的热膨胀系数、镁铬砖废砖和硅砖的热膨胀系数不匹配，都可以提高硅砖的热震稳定性能。

还可以在硅砖中引入一些含硅的化合物，如 $Si$，$SiC$，$Si_3N_4$ 等来降低其气孔率，提高其导热系数。

## 4.2.4 硅砖的生产工艺要点

### 4.2.4.1 硅砖的生产工艺流程

硅砖的生产工艺流程与其他砖种相似，不同点在于增加了矿化剂（铁鳞粉和石灰乳）的制备系统。制造硅砖的工艺流程一般如图 4-4 所示。

### 4.2.4.2 原料

制造硅砖的矿物原料是 $SiO_2$ 含量 96% 以上的硅质岩石。此外还有石灰、矿化剂和有机结合剂等加入物。

#### A 硅石原料

工业上通常将硅质岩石称硅石，它是工业块状硅酸盐质矿物原料的总称，也称为石英岩。硅石中主要矿物是石英 $SiO_2$，其他成分均为杂质矿物。工业上用的硅石原料有胶结硅石（胶结石英岩）和结晶硅石（结晶石英岩）。

胶结硅石是由石英颗粒被硅质胶结物结合而成的沉积岩，往往含杂质较多，石英颗粒小（0.01 mm），加热转变容易，烧成易于松散，较少用作制砖原料。但以玉髓为基质的山西五台山红白硅石则是很好的原料。

结晶硅石是由硅质砂岩经变质作用再结晶成的变质岩。它是由结晶质石英颗粒所组成，除石英外，有时还存在其他少量杂质矿物，如白云母、绢云母、绿泥石、长石、金红石、锆英石、电气石及赤铁矿、褐铁矿等。

结晶硅石外观一般呈乳白色、灰白色、淡黄色以至红褐色。有鲜明光泽，断面平滑连续，并带有锐利棱角、硬度、强度都很大。

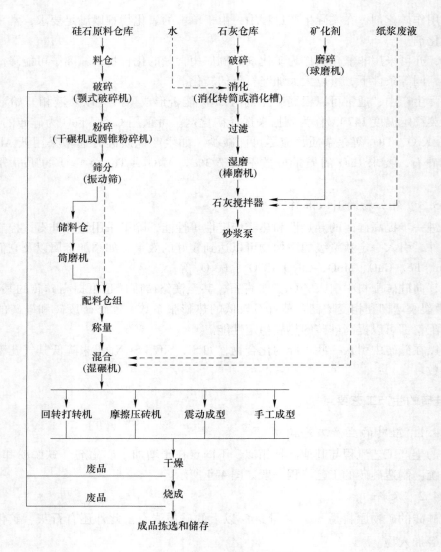

图 4-4  硅砖生产工艺流程图

此外还有脉石英。它是富含硅质的气化热液入侵到冷凝的岩体裂隙中沉淀而成的矿物。外观呈较致密状，纯白色，半透明，发油脂光泽，断口呈贝壳状。这类原料因石英颗粒较大，多在 2mm 以上，转变较困难。纯度较高，$w(SiO_2)$ 可达 99% 以上。

硅石原料的外观特征、化学组成、耐火度、气孔率以及加热变化等既是评价原料质量的指标，也是对制造工艺有影响的基本性质。

在评价硅石原料和确定工艺条件时，应根据具体原料性能特点进行综合分析。如快速转变硅石烧成温度应降低一些，矿化剂少加一点；对于难转变的硅石，采取细颗粒配料并加入适量的铁矿化剂，会显著减弱膨胀作用和加速转变。不致密的硅石不能用于制造重要用途的硅砖，但可磨成细粉与致密硅石混合使用。对烧成时低热稳定的易松散的原料，可采取较细的颗粒配料，添加矿化剂以及缓慢加热等调整烧成条件等方法，使其在低温下坯体内有适当成分熔液显著减弱其松散程度来解决。

B　废硅砖

硅砖生产过程中产生的烧成废硅砖可作为原料使用，这可以减少砖坯的烧成膨胀，从而降低烧成废品。尤其是形状复杂的大型和特异型制品，更需要加入较多的废硅砖以提高成品率。一般质量小于 25kg 的异型砖可加入 20% 的废硅砖；大于 25kg 的可加入 30%；特异型和大型制品可加入 40%。但加入废砖会降低制品的耐火度和机械强度，提高气孔率。因此废硅砖加入量通常控制在 20% 以下。

C　石灰

石灰是以石灰乳的形式加入坯料中。它起着结合剂的作用，结合砖坯内的石英颗粒，在干燥后增加砖坯的强度，而在烧成过程中则起着矿化剂的作用，促进石英的转变。

制造硅砖用的石灰应含有不小于 90% 的活性 CaO；$CaCO_3 + MgCO_3$ 不应超过 5%；$Al_2O_3 + Fe_2O_3 + SiO_2$ 不超过 5%；当含有大颗粒欠烧的 $CaCO_3$ 颗粒和过烧石灰时，会使制品出现熔洞，必须除去或在球磨机内将其磨碎。石灰的块度应不小于 50mm，小块（<5mm）含量不超过 5%，大块内部的颜色应与表面相同，不应掺有熔渣，灰分等杂质。

也可采用硅酸盐水泥代替石灰作结合剂使用。

D　矿化剂

在实际生产中，采用的矿化剂为轧钢皮（也称铁鳞）、硫酸渣和石灰乳等。其中以采用轧钢皮和石灰乳的为多。石灰乳不仅是矿化剂，而且还是结合剂。采用轧钢皮作矿化剂时，要求 $w(Fe_2O + FeO) > 90\%$。轧钢皮进厂后须经筛选和烘烤，并且不得混有铁块、油脂等杂物。为使轧钢皮在泥料中均匀分布并达到良好的矿化效果，必须在球磨机中磨碎。磨细后的轧钢皮粒度要求如下：> 0.5mm 的不超过 1% ~ 2%，< 0.088mm 的不少于 80%。

E　有机结合剂

为了提高坯料的可塑性和砖坯干燥后的强度，坯料中应加入一定量的有机结合剂。最常用的是亚硫酸纸浆废液。

### 4.2.4.3　颗粒组成的选择

在硅砖的生产中泥料的颗粒组成对保证硅砖的致密度，特别是高密度硅砖的制造十分重要。但是，由于硅石原料的脆性，颗粒在混练、成型过程中会破碎。在烧成过程中由于相变会造成颗粒的膨胀与开裂。因而，配料中的颗粒组成常与硅砖显微结构中的颗粒组成有一定的差异。因此，对硅砖生产而言，除注意最紧密堆积原则外，还要充分考虑混练过程、成型压力、烧成条件等各方面的影响。

一般最大颗粒应小于 3mm。以脉石英作原料时，多用 2mm 为最大颗粒。选择临界粒度时应以砖在烧成时不发生松散破裂，而且致密稳定为宜。通常 3 ~ 1mm 35% ~ 45%，1 ~ 0.088mm 20% ~ 25%，0.088mm 以下 35% ~ 40%。此外由于细颗粒在烧成过程中较易转变为鳞石英，因此要求细粉比较多。

颗粒组成中粗细两种颗粒的性质和数量对硅砖在烧成过程中砖的烧结与松散有很大影响。粗颗粒形成坯体骨架。但粗颗粒相变持续的时间长，而且往往发生在细颗粒相转变和坯体开始烧结之后，所以粗颗粒的相转变产生的体积膨胀是坯体趋于松散以至开裂的重要原因。并且粗颗粒越多，砖坯开始剧烈膨胀温度就越低，烧成时砖坯开裂的趋势就越大。

对同种原料、不同颗粒组成的硅砖来说，在相同的真密度时，颗粒度越大的坯体在烧成中膨胀就越大，即开裂的倾向就越大。

同粗颗粒相反，细粉多处于粗颗粒堆积的孔隙处。由于细粉的比表面积较大，与矿化剂作用时在较低温度下就形成液相达到烧结。小于 0.088mm 的细颗粒是促进烧结最具活力的部分。由于液相的出现能缓冲部分膨胀造成的应力，以及由于细粉强烈鳞石英化所形成的结晶网还有利于提高硅砖的强度，因此希望在砖坯中要有足够的细粉含量。可以这样认为，坯体在烧成中粗颗粒的变化是转化—膨胀—破裂；而细颗粒则是转化—烧结—收缩。

### 4.2.4.4 成型与干燥

硅砖成型的特点表现在硅砖坯料成型特性和砖坯形状复杂与质量差别大等方面。硅质坯料是质硬、结合性和可塑性低的瘠性料，因此受压而致密的能力低。硅质坯料的成型性能受其颗粒组成、水分和加入物的影响。调整这些因素可以改善坯料的成型性能。对任何组成的坯料、增加成型压力都会提高硅砖密度。为了保证制得致密砖坯，成型压力应不低于 100~150MPa。

成型砖坯的体积密度一般波动在 2.2~2.3g/cm$^3$。硅砖烧成时砖体膨胀，因此砖模的尺寸要相应的缩小。通常烧成线膨胀率波动在 2%~3.5%。

砖坯干燥是硅砖生产过程中的一个重要工序。在硅砖砖坯干燥过程中，除了排除砖坯内的游离水分外，还伴有以下的物理化学变化：

（1）胶体状态的 $Ca(OH)_2$ 变成结晶水化物 $Ca(OH)_2 \cdot nH_2O$；

（2）$Ca(OH)_2$ 和活性 $SiO_2$ 也会发生作用生成含水的硅酸盐类（$CaO \cdot SiO_2 \cdot nH_2O$）；

（3）$Ca(OH)_2$ 与空气中的 $CO_2$ 反应生成 $CaCO_3$。

上述反应的结果均使砖坯的强度提高，而且随着温度的升高，反应逐渐充分，砖坯强度也逐渐提高。

隧道干燥器的干燥制度一般采用：热风入口温度 180 ± 10℃ 或 120 ± 10℃，热风出口温度 70 ± 10℃ 或 50 ± 10℃。应当注意的是，在干燥含有大量废硅砖料的砖坯时，热风温度应低些，一般进入风机前不超过 150~180℃，否则，砖坯内的 β - 石英会转化为 α - 石英而引起坯体开裂。

### 4.2.4.5 烧成

由于硅砖在烧成过程中发生相变，并有较大的体积膨胀，加上砖坯在烧成温度下形成的液相量较少（约 10%），使其烧成较其他材质耐火材料困难得多。硅砖的烧成制度与砖坯在烧成过程中所发生的一系列物理化学变化，加入物的数量和性质，坯体的形状大小以及烧成窑的特性等因素有关。

A 硅砖在烧成过程中的物理化学变化

硅砖在烧成过程中发生的物理化学变化如下：

在 150℃ 以下从砖坯中排出残余水分。

在 450℃ 时，砖坯内的 $Ca(OH)_2$ 开始分解，450~500℃ 时 $Ca(OH)_2$ 脱水完毕，硅石颗粒与石灰乳的结合被破坏，坯体强度大为降低。

在 550~650℃ 间，β - 石英转变为 α - 石英，由于转变过程中伴有 0.82% 的体积膨胀，故石英晶体将出现密度不等的显微裂纹。

在 600~700℃间，CaO 与 SiO$_2$ 的固相反应开始，砖坯强度有所增加，反应式为：

$$2CaO + SiO_2 \longrightarrow \beta - 2CaO \cdot SiO_2 \tag{4-1}$$
$$2CaO \cdot SiO_2 + SiO_2 \longrightarrow 2(CaO \cdot SiO_2) \tag{4-2}$$

至 1000~1100℃，有固溶体 [CaO·SiO$_2$-FeO·SiO$_2$] 出现，它部分或全部地与杂质和矿化剂作用而生成液相，砖坯外表呈现为玫瑰色，继之转变为淡黄色，同时砖坯的强度急剧提高。

从 1100℃开始，石英的转变速度大大增加，砖坯的密度也显著下降，此时砖坯体积由于石英转变为低密度变体而大为增加。虽然此时液相量也在不断增加，但在 1100~1200℃范围内仍易产生裂纹。

在 1300~1350℃时，由于鳞石英和方石英数量增加，砖坯的密度降低很多。此时液相黏度仍较大，对内应力的抵抗性还弱，生成裂纹的可能性仍存在。

当加热到 1350~1430℃时，石英的转变程度和由此产生的砖体膨胀大大增强。在这一温度范围内，加热得愈缓慢，石英溶于液相再结晶生成的鳞石英量就愈多，方石英生成量愈少，砖体生成裂纹的可能性也愈小。如果加热过快，特别是在氧化气氛下迅速加热，石英转变为方石英，使砖坯松散并出现裂纹。

温度高于 1430℃时，砖坯内的石英和鳞石英大量转化为方石英，伴随剧烈的体积膨胀而导致砖坯开裂。因此，硅砖的烧成温度都控制在低于 1430℃的温度范围内。

B 烧成制度

在 600℃以下时，虽有 β→α 石英转变以及伴随的体积膨胀，但由于坯体的导热性低，加热时坯体中心部位温度低于表面处，因此 β→α 石英转变不是在一瞬间进行的，而是发生在窑空间的某一温度范围内。这个转变在坯体内不会引起很大的应力，且对坯体强度影响不大，因此，在此阶段内可用较快而均匀的升温速度烧成。

在 700℃以上至 1100~1200℃温度范围内，因砖坯体积变化不大，强度逐渐提高，不会产生过大应力，只要保证砖坯加热均匀，可尽快升温。

1100~1200℃至烧成终了温度的高温阶段，硅砖的密度显著降低，晶体转变及体积变化集中地发生在这一阶段。它是决定砖坯出现裂纹与否的关键阶段。这个阶段升温速度应逐渐降低，并能缓慢均匀升温。为了在高温阶段使温度缓慢均匀上升，在生产中通常采用弱还原火焰烧成。同时还可以使窑内温度分布均匀，减少窑内上下温差，避免高温火焰冲击砖坯，达到"软火"（均匀、缓和火）烧成的要求。

硅砖最高烧成温度不应超过 1430℃。烧成温度过高时，则由于方石英生成量多，会增加烧成废品率。硅砖烧成至最高烧成温度后，通常根据制品的形状大小、窑的特性、硅石转变难易程度、制品要求的密度等因素，给以足够的保温时间，一般波动于 20~48h（在烧成带中的总停留时间）。

硅砖通常采用还原性气氛烧成。这不仅有利于窑内温度分布均匀，避免砖坯受高温强烈火焰的冲击，即达到"软火"烧成的目的，而且也可使加入的铁质矿化剂的矿化作用增强。但是，还原性火焰的温度不易控制，易产生温度波动，易诱发石英晶型发生可逆转变而导致制品产生裂纹。因此，一般认为烧成硅砖时采取分阶段控制火焰气氛的方法较为适宜。

　　硅砖烧成后的冷却，高温下（600～800℃以上）可以快冷，低温时因有方石英和鳞石英的快速晶型转变，产生体积收缩，故应缓慢冷却。从窑中推出的硅砖温度较高时，不能采用鼓风冷却。实际生产中，烧成硅砖的隧道窑应有较长的冷却带，以降低冷却速度，从而避免制品的内裂。

　　在实际生产中，烧成曲线的制定要考虑如下几个因素。

　　（1）原料硅石的性质。由于成矿及结构的不同，不同硅石晶型转化的难易及速度不同。对于易转化的硅石（如胶结硅石），升温速度可稍快，最高烧成温度可稍低。而对于难转化的硅石（如结晶的脉石英）则相反。

　　（2）加入物的种类与数量。加入物的种类与数量不同，它们与 $SiO_2$ 生成液相的温度、数量及矿化作用也不同，烧成制度也不同。

　　（3）制品的形状与大小。大的异型制品要慢烧，较长时间保温及缓慢冷却。

　　硅砖的烧成设备有倒焰窑与隧道窑。近年来，由于节能与环境保护的要求，我国硅砖生产绝大部分都改用隧道窑烧成。由于硅砖的烧成时间长，对烧成制度的控制要求严格。硅砖烧成隧道窑都较长，我国现有硅砖烧成隧道窑的长度大多在150m以上。

# 4.3　半硅质耐火材料

　　半硅质制品是指 $w(Al_2O_3) = 15\% \sim 30\%$，$w(SiO_2) > 65\%$ 的硅酸铝质耐火材料，属于半酸性耐火材料。制造半硅质制品所用原料是含有天然石英的 $Al_2O_3$ 含量低的半硅质黏土或原生高岭土以及高岭土选矿时所得到的尾矿（生产石英－黏土制品），也可以用天然产的蜡石及煤矸石作原料（生产叶蜡石制品）。

　　半硅质砖的制造工艺和黏土砖基本相似，最大的区别是半硅砖可以全部利用生料制砖，其生产工艺要点如下：

　　（1）利用天然的硅石黏土、蜡石时，要根据原料的性质和成品的使用条件，决定是否加入熟料。可采用生料直接制砖，也可将部分蜡石原料煅烧成熟料后加入配料中，或者加入10%～20%的黏土熟料取代天然的硅石黏土。

　　（2）如果外加石英砂或硅石作瘠性料时，其颗粒大小应根据制品性能要求而定。一般情况下，若原料杂质多，石英颗粒细，制得的制品的耐火性能低，热震稳定性下降，但强度增大。若用的石英颗粒大，制品的强度低，但抗热震性增强，荷重软化温度提高。

　　（3）蜡石生料水分较小（小于7%），全蜡石或加少量结合黏土配料时，泥料水分低，结合性能差。同时，蜡石砖在使用过程中，一般要经过反复加热—冷却，膨胀量逐渐增大，体积密度进一步降低。因此，应该高压成型，一般成型压力70～100MPa，或采用真空脱气压砖机来成型体积稳定性高的高密度蜡石砖。这种蜡石砖透气度小，气孔直径细小，可提高耐用性。

　　（4）最高烧成温度随所用原料特性而有差异，通常采用低温烧成，温度比烧成温度较低的黏土砖还要低150℃，一般不超过1200℃。烧成后缓慢冷却。

　　半硅质砖的性能特点与应用：

　　以叶蜡石为主要原料生产的半硅质砖，耐火度大于1700℃。高温下不收缩而有一定的微膨胀。抗热震性较好，能经受钢渣和金属的冲击，且有较强的抗蠕变能力。其微膨胀性有利于提高砌体的整体性，减弱熔渣沿砖缝对砌体的侵蚀作用。同时，在高温使用过程中可在半硅质砖表面形成黏度大的釉状物质，防止熔渣向砖内渗透，从而可提高抗熔渣侵蚀的能力。为了改善半硅质砖的性能，有时需添加一些其他物质，如添加莫来石、高铝矾土熟料、SiC 及锆英石等来提高制品的耐热性。

半硅质砖主要应用于钢包包底内衬、铁水包内衬、浇钢砖和窑炉烟道等。随着对钢质量要求的提高，半硅砖在钢铁工业中的用量已很少。

除了蜡石以外，其他半硅质材料与矿物，也可以用来制造半硅质耐火材料。

# 4.4　黏土质耐火材料

黏土质耐火材料是指 $Al_2O_3$ 含量在30%～45%范围内用黏土为主要原料的一类耐火材料。根据原料和生产工艺的不同，黏土质耐火材料分普通黏土砖、全生料黏土砖、多熟料黏土砖、高硅黏土砖以及高密度黏土砖等。

## 4.4.1　黏土原料

### 4.4.1.1　黏土的种类

A　硬质黏土

硬质黏土为结构致密、在水中难分散、可塑性差的黏土。硬质黏土为长时间沉积的矿床，通常作为煅烧熟料的原料。我国山东淄博地区的硬质黏土含有较低的杂质成分，其煅烧后俗称焦宝石。

B　软质黏土

软质黏土为结构松散、在水中易分散、可塑性好的黏土。软质黏土为沉积时间较短的矿床，多作为硅酸铝质耐火材料的结合剂。

### 4.4.1.2　黏土的化学矿物组成

黏土主要由 $Al_2O_3$、$SiO_2$ 组成。其主要矿物是高岭石，次矿物有石英、铁化合物、有机物等。根据黏土的主要矿物组成，黏土分为高岭石族黏土、蒙脱石族黏土、叶蜡石族黏土、水云母族黏土。

黏土的 $Al_2O_3$ 含量及 $Al_2O_3/SiO_2$ 比值越接近高岭石矿物的理论值，那么黏土的纯度越高，质量越好。$Al_2O_3/SiO_2$ 比值越大，黏土的耐火度越高，黏土的烧结熔融范围越宽。

我国河南、山西、山东、辽宁、内蒙古等地的黏土资源储量很大，并且品种齐全。在江西、湖南、广西、江苏、浙江等地也有优质的高岭土矿物。

## 4.4.2　黏土砖的生产工艺要点

图4-5所示为三种典型的黏土砖生产工艺流程。

黏土砖生产工艺要点如下：

（1）原料选择及加工。黏土砖有不同的品种，如普通黏土砖、全生料黏土砖、多熟料黏土砖、致密黏土砖等。首先，根据砖种选择熟料及结合黏土的品种与用量；选择粒度组成。按图4-5的工艺进行生产。为进一步减少结合黏土的用量，提高制品的高温性能，

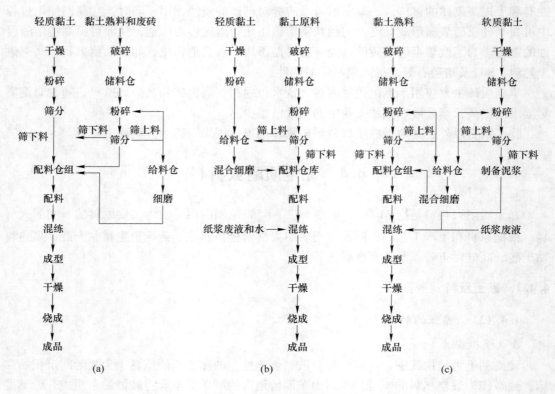

图 4-5　黏土砖生产工艺流程

可将黏土细粉与结合黏土进行共同粉磨后加入配料中。

（2）混练方法。黏土砖生产中因不同性能需要，可采用以下混练：1）结合黏土＋熟料→干混→水→混合；2）熟料→水或泥浆→结合黏土→混合；3）细颗粒熟料＋结合黏土共磨→已润湿的粗粒料→混合。泥料的水含量与砖坯的成型方法有关。通常机压用半干泥料水分一般为 4% ~ 6%。生坯体积密度 2.10 ~ 2.40g/cm³。采用结合黏土打泥浆或与熟料细粉预混的方法有利于结合黏土的分布均匀，也有利于成型。

（3）干燥制度。黏土砖的生产多采用半干法生产，砖坯水分含量较低，可在隧道式干燥器中进行快速干燥。干燥制度实例：标、普型砖干燥介质进口温度为 150 ~ 200℃，异型砖为 120 ~ 160℃；废气排出口温度为 70 ~ 80℃；砖坯残余水分低于 2%；干燥时间约 16 ~ 24h。

### 4.4.3　黏土砖的性质

黏土砖主要由莫来石、方石英（可能含有石英等其他变体）及玻璃相构成。它们的含量决定了黏土砖的性质。耐火黏土是广泛存在的矿物，其不同产地黏土的组成和杂质含量有很大的差别。因此，黏土砖的相组成可能在很大范围内变动。由于黏土砖的组成与制作工艺的差别，黏土砖的性质也会在很大范围内波动。

黏土砖的显气孔率为 10% ~ 30%。致密黏土砖的气孔率低。一般砖坯的成型压力大，烧结温度高及杂质含量高的黏土砖的气孔率低。但是，大多致密黏土砖要求良好的高温性能，因而限制有害杂质的含量，只能通过控制泥料的粒度组成、提高成型压力及烧成温度等来提高黏土砖的体积密度。

黏土砖的荷重软化温度（开始点）在 1200～1500℃ 之间。通常，黏土砖中的莫来石含量越大，莫来石晶粒发育得越完整，玻璃相含量越少及玻璃相中 $SiO_2$ 含量越高，则它的荷重软化温度越高。

黏土砖的抗热震性较好。但受组成与结构的影响变化范围很大。1100℃ 水冷的次数在 10～100 次之间变动。莫来石含量高、方石英含量少、玻璃相含量少的黏土砖抗热震性好。黏土制品为酸性耐火材料，抗酸性熔渣侵蚀性强，是一种使用范围极广的普通耐火材，在干熄焦炉、加热炉、铁水包内衬、炼铝炉等工业炉中常用。当黏土制品用于炼铝炉时因与 NaF 反应生成霞石（$NaAlSiO_4$）而被破坏，因此，提高黏土制品中 $Al_2O_3$ 含量，并不能延长其使用寿命。

$$4NaF + 3SiO_2 + 2Al_2O_3 \xrightarrow{\quad} 3NaAlSiO_4 + NaAlF_4 \uparrow \qquad (4-3)$$

为了提高黏土制品的高温性能，可采用多熟料配料及混合细磨工艺；尽可能提高基质中 $Al_2O_3$ 含量，使基质中 $Al_2O_3/SiO_2$ 比接近莫来石组成，提高基质纯度；引入外加物，增大液相结度，控制烧成温度。

# 4.5  高铝质耐火材料

高铝质耐火制品是以高铝矾土熟料配一定数量结合黏土而制成的 $w(Al_2O_3)$ 在 48% 以上的耐火砖。高铝砖通常可分为三类，即Ⅰ等：$w(Al_2O_3) > 75\%$（用天然高铝原料生产的一般低于 90%）；Ⅱ等：$w(Al_2O_3) = 65\% \sim 75\%$；Ⅲ等：$w(Al_2O_3) = 48\% \sim 65\%$。

也可根据其矿物组成进行分类，可分为：低莫来石质（包括硅线石质）、莫来石质、莫来石刚玉质、刚玉莫来石质和刚玉质等。

随着制品中 $Al_2O_3$ 含量的增加，莫来石和刚玉成分的数量也增加，玻璃相相应减少，制品的耐火性随之提高。当制品中 $w(Al_2O_3)$ 小于 72% 时，制品中唯一高温稳定晶相是莫来石，随 $Al_2O_3$ 含量增加而增多。对于 $w(Al_2O_3)$ 在 72% 以上的高铝制品，高温稳定晶相是莫来石和刚玉，随着 $Al_2O_3$ 含量增加，刚玉量增多，莫来石量减少，相应地提高制品的高温性能。

## 4.5.1  高铝矾土原料

高铝矾土原料，又称铝土矿、矾土、铝矾土、矾石。矾土矿结构分为致密状、多孔状、鲕状、粗糙状。根据矿物组成可分为有一水型铝矾土、三水型铝矾土，但以水铝石—高岭石为主。

高铝砖的生产需要高铝矾土熟料。高铝矾土熟料是将矾土生料在回转窑或竖窑等窑炉内经高温煅烧，使其达到一定的气孔率、吸水率与体积密度并形成相对稳定的相组成与显微结构得到的。

生矾土的煅烧大致可分为三个阶段：分解、二次莫来石化与重结晶烧结阶段。

A 分解阶段

分解阶段在 $400 \sim 1100℃$ 左右。水铝石与高岭石脱水，发生如下反应：

$$\alpha\text{-}Al_2O_3 \cdot H_2O \longrightarrow \alpha\text{-}Al_2O_3 + H_2O \uparrow （400 \sim 600℃） \tag{4-4}$$

$$Al_2O_3 \cdot 2SiO_2 \cdot H_2O \longrightarrow Al_2O_3 \cdot 2SiO_2 + H_2O \uparrow （600℃左右） \tag{4-5}$$

$$3（Al_2O_3 \cdot 2SiO_2）\longrightarrow 3Al_2O_3 \cdot 2SiO_2（一次莫来石化）+4SiO_2 \uparrow （980℃左右） \tag{4-6}$$

在图 4-6 DTA 曲线中，在 $500 \sim 600℃$ 的吸热峰，即为此两个脱水反应生成的。此吸热峰温度的高低取决于高岭石的含量以及它们粒度大小等因素。在 $980℃$ 左右的放热峰是一次莫来石产生的，即高岭石转化为莫来石。不过，由水铝石分解后产生的微晶在 $1000℃$ 左右会结晶转化为 $\alpha\text{-}Al_2O_3$，也可能对这一放热峰产生一定程度的影响。

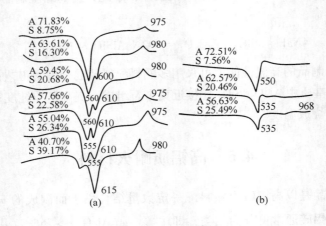

图 4-6 矾土的差热曲线

B 二次莫来石化阶段

二次莫来石（次生莫来石）化是指高铝矾土中所含高岭石分解并转变为莫来石后，析出的 $SiO_2$ 与水铝石分解后的刚玉相作用形成莫来石的过程。开始于 $1200℃$，在 $1400 \sim 1500℃$ 完成。完成反应的温度随高铝矾土的 $Al_2O_3/SiO_2$ 比值的不同而有差异。

$$3Al_2O_3 + 2SiO_2 \longrightarrow 3Al_2O_3 \cdot 2SiO_2 （1200 \sim 1500℃） \tag{4-7}$$

C 重结晶烧结阶段

在矾土中二次莫来石阶段结束后进入重结晶烧结阶段。这一阶段中刚玉与莫来石晶粒长大。随着烧结过程的进行，气孔逐渐缩小与消失，气孔率与吸水率减少，体积密度提高。在矾土中常有 $Fe_2O_3$、$TiO_2$、$CaO$、$MgO$、$Na_2O$ 与 $K_2O$ 等杂质存在，在煅烧过程中会形成一定的液相促进烧结。$TiO_2$ 与 $Fe_2O_3$ 可能固溶入刚玉与莫来石中，也可以促进矾土的烧结。

影响矾土烧结特性的因素包括 $Al_2O_3$ 含量（$Al_2O_3/SiO_2$ 比）、杂质含量、矾土矿的结构状况及煅烧温度等。$Al_2O_3/SiO_2$ 比接近莫来石的矾土，由于莫来石化过程中的体积膨胀导致烧结困难。矾土中 $K_2O$、$Na_2O$、$CaO$、$MgO$、$Fe_2O_3$、$TiO_2$ 越多，产生的液相越多，越有利于烧结。此外，生矾土的结构、成矿条件都可能对矾土的烧结性带来影响。如果生矾土结构致密，水铝石与高岭石的晶粒细小则烧结性能好。

图 4-7 给出了煅烧温度对 Ⅰ、Ⅱ 等矾土烧后吸水率及线收缩率的影响。由图可知，在 1300～1500℃，矾土的烧结过程快速进行，吸水率大幅度下降，线收缩率迅速增加。当烧结温度达到 1500℃ 时，由于二次莫来石化导致线收缩率及吸水率的变化减小。

矾土熟料是制备高铝质制品及不定形耐火材料的重要原料。生矾土经高温煅烧后形成相对稳定的相组成与显微结构，以保证在高铝质耐火材料生产与使用中结构与体积的稳定。衡量矾土熟料质量的指标主要包括两个方面：其一是相组成，其二是吸水率、气孔率与体积密度。矾土熟料的相成分主要包括刚玉、莫来石与玻璃相。在特级与一级矾土等 $Al_2O_3$ 含量高的矾土中还可能出现钛酸铝（$Al_2O_3 \cdot TiO_2$）。与黏土熟料一样，矾土熟料的相组成主要取决于生矾土中的 $Al_2O_3/$

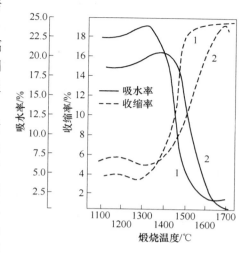

图 4-7 煅烧温度对 Ⅰ、Ⅱ 等矾土吸水率及线收缩率的关系
1—Ⅰ 等矾土；2—Ⅱ 等矾土

$SiO_2$ 比、杂质含量与种类以及烧成温度等因素。通常，氧化铝含量越高，熟料中刚玉相含量越高，莫来石含量越少。液相量与杂质的种类与含量有关。$K_2O$ 与 $Na_2O$ 等碱性氧化物产生的液相量最多，碱土金属氧化物次之，钛与铁氧化物产生的液相量相对较少。除了相组成外，矾土熟料的吸水率、显气孔率与体积密度是选择与控制其烧结质量的重要指标。由于体积密度受氧化铝含量的影响，因而吸水率与显气孔率常用作衡量其致密程度的指标。

在实际生产中，由于相组成的测定较麻烦。在矾土熟料的产品标准及说明书中仅列出其化学成分及吸水率或显气孔率。使用者可根据其化学成分估计其相组成，按产品要求选用。

## 4.5.2 高铝砖的生产工艺特点

高铝制品的生产工艺流程与多熟料黏土质制品生产工艺流程相似。应按实际生产的具体情况、原料特性、制品要求和生产条件等因素确定生产工艺流程。采取破碎前对熟料块进行严格分级，颗粒料分级储存和除铁，熟料和结合黏土混合细磨等。

### 4.5.2.1 黏土熟料的分级

矾土熟料在使用时要严格分级，避免掺杂混合，这样有利于稳定制品的质量和生产工艺。当熟料混级使用时，制品的化学、矿物组成随之波动，易引起制砖过程中的二次莫来石化的不均匀性及膨胀松散效应，使制品烧结困难，难以获得理化指标和外形尺寸合格的制品。

### 4.5.2.2 熟料的质量要求

熟料的质量取决于煅烧温度。通常煅烧温度达到或略高于矾土的烧成温度，以保证熟料充分烧结和尽可能高的密度，并使二次莫来石化和烧结收缩作用全部或大部分在煅烧过程中完成。如果熟料的煅烧温度偏低则吸水率高，不但影响成型操作及制品的密度，而且在较高温度下烧成时，会使制品烧成收缩大，尺寸公差和变形等废品率增高。

欠烧料中二次莫来石化反应一般未完成，因而在制品烧成时颗粒熟料继续发生二次莫来石反应，增大制品内部的不均匀体积膨胀效应，严重时制品的开裂废品增多。欠烧料粉碎时，还会增加粉料中的中间颗粒，使坯料的颗粒组成波动大，影响合理的颗粒级配。

### 4.5.2.3 配方的选择

#### A 结合剂

通常采用软质黏土或半软质黏土作结合剂，同时还加入少量的纸浆废液，以改善成型性能和提高坯体强度。二次莫来石化反应所引起的坯体膨胀是考虑结合黏土的使用量的首要问题，在制造Ⅰ、Ⅱ等高铝砖时，由于矾土熟料的刚玉含量或其矿物成分不均匀程度大，为了减少二次莫来石的生成，配料中一般不宜多加结合黏土。对于用Ⅲ级矾土熟料制造高铝砖时，结合黏土加入量可根据泥料成型及制品烧成等工艺条件而定，无需考虑二次莫来石化问题。在实际生产中，黏土的使用量波动于 5% ~10%。

#### B 不同级别熟料混合使用

高铝砖生产可以采用不同等级原料的混合配方，以调整制品的 $Al_2O_3$ 含量和改善基质组成。混合配料时，应以相邻等级混配为宜，$Al_2O_3$ 含量高的熟料以细粉形式加入，以便与黏土充分作用，使二次莫来石化反应在基质中均匀发生，且使基质成分莫来石化。

当需要调整配料中的 $Al_2O_3$ 含量时，一般不宜采用调整黏土使用量的方法，而用 $Al_2O_3$ 含量不同的熟料采用混配的方法进行调整。

### 4.5.2.4 颗粒组成

高铝砖料的颗粒组成与生产多熟料黏土制品相似。在确定其颗粒组成时，除了考虑能得到致密堆积，有利于成型和烧成时制品烧结等因素外，必须考虑二次莫来石化反应所造成的膨胀松散作用。高铝砖和其他耐火材料一样，采用粗、中、细三级配料，三级配料应符合"两头大、中间小"的基本原则。从烧结情况来看，细粉含量愈少，制品愈不易烧结，甚至有膨胀现象。细粉数量增多有利于提高坯体烧结和致密度，并能使制品烧成时发生的二次莫来石化反应调整到细粉中进行，减少在粗颗粒周围进行反应而引起坯体膨胀和松散。在实际生产中，泥料中的细粉含量一般为 45% ~50%左右（包括结合黏土）。

生产经验表明，适当增大熟料粗颗粒的尺寸（在足够细粉量情况下），会使制品气孔率降低，提高荷重软化温度、抗热震性和制品的结构强度。但必须注意颗粒偏析现象和熟料的矿物成分的分布均匀性和组织致密程度。对组织粗糙的Ⅱ级矾土熟料，其临界粒度不宜过大。对组织致密的Ⅰ、Ⅲ级矾土熟料，则可适当增大颗粒尺寸来提高制品的一些高温性能。

中间颗粒一般起不良作用。减少中间颗粒的数量，有利于改善泥料的堆积密度，提高制品的密度和抗热震性。根据生产的具体条件，中间颗粒数量一般降至 10% ~20%以下。

熟料和结合黏土共同细磨是高铝砖生产中的重要工艺措施，它对提高制品的质量，控制二次莫来石化反应的范围有明显作用。共同细磨增加了刚玉晶格的活性，并使黏土在细粉中的分散度提高，能均匀地与熟料紧密接触，因而可使莫来石化反应在细粉中均匀进行，相应地减少了在粗颗粒表面出现大量的二次莫来石化反应。为了有效地控制二次莫来石化反应在细粉中进行，共同细磨时熟料和黏土的配比应适宜，使混合料中游离 $Al_2O_3$ 与

游离 $SiO_2$ 全部作用，避免有剩余的 $SiO_2$ 再与粗颗粒中的刚玉反应产生膨胀。因而要使混合料中的 $Al_2O_3/SiO_2$ 质量比略大于 2.55。特别是采用 II 级矾土熟料制砖时，更应重视混合细粉中熟料和黏土的适宜比例。

#### 4.5.2.5 高铝砖的烧成

高铝砖的烧成温度主要取决于矾土熟料的烧结性。用特级及 I 级矾土熟料制砖，由于原料的组织结构均匀致密，杂质 $Fe_2O_3$、$TiO_2$ 含量较高时，坯体容易烧结，安全烧成温度的范围较窄，容易引起制品的过烧或欠烧。采用 II 级矾土熟料制砖时，烧成过程中的主要问题是二次莫来石化所造成的膨胀和松散效应，使坯体不易烧结，故其烧成温度偏高。III级矾土熟料的组织均匀致密，$Al_2O_3$ 含量较低，其烧成温度较低，一般略高于多熟料黏土制品的烧成温度约 30～50℃。

高铝砖的烧成制度大致为：

（1）装窑。由于制品的烧成温度接近其荷重软化温度，装窑时不能码垛过高，且多采用平码。码垛高度为 500～700mm，最高不超过 1000mm。用倒焰窑烧成时，需要硅砖搭架。

（2）烧成的低温阶段（600℃以下），升温速度慢些，以避免水分排出过快而引起开裂。

（3）中温阶段的升温速度对制品的质量无大的影响，为了使制品中的各项反应能进行得比较完全，在 1300℃ 以上的高温阶段的升温速度放慢些是必要的。I 等高铝砖中，由于 $TiO_2$ 含量高，有利于制品的烧结，故其烧成温度偏低些。

用倒焰窑烧成时，I、II 等高铝砖的烧成温度为 1430～1450℃，保温时间 40h 左右；III 等高铝砖为 1390～1420℃，保温 24～32h。用隧道窑烧成时，I、II 等高铝砖的烧成温度为 1500～1600℃，III 等高铝砖为 1450～1500℃。

为使刚玉和莫来石重结晶作用充分进行并消除黑心，在用倒焰窑烧成时，一般在高温阶段采用还原性火焰，然后在保温及缓冷阶段用弱氧化性火焰，保持冷却到 1200℃ 左右，有利于液相中的微小晶粒长大；或者在高温阶段用接近于中性的弱氧化性火焰，保温阶段用弱还原性火焰加热，有利于窑内温度均匀，晶粒长大。这两种不同的烧成方法，在不同的工厂内均取得了较好的效果。在用隧道窑烧成时，高温阶段用弱氧化火焰较好。

#### 4.5.2.6 高铝制品的特性

高铝制品的特性如下：

（1）荷重软化温度。普通高铝质耐火制品的荷重软化温度一般为 1420～1550℃ 以上，比黏土质耐火制品高，且随 $Al_2O_3$ 含量的增加而提高。当 $w(Al_2O_3) < 70\%$ 时，其荷重软化温度随莫来石相和玻璃相的数量比的增加而增高，液相的数量和性质对荷重软化温度有明显的影响，因此降低原料中的杂质含量，有利于改善荷重软化温度和高温蠕变性；当 $w(Al_2O_3) > 70\%$ 时，随 $Al_2O_3$ 含量的增加，荷重软化温度增高不显著。

（2）抗热震性。普通高铝质耐火制品的抗热震性主要取决于化学矿物组成和显微组织结构。一般比黏土制品差。

（3）耐化学侵蚀性。普通高铝质耐火制品抗酸性或碱性渣、金属液的侵蚀和氧化、还原反应性均较好，且随着 $Al_2O_3$ 含量增加、有害杂质含量的降低而增强。

高铝制品一般用于高炉、热风炉、电炉等工业窑炉。

### 4.5.3　硅线石族制品

硅线石质耐火制品是指以硅线石族矿物为主要原料的高铝质耐火材料制品，通常称硅线石砖、红柱石砖或蓝晶石砖。这类制品主要应用于玻璃、钢铁、化工、陶瓷、水泥等工业中，如脱硫喷枪、混铁炉或鱼雷车内衬、钢包内衬、水泥回转窑窑口内衬。在实际生产中，全部用硅线石族矿物为原料制造耐火制品的情况不多，将它们添加到高铝质制品中，制得含硅线石、红柱石等的高铝质制品的情况常见。在本节中我们将它们一起讨论。

#### 4.5.3.1　硅线石族矿物的特性

硅线石族矿物包括天然蓝晶石、硅线石和红柱石，也俗称作"三石"。我国蓝晶石主要分布于河北邢台、山西繁峙县、新疆的契布拉盖和可什根布拉克、江苏沭阳、四川丹巴、辽宁大荒沟、吉林柳树沟、安徽凉亭河、河南隐山等。硅线石主要分布在黑龙江鸡西三道沟、河北平山罗圈、陕西丹凤长里沟、新疆阿尔泰大牛、河南叶县等。红柱石主要集中在河南西峡、辽宁凤城、新疆拜城及库尔勒、陕西眉县等。

#### 4.5.3.2　结构特征及基本性质

硅线石族矿物属化学式相同，结构不同的同质异晶体。它们的晶体特性及基本性质如表4-4所示。在加热过程中，它们都会转化为莫来石并伴随一定的体积膨胀。

**表4-4　硅线石族矿物原料的结构特征及基本性质**

| 矿物性质 | 蓝晶石 | 红柱石 | 硅线石 |
|---|---|---|---|
| 成分 | $Al_2O_3 \cdot SiO_2$ | $Al_2O_3 \cdot SiO_2$ | $Al_2O_3 \cdot SiO_2$ |
| 晶系 | 三斜 | 斜方 | 斜方 |
| 晶格常数 | $a = 0.711nm$，$\alpha = 90.1°$<br>$b = 0.774nm$，$\beta = 101.1°$<br>$c = 0.557nm$，$\gamma = 105.9°$ | $a = 0.778nm$<br>$b = 0.792nm$<br>$c = 0.557nm$ | $a = 0.744nm$<br>$b = 0.759nm$<br>$c = 0.575nm$ |
| 结构 | 岛状 | 岛状 | 岛状 |
| 结构式 | $Al_2[SiO_4]O$ | $AlO[AlSiO_4]$ | $Al[AlSiO_5]$ |
| 晶形 | 柱状，板状或长条状集合体 | 柱状或放射状集合体 | 长柱状，针状或纤维状集合体 |
| 颜色 | 青色，蓝色 | 红，淡红 | 灰，白褐 |
| 密度/$g \cdot cm^{-3}$ | $3.53 \sim 3.65$ | $3.13 \sim 3.16$ | $3.23 \sim 3.27$ |
| 解理 | 沿 {100} 解理完全，{010} 良好 | 沿 {110} 解理完全 | 沿 {010} 解理完全 |

#### 4.5.3.3　硅线石、红柱石与蓝晶石的莫来石化与加热膨胀

硅线石、红柱石与蓝晶石在加热过程中都会分解为莫来石与无定形 $SiO_2$ 或高硅氧玻璃（有杂质存在时），并伴随发生一定的体积膨胀。由于它们晶体结构上的差别，分解的温度、速度、莫来石晶粒的生长方式以及膨胀量的大小都不相同。大致情况如表4-5所示。可见，蓝晶石的转化温度最低，转化速度最快，转化过程中产生的膨胀量也最大。硅线石开始转化的温度最高，转化速度也慢。而以红柱石的体积膨胀最小。如表4-5所示的有关数据，只是在一般的情况下反映出硅线石、红柱石与蓝晶石结构不同所带来的影响。事实上，还有其他因素，如粒度、杂质、升温速度都会对它们莫来石的转化温度与膨胀量产生较大影响。

**表 4-5 硅线石族矿物原料的热膨胀性能**

| 矿 物 名 称 | 硅 线 石 | 红 柱 石 | 蓝 晶 石 |
|---|---|---|---|
| 自由转变为莫来石的温度范围/℃ | 1500～1550 | 1350～1400 | 1300～1350 |
| 转化速度 | 慢 | 中 | 快 |
| 转化所需时间 | 长 | 中 | 短 |
| 转化后体积膨胀 | 中（7%～8%） | 小（3%～5%） | 大（16%～18%） |
| 莫来石结晶形态及大小 | 短柱状，针状，长约3μm | 针状，柱状，长约20μm | 长针状，长约35μm |
| 莫来石结晶方向 | 平行于原硅线石晶面 | 平行于原红柱石晶面 | 垂直于原蓝晶石晶面 |

一般而言，硅线石族矿物的粒度越小，越容易转化，它们的开始转化温度也越低，完全转化的温度也越低，时间也越短。

与大多数在颗粒中发生的化学反应相似，硅线石族矿物的莫来石化反应也是从表面向内部逐步进行的。当颗粒表面的温度达到它分解温度时开始分解。同时发生晶体结构的变化，这一变化影响紧靠表面的内层材料的晶体结构，促进其分解，如此继续下去，使分解反应逐步由表面向内部推进，直至最后完成。有些文献将此过程称之为自催化过程。显然，如果颗粒越大，其比表面积就越小，反应由表面推进至内部的速度也越小。反之，粒度小，莫来石化的速度就越快。

另外，在颗粒的研磨过程中，材料的晶体结构会产生更多的缺陷，从而促进莫来石化反应的进行。

除了粒度以外，杂质含量对硅线石族矿物的莫来石化也有很大影响。

#### 4.5.3.4 硅线石族矿物的应用

硅线石族矿物的应用共有三个方面：以它们为主要原料直接制造耐火材料；作为添加剂加入到铝硅系耐火材料中来改善其性质；用它们来制备莫来石。由于我国有丰富的优质矾土资源，因而用硅线石族矿物制砖及莫来石的不多。由于蓝晶石在烧成过程中的膨胀量很大，用它来制砖的可能更小。硅线石族矿物的应用以作为添加剂为主。

硅线石族矿物制品的制造方法和过程与高铝砖相同。将一定粒度组成的原料与结合剂等混合后经成型、干燥、烧制而成。由于硅线石族矿物经烧成后转变为莫来石与高硅氧玻璃。莫来石晶粒形成交错结构，因而此类制品具有良好的抗热震性与抗蠕变性，多用于高炉、热风炉及浮法玻璃熔窑的顶盖上。

将硅结石族矿物添加到铝硅系耐火材料中，可从下列三个方面提高后者的性能：

（1）硅线石族矿物莫来石化产生的膨胀来弥补不定形耐火材料、不烧砖在加热过程中的收缩，以保证耐火材料砌体的体积稳定性。如应用于浇注料、可塑料、压入料及泥浆中。此外将其加入高铝质耐火材料制品中，利用其莫来石化产生的膨胀来提高其荷重软化温度与抗蠕变性。

（2）利用硅线石族矿物的莫来石化与二次莫来石过程来形成合理的显微结构。在制品的烧成过程中，硅线石族矿物首先分解生成莫来石与无定形 $SiO_2$。分解过程中生成的莫来石晶粒的大小、形状与取向取决于硅线石族矿物的结构、颗粒大小等因素。分解产生的 $SiO_2$ 与制品中的 $Al_2O_3$ 反应生成二次莫来石，此类莫来石可以在一次莫来石晶粒上生长使其长大。二次莫来石的生成与长大与 $Al_2O_3$ 含量、粒度、液相组成与量、烧成温度等一系列的因素有关。控制上述因素使形成具有莫来石交错网络、液相量少的显微结构，可提高铝硅系耐火材料的性能。

（3）由于大部分硅线石族矿物是经过选矿的。因而其杂质含量普遍低于高铝矾土。将它们添加到高铝质耐火材料中可降低制品中的杂质及玻璃相含量。

应该特别指出的是，在上面三个因素中形成合理的显微结构，减少玻璃相量，提高玻璃相中 $SiO_2$ 含量是重要的。如果这三点不能保证，仅靠硅线石族矿物莫来石产生的膨胀来抵消荷重软化温度及蠕变测定中产生的压缩是不可取的。因为，即使通过这一方法可以使荷重软化温度及蠕变指标合格，但由于显微结构的不合理及大量的低黏度的液相存在，耐火材料在长期使用过程中会产生较大的变形而导致结构的破坏。

### 4.5.4　莫来石质耐火材料

莫来石质耐火材料是以人工合成莫来石为原料制成的以莫来石为主晶相的耐火制品。当制品的 $Al_2O_3$ 含量低于莫来石理论组成时，还含有少量的方石英，当 $Al_2O_3$ 含量高于莫来石理论组成时，含有少量的刚玉。莫来石制品的高温蠕变性优于以天然矾土原料生产的高铝砖，其高温性能可以与硅质制品媲美，对酸性及低碱性熔渣的侵蚀抵抗能力优于镁质制品。莫来石制品主要有两类：烧结莫来石制品和熔铸莫来石制品。

莫来石制品主要用于钢铁、化工、玻璃、陶瓷等工业部门的热工窑炉的各部位内衬。

#### 4.5.4.1　烧成莫来石制品

合成莫来石主要采用烧结法或电熔法合成。

烧成莫来石制品的生产工艺与高铝砖的生产工艺相似，采用合成莫来石为颗粒料，细粉为合成莫来石，或采用白刚玉、石英粉以及纯净黏土配制成相当于莫来石组成的混合细粉。将颗粒料和细粉按比例配合，常用配比为：颗粒料 45% ~ 55%，细粉（ < 0.088mm = 55% ~ 45%）。混合均匀后高压成型。烧成温度为 1550 ~ 1600℃，当采用电熔莫来石熟料为颗粒料时，其烧成温度应大于 1700℃。

#### 4.5.4.2　熔铸莫来石制品

熔铸莫来石砖主要是由高铝矾土或工业氧化铝、黏土或硅石进行配料，在电弧炉内熔融，再浇铸成型及退火制成，其主要矿物成分是莫来石。

##### A　组成

莫来石组成为 $3Al_2O_3 \cdot 2SiO_2\text{-}2Al_2O_3 \cdot SiO_2$，熔融温度约为 1827 ~ 1890℃，硬度大。当其高温熔液冷却析晶时，会产生粗大不均匀的结晶倾向，易使熔铸制品产生裂缝。当处于低共熔混合物组成时，熔融后熔液具有良好的流动性。能够在莫来石析晶时生成均匀细小的结晶，使铸件产生裂纹的可能性减少。因此，莫来石铸件的组成应该在 $Al_2O_3/SiO_2$ 质量比为 79/21 时为宜。但在生产中还必须考虑到原料中存在着一定数量的杂质成分，它们在高温下与 $Al_2O_3$、$SiO_2$ 发生反应，相应地改变了 $Al_2O_3$ 和 $SiO_2$ 比值。因此，实际所取的 $Al_2O_3/SiO_2$ 比值要稍低些。

杂质对熔铸莫来石制品产生的影响主要有：

（1）铁的氧化物和 $TiO_2$ 一样，可以部分进入莫来石固溶体中，对莫来石的熔点影响不大，但增加玻璃相含量，并使铸件的玻璃相部分染成深色，降低制品的耐火性能。

（2）碱金属氧化物对莫来石结晶及熔液影响严重，可降低莫来石含量，产生较多的玻璃相。

（3）氧化钙虽影响较小，但也起阻碍莫来石析晶的作用。

（4）氧化镁对莫来石析晶影响次于氧化钙，少量存在时，使析晶混合物中出现镁铝尖晶石、堇青石和刚玉等，相应地降低莫来石数量。

加入木炭或焦炭还原剂，在熔融还原过程中可将 $Fe_2O_3$ 除去，其反应式为：

$$Fe_2O_3 + 3C \longrightarrow 2Fe + 3CO \uparrow \tag{4-8}$$

$$SiO_2 + 2C \longrightarrow Si + 2CO \uparrow \tag{4-9}$$

$$Fe + Si \longrightarrow FeSi \downarrow \tag{4-10}$$

其余杂质不能被还原除去，主要是进入熔体而存在玻璃相中。

B 原料

通常选用高铝矾土、铁矾土、工业氧化铝及黏土为原料。当采用高铝矾土及铁矾土时，$Al_2O_3/SiO_2$ 比值应大于 3.2，$Fe_2O_3$ 小于 1.5%，$TiO_2$ 小于 3.0%，$CaO$ 小于 1.0%。矾土原料应进行预烧，排除结构水，以避免在电弧炉内因水蒸气集中分解排除时，产生爆鸣并引起喷溅。

C 配料

正确选择配料组成是制取莫来石含量最高，刚玉和玻璃相量少的熔铸制品的重要工艺条件。配料的铝硅系数（$Al_2O_3/SiO_2$ 质量比）表征配料中 $Al_2O_3$ 和 $SiO_2$ 的相对含量。从理论上分析，应该采用莫来石固溶体临界组成时的铝硅系数（2.8 ~ 2.9）。但在高温熔融时，$SiO_2$ 的挥发和还原反应要消耗一部分 $SiO_2$，使配料中的 $Al_2O_3$ 的含量相对提高。因此，在实际配料中，铝硅系数的实际控制比值比理论值低，一般可取 2.50 左右。

D 熔融

熔融的主要设备为电弧炉。采用固定式和倾动式两种。在工业生产中，常用的是倾动式单相或三相电弧炉。采用低压高电流制度，一般电压为 150 ~ 190V，电流强度达 1600 ~ 2000A。熔融温度在 1900 ~ 2000℃之间。

E 浇注

将熔液注入一定形状和尺寸的模型中，经冷却成为有一定形状和尺寸的结构致密、组织均匀的制品。铸件应具有尽可能精确的尺寸，以便使加工量最小。浇注用模型是以纯度较高的石英砂加入适量的结合剂，混合成型经干燥而成。

F 热处理

热处理一般分为结晶和退火两个阶段。

a 结晶

对于熔铸莫来石制品，希望制品内部莫来石结晶呈纤维状或细小晶粒，均匀分布。决定晶粒大小的主要因素是冷却速度。

从 $Al_2O_3$-$SiO_2$ 系平衡相图可知，莫来石为一致熔融化合物，从熔液中直接凝固析晶，并不预先析出刚玉。但是当熔液中含有一定数量的熔剂时，熔融物在冷却时首先析出刚玉，而莫来石晶体要在 1750 ~ 1800℃以下才开始稳定析出。所以应保持在熔融物开始析晶至 1800℃之间的温度范围内迅速冷却，而在低于莫来石开始析晶的温度给予适当的保温时间，或充分的缓慢冷却，以使早期析出的刚玉晶体有足够的时间与熔液作用形成莫来石，从而使制品中的莫来石有最大的含量。

b 退火

析晶后铸件在冷却过程中，由于各部分散热不均匀，使铸件内部存在温度梯度，产生很大应力，会造成开裂或缺棱、缺角的废品。冷却速度越大，废品产生的倾向越大。因此，铸件必须缓慢冷却。

退火的方法有两种：自退火及外部供热退火。自退火是依靠铸模外部的良好隔热层。常用蛭石作隔热保温材料层。冷却速度可由隔热层的厚度来调节。缓冷温度范围主要在 $1800 \sim 1100 ℃$，一般控制在 $60 \sim 70 ℃/h$。外部供热退火常采用隧道式退火炉，冷却速度可控制在小于 $100 \sim 150 ℃/h$。

G 机械加工

由于模型形状不够准确，浇注时上下收缩不一致，产生缩孔，以及铸口及表面皱折等，均需进行加工才能使用。但铸件硬度很大，加工困难。通常用酚醛树脂结合的粗粒金刚石砂轮切割。

# 4.6   刚玉质耐火材料

$w(Al_2O_3)$ 在95%以上的制品称为刚玉质耐火材料。

刚玉质制品分高纯和普通两类，高纯刚玉制品 $w(Al_2O_3)$ 在98%以上，以大于99%者为普遍，属自结合固相烧结产品；普通刚玉制品 $w(Al_2O_3)$ 在95% ~98%之间，其结合相主要为刚玉，尚有少量的高温结合相，如莫来石等。从生产工艺分，可分为烧结再结合刚玉质制品和电熔再结合制品，以电熔再结合制品为最多。

目前，国内外生产数量最大应用范围最广的属高纯制品以及以高纯原料制造的电熔再结合制品，主要用于石化工业的气化炉、炭黑反应炉、造气炉、氨分解炉、二段转化炉和耐火陶瓷工业的高温超高温窑炉以及冶金工业的高炉等。

## 4.6.1   烧结再结合刚玉制品

烧结再结合刚玉制品是以烧结 $Al_2O_3$（亦称烧结刚玉）为颗粒料，与烧结 $Al_2O_3$ 或烧结 $Al_2O_3$ 和活性 $Al_2O_3$ 粉为基质配制经混练、成型和高温烧成制得。

### 4.6.1.1   组成

在高温烧结刚玉制品中，颗粒和细粉应采用同一成分的高纯刚玉料。为利于烧结，在基质细粉中也可引入部分活性高纯 $Al_2O_3$ 细粉。在生产普通烧结刚玉制品时，为了提高热震稳定性，可允许加入一定量的第二组分，加入数量以保持最终刚玉制品 $w(Al_2O_3)$ 不低于95%为原则。第二组分主要是莫来石，其加入形式可以是颗粒，也可以是细粉。另外，也可加入高纯黏土、硅石或三石类精矿，其加入形式为细粉，使其在烧成过程中基质部分形成莫来石。

采用纸浆废液作结合剂，其相对密度控制在 $1.2 \sim 1.26$ 之间，也可用 $Al(H_2PO_4)_3$ 或聚磷酸盐。$Al(H_2PO_4)_3$ 作结合剂，可提高强度和成品率，但制品烧后表面发红，一般最好不采用。

泥料颗粒组成应按最紧密堆积原理选择，细粉加入要有足够量，以利于制品烧结，提高其密度和强度。

泥料经混练后，最好进行困料，困料时间不得少于 24h，以提高塑性，改善成型性能。

### 4.6.1.2 成型

砖坯可采用加压震动和机压成型。制品形状复杂，大型制品采用前者成型，单重不大的制品采用后者成型。机压成型通常用摩擦压砖机，也可用液压机，但以摩擦压砖机最为普遍。

### 4.6.1.3 烧成

砖坯成型后，经烘干、装窑，于隧道窑或梭式窑或倒焰窑内烧成。目前以梭式窑最多，烧成温度视 $Al_2O_3$ 含量而定，99% 或以上刚玉制品烧成温度一般在 1800℃ 左右。提高烧成温度，可提高制品的密度和强度，改善其抗渣蚀性、渗透性以及抗冲刷性。

采用纯度相当的普通工艺和特种工艺制取的熟料（板状刚玉），在相同工艺下生产的烧结刚玉砖，其物理性能完全不同，后者体密和强度均高于前者。在相同温度下烧成的砖，耐压强度后者较前者提高 20% ~ 35%。

## 4.6.2 电熔再结合刚玉制品

以电熔刚玉熟料为颗粒料，电熔刚玉细粉或烧结刚玉细粉为基质，配合成再结合电熔刚玉制品。生产工艺要点如下所述。

### 4.6.2.1 组成

与高纯烧结再结合刚玉制品一样，配料中的颗粒料和细粉料应采用同一纯度的原料。其颗粒为电熔刚玉，细粉一般用电熔和烧结料并用工艺，目的是为了降低制品烧成温度，也有利于热震稳定性的改善。为进一步降低烧成温度，可在基质中引入微量高效添加剂，这种添加剂的离子半径与 $Al_2O_3$ 中的 $Al^{3+}$ 半径相近，可形成固溶体，尤其是连续固溶体，以活化 $Al_2O_3$ 晶格，或者在烧成过程能起抑制 $Al_2O_3$ 晶粒长大的化合物，或者高温下能分解成纳米级粒子的含 $Al_2O_3$ 化合物。降低烧成温度也可采用引入纳米级 $Al_2O_3$ 的方法，其加入量为 1% ~ 2%，同时加入 α-$Al_2O_3$ 微粉 4% ~ 8%，烧成温度即可降低至 1400 ~ 1500℃。这些近期研究成果除了引入纳米 $Al_2O_3$ 外，其他技术都已推广应用，并取得良好效果。

### 4.6.2.2 配料

配料比例按紧密堆积原则选择，采用连续的多级配料，基质中的细粉含量一般以不超过 40% 为宜，大、中、小细粒度的比例既考虑紧密堆积，还需考虑制品外观和成型性能，表面外观粗糙，可适当降低临界颗粒尺寸和粗颗粒比例，适当增加中颗粒加入量。若成型时坯体密度难以达到，可适当提高粗颗粒比例，但应以外观整齐为原则。生产过程，可在允许范围内适当调整各粒度间的比例。

### 4.6.2.3 混练

泥料混练与普通耐火制品基本相同，采用的结合剂有纸浆、聚合磷酸盐等。选用结合剂应考虑两个原则：一是有较强的结合能力，使砖坯体干燥后具有较大强度，确保装窑和运输过程坯体不掉角、不掉边和装窑时因受压不变形和开裂；二是受热分解后能生成可促进制品烧结的活性物或者可与 $Al_2O_3$ 形成固溶体。泥料的混练通常采用强制式混料机。这种混料机混料均匀且颗粒破坏较少，混练时间至少 15 ~ 20min。混后泥料困料至少 24h，以提高泥料的塑性，改善成型性能，同时也可释放混料时进入料中的气体。

### 4.6.2.4　成型

成型设备主要是摩擦压砖机，若形状复杂外形尺寸大的砖可用加压震动成型机。

机压成型基本原则是先轻后重慢抬头，目的是为了避免砖坯的层裂。引起层裂的主要原因：一是困料时间不足，料中的外来气体没有充分释放；二是成型操作不当，没有先轻打或打的次数不够，料内气体没有排除干净；三是水分大；四是配料不合理，细粉比例偏大。

### 4.6.2.5　干燥与烧成

砖坯干燥在隧道干燥器内进行（烘房也可以），砖坯进口温度 20 ~ 30℃，出口温度 100 ~ 110℃，总干燥时间视砖坯大小和成型水分确定，一般需 48 ~ 96h。若砖坯采用烘房干燥，成型后的砖坯（尤其大尺寸砖坯）应先自然干燥 1 ~ 2d 后，再进入烘房干燥，其温度为 50 ~ 70℃。

干燥后的砖坯，残余水分最好 < 0.2%，方可入窑，装窑高度 1100 ~ 1200mm 为好。砖坯烧成设备可采用小断面隧道窑或梭式窑或倒焰窑。

## 复习思考题

4-1　试描述铝硅系耐火材料的耐火度和组成的关系。

4-2　如何提高硅砖导热性能？说明原因。

4-3　将硅线石族矿物引入铝硅系耐火材料中有何作用？

4-4　什么是二次莫来石化，你对其有何认识？

# 5 碱性耐火材料

【本章主要内容及学习要点】本章主要介绍碱性耐火材料的结构、性能特点及生产工艺。重点掌握镁质、镁铝质、镁铬质、镁钙质、镁硅质、橄榄石质耐火材料的性能特点及工艺原理。

碱性耐火材料主要有镁质耐火材料、镁钙（或称富镁白云石）质耐火材料、白云石质耐火材料、镁橄榄石质耐火材料、镁铬尖晶石质耐火材料、镁铝尖晶石质耐火材料。目前，国内外除了镁橄榄石质耐火材料的使用比例较小以外，其他碱性材料的应用都较广泛，但由于镁铬尖晶石质材料存在环境污染问题，使用比例正逐渐减少。近 20 年来，由于冶炼技术的进步，要求耐火材料必须具备优良的高温性能，尤其是抗熔渣侵蚀性和渗透性能，因此出现了在 MgO-CaO 系材料中引入碳系材料的 MgO-CaO-C 系列产品，诸如：MgO-C 砖、MgO-CaO-C 砖、MgO-Al$_2$O$_3$-C 砖等，而且发展之快，应用之广，效果之优是其他材料难与之相比拟的。以 MgO、CaO、或者 MgO-CaO 基组成的碱性耐火材料，其显著特点是耐火度高，高温力学性能好，抗碱性渣和铁渣蚀能力强，已广泛应用于转炉（尤其氧气复吹转炉）、电炉、炉外精炼、钢包、有色金属冶炼、水泥等工业领域。CaO除了具有上述性能外，还具有除磷、除硫，净化钢水的作用。随着洁净钢、品种钢需求的增长，这类耐火材料越来越成为人们关注的焦点。

## 5.1 镁质耐火材料

通常所说的镁质耐火材料是指 $w(\text{MgO})$ 不小于80%，以方镁石为主晶相的碱性耐火材料。普通镁砖、高纯镁砖，熔融再结合镁砖，以及 C$_2$S 结合的镁砖等都属于这类耐火材料。冶金镁砂是作为一种产品直接用于冶金炉或其他装置，它也应属镁质耐火材料范畴，但这种产品应用范围狭窄。镁质耐火材料曾大量用于平炉侧墙，蓄热室，电炉侧墙，炉外精炼 SKF 熔池、电磁搅拌区、渣线，也曾用于 VAD、LF 炉熔池和渣线，目前已被 MgO-C材料或镁铬材料取代。从目前情况看，镁质耐火材料的发展与其他材料相比日趋暗淡，尤其普通镁砖、C$_2$S 结合镁砖等，但所用镁砂原料日趋向高纯度高密度方向发展，备受国内外耐火材料工作者的重视，其基本原因在于它是生产各种优质碱性耐火材料的基础。

### 5.1.1 与镁质耐火材料相关的物系

由于镁质耐火材料的原料大都取自天然矿石，而且在使用时为了得到某种特定的性能，都会在原料中添加适当的添加材料，因此，需要了解镁质耐火材料相关的物系。与镁质耐火材料相关的组分主要有 $Al_2O_3$、$Cr_2O_3$、$CaO$、$SiO_2$、$FeO$ 及 $Fe_2O_3$ 等。

### 5.1.1.1　$MgO$-$Fe_xO_y$ 系

这里 $Fe_xO_y$ 包括 $FeO$ 和 $Fe_2O_3$，它们可以和 $MgO$ 分别组成 $MgO$-$FeO$ 及 $MgO$-$Fe_2O_3$ 两个二元系。

由 $MgO$-$FeO$ 二元系图 5-1（a）可以看出，方镁石可以连续吸收 $FeO$ 形成镁方铁矿（Fe，Mg）O 固溶体。二者反应速度很快，在 1200℃ 即开始显著进行。随着吸收 $FeO$ 量的不断增加，固溶体熔融温度不断下降。这种趋势虽属不利，但因液相线平坦使熔融温度下降缓慢，而减轻了 $FeO$ 对方镁石高温性能的危害。从图可以看出，$MgO$ 吸收 60% $FeO$ 后，其开始熔融温度尚高于 1700℃，其完全熔融温度尚在 2000℃ 以上。所以，方镁石有很高的抗 $FeO$ 侵蚀的能力，它吸收 $FeO$ 后对其性能影响不大。

由图 5-1（b）$MgO$-$Fe_2O_3$ 二者组成的二元系统可以看到，有化合物铁酸镁（$MgO \cdot Fe_2O_3$ 简称 MF 尖晶石）固溶体，分解温度为 1720℃。它与镁方铁矿（或称镁富氏体）有转熔关系：

$$MF \underset{\sim 1720℃}{\rightleftharpoons} (Mg, Fe)O + L \tag{5-1}$$

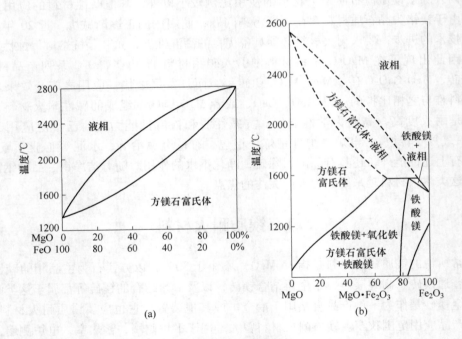

图 5-1　MgO-铁氧系统

（a）MgO-FeO 系；（b）MgO-$Fe_2O_3$ 系

这一关系也反映了 MF 的还原 – 氧化作用。如在碱性制品中的 $Fe_2O_3$ 或 MF 在高温和还原气氛中会发生还原作用，脱去部分氧：

$$MF + MgO \longrightarrow 2(Mg, Fe)O + \frac{1}{2}O_2 \tag{5-2}$$

还原后的 $FeO$ 全部溶解于方镁石成为固溶体（即镁方铁矿）。当材料中含有另一倍半氧化物（如 $Al_2O_3$）时，还可生成亚铁尖晶石：

$$FeO + Al_2O_3 = FeAl_2O_4 \tag{5-3}$$

在温度降低或气氛转为氧化时，因溶解度降低而脱溶出的 $Fe^{2+}$ 又重新被氧化并与 $MgO$ 化合成镁铁尖晶石或镁铝尖晶石而沉析出来，例如：

$$FeAl_2O_4 + (Mg, Fe)O + MgO + \frac{1}{2}O_2 = MgFe_2O_4 + MgAl_2O_4 \tag{5-4}$$

此反应表明因脱溶作用形成二次尖晶石的过程，二次尖晶石常存在于方镁石晶体之间。有利于增加固-固结合提高制品的高温结构强度。值得注意的是，其中 Fe 的价态的变化伴随有体积效应，引起制品松散、气孔率增大而产生内应力，降低方镁石的高温塑性。如果还原-氧化反复变化，这种不利影响则更严重。因此，一般碱性砖适于氧化气氛快速升温烧成，使用时也应避免气氛反复变化，以减弱或消除这种效应。如上所述，$Fe_2O_3$ 对方镁石的高温性能虽有损害，但其含量不多时（10%以下），影响并不显著。甚至有时为了改善方镁石的难烧结性，尚需加入少量铁氧物作为促进烧结的矿化剂。所以，图 5-1(b) 同样表明镁质材料具有很高的抵抗 $Fe_2O_3$ 的侵蚀能力。这是其他耐火材料无法相比的，也是炼钢工业中日益广泛使用镁质耐火材料的一个重要原因。

#### 5.1.1.2  MgO-R₂O₃ 系

因为 $Al_2O_3$、$Cr_2O_3$、$Fe_2O_3$ 三种氧化物都可以在 $MgO$ 中固溶，而且晶体结构相似，可以把它们放在一起讨论。

##### A  MgO-Al₂O₃ 系

图 5-2 为 MgO-$Al_2O_3$ 系统相图。它对于镁铝制品、合成镁铝尖晶石制品有重要意义。本系统中形成一个化合物—镁铝尖晶石（MA）。MA 组成中 $w(Al_2O_3) = 71.8\%$，它将相图分成具有低共熔点 E1（1995℃）和 E2（1925℃）的两个分系统。由于 $MgO$、$Al_2O_3$ 及 MA 之间都具有一定的互溶性，故各成为一个低共熔型的有限固溶体相图。

由于 MA 有较高的熔点（2105℃）及其低共熔点，在尖晶石类矿物中与镁铬尖晶石（熔点约 2350℃）相似，具有许多优良性质，高温下又能与 $MgO$ 等形成有限固溶体，所以 MA 是种很有价值的高温相组成。用 MA 作为方镁石的陶瓷结合相，可以显著改善镁质制品的热震稳定性，即制得性能优良的镁铝制品。由相图可知，从提高耐火度出发，镁铝制品的配料组成应偏于 $MgO$ 侧。在该侧 $Al_2O_3$ 部分地固溶于 $MgO$，组成物开始熔融的温度较高。例如，物系组成中的 $w(Al_2O_3)$ 为 5% 或 10% 时，开始熔融温度为 2500℃ 或 2250℃ 左右，比其共熔温度高约 500℃ 或 250℃。

##### B  MgO-Cr₂O₃ 系

图 5-3 为 MgO-$Cr_2O_3$ 二元系相图。图中 2100℃ 时，$MgO$ 可固溶 40% $Cr_2O_3$；1700℃ 时，$MgO$ 可固溶 14% $Cr_2O_3$，因此理论上认为，为保证 1700℃ 时有两个固相存在以提高材料的抗热震性和抗渣渗透性，$w(Cr_2O_3)$ 应大于 14%。但尖晶石形成体积膨胀反应，所以，普通镁铬砖的 $w(Cr_2O_3)$ 一般均低于 14%，以避免产生过大的体积膨胀。为提高砖中 $Cr_2O_3$ 含量，需要直接引入预合成镁铬砂。

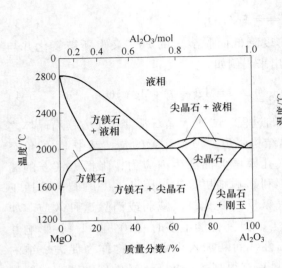

图 5-2　MgO-Al₂O₃ 系统相图

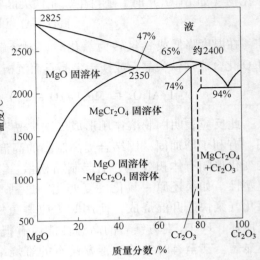

图 5-3　MgO-Cr₂O₃ 二元系相平衡图

综合以上内容，可以将 MgO-Al₂O₃、MgO-Cr₂O₃、MgO-Fe₂O₃ 系相图高 MgO 部分合并于图 5-4 中。三个二元系统的固化温度分别为 1720℃、1995℃、2350℃。三种倍半氧化物在氧化镁中的固溶度顺序为 $Fe_2O_3 \gg Cr_2O_3 > Al_2O_3$，并且三者的溶解均随温度的提高而增加，随温度的下降而减少，直至完全脱溶。在 1000℃ 以下固溶量均很低，在 1700℃，它们的固溶度分别为 70%、14% 和 3%。由于 $Fe_2O_3$ 在 MgO 中的溶解度高于 $Al_2O_3$，大量的 $Fe_2O_3$ 溶解于方镁石中，降低液相出现的温度与液相量。因此它对于镁质

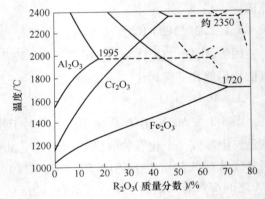

图 5-4　MgO-R₂O₃ 系相图

耐火材料的危害比 $Al_2O_3$ 小。在一定条件下还可以提高制品的荷重软化温度与促进烧结。

当镁质材料中含有两种或两种以上的倍半氧化物时，由于共溶解度不同而存在着选择性的溶解 – 脱溶作用，可想而知会形成各种不同组成的尖晶石（如原有的、脱溶的或未脱溶的）。这是镁质材料显微结构的一个特点。在烧成碱性制品，如镁质、镁铝质及镁铬质制品中，都能在显微镜下观察到这种脱溶作用。冷却时，尖晶石相脱溶在方镁石颗粒内部，形成含尖晶石相的镁质耐火材料显微结构，即所谓的"晶间二次尖晶石相"，它有助于提高固 – 固直接结合面积，提高镁质材料的高温结构强度。

C　MgO-SiO₂ 系统

图 5-5 为 MgO-SiO₂ 二元系相图。相图中出现两种化合物：镁橄榄石 2MgO·SiO₂（简写 $M_2S$）属正硅酸盐、一致熔化合物。它的最高温度（1890℃）处的液相线呈尖峭状，表明高温熔融时难以离解。所以它是一种熔点较高，结构稳定的矿物相，是良好的陶瓷、

耐火材料原料。斜顽辉石（MS）属偏硅酸盐，是不一致熔化合物。它在 1557℃ 发生熔融分解，是一种熔点低、易熔融分解和结构不够稳定的矿物相，不宜作为耐火材料，在镁质、橄榄石质耐火材料中是有害的组分，应尽量避免。

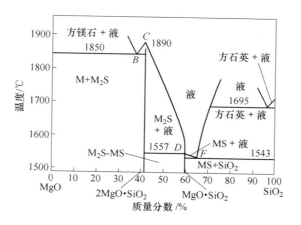

图 5-5 $MgO\text{-}SiO_2$ 二元系相图

### 5.1.1.3 $MgO\text{-}Al_2O_3\text{-}SiO_2$ 系统

$MgO\text{-}Al_2O_3\text{-}SiO_2$ 系统对镁质耐火材料的生产和使用有重要意义。耐火材料主要分布在 MA 区、MgO 区及 $M_2S$ 区。如图 5-6 所示，系统中有四个二元化合物、两个三元化合物，它们的性质及组成如表 5-1 所示。全图有九个初晶区、一个两液区及一个固溶体小区，共有九个无变量点对应九个分三角形。

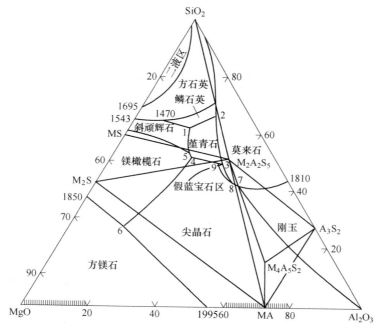

图 5-6 $MgO\text{-}Al_2O_3\text{-}SiO_2$ 系统相图

表 5-1  M-A-S 系统各化合物性质

| 化合物 | 性质 | 熔点或分解点/℃ | 组分 w/% | | |
|---|---|---|---|---|---|
| | | | Mg | Al$_2$O$_3$ | SiO$_2$ |
| 斜顽辉石 MS | 不一致熔 | 1557（分解） | 40 | — | 60 |
| 镁橄榄石 M$_2$S | 一致熔 | 1890 | 57 | — | 43 |
| 莫来石 A$_3$S$_2$ | 不一致熔 | 1810（分解） | 72 | — | 28 |
| 镁铝尖晶石 MA | 一致熔 | 2130 | 28.2 | 71.8 | — |
| 堇青石 M$_2$A$_2$S$_5$ | 不一致熔 | 1540（分解） | 14 | 35 | 51 |
| 假蓝宝石 M$_4$A$_5$S$_2$ | 不一致熔 | 1475（分解） | 20 | 65 | 1 |

### 5.1.1.4  MgO-CaO-SiO$_2$ 系统

MgO-CaO-SiO$_2$ 系统对于镁质、白云石质耐火材料，镁质陶瓷、水泥以及冶金炉渣等材料的研究有重要意义。如图 5-7 所示为该系统相图，图中虚线部分根据二元相图修订，固溶体部分有待进一步研究。

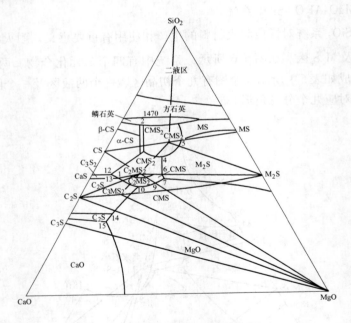

图 5-7  MgO-CaO-SiO$_2$ 系统相图

本系统相图的构成现有六个二元化合物、四个三元化合物，包括三个纯氧化物共有13 个组成点，对应 13 个初晶区。图中 SiO$_2$ 区有个面积较大的二液区，此外还有多晶转变区。各化合物性质列于表 5-2。本系统有 15 个无变量点，对应 15 个分三角形。

本系统化合物之间形成固溶体的现象十分普遍。目前所知的有：CMS 和 α-MS 之间形成连续固溶体，M$_2$S 和 CMS，M$_2$S 和 CMS$_2$，β-CS 和 CMS$_2$ 之间形成有限固溶体。

表 5-2　C-M-S 系统各化合物性质

| 化合物 | 熔点或分解点/℃ | 性质 | 组成 $w$/% | | | 备　注 |
|---|---|---|---|---|---|---|
| | | | CaO | MgO | SiO$_2$ | |
| 假硅灰石 α-CS | 1544 | 一致熔 | 48 | — | 52 | |
| 二硅酸三钙 C$_3$S$_2$ | 1475（分解） | 不一致熔 | 58 | — | 42 | C$_3$S$_2$→C$_2$S + L |
| 硅酸二钙 C$_2$S | 2130 | 一致熔 | 65 | — | 35 | |
| 硅酸三钙 C$_3$S | 2070（分解） | 不一致熔 | 74 | — | 26 | C$_3$S→CaO + L |
| 斜顽辉石 α-MS | 1557（分解） | 不一致熔 | — | 40 | 60 | MS→M$_2$S + L |
| 镁橄榄石 M$_2$S | 1890 | 一致熔 | — | 57 | 43 | |
| 透辉石 CMS$_2$ | 1391 | 一致熔 | 26 | 18.5 | 55.5 | |
| 镁方柱石 C$_2$MS$_2$ | 1451 | 一致熔 | 41 | 15 | 44 | |
| 钙镁橄榄石 CMS | 1400（分解） | 不一致熔 | 36 | 26 | 38 | CMS→C$_2$S + M + L |
| 镁蔷薇辉石 C$_3$MS$_2$ | 1580（分解） | 不一致熔 | 51.2 | 12.1 | 36.7 | C$_3$MS$_2$→C$_2$S + M + L |

　　已研究得知，以 CMS 作为方镁石的结合相有许多缺点，因为 CMS 属低熔点相，且具有较大的异向膨胀性，易导致制品高温性能和耐热震性下降。相比之下，则希望用 M$_2$S 或 C$_2$S 作为方镁石的结合相。由此相图可以判断，为达此目的必须控制原料中的 CaO 含量及其 C/S 比值（物质的量比）。当 C/S 比值不小于 1.87 时，由于生成高熔化温度的矿物而不致显著降低耐火性能；当 C/S 比小于 1.87 时，由于始熔温度变低，严重影响镁质材料的耐火性能。CaO/SiO$_2$ 比与相组成及其固化温度如表 5-3 所示。

表 5-3　镁质耐火材料的 CaO/SiO$_2$ 比和相组成的关系

| C/S 分子比 | 0 | 0~1.0 | 1.0 | 1~1.5 | 1.5 | 1.5~2.0 | 2.0 |
|---|---|---|---|---|---|---|---|
| C/S 质量比 | 0 | 0~0.93 | 0.93 | 0.93~1.4 | 1.4 | 1.4~1.87 | 1.87 |
| 相组成 | MgO<br>M$_2$S | MgO<br>M$_2$S<br>CMS | MgO<br>CMS | MgO<br>CMS<br>C$_3$MS$_2$ | MgO<br>C$_3$MS$_2$ | MgO<br>C$_3$MS$_2$<br>C$_2$S | MgO<br>C$_2$S |
| 固化温度/℃ | 1860 | 1502 | 1400 | 1490 | 1575 | 1575 | 1890 |

## 5.1.1.5　MgO-MA-M$_2$S 三元系统

　　利用系统（见图 5-6）可以分析 M$_2$S（SiO$_2$）对镁铝砖的影响。由图可见，把 M$_2$S 加入 MgO-MA 二元系统中，其开始熔融温度从 1995℃降至 1700℃左右，降低 295℃。如果考虑到使用时 M$_2$S 进一步吸收 CaO 形成 CMS，所以 SiO$_2$（M$_2$S）也是一个潜在的危险。如图 5-8 所示，把 CMS 加入到 MgO-MA 系统中，使反应点从 1995℃降至 1410℃，降低 585℃。二者相比来看，M$_2$S 对镁铝砖的危害比 CMS（CaO）要小得多。

　　一些研究者认为，该三元系统中不仅 MgO 与 MA、MA 与 M$_2$S 之间均有一定的互溶度，而且 M$_2$S 在 MgO 中也有部分固溶。在温度到 1700℃时，MA 中可固溶约 5% M$_2$S。在

128

$M_2S$ 中可固溶约 1% MA。这些固溶作用对提高系统的熔融温度大有益处。

通过以上几点分析，为提高其质量应合理调整 $Al_2O_3$ 含量，尽量降低 CaO 的含量，同时，也应创造条件进一步降低 $SiO_2$ 和氧化铁的含量，向高纯、优质的方向发展。

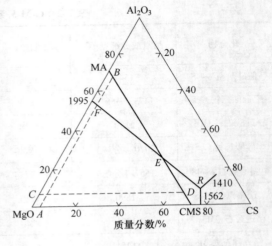

图 5-8　MgO-MA-CMS 系统示意图

### 5.1.2　镁质耐火材料性能的影响因素

以 MgO 为主成分的镁质耐火材料，具有耐火性能高、高温强度大和抗碱性熔渣侵蚀性好的特点，这是由 MgO 自身特性决定的。影响这种材料性能的因素主要是化学成分、烧成温度以及与之相关的显微结构。

#### 5.1.2.1　影响强度的因素

有研究表明，镁砖的关键在于镁砖的高温强度，尤其是高温抗折强度，高温强度大的镁砖，抗渣性能和抗热震性能都优越。镁质耐火材料的化学组成，对其强度有显著的影响。

**A　化学成分的影响**

**a　CaO 和 $SiO_2$**

由前面的相图可以看出，镁质耐火材料中的 CaO 和 $SiO_2$ 的比值（物质的量比），即 $CaO/SiO_2$ 比对应着不同的结合相，而这些结合相对砖的高温强度影响颇大。这方面有不少的研究工作，例如国内有人曾研究过 $CaO/SiO_2$ 比对镁砖性能的影响，结果显示，当 $CaO/SiO_2$ 比为 2.0 ~ 2.5，$w(SiO_2) = 0.8\%$ ~ 0.9% 时，砖的显气孔率最低，1400℃ 下的抗折强度最高，1500℃ 蠕变速率最小；国外 D. R. F. Spencer 等人研究了 1500 ~ 1600℃ 下不同 $CaO/SiO_2$ 比对 $w(SiO_2) = 0.3\%$ 和 $w(SiO_2) = 0.85\%$ 的镁砖高温抗折强度的影响指出，当 $CaO/SiO_2$ 比大于 2.0 时，可获得最高强度；若 $SiO_2$ 含量增加，获得最高强度时的 $CaO/SiO_2$ 比也相应降低。由此可见，国内外研究 $CaO/SiO_2$ 比对镁砖高温强度的变化规律非常相似，结果也很吻合。在研究 $w(SiO_2) = 0.3\%$ ~ 0.85%、$CaO/SiO_2$ 比为 3.0 时的镁砖的高温应力 – 应变关系时认为，镁砖的变形量随着 $SiO_2$ 含量的增加而增大，而随 MgO 含量的提高而降低。这主要是因为，在烧成过程中，活性大的 CaO 先与 $SiO_2$ 反应生成 $CaO\text{-}SiO_2$ 化合物，它们可以是 $CaO \cdot SiO_2$ 也可以是 $2CaO \cdot SiO_2$，或 $3CaO \cdot SiO_2$，这与 CaO 和 $SiO_2$ 含量比有关。倘若 CaO 含量低于 $SiO_2$，CaO 与 $SiO_2$ 反应后，多余的 $SiO_2$ 必与 MgO 反应，并进一步与 $CaO\text{-}SiO_2$ 反应，生成熔点低的 $CaO \cdot MgO \cdot SiO_2(CMS)$ 或 $3CaO \cdot MgO \cdot 2SiO_2(C_3MS_2)$，从而显著降低镁砖的高温强度，调整 CaO 和 $SiO_2$ 含量，使其形成 $C_2S$ 高温相，避免 CMS 和 $C_3MS_2$ 低熔相形成非常必要。因此，为提高高温强度降低变形量，应提高砖中的 MgO 含量，尽可能降低 $SiO_2$ 含量，若料中 $SiO_2$ 给定时，可调整 $CaO/SiO_2$ 比，以获取最大的高温抗折强度。表 5-4 给出了不同 CAS 比及不同 CaO 与 $SiO_2$ 含量的镁质耐火材料的荷重软化温度。

**表 5-4  不同 C/S 比的镁质耐火制品的荷重软化温度**

| 序号 | 化学成分（质量分数）/% | | | C/S 质量比 | 荷重软化温度/℃ |
|------|------|------|------|------|------|
| | MgO | CaO | $SiO_2$ | | |
| 1 | 92.9 | 1.19 | 3.16 | 0.38 | 1550 |
| 2 | 87.8 | 1.5 | 8.0 | 0.19 | 1640 |
| 3 | 84.46 | 7.74 | 3.4 | 2.28 | 1900 |
| 4 | 85.22 | 8.31 | 2.88 | 2.89 | 1840 |

b  $Al_2O_3$、$Fe_2O_3$ 和 $Cr_2O_3$ 的影响

我国辽宁天然菱镁矿制取的镁砂中，通常含有 0.2%~0.3% 和 0.6%~0.8% 的 $Al_2O_3$ 和 $Fe_2O_3$ 等杂质，尽管含量较低，但对镁砖高温强度有不同程度的影响。当镁砖中的 CaO 和 $SiO_2$ 含量极低，而且 $CaO/SiO_2$ 很低的条件下，可将 $Al_2O_3$、$Fe_2O_3$ 和 $Cr_2O_3$ 与 MgO 的相关系视为 $MgO-Al_2O_3$、$MgO-Fe_2O_3$ 和 $MgO-Cr_2O_3$ 系。$MgO-Fe_2O_3$ 系中的 $MgO \cdot Fe_2O_3$ 分解温度（固化温度）高达 1720℃，$MgO \cdot Fe_2O_3$ 在方镁石中的溶解度随温度的提高而增大，尽管方镁石吸收大量 $Fe_2O_3$，形成方镁石富氏体后仍保持其很高的耐火性能，这种富氏体与方镁石在高温下连成整体，呈高的直接结合结构。从 $MgO-R_2O_3$ 系统相图也可以看出，$MgO \cdot Al_2O_3$ 和 $MgO \cdot Cr_2O_3$ 固化温度分别为 1995℃ 和 2350℃ 左右。冷却过程，$MgO \cdot Al_2O_3$ 和 $MgO \cdot Fe_2O_3$ 几乎全部脱溶填充于方镁石晶界处，$MgO \cdot Cr_2O_3$ 部分脱溶在方镁石颗粒内部，强化方镁石的抗渣蚀性，构成了主晶相与主晶相，主晶相与结合相，结合相与结合相间的相互镶嵌的网络状结构。由此看来，当镁砖中 CaO、$SiO_2$ 含量极低，$CaO/SiO_2$ 也很低的情况下，$Al_2O_3$、$Fe_2O_3$ 和 $Cr_2O_3$ 对镁砖的显微结构和高温强度起有益的作用。

当砖中 CaO 和 $SiO_2$ 含量较高，且 $CaO/SiO_2$ 比较高时，可用尖晶石 $C_2S$ 相图来表示。尽管 MA、MK、MF 和 $C_2S$ 均为高耐火相，其熔点分别为 2135℃、2180℃、1720℃（确切地说，应该是分解温度）和 2130℃。但这些尖晶石和 $C_2S$ 共存，其熔点显著降低，分别为：1418℃、1700℃ 和 1380℃。从 $R_2O_3$ 在硅酸盐相中的溶解度看，$Cr_2O_3$ 远小于 $Al_2O_3$，更小于 $Fe_2O_3$。可见，这些 $R_2O_3$ 对镁砖高温强度的不利影响，应以 $Fe_2O_3$ 为最大，其次 $Al_2O_3$。Spencer 等人研究结果也认为，当 $CaO/SiO_2$ 比较高时（>3.0），$Al_2O_3$ 和 $Fe_2O_3$ 都明显降低镁砖的高温强度，其原因是由于 $Al_2O_3$ 和 $Fe_2O_3$ 与 CaO 反应生成铝酸钙和铁酸钙或铁铝酸四钙等低熔相造成的。

c  $B_2O_3$ 的影响

在利用海水或盐湖生产镁砂过程中，会带来 $B_2O_3$ 的掺入。即使海水镁砂、盐湖镁砂中含 $B_2O_3$ 千分之几数量级，对高纯镁砖高温强度的有害影响却非常大。天然菱镁矿中含 $B_2O_3$ 极少或几乎没有，因此在生产海水或盐湖镁砂过程中，要特别注重萃取 $B_2O_3$ 工艺，使镁砂中的 $B_2O_3$ 含量尽可能降到最低。研究结果认为，$B_2O_3$ 的质量分数应在 0.03% 或以下。为提高高纯镁砖的高温强度，在制取镁砂过程中，往往加入少量 CaO 以调整镁砂中 $CaO/SiO_2$ 比至 2.0 或以上。将有害杂质 $SiO_2$ 转变成高温结合相 $C_2S$，当有 $B_2O_3$ 存在时，砖中的结合相 $C_2S$ 在 1150℃ 左右将发生熔融，破坏砖的原始组织结构，从而显著降低砖的高温强度。据报道，$B_2O_3$ 对这种 $C_2S$ 结合的高纯镁砖的高温抗折强度的有害影响是 $Al_2O_3$ 的 7 倍，$Fe_2O_3$ 的 70 倍。

  M. Peatfield 和 D. R. F. Spencer 等人研究了 $SiO_2$、$Al_2O_3$、$Fe_2O_3$、$Cr_2O_3$、$B_2O_3$ 等杂质对镁砖高温抗折强度的影响，分析指出 $B_2O_3$ 的影响最大。D. R. F. Spencer 等人进行过 $B_2O_3$ 含量对高纯镁砖高温抗折强度的影响研究，结果认为，砖的高温抗折强度随 $B_2O_3$ 含量的提高而降低，随 $CaO/SiO_2$ 比的增大而明显增高，研究提出镁砖中 $w(B_2O_3) < 0.03\%$ 为好。

  B 显微结构的影响

  从显微结构看，镁质耐火材料是由主晶相方镁石和不同熔点、不同数量的硅酸盐（当然还有铁酸盐相）构成的。镁砖根据方镁石含量的不同分低纯和高纯两大类。低纯镁砖和高纯镁砖的结合相不同，显微结构也不同，烧成温度也有明显的差异。前者多数为硅酸盐低熔相结合属液相烧结，后者为高温相（如 $C_2S$），和自结合相结合属固相烧结。以低熔硅酸盐结合的低纯普通镁砖，烧成温度一般在 1550~1580℃ 之间。超过最高烧结温度将会产生变形，收缩大，从而导致废品率增高。烧成温度低，制品烧不结，性能变差。高纯镁砖由于纯度高（通常在 97% 以上），烧成温度一般在 1750~1800℃，在纯度允许范围内，烧成温度高比低好，烧成温度的提高，利于晶粒间的相互扩散。提高排除气孔速度，从而强化晶粒聚集再结晶能力，提高主晶相与主晶相、主晶相与结合相间的直接结合程度，低熔硅酸盐相呈孤岛状分布于晶界处，从而提高其制品的体积密度和高温强度，降低显气孔率。这种低熔点硅酸盐相很少，呈孤岛状存在于方镁石晶粒之间，直接结合率高的制品，称为"直接结合制品"。由于在高温度下仍基本保持这种结构特征，因此，直接结合高纯镁砖具有较高的高温强度。烧成温度与高温强度等其他性能的这种依赖关系同样适用于高纯直接结合镁铬砖和其他砖种，比如 1200℃ 和 1750℃ 下烧成直接结合镁铬砖，1500℃ 下的抗折强度由 6.0MPa 提高到 13.8MPa，显气孔率从 16.5% 降低到 14.5%。由此可见，显微结构的控制与组成控制一样，对耐火材料的强度起着至关重要的作用。

  能否实现直接结合，取决于晶粒边界与相边界间的平衡关系，有下列关系：

$$\gamma_{pcr\text{-}per} = 2\gamma_{per\text{-}liq}\cos\left(\frac{\varphi_{pcr\text{-}per}}{2}\right) \tag{5-5}$$

式中 $\gamma_{pcr\text{-}per}$——方镁石晶界能；

   $\gamma_{per\text{-}liq}$——方镁石/硅酸盐相界面能；

   $\varphi_{pcr\text{-}per}$——二面角。

  当 $\varphi_{pcr\text{-}per} \geqslant 120°$，硅酸盐相在方镁石晶界无渗透；当 $\varphi_{pcr\text{-}per} < 60°$，硅酸盐相在方镁石晶界渗透加重；当 $\varphi_{pcr\text{-}per} = 0$ 时，方镁石晶界完全被硅酸盐相润湿而大量渗透。因此，二面角越大，方镁石晶粒直接接触程度越高。直接结合程度亦可采用抛光面在显微镜下的固–固接触数目 $N_{ss}$ 占总接触数目 $N$（$N_{ss}$ 和固–液接触数目 $N_{sl}$ 之和）的分数来表示，称为直接结合率。人们俗称的"三高"制品，即高纯原料、高压成型和高温烧成正是为了获得高直接结合率的显微结构。

  多相耐火材料的情况比较复杂，但上述规律仍然适用。如图 5-9、图 5-10 所示，加入 $Fe_2O_3$、$Cr_2O_3$ 对方镁石颗粒间二面角及直接结合程度的影响。少量 $Fe_2O_3$、$Cr_2O_3$、$Al_2O_3$ 存在时，由于 $Cr_2O_3$ 易向方镁石中固溶，$Al_2O_3$ 偏向硅酸盐液相中溶解，而 MF 可同时向方镁石、硅酸盐液相中溶解。因此，$Cr_2O_3$ 的加入使二面角和 $N_{ss}/N_{sl}$ 增大，从而促进直接结合，而加入 $Fe_2O_3$ 则作用相反。实验证明，加入 $Al_2O_3$ 的作用实际上同 $Fe_2O_3$ 一样。所以，镁砂原料中氧化铁含量应适当控制。温度对二面角的影响与组成有关，就 35% MgO、15% CMS 的组成来说，加入 $Al_2O_3$ 或 $Fe_2O_3$ 时温度对二面角的影响不大，而加入 $Cr_2O_3$ 时温度影响很大,随着温度提高,二面角减小。加入 $TiO_2$ 时在 1725℃下,二面角减小,影响程度比加入 $Al_2O_3$、$Fe_2O_3$ 大。其耐高温性顺序为 MK > MA≫MF。MF 尖晶石在高温真空条件(如氧分压 $10^{-9} \sim 10^{-4} Pa$)下,因为容易分解其耐高温性将进一步降低。

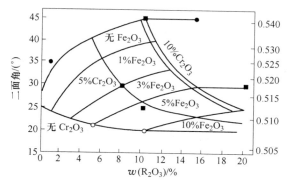

图 5-9　加入 $Cr_2O_3$ 和 $Fe_2O_3$ 对方镁石颗粒
间形成二面角的影响

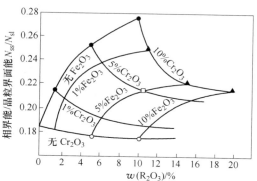

图 5-10　加入 $Cr_2O_3$ 和 $Fe_2O_3$ 对方镁石颗粒
间接触与其液相接触比值的影响

如图 5-11 所示在 1725℃下改变 $CaO/SiO_2$ 比值对方镁石间形成的 $N_{ss}/N$ 的影响。在所有情况下,直接结合程度随 $CaO/SiO_2$ 比值的增加而增加。$N_{ss}/N$ 的最大值是含 50% $Cr_2O_3$ 和 $CaO/SiO_2$ 比高的试样。

MgO-CaO 直接结合比起 MgO-MgO、CaO-CaO 之间的直接结合程度大得多。这是因为它的二面角不同所致。相关二面角数值为:$\varphi_{MgO-MgO} = 15°$,$\varphi_{CaO-CaO} = 10°$,$\varphi_{MgO-CaO} = 35°$。

如图 5-12 所示,$CaO-MgO-Fe_2O_3$ 系中各固相接触程度随 $CaO/MgO$ 的变化情况。

MgO-MK-CMS 混合物在 1700℃下煅烧,其所得到的耐火材料的直接结合率可用图 5-13 表示。各种结合随着 $MgO/Cr_2O_3$ 比而变化。可发现方镁石与尖晶石间的直接结合率 $N_{m,sp}/N$ 比纯方镁石间和纯尖晶石间的 $N_{m,m}/N$、$N_{sp,sp}/N$ 大得多。在二虚线之间,

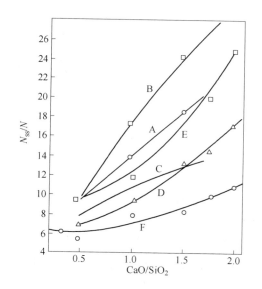

图 5-11　$CaO/SiO_2$ 比对混合物的 $N_{ss}/N$ 影响
A—无加入物;B—$w(Cr_2O_3) = 5\%$;C—$w(Fe_2O_3) = 5\%$;
D—$w(Al_2O_3) = 1\%$;E—$w(Al_2O_3) = 1\%$,
$w(Cr_2O_3) = 17\%$;F—$w(Al_2O_3) = 5\%$

$N_{ss}/N$ 有极大值。这表明尖晶石有在方镁石晶粒或颗粒之间"搭桥"的作用。同样,对以高熔点的 $C_2S$ 和 $M_2S$ 作为次晶相的镁质耐火材料,$C_2S$、$M_2S$ 都有助于 $N_{ss}/N$ 的提高。但是必须指出,次晶相应达到一定数量(如≥15%)并在方镁石晶粒或颗粒之间形成连续的网络结构,才能明显地表现出多相材料有利于直接结合的优越性。这也正是镁铬砖、镁铝或尖晶石砖、镁钙砖、镁锆砖、镁钙锆砖以及镁橄榄石结合镁质耐火材料的理论基础之一。

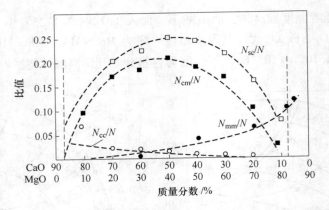

图 5-12　CaO-MgO-Fe$_2$O$_3$ 混合物 1550℃ 下界面接触同 CaO/MgO 比例关系

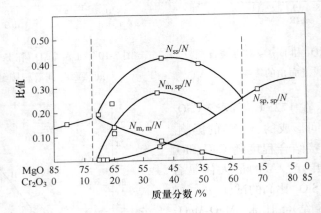

图 5-13　1700℃ MgO/Cr$_2$O$_3$ 比对各种界面接触的影响

在第 1 章中已经指出，所谓"直接结合"也是相对的。任何两个晶粒之间总存在有晶界，晶界中存在有较多的杂质与晶格不规则排列。因此严格地讲，两个晶粒或多个晶粒之间并不存在完全的直接结合。

### 5.1.2.2　影响抗渣性的因素

镁砖的抗渣性与砖的成分有关，也与熔渣的成分有关。镁砖中的 MgO 含量越高，抗高碱性（CaO/SiO$_2$ 比高）渣越好，抗酸性渣能力越差，同时 MgO 还具有良好的抗高 FeO 或 Fe$_2$O$_3$ 侵蚀能力。有人研究过 MgO 在 CaO-FeO-SiO$_2$ 系炉渣中的溶解度，发现 MgO 的溶解度随炉渣的碱度和 FeO 含量的提高而降低，当炉渣中 $w(\text{CaO})=17\%$，$w(\text{FeO})=57\%$，$w(\text{SiO}_2)=33\%$ 时，MgO 溶解度为 15%，渣中 $w(\text{CaO})=35\%$，$w(\text{FeO})=63\%$，$w(\text{SiO}_2)=20\%$ 时，MgO 溶解度降为 7%，$w(\text{CaO})=25\%$，$w(\text{FeO})=74\%$，$w(\text{SiO}_2)=5\%$ 时，MgO 溶解度降至 4%，即当炉渣中 CaO/SiO$_2$ 比由 0.81 增至 5，FeO 从 57% 增至 74% 时，镁砖中的 MgO 在该渣中溶解度降为原来的 1/4，这可从 MgO 在 CaO-SiO$_2$-FeO 三元系相图中的溶解度予以说明。郁国城进行过 CaO-SiO$_2$-FeO 渣系在 1400℃ 和 1600℃ 下，对白云石砖中 CaO 的侵蚀，并绘制了有关状态图，将熔渣分为均质体和非均质体。所谓均质体是指熔渣成分落在全液相区内，非均质体是熔渣成分处在液相与固相共存区内，认为均质体熔渣对

CaO 的侵蚀远较非均质体严重，均质体和非均质体熔渣由渣中 CaO/SiO$_2$ 比和 FeO 含量决定。一般来说，CaO/SiO$_2$ 高，FeO 含量也相对的高者，一般多是非均质体渣系，同样对镁砖中的 MgO 侵蚀要小，反之则大。这与 MgO 在 CaO-SiO$_2$-FeO 渣系中的溶解度相吻合。

镁砖具有良好的抗碱性熔渣性能，而现代炼钢技术和炉外精炼的一些工艺中，诸如转炉、电炉以及炉外精炼的 LF、VAD、SKF 炉等，熔渣均呈碱性，CaO/SiO$_2$ 都相当高，有些高达 5 或以上，而且 FeO 含量也较高。因此，镁砖从抗碱性熔渣侵蚀性考虑，应该是可以的。但实际上很少使用，除了早期在 SKF 炉使用高纯镁砖，电炉及平炉炉墙和铁水罐曾使用普通镁砖外，其他均不采用。

镁砖抗酸性熔渣性差，主要是因为镁砖中的主成分 MgO 与渣中的 SiO$_2$ 在高温下起反应生成熔点较高的镁橄榄石（M$_2$S 熔点为 1890℃），随后镁橄榄石立刻与渣中的 CaO 反应生成低熔点的钙镁橄榄石或者生成镁蔷薇辉石、铁铝酸四钙，从而降低镁砖中的 MgO 含量。在高碱度炉渣中，与此情况不同，由于炉渣中 CaO 含量高，渣中 SiO$_2$ 首先与比 MgO 活泼的 CaO 反应，形成高熔点的 C$_2$S，待 CaO 完全反应后，再与 MgO 作用，不过这种作用在碱度很高时是比较困难的，因此，在使用镁砖时，首先必须考虑炉渣的碱度。

### 5.1.2.3 影响显微结构的因素

镁质耐火材料的主晶相为方镁石，它使镁质耐火材料具有高耐火、抗碱性渣、氧化铁渣性能好的基本特点，然而，结合相的性质及其分布往往成为制品的薄弱环节，因此成为制约制品优劣的关键。主要结合相有下列几种。

**A 硅酸盐**

镁质耐火材料可能存在的硅酸盐矿物有 C$_3$S、C$_2$S、C$_3$MS$_2$、CMS、M$_2$S 等。由于它们本身或者与 MgO 构成的二元系的液化温度不同，它们对镁质制品的荷重软化温度以及蠕变有影响。表 5-5 给出不同结合相对镁质制品中蠕变速度的影响。

表 5-5 C/S 比对镁质制品蠕变的影响

| C/S 比 | 基质硅酸盐相 | 变形速度 |
| --- | --- | --- |
| 1:1 | CMS，C$_3$MS$_2$ | 高速度 |
| 2:1 | C$_2$S | 低速度 |
| 1:3 | M$_2$S，CMS | 与 2:1 变形速度大约相同 |
| 3:1 | C$_3$S，C$_4$AF | 低速度 |

以 C$_3$S 为结合物的镁质耐火材料荷重软化温度高，抗渣性好，但烧结性差，生产比较困难，若配料不准或混合不均，烧后得到的不是 C$_3$S，而是 C$_2$S 和 CaO 的混合物。由于 C$_2$S 的晶型转变和 CaO 的水化，容易使制品开裂，因此生产中应加以控制。

以 C$_3$MS$_2$、CMS 为结合物的制品荷重软化温度低，耐压强度小，不是有利的组成。

以 C$_2$S 为结合物的制品烧结性差，但荷重变形温度高。实践证明，只要有足够高的烧成温度，就能获得良好的烧结制品。由于 C$_2$S 的晶型转变会引起制品开裂，所以生产时，当 CaO 含量足够高时，需加入 C$_2$S 的稳定剂。稳定剂可采用 B$_2$O$_3$、P$_2$O$_5$ 或 Cr$_2$O$_3$ 等。

以 M$_2$S 为结合物的制品烧结性也很差，但由于制品的高荷重软化温度和足够高的耐压强度，而且没有 C$_2$S 有害的晶型转变，使得 M$_2$S 成为镁质制品较好的结合物。

以 $C_2S$ 或 $M_2S$ 为结合物的制品之所以具有较高的荷重软化温度，是由于这些结合物的熔点及其与 MgO 形成的低共熔物的熔融温度高。晶体的晶格强度大和高温下的塑性变形小，晶体颗粒呈针状和尖棱状，因而提高了制品的抗剪应力。硅酸盐结合物在熔融前都不利于制品的烧结，这与硅酸盐的晶体结构有关。此外，硅酸盐（特别是 $C_2S$）存在于方镁石颗粒间形成分隔层，从而增加镁离子的扩散阻力，阻碍方镁石的再结晶。

抗渣性主要取决于制品的组织结构和化学成分，尤其是结合物的组成。在一般情况下，以 CMS 为结合物的比以 $C_2S$ 和 $M_2S$ 为结合物的制品要致密些，但因前者始熔温度较后者低，而 $C_2S$ 或 $M_2S$ 对碱性或氧化铁渣的化学稳定性高，所以，以 $C_2S$ 或 $M_2S$ 为结合物的制品抗渣性更好。

B　铁的氧化物和铁酸盐

在镁质耐火材料中，FeO 溶解在方镁石中以（Mg，Fe）O 形式存在，$Fe_2O_3$ 则形成 MF 或 $C_2F$。MF 或 $C_2F$ 也能部分地溶解在方镁石中形成有限固溶体，$Fe_2O_3$ 对方镁石烧结的促进作用比 FeO 显著，特别是高温时更如此。$C_2F$ 的熔点低，熔融物的黏度小，且对方镁石有良好的润湿能力，也能部分地溶解在方镁石中活化方镁石晶格。因而，以 $C_2F$ 作为镁质耐火材料的结合物，在不高的烧成温度下就能得到致密而坚固的制品。但是，由于其熔点低和熔融后得到的液相黏度小，使制品的耐火性能特别是荷重软化温度大大降低。所以，只有在特殊的使用条件下，才能采用 $C_2F$ 作为镁质耐火材料的结合物。MF 在方镁石中的溶解度随温度变化波动很大。在高温下，大量 MF 溶解到方镁石晶格中。在低温下，则以具有较弱的各向异性的枝状晶体和颗粒状包裹体沉析在方镁石颗粒的表面和解理裂纹中，形成晶间、晶内尖晶石，如图 5-14 所示。MF 在方镁石中的溶解度随温度的波动而变化时，有助于方镁石晶格的活化，因而，有利于促进方镁石晶体的成长和制品的烧结。MF 在方镁石中的溶解度随温度波动的剧烈变化会降低镁质材料的抗热震性。因温度波动引起 MF 在材料中的不均匀分布以及由 MF 在方镁石的溶解而引起方镁石塑性的降低都是降低材料抗热震性的因素。此外，铁氧化物的氧化和还原都伴随较大的体积变化，如图 5-15 所示。气氛条件经常波动是含铁量高的镁质材料损坏的一个重要因素。因此，如果材料是在气氛经常波动的条件下使用，则其铁含量应加以限制。某些研究表明，镁质材料的铁含量不超过 10% 时，对材料的耐火性能和荷重软化温度无显著影响。

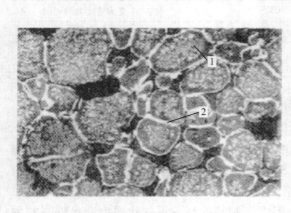

图 5-14　MF 胶结方镁石的显微结构
1—晶内尖晶石；2—晶间尖晶石

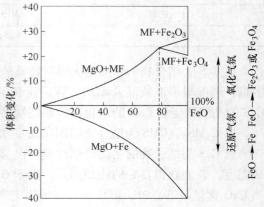

图 5-15　（Mg，Fe）O 氧还原时的体积变化

### C 颗粒尺寸

除了前面提到的相组成与分布、直接结合程度外，晶粒尺寸也是影响碱性耐火材料性能的重要因素之一。晶粒尺寸的作用主要在两个方面：一方面是影响抗渣性，由于晶界中的晶体结构不完整并集中较多的杂质，成为渣等侵蚀介质入侵的通道，晶粒越大，晶界的数目越少，材料的抗侵蚀能力则越强；另一方面晶粒尺寸越大，晶界数目减少，高温下晶界滑移减小，从而提高耐火材料抗高温蠕变性等高温性能。Bhagiratha Mishra 曾研究了方镁石晶粒尺寸对玻璃窑蓄热室上部用高纯镁砖抗蠕变性及抗侵蚀性的影响。表5-6 所示为四种砖的性质及晶粒尺寸。

表5-6 镁砖的性质与成分

| 性质和成分 | | 试样 A | 试样 B | 试样 C | 试样 D |
|---|---|---|---|---|---|
| 物理性质 | 显气孔率/% | 13.2 | 13.8 | 13.6 | 12.8 |
| | | 13.5 | 14.2 | 13.9 | 13.3 |
| | 体积密度/g·cm$^{-3}$ | 3.03 | 2.99 | 3.06 | 3.05 |
| | | 3.04 | 3.02 | 3.07 | 3.06 |
| | 耐压强度/MPa | 98.8 | 84.0 | 85.7 | 92.5 |
| | | 103.0 | 92.0 | 99.4 | 99.3 |
| | 荷重转化温度/℃ | 1770 | 1760 | 1780 | 1770 |
| | 高温抗折强度（1500℃）/MPa | 13.6 | 10.8 | 14.2 | 10.4 |
| | 方镁石平均晶粒尺寸/nm | 80 | — | 350 | 300 |
| 1600℃，0.2MPa 下的压蠕变率 | 0~25h | 0.67 | 0.72 | 0.04 | 0.096 |
| | 5~25h | 0.32 | 0.27 | 0.0 | 0.0 |
| 化学成分（质量分数）/% | MgO | 98.25 | 97.3 | 97.6 | 97.2 |
| | CaO | 0.7 | 1.18 | 1.02 | 1.22 |
| | SiO$_2$ | 0.34 | 0.49 | 0.45 | 0.54 |
| | Fe$_2$O$_3$ | 0.32 | 0.56 | 0.38 | 0.58 |
| | Al$_2$O$_3$ | 0.06 | 0.1 | 0.08 | 0.12 |

由表可见，试样 A 为高纯镁砖，其中含硅酸盐相很少，晶粒尺寸也小，其蠕变量比杂质含量稍高，但晶粒尺寸大得多的试样 C 与试样 D 大很多。在日产350t 的玻璃池窑的蓄热室上部进行了对比工业试验，窑温为 1560~1570℃，蓄热室顶部的温度为 1420~1430℃，得到如表5-7 所示的结果。可见，试样 C 具有优异的使用性能，它的使用寿命在两年以上。而试样 A 在使用一年半至两年后即被拆除，在使用试验中试样 B 的效果最差。可见晶粒尺寸大有利于提高抗浸蚀能力。

表5-7 蓄热室隔墙渣蚀深度 （mm）

| 点 | | 1 | 2 | 3 | 4 | 5 | 6 |
|---|---|---|---|---|---|---|---|
| 使用三个月后 | 试样 A | 45 | 44 | 46 | 68 | 66 | 65 |
| | 试样 C | — | — | — | — | — | — |

| 点 | | 1 | 2 | 3 | 4 | 5 | 6 |
|---|---|---|---|---|---|---|---|
| 使用六个月后 | 试样 A | 76 | 92 | 78 | 90 | 95 | 85 |
| | 试样 C | 6 | 6 | 7 | 9 | 5 | 4 |
| 使用一年后 | 试样 A | 87 | 136 | 100 | 112 | 120 | 110 |
| | 试样 C | 9 | 9 | 10 | 10 | 12 | 6 |
| 使用两年后 | 试样 A | 145 | 228 | 170 | 165 | 190 | 160 |
| | 试样 C | 14 | 16 | 15 | 12 | 20 | 10 |

### 5.1.3 生产工艺

#### 5.1.3.1 原料

生产镁质耐火材料的主要原料是天然菱镁矿，其次是水镁石、海水、卤水和白云石等。我国有蕴藏丰富、质地优良的天然菱镁矿，其中以大石桥 - 海城镁砂著称。欧、美、日等国多因菱镁矿资源贫乏或特殊的需要，从海水中提取 MgO。

**A 菱镁矿（即镁石）**

菱镁矿是碳酸镁（$MgCO_3$）的矿物名称，工业矿物和岩石范畴的菱镁矿，是指主要由晶质及非晶质菱镁矿矿物所组成，能为工业所利用的碳酸盐岩石。工业上应用的菱镁矿实际上是经过加工处理的菱镁矿，经加工处理过的菱镁矿产品，在原冶金部部颁产品标准中则称为菱镁石。菱镁矿有结晶菱镁矿和隐晶形菱镁矿两大类。它的理论化学组成为：$w(MgO) = 47.82\%$，$w(CO_2) = 52.18\%$。天然菱镁矿是三方晶系或隐晶质白色碳酸镁岩。由于其中所含杂质不同，颜色可以由白到浅灰、暗灰、黄或灰黄色。晶质菱镁矿的相对密度为 2.96~3.12，硬度 3.4~5.0，沿晶面解理完全，具有玻璃光泽。菱镁矿依形成条件不同，其结晶颗粒大小和伴生矿物也不同。从化学组成看，菱镁矿最常见的杂质是 CaO、$SiO_2$、$Fe_2O_3$、$Al_2O_3$ 等。菱镁矿所含的杂质能促进其烧结，但是杂质含量大时，则强烈的降低它的耐火性质，甚至给生产工艺造成困难。

一般来说，菱镁矿有害的杂质是 $CaCO_3$，在煅烧过程中 $CaCO_3$ 受热分解，形成游离 CaO。游离 CaO 会在生产中水化而引起砖坯开裂。而且 CaO 会与其矿物形成低熔点硅酸盐（CMS，$C_3MS_2$）或多晶转化的 $C_2S$。其他杂质如 $SiO_2$、$Fe_2O_3$、$Al_2O_3$ 等会降低菱镁矿的耐火性质，因此对杂质的含量应加以限制。工业上对菱镁矿成分的要求列于表 5-8。

**表 5-8 对菱镁矿的一般工业指标要求**

| 类 别 | 用 途 | | 化学成分（质量分数）/% | | |
|---|---|---|---|---|---|
| | | | MgO | CaO | $SiO_2$ |
| 制砖镁石 | 制炉顶专用 | I | ≥45 | ≤0.8 | ≤0.8 |
| | | II | ≥45 | ≤1.5 | ≤1.5 |
| | | III | ≥44 | ≤2.0 | ≤2.0 |
| | 镁硅砖 | | ≥42 | ≤1.2 | 3~5 |
| | 镁钙砖 | | ≥42 | ≤6.2 | ≤1.2 |

续表 5-8

| 类　别 | 用　途 | 化学成分（质量分数）/% | | |
| --- | --- | --- | --- | --- |
| | | MgO | CaO | $SiO_2$ |
| 制砖镁砂 | Ⅰ级 | ≥43 | ≤2.0 | ≤2.5 |
| | Ⅱ级 | ≥42 | ≤2.5 | ≤4.0 |
| | Ⅲ级 | ≥41 | ≤3.0 | ≤6.0 |

菱镁矿的质量主要取决于其中的 MgO 含量。目前，世界上许多国家都致力于提高菱镁矿纯度的研究。根据矿床类型的矿石性质不同，分别采用手选、热选、浮选、光电选、磁选、重选及化学选等方法。

我国菱镁矿储量仅次于前苏联，居世界第二位。我国已探明的菱镁矿矿产资源主要分布在辽宁、山东、河北、四川、新疆、西藏、内蒙古、安徽和甘肃9个省、自治区，其中辽宁储量最多，占全国菱镁矿总储量的85%，其次是山东，占10%。辽宁营口县大石桥—海城一带是中国最大的也是世界著名的菱镁矿产地，其储量占全国菱镁矿总储量的84%。

我国菱镁矿矿床绝大多数属于沉积变质型晶质菱镁矿矿床，个别菱镁矿矿床属于超基性岩中的淋滤非晶质菱镁矿床。前者主要产地为辽宁大石桥—海城一带，后者为内蒙古达罕茂明安联合旗乌珠尔和乌拉特中后联合旗察汉奴鲁。

B　烧结镁砂

烧结镁砂是菱镁矿、水镁石、海水氧化镁等原料在 1600~1900℃ 下充分烧结的产物。其中由天然矿石烧成的称为烧结镁石。可在竖窑、回转窑中经过一次烧成或采用二步煅烧法烧成。主要成分为氧化镁，另外还含有少量 $SiO_2$、CaO、$Fe_2O_3$ 和 $B_2O_3$ 等。主晶相为方镁石。密度 $3.50~3.65g/cm^3$。晶粒尺寸为 $0.02~0.05mm$。颜色黄到褐色。具有良好的抗碱性渣侵蚀的能力。菱镁矿经 800~1000℃ 煅烧的产物为轻烧镁石；经 1600~1900℃ 充分烧结的产物为烧结镁石。轻烧与烧结镁石性质如表 5-9 所示。

表 5-9　轻烧镁石与烧结镁石的性质

| 项　目 | 轻　烧　镁　石 | 烧　结　镁　石 |
| --- | --- | --- |
| 温度/℃ | <1000（或1100） | >1000 |
| 颜色 | 淡黄，淡褐 | 褐色 |
| 外形 | 方镁石不定形 | 立方体或八面体结晶 |
| 粒度 | 方镁石粒度很小（<3μm） | 方镁石晶粒较大（>3μm） |
| 相对密度 | 3.07~3.22 | 3.5~3.65 |
| 体积收缩 | $\Delta V = -10\%$ | $\Delta V = -23\%$ |
| 坚硬程度 | 松脆，多孔质结构 | 硬脆，致密坚硬 |
| 化学活动性 | 易与水作用 $MgO + H_2O \longrightarrow Mg(OH)_2$ | 难与水作用 |
| 加水反应 | 硬化 | 无反应或极弱反应 |
| $CO_2$ 含量 | 3%~5% | 0%~1%（或0.5%以下） |
| 折射率 | 1.68~1.79 | 1.73~1.74 |

续表 5-9

| 项　目 | 轻烧镁石 | 烧结镁石 |
|---|---|---|
| 晶格常数 | 大，$\alpha = 1.212$，因晶格缺陷，易进行固相反应与烧结 | 小，$\alpha = 4.201$，方镁石晶体稳定难进行固相反应与烧结 |
| 特征与用途 | 有黏结能力，做镁质水泥等 | 致密，作镁质耐火原料，抗碱性炉渣侵蚀 |

镁砂中的杂质，来源于菱镁矿石。由于杂质的存在，烧结镁石中的矿物除方镁石外，还有其他矿物。所形成的其他矿物视杂质含量而定，主要取决于 C/S 比值（$CaO/SiO_2$）。镁砂 C/S 比与矿物组成之关系如表 5-10 所示。

**表 5-10　$MgO\text{-}CaO\text{-}SiO_2$ 系统中方镁石共存的矿物**

| $CaO/SiO_2$ 物质的量比 | 质量比 | 存在的矿物 | 化学式 | 简写 | 熔点或分解湿度/℃ |
|---|---|---|---|---|---|
| < 1.0 | < 0.93 | 镁橄榄石 | $2MgO \cdot SiO_2$ | $M_2S$ | 1890 |
| | | 钙镁橄榄石 | $CaO \cdot MgO \cdot SiO_2$ | CMS | 1498 分解 |
| 1.0 | 0.93 | 钙镁橄榄石 | $CaO \cdot MgO \cdot SiO_2$ | CMS | |
| 1~1.5 | 0.93~1.40 | 钙镁橄榄石 | $CaO \cdot MgO \cdot SiO_2$ | CMS | 1550（或 1580） |
| | | 镁硅钙石 | $3CaO \cdot MgO \cdot 2SiO_2$ | $C_3MS_2$ | |
| 1.5 | 1.40 | 镁硅钙石[①] | $3CaO \cdot MgO \cdot 2SiO_2$ | $C_3MS_2$ | 1550（或 1580） |
| 1.5~2.0 | 1.40~1.86 | 镁硅钙石 | $3CaO \cdot MgO \cdot 2SiO_2$ | $C_3MS_2$ | 2130 |
| | | 硅酸二钙 | $2CaO \cdot SiO_2$ | $C_2S$ | |
| 2.0 | 1.86 | 硅酸二钙 | $2CaO \cdot SiO_2$ | $C_2S$ | |
| 2.0~2.5 | 1.86~2.80 | 硅酸二钙 | $2CaO \cdot SiO_2$ | $C_2S$ | 1900[②] |
| | | 硅酸三钙 | $3CaO \cdot SiO_2$ | $C_3S$ | |
| | 2.80 | 硅酸三钙 | $3CaO \cdot SiO_2$ | $C_3S$ | |
| | > 2.80 | 硅酸三钙 | $3CaO \cdot SiO_2$ | $C_3S$ | 2570 |
| | | 氧化钙 | CaO | C | |

注：$C_2S$、$C_3S$ 在水泥中又称为贝利特、阿里特。
① 工艺上惯称镁蔷薇辉石；
② $C_3S$ 只在 1219℃ 和 1900℃ 是稳定的，低于或高于这些温度时分解为 $C_2S$ 和 CaO。

### C　海水镁砂

海水镁砂的生产始于 1855 年，主要一些镁石资源缺乏的国家为了适应钢铁工业的需要开始从海水中提取镁砂。近年来获得迅速的发展，不仅产量大大提高，而且质量和生产工艺也有了很大的改善。海水中金属元素除钠以外，镁是最丰富的，每吨海水中含有 2g 氧化镁。海水镁砂是由海水氧化镁经高压成球或团块，1600~1850℃ 煅烧而成的死烧镁砂。

海水镁砂的纯度较高，$w(MgO)$ 大于 95%，杂质有 $Al_2O_3$、$SiO_2$、$Fe_2O_3$、$B_2O_3$ 等。前三种杂质来源于沉淀剂白云石或石灰。$B_2O_3$ 是强熔剂，它对镁砂高温强度的影响比 $Al_2O_3$、$Cr_2O_3$、$Fe_2O_3$ 等氧化物危害性要大，其危害比率依次约为 70∶11∶3∶1。

控制杂质 $B_2O_3$ 有两种方法：一是挥发法，$B_2O_3$ 在镁石的死烧温度下会发生一定程度的挥发，$w(B_2O_3)$ 可达到 0.1% ~ 0.2%。但是 $B_2O_3$ 的挥发度随着 $CaO/SiO_2$ 比的增加而下降。某些加入物也可以促进 $B_2O_3$ 的挥发，例如加入苏打可使镁砂中 $w(B_2O_3)$ 降至0.01%。另一种方法是控制沉淀条件，在 $Mg(OH)_2$ 沉淀阶段，加入过量的碱，就能减少沉淀物对 $B_2O_3$ 的吸附，如图 5-16 所示，$Mg(OH)_2$ 沉淀时 $B_2O_3$ 含量随着 pH 值变化而变化的情况。此即所谓过量石灰法，但此法所造成的危害，就是使制品中的 CaO 趋于增加。图 5-17 说明，pH 从 10.4 增加到 11.4 时，沉淀物中 CaO 含量就有显著增加。如图 5-17 所示，$Mg(OH)_2$ 沉淀物的 CaO 含量随 pH 变化的情况。目前高纯度的海水镁砂 $B_2O_3$ 小于0.1%。海水镁砂的主晶相是方镁石，硅酸盐相可通过调整钙硅比（C/S）进行适当控制，或加入其他物质以获得不同成分的镁砂。海水镁砂体积密度高，气孔率低，其方镁石晶粒直径大，晶界数目少，因而高温力学性能好。

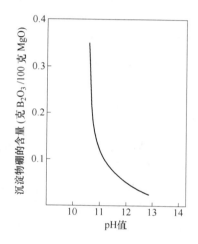

图 5-16　沉淀物中 $B_2O_3$ 含量随着
pH 值的变化而变化的情况

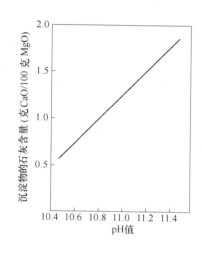

图 5-17　石灰的含量随 $Mg(OH)_2$ 沉淀物
pH 值的变化而变化的情况

D　电熔镁砂

电熔镁砂又称电熔氧化镁。它是将菱镁矿、轻烧镁粉或烧结镁砂在电弧炉中经2750℃以上的高温熔融，冷却后再经破碎而得的产品。其强度、抗侵蚀性及化学惰性均优于烧结镁砂，纯度依原料纯度而异。在镁质及镁碳质耐火材料中正越来越多地取代烧结镁砂。

电熔镁砂的主晶相为方镁石。方镁石因从熔体中结晶出来，所以晶体粗大，晶体直接接触程度高，结构致密，高温体积和化学稳定性好，在大气中抗水化性和抗渣性都较好。在氧化气氛中，能在 2300℃ 以下保持稳定，质纯者高温力学性能也较好。可用作高档镁碳砖的主体原料。

用特殊工艺熔炼可得到无色透明的大晶粒方镁石。大晶粒镁砂具有以下优良的性能和用途：

（1）大结晶镁砂具有优良的结晶性，稳定的晶格常数和热膨胀系数，纯度高，缺陷少等特点，适用于超导体和强绝缘材料薄膜的印刷路板、远红外感应接收器的基片材料等。

（2）采用电熔的大晶体镁砂制成的耐火材料，可用于金属熔炼炉腐蚀性强的特殊部位，提高熔炼炉的使用寿命。

烧结法制得的大结晶镁砂中方镁石晶粒平均尺寸为 $60 \sim 200\mu m$，而一般电熔镁砂中方镁石晶粒尺寸为 $200 \sim 400\mu m$，大结晶电熔镁砂可达 $700 \sim 1500\mu m$，甚至 $5000\mu m$ 以上。大晶粒尺寸有助于提高耐火材料的抗侵蚀能力与高温力学性能。为了达到高纯、高密度与大晶粒的目的，需要选用优质原料，高温熔制与烧成，消耗较多的能源，可利用的资源也有限。因而应根据不同的使用要求，选用合适的镁砂，实现原料的合理配置。

### 5.1.3.2　普通镁砖

#### A　原料

我国生产普通镁砖的主要原料是普通烧结镁砂（常称为制砖镁砂）。这种镁砂是在竖窑中分层加入菱镁矿和焦炭进行煅烧制得的。因此，$SiO_2$ 和 $CaO$ 含量，尤其是 $SiO_2$ 要比菱镁矿中的高。对其性能要求主要是化学成分和烧结程度。烧结镁砂的化学组成应为：$w(MgO) \geqslant 90\%$、$w(CaO) = 2.5\%$、$w(SiO_2) = 5\%$。烧结程度一般以密度衡量，要求其值应不低于 $3.18g/cm^3$，灼减 $0.3\%$。镁砂的外观呈棕黄色或茶褐色，结晶良好。若原料中 $CaO$ 较高时，可在破碎后进行水化处理，使 $CaO$ 水化后再进入料仓储存。

#### B　粒度组成及配料

粒度组成确定原则应符合最紧密堆积原则和有利于烧结原则。临界粒度可根据砖的外观尺寸和单重确定。一般来说，单重 5kg 以下，临界粒度应为 2mm；$5 \sim 10kg$ 的，临界粒度为 $2.5 \sim 3.0mm$；10kg 以上的，临界粒度为 $3 \sim 4mm$。各种粒度的级配一般可遵循"两头大中间小"的原则，实际生产中采用下列粒度级配较为普遍，即临界粒度 $\sim 0.5mm$ 的占 $55\% \sim 60\%$，$0.5 \sim 0.088mm$ 的占 $5\% \sim 10\%$，$0.088mm$ 的占 $35\% \sim 40\%$。根据泥料的成型性能与砖坯外观，也可适当调整上述比例。若砖坯密度小，可适当增加粗粒比例；若砖坯外观粗糙，可适当增大中间粒度比例，以达到提高坯体质量的目的。增大临界粒度尺寸或粗粒比例，有利于抗热震性的提高；增加细粉含量或降低细粉尺寸，有利于烧结。

在生产中也可以加入部分破碎后的废砖坯，其加入量一般不超过 15%，或者在成型过程将废砖坯捣碎，直接掺到泥料中进行成型。

结合剂可采用亚硫酸盐纸浆废液，密度为 $1.2 \sim 1.25g/cm^3$ 或者 $MgCl_2$ 水溶液（称卤水），它对镁砖烧结起促进作用。也可采用三聚磷酸钠或六偏磷酸钠作结合剂。但通常后两种结合剂用来生产不烧砖为多。

#### C　泥料的混练

混练可在 SJH-28 型湿碾机、行星式强制混料机、EIRICH 混练机或强力逆流混合机中进行。湿碾机具有泥料密度大产量高的优点。但存在不均匀和颗粒被粉碎，从而改变原来颗粒组成的缺点，强制式混料机具有混料均匀颗粒再破碎率低的优点，其缺点是泥料密度和产量较湿碾机低。混料时的加料顺序为：先加颗粒料，混 2min 左右，再加结合剂（一次加完），再混 $2 \sim 3min$，待全部颗粒料都被结合剂湿润后再加入细粉，再混 10min 左右。混练后的泥料最好进行困料，但困料时间不宜过长，以免 MgO 水化，但最好使 CaO 水化。

混后泥料为避免粒度偏析，皮带运输距离不宜过长。若无皮带运输，仅是料槽吊运，粒度偏析基本不存在。

**D　成型**

砖坯成型主要有摩擦压砖机、杠杆压砖机、水压机、油压机或加压震动成型机，加压震动成型机主要用于手工成型特异形坯体。我国绝大多数工厂采用摩擦压砖机成型，机压成型应遵循"布料均匀，先轻后重"的原则。布料均匀可获取密度均匀的砖坯，先轻后重是指先轻打，目的是为了排除料中的气体，避免砖坯因弹性后效产生层裂，气体排出后可重打，目的是获得坯体的高密度。压力一般为 $100 \sim 200MPa$，坯体密度一般在 $2.95g/cm^3$ 左右。制砖模具的设计，应考虑到砖坯放尺，普通镁砖的放尺率：码砖受压面为 $1.5\% \sim 2.5\%$，码砖非受压面为 $0.5\% \sim 1.5\%$。纯度高的镁砖，高温烧成时收缩小，砖坯放尺相应减小。

**E　干燥**

干燥的目的是排除坯体结合剂中的物理水，以提高砖坯的强度，减少码砖和烧成废品。在干燥过程发生的物理化学变化，包括水分蒸发和镁砂水化两个过程。干燥初期干燥温度不宜过高，温度过高，坯体中的水分蒸发过快，产生的蒸汽压力过大，容易使坯体产生裂纹，同时也加速镁砂的水化速度，从而引起坯体的膨胀，导致其胀裂。因此，坯体的干燥初期，温度尽可能较低，比常温高 $10 \sim 15℃$ 即可。若采用隧道干燥器干燥，坯体的入口温度控制在 $30 \sim 35℃$ 之间，出口温度在 $100 \sim 120℃$ 之间。干燥时间视坯体尺寸（尤其厚度尺寸）而定，时间一般不少于 $16h$，大砖坯体干燥时间较长，坯体的装窑水分应控制在 $0.3\%$ 左右。

**F　码砖**

码砖密度对隧道窑中的气流分布、对烧成制品的质量都有重要影响。砖垛密度越大，隧道窑的效率越高。但随砖垛密度的增加，气体阻力显著增大。烧成 $1kg$ 制品所需的空气量也越多。砖垛密度越大，有缺陷的制品也越多。对于造成冷却断裂废品，砖坯密度的影响大于冷却速度的影响。

每一种规格的砖都必须具有自己的码装模式。作为经验法则，窑炉断面大约 50% 的面积用来码装制品，空出的面积可以使烟气或冷却空气能顺利穿流砖坯。50% 的自由断面应尽可能均匀地分布在砖坯上。装窑高度一般不超过 $800mm$，而且每层高度为 $400mm$ 左右时要平铺一层拉砖，以便使该层砖连成一体，保持其稳定性，砖坯与砖坯间留 $3 \sim 5mm$ 间隙，垛与垛之间留 $10 \sim 15mm$ 的间隙，以确保火焰的流通。侧部空隙（砖坯与窑壁之间）以及顶部空隙（砖坯与窑顶之间）分别不应超过 $80mm$ 及 $50mm$。如果窑车砖坯在推进方向上过密，气体就会以高速穿过侧部空隙和顶部空隙，其后果是砖坯断面上的温差加大以及烟气温度过高，这意味着能量流失。因此，越是形状复杂，外形尺寸大的砖，越应留有足够的空间。

装窑要遵循"平、直、稳"原则。平是指窑坑要铺平，直、稳是指每垛砖坯要直和稳。码砖前，应使台车保持干燥，处于完好无损的状态。台车每次通过窑炉之后都要磨修平，以免台车不平对砖造成压痕。如果出现粗糙不平，可用合适的干砂来找平。装窑密度应考虑窑内温度分布，温度高区，装窑密度要大些，温度低区装窑密度要小些，以确保砖坯在窑的各区温度的均匀性。这点采用温度分布不匀的倒焰窑烧成时，尤须注意。

G　烧成

镁砖烧成可在隧道窑或倒焰窑内进行,产量大用隧道窑为宜,产量小用倒焰窑较好。隧道窑烧镁砖的生产成本远较倒焰窑低,产品质量较为之好,但隧道窑一次投资高。隧道窑的结构、热工操作、流体力学条件是保证制品性质,实现低能耗高效率的重要条件。

镁砖烧成时所发生的物理化学变化除了物理水的排除和水化产物的分解外,其他的变化在原料煅烧过程基本完成,制品的矿物组成可以认为与烧结镁砂基本相同(制砖时不加任何添加剂),只是反应接近平衡的程度和矿物组成分布的均匀性有所改变。

镁砖的烧成制度主要从烧成过程物理水的排除,水化产物的分解和坯体在不同温度期的结合强度方面考虑。

隧道窑的热工制度,主要包括温度制度、压力制度和推车制度,三者又是彼此相关操作的。

a　制品烧成时的物理化学变化

镁砖坯体在隧道窑中不同位置处于不同的温度,在预热带的升温、烧成带的高温、保温、冷却带的降温3个阶段,材料内部发生一系列物理化学变化。俄罗斯镁砖公司对156m隧道窑烧成碱性制品时发生的变化进行了测定。

(1)预热带。450℃以前随着物理水的蒸发和结合剂(以纸浆废液为例)部分分解,黏性丧失。砖坯失重1.7%~2.0%,强度下降;450~800℃时,纸浆废液中水合物分解,残碳燃烧,砖坯的质量又下降0.6%~0.9%,耐压强度从15~20MPa急剧下降到3~5MPa,显气孔率从15%~17%增加到19%~20%;1000~1200℃时,发生固相反应,出现少量液相,烧结开始,矿物结晶凝聚,体积收缩,制品的强度和密度开始提高。

显然,此时制品的烧结致密化过程是从其暴露于热气流的外表开始的。如果在此之前,坯体内的残留碳未完全燃尽,那么在1200℃以后,空气很难再进入坯体内部,多余的残留碳在烧成带阻碍着材料的烧结,在制品中心区形成多孔、低强度的黑、红心区,废品率上升。因此,在预热带保持适宜的升温速度和推车时间是必要的。对于普通镁砖,加热速度应不低于60~80℃/h,对于单重大于25kg的镁砖应采用更高的供热速度。

(2)烧成带。在烧成带烧嘴前1250~1360℃的区段,制品的烧结进一步强化,液相量增加,方镁石晶体尺寸长大到3~5μm,制品的显气孔率变化不大,耐压强度提高到15~20MPa。

在设置烧嘴的烧成带,普通镁砖的最高烧成温度为1550~1580℃,制品内会形成比理论计算多得多的液相,烧结充分进行,制品粗颗粒组分中方镁石晶体尺寸从原料的55μm增大到70μm。基质中方镁石晶体尺寸从原料的45μm增加到60μm,显气孔率从20.5%降到18%,耐压强度从50MPa增加到92MPa。由于在烧成带制品内的液相量最多,体积收缩大(达到5%~6%),此时的加热速度不应太高。为了确保台车上制品受热均匀,烧成带应保持微正压,弱氧化气氛作业。当烧成$w(MgO)$为95%~98%的镁砖时,需相应提高最高烧成温度和增加烧嘴数量。

(3)冷却带。镁砖在冷却带出现废品的最危险阶段在1200~1400℃之间。制品从装有烧嘴的烧成带进入没有烧嘴的冷却带,在推车时,温度差高达100℃以上。硅酸盐发生再结晶,弹性模量急剧升高产生很大的热应力,采用60~70℃/h的冷却速度,对于单重小于25kg的普通镁砖是安全的,但对形状复杂和单重大于25kg的镁砖,由于砖密度不均匀以及释放应力能力差，易产生制品断裂。同镁铝砖、镁铬砖相比，镁砖在快速降温时造成的废品多。制品从 1000℃ 继续降温时，其弹性模量增加不大，可以适当加快冷却速度。

  b   压力控制

  预热带窑内为负压环境，从窑门和窑底吸入冷风，会加剧气体分层，而且还需对冷的台车砌体供热，导致台车上部和下部制品的温度差别过大（最大达 400K）。采用双层窑门封闭，窑底抽风制造负压防止冷风入窑以及设置热风气幕搅拌等可以使预热带温差减小。应根据预热带窑内的负压变动，及时相应调整窑底负压，做到"压力平衡"。

  烧成带窑内为微正压作业，底部压力的调节应更及时。在烧成带窑内温度很高的情况下，如果窑下压力过大，冷风进入烧成带，降低烧成带温度，使能耗上升；如果窑下压力过小，烧成带窑内高温气体下泄，则有可能使台车受损，严重时影响台车运行，造成事故。

  烧成带前端零压车位的选择及控制应视制品的烧成要求及时调节，当码砖密度大或制品尺寸大，外形复杂时，可将零压车往前移，以利于提高预热带的温度。

  在冷却带，冷却风量与窑的产量相关。一般来说，当砖垛密度小及缝隙宽度为 4cm 时，空气/砖之比值等于 1，即烧成 1kg 制品送入 1kg 空气。显然，当推车时间加快，窑车产量增加时，应鼓入更多的空气，此时，窑内压力加大，窑底的压力也应相对提高，反之亦然。

### 5.1.3.3   高纯镁转

  A   原料要求

  高纯镁砖用原料可以是一步煅烧高纯镁砂，也可以采用二步煅烧高纯镁砂或海水或盐湖镁砂。在我国主要用二步煅烧高纯镁砂，这种高纯砂化学成分分布均匀，体积密度大，吸水率低，是生产高纯镁砖的优质原料。

  高纯镁砂的技术要求：$w(MgO) \geqslant 97\%$，$w(CaO) = 1.5\%$，$w(SiO_2) = 1.5\%$，颗粒体积密度不小于 $3.3g/cm^3$，烧结良好，结晶致密，无欠烧料。

  B   生产工艺

  高纯镁砖的生产工艺与普通镁砖基本相同，不同点主要是成型压力和烧成温度要比普通镁砖高。坯体成型多采用 630t 高吨位摩擦压砖机，其体积密度通常要求达 $3.1g/cm^3$ 或略高。烧成温度视镁砖中的 MgO 含量及其 $CaO/SiO_2$ 比而定，一般在 1750 ~ 1800℃，烧成最高温度下的保温时间与砖形大小有关，砖形大单重大砖坯，保温时间较长，反之则短，但至少保温 8h，方可获得结晶良好，直接结合率高的制品。烧后冷却温度不宜过快，以免造成冷却裂纹的产生。

  C   化学结合镁砖

  加入化学结合剂制成的不经烧结的镁砖，又称不烧镁砖。不烧碱性砖的应用首先开始于美国。由于省去了烧成工序，工艺简单，成本较低。其性能基本与烧成镁砖相近，但由于未经烧成，使用前未形成陶瓷结合。在 800 ~ 1300℃ 时强度较低，使用时在砖中形成薄弱带，可导致砖的剥落或损坏；又因添加的化学结合剂，一般在砖中形成低熔物，导致制品高温强度和抗渣性的降低。除无烧成工序外，不烧镁砖的制造方法与烧成镁砖相似。添加的化学结合剂有水玻璃、纸浆废液、卤水、硫酸镁、六偏磷酸钠和聚磷酸钠等。采用聚磷酸钠作结合剂时，镁砂中要有足够的氧化钙，形成以磷酸钙为组成的产物，有利于提高高温强度。化学结合拱砖在历史上曾用于电炉侧墙、玻璃窑蓄热室格子体及水泥窑衬等，现在已很少使用。

在高纯镁砖中，有一种产品称 $C_2S$ 结合的高纯镁砖，这种产品具有高的荷重软化温度和高温强度，以及良好的抗碱性渣的侵蚀能力。

我国辽宁菱镁矿生产的高纯镁砂 $CaO/SiO_2$ 通常都小于 1，为使砂中 $SiO_2$ 全部转变成 $C_2S$ 高温相，往往引入部分 $CaO$，使其低熔硅酸盐结合相变为 $C_2S$ 高温结合相。$CaO$ 可以在生产砂时引入，也可在制砖的基质中引入。我国的郁国城等人于 20 世纪 50 年代末，陈人品等人于 20 世纪 70 年代初，以及英国的 D. R. F. Spencer 等人于 20 世纪 70 年代进行过 $C_2S$ 结合镁砖性能的研究，研究结果都认为，$CaO/SiO_2$ 比为 2~3 时，可明显提高制品的荷软温度和高温抗折强度及抗碱性熔渣侵蚀性，并具有促进制品的烧结作用。郁国城、雷天壮等人曾用这种砖在平炉炉顶上使用，其寿命与同炉使用的镁铝砖相同，用于平炉后墙，使用 200 炉以后，残砖长度较普通镁砖突出 10~20mm。20 世纪 80 年代初，大石桥镁矿曾使用这种砖于引进 30TVOD 炉渣线区进行试用，但未获成功，其寿命仅是烧结合成镁铬砖的 1/11，这肯定是由于熔渣碱度低引起的。

$C_2S$ 结合镁砖中的 $C_2S$ 有 α、α′、β、γ 四种变体，675℃ 以下，β→γ 型体积膨胀 10% 左右，引起砖粉化，因此生产时往往需要稳定成耐高温的 β 型。其方法一是急冷，保持其 β 相；二是加入如 $B_2O_3$、$P_2O_5$ 或 $Cr_2O_3$ 等稳定剂。

D　再结合镁砖

a　原料要求

采用原料与烧结镁砖，$C_2S$ 结合镁砖相同，均是高纯菱镁矿，经破碎至要求粒度后，于三相电弧炉中进行电熔，电熔温度较烧结温度要高得多，因此镁砂的密度较高，吸水率也较低。同时电熔制砂法与二步煅烧制砂法都有降低 $SiO_2$ 的作用。

再结合镁砖用原料为电熔高纯镁砂，对其要求主要是化学成分和体积密度。化学成分应是 $w(MgO) \geq 97\%$，$w(CaO) = 1.5\%$，$w(SiO_2) = 2.1\%$。体积密度 $\geq 3.45g/cm^3$，晶体发育良好，无疏松料。与烧结高纯镁砂相比，采用电熔工艺制取的镁砂明显地改善镁砂的显微结构和密度，这种镁砂的晶体结构，一般呈大立方形体，其密度接近 $MgO$ 的真密度。因此，采用这种镁砂制得的砖抗渣侵蚀和渗透性能及强度优于相同或相似化学成分的烧结砖，但用该法生产的镁砂成本较烧结镁砂要高，抗热震性也不及烧结镁砂。

b　生产工艺

生产工艺与高纯烧结镁砖大致相同，但成型砖坯密度要较烧结砖高，烧成温度也高于烧结镁砖。

再结合镁砖需要高压成型、超高温（1800℃）烧成。为了提高耐冶金炉渣侵蚀性，再结合镁砖烧成后可进行真空浸渍沥青处理。用于浸渍的中温沥青应有较高的软化温度（较高的残碳量）和较少的固体粒子（喹啉不溶物较低），以免堵塞气孔。浸渍前，先将镁砖预热到 200℃ 左右，放入浸渍缸，密封，抽真空，然后注入热的脱水液体沥青，再加压保压，使浸渍剂进入制品中心部位。

再结合镁砖的显微结构特征基本与电熔镁砂的结构相同，方镁石－方镁石直接结合程度高，$w(MgO)$ 为 97% 的电熔料，方镁石晶间可见薄膜状硅酸盐胶结相，薄膜厚度在

$1 \sim 10 \mu m$ 之间。$w(MgO) = 98\%$ 的原料，方镁石晶间的硅酸盐很少，胶结膜厚 $1 \sim 2 \mu m$。$w(MgO) = 99\%$ 时，很难观察到硅酸盐相。表 5-11 所示为几种再结合镁砖的典型性能。由表 5-11 可看出，再结合镁砖的致密度高，高温性能优良，其耐水化性能也优于普通镁砖，再结合镁砖的缺点是抗热震性较差。

表 5-11　再结合镁砖的性能

| 镁砖性能 | $w(MgO)$ /% | $w(CaO)$ /% | $w(SiO_2)$ /% | $w(Al_2O_3)$ /% | $w(Fe_2O_3)$ /% | 显气孔率 /% | 体积密度 /$g \cdot cm^{-3}$ | 耐压强度 /MPa | 荷重软化温度/℃ |
|---|---|---|---|---|---|---|---|---|---|
| QDMZ96 | 96.3 | 1.3 | 1.2 | 0.3 | 0.8 | 5 | 3 | 90 | 1700 |
| QDMZ97 | 97.1 | 0.97 | 0.97 | 0.32 | 0.89 | 14 | 3.1 | 90 | 1700 |
| QDMZ98 | 97.7 | 0.63 | 0.58 | 0.22 | 0.59 | 14 | 3.1 | 90 | 1700 |
| QDMZ97 油侵灼减 =4.26% | 93.03 | 1.05 | 0.73 | 0.26 | 0.68 | 1 | 3.23 | 120 | 1700 |
| QDMZ97 油侵灼减 =4.33% | 93.11 | 0.82 | 0.8 | 0.34 | 0.56 | 1 | 3.23 | 120 | 1700 |

再结合镁砖常用于渣蚀和磨损严重的炼钢炉出钢口，有色冶金炉渣线，混铁炉出铁口，玻璃窑蓄热室格子体上部和燃烧室上部。

# 5.2　镁铝（尖晶石）质耐火材料

## 5.2.1　镁铝质耐火材料

20 世纪 50 年代，为了提高平炉顶的寿命和平炉的作业率，耐火材料研究者根据我国的资源特点，开发了将铝矾土熟料细粉加入到镁砂中生产 $MgO/MgO\text{-}Al_2O_3$ 系耐火材料，并定名为镁铝平炉顶砖简称镁铝砖。与当时 $MgO\text{-}Cr_2O_3$ 系耐火材料相比，$MgO/MgO\text{-}Al_2O_3$ 系耐火材料代替硅砖大幅度提高了平炉顶使用寿命，从而促进了我国 $MgO/MgO\text{-}Al_2O_3$ 系耐火材料的迅速发展。欧洲和美国直到 20 世纪 70 年代才开始研究这类材料，并首先用于水泥窑，后来又用于玻璃工业。前苏联也是在 1964 年左右才对 $MgO/MgO\text{-}Al_2O_3$ 系耐火材料产生兴趣并用于炼钢工业。

镁铝砖的物相组成是以方镁石为主晶相，镁铝尖晶石（$MgO \cdot Al_2O_3$）为基质，后者代替镁砖中的钙镁橄榄石，成为方镁石的结合剂。镁铝砖中 $w(Al_2O_3)$ 一般以 $5\% \sim 10\%$ 为好。矾土通常和镁砂按一定比例混合细磨，引入砖的基质之中，也有采用事先合成尖晶石后再进行配料制砖的生产方法。镁铝砖的烧成温度比镁砖约高 $30 \sim 50$℃。

镁铝砖与镁砖相比，具有以下特点：

（1）镁铝砖的耐急冷急热性好，可承受水冷 $20 \sim 25$ 次，甚至更多次。这是其最突出的优点，比普通镁砖好得多。镁铝砖耐急冷急热性好，是由于镁铝尖晶石和方镁石都属于立方晶系，沿各个晶轴方向的热膨胀大小都相同，故温度波动时膨胀和收缩都比较均匀，产生的热应力较小。同时以尖晶石为结合剂的弹性模量比普通镁砖小得多，弹性模量愈小，急冷急热性愈好。

（2）镁铝砖的其他性能也比镁砖稍强。由于镁铝尖晶石本身的熔点较高，故镁铝砖的高温结构强度比镁砖有所改善。镁铝尖晶石保护方镁石颗粒免受熔渣侵蚀的能力比钙镁橄榄石强，故镁砖抵抗碱性熔渣以及氧化铁熔渣的能力，不仅没有降低，而且比镁砖有所加强。由于镁铝砖具有以上优良性能，故在我国广泛用于平炉、反射炉等高温熔炉炉顶的砌筑材料。

镁铝砖的生产工艺（见图 5-18）与烧成镁砖大体相同，只是在配合料中加入一定比例的工业氧化铝或特级矾土熟料。这一工艺是依赖于镁砂和铝氧（包括烧结铝矾土熟料）在烧成过程中就地反应形成镁铝尖晶石（也就是原位合成镁铝尖晶石），并且原位合成尖晶石在生成时会伴随 7.65% 的体积膨胀，这会导致该耐火材料的结构疏松，强度下降，因此 $Al_2O_3$ 含量总被控制在约 8% 以内，这也造成了该类耐火材料中尖晶石含量较低。通常把这类 $Al_2O_3$ 含量小于 10% 的 $MgO/MgO-Al_2O_3$ 系耐火材料称为镁铝质耐火材料或第一代方镁石-尖晶石耐火材料。

为了克服 $MgO-Al_2O_3$ 系耐火材料中尖晶石含量低的缺点，便开发了以镁砂和合成镁铝尖晶石搭配生产的 $MgO/MgO-Al_2O_3$ 系耐火材料。由于不采用原位反应生成镁铝尖晶石，消除了体积膨胀的影响，所以配料中的尖晶石可以多量配入，通常可以使制品中的尖晶石含量比第一代方镁石-尖晶石耐火材料多出将近 1 倍，甚至更多。这类耐火材料被称为第二代方镁石-尖晶石耐火材料。

为了增加方镁石-尖晶石耐火材料中固相间的直接结合，在第二代方镁石-尖晶石耐火材料中适当添加少量的 $Al_2O_3$ 细粉或者微粉，使材料在烧成过程中原位生成部分尖晶石，以提高材料的强度和综合性能，这类 $MgO/MgO-Al_2O_3$ 系耐火材料称为第三代 $MgO/MgO-Al_2O_3$ 系耐火材料。

归纳起来，第一代 $MgO/MgO-Al_2O_3$ 系耐火材料的抗热震性高；第二代 $MgO/MgO-Al_2O_3$ 系耐火材料保温性好；第三代 $MgO/MgO-Al_2O_3$ 系耐火材料直接结合组织发达，强度高。

第一代 $MgO/MgO-Al_2O_3$ 系耐火材料是我国科研人员为了适应平炉的使用条件而开发出来的。随着平炉的发展而扩大使用，随着平炉的退役而退出市场，现在第一代 $MgO/MgO-Al_2O_3$ 系耐火材料的应用已经很难见到了。

第二代 $MgO/MgO-Al_2O_3$ 系耐火材料是为了适应回转窑的发展而开发出来的。它在水泥窑上经历了扩大适用范围—被 $MgO-Cr_2O_3$ 质耐火材料取代—无铬化时代又取代 $MgO-Cr_2O_3$ 质耐火材料的发展道路。

第三代 $MgO/MgO-Al_2O_3$ 系耐火材料，主要作为钢包、水泥回转窑和玻璃窑蓄热室格子体砌衬材质等。

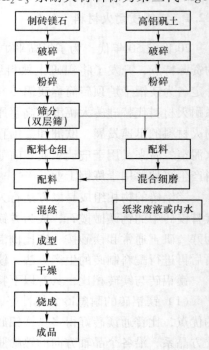

图 5-18　镁铝砖的生产工艺流程

### 5.2.2 镁铝尖晶石质耐火材料

镁（铝）尖晶石耐火材料是指以方镁石为主晶相，（镁铝）尖晶石族矿物为结合相而组成的耐火材料。尖晶石族矿物的化学通式为 $AB_2O_4$，其中 A 为 $Mg^{2+}$、$Fe^{2+}$、$Zn^{2+}$、$Mn^{2+}$、$Co^{2+}$、$Ni^{2+}$ 等二价金属阳离子，B 为 $Al^{3+}$、$Fe^{3+}$、$Cr^{3+}$ 等三价金属阳离子。在该族矿物中，根据三价阳离子的不同，分别有 3 个系列：尖晶石系列、磁铁矿系列和铬铁矿系列。下面仅对镁铝尖晶石耐火材料进行分析说明。

以方镁石（MgO）为主晶相，镁铝尖晶石（缩写 MA）为结合相的耐火材料称为镁铝尖晶石质耐火材料，属 MgO-MA 系材料。以镁铝尖晶石为主晶相，刚玉为次晶相的耐火材料也称为镁铝尖晶石质耐火材料，属 MA-$Al_2O_3$ 系材料。

镁铝尖晶石（也称尖晶石）的化学式为 $MgO \cdot Al_2O_3$，理论含量：$w(MgO) = 28.3\%$，$w(Al_2O_3) = 71.7\%$。镁铝尖晶石（MA）仅是 $MgO$-$Al_2O_3$ 二元系相图中的一个中间化合物，熔点为 2135℃。如图 5-2 所示，在该系统中形成两个低共熔体，在 MA-MgO 和 MA-$Al_2O_3$ 二元系中，两个低共熔体的组成分别为 77：23 和 11：89，在高温下，方镁石在尖晶石中的溶解度可达 10%（质量分数），刚玉在尖晶石中的溶解度更高。

镁铝尖晶石质耐火材料可根据 $Al_2O_3$ 含量和制造工艺进行分类，从 $Al_2O_3$ 含量可分四大类：

（1）方镁石 – 尖晶石耐火材料，$w(Al_2O_3) < 30\%$；

（2）尖晶石 – 方镁石耐火材料，$w(Al_2O_3) = 30\% \sim 68\%$；

（3）尖晶石耐火材料，$w(Al_2O_3) > 68\% \sim 73\%$；

（4）尖晶石 – 刚玉耐火材料，$w(Al_2O_3) > 73\%$。

从制造工艺分可分为原位反应尖晶石耐火材料和合成尖晶石耐火材料。

目前，工业生产和使用较多的尖晶石质耐火材料属方镁石 – 尖晶石类，其次是尖晶石 – 刚玉类。前一类多数采用原位反应工艺生产，如我国生产的 $w(Al_2O_3) < 8\% \sim 10\%$ 的镁铝砖属该工艺生产；后一类采用合成尖晶石工艺生产。

镁铝尖晶石砖具有强度大、抗热震性好、化学稳定、抗富铁氧化物侵蚀能力强的特点。与镁铬砖相比，主要优点是对还原气氛、游离 $CO_2$、游离 $SO_2/SO_3$ 及游离 $K_2O/Na_2O$ 的抗侵蚀性强，以及具有较好的热震稳定性和耐磨性；与硅酸盐结合的镁砖比具有许多特点：

（1）MA 与方镁石一样，均属等轴晶系，热膨胀性属各向同性，而且它的膨胀系数比普通镁砖小，热震稳定性好。

（2）MA 为结合相的镁铝砖弹性模量较普通镁砖小得多，分别为 $(0.12 \sim 0.228) \times 10^5 MPa$ 和 $(0.6 \sim 5) \times 10^5 MPa$，因此，热震稳定性较镁砖好。

（3）MF 在 MA 中的溶解度较在方镁石中的溶解度大得多，因此，MA 能从方镁石中转移出 MF，从而消除了 MF 因温度波动引起的向方镁石中溶解或自其内部析出的作用，从而提高方镁石的塑性，消除对热震稳定性的不良影响。

（4）MA 与 FeO 反应可以生成含有氧化铁的尖晶石；$FeO + MgO \cdot Al_2O_3(MA) = MgO + FeAl_2O_4$，而后过量的 FeO 与 MgO 形成固溶体，而且直到液相出现之前还能吸收相当数量的 FeO，因此它具有和 MgO 一样的"扫荡"FeO 的能力。MA 吸收 FeO 后，产生较小的膨胀作用。

（5）尖晶石（MA）的熔点 2135℃，且与方镁石形成二元系的始熔温度较高

（1995℃），因而以 MA 结合的制品的耐火度和荷重变形温度较高。

镁铝尖晶石质耐火材料作为高级耐火材料已应用于大型水泥回转窑、玻璃窑炉蓄热室、电炉炉顶、炉外精炼、钢包以及其他强化操作的热工设备。

### 5.2.2.1　化学组成对镁铝尖晶石砖性能的影响

目前，镁铝尖晶石砖的 $w(Al_2O_3)$ 多在 8% ~ 20% 范围内，组成对砖性能的影响不可忽视。据资料介绍，尖晶石砖较适宜的化学成分是 $w(Al_2O_3) = 8\% ~ 20\%$，$w(CaO) = 0.5\% ~ 1.0\%$，$w(Fe_2O_3) = 0.2\% ~ 0.8\%$，$w(SiO_2) < 0.4\%$，$B_2O_3$ 及碱性等杂质成分小于 0.3%，其余为 MgO，采用该成分制得的砖属直接结合尖晶石砖。

当 $w(Al_2O_3) < 8\%$ 时，尖晶石晶体含量少，晶间结合仍以方镁石与方镁石结合为主体，呈现出镁砖的缺点，即抗热震性差。而当 $w(Al_2O_3)$ 超过 20% 时，砖的抗侵蚀性能就下降。若砖中 $w(CaO) < 0.5\%$，$w(FeO) < 0.2\%$ 时，尖晶石晶粒尺寸小于 5μm，当晶粒尺寸小于 5μm 时，晶粒间结合几乎为方镁石之间结合，抗热震性与普通镁砖几乎相同，若在该 CaO 和 $Fe_2O_3$ 含量下，烧成温度提高，使其尖晶石发育长大，即可发挥其 MA 高抗热震性的作用。随着 CaO 和 $Fe_2O_3$ 含量的增大，形成了由 $CaO\text{-}Al_2O_3\text{-}Fe_2O_3$ 系统的低熔物组成的液相，使尖晶石晶粒长大，由尖晶石晶粒的作用所产生的抗热震性得以改善，但当 $w(CaO) > 1\%$，$w(Fe_2O_3) > 0.8\%$ 时，$CaO\text{-}Al_2O_3\text{-}Fe_2O_3$ 系统的低熔点液相量进一步增多，尖晶石晶粒尺寸长大达 20μm 以上，尽管对砖抗热震性起有益作用，但由于低熔物量的增多，使其热态强度下降。与此同时，砖中 $w(SiO_2) > 0.4\%$，$B_2O_3$ 及碱类等杂质含量大于 0.3% 时，生成较多的低熔相，同样也会使砖的热态强度降低。

### 5.2.2.2　镁铝尖晶石砖原料

#### A　合成尖晶石

（1）电熔合成。电熔合成尖晶石砂是以工业 $Al_2O_3$（或特级矾土）和镁砂（或菱镁矿或轻烧镁砂）为原料，按要求比例进行配制，混合后于电炉中熔融，冷却固化经破粉碎制得。这种尖晶石产品具有晶粒发育良好，质地均匀，结构致密，强度大，抗侵蚀性强的特点，用于生产镁铝尖晶石砖和浇注料。

（2）烧结合成。这种产品是以工业 $Al_2O_3$（特级高铝矾土）粉料与轻烧镁砂按要求比例配制，然后经混合、压球（压坯）、高温煅烧制取。用该工艺生产的合成料较电熔合成产品更经济，在许多用途可代替电熔合成尖晶石。为获得致密的尖晶石粗晶，一般需在 1750 ~ 1800℃下煅烧。某些工业用合成尖晶石砂的性能如表 5-12 所示。

表 5-12　合成尖晶石砂的性能

| 性能品种 | $w(Al_2O_3)/\%$ | $w(MgO)/\%$ | 体积密度/g·cm$^{-3}$ | 显气孔率/% | 晶粒尺寸 | 备　注 |
|---|---|---|---|---|---|---|
| 电熔尖晶石 | 69.2 | 30.2 | 3.47 ~ 3.49 | >1 | >500 | |
| 电熔尖晶石 | 56.2 | 41.65 | 3.52 | 0.96 | — | |
| 烧结尖晶石 | 70 | 29 | 3.10 ~ 3.30 | 3.5 ~ 5.5 | 50 | |
| 中档电熔尖晶石 | 57.36 | 34.68 | 3.38 | 2.5 ~ 5 | — | 特 A 矾土代替 $Al_2O_3$ |
| 中档烧结尖晶石 | 58 ~ 61 | 28 ~ 32 | >3.0 | <9 | — | 特 A 矾土代替 $Al_2O_3$ |

### B  轻烧尖晶石

轻烧尖晶石是在较低温度（1200～1300℃）下煅烧而得到的活性尖晶石，用作耐火制品配料中的细粉活性组分，利于坯体在高温下烧结。根据 X 射线分析结果，其中分别有少量（约10%～15%）的 $\alpha$-$Al_2O_3$ 和5%～10%的 $MgO$ 存在。如表5-13 所示为轻烧尖晶石粉的理化性能。

**表5-13  轻烧尖晶石粉的理化性能**

| 类　　　型 | | 富 MgO | 富 $Al_2O_3$ |
|---|---|---|---|
| 化学组成 $w$/% | $Al_2O_3$ | 685 | 74.2 |
| | $MgO$ | 30.8 | 24.2 |
| | $SiO_2$ | 0.3 | 0.3 |
| | $Fe_2O_3$ | 0.4 | 0.4 |
| | $CaO$ | 1.0 | 0.4 |
| | $Na_2O$ | 0.3 | 0.3 |
| 晶粒 | 比表面积 /$m^2 \cdot g^{-1}$ | 7 | 7 |
| | <45$\mu$m 的含量/% | 99 | 99 |
| | 平均值/$\mu$m | 2.0 | 2.0 |
| 矿物相（XRD 分析） | 主要矿物 | 尖晶石 | 尖晶石 |
| | 次要矿物 | 方镁石、刚玉 | 方镁石、刚玉 |
| >1700℃煅烧后 | 灼减/% | 1.5 | 1.0 |
| | 收缩/% | 17 | 17 |
| | 体积密度/$g \cdot cm^{-3}$ | 3.45 | 3.45 |

### 5.2.2.3  镁铝尖晶石制品生产工艺

镁铝尖晶石耐火制品最常用的生产方法有两种：第一种是原位反应工艺；第二种是合成工艺。采用原位反应工艺直接生产的砖一般属中档产品，合成工艺生产的砖一般属高档产品。

（1）原位反应工艺生产。这种镁铝尖晶石砖是采用以镁砂为骨料，在基质镁砂粉料中按要求比例加入部分工业 $Al_2O_3$ 或特级高铝矾土粉，经压坯在烧成过程中直接形成尖晶石的工艺制得。尖晶石于 1000～1100℃开始生成，1100℃已经强烈，1500～1550℃趋向完成。但由于尖晶石聚集再结晶石能力很弱，同时 $MgO + \alpha$-$Al_2O_3 = MgO \cdot Al_2O_3$ 反应自身产生 6.9% 左右的体积膨胀，使砖的烧结相当困难，难以制得致密的尖晶石制品，要获致密制品，烧成温度应在 1700℃以上。

（2）部分合成工艺生产。在以烧结镁砂或电熔镁砂为骨料配料中，加入预合成尖晶石细粉，可制得部分合成镁铝尖晶石砖。在这类制品中，也可采用烧结镁砂与电熔镁砂并用做骨料，预合成尖晶石细粉作基质，制成部分合成尖晶石砖，采用该工艺生产的砖，纯度较高，杂质含量较少，烧成温度较高，一般需要 1700～1750℃。

（3）全合成工艺生产。全合成工艺生产的砖，要求合成尖晶石砂纯度高、密度大、成分分布均匀，可以是电熔合成料，也可以是烧结合成料。用这种合成尖晶石料作骨料和细粉，按两头大中间小的粒度配比原则进行配制，其结合剂可以用纸浆、聚合氯化铝、结晶氯化铝或多聚磷酸盐均可，也可用它们中的两者或两者以上组合的混合结合剂，高压成型，高温烧成，一般烧成温度1750℃或更高。用该工艺制得的砖称为电熔（或烧结）合成再结合尖晶石砖，属直接结合产品。表5-14所示为镁铝尖晶石质耐火材料性能。

表5-14　一些国家生产的镁铝尖晶石质耐火材料的性能

| 性　能 | 中国 | 日本品川 | 日本旭硝子 | 德国 GR | 前苏联 |
|---|---|---|---|---|---|
| $w(MgO)/\%$ | 82.90 | 81.5 | 87.8 | 92.0 | 81 ~ 85 |
| $w(Al_2O_3)/\%$ | 13.76 | 17.6 | 14.7 | 6.0 | 9 ~ 13 |
| $w(SiO_2)/\%$ | 1.60 | 0.3 | 0.4 | 0.4 | — |
| $w(Fe_2O_3)/\%$ | 0.80 | 0.1 | 0.04 | 0.4 | — |
| 显气孔率/% | 16.7 | 15.0 | 14.6 | 16.4 | 19.5 ~ 20.6 |
| 体积密度/g·cm⁻³ | 2.97 | 2.98 | 2.98 | 2.95 | 2.76 ~ 2.85 |
| 耐压强度/MPa | 53 | 44 | 55 | 39 | 28 |
| 抗拆强度/MPa | 6.9 | 5.4 | | | |
| 荷重软化开始温度/℃ | >1700 | — | — | >1680 | 1550 ~ 1620 |
| 热膨胀率(1000℃)/% | 0.788 | 1.10 | 1.25(1200℃) | 1.20 | — |
| 抗热震性/次 | 10 ~ 116 (1000℃水冷) | 6 次不剥落 (1000℃水冷) | >30 (1450℃风冷) | >30 (1450℃风冷) | 6 ~ 10 (1300℃水冷) |

### 5.2.2.4　改性镁铝尖晶石制品

改性镁铝砖尖晶石是在镁铝尖晶石砖配料中添加某些添加剂，以改变原砖的某些性能。近年来，国内外耐火材料工作者进行过许多研究，在 $MgO\text{-}Al_2O_3$ 系材料中引入添加物，改变其产品的性能，在大型水泥回转窑上使用，取得好的效果，取代污染环境的镁铬砖，在炼钢工业上使用提高其抗渣蚀性和渗透性，从而提高其使用寿命，这些新型改进产品有：

（1）在配料基质中引入部分 $ZrO_2$ 或含 $ZrO_2$ 原料，提高挂窑皮性能，也改善其高温强度，同时可防止水泥中的 CaO 与砖中的 $Al_2O_3$ 反应，避免尖晶石的分解，在水泥回转窑上使用取得高寿命效果，可取代直接结合镁铬砖。

（2）在配料中引入部分 $Fe_2O_3$ 或 $(Fe，Al)_2O_4$ 固溶体，也可改善挂窑皮性能，并提高砖的抗热震性。在镁铝砖中加入少量 $SiO_2$ 或镁砂改用高 $SiO_2$ 镁砂也能起改善挂窑皮作用，提高窑衬的使用寿命。

（3）在配料中加入少量 $TiO_2$ 粉，既可显著提高 MA 的可烧结性，又能明显改善砖的抗渣蚀性，尤其对高 CaO 熔渣的抵抗能力更有效，可取代镁铬砖。

### 5.2.3　镁铝尖晶石质耐火材料的应用

实践表明，$Al_2O_3$ 质量分数为 5% ~ 12% 的方镁石－尖晶石制品耐高温、抗侵蚀性强、抗热震性好，可用作中间包挡渣墙、平炉炉顶、钢包滑板等。$Al_2O_3$ 质量分数为 10% ~ 20% 的方镁石－尖晶石制品抗热震性优良，适用于水泥窑和石灰窑过渡带、烧成带内衬等。$Al_2O_3$ 质量分数为 15% ~25% 的方镁石 – 尖晶石制品抗 $SO_3$ 和碱性硫酸盐侵蚀的能力强，可用作玻璃窑蓄热室格子砖等。

# 5.3 镁铬质耐火材料

镁铬质耐火材料是由镁砂与铬铁矿制成的且以镁砂为主要成分的耐火材料，其主要物相为方镁石和尖晶石。依化学组成，镁铬质耐火制品有铬砖（$w(Cr_2O_3) \geqslant 25\%$，$w(MgO)$ < 25%）、铬镁砖（$25\% \leqslant w(MgO) < 55\%$）和镁铬砖（$55\% \leqslant w(MgO) < 80\%$）。按结合方式，镁铬质耐火制品分为普通镁铬砖、直接结合镁铬砖、再结合镁铬砖、半再结合镁铬砖、熔铸镁铬砖、共烧结镁铬砖和化学结合不烧镁铬砖等。镁铬质耐火制品耐火度高，高温强度大，抗热震性优良，抗碱性渣侵蚀性强，对酸性渣也有一定的适应性，且具有良好的回转窑生产水泥中挂窑皮性，因此，主要用于 AOD 炉、RH 炉、VOD 炉、炼钢电炉衬、有色金属冶炼炉和水泥回转窑、玻璃窑蓄热室、石灰窑、混铁炉及耐火材料高温窑炉内衬等部位。

由于六价铬对环境及人体的危害，自 20 世纪 80 年代后期以来，镁铬质耐火材料的生产和使用出现下降趋势，特别是水泥回转窑中镁铬砖在碱性条件下使用很容易产生六价铬，并可能污染水泥熟料。因此，水泥窑中镁铬质耐火材料应是首先被取代的，国内外对此已进行了大量工作。

## 5.3.1 镁铬质耐火原料

### 5.3.1.1 铬铁矿

铬铁矿（也称铬矿）是以 $Cr_2O_3$ 为主成分的铬尖晶石耐火原料，其化学式为 $FeO \cdot Cr_2O_3$，此纯矿物仅在陨石中见到。铬铁矿实际上是多种尖晶石的混晶，化学式可表示为 $(Mg,Fe) \cdot (Cr,Al,Fe)_2O_3$，立方晶系，呈黑褐色，密度 4.0 ~4.8g/$cm^3$，熔点 1900 ~2005℃，莫氏硬度 5.5 ~7.5，呈中性，抗酸性和碱性渣侵蚀，体积稳定，加热到 1750℃ 而不收缩，并且高温强度大，因此可用作耐火材料，如钢包引流砂、酸性和碱性耐火材料间的 "过渡料或隔层砖"。但是，铬铁矿化学成分变化很大：$w(Cr_2O_3) = 18\%$ ~62%；$w(Al_2O_3) = 0$ ~33%；$w(Fe_2O_3) = 2\%$ ~30%；$w(MgO) = 6\%$ ~16%；$w(FeO) = 0$ ~18%。与铬铁矿伴生的脉石矿物主要为镁的硅酸盐，如蛇纹石（$3MgO \cdot 2SiO_2 \cdot 2H_2O$）、叶状蛇纹石、橄榄石和镁橄榄石等，一般 M/S 比小于 2，主要以蛇纹石为主。因此，采用铬铁矿作耐火材料时，配料中通常添加一定数量的镁砂。图 5-19 所示为铬矿颗粒的显微结构照片。

### 5.3.1.2 镁铬砂

镁铬砂是用镁质原料（轻烧镁砂、烧

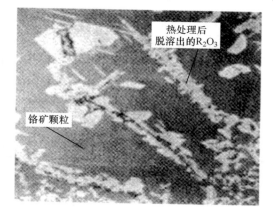

图 5-19 铬矿颗粒的显微结构照片

结镁砂、天然菱镁矿）和铬铁矿配合，经人工合成得到的以方镁石和镁铬尖晶石为主要矿物组成的耐火原料。镁铬砂还含有少量的钙镁橄榄石、镁橄榄石、铁铝酸四钙等矿物。

镁铬尖晶石是镁铬砂的主要组成矿物之一，其理论组成为：$w(MgO) = 21.0\%$，$w(Cr_2O_3) = 79.0\%$，属立方晶系。密度 $4.43g/cm^3$，熔点 2400℃，莫氏硬度 5.5，25～900℃的热膨胀系数为 $(5.70 \sim 8.55) \times 10^{-6}℃^{-1}$。

由于所用的原料铬铁矿成分比较复杂，所以人工合成的镁铬砂往往含有由 FeO、MgO 与 $Fe_2O_3$、$Al_2O_3$、$Cr_2O_3$ 组成的多种尖晶石。烧结镁铬砂中 $w(Cr_2O_3)$ 一般为 5%～15%，体积密度 3.30～3.40g/cm³。电熔镁铬砂有中铬与高铬之分，中铬砂中 $w(Cr_2O_3)$ 为 15%～30%，高铬砂中 $w(Cr_2O_3)$ 大于 30%。电熔镁铬砂的体积密度为 3.6～4.2g/cm³。

采用轻烧镁砂与铬铁矿为原料生产烧结镁铬砂的工艺流程为：将各种原料称重，按比例混合，然后送入压球机中压成球坯（干法成球），烧成。烧成温度 2000℃左右。

电熔法也是生产合成镁铬砂的常用方法，特别是对 $Cr_2O_3$ 含量高的合成砂。它与烧结砂的区别在于方镁石与尖晶石直接结合程度高，晶间尖晶石自形程度高，硅酸盐相含量相对较少，组织致密，颗粒气孔率低。因而，电熔镁铬砂具有更好的抗侵蚀性能。

## 5.3.2 镁铬质耐火制品

### 5.3.2.1 硅酸盐结合镁铬砖

硅酸盐结合镁铬砖是以烧结镁砂和铬矿为原料，按适当比例配合，高温烧成制得。制品矿物组成为方镁石、尖晶石和少量硅酸盐。制品中不同尖晶石和方镁石与硅酸盐间的低共熔点如表 5-15 所示。

表 5-15 不同尖晶石和方镁石与硅酸盐间的低共熔点

| 硅酸盐 | 尖晶石或方镁石 | 低共熔点/℃ |
|---|---|---|
| 镁橄榄石 | $MgO \cdot Al_2O_3$ | 1720 |
| $2MgO \cdot SiO_2$ | $MgO \cdot Cr_2O_3$ | 1850 |
| | $MgO \cdot Fe_2O_3$ | 1720 |
| （$M_2S$） | MgO | 1860 |
| 钙镁橄榄石 | $MgO \cdot Al_2O_3$ | 1400～1500 |
| $CaO \cdot MgO \cdot SiO_2$ | $MgO \cdot Cr_2O_3$ | 1500 |
| （CMS） | $MgO \cdot Fe_2O_3$ | 1400～1500 |
| 硅酸二钙 | $MgO \cdot Al_2O_3$ | 1418 |
| | $MgO \cdot Cr_2O_3$ | >1700 |
| $2CaO \cdot SiO_2$（$C_2S$） | $MgO \cdot Fe_2O_3$ | >1400 |
| | MgO | 1800 |

生产硅酸盐结合镁铬砖以制砖镁砂和一般耐火级铬矿为原料，镁砂中 $w(SiO_2) \leqslant 4\%$，$w(MgO) \geqslant 90\%$，铬矿中 $w(Cr_2O_3) = 32\% \sim 45\%$。以亚硫酸盐为结合剂，混练成型后，于 1600℃左右烧成。为防止制品在烧成时产生异常膨胀，窑内必须保持弱氧化气氛。制

品的化学成分：$w(SiO_2) = 2.98\% \sim 4.50\%$，$w(MgO) = 61.75\% \sim 72.69\%$，$w(Cr_2O_3) = 10.04\% \sim 14.90\%$。物理性能：显气孔率 $18\% \sim 21\%$，常温耐压强度 $36.1 \sim 50.0$MPa，荷重软化温度 $1600℃$。

一些国家烧结镁砂和铬铁矿的典型化学成分分别如表 5-16 和表 5-17 所示。

表 5-16 一些国家烧结镁砂的典型化学成分（质量分数） （%）

| 项 目 | 奥 地 利 | | 希 腊 | | 俄罗斯 | 中 国 | |
|---|---|---|---|---|---|---|---|
| | 1 | 2 | 1 | 2 | | 1 | 2 |
| $SiO_2$ | 0.8 | 2.1 | 1.5 | 4.3 | 4.7 | 2.22 | 3.98 |
| $Al_2O_3$ | 0.6 | 2.4 | 0.1 | 0.1 | 1.1 | 1.25 | 2.08 |
| $Fe_2O_3$ | 6.1 | 3.9 | 0.5 | 0.2 | 2.7 | 0.88 | 1.28 |
| $CaO$ | 2.1 | 2.3 | 3.1 | 2.2 | 5.7 | 0.92 | 1.19 |
| $MgO$ | 89.3 | 89.0 | 94.2 | 93.1 | 85.2 | 94.23 | 90.98 |

表 5-17 一些国家铬铁矿的典型化学成分（质量分数） （%）

| 项 目 | 土 耳 其 | | 希 腊 | 伊 朗 | 津巴布韦 |
|---|---|---|---|---|---|
| | 1 | 2 | | | |
| $SiO_2$ | 2.71 | 3.52 | 3.52 | 3.25 | 3.48 |
| $TiO_2$ | 0.14 | 0.24 | 0.17 | 0.37 | 0.37 |
| $Al_2O_3$ | 9.57 | 22.48 | 19.42 | 12.84 | 13.45 |
| $FeO$ | 13.23 | 14.62 | 17.59 | 14.23 | 21.00 |
| $Cr_2O_3$ | 55.31 | 40.79 | 34.94 | 51.34 | 43.42 |
| $CaO$ | 0.10 | 0.39 | 0.84 | 0.32 | |
| $MgO$ | 17.30 | 17.02 | 18.15 | 16.58 | 16.68 |
| 项 目 | 南 非 | | 菲 律 宾 | | 俄罗斯 |
| | 1 | 2 | 块矿 | 精矿 | |
| $SiO_2$ | 0.86 | 1.08 | 4.43 | 2.96 | 2.94 |
| $TiO_2$ | 0.92 | 0.45 | 0.22 | 0.26 | 0.17 |
| $Al_2O_3$ | 13.87 | 12.77 | 27.16 | 28.99 | 8.67 |
| $FeO$ | 25.51 | 23.40 | 14.71 | 14.40 | 12.96 |
| $Cr_2O_3$ | 45.66 | 50.56 | 33.64 | 34.9 | 57.76 |
| $CaO$ | 0.42 | 0.01 | 0.14 | 0.05 | 0.82 |
| $MgO$ | 12.29 | 11.09 | 18.83 | 17.99 | 15.34 |

硅酸盐结合镁铬砖比镁砖抗热震性好，高温下体积稳定，广泛用于平炉、电炉、有色冶金炉、水泥回转窑和玻璃熔窑蓄热室。硅酸盐结合镁铬砖的 $SiO_2$ 含量高、高温下抗侵蚀性差、强度低。随着强化冶炼新工艺的不断采用，使用条件苛刻的部位，逐渐被直接结合制品替代。

### 5.3.2.2　直接结合镁铬砖

直接结合镁铬砖是由烧结镁砂和铬铁矿配合制得。要求原料的 $SiO_2$ 含量较低，在 1700℃以上的高温下烧成，使方镁石和铬铁矿颗粒间形成直接结合。JC 497—92（96）将直接结合镁铬砖按理化指标分为 DMC-4、DMC-6、DMC-9-A、DMC-9-B、DMC-12 五个牌号。要求制品的理化指标应符合表 5-18 的规定，制品尺寸的允许偏差及外观应符合表 5-19 的规定。

**表 5-18　直接结合镁铬砖的理化指标**

| 项　　目 | | 性　能　指　标 | | | | |
|---|---|---|---|---|---|---|
| | | DMC-12 | DMC-9-B | DMC-9-A | DMC-6 | DMC-4 |
| $w(MgO)/\%$ | 不小于 | 60 | 70 | 75 | 75 | 80 |
| $w(Cr_2O_3)/\%$ | 不小于 | 12 | 9 | 6 | 6 | 4 |
| $w(SiO_2)/\%$ | 不大于 | 3.2 | 2.8 | 2.8 | 2.8 | 2.5 |
| 显气孔率/% | 不大于 | 19 | 19 | 18 | 18 | 18 |
| 体积密度/$g \cdot m^{-3}$ | 不小于 | 3000 | 2980 | 2980 | 2950 | 2930 |
| 耐压强度/MPa | 不小于 | 35 | 40 | 40 | 40 | 40 |
| 0.2MPa 荷重软化开始温度/℃ | 不小于 | 1580 | 1580 | 1600 | 1600 | 1600 |
| 抗热震性（1100℃⇌水冷）/次 | 不小于 | 4 | 4 | 4 | 4 | 4 |
| 热膨胀率① | | 由生产厂定期检测，并提供给用户 | | | | |

①不作为判定指标。

**表 5-19　直接结合镁铬砖的尺寸允许偏差及外观**　　　　（mm）

| 项目 | 范　　围 | | 指　　标 | | |
|---|---|---|---|---|---|
| | | | 优等品 | 一等品 | 合格品 |
| 尺寸允许偏差 | 尺寸≤200 | 不大于 | ±2 | ±2 | ±2 |
| | 尺寸>200 | 不大于 | ±3 | ±3 | ±4 |
| | 直形砖宽度 | 不大于 | ±1 | ±1 | ±1.5 |
| | 直形砖厚度 | 不大于 | ±1.5 | ±2 | ±2 |
| | 楔形砖、小头尺寸差值 | 不大于 | ±2 | ±2 | ±2 |
| 扭曲 | 对角线长度≤350 | 不大于 | | 2 | |
| | 对角线>350 | 不大于 | | 3 | |
| 缺棱 | 不大于 | | 40 | 60 | 60 |
| 长度 | 深度≤5 | | 限2条 | 限2条 | 限4条 |
| 缺角 | 总长度≤50 | | 限1个 | 限2个 | 限2个 |
| | 总长度≤20 | | 不限 | 不限 | 不限 |
| 裂纹长度 | 宽度≤0.1 | | 不限 | 不限 | 不限 |
| | 宽度0.11~0.25 | 不大于 | 40 | 60 | 60 |
| | 宽度0.25~0.50 | 不大于 | 不允许 | 不允许 | 40 |
| | 平行于工作面 | | 不允许 | 不允许 | 不允许 |

直接结合镁铬砖的典型理化性能为：$w(MgO) = 82.61\%$，$w(Cr_2O_3) = 8.72\%$，$w(SiO_2) = 2.02\%$，显气孔率 15%，体积密度 $3.08g/cm^3$，耐压强度 59.8 MPa，荷重软化温度 1765℃，抗热震性（1100℃水冷）14 次，抗折强度 8.33MPa。

### 5.3.2.3　再结合镁铬砖

再结合镁铬砖是以电熔镁铬砂为原料经再烧结而制得。电熔镁铬砂烧结性差，制品为气孔分布均匀的细粒基质，并具有微小裂纹，对温度急变的敏感性优于熔铸砖。制品高温性能介于熔铸砖和直接结合砖之间。

再结合镁铬砖的典型理化性能为：$w(MgO) = 68\%$，$w(Cr_2O_3) = 15\%$，$w(SiO_2) = 3\%$，显气孔率 14%，体积密度 $3.20g/cm^3$，耐压强度 52.8MPa，荷重软化温度 1740℃，抗折强度 7.86MPa。

### 5.3.2.4　半再结合镁铬砖

半再结合镁铬砖是由电熔镁铬砂和镁砂、铬铁矿或预反应镁铬砂制得。制品具有再结合镁铬砖和直接结合镁铬砖或预反应镁铬砖的部分特点。

半再结合镁铬砖的典型理化性能为：$w(MgO) = 71.58\%$，$w(Cr_2O_3) = 16.45\%$，$w(SiO_2) = 2.75\%$，显气孔率 13%，耐压强度 46.7MPa，荷重软化温度 1760℃，抗折强度 9.09MPa。

半再结合镁铬砖可用于炼钢电炉易损部位，RH、DH 真空脱气装置，VOD、LF、ASEA-SKF、AOD 等二次精炼炉渣线部位、炼钢转炉、水泥回转窑及玻璃熔窑蓄热室等。

### 5.3.2.5　预反应镁铬砖

预反应镁铬砖是采用全部或部分预反应镁铬砂制得。生产成本低于再结合镁铬砖。镁砂-铬铁矿之间的部分反应在熟料煅烧时完成，所以制品的气孔率较组成相当的直接结合砖低，高温强度高。

预反应镁铬砖的典型理化性能为：$w(MgO) = 62.8\%$，$w(Cr_2O_3) = 15.3\%$，$w(SiO_2) = 3.25\%$，显气孔率 17%，耐压强度 51.3MPa，荷重软化温度 1650℃。

### 5.3.2.6　不烧镁铬砖

不烧镁铬砖是由烧结镁砂和铬铁矿为原料，加入少量化学结合剂，在较低温度下热处理，使制品硬化而制成。有的在常温下即可使制品硬化，有的需加热至适当温度才能使制品具有一定强度。制品在高温下使用时，形成陶瓷结合或耐高温相。成型过程常包以铁壳，称铁皮不烧砖。

不烧镁铬砖的典型理化性能为：$w(MgO) = 52.73\%$，$w(Cr_2O_3) = 18.08\%$，$w(SiO_2) = 5.0\%$，显气孔率 10.9%，体积密度 $3.08g/cm^3$，耐压强度 59.8MPa，荷重软化温度 1520~1530℃。

### 5.3.2.7　熔铸镁铬砖

熔铸镁铬砖是以镁砂和铬矿为原料经电熔、浇铸制得的耐火制品。熔铸镁铬砖的生产流程如图 5-20 所示。其特征是气孔较大且孤立存在，制品致密、强度高、耐腐蚀、对温度变化敏感。镁铬砖的化学性质呈碱性，与镁砖和铬砖相比，抗热震性好，高温下体积稳定，荷重软化温度高。

### 5.3.3　镁铬尖晶石质耐火材料

以方镁石（MgO）为主晶相，镁铬尖晶石（$MgCr_2O_4$）为主要结合相的耐火材料，称为镁铬质耐火材料，化学式为$MgCr_2O_4$，理论含量：$w(MgO) = 20.96\%$，$w(Cr_2O_3) = 79.04\%$，熔点为2180℃。

根据化学成分可分为铬砖（$w(Cr_2O_3)$ ≥35%）、铬镁砖（$w(Cr_2O_3) = 20\% \sim 35\%$）和镁铬砖（$w(Cr_2O_3) = 5\% \sim 20\%$）三大类，按生产工艺的不同，又可分为普通烧成、预反应、烧结全合成、烧结部分合成、半再结合、熔粒再结合和熔铸镁铬

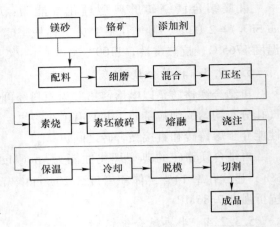

图5-20　熔铸镁铬砖的生产工艺流程

质砖。从显微结构看，除普通烧成和预反应砖外，其他各砖都称直接结合砖。普通烧成镁铬质砖是用制砖镁砂与铬矿混合生产制得，在基质中也可引入部分预合成料；烧结全合成镁铬质砖是指颗粒和基质全部采用全合成烧结料生产的砖，但其颗粒和基质部分中的$Cr_2O_3$含量应有所不同；烧成部分合成镁铬质砖是指颗粒为镁砂，基质为镁铬预合成料生产的砖；半再结合镁铬质砖是指颗粒和基质分别采用电熔和烧结预合成料生产的砖，在基质中也可引入部分铬矿粉；熔粒再结合镁铬质砖是指颗粒和基质均采用电熔预合成料生产的砖，颗粒与基质中的$Cr_2O_3$含量可以不同，一般基质中$Cr_2O_3$含量较颗粒中高，为提高其热稳定性，也可采用不同$Cr_2O_3$含量的颗粒料；熔铸镁铬质砖是指电熔的镁铬质熔液直接浇注再经加工而成的砖。普通烧成镁铬质砖属低档产品，通常用于操作条件不苛刻的热工设备，部分合成镁铬质砖属中档产品，一般用于操作条件不太苛刻环境或与高档产品配套用于低侵损区。其余产品均属高档产品，常用于黑色冶金的VOD、AOD、VHD等高侵损区，以及有色冶炼的炼铜、镍冶炼炉，如闪速炉、转炉等，也常用于水泥回转窑、玻璃熔窑蓄热室等。

在镁铬尖晶石质耐火材料系中，还有一种称直接结合镁铬铝砖，这种产品的结合相除了$MgCr_2O_4$外，还有镁铝尖晶石（$MgAl_2O_4$），其主要特点是晶间尖晶石多，结合强度大，抗热震性较好，常用于炉外精炼炉高侵损区。

在我国，有一种通常称为直接结合镁铬砖的产品，这种产品与普通镁铬砖不同，是采用高纯镁砂和精选铬矿为原料，于高温下烧成，其配料可以是镁砂与铬矿作骨料，镁砂粉作基质，也可以用合成镁铬料与铬矿作骨料，合成料或合成料加部分铬矿粉作基质来生产的。

#### 5.3.3.1　普通烧成镁铬质砖

A　烧成镁铬砖

普通烧成铬砖、铬镁砖和镁铬砖生产工艺基本相同，仅配料时按$Cr_2O_3$含量要求配制而已。在这三种砖中，应用较多的是镁铬砖，该砖是以烧结镁砂和铬矿为原料制成的，在配料中一般控制$w(MgO) = 70\% \sim 80\%$，$w(Cr_2O_3) = 8\% \sim 12\%$。

a 原料要求

普通烧成镁铬砖所用镁砂质量要求与普通镁砖相同，铬铁矿中 $w(Cr_2O_3) = 32\% \sim 36\%$，$w(SiO_2)$ 一般在 5% 以上。

b 粒度组成和配料

烧结镁砂的粒度要求与普通镁砖相同，铬矿粒度应为：>2mm 的占 20% ~ 25%，2 ~ 1mm 的占 29% ~ 35%，1 ~ 0.5mm 的占 10% ~ 13%，0.5 ~ 0.088mm 的占 18% ~ 25%，<0.088mm 的占 10% ~ 15%。其配料比例为：烧结镁砂 3 ~ 0mm 40% ~ 45%，铬矿砂 3 ~ 0mm 20% ~ 30%，镁砂粉 <0.088mm 25% ~ 30%，结合剂纸浆废液 3% ~ 3.5%。

在基质细粉中也可引入少量铬矿粉，但其量不宜多，以免因砖烧成过程 MgO 与铬矿中的 FeO 氧化成的 $Fe_2O_3$、$Cr_2O_3$ 和 $Al_2O_3$ 反应引起体积膨胀，从而导致砖的开裂，也可引入部分预合成镁铬料，但成本要增大。

c 结合剂与混练

通常采用亚硫酸纸浆废液或卤水（$MgCl_2$ 溶液）作结合剂，但纸浆废液较普遍，价格也较卤水便宜。泥料混练最好采用对颗粒再破碎作用不大的混砂机，因为铬矿颗粒脆性较大，易粉碎。混练加料顺序与普通镁砖相同：颗粒料→结合剂→细粉。混好的泥料最好要进行困料，以提高泥料的塑性，改善成型性能。

d 成型

普通烧成镁铬砖主要在摩擦压砖机或水压机上成型，以摩擦机为多，目前用水压机成型甚少，砖坯体积密度按标准或用户要求确定。

e 烧成

砖坯经干燥后装窑，在隧道窑中进行烧成，也可在间歇式窑内烧成（生产数量较少时），烧成温度 1600℃ 左右，烧成气氛为弱氧化物气氛。

B 预反应镁铬砖

预反应镁铬砖是以制砖烧结镁砂为骨料，预合成镁铬料为细粉制成。采用的镁砂和铬矿质量与普通镁铬砖基本相同，所不同的是基质用细粉预先合成料，因此，不必担心因 MgO 与铬矿中的 $R_2O_3$ 反应引起的体积效应从而导致砖的开裂问题。同时基质部分含有比普通镁铬砖较高的 $Cr_2O_3$ 含量，且其分布比较均匀，这就赋予这种制品具有较高的强度和抗渣蚀能力，其生产工艺与普通镁铬砖相似。

C 化学结合镁铬砖

化学结合镁铬砖用原料及其质量要求与普通烧成镁铬砖相同，生产工艺除了采用结合剂和烧成工艺外，其他工艺与普通镁铬砖相同。

化学结合镁铬砖多用六偏磷酸钠或三聚磷酸钠作结合剂，也可采用与镁砂不反应且具有结合性能，在升温过程强度不下降的结合剂。在这些结合剂中最常用的是六偏磷酸钠，它既不与镁砂反应，也有较强的结合性能，并在较低的热处理温度下即可获得较高强度，还能提高制品的热震稳定性。

化学结合镁铬砖不需高温烧成，仅低温处理即可，热处理温度一般多在 400 ~ 600℃ 之间，经热处理后的产品，就可直接进行使用。

### 5.3.3.2 直接结合镁铬质砖

直接结合这个概念是 20 世纪 50 年代英国 White 研究全合成镁铬砖时提出的，60 年代末在全球普遍采用。直接结合的基本条件：一是高纯原料，二是高温烧成，是指高温相之间的结合，如高纯镁砖中的方镁石与方镁石、方镁石与 $C_2S$ 间的结合，镁铬砖则是方镁石与方镁石、方镁石与尖晶石、尖晶石与尖晶石间的结合。高温相之间的结合程度用直接结合率来表示。但直接结合率达到多少才称之为直接结合砖，长期以来，没有一个非常明确的定论，不过，多数人认为，直接结合率达到 70% 即可称为直接结合砖。

直接结合镁铬质砖生产工艺和理化性能、显微结构、使用特性与普通烧成镁铬砖明显不同，主要表现在原料纯度高，合成砂质量优，成型压力大，烧成温度高，显微结构合理，高温强度大，抗渣侵蚀和渗透能力强，这是普通烧成镁铬砖无法与之相提并论的显著特点。

### A　合成镁铬砂

直接结合镁铬质砖所用合成镁铬砂分烧结合成和电熔合成两种。烧结合成砂通常采用轻烧镁砂与精选铬矿粉按 $Cr_2O_3$ 含量要求混合压球高温煅烧制得，其煅烧温度应在 1750 ~ 1800℃；电熔合成镁铬砂是用电弧炉将按比例混合的菱镁矿与铬矿进行电熔制取，菱镁矿与铬矿颗粒通常在 30mm 以下。

镁铬质砖的性能取决于化学组成和烧成条件以及由他们确定的显微结构，而这些决定镁铬质砖性能的重要因素，首先应从原料取得。因此，生产性能优良的直接结合镁铬质砖必须以优质镁铬砂为基础。据此，对镁铬合成砂提出如下要求：

(1) 低气孔高密度，显气孔率 <10%，体积密度 3.3 ~ 3.45g/cm³，以提高制品的抗渣性和抗渗透性。

(2) 低 $SiO_2$ 含量，以获得高的直接结合率和尽可能少的硅酸盐含量。镁砂中 $w(SiO_2) < 1.0\%$，铬矿中 $w(SiO_2) \leqslant 3.5\%$。

(3) 低 CaO 含量，镁砂和铬矿中 $w(CaO)$ 应小于 1.0%，防止合成砂中生成低熔硅酸盐相 CMS，同时 CaO 含量高时与合成料中 $Al_2O_3$、$Fe_2O_3$ 等反应生成铝铁钙系低熔相，对直接结合镁铬质砖的高温强度和抗渣蚀性不利。

### B　直接结合镁铬砖性能

#### a　显微结构

(1) 合成料显微结构的形成。为使直接结合镁铬质砖获得理想的显微结构，首先要制取理想显微结构的合成砂。合成砂是以高纯镁砂（含高纯轻烧镁砂和高纯菱镁矿）和高纯铬矿为原料制取的。这些混合料，在煅烧过程（或电熔过程），铬矿中的脉石于 1200℃ 左右开始融化，然后逐渐迁移到铬矿粒子表面，并与镁砂中的 MgO 反应生成高熔点的镁硅酸盐，温度提高到 1500℃，除了晶体有所发育外，其他无多大变化。1600℃ 时，铬矿粒子周围的硅酸盐离开铬矿粒子向 MgO 晶粒迁移，并使铬矿粒子周围形成微细裂缝，这时方镁石重结晶发生，方镁石晶粒间出现部分直接接触，与此同时，铬矿中的游离 $R_2O_3$ 与镁砂中的 MgO 开始反应，逐渐在其周围形成二次尖晶石镶边逐渐扩大，形成更多的二次尖晶石晶体。而且也在原生铬矿粒子表面未被方镁石所据之处出现。在高的煅烧温度下，方镁石与方镁石、方镁石与尖晶石、尖晶石与尖晶石之间的直接结合变得很普遍，并且呈镶嵌状互相咬合，而硅酸盐相则从方镁石晶粒表面被挤到晶粒间的孔隙中去，呈孤立状分布。

(2) 砖的显微结构。大颗粒由镁富氏体组成，呈浑圆半透明状。这种镁富氏体是方镁石在高温下与铬矿中的 $R_2O_3$ 反应形成的，其中 $Cr_2O_3$ 在方镁石中的固溶度较 $Al_2O_3$ 和 $Fe_2O_3$ 明显大，而在硅酸盐中的溶解度却明显小于 $Al_2O_3$ 和 $Fe_2O_3$，故在冷却过程 $Cr_2O_3$ 主要以 $MgCr_2O_3$ 固溶体形式在方镁石中出现，并溶有少量的 $Al_2O_3$ 和 $Fe_2O_3$ 构成了以 MgO-$MgCr_2O_4$ 为主的方镁石复合尖晶石结构，具有这种结构的晶体称为镁富氏体。$MgCr_2O_3$ 固溶体在镁富氏体中呈点星状均匀分布，晶粒细小，一般 $1\mu m$ 左右，这种固溶体称为晶内尖晶石，它起降低 MgO 在酸性熔渣中溶解度的作用。与此同时，由于 $Al_2O_3$ 和 $Fe_2O_3$ 在方镁石中的溶解度很低，因此，$Al_2O_3$ 和 $Fe_2O_3$ 主要以 $MgAl_2O_4$ 和 $MgFe_2O_4$ 形式在镁富氏体晶粒间脱溶析出，形成所谓的晶间尖晶石。当砖中的 $Cr_2O_3$ 含量相当高时，数量较多的 $MgCr_2O_4$ 固溶体也于镁富氏体晶界处脱溶，构成 $MgAl_2O_4$-$MgCr_2O_4$-$MgFe_2O_4$ 晶间复合尖晶石，它与镁富氏体晶粒结合紧密，呈镶嵌网络结构，既提高材料的抗渣蚀性，也显著改善材料的高温强度。分布在镁富氏体与尖晶石晶粒之间的硅酸盐相（主要是 CMS），在升温过程由于晶粒的发育长大，逐渐被挤压到晶粒未接触的晶界处，呈三角袋状孤立分布，其量极少，约占矿物总量的 3% 左右。基质中的镁富氏体晶粒尺寸远较大颗粒的镁富氏体为小，其组成也有所不同，复合尖晶石含量以基质中者为高，这有利于提高砖的抗渣蚀性和抗渗透性以及强度等性能。

在直接结合镁铬砖中，镜下往往看到，在复合尖晶石与方镁石（实际是镁富氏体）接触界面，存在一层成分介于镁富氏体与尖晶石之间的二次尖晶石过渡组成层。该过渡组成二次尖晶石层，显然是由于原料煅烧过程未完全反应的 MgO 和 $R_2O_3$ 或者制砖过程引入的 $R_2O_3$ 在砖烧成过程继续反应形成的（称为二次尖晶石）。

有人采用淬火技术，将原来烧成温度为 1700℃ 的试样重烧到 1700℃，然后淬火，经检验后发现，砖中的直接结合率减少，仅看到一些大颗粒铬矿粒子与方镁石保持有镶边，看不到二次尖晶石和方镁石与方镁石间的直接结合。这一发现说明，当将直接结合砖进行重烧时，直接结合率将会降低，而且随重烧温度的提高而逐渐降低，重烧温度达到砖的烧成温度时，直接结合消失。这一观点是否完全正确，尚需进一步证实，但应该说对直接结合镁铬质砖强度有不利影响或者说对直接结合率的降低有明显影响。为了保持砖在使用温度下具有较高的高温强度和优良的抗渣蚀性能，以及体积的稳定性，原料的煅烧温度必须高于砖的烧成温度，砖的烧成温度必须高于使用温度，这一论点应该是正确的。

b 强度

这里所说的强度主要是指高温强度，它是产品在高温下抵抗机械冲刷能力的重要指标。在碱性诸耐火材料中，直接结合镁铬质砖（如全合成，半再合成和熔粒再结合成）高温抗折强度最高，因此，常用于炉外精炼机械冲刷严重的高侵损区，如 AOD 炉的风口，RH-OB 炉的吹氧口、Asea-SKF 炉电磁搅拌器周围，以及精炼包的迎钢面。然而影响直接结合镁铬质砖强度的因素很多，其主要的应该是砖的化学组成和烧成温度。

（1）组成的影响。影响镁铬质砖强度因素，除了杂志种类和含量外，$Cr_2O_3$ 和 $Al_2O_3$ 则是起决定性的作用。当 $Cr_2O_3$ 和 $Al_2O_3$ 含量在一定范围内，砖的高温强度随 $Cr_2O_3$ 和 $Al_2O_3$ 含量的提高而提高。有人研究 $Cr_2O_3$ 和 $Al_2O_3$ 对全合成直接结合镁铬质砖性能的影响时发现，当 $Cr_2O_3$ 含量从 10% 增到 20% 时，1500℃ 的高温抗折强度从 4.1MPa 提高到 10MPa，几乎增加近 2.5 倍，$Cr_2O_3$ 增到 25% 时，强度达到最大，以后开始下降。$Al_2O_3$

从 4% 增加到 17% 时，1500℃ 下的抗折强度则从 4.1MPa 提高到 18.1MPa，增加了近 4.5 倍，若 $Al_2O_3$ 含量继续增加到 30% 时，1500℃ 下的抗折强度则开始下降到 14.2MPa，但降低幅度并不明显。同时还发现，取得高温抗折强度最大时的 $Al_2O_3$ 合适含量组成的全合成直接结合镁铬砖在 1400℃ 和 1500℃ 下高温抗折强度差别不大，分别为 20.1MPa 和 18.1MPa，仅下降了 2.0MPa，而 $Al_2O_3$ 含量从 17% 降到 6% 时，全合成砖 1400℃ 和 1500℃ 下的高温抗折强度分别为 16.9MPa 和 10MPa，下降了 6.9MPa。$Cr_2O_3$ 和 $Al_2O_3$ 对直接结合镁铬性能的影响如表 5-20 所示。可以看出：随 $Cr_2O_3$ 和 $Al_2O_3$ 含量增加对直接镁铬砖强度开始增大到最大然后降低，各有一个合适值；取得高温抗折强度最大时的 $Al_2O_3$ 合适含量的全合成砖，从 1400℃ 到 1500℃ 时的高温抗折强度降低幅度很小。

**表 5-20　$Cr_2O_3$ 和 $Al_2O_3$ 对直接结合镁铬砖性能的影响**

| 项　　目 | $w(Cr_2O_3)/\%$ | | | | $w(Al_2O_3)/\%$ | | | |
|---|---|---|---|---|---|---|---|---|
| | 10 | 20 | 25 | 30 | 4 | 6 | 17 | 30 |
| 显气孔率/% | 12 | 14 | 16 | 18 | 12 | 14 | 15 | 16 |
| 常温耐压强度/MPa | 116 | 104 | 90 | 79 | 116 | 104 | 120 | 131 |
| 荷重软化温度/℃ | 1680 | 1700 | 1660 | 1670 | 1680 | 1700 | 1620 | 1650 |
| 高温抗折强度（1400℃）/MPa | 4.5 | 16.9 | 18.4 | 15.7 | 5.0 | 16.9 | 20.1 | 24 |
| 高温抗折强度（1500℃）/MPa | 4.1 | 10.0 | — | — | 4.1 | 10.0 | 18.1 | 14.2 |

$Al_2O_3$ 对提高直接结合镁铬砖强度的作用比 $Cr_2O_3$ 大。$Cr_2O_3$ 和 $Al_2O_3$ 尤其 $Al_2O_3$ 对提高镁铬质砖的强度，应归因于在镁富氏体晶粒间形成较多的晶间尖晶石所致。

杂质 $SiO_2$ 和 CaO 含量对直接结合镁铬质砖的有害影响较大，这些杂质使砖在较低温度下出现液相，降低砖的高温性能和使用特性。因此，在优质镁铬砖中，应尽可能降低它们的含量。

（2）烧成温度的影响。在合理的最高烧成温度下，直接结合镁铬尖晶石质砖的强度随烧成的提高而提高。这是因为高温相之间的直接结合率随其温度的提高而提高。1300℃ 保温 1h 的扭蠕变结果表明，当烧成温度从 1500℃ 升到 1600℃ 时，扭蠕变由 26 弧度 × $10^{-8}$ 剧降到 5 弧度 × $10^{-8}$，若烧成温度继续升高到 1750℃，扭蠕变缓慢下降，由 5rad × $10^{-8}$ 仅降到 3rad × $10^{-8}$。当烧成温度从 1500℃ 提高到 1700℃ 时，1200℃ 下的高温抗折强度从 3.6MPa 提高到 14MPa，增加了近 4 倍，1400℃ 的高温抗折强度则从 1.3MPa 提高到 6.5MPa，几乎提高了 5 倍，若烧成温度升高到 1750℃，则 1200℃ 和 1400℃ 下的高温抗折强度分别可达 20.3MPa 和 14.5MPa。由此可见，烧成温度对提高直接结合镁铬砖的高温强度起着举足轻重的作用。

c　抗渣性

镁铬尖晶石质耐火材料对酸性渣和碱性渣的侵蚀都具有较好的抵抗能力。因此，以酸性渣为主，同时也有碱性渣存在条件下（$CaO/SiO_2$ 克分子比 0.3～1.5，例如 VOD、AOD 等炉外精炼炉）使用，能取得良好的效果，若炉渣碱度超过 2.0 时，这种制品的使用效果就较为逊色。

在 VOD、AOD 炉外精炼的操作过程中，炉渣碱度一般在 0.3～1.5 或稍高的范围内变化，渣中 $w(SiO_2) = 20\% \sim 30\%$ 或更高。根据 $MgO\text{-}Cr_2O_3\text{-}SiO_2$ 三元相图可知，若 $w(MgO) = 60\%$，$w(Cr_2O_3) = 20\%$，$w(SiO_2) = 20\%$，而 CaO 含量较低（属酸性渣）时的组成点落在方镁石相区内，熔融温度约 2180℃ 左右，若 $w(SiO_2)$ 从 20% 增至 30% 时，则该组成点处在镁铬尖晶石相区内，熔融温度在 1900℃ 以上，从化学反应角度看，$Cr_2O_3$ 与 $SiO_2$ 高温下基本不起反应形成低熔物，MgO 与 $SiO_2$ 反应形成的 $M_2S$ 是一种高熔点的化合物，其熔点高达 1890℃，尽管渣中存在少量的 CaO，高温下与 MgO、$SiO_2$ 反应生成低熔物 CMS 或 $C_2MS_2$，但其量很少，对该制品的使用效果不起主导作用。因此，尽管渣中含量有高达 30% 的 $SiO_2$，系统出现液相的温度仍然高于冶炼温度（VOD 最高操作温度仅 1700 ~ 1750℃），由此可以认为镁铬质砖，尤其是 $Cr_2O_3$ 含量较高的砖，抗酸性渣的侵蚀性是相当好的。

镁铬质砖抗酸性渣蚀性优良，在于砖中存在大量的尖晶石，尤其是镁铬尖晶石。A. M. Alper 等人研究高温下 $R_2O_3$ 在方镁石和硅酸盐中的溶解度时指出，$Cr_2O_3$ 在方镁石中的溶解度较大，而且随温度的提高而增大，在 1700℃ 时约 18%；1750℃ 时约为 20%；而在硅酸盐中的溶解度很小，1700℃ 时仅为 7% 左右。因此，作为镁铬质砖的主要结合相的镁铬尖晶石主要以方镁石晶内尖晶石的形式出现，同时也以少量的晶间尖晶石的形式存在于方镁石晶粒之间，这样，镁铬尖晶石就可大大提高其方镁石的抗酸性渣蚀能力，改善了镁铬质砖的整体抗酸性渣蚀性。

镁铬质砖的抗酸性除了与组成有密切相关外，也与制造方法有关。表 5-21 所示是采用不同工艺制造的镁铬质砖的抗酸性渣的比较。

**表 5-21　制砖工艺对砖抗渣性能的影响**

| 工 艺 方 法 | 砖 种 | 渣蚀量/% | 相对寿命 | $w(Cr_2O_3)$/% |
|---|---|---|---|---|
| 非合成 | 普通镁铬砖 | 33 | — | 10 |
| 非合成 | 普通直接结合镁铬砖 | 22 | 1.0 | 12 ~ 18 |
| 烧结部分（制砖部分加部分铬矿粉） | 部分合成镁铬砖 "C" | 14 | — | 19.6 |
| 烧结部分合成 | 部分合成镁铬砖 "B" | 12 | 1.4 | 14.9 |
| 烧结全合成 | 全合成镁铬砖 "C" | 5 | 2.0 | 18.7 |
| 电熔全合成 | 熔粒再结合镁铬砖 | 4 | 2.1 | — |

从表 5-21 可以看出，不同生产工艺生产的不同镁铬质砖，抗渣蚀性和使用寿命有明显不同，采用预先合成工艺比非预先合成工艺制得的砖的抗渣蚀性要好很多，使用寿命也较之为高。在烧结合成法中以全合成较部分合成者更好，烧结全合成的抗渣蚀性和使用寿命与电熔全合成者相当。全合成工艺制得的砖的组成分布远较部分合成更比非合成者均匀，因此，砖的抗渣蚀性得到明显的提高。

为了提高直接结合镁铬质砖的抗渣性，也可在基质中引入加入物。日本的石井章生等人研究了 Fe-Cr 对直接结合镁铬砖性能的影响表明，在直接结合镁铬砖中引入 3% ~4% 的 Fe-Cr 粉可明显提高砖的抗渣蚀性和抗渗透性，同时也大大改善砖的高温强度，认为引入的 Fe-Cr 可在砖烧成过程中进入砖中气孔，使砖的气孔变细、变小，改变了气孔结构，同时也富化了基质中的 $Cr_2O_3$ 含量。这种产品在 RH-OB 炉的下部槽使用，其寿命较常用的直接结合镁铬砖有明显提高。

d　耐火性能

组成镁铬质砖的主要成分均系高熔点的耐火相。MgO 熔点 2800℃，$Cr_2O_3$ 熔点 2435℃，$MgCr_2O_4$ 熔点 2180℃，$MgAl_2O_4$ 熔点 2135℃，$MgFe_2O_4$ 熔点 1890℃，即使砖中存在少量的 CaO 和 $SiO_2$ 杂质，它们的最低共熔点也在 1500℃ 以上。镁砖中的低熔硅酸盐相 CMS 与 MgO 共存的低共熔点与镁铬砖中的 $MgCr_2O_4$ 与 CMS 共存时，低共熔点相当，均为 1500℃。也就是说，在镁砖中加入 $Cr_2O_3$ 组分基本没有改变镁砖的高温耐火性能，高纯度的直接结合砖更是如此。但由于 $Al_2O_3$ 和 $Fe_2O_3$ 的存在，直接结合镁铬质砖的高温耐火性能较高纯镁砖略差一些，因为有可能生成熔点较 CMS 更低的 $C_4AF$。

直接结合优质镁铬质砖具有很高的耐火度，一般都在 1900℃ 或更高，较高的荷重软化温度，一般在 1650~1750℃，较高纯镁砖略低。

此外，镁铬质砖与镁砖相比，具有较好的热震稳定性，1300℃ 下的热膨胀系数$(8.5~9.0)\times10^{-6}℃^{-1}$，较镁砖$(13~14)\times10^{-6}℃^{-1}$ 为低。但这种产品也存在着不同气氛下 $Fe_2O_3$ 和 $Cr_2O_3$ 的变价而导致砖的体积变化，生产成本也较高等缺点。表 5-22 所示为国内外镁铬质砖的主要理化性能。

表 5-22　国内外镁铬砖性能

| 国家 | 项目 | $w(Al_2O_3)$ /% | $w(Cr_2O_3)$ /% | $w(MgO)$ /% | 显气孔率 /% | 体积密度 /g·cm$^{-3}$ | 耐压强度 /MPa | 荷重软化点/℃ | 抗折强度/MPa 1400℃ | 抗折强度/MPa 1500℃ |
|---|---|---|---|---|---|---|---|---|---|---|
| 日本 | 直接结合砖 | 7~13 | 14~18 | 58~73 | 15~18 | 3.08~3.15 | 61~102 | 1700 | 8.2~14.3 | 3.4~9.2 |
| | 超高温烧成砖 | 10.8 | 17.2 | 64.0 | 15.5 | 3.14 | 94.8 | — | — | 10.9 |
| | 半再结合砖 | 6.8~9 | 24~27 | 53~55 | 14~16 | 3.24~3.34 | 55~118 | — | — | 7.8~13.3 |
| | 熔粒再结合砖 | 9.4 | 29.0 | 50.7 | 14.4 | 3.31 | 101 | — | — | 14.2 |
| 美国 | 普通直接结合砖 | 13.7 | 15.9 | 60.5 | 16.5 | 3.04 | 36 | — | — | 5.4 |
| | 全合成砖 | 5.16 | 23.19 | 59.22 | 16.0 | 3.21 | 68 | >1700 | — | 7.3 (1480℃) |
| | 低气孔烧成砖 | 6.6 | 18.6 | 60.7 | 12.5 | 3.33 | 42 | — | — | 1.6 |
| 英国 | 部分合成砖"B" | 11.4 | 14.9 | 62.4 | 17.3 | 3.10 | — | — | 7.7 | 4.2 |
| | 全合成砖"E" | 6.5 | 18.7 | 60.2 | 15.2 | 3.20 | — | — | 9.7 | 5.6 |
| 中国 | 预反应砖 | 6.95 | 8.84 | 71.85 | 17.6 | — | 45 | 1580 | — | — |
| | 全合成砖 | 5.82 | 19.06 | 55.0 | 14.0 | 3.26 | 104 | 1750 | 16.9 | 10.0 |
| | 全合成镁铬铝砖 | 17.07 | 19.06 | 56.05 | 15.0 | 3.20 | 100 | 1620 | 20.1 | 18.1 |
| | 半再结合砖 | 6.5~8.3 | 15~19.5 | 58~65 | 15~16 | 3.16~3.20 | 76~88 | >1700 | 13~16 | 10~12 |
| | 熔粒再结合砖 | 4.6~7.7 | 16.1~20.4 | 63.8~69.4 | 15~16 | 3.1~3.31 | 102~128 | 1800~1820 | 7.5~13.3 | — |
| | 熔铸砖 | 8~12 | 16~19 | 56~59 | 10~14 | 3.2~3.3 | 51~133 | >1700 | >20.4 | — |

C　直接结合镁铬砖生产工艺

直接结合镁铬砖的生产工艺与普通镁铬砖基本相似，仅原料纯度、成型压力和烧成温度与之不同，但熔铸砖与烧成砖则完全不同，其生产工艺可参考其他相关教材资料。

a 全合成烧成镁铬砖

全合成烧成镁铬砖是采用高纯合成镁铬砂作原料，于高温下烧成制得的。为提高砖的高温力学性能和抗渣蚀性与浸透性，往往采用 $Cr_2O_3$ 含量不同合成砂分别作骨料和基质，通常骨料中的 $Cr_2O_3$ 含量要比基质低。

全合成镁铬砖通常采用亚硫酸纸浆废液作结合剂，加料顺序与普通镁铬砖相同，即先加颗粒料，混合后加纸浆再混，最后加细粉。成型多选用高吨位摩擦压砖机，也可采用高吨位液压机。烧成在隧道窑或倒焰窑内进行，窑内气氛以弱氧化气氛为宜，烧成温度视杂质含量而定。

b 部分合成镁铬砖

部分合成镁铬砖是以高纯镁砂（烧结、电熔或海水镁砂均可）为骨料，预合成镁铬料为细粉，经一般制砖工艺制得。其原始原料质量要求与其他直接结合砖一样，要求镁砂中的 MgO 越高越好，至少应达到 97%，海水镁砂 $w(MgO) > 98\%$，$w(B_2O_3) = 0.03\%$，铬精矿中 $w(Cr_2O_3)$ 最好在 40% 以上，$w(SiO_2) = 3.5\%$，$w(CaO) = 1.0\%$。在配料时也可在骨料中加入部分铬精矿颗粒，但其量不宜过多，加入铬精矿颗粒可以提高制品的抗热震性，但对其强度将产生不利影响。

部分合成镁铬砖生产工艺除了配料采用的原料与全合成镁铬砖不同外，其他工艺与全合成砖相同。

部分合成镁铬砖的烧成温度基本与全合成镁铬砖相同，若引入铬矿时，保温时间应稍长，以便使砖中的 MgO 与 $R_2O_3$ 反应完全，形成更多的二次尖晶石。

c 熔粒再结合镁铬砖

熔粒再结合镁铬砖是以电熔合成镁铬料为骨料和细粉，按要求比例配制而成。其生产工艺除了合成料工艺和烧成温度不同外，其他工艺与全合成镁铬砖完全相同。

合成镁铬砂是采用高纯菱镁矿与铬精矿经混合后直接于三相电弧炉中熔制而成。用该工艺制得的合成砂密度较烧结工艺制得的合成砂要高，强度也大，抗渣蚀和渗透性也好，但其热震稳定性不及烧结砂好。

为了改善熔粒再结合镁铬砖的抗热震性，国内外学者进行过许多研究，提出了许多技术措施，并获取了较好效果，这些技术措施归纳如下：

（1）在骨料配料中，引入两种 $Cr_2O_3$ 不同的合成料，使砖受热过程由于两种不同 $Cr_2O_3$ 含量的合成料热膨胀系数不同在晶粒之间产生显微裂纹。这种显微裂纹可缓冲热应力的作用，但这种微裂纹应呈非连续分布，否则将会明显的降低制品的强度和对熔渣的抗浸透性。

（2）在配料中引入少量的贝壳碎料（成分是 $CaCO_3$），引入的贝壳在砖烧成过程，贝壳分解逸出 $CO_2$，形成晶粒间的微裂纹，起着缓冲热应力的作用。

（3）配料中引入适量的铬精矿颗粒，这既可在晶粒晶界处进一步生成二次尖晶石，进一步降低砖的热膨胀系数，又可形成微裂纹，缓冲热应力的冲击。

（4）骨料和细粉用电熔和烧结料并用工艺，也可取得改善制品热震稳定性的良好效果。

（5）基质中引入适量 $TiO_2$，砖在烧成过程生成低膨胀系数和高熔点的 $Al_2TiO_5$，降低砖的热膨胀率。

熔粒再结合镁铬砖的烧成温度较全合成烧结砖略高，主要原因是电熔合成料活性较烧结合成料小，需更高温度才能将砖烧结，方可显示出熔粒再结合镁铬砖的优点。

为提高砖的抗渣性和高温强度，在基质中可引入少量 Fe-Cr 和 $Al_2O_3$ 粉，以便降低砖的显气孔率，富化基质中 $Cr_2O_3$ 和 $Al_2O_3$ 含量，提高晶间尖晶石数量，达到既提高抗渣蚀性和抗渗透性，也可大大提高砖的高温强度。

d　半再结合镁铬砖

半再结合镁铬砖的力学性能（含抗渣性）介于烧结合成镁铬砖和熔粒再结合镁铬砖之间。开发这种产品的目的主要是改善熔粒再结合镁铬砖的抗热震性。同时又具有与熔粒再结合镁铬砖相近的强度和抗渣蚀性。以减轻砖在使用过程因温度波动而产生剥落掉片现象，提高使用寿命。与全合成烧结镁铬砖和熔粒再结合镁铬砖相比，半再结合镁铬砖的生产工艺特点是：骨料与基质采用电熔合成和烧结合成两种不同生产工艺制得的合成料进行配制。主要目的是因两种合成料在高温下产生不同的收缩率，从而可在颗粒与基质间产生微裂纹，并且呈非连续分布。然而这种微裂纹尺寸大小和分布如何控制，则成为生产半再结合镁铬砖的关键技术之一。因此，需多次进行电熔合成料和烧结合成料加入比例的调整，以确定其两种料的合适比例。半再结合镁铬砖在日本多数采用以烧结全合成料为骨料，电熔合成料为细粉工艺生产。在我国则采用以电熔合成料为骨粉，烧结合成或电熔合成料两者为细粉工艺生产，也有在配料中引入部分铬精矿颗粒与合成料颗粒为骨料，以合成料加铬矿为细粉来生产这种产品的工艺。

半再结合镁铬砖的生产工艺与全合成镁铬砖和熔粒再结合镁铬砖相同，烧成温度可介于两种砖之间。

e　全合成镁铬铝砖

全合成镁铬铝砖生产工艺与全合成烧结镁铬砖相似。其特点是在全合成镁铬配料中引入部分 $Al_2O_3$，然后按全合成镁铬砂的生产工艺进行烧结合成制得全合成镁铬铝熟料。将这种合成料经破粉碎处理，按要求比例进行配制制得全合成镁铬铝砖。为节省生产成本，也可分别制取低 $Al_2O_3$ 含量的骨料和高 $Al_2O_3$ 含量的细粉料的合成料，或者在基质中引入适量的 $Al_2O_3$ 细粉来进行生产。

全合成镁铬铝砖的主要特点是晶间尖晶石含量高，与镁富氏体晶粒结合牢固，从而显著的提高砖的高温强度。同时也改善其材料的抗热震性，抗渣蚀性和抗浸透性也能保持在较高的水平。

除上述各烧结直接结合镁铬砖外，还有一种称直接结合镁铬砖，其配料与生产方法与合成烧结砖有所不同。配料中除合成镁铬料外，还加入部分铬精矿。铬精矿可以以颗粒形式，也有以细粉形式和合成料混合加入，或者在这些混合料中加入少量高纯镁砂粉。但铬矿粉和镁粉量不宜过多，否则产生体积膨胀。

## 5.4　镁钙质耐火材料

以 MgO 和 CaO 为主要成分的耐火材料称为镁钙质耐火材料。其化学成分 $w(MgO)$ = 40% ~85%，$w(CaO)$ =8% ~57%。同时要含有一定量的 $Al_2O_3$、$Fe_2O_3$、$SiO_2$，其含量一般为 3%。镁钙质耐火材料主要有焦油白云石砖、镁白云石砖、直接结合镁钙砖，此外还有含碳镁钙白云石砖，主要用于氧气转炉，炉外精炼炉等。

MgO-CaO 二元系统如图 5-21 所示。他们可以形成有限固溶体，液线温度高，亚液线温度也高，低共熔点为 2370℃ ，是一种性能优良的耐火材料。

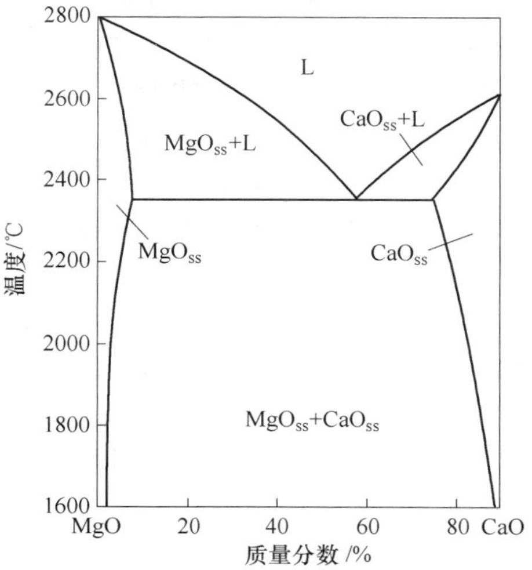

### 5.4.1 焦油白云石砖

焦油白云石砖是以烧结白云石为主要原料或再加入适量烧结镁砂（通常以细粉的形式加入），并以焦油沥青或石蜡等有机物作结合剂而制成的，其工艺流程如图 5-22 所示。详细过程如下所述。

#### 5.4.1.1 原料

烧结白云石的化学组成和烧结程度等质量指标关系到制品的性质和使用寿命。烧结白云石熟料质量指标主要是化学组成和烧结程度。因为这两个指标直接影响砖的使用特性。为适应使用要求，白云石熟料应是纯度高、

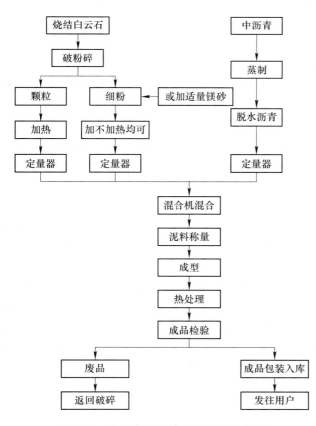

图 5-21 MgO-CaO 二元系统

烧结良好的精选料。其 $w(MgO) \geqslant$ 48% , $w(CaO) \geqslant 48\%$ , $Al_2O_3 + Fe_2O_3 + SiO_2$ 杂质含量应不大于 4% ，体积密度不小于 $3.0g/cm^3$ 。

白云石砂是瘠性物料，成型时必须加入适宜的结合剂，通常采用煤焦油沥青、石油沥青、煤焦油、原油等。结合剂的作用：经加热脱水的焦油或沥青基本上不含水（＜0.5%），对烧结白云石不产生水化反应。焦油、沥青本身均具有不透水性，包裹着白云石颗粒，可起防水化的保护膜作用。这些结合剂在低温时具有结合性，使制品具有较高的常温强度。白云石砂与液态焦油或沥青混合后的坯料有一定的可塑性，有利于制品成型。一般来说，机压成型较振动成型的焦油加入量少。通常焦油白云石砖料中焦油-沥青加入量在 7% ~10% 范围内，振动成型多在 7.5% ~8.5% ，而机压砖多在 6% ~7% 。

图 5-22 焦油白云石砖工艺流程示意图

焦油白云石制品的配料比较简单，一般采用单一配料。有时为了提高其抗水化性能，细粉可以部分地或全部代之以镁砂细粉。机压成型时颗粒受到强大的外界压力，如果大小颗粒悬殊，则大颗粒受到的应力不能迅速而均匀地传递出去，会造成大颗粒的破碎。为防止颗粒破碎，减轻颗粒的受力并迅速而均匀地将颗粒料所受的压力传递给机座，机压成型料应含有适当的中小颗粒。振动成型时，可以采用比机压砖料大得多的颗粒和取消中间颗粒，组成高离散度和均匀性的颗粒结构。此外，在制定配料时，既要改善砖的致密度和抗水化性，也要改善成型性能。粗颗粒料有利于制品的致密度、抗水化性和抗渣侵蚀能力的提高。用于转炉的焦油白云石砖砖型大，单重大，一般采用大临界颗粒配料工艺，常用的临界颗粒为 15~20mm 或 8~10mm，其配料为临界颗粒 >3mm 占 20%~25%，3~1mm 占 25%~30%，1~0mm 占 15%~20%，细粉（≤0.088mm）占 30%~35%。若成型后砖坯表面显得粗糙，可适当降低骨料比例，增大细粉比例。

### 5.4.1.2　坯料制备

#### A　烘砂

烘砂目的在于防止加热后的焦油沥青结合剂与冷态白云石砂在混料过程因白云石砂的吸热而引起结合剂流动性的降低，从而降低砖的成型性能和成品性能。因此，白云石砂需在较高温度下烘烤。烘砂温度过低，混料过程使焦油沥青黏度增大，混合不匀，成型困难；温度过高，会使结合剂部分物质挥发而改变其成分，并污染操作环境。因此，一般熟料砂的温度应控制在 200~300℃，而且只烘大、中颗粒，细粉可烘可不烘。烘砂设备主要采用反射炉和立式加热炉。

#### B　结合剂及其制备

焦油白云石砖通常采用煤焦油沥青、石油沥青、煤焦油和蒽油等作结合剂。从实际使用效果和经济观点出发，以采用煤焦油沥青和煤焦油的混合结合剂（简称焦油沥青）最好，因为它有较高的含碳量和较低的软化点，既利于坯体的成型，也有利砖性能的提高。因此，我国多数生产厂均采用这种结合剂。

煤焦油是煤经高温干馏后回收得到的黑色黏稠状液体，分低温和高温干馏焦油，做结合剂使用的是低温焦油，它具有软化点低，挥发分高，黏结性好的特点。煤焦油沥青是煤焦油蒸馏后剩下的浓稠残渣（简称沥青），其特点是含碳量高，软化点高，结合性能较焦油差。沥青分特硬沥青（软化点大于 120℃），硬沥青（软化点 90~120℃），中沥青（软化点 40~60℃）及特软沥青（软化点小于 40℃）四种。其中，中沥青为最合适的结合剂。也可与其他结合剂混合使用，也可以单独使用。结合剂加入量在 7%~10% 范围内，振动成型为 8%~9%，机压成型 6%~7%。

结合剂是以液态的形式加入到白云石料中，为了排除结合剂中的水分，防止材料水化，且保证结合剂具有良好的流动性，顺利地填充于白云石气孔中，在颗粒外表面均匀包上一层油膜，焦油沥青需要经熬炼除水。加热熬制通常采用以下几种方法：金属锅加热和脱水，阶梯式薄层加热与脱水，电气加热与脱水，也可采用蒸气加热及管道运输系统来加热与脱水。一般的根据生产经验，结合剂熬制到"锅面无泡，不留黄烟，棍挑成丝"时，油内的水分已降至 0.5% 以下。

#### C　混练

合理的混练制度，应该是先加大颗粒，再加结合剂，混 1~2min，再加中颗粒，再混

1～2min 后，再加细粉，并继续混合，直至料中无"油团"和"白料"为止。但混练时间不宜过长，否则会产生细粉结成小球。为了使结合剂充分渗入大颗粒间隙中，可将大颗粒在热焦油或沥青中浸泡 10～15min，再进入混料机中混练。生产中常用的混练设备有：双轴和单轴混练机，混砂机，湿碾机等。应用最广泛的是双轴混练机和带加热装置的湿碾机。混练后的泥料温度控制在 160～190℃为宜。

D　成型

焦油白云石耐火材料成型方法有捣打成型、机压成型和振动成型三种，常用的为后两种。机压成型适合于尺寸小的制品，振动成型比较适合于尺寸大的制品。

a　机压成型

常用摩擦压砖机成型焦油白云石砖，料温是成型坯体质量的重要指标，若料温高于 170℃时，易产生扭曲、起皮、膨胀等。料温过低，塑性差，难成型，密度低，而且由于打击次数多造成颗粒破碎，破碎后的颗粒由于无结合剂的覆盖，易于水化。机压成型适宜料温为：夏季 130～150℃，冬季 140～160℃。成型坯体密度在 2.8g/cm³ 左右。

b　振动成型

振动成型一般成型大型砖。其优点是成型过程不破坏颗粒，防止砖的水化，实际使用证明，振动成型砖寿命较机压砖长。采用振动加压成型砖坯，单重大于 30kg 乃至几百公斤，振动台大小依砖尺寸而定。振动频率为每分钟 2500～2800 次，振幅 1.5～2.5mm，采用高频低幅振动效果更好。料温控制在 160～180℃，成型前模具烘烤温度一般在 300℃左右。成型后的焦油砖需用强制通风快速冷却，以免变形。大砖冷却至 50～60℃才能脱模。

E　热处理和浸渍

热处理的目的有两个：一个是排除焦油沥青结合剂中的挥发分；另一个是结合剂碳化，成为碳结合，提高砖的强度。热处理是目前国内外提高焦油白云石砖质量的重要措施之一，通常采用低温处理和中温处理两种方法。低温处理是将焦油白云石砖在 250～400℃，还原或保护气氛中焙烧 8～12h，然后在 150℃左右的焦油或沥青中浸渍一定时间。这种热处理下只能使结合剂中的挥发分逸出，焦油并未结焦，砖坯强度低。中温处理是在还原气氛或中性气氛及 1000～1200℃下进行，此时挥发分可排除，能提高砖的强度。热处理后的制品常用真空浸油法在 150℃左右的焦油沥青中浸渍，其真空度应大于 650mmHg（86659.3Pa），浸油时间不小于 8h，油压 0.4～0.5MPa。经油浸后的砖具有高密度，低气孔，残碳含量高，强度大，抗渣蚀能力强和抗水化性好等特点。使用寿命较未经油浸普通焦油白云石砖提高 40% 或更高。

热处理油浸砖的使用结果表明，它的使用寿命比同期生产的普通焦油白云石砖炉衬炉龄提高 40% 以上。

## 5.4.2　镁白云石砖

镁白云石砖于 20 世纪 60 年代由日本首次研发，并成功用于氧气转炉，在我国 70 年代研发，并用于氧气转炉，显著提高氧气转炉的使用寿命。其研发重点放在杂质含量和 MgO/CaO 比对制品性能的影响上。镁白云石砖分烧成镁白云石砖和烧成油浸镁白云石砖。烧成白云石砖是以白云石砂、镁白云石砂、镁砂作为原料，加无水结合剂（如石蜡）混练，高压成型，高温烧成的。两者生产工艺相同，仅后者加真空油浸工艺。经真空油浸后的烧成油浸镁白云石砖的抗渣蚀性和抗渗透性优于烧成镁白云石砖。常用于碱性氧气转炉内衬，也用于炉外精炼的 AOD、VOD、LF、VAD 等炉，使用效果要比烧成镁白云石砖好。

20 世纪 70~80 年代是镁白云石砖发展的鼎盛时期，使用的镁白云石砖杂质总含量小于 3%，$w(MgO)=80\%$ 或略高。镁白云石砖鼎盛时期之所以发展这么快，是因为这种砖具有良好的高温性能和使用特性。但 MgO-C 产品出现后，转炉及炉外精炼等装置大部甚至全部被 MgO-C 砖取代。

#### 5.4.2.1　镁白云石砖基本生产工艺

镁白云石砖主要采用合成镁白云石砂为主要原料制得。配料时也可全部采用镁白云石合成砂，也可在基质料中引入部分或全部高纯镁砂细粉，以便提高其抗渣性（尤其氧化铁高的炉渣）和抗水化能力。合成砂可采用一步煅烧法或二步煅烧法生产，但以二步法居多。根据镁白云石砖的使用环境，用高钙菱镁矿按要求比例配入白云石，或者在白云石中配入高钙菱镁矿，经磨细、混合、压球、煅烧制得（二步法煅烧，将原矿经轻烧配制压球再煅烧）。合成砂要求杂质总含量（$SiO_2 + Al_2O_3 + Fe_2O_3$）最好不大于 3%，体积密度不小于 3.15g/cm³，经高温煅烧后的合成砂应尽快进行砖的生产，以防水化。

镁白云石砖基本采用三级配料，极限颗粒通常为 5。常用配料是镁白云石合成砂 5~3mm、3~0.5mm 和 <0.088mm 细粉，细粉可以是全部合成砂，也可以引入部分或者全部高纯镁砂粉，用石蜡或无规聚丙烯作结合剂，其典型配料比为：

镁白云石合成砂：

| | |
|---|---|
| 5~3mm | 10% |
| 3~0.5mm | 60% |
| <0.088mm | 30% |
| 石蜡（外加） | 2.7% |

结合剂石蜡需经加热脱水，并在 80~100℃ 下保温。上述配料，在生产过程中也可根据泥料成型性能和砖表面情况予以调整。

泥料用摩擦压砖机成型，在高温窑内单独烧成，烧成温度视杂质总含量而定，不大于 3% 时，烧成温度在 1700℃ 或更高。烧成制度应重点注意脱蜡温度，在该温度范围内，最好快速升温，以免因脱蜡砖坯强度显著降低而造成砖坯塌落或开裂，需要注意的是燃料和一、二次风中不能带入水分，否则将会引起砖坯的水化而粉化。烧后镁白云石砖要采取防水化措施，严防其水化，通常包装采用塑料薄膜将砖密封，不得与大气中的水气接触。

油浸镁白云石砖实质上就是烧成镁白云石砖在沥青液中进行真空浸渍，使沥青进入砖内覆盖颗粒及砖体表面，这既起防水化作用，也能提高砖的抗渣蚀性能，在碱性氧气转炉中的使用效果较烧成镁白云石砖为优。

#### 5.4.2.2　镁白云石砖性能

##### A　耐火性能

镁白云石砖是由 MgO 和 CaO 组成的，其熔点分别为 2800℃ 和 2570℃，由 MgO 和 CaO 构成的 MgO-CaO 二元系中的最低共熔温度为 2300℃，由这两种氧化物组成的混合物的熔化温度没有低于 2300℃。因此，整个系统的混合物是以其高耐火性为特征，荷重软化温度一般都在 1700℃ 或以上。MgO 和 CaO 二者具有一定的互溶性，在共熔温度 2300℃

时，以方镁石为主的固溶体中有 7% CaO，以氧化钙为主的固溶体含 17% MgO，温度下降，彼此间的溶解度降低，这种溶解作用降低了 CaO/SiO₂ 的比值，从而引起相组成的改变，并降低其高温性能和高温强度。

B  强度

影响烧成镁白云石砖强度的主要因素是杂质种类及其含量，$Al_2O_3$、$Fe_2O_3$ 和 $SiO_2$ 是镁白云石的主要杂质。煅烧过程中，这些杂质分别与 CaO 和 MgO 反应形成低熔点的 $C_4A$（熔点 1415℃）、$C_2F$（1436℃不一致熔融）、$C_3A$（1545℃不一致熔融）、CMS（1498℃不一致熔融）、$C_3MS_2$（1575℃不一致熔融）、$C_4AF$。这些低熔物在 CaO – MgO 系统中与主成分共存时，可在更低温度下出现液相，如 $C_4AF$ 与 CaO、MgO 和 $C_2S$ 共存时，最低共熔温度分别为 1395℃、1370℃（有限固溶体）和 1350℃，$C_4AF$ 和 $C_3A$ 共存时为 1340℃（有限固溶体），而且这些铁、铝、钙的化合物熔融后的黏度极小，因此，这些杂质对镁白云石砖的耐火性能和高温强度均有非常不利的影响。据此，镁白云石砖不宜在高 $Al_2O_3$、高 $Fe_2O_3$ 的熔渣中使用。

烧成温度对镁白云石砖高温强度的影响也是同样重要的。杂质（$Al_2O_3$ + $Fe_2O_3$ + $SiO_2$）总含量（质量分数）在 2% 或以下，$w(MgO)$ 在 80% 或较高的高纯镁白云石合成料必须在 1750 ~ 1800℃下煅烧，才能取得高密度（如 3.2g/cm³ 或略高）低水化率的优质料，采用这种料生产的砖，至少要在 1700 ~ 1750℃ 下烧成，才能获得高密高强制品。在此烧成条件下制成的镁白云石砖的 1400℃ 下抗折强度一般在 5.0 ~ 9.0MPa，1500℃ 抗折强度 3.0 ~ 5.0MPa 之间。若料煅烧温度和砖的烧成温度较低时，高温抗折强度明显降低。尽管镁白云石砖在高的温度下烧成获得高的高温强度，但较高纯镁砖或直接结合镁铬砖要低许多，抗冲刷能力也不如直接结合镁砖和镁铬砖。

C  抗渣性

镁白云石砖具有抗酸性渣和碱性渣的优良性能，它可在炉渣碱度变化很大的条件下使用，在炉渣碱度为 0.1 ~ 3.0 的 AOD、VOD 炉渣线区、碱度为 2.0 ~ 5.0 的 SKF 炉渣线区使用，其寿命不亚于再结合或直接结合镁铬砖和镁砖。根据镁白云石砖的组成以及使用过程与炉渣的反应机理，镁白云石砖在碱度高的炉渣中使用较在低碱度炉渣中使用略好，当炉渣碱度高时，即渣中 CaO 含量足够高，无过剩 $SiO_2$ 或很少时，则渣中 $SiO_2$ 对砖中 MgO 和 CaO 无侵蚀作用或很小。在此种情况下，镁白云石砖的使用效果应该最好，当渣的碱度低，渣中的 $SiO_2$ 过剩，使用过程，首先与砖中 CaO 反应，在砖表面形成一层以 $C_2S$ 为主的致密耐火层，可进一步防止熔渣继续渗入砖体内部，而且还可以承受更高操作温度的作用。从这个意义上来说，尽管开始砖消耗了部分 CaO，但它能保持内部砖不被炉渣的进一步侵蚀。当然，渣中 $SiO_2$ 除了主要与 CaO 作用外，也不可避免同时与 CaO 和 MgO 反应，形成低熔点的 CMS 和 $C_3MS_2$，溶解少量 MgO 这是镁白云石砖在低碱度渣中使用的不利一面。若渣中 CaO 含量很高，形成的 CMS 和 $C_3MS_2$ 又继续与 CaO 反应生成 $C_2S$。从这点出发可以认为，高 CaO 含量的镁白云石砖在低碱度炉渣中使用要比低 CaO 含量的镁白云石砖为好，盐田政利等人进行过不同 CaO/SiO₂ 炉渣对不同 CaO 含量的镁白云石砖的侵蚀试验发现，渣碱度越低，对砖的侵蚀越大，低碱度炉渣对砖的侵蚀量以 CaO 高者较低着为小。对于高 $FeO(Fe_2O_3)$ 的高碱度炉渣来说，砖中 CaO 含量低者好。换言之，砖中

MgO 含量以高者为好。从 CaO-Fe$_2$O$_3$ 系相图来看，CaO 与 Fe$_2$O$_3$ 通常生成 2CaO·Fe$_2$O$_3$（C$_2$F）和 CaO·Fe$_2$O$_3$（CF），C$_2$F 经常与 C$_4$AF 以固溶体形式存在，C$_2$F 和 CF 的熔点很低，大约分别为 1435℃ 和 1200℃，因此，氧化铁对镁白云石砖（尤其高 CaO 砖）侵蚀较为严重。基于不同碱度和高氧化铁炉渣对镁白云石砖的不同侵蚀机理，镁白云石砖中的 CaO 含量应有所区别，以低碱度操作的炉外精炼 VOD、AOD 炉，CaO 含量应高些，川上辰男等人认为，砖中 CaO 含量在 30%～35% 之间为好，而以高碱度且较高 Fe$_2$O$_3$ 操作的转炉，CaO 含量应较低些，研究结果最好不超过 18%，MgO 含量应为 80% 或略高。

**D　抗热震性**

镁白云石砖的抗热震性优于直接结合镁砖和镁铬砖，这是由于 CaO 在高温下具有较大的蠕变性，从而缓冲了来自热冲击而产生的热应力。

**E　好的脱硫性能**

镁白云石砖中的 CaO 与硫具有很强的亲和力，所以具有非常良好的脱硫性能。正是由于它具有这种良好的脱硫性能，国内外需要进行脱硫的炼钢法，如 TN 法钢包均采用白云石质砖作内衬，取得了非常显著的效果。

**F　其他**

镁白云石砖在高温真空下比较稳定，使用中不像镁铬砖或镁砖那样存在挥发问题，不同气氛下，也不像镁铬砖那样有氧化还原反应，同时生产成本又低，资源也相当丰富，应该是颇具有发展前途的砖种。但是，镁白云石砖存在一个抗水化差的致命弱点。对此，耐火材料工作者也在不断进行提高其抗水化性的研究，并取得了一定效果。如表 5-23 所示为国内外常用镁钙砖质耐火材料的理化性能。

表 5-23　镁钙砖理化性能

| 品名、指标 | | 日本 | 美国 | 英　国 | | 中　国 | |
|---|---|---|---|---|---|---|---|
| | | 镁白云石砖 | 白云石砖 | 烧成镁白云石 | 油浸白云石 | 烧成镁白云石 | 油浸镁白云石 |
| $w(SiO_2)/\%$ | | 0.4～0.9 | 0.9 | 0.9 | 1.1 | 1.62 | Al$_2$O$_3$ + Fe$_2$O$_3$ + SiO$_2$ 含量≤4 |
| $w(Al_2O_3)/\%$ | | 0.1～0.3 | 0.8 | 0.3 | 0.4 | 0.45 | |
| $w(Fe_2O_3)/\%$ | | 0.4～1.4 | 1.1 | 1.0 | 1.8 | 1.98 | |
| $w(CaO)/\%$ | | 7.3～34.8 | 40 | 56.5 | 58.0 | 14.86 | 15～20 |
| $w(MgO)/\%$ | | 64.2～92.0 | 57 | 41.1 | 40.6 | 80.20 | 75～80 |
| 显气孔率/% | | 10～15 | 10 | 16.8 | 5 | 13 | ～2 |
| 体积密度/g·cm$^{-3}$ | | 2.96～3.19 | 2.94 | 2.86 | 2.90 | 3.02 | >3.10 |
| 耐压强度/MPa | | 63～119 | 49 | — | 26～46 | 73 | 82 |
| 抗折强度/MPa | 1400℃ | 4.5～6.7 | — | 20.8(1200℃) | 5.7(1200℃) | 2.0 | 8.3(1200℃) |
| | 1500℃ | 3.7 | | | | | 3.2(1350℃) |
| 荷重软化开始温度/℃ | | 1650～1720 | | | | >1700 | |

**5.4.2.3　镁钙砖的防水化方法**

镁钙质耐火材料具有许多优良的物理性能和使用特性而备受人们的关注，然而水化问题则严重地影响了这种产品的应用。长期以来，耐火材料工作者对其防水化进行过许多研究，近年来，国内外学者对其研究有很大进展并取得了非常可喜的成果。至目前，国内外对镁钙质耐火材料防水化研究提出了许多解决水化的方法，归纳如下：

（1）提高制品密度降低气孔率，以减少与大气接触表面。

（2）提高煅烧温度，以增大晶粒尺寸，降低其比表面积。

（3）适当提高砖中的 MgO 含量，使 CaO 晶粒被 MgO 所包围，以降低 CaO 与水气的接触。

（4）加入矿化剂，与 CaO 反应生成抗水化矿物并包裹在 CaO 周围。

（5）砖表面涂一层焦油或沥青或石蜡或用聚乙烯薄膜包裹。

（6）砖在焦油沥青液中进行真空油浸。

（7）镁钙颗粒进行碳酸化处理，使其 CaO 表面形成抗水化的碳酸钙薄膜。

（8）用 $H_3PO_4$ 处理 MgO-CaO 熟料使其表面形成抗水化薄膜，提高制品的抗水化性，但存在于表面薄膜中的磷酸盐难以分解和挥发，影响镁钙制品的脱磷脱硫效果。

（9）将 MgO-CaO 砂在 $H_2C_2O_4$ 溶液中浸渍的表面处理，显著降低制品的水化率，大大提高其窑业性能。

### 5.4.3　直接结合镁钙砖

直接结合白云石砖或直接结合镁白云石砖是美国于 1977 年研究开发的。这种砖的生产工艺与烧成镁白云石砖相似，但其原料要求较高，$SiO_2 + Al_2O_3 + Fe_2O_3$ 杂质总含量（质量分数）必须小于 2%，合成砂密度为：合成白云石砂大于 $3.15g/cm^3$，合成镁白云石砂大于 $3.20g/cm^3$，砖的烧成温度也较镁白云石砖高，物理性能也较镁白云石砖好些。在美国，直接结合白云石质砖主要用于炉外精炼 AOD、VOD 炉的渣线高侵损区，使用效果明显较原使用的直接结合镁铬砖为好，更优于直接结合高纯镁砖，它是一种取代镁铬砖的优质材料。

# 5.5　镁硅质耐火材料

以方镁石为主晶相，镁橄榄石为结合相的耐火制品称为镁硅质耐火材料。镁硅质耐火材料的生产工艺流程与普通镁砖的生产工艺流程基本相同，只不过使用的原料为镁硅砂。采用高硅菱镁石高温煅烧，即可得到镁硅砂。

从图 5-5 看出，只要组成点落在 $MgO-M_2S$ 区域中，制品的高温性能好。而靠近 MgO 端元时，高温性能更好些。当 $SiO_2$ 高时，菱镁石在竖窑煅烧中，产生液相较多，易形成"结坨"卡窑事故。我国多选用 $SiO_2$ 4% 左右的菱镁矿生产镁硅砂，其理化性能如表 5-24 所示。以此为原料，在 1550 ~ 1570℃ 的温度下烧成，即可制得性能良好的镁硅砖。YB/T 416—1980 规定了镁硅质铸口砖的性能，如表 5-25 所示。镁硅砖除用作铸口外，还可用于轧钢均热炉，加热炉和玻璃窑蓄热室格子体。

表 5-24　镁硅砂的理化性质

| 牌　号 | 化学成分 $w$/% | | | 灼减/% | 颗粒体积密度 /$g \cdot cm^{-3}$ |
|---|---|---|---|---|---|
| | MgO | $SiO_2$ | CaO | | |
| MGS-87 | ≥84 | ≤7.0 | ≤2.0 | ≤0.5 | ≥3.15 |
| MGS-84 | ≥84 | ≤9.0 | ≤2.5 | ≤0.5 | ≥3.15 |

表 5-25　镁质和镁硅质铸口砖的性能

| 项　目 | 指　标 | |
| --- | --- | --- |
| | MK-85 | MGK-80 |
| $w(MgO)/\%$ | ≥85 | ≥80 |
| $w(SiO_2)/\%$ | | 5 ~ 10 |
| $w(CaO)/\%$ | ≤2.5 | ≤2.5 |
| 荷重软化开始温度(0.2MPa)/℃ | ≥1450 | ≥1450 |
| 显气孔率/% | ≤23 | ≤23 |

注：砖应进行抗热震性试验，其试验结果在质量证明书中注明，但不作为交货条件。

# 5.6　橄榄石质耐火材料

以镁橄榄石（$M_2S$）作为主要相组成的耐火材料称为镁橄榄石质耐火材料。$M_2S$ 的理论组成为 $w(MgO)=57.3\%$，$w(SiO_2)=42.7\%$，$MgO/SiO_2=1.34$，熔点 1890℃。在镁橄榄石质耐火材料中除主晶相 $M_2S$ 外（含量 65% ~ 75%），还有相当数量的方镁石、铁酸镁及其他矿物。$M_2S$ 的结晶颗粒很大（0.075 ~ 0.4mm，有时可达 1mm），并形成结构骨架，其他矿物不是以结合物形式存在，而是以包裹体的形式存在于镁橄榄石晶体的裂缝中。因此，镁橄榄石质耐火材料的性质主要取决镁橄榄石的性质。镁橄榄石是 $MgO\text{-}SiO_2$ 系统中唯一稳定的耐火相，由室温到熔点范围内 $M_2S$ 没有同质异相转变。这种制品具有很高的荷重软化点，加入镁砂的制品开始变形温度可达 1650 ~ 1700℃甚至更高。镁橄榄石制品抵抗熔融氧化铁作用的能力较强，但对抵抗 CaO 作用能力较弱，抵抗黏土质及高铝质物料的能力更弱，其抗热震性较普通镁砖好。主要用于加热炉炉底、热风炉和各种工业炉（如玻璃窑等）蓄热室的格子砖以及绝热板。

## 5.6.1　原料

### 5.6.1.1　橄榄岩

镁橄榄石是镁橄榄石质耐火材料的主要物相组成，制品所用的主要原料有橄榄岩、蛇纹岩。

橄榄岩属超基性深成岩，$w(SiO_2)=40\%$，FeO、MgO 含量比较高。在矿物组成上主要由橄榄石（25% ~ 75%）和辉石组成，尚含少量的角闪石、黑云母、磁铁矿等。但新鲜橄榄岩较少，多蚀变成蛇纹岩。$w(FeO)$ 小于 10% 的橄榄岩可用作耐火原料。

以橄榄岩作耐火原料时，尚需注意 CaO 与 $Al_2O_3$ 的杂质组成。因为它们可能形成钙镁橄榄石（$CaO \cdot MgO \cdot SiO_2$），透辉石（$CaO \cdot MgO \cdot 2SiO_2$），钙长石（$CaO \cdot Al_2O_3 \cdot 2SiO_2$），堇青石（$2MgO \cdot Al_2O_3 \cdot 5SiO_2$）等低熔点矿物，降低制品的耐火度和荷重软化温度，故一般要求 $w(Al_2O_3)<2\% ~ 3\%$，$w(CaO)<1.5\% ~ 2.0\%$，$w(FeO+Fe_2O_3)<12\% ~ 15\%$（或要求 $w(FeO)<10\%$）。表 5-26 ~ 表 5-28 所示为橄榄岩的化学组成与性质。

表 5-26　橄榄石的化学组成和性质

| 产地 | 化学成分 w/% | | | | | | | | 灼减量 /% | 真密度 /g·cm⁻³ | 吸水率 /% | 耐火度 /℃ |
| | SiO₂ | Al₂O₃ | MgO | Fe₂O₃ | CaO | Cr₂O₃ | K₂O | Na₂O | | | | |
|---|---|---|---|---|---|---|---|---|---|---|---|---|
| 湖北 | 38.56 | 0.40 | 45.90 | 8.47 | 0.35 | 0.33 | 0.01 | 0.88 | 6.07 | 3.09 | 2.0 | 1690～1710 |
| | 41.02 | 0.76 | 46.98 | 8.74 | 1.51 | | | | 1.58 | 3.234 | 0.29 | >1770 |
| 陕西 | 39.57 | 1.58 | 44.28 | 8.97 | 0.49 | 0.65 | 0.05 | 0.89 | 3.61 | 3.17 | 2.6 | 1690～1710 |
| | 37.88～39.14 | 0.74～1.81 | 41.87～44.39 | 8.66～9.80 | 1.18～1.69 | | | | 4.50～6.54 | 2.98～3.10 | 1.90～2.90 | 1770～1790 |
| 内蒙古 | 32.40 | 3.52 | 41.68 | 5.33 | 0.63 | 0.63～0.76 | | | 15.61 | 2.58 | | 1710 |
| | 35.55 | 4.72 | 39.62 | 4.93 | 0.66 | | | | 14.77 | 2.53 | | 1540 |
| | 33.92 | 3.53 | 41.48 | 5.91 | 0.63 | | | | 14.89 | | | 1670 |

表 5-27　湖北某地橄榄石化学成分

| 矿样 | 编号 | 外观特征 | 灼减量 /% | w(SiO₂) /% | w(Al₂O₃) /% | w(FeO+Fe₂O₃)/% | w(CaO) /% | w(MgO) /% | 总计 |
|---|---|---|---|---|---|---|---|---|---|
| 岩心样 | G1 | 灰白、巨晶 | 0.83～1.58 | 41.02 | 0.76 | 8.74 | 1.51 | 46.98 | 99.84 |
| | G2 | 灰色、中粗粒 | 2.71 | 42.66 | 0.92 | 7.978 | 1.65 | 44.20 | 100.11 |
| | G3 | 黑色、巨晶 | 12.78 | 37.78 | 0.84 | 6.59 | 2.99 | 40.77 | 101.75 |
| | G4 | 黑色、中粗晶 | 10.84 | 38.78 | 1.22 | 6.77 | 2.99 | 39.49 | 100.09 |
| 地表 | G5 | 灰色 | 9.20 | 37.22 | 0.92 | 9.55 | 0.20 | 44.50 | 101.68 |
| 镁橄榄石理论值 | | | | 42.8 | | | | 57.2 | |

表 5-28　湖北某地橄榄岩矿物组成　　　　　　　　　　　　　　（%）

| 矿样 | 编号 | 橄榄石 | 蛇纹石 | 斜绿泥石 | 滑石 | 磁铁矿 | 铬铁矿 | 菱铁矿 | 透闪石 |
|---|---|---|---|---|---|---|---|---|---|
| 岩心 | G1 | 90 | 0.5 | 1 | 3 | 2～3 | 0.5 | | |
| | G2 | 80 | 10～15 | | 1 | 1～2 | | | 3 |
| | G3 | 10～15 | 75 | 0.2 | | 3～5 | | 5 | 0.5～1 |
| | G4 | | 90～95 | | | 3～5 | | 2 | |
| 地表 | G5 | 25～30 | 50 | | | 3 | | | 8～10 |

### 5.6.1.2　蛇纹石

蛇纹石是蛇纹岩的主要组成矿物。蛇纹岩是由超基性岩的橄榄岩、纯橄榄岩及一部分辉岩经过自变质或区域变质作用形成的变质岩。蛇纹岩可用作镁橄榄石质耐火材料的原料，此外还可用来提炼氧化镁及提炼金属镁的原料，还可用作制钙镁磷肥等。

蛇纹石是蛇纹石族矿物的总称。为单斜晶系，化学组成 $Mg_6[Si_4O_{10}][OH]_8$ 或 $Mg_3[Si_2O_5][OH]_4$，也可表示为 $3MgO \cdot 2SiO_2 \cdot H_2O$，其中 $w(MgO)=43.0\%$，$w(SiO_2)=44.1\%$，$w(H_2O)=12.9\%$，常含 Fe、Ni、Mn、Co、Cr。按其内部结构层形状分为：结构

层平坦为板状者为利蛇纹石；结构层呈波状起伏如叶片者称叶蛇纹石；结构层卷曲成管状者称纤维蛇纹石。呈隐晶质致密块状，由利蛇纹石、纤维蛇纹石或二者混合者统称为胶蛇纹石，它含有多量的水（13% ~ 19%）。

蛇纹石中杂质主要是 $Al_2O_3$、$Fe_2O_3$、$FeO$。$w(Al_2O_3) = 1\%$ 将组成约 4% 以上的低熔物，所以原料的 $Al_2O_3$ 将显著降低耐火性能。蛇纹石中含有的结构水，煅烧时会产生 12% 左右或更大的体积收缩，所以在用蛇纹岩作原料时，需预先煅烧成熟料才能制砖。此外，在制砖时要加入一定量镁砂，生成镁橄榄石，提高制品的耐火性能。反应式如下：

$$3MgO \cdot 2SiO_2 \cdot 2H_2O + MgO \longrightarrow 2(2MgO \cdot SiO_2) + H_2O$$

蛇纹石（1557℃分解）　　　　　　镁橄榄石（熔点1897℃）

### 5.6.1.3　纯橄榄石

纯橄榄岩是处于向蛇纹岩转变过程中的橄榄岩。它含有橄榄石和蛇纹石，是介于二者之间的一种矿物。它们之间的比例波动很大（含橄榄石20% ~ 75%之间）。

由于橄榄岩的蛇纹石化通常是沿着岩石的裂纹进行的，因而纯橄榄岩呈网状结构，网线内保留有橄榄石区域。作为生产耐火材料用的纯橄榄岩，蛇纹石化的程度越小，铁氧化物的含量越少越好。

在橄榄岩和蛇纹岩中的杂质，纯橄榄岩也都存在，纯橄榄岩中的 $Mg(OH)_2$ 是有利杂质。纯橄榄岩硬度大而且脆（莫氏硬度6.5），相对密度2.8。

### 5.6.1.4　滑石

滑石的组成相当于 $3MgO \cdot 4SiO_2 \cdot H_2O$。理论组成为：$w(MgO) = 31.7\%$，$w(SiO_2) = 63.5\%$，$w(H_2O) = 4.8\%$。这种矿物属单斜晶系，莫氏硬度 1.0 ~ 1.5，相对密度2.7 ~ 2.8，呈片状或鳞片状结构。颜色为白色。纯净的滑石耐火度仅为 1500 ~ 1550℃，较少用作耐火材料。滑石通常含有少量的铁、锰、镍等的低价氧化物并含有大量的碳酸镁。对生产耐火材料而言，碳酸镁的存在是有利的。

上述各种原料中有害杂质的含量通常都差不多。但是根据化学组成可以认为橄榄岩和纯橄榄岩是生产橄榄石质制品的最好原料。当然生产上应采用哪种原料要因地制宜。生产镁橄榄石质耐火材料的原料在我国储量丰富、分布极广（见表5-29）。

表5-29　我国各地原料的性能

| 岩石产地及名称 | $w(SiO_2)$ /% | $w(MgO)$ /% | $w(Fe_2O_3)$ /% | $w(Al_2O_3)$ /% | $w(CaO)$ /% | $w(Cr_2O_3)$ /% | 灼减 /% | 耐火度 /℃ | 真密度 /g·cm$^{-3}$ | 气孔率 /% |
|---|---|---|---|---|---|---|---|---|---|---|
| 湖北宜昌橄榄岩 | 39.29 | 48.05 | 9.46 | 0.40 | 0.66 | 1 | 2.64 | >1770 | 3.11 | 0.38 ~ 0.55 |
| 陕西南橄榄岩 | 37.34 | 42.49 | 9.81 | 0.13 | 1.17 | 1.86 | 5.9 | 1730 ~ 1750 | 2.98 ~ 3.10 | 1.62 ~ 3.45 |
| 江西戈阳蛇纹岩 | 37.90 | 39.00 | 1.33 | 8.67 | 0.29 | 0.41 | 12.31 | 1550 | | |
| 四川彭县蛇纹岩 | 39.20 | 40.09 | 7.44 | 1.39 | 0.52 | 1 | 13.19 | 1620 | | |
| 辽宁岫岩 | 44.70 | 40.73 | 0.48 | 0.52 | 0.24 | 1 | 12.47 | | | |
| 承德钝橄榄石 | 34.70 | 41.38 | 6.03 | 0.28 | 0.11 | 0.23 | 14.77 | 1690 ~ 1730 | | |

### 5.6.2 镁橄榄石质耐火材料的生产要点

镁橄榄石质耐火材料的生产工艺与普通镁砖基本相同。其要点叙述如下。

#### 5.6.2.1 原料的预烧

用橄榄岩为原料时，因主要矿物为无水橄榄岩，虽然橄榄岩中含有极少量的含水蛇纹岩，但灼减量极小，可不必预烧即可使用。用纯橄榄岩作原料时，因其含有大量的含水蛇纹岩，煅烧过程产生较大的体收缩，必须经过煅烧后方可使用；用蛇纹岩作主要原料时，因其含有大量水，除必须预先煅烧外，还应当加入镁砂以改善其耐火性能。各种原料的预烧温度为：纯橄榄岩 1450～1500℃，蛇纹石 1350～1370℃，加镁砂的蛇纹岩团块 1400～1450℃。煅烧气氛应为氧化气氛。这是由于在煅烧过程中，纯橄榄石和蛇纹石不但容易开裂，而且若是还原气氛还会产生铁黑色的煅烧产物，这种产物对制品烧成时的体积稳定十分不利，易造成制品的膨胀和松散，强度降低，因此原料煅烧应在氧化气氛下进行。

#### 5.6.2.2 镁砂的加入量及加入方法

当采用纯橄榄岩和蛇纹岩作原料时，加热过程除了生成 $M_2S$ 高温相外，还有相当部分形成低温相，其中相当部分低熔矿物为 $2FeO \cdot SiO_2$（$F_2S$）固溶体。为提高镁橄榄石质制品的耐火性能，需加入部分烧结镁砂，使其低温耐火相全部转变为高温耐火相。根据理论计算，用纯橄榄岩作原料时，镁砂的加入量应在 10%～15% 以上，甚至达 20%～25%，以蛇纹石为原料时，加入镁砂 15%～20%。镁砂以细粉（小于 0.088mm）形式加入以强化基质。镁砂加入量对耐火度影响如图 5-23 所示。

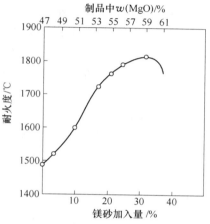

图 5-23 蛇纹石熟料中加入不同量镁砂时耐火度的变化

#### 5.6.2.3 粒度组成与结合剂

在选择泥料的粒度组成时，既要注意堆积密度和烧结性，也应考虑物料可压缩性大的特点。从有利成型角度出发，粒度组成不宜过细，临界粒度一般为 2～3mm，其典型配料比例为：3～0.5mm 占 50%～55%，0.5～0.088mm 占 10%～15%，小于 0.088mm 占 35%～40%。

选择结合剂时，应考虑橄榄石和蛇纹石原料是瘠性料，可塑性差，难于成型的特点。适当选择浓度较大的纸浆废液，或特殊情况下采用木糖浆或糖浆，也可采用卤水（$MgCl_2$ 溶液）作结合剂。

#### 5.6.2.4 成型

镁橄榄石质制品由于泥料塑性差，弹性也大，成型过程坯体易产生层裂。为获得致密坯体，成型压力不宜过低，泥料水分一般控制在 3%～3.5%。

#### 5.6.2.5 烧成

镁橄榄石质制品的烧成应在氧化气氛中进行。烧成温度依据镁砂的加入量和是否有加入物而定。不加镁砂的制品的烧成温度范围很窄，烧成温度较低，随着镁砂加入量的提高，烧成温度应相应提高，镁砂加入量约为 20% 时，烧成温度 1550℃ 才能烧结。

### 5.6.3 配料计算

简单的配料计算可根据 MgO-SiO$_2$ 二元系统状态图来进行。

这个状态图基本上反映了镁橄榄石质耐火材料的主要矿物组成，其中有 M$_2$S、MS 和 MgO。但是实际上这种材料是属于更加复杂的系统。和镁质耐火材料一样，镁橄榄石质耐火材料的组成也可以用 MgO-CaO-Fe$_2$O$_3$-Al$_2$O$_3$-SiO$_2$ 五元系统来表示。

为了制备镁橄榄石质耐火材料，经常要引入镁石而使整个体系移到五元系 CaO-MgO-Fe$_2$O$_3$-Al$_2$O$_3$-SiO$_2$ 的高耐火部分，即与方镁石处于平衡组中，矿物组成为 M、MA、MF、M$_2$S、CMS。

通常给定制品中方镁石的含量，并知道原料的化学组成就可以用简单的方法来计算配料组成和耐火材料的平衡组成。

设化学组成已经给出，以质量百分数表示：

SiO$_2$——$S$，Al$_2$O$_3$——$A$，Fe$_2$O$_3$——$F$，CaO——$C$，MgO——$M$。

假设所有铁都处在高价，灼烧失重为零，则

$$S + A + F + C + M = 100$$

采用下角标表示以下意义：

1——对于原始镁硅酸盐原料（经灼烧并将 FeO 氧化为 Fe$_2$O$_3$ 之后）；

2——煅烧过的菱镁矿（条件同上）；

3——对制品。

以 $x\%$ 表示镁石的含量，则 $(100-x)\%$ 表示配料中原始镁硅酸盐的含量。

$y$——MgO 在耐火材料中的含量。

$$(100 - x)(1.34S_1 + 0.40A_1 + 0.25F_1 - 0.72C_1 - M_1) + 100y$$
$$= x[M_2 - (1.34S_2 + 0.40A_2 + 0.25F_2 - 0.72C_2)]$$

解方程得：

$$x = \frac{100(1.34S_1 + 0.40A_1 + 0.25F_1 - 0.72C_1 - M_1 + y)}{1.34(S_1 - S_2) + 0.40(A_1 - A_2) + 0.25(F_1 - F_2) - 0.72(C_1 - C_2) - (M_1 - M_2)}$$

其中，各系数表示矿物组成中 MgO 相对分子质量对其他氧化物相对分子质量的比。

对                M$_2$S   $1.34 = \dfrac{2MgO}{SiO_2}$

MA   $0.40 = \dfrac{MgO}{Al_2O_3}$

MF   $0.25 = \dfrac{MgO}{Fe_2O_3}$

CMS   $0.72 = \dfrac{MgO}{CaO}$

耐火材料的化学组成如下（质量分数,%）：

$$S_3 = S_1 - \frac{x}{100}(S_1 - S_2)$$

$$A_3 = A_1 - \frac{x}{100}(A_1 - A_2)$$

$$F_3 = F_1 - \frac{x}{100}(F_1 - F_3)$$

$$C_3 = C_1 - \frac{x}{100}(C_1 - C_2)$$

$$M_3 = M_1 - \frac{x}{100}(M_1 - M_2)$$

耐火材料的平衡矿物组成如下（质量分数，%）：

$$M = y(给定的)$$
$$MF = 1.25F_3 \quad CMS = 2.80C_3$$
$$MA = 1.40A_3 \quad M_2S = 2.34(S_3 - 1.07C_3)$$

### 5.6.4 镁橄榄石质制品的使用

镁橄榄石质制品具有较高的耐火度，其最重要的特点是有较高的荷重软化点和对 $Fe_2O_3$ 侵蚀有较强的抵抗性。从冶金的观点看，这种制品的主要缺点是气孔率较高，热震稳定性较低，在气氛变化的条件下使用时易松散，有强烈的结瘤现象等。

镁橄榄石质制品使用在加热炉炉底和炼钢炉中，使用效果相当良好。但是镁橄榄石质制品所以受到很大重视，主要还在于这种制品用作平炉蓄热室格子砖时有着良好的使用效果。

## 复习思考题

5-1 含游离 CaO 耐火材料被认为是冶炼洁净钢具有良好发展前景的耐火材料，试说明其优势、存在问题和解决措施。

5-2 提高镁质材料直接结合程度的途径有哪些？

5-3 随着炉外精炼技术的发展，刚玉－尖晶石和矾土－尖晶石耐火材料已经成为钢包内衬的主要材料。试述这类钢包材料的尖晶石的引入方式、尖晶石的种类及其基本特性。

5-4 镁质耐火材料抗渣渗透性较差，试说明提高这类材料抗渣渗透性的主要途径。

5-5 在镁质耐火材料相关物系中，哪些物相对镁质耐火材料性能的不利影响较大？

5-6 直接结合和陶瓷结合是什么，如何提高镁质材料直接结合程度？

5-7 镁质原料有哪些，选择镁砂应注意哪些问题？

5-8 白云石原料在煅烧过程中有哪些物理化学变化？

5-9 如何提高白云石耐火材料的抗水化性能？

5-10 请简述镁橄榄石制品的生产工艺要点。

# 6　含锆耐火材料

**【本章主要内容及学习要点】** 本章首先介绍含锆矿物原料与合成原料的特点，然后分别介绍烧结锆英石砖、熔铸锆刚玉（AZS）砖、烧结锆刚玉砖结构、性能特点及其生产工艺。要求了解锆英石矿的基本特点及在加热过程中的变化，理解烧结锆英石砖、熔铸锆刚玉砖的性能特点，了解其主要应用，理解锆刚玉砖的显微结构特点，掌握烧结锆英石砖、熔铸锆刚玉砖、两种烧结 AZS 砖的基本工艺原理。

## 6.1　氧化锆基本特性

氧化锆（$ZrO_2$）有三种主要的同质异晶体：低温型的单斜结晶、高温型的四方和立方结晶，它们的物理性能如表 6-1 所示。单斜相向四方相转变的温度约为 1170℃；四方相向单斜相转变的温度范围为 850～1000℃，伴随相变约有 9% 的体积变化，加热时由单斜结晶转变为四方结晶，体积收缩；冷却时由四方结晶转变为单斜结晶，体积膨胀，如图 6-1 所示。加热与冷却过程中发生的体积变化不是在同一温度，这是一个可逆的无扩散马氏体的相变。在约 2370℃，四方相转变为立方相。

表 6-1　氧化锆的晶型转变

| 晶　型 | 单斜氧化锆 | 四方氧化锆 | 立方氧化锆 |
|---|---|---|---|
| 密度/g·cm$^{-3}$ | 5.68 | 6.10 | 6.27 |
| 熔点/℃ | 2500～2600 | 2677 | — |
| 硬度 | 7～17 | 12～13 | 6.6～7.3 |
| 热膨胀系数<br>（0～1500℃）<br>/10$^{-6}$K$^{-1}$ | 6.8～8.4//a 轴<br>1.1～3.0//b 轴<br>12～14//c 轴 | 8～10//a 轴<br>10.5～13//c 轴 | 7.5～13 |
| 热导率/W·(m·K)$^{-1}$ | — | — | 1.675(100℃)，2.094(1300℃) |

含锆耐火材料是以氧化锆、锆英石为主要原料制造的，按照组成可分为氧化锆制品、锆英石制品、锆刚玉制品和锆莫来石制品。按生产工艺又可分为烧结锆制品和熔铸制品。氧化锆制品属于特种耐火材料范畴，本章主要介绍氧化锆复合耐火材料，即锆英石制品、锆刚玉制品和锆莫来石制品。

$ZrO_2$ 本身具有高熔点、化学稳定性好、热导率低及不易被玻璃和熔渣浸润等耐火材料应有的优良性能，表 6-2、表 6-3 分别列出了 $ZrO_2$、锆英石（$ZrO_2 \cdot SiO_2$）与一些氧化物形成的锆酸盐的熔融温度，从中可以看出常见的锆酸盐或低熔混合物的熔融温度均高于

1580℃。还可以利用 $ZrO_2$ 的马氏体相变特点提高耐火材料的断裂韧性。$ZrO_2$ 在复合耐火材料中还可以生成诸如斜锆石－刚玉共晶体或斜锆石－刚玉－莫来石共晶体，在玻璃熔池受侵蚀的中、后期，斜锆石－刚玉共晶体是保证 AZS 砖结构稳定的重要组成。玻璃熔窑采用电熔锆刚玉砖的含量（质量分数）由 31% 提高到 40% 以上，在碱侵蚀严重的部位已使用 $ZrO_2$ 含量（质量分数）90% 以上的熔铸砖。稳定氧化锆中的氧离子可在有氧势差的两相间移动，利用氧化锆这一脱氧能力，制备的氧化锆

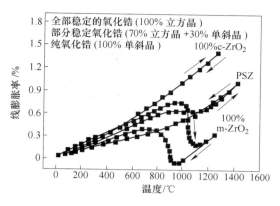

图6-1 不同氧化锆的膨胀曲线

衬套浸入式水口中 $Al_2O_3$ 沉积堵塞程度可减轻一半。钢铁工业连铸技术的出现和玻璃高质量化要求促进了锆质耐火材料的生产应用，钢包渣线采用锆英石砖或锆英石浇注料，滑动水口孔用 $ZrO_2 \cdot SiO_2$ 质衬，加热炉炉床用电熔 $Al_2O_3 \cdot ZrO_2 \cdot SiO_2$ 制品。

**表6-2 几种锆酸盐的熔融温度**

| 氧化物 | 实 验 式 | 熔融温度/℃ |
|---|---|---|
| BaO | $BaO \cdot ZrO_2$ | 2620 |
| CaO | $CaO \cdot ZrO_2$ | 2350 |
| MgO | $MgO \cdot ZrO_2$ | 2150 |
| $Al_2O_3$ | $Al_2O_3 \cdot ZrO_2$ | 1885 |

**表6-3 $ZrO_2 \cdot SiO_2$ 与其他氧化物生成低熔物的温度**

| 氧 化 物 | 实 验 式 | 熔融温度/℃ |
|---|---|---|
| BaO | $BaO \cdot ZrO_2 \cdot SiO_2$ | 约 1573 |
| CaO | $CaO \cdot ZrO_2 \cdot SiO_2$ | 约 1582 |
| MgO | $MgO \cdot ZrO_2 \cdot SiO_2$ | 约 1793 |
| $Al_2O_3$ | $Al_2O_3 \cdot ZrO_2 \cdot SiO_2$ | 约 1675 |
| $Na_2O$ | $Na_2O \cdot ZrO_2 \cdot SiO_2$ | 约 1793 |

# 6.2 含锆耐火原料

含锆耐火原料是指含 $ZrO_2$ 的天然矿物原料和人工提取或合成的氧化物和复合氧化物原料，如锆英石、斜锆石、氧化锆、锆莫来石、锆刚玉等。本节介绍天然矿物原料锆英石、斜锆石及合成原料锆刚玉、锆莫来石。已知的含锆矿物约有 50 余种，其中常见的有 20 余种，主要的工业用锆矿物有锆英石、斜锆石、含铪锆石和异性石等，如表 6-4 所示。耐火材料工业中，一般采用锆英石和斜锆石作为含锆原料。

表6-4　主要工业含锆矿物

| 矿物名称 | 化学式 | 质量分数/% | | 备　注 |
|---|---|---|---|---|
| | | $ZrO_2$ | $HfO_2$ | |
| 锆英石 | $ZrSiO_4$ | 55.3~67.3 | 2.0 | 95.5 |
| 斜锆石 | $ZrO_2$ | 95.5~98.4 | | |
| 含铪锆石 | $(Zr, Hf)SiO_4$ | 48.2~60.0 | 16.7~20 | 含$HfO_2$4%者，为富铪锆石 |
| 异性石 | $(Na,Ca)_6ZrSi_6O_{17}(OH,Cl)_2$ | 11.8~12.8 | | |

## 6.2.1　锆英石矿

### 6.2.1.1　锆英石矿基本性能

锆英石的化学式为 $ZrO_2 \cdot SiO_2$ 或 $ZrSiO_4$，锆英石又称锆石或硅酸钙，理论组成：$w(ZrO_2) = 67.2\%$，$w(SiO_2) = 32.8\%$。锆英石的英文名称 Zirocn 来源于波斯语 zar 和 gun 的组合，意思是金子般的颜色。锆英石主要用于耐火材料、陶瓷和铸造行业，用量各占 1/3，耐火材料、陶瓷行业锆英石用量正不断增加。世界已经探明的锆英石储量超过6000万吨（以 $ZrO_2$ 计），主要产地为澳大利亚、南非和美国，其他产地还有中国、印度、马来西亚、斯里兰卡和泰国。1996年澳大利亚和南非的锆英石产量分别为50万吨和26万吨，占世界供应量的85%（美国除外）。我国锆英石矿产资源主要集中在海南省、广东省、广西壮族自治区的沿海一带，山东省、台湾省也有产出。

锆英石可以呈无色或者不同程度的棕色、黄色及绿色，宝石级的锆英石又有许多名字，如橙色、淡红色和棕色的透明或半透明的锆英石称为红锆石。锆英石的基本性质如表6-5所示，锆英石密度通常为 $4.6~4.7 \mathrm{g/cm^3}$，莫氏硬度7.5，具有强的双折射而呈正光性，锆英石属四方晶系，结晶习性一般为四方柱和四方双锥的聚形，如图6-2所示。某些锆英石中发现少量放射性铀代替了锆，来自放射性元素的 α粒子长期轰击锆英石的晶格而使其四方结构

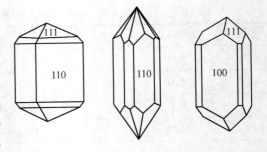

图6-2　锆英石的结晶习性

逐渐被破坏，导致部分 $SiO_2$ 成为无定型玻璃基质，这种锆英石被称作蜕晶质锆英石或变水锆石。它的物理性质与正常锆英石不同，其相对密度为 $3.9~4.2$。

锆英石矿床可分为脉矿和淤积砂矿两种类型。淤积型砂矿又可分为冲击砂矿、残积砂矿和海滨砂矿，其中海滨砂矿具有工业开采价值。海滨砂矿中的矿物有两类：一类是石英、长石、云母等脉石类轻矿物；另一类是钛铁矿、金红石、锆英石等重矿物。我国万宁县海滨砂矿中锆英石含量为4%左右，与锆英石伴生的矿物有：钛铁矿、金红石、斜锆石、锐钛矿、烧绿石、独居石、磷钇石、铌铁矿等。

**表6-5 锆英石的基本性质**

| 化学式 | $ZrO_2 \cdot SiO_2$ 或 $ZrSiO_4$ | 熔点/℃ | 2430 |
|---|---|---|---|
| 组成 | $w(ZrO_2)=67.2\%$, $w(SiO_2)=32.8\%$ | 膨胀系数/$K^{-1}$ | $4.5 \times 10^{-6}$ |
| 晶系 | 四方晶系 | $\perp c$ 轴方向膨胀系数/$K^{-1}$ | $3.7 \times 10^{-6}$ |
| 晶格常数 | $a_0=0.568nm$ | $/\!/c$ 轴方向膨胀系数/$K^{-1}$ | $6.9 \times 10^{-6}$ |
| | $c_0=0.593nm$ | 导热系数(1000℃)/$W \cdot (m \cdot K)^{-1}$ | 3.7 |
| 晶形 | 柱状 | 比热容/$J \cdot (℃ \cdot g)^{-1}$ | 0.63 |
| 折射率 $N_0$ | $7.923 \sim 7.960$ | 颜色 | 普遍为棕色或浅灰色、红色、黄色、绿色等，金属或玻璃光泽 |
| $N_f$ | $2.950 \sim 2.968$ | | |
| 密度/$g \cdot cm^{-3}$ | $4.6 \sim 4.7$ | 其他 | 不溶于酸、碱，由于含有 Hf、Th、U 等而有放射性 |
| 莫氏硬度 | $7 \sim 8$ | | |
| 弹性模量/GPa | 206 | | |

锆英石用作耐火材料原料时，杂质中的钛铁矿、CaO、MgO 的主要危害是降低荷重软化温度和耐火度，$TiO_2$ 降低热震稳定性，$Al_2O_3$ 和 $Fe_2O_3$ 对耐火度、荷重软化点、热震稳定性都有一定影响。因此必须进行选矿，剔除其他伴生矿物，得到锆英石精矿，锆英石精矿杂质含量大大降低。表6-6 为我国不同程度选矿的锆英石砂的杂质矿物种类与含量情况。如表6-7 所示是 YB 834—87 标准规定的锆英石精矿分类和技术条件。锆英石熔点高，在岩浆中结晶较早，因而结晶尺寸一般较小，锆英石矿是河床或海滨堆积的砂矿，粒度通常在 0.3mm 以下，不同产地的锆英砂粒度也不相同，如表6-8 所示是几种锆英石粒度分布情况。

**表6-6 锆英石精矿的矿物组成**

| 种 类 | | $w(ZrO_2)=55\%$ | $w(ZrO_2)=60\%$ | $w(ZrO_2)=65\%$ |
|---|---|---|---|---|
| 色 泽 | | 灰褐色 | 棕褐色 | 黄褐色 |
| 化学成分 $w/\%$ | $ZrO_2$ | 55.40 | 60.40 | 65.72 |
| | $SiO_2$ | 32.50 | — | 32.70 |
| | $TiO_2$ | 6.50 | 2.16 | $0.28 \sim 0.40$ |
| | $Fe_2O_3$ | 3.14 | 0.60 | $0.22 \sim 0.27$ |
| 矿物组成 $w/\%$ | 锆英石 | 83.0 | 88.6 | 99.0 |
| | 钛铁矿 | 10.0 | 1.5 | 微量 |
| | 独居石 | 5.0 | 微量 | 0.34 |
| | 锐钛矿 | <1.0 | 0.27 | <1.0 |
| | 金红石 | <1.0 | 1.63 | 0.14 |
| | 绿帘石 | 微量 | — | — |
| | 石英 | — | 6.87 | 0.72 |
| | 钍石 | — | 1.06 | 0.80 |
| | 鳞钇矿 | — | 0.01 | 微量 |
| | 电气石 | — | 0.07 | 0.09 |

表 6-7　YB 834—87 标准规定的锆英石精矿分类和技术条件

| 品级 | 二氧化锆＋二氧化铪（≥） | 化学成分（质量分数）/% 杂质，≤ | | | | |
|---|---|---|---|---|---|---|
| | | $TiO_2$ | $Fe_2O_3$ | $P_2O_5$ | $Al_2O_3$ | $SiO_2$ |
| 特级品 | 65.50 | 0.30 | 0.10 | 0.20 | 0.80 | 34.00 |
| 一级品 | 65.00 | 0.50 | 0.25 | 0.25 | 0.80 | 34.00 |
| 二级品 | 65.00 | 1.00 | 0.30 | 0.35 | 0.80 | 34.00 |
| 三级品 | 63.00 | 2.50 | 0.50 | 0.50 | 1.00 | 33.00 |
| 四级品 | 60.00 | 3.50 | 0.80 | 0.80 | 1.20 | 32.00 |
| 五级品 | 55.00 | 8.00 | 1.50 | 1.50 | 1.50 | 31.00 |

表 6-8　锆英石精矿的粒度分布

| 产地 | 粒度组成/% | | | |
|---|---|---|---|---|
| | 0.5~0.2mm | 0.21~0.149mm | 0.149~0.074mm | 0.074~0.044mm |
| 中国海南 WW | 0.1 | 1.2 | 90.0 | 8.7 |
| 中国海南 WC | 0.2 | 2.2 | 91.0 | 6.6 |
| 澳大利亚 | 38.0 | 47.0 | | 14.6 |
| 斯里兰卡 | >0.25mm，少量；0.25~0.125mm，5.1%；0.125~0.105mm，18.7%；0.105~0.074mm，63.8%；0.074~0.053mm，11.7%；<0.053mm，0.7% | | | |
| 中国广东 YJ | 0.125~0.088mm，14.2%；0.088~0.066mm，24.6%；<0.066mm，61.2% | | | |

　　锆英石本身没有放射性，但其伴生矿物独居石、磷钇矿和钍石等则具有较强的放射性，变水锆石因晶格中含有铀、钍等也具有放射性。独居石与锆英石密度、粒度大小相近，都不具备导电性，仅磁性略有差异，因此就目前的选矿条件而言难以将它们彻底分开。我国锆英石精矿中通常含有少量或微量的独居石，独居石又名磷铈镧矿，化学式为 (Ce，La)$PO_4$，独居石的含量越多，锆英石放射性越强。可根据锆英石中 $P_2O_5$ 的含量大致推断独居石的含量，冶金行业标准（见表 6-7）对 $P_2O_5$ 的含量作了规定。我国放射防护规定，凡比放射性高于 $0.5 \times 10^{-6}$ Ci/kg（$1Ci = 3.7 \times 10^{10}$ Bq）或日操作量大于 30g 天然铀、钍的，均应采取防护措施，测定的我国锆英石精矿比放射性和放射物含量如表 6-9 所示，大大高于国家规定，因此，生产和使用锆英石原料时应采取必要的防护措施。

表 6-9　我国锆英石的放射性

| 产地 | $w(ZrO_2)$ /% | 比放射性/Ci·kg$^{-1}$ | | 放射物含量/% | | |
|---|---|---|---|---|---|---|
| | | α | β | U | Th | Ra |
| 广东 YJ | 65.9 | $5.18 \times 10^{-6}$ | $1.11 \times 10^{-6}$ | | | |
| 中国 A | 55.4 | $2.6 \times 10^{-6}$ | | | | |
| 中国 B | 60.4 | $6.8 \times 10^{-6}$ | | | | |
| 中国 C | 65.7 | $(0.7~1.1) \times 10^{-6}$ | | | | |
| 海南 WW | 66.4 | | | 0.035 | 0.227 | $2.38 \times 10^{-8}$ |
| 海南 WC | 66.2 | | | 0.026 | 0.076 | $2.06 \times 10^{-8}$ |

#### 6.2.1.2　锆英石矿加热过程中变化

锆英石是 $ZrO_2$-$SiO_2$ 二元系中唯一的两元化合物，根据相图（见图6-3），纯锆英石在1687℃时产生不一致熔融，分解为 $ZrO_2$ 和 $SiO_2$。由于其共存氧化物的种类和数量不同，锆英石热分解的确切温度尚无定论，一般认为其分解范围为 1540～2000℃，高纯锆英石自1540℃缓慢分解，1700℃时分解迅速，随温度升高分解量增大，至1870℃时分解率达95%，分解产物为单斜 $ZrO_2$ 和非晶质 $SiO_2$。但也有研究发现，锆英石分解后，除单斜 $ZrO_2$ 外，还有一定数量的高温型四方 $ZrO_2$ 保留下来。

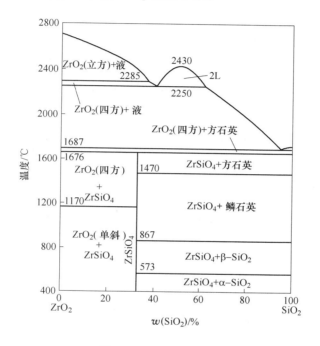

图6-3　$ZrO_2$-$SiO_2$ 相图

原料中的杂质或外加物对锆英石分解有重要影响。一般与氧化硅反应性强的氧化物，对锆英石的影响较大，并按元素周期表Ⅰ族、Ⅱ族、Ⅲ族的顺序增大。随着氧化物含量的增加，锆英石开始分解的温度较低，分解量也越大。碱金属氧化物加入到锆英石中，在高温下生成单斜 $ZrO_2$ 和玻璃；碱土金属氧化物与锆英石反应，生成物除单斜 $ZrO_2$、玻璃或化合物外，还能形成莫来石；$TiO_2$ 添加到锆英石中，在1450℃锆英石分解很少，随温度的升高分解量增大，1670℃时5%的 $TiO_2$ 可使锆英石全部分解。

锆英石分解后的 $ZrO_2$ 和 $SiO_2$ 能够再结合成 $ZrSiO_4$。例如将锆英石熔融完全分解，然后在1540℃下加热3h后又可实现再结合，杂质是影响再结合的重要因素，例如，锆英石在1750℃下加热约有75%分解，1500℃保温一周可实现完全再结合，添加3% $BaF_2$ 或1.9% $AlF_3$ 完全没有发生再结合。

锆英石的烧结是靠高温下的固相扩散作用而进行的，其速度非常缓慢，难以充分。细度是影响锆英石烧结的重要因素，表6-10所示为不同粒度锆英石的烧结特性，锆英石砂占50%的试样，煅烧温度从1600℃提高到1700℃时，体积基本没有变化。加入某些氧化物可以促进锆英石的烧结，例如，$Na_2O$、$K_2O$、$MgO$、$CaO$、$ZnO$、$B_2O_3$、$MnO$、$Fe_2O_3$、$Co_2O_3$、$NiO$ 等对促进烧结非常有效。但是 $Na_2O$、$K_2O$、$MgO$、$CaO$ 同时促进锆英石的分解，$Fe_2O_3$、$NiO$ 不促进锆英石的分解，$ZnO$、$MnO$、$Co_2O_3$ 使其分解不多。

**表 6-10　不同粒度锆英石的烧结特性**

| 试样配比/% | | 体积收缩率/% | | | 体积密度/$g \cdot cm^{-3}$ | | |
|---|---|---|---|---|---|---|---|
| 锆英石砂 | <0.073mm 细粉 | 1500℃ | 1600℃ | 1700℃ | 1500℃ | 1600℃ | 1700℃ |
| 50 | 50 | 1.8 | 3.8 | 3.8 | 3.28 | 3.33 | 3.35 |
| 40 | 60 | 2.5 | 4.7 | 4.8 | 3.20 | 3.25 | 3.35 |
| 30 | 70 | 3.5 | 6.9 | 7.9 | 3.16 | 3.12 | 3.21 |
| 0 | 100 | 5.2 | 7.7 | 10.3 | 2.88 | 2.98 | 3.02 |
| −4μm 细粉：100% | | 11.9 | 23.6 | 28.6 | 2.76 | 3.40 | 3.90 |

## 6.2.2　斜锆石

斜锆石很久以前形成于碱性复合岩等岩石中，经过风化分离形成河砾矿床。国外产地有巴西、斯里兰卡、南非等国家，我国斜锆石蕴藏量很少，常伴生有磁铁矿、锆英石、磷灰石、铜矿等，在南非斜锆石为生产铜、磷的副产品。斜锆石属于单斜晶系，矿石为不规则的块状，晶体呈小板状，颜色有黄色、褐色、黑色，莫氏硬度 6.5，相对密度 5.7 ~ 6.0，纯 $ZrO_2$ 熔点 2950℃。因斜锆石中含有杂质熔点低于 2950℃，斜锆石为 $ZrO_2$ 的低温稳定相，将斜锆石加热至 1170℃ 时它将转化为四方相，并产生 7% 的体积收缩，继续加热，至 2370℃ 时转化为立方 $ZrO_2$。表 6-11 所示为巴西斜锆石精矿的化学成分与粒度组成。

**表 6-11　巴西斜锆石精矿的化学成分与粒度组成**

| 级　别 | | A 级 | B 级 | 粒 度 组 成 |
|---|---|---|---|---|
| 化学成分 w/% | $ZrO_2 + HfO_2$ | 98 | 99 | 0.25mm( +60 目),3.8% |
| | $TiO_2$ | 0.4 | 0.2 | 0.15mm( +100 目),11.5% |
| | $Fe_2O_3$ | 0.5 | 0.2 | 0.1mm( +150 目),25.4% |
| | $SiO_2$ | 0.3 | 0.2 | 0.075mm( +200 目),25.8% |
| | $CuO$ | 0.1 | 0.1 | 0.063mm( +230 目),10.0% |
| | $P_2O_5$ | 0.1 | <0.1 | 0.04mm( +325 目),19.4% |
| | $HfO_2$ | 1.5 ~ 1.9 | 1.5 ~ 1.9 | 0.04mm( −325 目),4.1% |

## 6.2.3　电熔锆刚玉

电熔耐火材料又称熔融耐火材料，是由电弧炉熔炼然后冷却而成的一类耐火材料，分为电熔原料与熔铸制品两类，熔铸含锆制品将在 6.4 节介绍。本节介绍电熔含锆原料，电熔含锆原料主要有电熔脱硅锆、电熔锆刚玉、电熔锆莫来石。电熔氧化锆为高纯氧化物原料，本章主要介绍电熔锆刚玉。

电熔锆刚玉是在煅烧氧化铝或铝矾土中加入氧化锆或锆英石砂，在电弧炉中共同熔融而制得的耐火材料原料，主晶相为刚玉，次晶相为斜锆石。通过控制玻璃相至最低限度，锆刚玉材料组成可在较大范围内变化，从而形成多种显微结构类型，大致可分为：Z－（C＋Z）（Z、C 分别为斜锆石、刚玉，C＋Z 为刚玉斜锆石共晶）、C－（C＋Z）和全共晶（C＋Z）三种类型。

目前国内外厂家多生产价格较低且应用范围最广的是由初晶刚玉和（C＋Z）构成的两相材料，图 6-4 所示是圣戈班公司生产的锆刚玉 SEM 照片，从中可以看出，AZ25 与 AZ40（$ZrO_2$ 含量分别为 25%、40%）都是明显的 C－（C＋Z）共晶结构类型，AZ40 晶粒尺寸较小，并具有独特的枝状共晶显微结构。纯度较高的电熔锆刚玉 $w(SiO_2)$ 低于 0.2%，其他杂质含量不超过 0.3% ～0.6%，主成分 $w(Al_2O_3)$＝72% ～74%，$w(ZrO_2)$＝24% ～27%。冶炼锆刚玉工艺，按照所用原料分为三种：第一种是用高铝矾土熟料和锆英石加还原剂去掉杂质；第二种是用工业氧化铝和锆英砂作为原料；第三种是用工业氧化铝和工业氧化锆精矿作原料；考虑生产成本，一般采用第一、第二种工艺。电熔锆刚玉一般呈灰褐色，耐熔体侵蚀性好，锆刚玉的典型性能如表 6-12 所示，多用作生产铝锆碳质滑板、塞棒、长水口、滑动水口及玻璃窑用熔铸砖、致密烧结砖等特种耐火材料的原料。

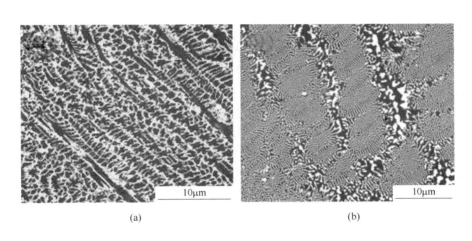

(a)　　　　　　　　　　(b)

图 6-4　某公司生产的电熔锆刚玉 SEM 图
（a）AZ25；（b）AZ40

表 6-12　典型电熔锆刚玉原料的理化性能指标

| 产品代号 | | 1 | 2 |
|---|---|---|---|
| 化学成分(质量分数)/% | $Al_2O_3$ | 60.00 | 75.00 |
| | $ZrO_2$ | 39.00 | 23.00 |
| | $TiO_2$ | 0.25 | 0.40 |
| | $SiO_2$ | 0.35 | 0.30 |
| | $Fe_2O_3$ | 0.25 | 0.30 |
| | $Na_2O$ | 0.03 | 0.08 |
| | CaO | 0.09 | 0.10 |
| | MgO | 0.02 | 0.03 |

续表6-12

| 产品代号 | 1 | 2 |
|---|---|---|
| 结晶尺寸/$\mu$m | 12 | 17 |
| 密度/g·cm$^{-3}$ | 4.60 | 4.30 |
| 莫氏硬度 | 9.0 | 9.0 |
| 努普（Knoop）硬度 | 1600 | 1450 |
| 熔点/℃ | 1900 | 1900 |
| 颗粒体积密度/g·cm$^{-3}$ | 3.49～4.04 | 3.65～4.40 |
| 颗粒堆积密度/g·cm$^{-3}$ | 1.90～2.30 | 2.22～2.53 |

# 6.3　烧结锆英石耐火制品

## 6.3.1　锆英石制品的性能与应用

锆英石耐火材料包括 $ZrO_2$-$SiO_2$ 富 $ZrO_2$ 质锆英石耐火材料、锆英石耐火材料及富 $SiO_2$ 质锆英石耐火材料。锆英石耐火材料是锆英石为原料制成的，属于酸性耐火材料，其抗渣性强，热膨胀率较小，热导率随温度升高而下降，荷重软化点高，耐磨强度大，热震稳定性好，已成为高温工业领域中的重要材料。近年来，随着冶金工业中连铸和真空脱气技术以及高质量玻璃的发展，此种耐火材料的应用越来越广泛。锆英石耐火材料有以单一锆英石制成的耐火材料，还有以锆英石为主要原料，加入适量的烧结剂制成的锆英石耐火材料，为了改善锆英石耐火材料的性能，还有加入氧化铝、氧化铬、叶蜡石或石英灯其他成分的特种锆英石耐火材料。

锆英石砖具有良好的耐熔渣、钢水侵蚀性和热震稳定性，在冶金工业中主要用于砌筑脱气用盛钢桶内衬、不锈钢盛钢桶内衬、连铸盛钢桶内衬、铸口砖、塞头砖、釉砖以及高温感应电炉炉衬等。锆英石砖对酸性渣和玻璃具有高的抵抗性，广泛用于熔炼活泼玻璃的玻璃窑的严重损害部位，高致密、低气孔率的致密锆英石砖适用于熔制玻璃纤维用玻璃池窑内衬，锆英石砖还具有不为金属铬、铝的氧化物及其熔渣浸透的性质，因而可用于炼铝炉底。JC/T 495—92（96）标准规定玻璃熔窑用锆英石砖的理化性能指标与外观指标分别如表6-13 和表6-14 所示。巩义市神南特种耐火材料厂生产的锆英石砖如图6-5 所示。

**表6-13　JC/T 495—92（96）标准规定的锆英石砖的理化性能指标**

| 项　　目 | | | 指　　标 | |
|---|---|---|---|---|
| | | | ZS-G（高致密型） | ZS-Z（致密型） |
| 化学组成 $w$/% | $ZrO_2$ | ≥ | 6.40 | |
| | $SiO_2$ | ≤ | 34.0 | |
| | $F_2O_2$ | ≤ | 0.40 | |
| 体积密度/g·cm$^{-3}$ | | ≥ | 4.10 | 3.84 |
| 显气孔率/% | | < | 2 | 11 |
| 常温耐压强度/MPa | | > | 392 | |
| 荷重软化开始温度/℃ | | ≥ | 1650 | |
| 抗静态下玻璃液侵蚀/mm·d$^{-1}$（无碱玻璃，1500℃，保温48h） | | | 提供检测数据 | |

**表6-14  JC/T 495—92（96）标准规定的锆英石砖的外观质量**

| 项　目 | | | | | 指　标 | | | |
| --- | --- | --- | --- | --- | --- | --- | --- | --- |
| | | | | | 尺寸≤230mm | | 尺寸>230mm | |
| | | | | | 加工 | 非加工 | 加工 | 非加工 |
| | 尺寸偏差 | | | | 1mm | 3mm | 1% | 2% |
| | | 各面对角线长度差/mm | | ≤ | 0 | 4 | 1 | 4 |
| | | 扭曲/% | | | 0 | 0.5 | 0 | 1.0 |
| | 缺角 | 缺角总个数/个 | | | 0 | 1 | 0 | 3 |
| | | 工作面缺角个数/个 | | | 0 | 0 | 0 | 1 |
| | | 缺角深度/mm | | | 0 | 10 | 0 | 15 |
| 外观质量 | 缺棱 | 缺棱深度/mm | | ≤ | 0 | 8 | 0 | 8 |
| | | 在每一条棱上缺棱长度，不大于该棱长 | | | 0 | 1/4 | 0 | 1/4 |
| | 裂纹 | 宽度≤0.25mm网状裂纹面积，不大于该面积,% | | | 0 | 25 | 25 | 25 |
| | | 宽度0.26~0.50mm | 裂纹长度，不大于裂纹所在面顺裂纹长度方向棱长 | | 0 | 1/2 | 1/3 | 1/2 |
| | | 宽度0.51~1.0mm | | | 0 | 1/2 | 1/3 | 1/2 |
| | | 宽度0.51~1.0mm | 裂纹总数，条 | | 0 | 1 | 2 | 4 |
| | | | 跨棱裂纹，条 | ≤ | 0 | 1 | 1 | 2 |
| | | | 跨双棱裂纹，条 | | 0 | | | 1 |
| | | 宽度>1mm | | | 不允许 | | | |
| | 表面附着熔结物 | | | | 不允许 | | | |

注：1. 加工的锆英石砖缺角深度3mm以下不计，非加工的锆英石砖缺角深度5mm以下的不计；
　　 2. 加工的锆英石砖缺棱深度3mm以下不计，非加工的锆英石砖缺棱深度5mm以下的不计。

## 6.3.2　锆英石制品的生产工艺

锆英石砖的生产工艺流程如图6-6所示。锆英石砖是以锆英石为主要原料，添加少量结合剂制成的耐火制品，由于锆英石原料本身无塑性并在高温下分解，因此在生产中必须对结合剂、粒度配比和烧成条件等采取相应的工艺措施。6.2.1节已提及杂质对锆英石耐火材料的不利影响。用于耐火材料的锆英石从化学成分上一般应控制 $w(ZrO_2) \geq 63\%$，$w(Al_2O_3) \leq 1.5\%$，

图6-5　某特种耐火材料厂生产的锆英石砖

$w(TiO_2) \leq 4\%$，$w(CaO)$、$w(MgO)$均不大于1%，越低越好，$w(Fe_2O_3) \leq 1\%$。不同使用目的对锆英石的要求差别很大，例如，上海宝钢对制造钢包、中间包渣线部位锆英石的要求为 $w(ZrO_2) \geq 65\%$，$w(Al_2O_3) \leq 0.5\%$，$w(Fe_2O_3) \leq 0.3\%$；显像管、平板玻璃窑用锆英石砖则要求锆英石精矿中 $w(Fe_2O_3 + TiO_2) \leq 0.3\%$。

我国锆英石砂粒度较细，直接制砖难度较大，通常进行筛分处理，取出能符合粗粒要求的筛上料作为一部分粗颗粒使用，筛下料可再加工成细粉；或者将少量可塑性黏土加入

锆英石细砂中，压成砖坯（或造粒、压球），在 1350～1360℃下烧成 8h，然后再破碎至合适的粒度供使用。在合成熟料前，最好先将锆英石磨细，以便促进烧结，降低烧结温度，并可增加塑性，通常小于 0.063mm 颗粒占 80% 以上，这样的原料可制得吸水率低、体积密度高的熟料。

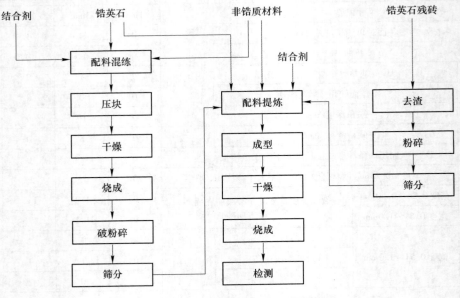

图 6-6    锆英石制品的生产工艺流程

当选用软质黏土为结合剂时，应选用可塑性大，耐火度较高、烧结温度低的黏土，如 $w(Al_2O_3) = 29\% \sim 32\%$，$w(SiO_2) = 48\% \sim 50\%$，灼减 15%～16%，耐火度 1730～1750℃，可塑性指数 1.95～2.96，烧结温度 1300℃左右的软质黏土。随着黏土加入量的增加，锆英石砖的耐火度明显降低。荷重软化温度也下降，黏土加入量从 5% 增加到 15%，制品的耐火度从 1750℃降低至 1600℃。

在制造特异型材料时，为使泥料水分分布均匀、具有可塑性，可进行困料，困料时间以不少于 48h 为宜。实践证明，提高成型压力对降低制品的气孔率、提高体积密度是有效的办法，当成型压力达到 85MPa 时，基本上可以满足降低制品的气孔率和提高体积密度的要求，一般耐火厂较低吨位的摩擦压砖机都可达到此压力。关于锆英石制品的烧结温度，应由使用条件所要求的具体配方来确定，几种配料的烧结温度如表 6-15 所示。

表 6-15    几种配料锆英石制品的烧结温度

| 编号 | 锆英石精矿/% | | 软质黏度±/% (<1.0mm) | 烧成温度 /℃ | 密度 /g·cm⁻³ | 制品外观 |
| --- | --- | --- | --- | --- | --- | --- |
| | 熟料 1.68～0.5mm | 生料 <0.08mm | | | | |
| 1 | 50 | 45 | 5 | 1500 | 3.26 | 个别有裂纹 |
| | | | | 1550 | 3.32 | 有裂纹 |
| | | | | 1600 | 3.42 | 有裂纹 |
| | | | | 1650 | 3.37 | 有裂纹 |

| 编号 | 锆英石精矿/% | | 软质黏度 ±/%（< 1.0mm） | 烧成温度/℃ | 密度/g·cm⁻³ | 制品外观 |
| --- | --- | --- | --- | --- | --- | --- |
| | 熟料 1.68~0.5mm | 生料 < 0.08mm | | | | |
| 2 | 50 | 40 | 10 | 1500 | 3.26 | 有裂纹 |
| | | | | 1550 | 3.21 | 裂纹很多 |
| | | | | 1600 | 3.29 | 有裂纹略膨胀 |
| | | | | 1650 | 3.11 | 有裂纹膨胀 |
| 3 | 50 | 35 | 15 | 1500 | 3.22 | 有裂纹、褐色 |
| | | | | 1550 | 3.25 | 有裂纹、浅褐色 |
| | | | | 1600 | 3.18 | 有裂纹、膨胀 |
| | | | | 1650 | 2.98 | 膨胀变黄白色 |

# 6.4 熔铸锆刚玉耐火砖

## 6.4.1 熔铸锆刚玉的结构、性能及应用

熔铸锆刚玉砖又称熔铸 AZS 砖，英文缩写是 AZS，是按 $Al_2O_3$-$ZrO_2$-$SiO_2$ 含量多少顺序排列的，$Al_2O_3$ 取 A，$ZrO_2$ 取 Z，$SiO_2$ 取 S，我国国家标准采用这个缩写。例如 33 号熔铸锆刚玉砖，缩写为 AZS-33，36 号熔铸锆刚玉砖，缩写为 AZS-36，41 号熔铸锆刚玉砖，缩写为 AZS-41，33、36、41 分别指 $ZrO_2$ 的质量分数。熔铸锆刚玉砖的工业生产始于1939 年，受第二次世界大战的影响，没有形成足够的生产规模，到了 20 世纪 50 年代中期，先后出现多种牌号的熔铸锆刚玉制品，如表 6-16 所示，主要供玻璃熔窑使用。国内生产熔铸 AZS 制品最早的是沈阳耐火厂和上海人民耐火厂，20 世纪 70 年代只能生产AZS-33 等级的还原法制品，80 年代迅速普及，许多厂家与外商合作，引进了法国、美国、日本技术，推出了相应的牌号，国产 AZS 制品已经接近国外水平。图 6-7 所示为某电熔耐火材料公司生产的熔铸锆刚玉砖。

**表 6-16 国外熔铸 AZS 产品牌号**

| 国　　家 | 公　　司 | 牌　　号 |
| --- | --- | --- |
| 法国 | Electro 耐火材料公司 | ZAC-ER |
| 美国 | Corhart 耐火材料公司 | ZAC-S，-501，840；Unicor |
| 美国 | Harbison 碳化硅公司 | Monofrax-S3，-S4，-S5 |
| 美国 | Walsh 耐火材料公司 | Walsh FC-101 |
| 意大利 | Montecatini Edison | Zetacor-A，AT-2 |
| 日本 | Toshiba Denko | TD-2 |
| 日本 | Asahi（旭硝子） | Zirconite-1711，1681 |
| 前苏联 | Saratov | Bakor-20，-33，-41 |
| 匈牙利 | — | Bakor-20，-33，-41 |

33 号熔铸锆刚玉砖　　氧化熔铸 36 号锆刚玉砖　　氧化熔铸 41 号锆刚玉砖

图 6-7　某电熔耐火材料公司生产的熔铸锆刚玉砖

　　熔铸耐火材料是一种与其他耐火材料有显著差异的耐火材料，普通耐火材料的显微结构为典型的非均质体，它们通常是由颗粒、基质（玻璃相）与一定数量的气孔所组成，熔铸显微结构比一般的耐火材料均匀。如图 6-8 所示，由相互交错的晶体与位于晶界处的少量的玻璃相与气孔构成，显微结构比较均匀，晶体是由熔体中结晶出来的，逐渐长大形成交错结构。

　　熔铸耐火材料是将原料经电弧炉熔融后浇注成型，再经退火和机械加工而成，显微结构相对均匀。在浇注过程中，先浇入靠近模壁的熔体冷却速度快，结晶较小，越靠近铸件中心，晶粒尺寸越大，如图 6-9 所示，由外向内分为微晶区、中晶区、粗晶区，由于在凝固过程中会产生一定的分相现象，各区化学组成与相组成也有差别。对于熔铸 AZS 制品，密度大的、难熔的 $ZrO_2$ 下沉，在下部形成富锆带，而易熔化的氧化物则集中于砖的上部，造成化学成分和相组成的不均匀性，抗玻璃侵蚀能力也不相同，如表 6-17 所示。

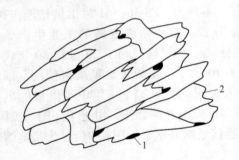　　　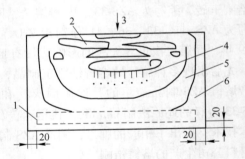

图 6-8　熔铸耐火材料的显微结构示意图　　　图 6-9　熔铸锆刚玉砖断面结晶示意图
1—气孔；2—大的板条形晶粒　　　　　　　　1—取样部位；2—缩孔；3—浇注口；4—粗晶区；
　　　　　　　　　　　　　　　　　　　　　5—中晶区；6—微晶区

表 6-17　熔铸锆刚玉结晶区化学与相组成

| 区域 | 化学成分（质量分数）/% | | | | | | | | 侵蚀速度 /mm·d⁻¹ |
| --- | --- | --- | --- | --- | --- | --- | --- | --- | --- |
| | $SiO_2$ | $Al_2O_3$ | $ZrO_2$ | $Na_2O$ | 锆-铝共晶 | 刚玉 | 斜锆石 | 玻璃相 | |
| 微晶区 | 13.08 | 50.47 | 40.01 | 1.41 | 60.8 | 1.8 | 15.5 | 21.9 | 0.34 |
| 中晶区 | 16.12 | 47.01 | 34.15 | 1.63 | 52.7 | 2.5 | 17.8 | 27 | 0.37 |
| 粗晶区 | 18.55 | 44.34 | 27.44 | 1.84 | 59.3 | 4.2 | 3.1 | 33.4 | 0.62 |

　　图 6-10 所示为 $Al_2O_3$-$ZrO_2$-$SiO_2$ 三元相图，从中可以看出，在 $Al_2O_3$-$ZrO_2$-$SiO_2$ 三元系中无三元化合物，只有二元化合物与单元化合物，$ZrO_2$ 可与 $SiO_2$ 形成 $ZrO_2 \cdot SiO_2$（锆英

石），$Al_2O_3$ 可与 $SiO_2$ 形成 $3Al_2O_3 \cdot 2SiO_2$（莫来石），$Al_2O_3$ 与 $ZrO_2$ 不能形成化合物。图 6-10 中空心圆点与实心圆点分别为日本旭硝子 Zirconite-1711、1681 牌号熔铸 ZAS 所对应的化学组成区域。

熔铸 AZS 的显微结构特点是斜锆石晶体以及斜锆石与刚玉的共生晶体嵌布在高硅氧玻璃中。依据相平衡原理，共晶由均匀的、细腻的、无析晶先后顺序的两相组成。斜锆石和刚玉的共晶，是指在菱柱状的刚玉晶体上分布着粒状的斜锆石晶体，并镶嵌在刚玉晶体中，如图 6-11 所示。原因是刚玉晶面生长速度较快，常形成三方晶系自范性的基晶，其中密布 $ZrO_2$ 微粒，随刚玉基晶方位的不同，$ZrO_2$ 颗粒呈现为圆粒状或条状，也就是定向共晶结构。这种镶嵌结构，对于制品结构的稳定性有较大的贡献，可以防止在使用过程中刚玉过早地溶入玻璃液中，可减少玻璃液的侵蚀。

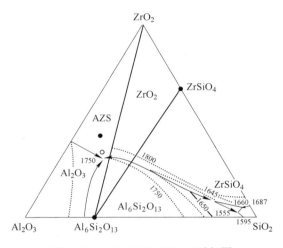

图 6-10    $Al_2O_3$-$ZrO_2$-$SiO_2$ 三元相图

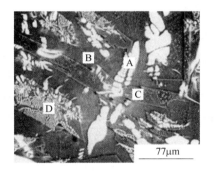

图 6-11    熔铸锆刚玉砖 SEM 照片
A—$ZrO_2$；B—$SiO_2$ 玻璃；C—刚玉；
D—斜锆石刚玉共晶

熔铸 AZS 制品中的 $SiO_2$ 以玻璃相的形式存在，AZS-33 中玻璃相的化学成分，CaO、MgO 含量很少，$SiO_2$ 含量很高，属于高 $SiO_2$ 玻璃，熔铸 AZS 制品中玻璃相含量在百分之几到 20% 之间波动，玻璃相对熔铸 AZS 制品使用性能有正反两个方面的作用：一方面在较高温度下，存在于晶粒间的玻璃相软化，可起到消除由于相变引起的应力，避免产生裂纹；另一方面，玻璃相的熔化温度低，加热到高温后会熔化渗出，造成熔制玻璃缺陷，同时留下的气孔加速玻璃对耐火材料的侵蚀。一定量的高黏度、高渗出温度的玻璃相对熔铸 AZS 制品比较有利。如果 $SiO_2$ 以莫来石的形式存在，对制品性能有不利影响，因为 $ZrO_2$ 结晶晶界处生成莫来石晶体时，基质玻璃相就不能充分吸收伴随生产中产生的 $ZrO_2$ 相变产生的体积膨胀，易产生龟裂。

液相析出温度与气体析出温度熔铸制品独有的两个性能指标。标准 JC 493—2001 对熔铸锆刚玉砖玻璃相析出温度、1300℃下气泡析出率、1500℃玻璃相渗出量的规定值，如表 6-17 所示。耐火材料化学成分是影响其玻璃相含量的重要因素，熔铸锆刚玉耐火材料中 $ZrO_2$ 是由锆英石引入，同时还引入 $SiO_2$，锆英石中还含有 $TiO_2$、$Al_2O_3$、$Fe_2O_3$、CaO、MgO 等杂质，杂质含量越高，耐火材料中玻璃相越多，也越容易析出。为了降低熔融温度、降低电耗及保证成品率，往往在熔制过程中加入纯碱及硼砂等溶剂，溶剂加得越多，耐火材料中的玻璃相含量也越高，高温下越容易渗出。

玻璃相的成分也是影响玻璃相渗出温度的重要因素。如玻璃相中含有 $K_2O$、$Na_2O$、$CaO$ 和 $B_2O_3$ 等易熔成分，它们会降低玻璃相的熔化温度与液相黏度，促进液相的渗出；氧化钛与氧化铁等变价氧化物低价钛存在时，液化温度下降，渗出温度也下降。因此 $w(TiO_2)$、$w(Fe_2O_3)$ 由 0.5% 下降到 0.25% 时，玻璃相渗出温度由 1400℃ 提高到 1500℃。因此，国家建材标准对熔铸锆刚玉砖中上述氧化物含量有严格限制（见表6-18）。

表 6-18  JC/T 493—2015 规定的熔铸锆刚玉砖理化性能指标

| 项　目 | | | 指　标 | | |
|---|---|---|---|---|---|
| | | | AZS33-Y | AZS36-Y | AZS41-Y |
| 化学成分 w/% | $Al_2O_3$ | | （余量） | | |
| | $ZrO_2$ | | 32.00~36.00 | 35.00~40.00 | 40.00~44.00 |
| | $SiO_2$ | ≤ | 16.00 | 14.00 | 13.00 |
| | $Na_2O$ | ≤ | 1.45 | 1.45 | 1.30 |
| | （$Fe_2O_3 + TiO_2 + CaO + MgO + Na_2O + K_2O$） | ≤ | 2.00 | 2.00 | 2.00 |
| | （$Fe_2O_3 + TiO_2$） | ≤ | 0.30 | 0.30 | 0.30 |
| 体积密度/g·cm$^{-3}$ | | ≥ | 3.75 | 3.80 | 3.95 |
| 显气孔率/% | | ≤ | 1.5 | 1.0 | 1.0 |
| 静态下抗玻璃液侵蚀速度（普通钠钙玻璃，1500℃×36h）/mm·d$^{-1}$ | | ≤ | 1.60 | 1.50 | 1.30 |
| 玻璃相初析温度/℃ | | ≥ | 1400 | 1400 | 1400 |
| 气泡析出率（普通钠钙玻璃，1300℃×10h）/% | | ≤ | 2.0 | 1.5 | 1.0 |
| 玻璃相渗出量（1500℃×4h）/% | | ≤ | 2.0 | 3.0 | 3.0 |
| 热膨胀率（室温~1000℃）/% | | ≤ | 提供实测数据 | | |
| 容重*/kg·cm$^{-3}$ | PT、QX | | 3400 | 3450 | 3550 |
| | ZWS | | 3600 | 3700 | 3850 |
| | WS | | 3700 | 3750 | 3900 |

*适用于单重大于50kg的制品。

气泡析出率也是衡量熔铸耐火制品使用性能的重要指标之一。熔铸耐火制品在使用过程中产生的气泡不仅促进玻璃相的渗出，还会影响熔制玻璃的质量，造成玻璃产生气泡缺陷。行业标准（JC/T 639—1996）规定了气泡析出率的测定方法。所测气泡包括耐火材料与玻璃液反应可能产生的气泡，具体过程如下：将耐火材料与玻璃一同放入炉中，按规定的升温速率升到实际使用温度，保温3h，试样随炉冷却至室温，取出试样，用折射油浸泡或喷涂试样使其显示出气孔图像，用直线法测定气泡投影的总和，计算出气泡占耐火材料发泡面积的百分数，即得到气泡析出率。

衡量熔铸耐火制品抗玻璃液侵蚀性能的指标是玻璃液侵蚀速度（表6-18），$ZrO_2$ 含量对熔铸 AZS 砖侵蚀速度有重要影响。图6-12 为主要熔铸耐火制品被钠钙硅玻璃侵蚀速度随温度的变化,可以看出 AZS-41 比 AZS-33 更耐钠钙硅玻璃侵蚀,但增加 $ZrO_2$ 的含量会给 AZS 制品的熔制带来困难。另外,$ZrO_2$ 含量越多,相变造成的应力也越大,铸件开裂的可能性也会增加,考虑到生产成本等因素,目前大量生产使用的仍然是 $ZrO_2$ 含量小于 50% 的 AZS 制品。

熔制 AZS 砖的热膨胀率随温度的变化如图 6-13 所示,1000℃ 左右热膨胀系数的变化是由于 $ZrO_2$ 相变产生的,它们的导热系数随温度的升高而下降,AZS-41 的热膨胀率比 AZS-33 的大。随着电熔玻璃窑的应用,熔制 AZS 制品的电导率也显得较为重要,图 6-14 为两种熔铸 AZS 制品电阻率随温度的变化,可以看出,AZS-33 与 AZS-41 电阻率均随温度的升高而下降,且 AZS-41 明显比 AZS-33 电阻率高。

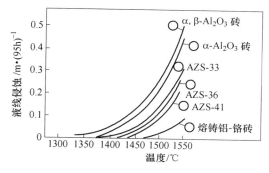

图 6-12 几种熔铸砖侵蚀速度随温度的变化

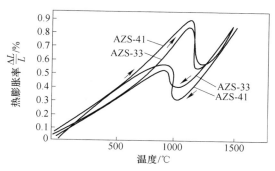

图 6-13 熔铸 AZS 砖热膨胀率随温度的变化

玻璃熔窑除要求耐火材料有高的耐火度、高温力学强度及好的高温体积稳定性之外,还要求对玻璃液不产生污染、尽可能低的开口气孔率、尽可能少的玻璃相及受玻璃液侵蚀后熔体黏度大。前已提及,熔铸 AZS 主要用于砌筑玻璃熔窑(图 6-15),是目前抗玻璃液侵蚀最好的耐火材料,大多用于池窑温度最高部位和受玻璃液侵蚀最严重的地方。主要牌号熔铸 AZS 砖的具体应用部位如表 6-19 所示。

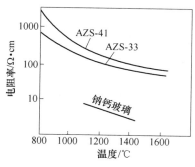

图 6-14 两种 AZS 砖电阻率随温度的变化

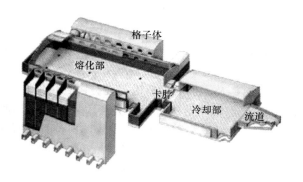

图 6-15 浮法玻璃熔窑结构示意图

表 6-19 几种型号熔铸锆刚玉砖在玻璃熔窑应用部位

| 牌 号 | AZS-PT33 | AZS-WS33 | AZS-WS36 | AZS-WS41 |
|---|---|---|---|---|
| 应用部位 | 熔化池上部侵蚀不严重部位 | 熔化池的上部结构,工作池的池壁砖和铺面砖,料道等 | 熔窑池壁 | 鼓泡池底砖、窑坎、流液洞、加料口拐角、电极砖 |

熔铸耐火制品的一般生产流程如图 6-16 所示。首先根据使用条件及对产品使用性能

要求的不同，进行产品配方设计。除了主要原料外，需根据产品性能要求而添加不同的添加剂，如工业氧化铝的熔体黏度很低，结晶能力很强，使熔体来不及排出气体而结晶，在铸件中容易形成大量微孔，可在生产刚玉砖时加入少量助熔剂 $B_2O_3$，既可以加快熔化速度，又能提高熔体黏度。熔铸锆刚玉制品一般采用锆英石砂与工业氧化铝作为主要原料；为了避免莫来石晶体的出现，外加少量 $Na_2O$，以碳酸钠的形式加入；$B_2O_3$ 助熔剂，以硼酸或硼砂的形式加入。

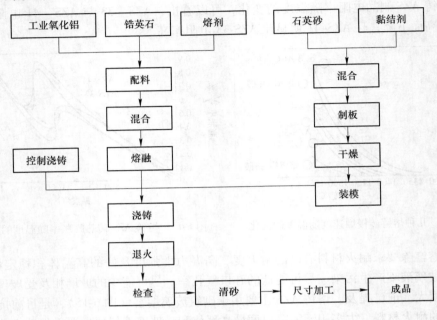

图 6-16　熔铸耐火制品生产工艺流程图

AZS 用原料有氧化铝、锆英砂、富锆砂、纯碱、硼砂五种。氧化铝的引入一般选用工业氧化铝，生产要求其含水量应小于 0.3%，烧失量最好小于 0.15%。锆英砂 $Fe_2O_3$ 杂质、$TiO_2$ 杂质含量应小于 0.2%，富锆砂又称脱硅锆，$ZrO_2$ 不足部分，由富锆砂补充。纯碱助熔剂，一般采用二级品，纯碱与硼砂的添加量约 2%。为保证配料的均匀，首先需要将各种原料及添加剂粉料进行充分混合，但直接用粉状配合料进行熔化的方法存在如下问题：（1）加料和熔化过程中会产生大量粉尘，使操作恶化，同时造成物料损失；（2）配料中由于各种组分密度不同，在运输和加料过程中容易产生分层和物料偏析，造成铸件的组成和结构不均匀；（3）粉料容重小，输运和储存工具利用效率低；（4）粉状物料导电性低，增加了熔化能耗。针对以上缺点，人们考虑采用粒状料供熔炼使用。采用粒状料熔化具有明显的优点：（1）输送和加料时不产生物料飞扬损失和环境污染；（2）能提高电弧炉利用率，提高生产能力；（3）能够稳定熔化过程，保证组成稳定。原料粒化是将混合料在球磨机中研磨到所需细度，然后送到盘式粒化器上造粒，在成粒过程中，细粉颗粒逐渐滚动变粗并产生强度，颗粒成圆球状。另外，还可以采用压块法制造块状料。

## 6.4.2　熔铸锆刚玉的生产工艺

熔炼、浇铸、退火是影响熔铸耐火材料质量最重要的工艺过程，下面将分别介绍工艺原理与工艺要点。

### 6.4.2.1 熔炼

配合料的熔炼一般是在电弧炉中进行的。电弧的物理本质是气体放电。当原子吸收的能量足够大时，电子激发到自由态而离开原子轨道形成自由电子，原来的中性原子或分子变成正离子，这种过程称为电离或游离；电离气体中的带电粒子离开区域，或者失去电荷变为中性粒子，这种现象称消电离。电弧是气体放电中最强烈的一种自持放电。当电源提供较大功率的电能时，若极间电压不高（约几十伏），两极间气体或金属蒸气中可持续通过较强的电流（几安至几十安），并发出强烈的光辉，产生高温（几千至上万度），这就是电弧放电，电弧是一种常见的热等离子体。电弧可分为长弧与短弧，对于长弧，电弧长度较长，电弧电压主要由弧柱压降构成的电弧称为长弧。在长弧中弧柱的过程起主要作用；短弧则电弧长度较短，电弧电压主要由阴极和阳极位降构成的电弧称为短弧，在短弧中近极区域的过程起主要作用。

电弧炉利用电弧放电时在较小空间里集中巨大能量可获得 3000℃ 以上的高温。按照电流种类，电弧炉可分为直流电弧炉、交流电弧炉及三相电弧炉与单相电弧炉。按照生产方式，电弧炉有熔块炉与倾倒炉（见图 6-17），熔块炉由炉壳、炉车、耐火材料组成，结构简单，冶炼结束后将整个炉车拉走，再换炉车冶炼，间歇生产，投资小，热利用效率低，循环乏料多，技术经济指标差；倾倒炉由炉壳、炉底、炉衬材料组成，结构复杂，倾倒溶液后，复位再冶炼，连续生产，投资大，热利用效率高，技术经济指标好。

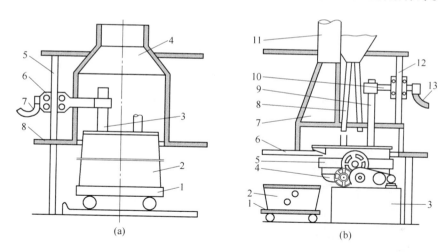

图 6-17 熔块炉（a）与倾倒炉（b）结构示意图
（a）：1—炉车；2—炉体；3—电极；4—排烟罩；5—把持器立柱；6—把持器；7—电源母线；8—平台
（b）：1—接包车；2—接包；3—混凝土基础；4—倾倒传动机构；5—炉体；6—操作平台；7—排烟罩；
8—下料管；9—电极；10—把持器；11—烟囱；12—把持器立柱；13—电源母线

熔铸耐火材料多采用倾倒式三相交流电弧炉，结构如图 6-18 所示。炉子由带出料口的金属壳体、中空水冷炉盖、能移动的电极夹具和牢固焊接在炉子外壳的定向支柱、倾斜炉子的活塞和转轴机构以及电器控制设备和仪表控制柜组成。

熔炼分为还原法（埋弧法）与氧化法（明弧法）两种。埋弧法是将石墨电极沉埋于炉料中，主要以电阻加热熔化物料，缺乏氧气，熔体中的某些高价氧化物被还原为低价状态，石墨电极剥落造成熔体增碳。即使采用明弧熔炼，若弧长太短，或者处于部分弧光裸露的半埋弧状态，仍然属于还原熔化，因为仍有碳被送入炉料中。

所谓氧化熔融是指在熔化过程中，熔体不被增碳，须在浇铸前进行脱碳处理，使最终熔体中含碳量极低的方法。主要措施包括：（1）保持一定的电弧长度，使电极中脱出的碳进入熔体之前氧化生成 $CO_2$ 或 $CO$ 排除，不进入熔体中；（2）保持炉膛上部的氧化气氛，如控制除尘风机的抽力；（3）向炉膛中的熔体吹氧，排除熔料中的碳并使 Fe、Ti 等氧化物以高价态形式存在，吹氧的方法可以从熔炉上部吹，也可以从底部吹，除吹氧外，还可以采用在配料中加入氧化剂使其在熔化时放出氧的方法；（4）采用优质电极，减少电极中碳的损耗，也可以降低熔体中的碳。目前熔铸锆刚玉已经普遍采用氧化法生产，熔炼温度 1800～1900℃，2015 年修订的《玻璃熔窑用熔铸锆刚玉砖理化性能指标》中的三种牌号制品都是采用氧化法生产的。

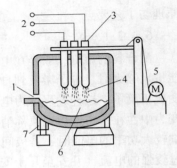

图 6-18　三相交流电弧炉
结构示意图

1—出料口；2—三相交流电源；
3—石墨电极；4—电弧；
5—电极升降用电动机；
6—料液；7—倾斜装置

#### 6.4.2.2　浇铸

将熔炼好的熔体由电弧炉直接浇入铸模的过程，称为浇铸（见图 6-19）。浇铸过程中，先浇入铸模的熔体先凝固，形成固相区，未凝固的区域成为熔融区或液相区，在液相区与固相区之间有一固液相共存的凝固区，如图 6-20 所示。浇铸过程对凝固区的生成速度及制品外观及内部质量有很大的影响，包括制品形状的完整性、表面质量与气孔，如鼓包、空壳、节疤和缩孔等，影响这些性能的工艺因素包括：浇铸温度、浇铸速度、模具质量与性能及浇铸方法。

图 6-19　熔体正从电弧炉向
铸模中的浇铸照片

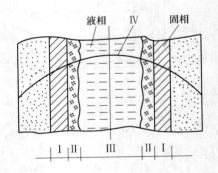

液相　Ⅳ　固相

Ⅰ Ⅱ　Ⅲ　Ⅱ Ⅰ

图 6-20　浇铸过程中某一瞬时铸件断面
分层情况与温度分布

Ⅰ—固相区；Ⅱ—凝固区（固液共存）；
Ⅲ—液相区；Ⅳ—温度曲线

浇铸温度对熔体充型能力有影响，充型能力是指被浇铸的熔体充满浇铸模型，获得形状完整、轮廓清晰、表面平整的铸件的能力。熔体黏度越低，流动性越好，充型能力越强，熔体黏度不仅取决于熔体化学成分，还受温度的影响。浇铸温度越高，熔体的充型能力越好。浇铸温度过高，也会有不利影响，因为浇铸温度过高导致铸件与模型界面间的温差减小，凝固收缩速度加快，收缩应力增大，同时初期晶粒粗化，成分偏析，铸件核心部位最后凝固时，极易产生热裂，大而厚的铸件更是如此。因此，应根据铸件的大小及形状规定温度上限防止开裂，同时规定一个下限，避免充型能力不足。

浇铸速度决定了浇铸时间。每个铸件都有最佳浇铸时间，浇铸时间不当会使逐渐产生很多缺陷。如果浇铸速度过快则流股粗，流速快，对铸模的冲击力大，铸模的一部分被冲破或熔融，使该部分铸件产生突起。此外，粗大的熔体快速浇入铸模时，一部分气体被带入铸模中并迅速上升到模型的顶盖。此时，接触顶盖的熔体已形成薄壳，在薄壳下充满气体，形成所谓的空壳。同时，带入的气体也容易在铸型中形成气泡。除了气体以外，高速浇入的粗大流股还可能将炉嘴区的生料带入熔体内，在熔体中形成夹杂。相反，如果浇铸速度太慢，也会产生诸如边角疏松、节疤、夹砂以及浇不足等缺陷。当浇注速度慢，流股很细时，先浇入模型中的熔体凝固成小球，充至边角，造成边角疏松。如果先浇入的熔体已凝固成薄壳，向内收缩。后浇入的熔体进入到薄壳与模型之间的缝隙内形成表面疤痕。同时，如果流股太细，熔体在未达到边角时已凝固，造成浇不足。而且，由于浇铸的时间过长，模盖的烘烤时间过长，易剥落掉入熔体中造成夹砂。

铸模材料的性质对铸件的质量有较大的影响，熔体浇入铸模后冷却才能凝固结晶，铸模材料的蓄热能力越大，吸收熔体的热量越多，铸件冷却越快。铸模材料的蓄热能力用蓄热系数表示：

$$b = \sqrt{\lambda \rho c} \tag{6-1}$$

式中　$b$——铸模材料的蓄热系数；

　　　$\rho$——铸模材料的密度；

　　　$\lambda$——铸模材料的导热系数；

　　　$c$——铸模材料的热容。

铸模材料的蓄热系数对熔体的凝固冷却速度、结晶过程及熔铸材料的晶粒大小有影响，进而影响铸件的密度。石墨的蓄热系数比型砂大约 8 倍，尺寸为 $600mm \times 400mm \times 250mm$ 的 AZS 铸件在石墨模中需要 90min 完全凝固，而在型砂中需要 125min 才能完全凝固，砂型铸件的密度为 $3.4 \sim 3.5g/cm^3$，而石墨铸件密度可达 $3.5 \sim 3.6g/cm^3$。铸模材料的蓄热系数对铸件断面上的温差有很大影响，材料的蓄热能力越大，铸件内的温差越大，热应力也越大，铸件产生裂纹的危险越大。一般认为铸件断面的温差小于 180℃ 才较安全。因而，选好模型材料、配合以后的退火制度是保证铸件不开裂的重要条件。此外，铸模材料的高温强度、抗热冲击性及耐火性能差，在浇铸过程中掉片、开裂或者与熔体反应粘连铸件，或者放出气体都会给铸件的质量带来不利影响。

在熔体浇铸过程中，熔体从与模型接触的面开始逐渐由外部向内部凝固，由于温度降低和凝固都会导致熔体的体积收缩，使熔体的体积减小。在熔体尚未完全凝固时，熔体凝固所产生的体积收缩会因熔体流入而得到补偿。凝固所产生的体积收缩将集中到凝固的最后阶段，由密度差计算得到 AZS 的收缩可达 12% ~ 15%，在铸件最后凝固的地方就会形成一个集中的缩孔，在缩孔的下方常会存在一个含有很多小孔或密集大晶粒的区域，这个区域结构松散，在使用过程中不能作为工作面。缩孔不仅和熔体本身的冷却收缩有关，还和浇铸方法有关。不同的浇铸方法产生不同的缩孔，图6-21给出了普通浇铸（PT）、倾斜浇铸（QX）、准无缩孔浇铸（ZWS）及无缩孔浇铸（WS）四种浇铸方式的缩孔形状与分布。普通浇铸的缩孔在铸件的正上方，在先固化的铸件的底部结晶细密，在后固化的上部则结晶粗大并形成缩孔（见图6-21(a)）。倾斜浇铸是将铸模与水平面形成一个角度，将冒口放在铸模的一端进行浇铸（见图6-21(b)），这样使缩孔偏移到铸件上部的一个角上而在铸件的下部形成致密区，可将其作为工作面使用。准无缩孔浇铸与无缩孔浇铸是浇铸时将缩孔集中在某一区域内，退火后用金刚石

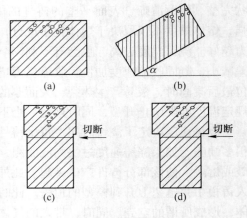

图6-21　四种浇铸方式 AZS 砖示意图
（a）普通浇铸；（b）倾斜浇铸；（c）准无缩孔
浇铸；（d）无缩孔浇铸

锯片将缩孔的大部分或全部切除（见图6-21(c)、(d)）。行业标准对四种浇铸方式生产的熔铸 AZS 砖容重有不同的要求（见表6-18）。

在浇铸过程中，熔体凝固并结晶，凝固过程对铸件的显微结构、性质及外观质量都有很大的影响，凝固过程可分为逐层凝固（连续型凝固）和糊状凝固（整体型凝固）。前者最常见，后者只有在高温下进行保温浇铸才可能实现，这种浇铸方法所生产的铸件质量也不一定很好，主要讨论逐层浇铸。浇铸一开始熔体就会在模具内开始凝固结晶，在靠近铸模壁附件，熔体迅速冷却结晶形成杂乱取向的微晶，即所谓的"激冷层"晶体，当浇铸继续进行的时候，部分取向良好。适合继续长大的晶体向熔体中生长，互相连接起来形成凝固前沿向熔体中推进。铸件凝固过程如图6-9所示。铸造中产生的裂纹分为热裂与冷裂两种类型。当温度较高时，尽管铸件大部分处于固态或全部固态，铸件仍处于塑性态，但是如果产生的凝固应力过大，不能被玻璃相的塑性形变吸收，超过了玻璃相强度极限，产生裂纹，成为热裂；当温度较低时，使铸件已由塑性状态变为弹性状态，这时由铸造应力产生的裂纹成为冷裂。

### 6.4.2.3　退火

为了消除铸造应力，减少铸件在冷却及使用过程中开裂的机会，熔融耐火材料制品浇铸成型后必须进行退火处理。退火方法与工艺对熔铸耐火材料产品的质量有很大影响，退火不当，甚至会引起产品的炸裂。熔铸耐火材料的退火方法分为两类，即保温退火法与外供热退火法。保温退火是将铸件放在一保温箱中减少降温速度进行退火，具体操作时可采用保温箱浇铸法，如图6-22所示。也可以采用所谓的铁框法浇铸，即将铁框连同铸件一同放入保温箱中进行退火。保温箱材料的选择、尺寸与结构的设计对制品降温速度有很大影响。可以通过差分法或有限元法对退火过程中保温箱中铸件温度进行计算，合理设计保温箱结构，使温差控制在允许的范围内。外供热退火法是利用热源保持铸件外表面按一定的降温速率退火方法，隧道窑退火是最常见的外供热退火法，将浇铸好的铸件脱模后直接吊运到隧道窑的窑车上，按规定的退火制度进行退火。隧道窑与一般耐火材料烧成用隧道窑不同，包括保温带、降温带、冷却带，没有预热带，如图6-23所示。浇铸完成后，应

将铸件尽快放入隧道窑保温带中，使铸件在截面温差最合适的情况下凝固冷却，既要使铸件中存在温度差以保持逐层凝固性，又要防止因温差过大在铸件中产生过大的热应力。通常保温温度应接近铸件脱模后的表面温度。铸件在隧道窑中的时间与推车制度应根据退火温度曲线确定。为了保证保温温度，在保温带设有烧嘴。为保证冷却带及降温带的降温速度，可以从保温带的不同车位抽出一定量的热风送入冷却带的不同车位。

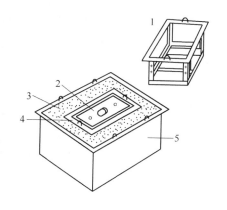

图 6-22　保温箱式浇铸

1—铸型用铁筐；2—铸型；3—保温材料；
4—铁筐；5—保温箱

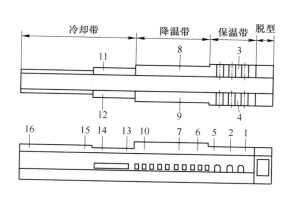

图 6-23　熔铸耐火材料退火用隧道窑

# 6.5　烧结 AZS 砖

烧结 AZS 砖是采用烧结法生产的以 $Al_2O_3$-$ZrO_2$-$SiO_2$ 为主要化学组成耐火制品。该产品的商业化生产始于 20 世纪 60 年代初，较熔铸 AZS 制品晚。不同烧结 AZS 的 $w(ZrO_2)$ = 15% ~ 30%。烧结 AZS 砖主要用于砌筑玻璃窑，建材行业标准（JC/T 925—2003）规定其理化标准如表 6-20 所示，依据 $ZrO_2$ 含量的不同，有 AZS16、AZS20、AZS32 三种牌号，要求 $w(ZrO_2)$ 分别高于 16%、20%、32%。熔铸砖热传导率较高，烧结耐火材料电导率较低，为了防止供料槽与保温材料的交界面处由于温度较高造成按合缝处漏料和侵蚀，目前越来越多的玻璃供料槽上使用烧结 AZS 砖。

表 6-20　玻璃窑用烧结 AZS 砖的技术指标

| 项　　目 | | 指　　标 | | |
| --- | --- | --- | --- | --- |
| | | AZS16 | AZS20 | AZS32 |
| 化学成分/% | $w(ZrO_2)$ | ≥16 | ≥20 | ≥32 |
| | $w(Fe_2O_3)$ | ≤0.5 | ≤0.5 | ≤0.5 |
| 物理性能 | 体积密度/g·cm⁻³ | ≥2.70 | ≥2.80 | ≥3.20 |
| | 显气孔率/% | ≤20 | ≤18 | ≤18 |
| | 耐压强度/MPa | ≥70 | ≥80 | ≥80 |
| | 荷重软化温度 $T_{0.6}$/℃ | ≥1580 | ≥1620 | ≥1630 |

注：特殊要求产品的理化指标如热震稳定性、气泡折率、耐碱性、抗玻璃液侵蚀性能由供需双方确定。

根据生产工艺原理，烧结 AZS 砖可分为反应烧结型 AZS 砖与再结合 AZS 制品。反应烧结 AZS 砖是以工业氧化铝和锆英石精矿作为原料，利 $ZrO_2 \cdot SiO_2$-$Al_2O_3$ 系的亚固相反应（见式 6-2），实现由莫来石和斜锆石构成的两相均匀分部的显微结构。该反应伴随体积膨胀，如果生成的四方 $ZrO_2$，体积膨胀为 13.87%；如果生成单斜 $ZrO_2$，体积膨胀16.4%。因反应和烧结同时进行，工艺控制较为困难，通常先在 1450℃ 保温，使其致密化，然后升温至 1600℃ 进行反应。$ZrO_2 \cdot SiO_2$ 在高于 1535℃ 分解成 $ZrO_2$ 和 $SiO_2$，其中 $SiO_2$ 与 $Al_2O_3$ 反应生成莫来石。由于 $ZrO_2 \cdot SiO_2$ 的分解有一部分液相出现，并且可使颗粒细化，增加表面积，促进烧结。有研究表明，在锆英石的加入量小于 54.7% 时，随着锆英石加入量的增加，烧结试样的显微结构由柱状构成的网络结构逐渐过渡到由柱状莫来石构成的网络结构，试样 1400℃ 抗折强度也随氧化锆含量的增加而增大，氧化锆含量为 23.7% 时出现一较大值，而后强度下降，锆英石的加入有助于抗热震性的提高。

$$2ZrO_2 \cdot SiO_2 + 3Al_2O_3 \longrightarrow 3Al_2O_3 \cdot 2SiO_2 + 2ZrO_2 \tag{6-2}$$

再结合 AZS 砖以熔铸 AZS 废品、边角料或回收残砖为原料，经粉碎、成型和烧结而成。再结合 AZS 生产工艺是由美国康宁公司于 1978 年发明的。以熔铸 AZS 废品和残砖做原料具有资源再生的优势。再结合 AZS 砖的基本工艺原理是熔铸 AZS 碎屑通过（C + Z）共晶体与玻璃相发生的包晶反应实现"自烧结"，并实现莫来石化。

$$(C + Z) + L(SiO_2) \longrightarrow 3Al_2O_3 \cdot 2SiO_2 + 2ZrO_2 \tag{6-3}$$

如果熔铸 AZS 碎屑越细，其所含玻璃相的比表面积越大，在相当低的温度下处理，在上述包晶反应未发生的情况下，也可实现液相烧结，形成坚实的砖体。经高温烧成的再结合 AZS 砖的显微结构主要发生如下变化：基质的细粉状熔铸 AZS 料中的玻璃相与添加的活性 $Al_2O_3$ 反应，实现莫来石化；粗粒料的玻璃相渗出到颗粒表面与添加的活性 $Al_2O_3$ 反应，形成莫来石壳，堵塞液相渗出通道，使包晶反应在颗粒内部进行；粗粒料中的玻璃相渗析殆尽，留下孔洞或缝隙。

再结合 AZS 砖的结构特征是莫来石与（C + Z）共晶结构紧密结合。再结合 AZS 砖的显微结构基本是原熔铸 AZS 各种结构细节的综合，粗粒中的（C + Z）共晶仅在表面发生包晶反应，而共晶体结构变化不大，粗大柱状（C + Z）共晶使再结合 AZS 砖具有良好的高温力学性能与抗玻璃液侵蚀性。

## 复习思考题

6-1  $ZrO_2$ 作为耐火材料的优点有哪些？

6-2  锆质矿物原料有哪些，各有什么优缺点？

6-3  锆英石矿中的杂质对耐火材料有何不利影响？

6-4  我国锆英石砂做耐火材料原料时由何缺点，如何解决？

6-5  含锆合成原料有哪些，与矿物原料相比有何特点？

6-6  熔铸 AZS 砖有何结构特点，熔铸 AZS 砖主要应用是什么？

6-7  按照生产工艺，熔铸耐火材料熔炼用电弧炉可分为哪两种，有何特点？

6-8  氧化熔炼与还原熔炼相比有何优势，实现氧化熔炼的技术措施有哪些？

6-9  对于浇铸工序，影响 AZS 铸件的工艺有哪些？

6-10  烧结 AZS 砖有哪两类，生产工艺有何不同？

# 7 含碳耐火材料

【本章主要内容及学习要点】本章主要介绍含碳耐火材料理论基础及镁碳质、镁钙质、铝碳质、铝镁碳质耐火制品的性能、应用、生产工艺。要求掌握含碳耐火材料的性能特点，理解含碳耐火材料相关热力学原理，掌握镁碳质、镁钙质、铝碳质材料的生产工艺要点。重点是结合剂的类型及使用要求、镁碳砖的生产工艺要点。

## 7.1 含碳耐火材料基础

### 7.1.1 引言

顶吹转炉、超高功率电炉、炉外精炼、连续铸锭及铁水预处理等新型钢铁冶金设备、技术的应用，要求耐火材料除具有足够高的强度外，还应具有良好的抗渣性与抗热震稳定性能。以氧化物为主要成分的传统耐火材料与渣的润湿性较好，但抗渣侵蚀性能较差；为了提高其抗渣性，就要提高其体积密度，降低气孔率，但是以离子晶体为主的氧化物耐火材料导热性与韧性较差，因此抗热震稳定性却随气孔率降低而下降。由于石墨与炉渣不润湿，并且具有良好的导热性与韧性。为了同时提高耐火材料的抗渣性与抗热震稳定性，20世纪 70 年代以来，人们将石墨等炭素材料引入到耐火材料中来，形成了含碳耐火材料，又称碳复合耐火材料。含碳耐火材料能够大大提高钢铁冶金耐火材料的使用寿命，已经成为一类重要的耐火材料。

许多氧化物都可与碳复合形成含碳耐火材料，例如，$MgO$-C、$MgO$-CaO-C、$Al_2O_3$-C、$Al_2O_3$-SiC-C、$ZrO_2$-C 等，碳与其他化合物结合形成含碳耐火材料如图 7-1 所示。按显微结构，含碳耐火材料可分为陶瓷结合型与碳结合型两类。陶瓷结合型含碳耐火材料的特点是通过高温烧成在耐火材料组分之间形成陶瓷结合，炭素材料充填在耐火材料颗粒或者气孔内，典型的陶瓷结合制品有烧成油浸砖、黏土石墨砖、高铝制品等。碳结合型含碳耐火材料一般属于不烧耐火材料，其生产工艺是先将结合剂和粗颗粒混合均匀，使结合剂在颗粒表面形成一层薄膜，然后加入细粉及石墨，碳化后结合剂成为碳骨架，把耐火材料及石墨结合起来，成为结合碳，镁碳砖是典型的碳结合型含碳耐火材料。虽然烧成铝碳滑板及浸入式水口制品中也存在一些结合碳膜，但主要结合形式为陶瓷结合，故仍属于陶瓷结合型含碳耐火材料。碳结合型含碳耐火材料碳含量高，可大幅度提高耐火材料性能，应用比陶瓷结合型较为广泛。

尽管含碳耐火材料具有较好的抗渣性与抗热震性，但是高温氧化性气氛下，碳容易被氧化失去优势，并且形成气孔，降低耐火材料的抗渣性与力学强度；同时，碳比氧化物更容易扩散进入钢水中，造成钢水增碳，对于低碳钢及超低碳钢的冶炼是较为严重的问题。

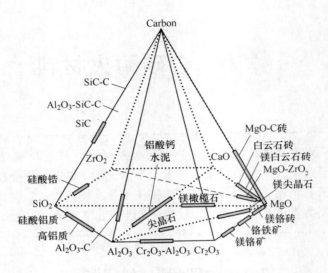

图 7-1　碳与其他化合物结合形成含碳耐火材料示意图

因此，提高含碳耐火材料的抗氧化性与降低碳向钢水中的溶解是含碳耐火材料面临的重要问题。添加抗氧化剂、发展低碳耐火材料是解决上述问题的重要措施。本节首先介绍碳材料结构与性质、碳质原料的类别与特点、含碳耐火材料碳氧化、氧化物碳热还原相关热力学；然后分别介绍抗氧化添加剂与结合剂的主要类型、作用原理及使用要点；最后介绍几种主要含碳耐火材料制品的生产工艺、性能特点及应用。

### 7.1.2　碳材料结构与性能

　　碳有多种同素异形体，常见的有石墨、金刚石、碳纳米管（carbon nanotubes，CNTs）、石墨烯（graphene）、富勒烯（fullerene）、蓝丝戴尔石以及无定性的炭黑、活性炭、焦炭等，结构如图 7-2 所示。含碳耐火材料中的碳包括加入到配料中的石墨与结合剂炭化生成的结合碳两种形式。

　　石墨分为天然石墨、人造石墨两种。天然石墨以石墨片岩、石墨片麻岩、含石墨的片岩及变质页岩等矿石出现，人造石墨由含碳物质经高温碳化、石墨化制得。理想石墨中的每个碳原子都和其他三个碳原子以 δ 共价键相连，键长 0.14211nm，三个 δ 键互成 120°角；层间由很弱的范德华力（π 键）相连接，层与层之间有规则地排列，层间距离为 0.3354nm，层与层之间形成两种排列形式，一种是六方晶系，另一种属于菱面体晶系，如图 7-3 所示，其中六

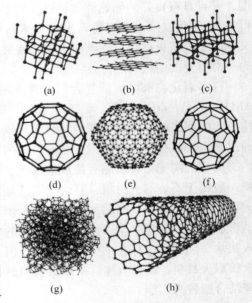

图 7-2　碳的几种同素异形体结构示意图

（a）金刚石；（b）石墨；（c）蓝丝戴尔石；

（d）~（f）富勒烯；（g）无定形碳；（h）碳纳米管

方晶系石墨最为常见，通过计算可知，六方晶系石墨的理论密度为 $2.266 \mathrm{g/cm^3}$。由于石墨中 π 电子不固定，在平行于石墨层平面内能起到类似金属自由电子传导作用，因此导电性能良好，石墨可以制成电气、冶金、能源工业用电极。石墨层状结构决定其物理性质存在各向异性，层内导电性良好，电阻率为 $(4 \sim 7) \times 10^{-5} \Omega \cdot cm$，电阻率 $5 \times 10^{-3} \Omega \cdot cm$；另外，层面内键强 $618 \mathrm{kJ/mol}$，层平面间 π 键强度仅为 $5 \mathrm{kJ/mol}$；平行于层平面方向杨氏模量为 $1015 \mathrm{GPa}$，而在垂直方向仅为 $35300 \mathrm{GPa}$，均相差两个数量级。

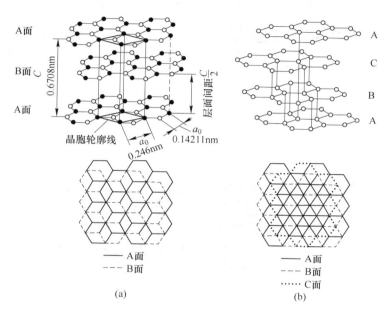

图 7-3 石墨结构示意

（a）六方晶系石墨；（b）菱面体晶系石墨

实际上，石墨都是多晶体，由周期性排列有限的微晶组成，微晶取向不完全相同，XRD 是研究石墨晶体结构较为有效的方法。图 7-4 所示为天然石墨与 1000℃ 热处理焦炭的 XRD 图，可以看出天然石墨出现三维结构特征（112）晶面的衍射峰，焦炭衍射图中没有（112）晶面衍射峰。另外（002）衍射峰最强，通常将（002）晶面间距（$d_{002}$）作为石墨化程度的指标。富兰克林首先确定了完全未石墨化碳的 $d_{002}$ 为 $0.344 \mathrm{nm}$，理想石墨的层面间距为 $0.3354 \mathrm{nm}$，石墨化度 $G$ 可通过式（7-1）计算得到。

$$G = \frac{3.44 - d_{002}}{3.44 - 3.354} \times 100\%$$
（7-1）

当温度高于 1800℃ 时，石墨微晶层平面排列向有序化转化，微晶急剧增长，宽度与厚度都增大。在微晶长大过程中，由于层结构的各向异性膨胀，产生的内应力使位错和缺陷消除，微晶重新排列，逐步趋向于三维有序的类似石墨晶体结构。当温度超过 3000℃ 时，完全达到石墨化。富兰克林把碳材料分为难石墨化碳和易石墨化碳，前者又称硬碳，后者又称软碳。碳石墨化的难易程度与材料在碳化过程中的状态有关，一般认为固相碳化为硬碳，液相碳化为软碳，固相碳化是指材料先固化后碳化，而液相碳化是指材料在液体状态下碳化。沥青、聚氯乙烯及蒽等是液相碳化，碳化后得到软碳，而纤维素、呋喃树脂、酚醛树脂及聚偏二氯乙烯等是固相碳化，碳化后得到硬碳。易石墨化碳与难石墨化碳的结构模型如图 7-5 所示。

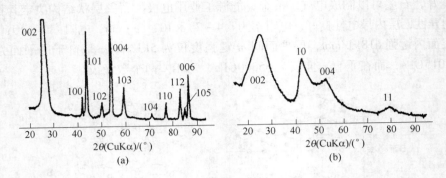

图 7-4　天然石墨与焦炭的 XRD 图

（a）天然石墨；（b）1000℃热处理焦炭

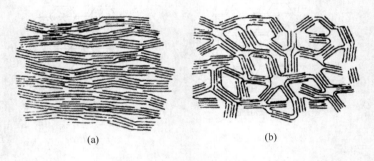

图 7-5　乱层石墨结构模型图

（a）易石墨化碳；（b）难石墨化碳

　　富勒烯、碳纳米管、石墨烯是科学家先后发现的三种重要的纳米碳材料。1985 年，英国化学家哈罗德·沃特尔·克罗托博士和美国赖斯大学的科学家理查德·斯莫利、海斯（James R. Heath）、欧布莱恩（Sean O'Brien）和科乐（Robert Curl）等人在氦气流中以激光汽化蒸发石墨实验中，首次制得由 60 个碳组成的碳原子簇结构分子 C60。富勒烯的主要发现者们受建筑学家巴克敏斯特·富勒设计的加拿大蒙特利尔世界博览会球形圆顶薄壳建筑的启发，认为 C60 可能具有类似球体的结构，因此将其命名为巴克明斯特·富勒烯（buckminster fullerene），简称富勒烯（fullerene）。为此，克罗托、科尔和斯莫利获得了1996 年度诺贝尔化学奖。

　　碳纳米管（carbon nanotubes，CNTs）是在 1991 年 1 月由日本筑波 NEC 实验室的物理学家饭岛澄男（S. Iijima）使用高分辨透射电子显微镜从电弧法生产的碳纤维中发现的。它是一种管状的碳分子，管上每个碳原子采取 $sp^2$ 杂化，相互之间以碳－碳 σ 键结合起来，形成由六边形组成的蜂窝状结构作为碳纳米管的骨架。每个碳原子上未参与杂化的一对 p 电子相互之间形成跨越整个碳纳米管的共轭 π 电子云。按照层数不同，分为单壁碳纳米管和多壁碳纳米管。管子的半径方向非常细，只有纳米尺度，而在轴向则可长达数十到数百微米。碳纳米管依其结构特征可以分为三种类型：扶手椅形纳米管（armchair form），锯齿形纳米管（zigzag form）和手性纳米管（chiral form）。碳纳米管具有良好的力学性能，抗拉强度达到 50～200GPa，是钢的 100 倍，密度却只有钢的 1/6，至少比常规石墨纤维高一个数量级；它的弹性模量可达 1000GPa，与金刚石的弹性模量相当，约为钢的 5 倍。碳纳米管的硬度与金刚石相当，却拥有良好的柔韧性，可以拉伸，适合作为聚合物基或陶瓷基复合材料的增强相。无定形碳包括煤炭、焦炭、木炭、骨炭、炭黑、活性炭等，无定形碳晶粒细小，且碳原子六角形环所构成的层皆为零乱、不规则的堆积，不像石墨那样三维有序，被称为乱层结构。

石墨烯（graphene）是一种由碳原子以 $sp^2$ 杂化轨道组成六角型呈蜂巢晶格的平面薄膜，只有一个碳原子厚度的二维材料，石墨烯一直被认为是假设性的结构，无法单独稳定存在。直至 2004 年，英国曼彻斯特大学物理学家安德烈·海姆（Andre Geim）和康斯坦丁·诺沃肖洛夫（Konstantin Novoselov），成功地在实验中从石墨中分离出石墨烯，共同获得 2010 年诺贝尔物理学奖。

### 7.1.3 碳的氧化及抗氧化剂的作用原理

含碳耐火材料存在的主要弱点是碳易被氧化以及容易与耐火材料氧化发生碳热还原反应，常加入一些添加剂来抑制碳的氧化与提高制品的强度。本节将对含碳耐火材料中的一些基本反应的热力学规律与特点，及防氧化添加剂热力学行为及作用机理进行介绍。

#### 7.1.3.1 碳-氧化学反应热力学

C-O 系由 2 个元素构成，存在 4 个物种 C、$O_2$、CO、$CO_2$，独立反应数为 2，存在 4 个反应式（7-2）～式（7-5），只有两个是独立的，其他两个反应可由这两个独立反应的线性组成求得。

$$C(s) + O_2(g) \Longrightarrow CO_2(g) \tag{7-2}$$

$$2C(s) + O_2(g) \Longrightarrow 2CO(g) \tag{7-3}$$

$$CO(g) + O_2(g) \Longrightarrow 2CO_2(g) \tag{7-4}$$

$$C(s) + CO_2(g) \Longrightarrow 2CO(g) \tag{7-5}$$

以上四个反应中，式（7-2）是碳的完全燃烧反应，式（7-3）称为碳的不完全燃烧反应，式（7-4）是 CO 气体的燃烧反应，式（7-5）称为碳气化反应或布都阿尔反应。式（7-2）、式（7-3）总是同时相伴进行，而且在高温下与固体碳平衡存在的氧非常少，由实验准确测量非常困难，因此很难从实验室单独加以研究。式（7-4）、式（7-5）反应式不同温度时的平衡气相组成都可由实验分别加以测量，所以一般选式（7-4）、式（7-5）作为独立反应。

$$\lg K_{7-4}^{\ominus} = \frac{29502}{T} - 9.068 \tag{7-6}$$

例如，通过测量不同温度时的平衡气相组成，得到式（7-4）的平衡常数 $K$ 与 $T$ 的关系为式（7-6），由 $\Delta G^{\ominus} = -RT\ln K$ 可得 CO 燃烧反应的标准吉布斯自由能变化为式（7-7）。同理可求得，碳气化反应式（7-5）的标准吉布斯自由能变化为式（7-8）。

$$\Delta G_{7-4}^{\ominus} = -561777 + 173.64T \tag{7-7}$$

$$\Delta G_{7-5}^{\ominus} = 175548 - 177.65T \tag{7-8}$$

由式（7-4）与式（7-5）相加可得反应式（7-2），碳完全燃烧反应的标准吉布斯自由能变化为式（7-9），也就是1mol $CO_2$的标准生成吉布斯自由能。由式（7-4）、式（7-5）线性叠加可得碳不完全燃烧反应标准吉布斯自由能变化，即式（7-10），1molCO标准生成吉布斯自由能为式（7-11）。式（7-7）~式（7-11）的温度范围为500~2000℃。

$$\Delta G_{7-2}^{\ominus} = \Delta G_{7-4}^{\ominus} + \Delta G_{7-5}^{\ominus} = -389229 - 4.01T \tag{7-9}$$

$$\Delta G_{7-3}^{\ominus} = \Delta G_{7-4}^{\ominus} + 2\Delta G_{7-5}^{\ominus} = -213681 - 181.67T \tag{7-10}$$

$$\Delta_f G_{CO}^{\ominus} = 0.5\Delta G_{7-3}^{\ominus} = -106841 - 90.83T \tag{7-11}$$

### 7.1.3.2　碳气化反应热力学

碳的气化反应，即式（7-5），在分析有碳参与的反应时十分有用。碳的气化反应是吸热反应，由二组元构成，存在两个相。根据相律，此体系自由度 $f = C - P + 2 = 2 - 2 + 2 = 2$，即温度、压力和组成参数中，自由两个是独立变量。碳气化反应的标准平衡常数为：

$$\ln K^{\ominus} = \frac{\left(\dfrac{p_{CO}}{p^{\ominus}}\right)^2}{\dfrac{p_{CO_2}}{p^{\ominus}}} \tag{7-12}$$

式中，$p_{CO}$、$p_{CO_2}$分别为CO、$CO_2$的分压，设总压力为 $p$，其平衡气相组成为：

$$\varphi(CO) = \frac{p_{CO}}{p} \times 100 \tag{7-13}$$

$$\varphi(CO_2) = \frac{p_{CO_2}}{p} \times 100 \tag{7-14}$$

可推导出平衡气相组成与标准平衡常数之间的关系（详细过程参见陈肇友编著的《化学热力学与耐火材料》）：

$$\varphi(CO) = \left[-\frac{K^{\ominus}}{2} + \left(\frac{(K^{\ominus})^2}{4} + \frac{K^{\ominus}p}{p^{\ominus}}\right)^{\frac{1}{2}}\right]\frac{p^{\ominus}}{p} \times 100 \tag{7-15}$$

从上式可知，要计算出碳气化反应的平衡气相组成，必须知道 $K^{\ominus}$ 与 $p$。布都阿尔、尤史开维奇曾分别研究了碳气化反应 $K^{\ominus}$ 与温度的关系。计算出在总压101.325kPa、10.1325kPa下，平衡气相组成与温度的关系，如图7-6所示。由于碳气化反应从左向右进行时要吸热和增加体积，因此温度升高或总压降低都将使气相中CO含量增加。从图7-6可以看出，温度高于1000℃时平衡气相组成中CO含量几乎达100%，$K^{\ominus} \gg 1$，温度低于450℃，平衡气相中几乎全为 $CO_2$。温度在450~1000℃之间平衡气相的组成变化很大，但其中CO和 $CO_2$ 的含量都不太小，皆可由实验直接测量出。

从图7-6可以看出，等压平衡曲线将其划分为两个区域。曲线上任意一点代表在某一温度下，C、CO、$CO_2$ 平衡共存时

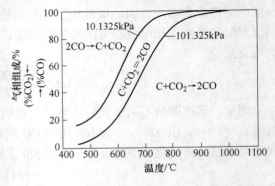

图7-6　碳气化反应在总压力为101.325kPa与10.1325kPa与下平衡时CO的浓度和温度的关系

的气相组成在平衡曲线下部区域内任何一点所示的气相组成，其 $CO_2$ 含量都比同一温度平衡时的多。因此在曲线下部区域内任何一点所示的指定条件下，投入焦炭都将按碳气化反应方向进行；即在此区域内，碳都将是不稳定的，碳要与 $CO_2$ 反应转变为 $CO$；所以在曲线下部区域是 $CO$ 稳定存在区域。若投入的焦炭足够多，则反应将会一直进行到达平衡曲线所示气相组成为止。在曲线上部区域内任何一点所示的指定条件下，气相中 $CO$ 含量都比平衡时的多，因此反应将按 $CO$ 分解的方向进行；因此平衡曲线上部区域是固体碳稳定存在区。碳气化反应既然是吸热和气体摩尔数增加的反应，因此用固体碳作还原剂进行碳热还原法、碳热还原氮化法或碳热还原硼化法等生产金属氮化物或硼化物等时，采用密封还原罐是不合适的。

### 7.1.3.3　碳与氧化物的反应

含碳耐火材料在制作与使用中以及用碳作还原剂制取金属与耐火非氧化物时都将会涉及碳与氧化物之间的反应问题。例如，$Al_2O_3$、$MgO$、$ZrO_2$ 及 $Cr_2O_3$ 都是耐火氧化物。为何前三者可与石墨制成碳复合材料，而 $Cr_2O_3$ 不能与石墨制成碳复合材料？

碳与氧化物（MO）之间可能发生以下反应：

$$MO(s) + C(s) = M(g) + CO \tag{7-16}$$

$$2MO(g) + C(s) = 2M(s) + CO_2(g) \tag{7-17}$$

$$C + CO_2 = 2CO \tag{7-18}$$

$$MO + CO = M + CO_2 \tag{7-19}$$

在此 M-O-C 体系中，其 $m$ 为 3，即 M、O、C，$n$ 为 5，即（MO、M、C、CO、$CO_2$）故独立反应数为 $n - m = 2$，即在上列 4 个反应中，只有两个反应是独立的，其他反应可由独立反应线性组合求得。在此体系中常取反应式（7-18）与反应式（7-19）作为独立反应，由反应式（7-18）与反应式（7-19）反应式线性组合即可求出反应式（7-16）、式（7-17）。对于反应式（7-19）已有很可靠的热力学数据，其反应热 $\Delta H_{298}$ 为 172500J。对于热力学稳定性大的氧化物，反应式（7-19）一般为吸热反应，对于热力学稳定性小的氧化物，一般为放热反应。但不管是吸热或放热，反应式（7-19）的 $\Delta H$ 绝对值一般都小于 172500J，故反应式（7-16）的 $\Delta H_{298}$ 值总是正值，即一般都是吸热反应。

由于该体系是 4 个相，3 个组元；根据相律，体系的自由度应为 1。故当压力一定时，体系达平衡时的温度与气相组成皆为一定值。反应式（7-18）与反应式（7-19）的平衡气相组成与温度的关系曲线如图 7-7 所示。

当压力一定时，二曲线的交点 $a$ 即为一固定点。交点 $a$ 表明，在一定压力下，只有在 $T_a$ 温度时，式（7-18）、式（7-19）才可能同时处于平衡状态，MO、M、C、CO、$CO_2$ 才能同时平衡共存。在 $T_a$ 以外任何温度都是不能同时平衡共存的，不是碳消失，就是 MO 或 M 消失。也就是说，$T_a$ 是在一定压力下，固体碳与氧化物反应的开始温度，或开始还原温度。它随氧化物与压力不同而异，氧化物愈稳定，开始反应温度愈高，压力愈大开

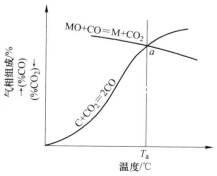

图 7-7　在一定压力下，反应式（7-18）、式（7-19）平衡气相组成与温度的关系

始反应温度也愈高。当总压力为 101.321kPa 时，对于 FeO、$Cr_2O_3$、MnO、$SiO_2$、$TiO_2$、MgO、$Al_2O_3$、$ZrO_2$、CaO 而言，它们的 $T_a$ 分别约为 710℃、1230℃、1420℃、1640℃、1720℃、1850℃、2050℃、2140℃、2150℃。

　　从以上分析可以得出在冶炼高温下，$Al_2O_3$、$ZrO_2$ 能与碳平衡共存，在化学上是相容的能与碳一起制成铝碳、铝锆碳复合耐火材料。而 $Cr_2O_3$ 由于在高温下与碳反应，不能与碳共存，以及 Cr 是变价元素，不能与碳制成铬炭复合耐火材料。对于难还原的氧化物，在标准压力下，其与碳反应的开始温度，可根据金属元素与 $1mol\ O_2$ 生成 CO 与 MO 的标准吉布斯自由能求得，就是图 7-8 中 CO 与 MO 的标准吉布斯自由能与 $T$ 关系曲线的交点温度。

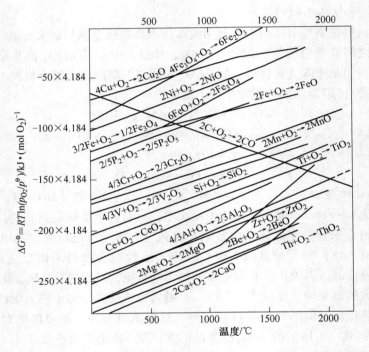

图 7-8　元素与 $1mol\ O_2$ 反应生成氧化物的标准吉布斯自由能与温度的关系

　　标准状态下，碳与 MgO 反应的开始温度可由 MgO 与 CO 的标准生成吉布斯自由能求得，过程如下：

$$Mg(g) + 0.5O_2(g) \Longequal MgO(s) \tag{7-20}$$

$$\Delta_f G^{\ominus} = -714420 + 193.72T \tag{7-21}$$

$$C(s) + 0.5O_2(g) \Longequal CO(g) \tag{7-22}$$

$$\Delta_f G^{\ominus} = -114400 - 85.77T \tag{7-23}$$

以上两式相减得：

$$MgO(s) + C(s) \Longequal Mg(g) + CO(g) \tag{7-24}$$

$$\Delta_f G^{\ominus} = 600020 - 279.49T \tag{7-25}$$

式 (7-21)、式 (7-23)、式 (7-25) 的温度范围为 1090~2000℃，令 $\Delta_f G^{\ominus}$ 为 0，得

出碳还原氧化镁的开始温度为 2146K（1873℃）。由温度是指纯固态 MgO 与纯石墨的开始反应温度，生成 Mg 气与 CO 气的分压都分别为标准态压力。

对于非标准态的开始反应温度，可通过绘制出在不同镁蒸汽分压与 CO 分压下吉布斯自由能变化与 $T$ 的关系直线（图 7-9），寻找其交点来求得。

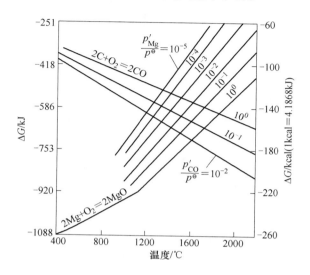

图 7-9　CO 分压与 Mg 蒸气分压对碳还原 MgO 起始温度的影响

由于 MgO 与碳反应的产物都是气体，降低压力或抽真空都会使 MgO 与碳反应的开始温度大为降低。因此在真空冶炼的容器中，用镁炭砖做衬砖对其并不是有利的。由于转炉炼钢或电炉炼钢温度都在 1600℃ 以上，可以推知其所用镁炭砖衬的工作面（热面）附近，砖中 MgO 会与碳发生自耗反应。若镁炭砖脱碳层工作面被一层致密的黏滞性炉渣所覆盖，形成保护层，镁炭砖内自耗反应产生的 Mg 蒸气与 CO 气体的逸出受阻，因而 CO 分压与 Mg 蒸气分压会增大，导致 MgO 与碳反应需要的开始温度升高，从而减缓或阻止镁炭砖内自耗反应的进行。

### 7.1.3.4　抗氧化剂的作用原理

为了防止或减弱服役过程中含碳耐火材料碳的氧化，通常在含碳耐火材料中加入一定量的抗氧化剂，主要有：Si、Al、Mg、Ca、Zr、SiC、$B_4C$、BN、$CaB_6$ 等。抗氧化剂的作用通常从两个方面来考虑，一是先优于碳被氧化从而对碳起到保护作用；二是形成某种化合物阻塞气孔。因此，需要了解这些添加剂与碳及氧的反应的热力学。

#### A　抗氧化剂与碳的亲和力

含碳耐火材料中添加的金属添加剂，在使用或埋碳烧成时会与碳形成碳化物，金属 M 与 1mol 碳反应生成 $M_xC_y$ 为：

$$(x/y)M(s 或 l) + C(石墨) \rightleftharpoons (1/y)M_xC_y(s) \tag{7-26}$$

由于参与反应的各物质皆是处于纯固态或纯液态，因此上反应能否向右进行可由反应的标准吉布斯自由能值来确定。

$$\Delta G^{\ominus} = -RT\ln K = RT\ln a_c \tag{7-27}$$

元素对碳的亲和力可由式（7-27）定义出的碳势来衡量。可知，$\Delta G^{\ominus}$越负或者$a_c$值越小，元素对碳的亲和力越大，碳化物越稳定。图7-10所示为一些金属与1mol碳生成碳化物的标准吉布斯自由能与温度的关系，从图可以看出，除金属Mg外，Al、Si、B、Zr、Cr、Ti都能形成碳化物。

**B　抗氧化剂与氧的亲和力**

金属或其他元素与1mol $O_2$反应生成氧化物的标准吉布斯自由能$\Delta G^{\ominus}$称为氧势。通过氧势可以比较各种元素对氧的亲和力的大小或其氧化物的稳定程度。添加剂是否能抑制碳的氧化与添加剂与氧的亲和力的大小有关。图7-11为有关元素、碳化物及氮化物等同1mol $O_2$反应的标准吉布斯自由能变化与温度的关系。可根据图7-11判断添加剂能否抑制碳的氧化。例如，对于炼钢炉用的不烧MgO-C砖，若其中加有Al和SiC，在1650℃时Al对氧亲和力大于碳，可以起抑制碳氧化的作用；而SiC对氧亲和力小于碳，

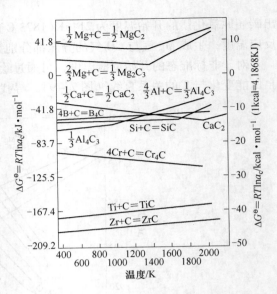

图7-10　金属与1mol碳生成碳化物的标准吉布斯自由能与温度的关系

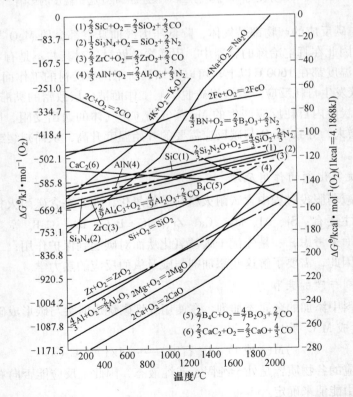

图7-11　含碳耐火材料中的有关物质与1mol $O_2$反应的标准吉布斯自由能变化与温度的关系

则不能起保护碳的作用。再如，铁水预处理用的不烧铝碳（$Al_2O_3$-C）砖中添加有 Al、Si 及 SiC；在使用温度 1350℃时，Al、Si 及 SiC 对氧的亲和力大于 C 对氧的亲和力，能起到抑制碳氧化的作用。但是，同样添加有 Al、Si 及 SiC 的 $Al_2O_3$-C 质侵入式水口，由于其经过在 1300℃的埋碳烧成，Al 已全部转变为 $Al_4C_3$ 与 AlN，Si 部分地转变为 SiC 与 $Si_3N_4$。在连续铸钢 1550℃时，水口中只有 $Al_4C_3$ 与未转变的 Si 对氧亲和力大于碳，能优先于碳氧化而保护碳；而 SiC、$Si_3N_4$ 与 AlN 由于在 1550℃对氧亲和力都小于碳，只有在碳氧化后才能被氧化，就不能保护碳。总之，SiC 在 $Al_2O_3$-C 质侵入式水口起不到保护碳的作用，但在铁水预处理的 $Al_2O_3$-C 砖中则能抑制碳的氧化。

### 7.1.4 含碳耐火材料结合剂

含碳耐火材料结合剂不仅要保证制品烧成后强度，而且为了保证免烧砖砌筑，需要具有较高的坯体强度，作为含碳耐火材料结合剂，必须满足下列条件：对石墨等碳质材料及氧化物耐火材料都有良好的润湿性，黏度不能太高，以利于在混炼过程中结合剂均匀分布在氧化物与碳材料之上，保证良好的混合与成型性能；经固化后，能再材料中形成某种网络结构以保证制品或砖坯的强度；残碳率高，即经高温碳化后，能在制品汇总形成较多的残留碳，以形成一定强度的碳结合，并且这种残留碳的抗氧化性越高越好。对环境污染小，在含碳耐火材料生产或使用过程中产生有毒、有害物质较少；容易获取，生产成本较低。

含碳耐火材料采用有机结合剂，主要有沥青、焦油、酚醛树脂、糠醛树脂、呋喃树脂等。有机结合剂的上述性能与其分子结构有关系，一般结合剂的相对分子质量越大，黏度越大，砖坯强度越高，残碳率越高，不同结合剂因其结构不同具有不同的特性。下面分别介绍沥青与酚醛树脂结合剂的结构与特点。

#### 7.1.4.1 沥青

沥青是煤焦油或石油经蒸馏处理或催化裂化提取沸点不同的各种馏分后的残留物，是由芳香族和脂肪族结构为主构成的混合物，其组成和性能随原料种类、蒸馏方法和加工处理方法的不同而异，但一般为黏稠的液体、半固体或固体，色黑而有光泽，有气味，不溶于水，易燃烧，并放出有毒气体。根据其来源不同，沥青分为煤焦油沥青和石油沥青两类，耐火材料用结合剂主要是煤焦油沥青，在常温下是固体，没有固定的熔点，用软化点表示由固态转变为液态的温度，按照软化点的不同，煤沥青也分为低温沥青（软化点低于 60℃）、中温沥青（软化点为 60~80℃）、高温沥青（90~140℃），含碳耐火材料结合剂常用中温煤焦油沥青。

煤焦油沥青是由多种有机化合物组成的混合物，很难从中提取单独的具有一定化学组成的物质，通常是用不同的溶剂对其进行分离萃取，即把沥青分为若干具有相似化学物理性质的组分。常用的萃取溶剂有吡啶、苯胺、三氯甲烷、二硫化碳、二氯乙烷、甲苯、苯等。甲苯不溶物也称 α-树脂，即游离碳，游离碳含量高的沥青残碳率也高。沥青中相对分子质量为 1200~2000 的成为高分子组分，是焦化形成残碳的主要载体，对含碳耐火材料的强度及密度有一定影响，但一般认为没有黏结性，沥青中高分子组分含量过高会影响沥青的黏结能力；中分子组分相对分子质量为 530~620，不溶于苯或甲苯，但溶于蒽油，是起黏结作用的主要组分，常温时呈固态，加热到一定温度后液化，进一步加热焦化后大部分成为结焦碳。低分子沥青相对分子质量为 10~250，稍有一点黏结性且只产生少量的结焦炭，其作用是作为溶剂，可适当降低沥青的软化点，有利于改善沥青对焦炭颗粒的润湿作用及提高成型时的可塑性。

　　沥青作为结合剂时，其黏度对坯料的可塑性有很大影响，作为耐火材料的浸渍剂时，黏度也是影响浸渍效果的主要因素。沥青黏度随温度升高而下降，两者呈指数关系，如图 7-12 所示，在沥青中加入糠醛、煤油、甲苯、油酸、喹啉等，可使黏度大大降低。沥青对骨料的润湿性取决于其表面张力、润湿角，沥青表面张力与温度的关系见图 7-13，随温度的升高表面张力下降，可见，提高混炼和成型温度对改善沥青与骨料的润湿性及结合效果是十分有用的。

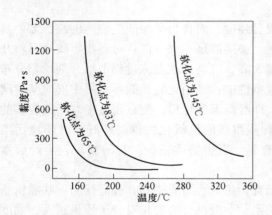 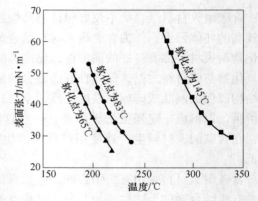

图 7-12　不同软化点沥青黏度与温度的关系　　图 7-13　不同软化点沥青表面张力与温度的关系

　　沥青的碳化过程是液相碳化，如图 7-14 所示，沥青在软化点（$T_S$）软化，在到达黏度最低温度 $T_V$ 过程中，各组分发生分解和聚合，于 $T_V$（400℃）时在范德华力和分子偶极矩作用下互相平行叠合而形成一新相，并在表面张力作用下呈圆球，是均相形核过程，这种小球形体具有可塑性，相对分子质量约 2000，是一种具有液晶性质的中间相。随温度升高，小球形体逐渐融合、长大、黏度上升，到温度 $T_L$ 时形成大块中间相，这时仍具有可塑性；到固化温度 $T_R$（500~550℃）时，材料变为固

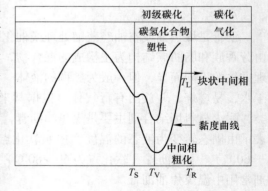

图 7-14　沥青的碳化过程

体，成为半焦状态，中间相的结构转变为碳的结构。若大块中间相是由任意取向的各向异性的小块中间相（小于 10μm）组成，从整体上看大块中间相是各向同行的，最后得到沥青碳的镶嵌结构；若大块中间相在一定条件下变形而产生某种程度的择优取向，则形成纤维状结构，这就是所谓的沥青碳的流动结构。

　　沥青残碳率的高低主要取决于沥青的组成及高分子芳香族化合物的含量。沥青中苯或者甲苯不溶物含量越高，则碳化率越高。碳化率还受碳化时的升温速度、环境压力等条件的影响，升温速度越慢，碳化率越高，这是由于低的升温速度下沥青中的缩合反应比分解反应占优势造成的，增大环境压力，挥发分不容易逸出，也能提高碳化率。表 7-1 所示为不同沥青和树脂残碳率。沥青中氧、硫杂质很大程度上影响沥青碳的显微结构，含量较高是会阻碍中间相的形成，而使沥青变为难石墨化碳。提高沥青残碳率的常用方法有以下几种：

（1）在一定压力下对煤焦油进行热处理后再进行蒸馏而得到优质沥青。

（2）用压缩空气或水蒸气吹炼加热熔化沥青，促进芳香族分子发生脱氢聚合反应，增加中分子组分含量及碳化率。

（3）采用添加剂改性，例如，三氯化铝、氯化锌、芳香族硝基化合物、氧化剂以及硫、碘、铜等。

表 7-1 沥青和树脂残碳率

| 沥 青 | 残炭率/% | 酚醛树脂 | 残炭率/% |
|---|---|---|---|
| 中温沥青 | 50.10 | 热塑性树脂 | 46.70 |
| 高温沥青 | 56.57 | 热固性树脂 | 46.60 |
| 改性沥青 | 52.03 | 沥青改性树脂 | 29.90 |

尽管沥青高温分解产生有毒物质，但是其残碳率高、价格便宜、使用可靠，沥青碳化后得到的碳的结晶状况、真密度和抗氧化能力都比树脂较好碳。德国"Rutgers Chemicals"开发的 Carbores 系列沥青基结合剂不仅苯芘成分含量仅约 300mg/kg，远低于传统煤焦油沥青的 $(1 \sim 1.5) \times 10^4$ mg/kg，残碳率达到 85%，并且热解碳是容易石墨化的结晶碳，欧洲国家应用较多。

### 7.1.4.2 酚醛树脂

含碳耐火材料最常用的结合剂是酚醛树脂，酚醛树脂是由酚类化合物与醛类化合物在碱性或酸性催化剂作用下，经加成缩聚反应制得的树脂。酚醛树脂最早合成的一大类树脂，1909 年由 L. H. Backeland 首先合成了有应用价值的酚醛树脂体系，并开始了工业生产。酚醛树脂广泛应用于玻璃钢、模压料、黏合剂、隔热和电绝缘材料、涂料等。作为含碳耐火材料结合剂，酚醛树脂的应用虽然晚于多元醇和沥青，但目前已成为含碳耐火材料行业广泛使用的结合剂，原因是具有以下优点：对耐火骨料和石墨的润湿性比沥青好，可在常温下混炼、成型；黏结性好，坯体强度高；有害物质含量少，作业环境大大改善；残碳率较高。

目前生产、应用最为广泛的是以苯酚和甲醛为原料生产的苯酚甲醛树脂。苯酚、甲醛的分子结构式如图 7-15 所示。苯酚分子在苯环上有一个羟基，羟基邻位和对位上的氢原子特别活泼，易于参加化学反应，苯酚称为三官能团化合物，甲醛分子中含有活泼的羰基，与苯酚在催化剂作用下可反复发生加成反应或缩合反应而生成酚醛树脂。酚醛树脂的结构和性能与苯酚、甲醛原料的比例及催化剂种类有关。按照固化方式，酚醛树脂可分为热塑性、热固性两类。

热塑性酚醛树脂又称酚醛清漆或线下酚醛树脂，一般为无色或

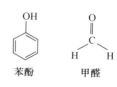

图 7-15 苯酚与甲醛的分子结构式

微红色透明的脆性固体，熔点 $60 \sim 100℃$，是甲醛（F）和过量的苯酚（P）（摩尔比 $F/P = 0.6 \sim 0.9$），在酸性催化剂作用下反应生成的酚醛树脂。反应过程是首先是苯酚和甲醛首先发生加成反应得到一羟甲基苯酚，如图 7-16 所示。在酸性介质条件下，一羟甲基苯酚很活泼，会很快与另一苯酚分子上的邻位、对位的氢原子发生脱水缩合反应，以次甲基桥相连，如图 7-17 所示。产物继续和苯酚反应，因为在酸性条件下缩合反应速度远大于加成反应，同时 F/P 比值小于 1，反应后得到的是线性或支链结构的大分子，在这些大分子中不存在未反应的羟甲基，结构通式如图 7-18 所示。

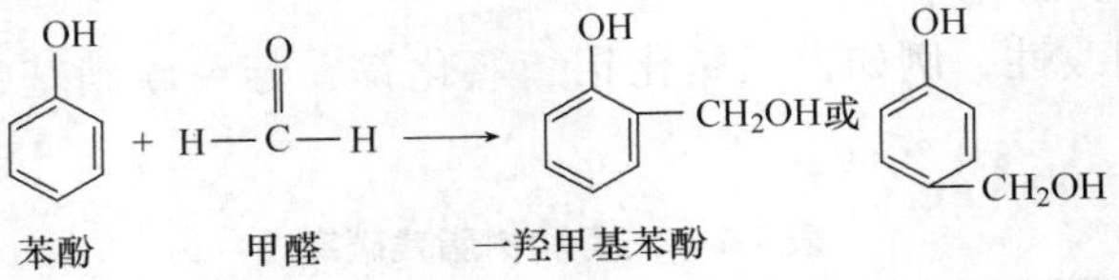

图 7-16　苯酚与甲醛加成反应示意图

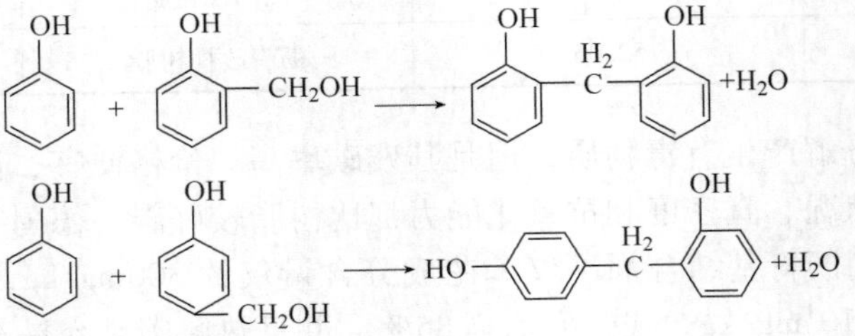

图 7-17　一羟甲基苯酚与苯酚的缩合反应示意图

由于这类酚醛树脂中不存在未反应的羟甲基，所以即使加热条件下，它本身不会相互交联转变成体型结构的大分子，因而呈现热塑性。一般要加入六亚甲基四胺胺（乌洛托品）并加热才能固化。反应固化过程如图 7-19 所示。

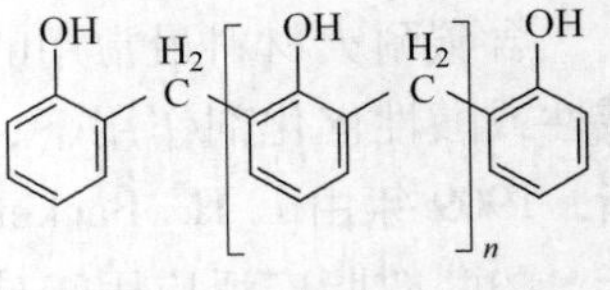

热固性酚醛树脂又称甲阶酚醛树脂或 A 阶酚醛树脂，是过量的甲醛与苯酚在碱性催化剂作用下反应形成的酚醛树脂。在碱性催化剂作用下，苯酚与甲醛首先发生加成反应生成一羟甲基苯酚，羟甲基与苯酚上氢的反应速度小于甲醛与酚醛邻位和对位上氢的反应速度，因此一羟甲基苯酚不容易缩聚，容易生成二羟甲基苯酚和三羟甲基苯酚，如图 7-20 所示。

图 7-18　线性酚醛树脂的结构示意图

当以上反应生成的羟甲基苯酚受热后，又可发生羟甲基苯酚上的羟甲基与苯酚上氢原子的缩合反应形成次亚甲基桥，或者发生羟甲基与羟甲基之间的缩合反应形成醚键连接，如图 7-21 所示。当产物进一步缩合，形成初期酚醛树脂（甲阶酚醛树脂），结构通式如图 7-22 所示。由于分子中含有羟甲基，受热时会进一步相互缩合形成高度交联的体型结构大分子，即不溶不熔的丙阶酚醛树脂，因此这种含有羟甲基的甲阶酚醛树脂是热固性的。

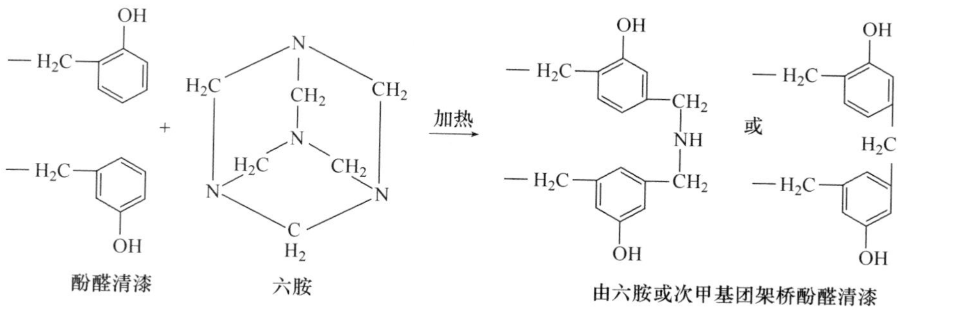

图 7-19 线性酚醛树脂与六亚甲基四胺反应固化示意图

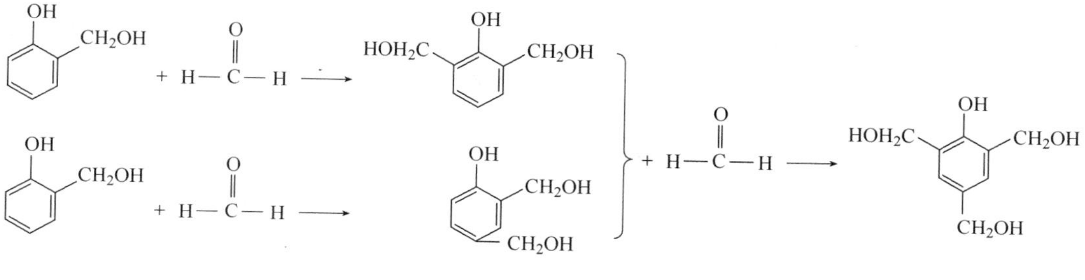

图 7-20 二羟甲基苯酚和三羟甲基苯酚生成反应示意图

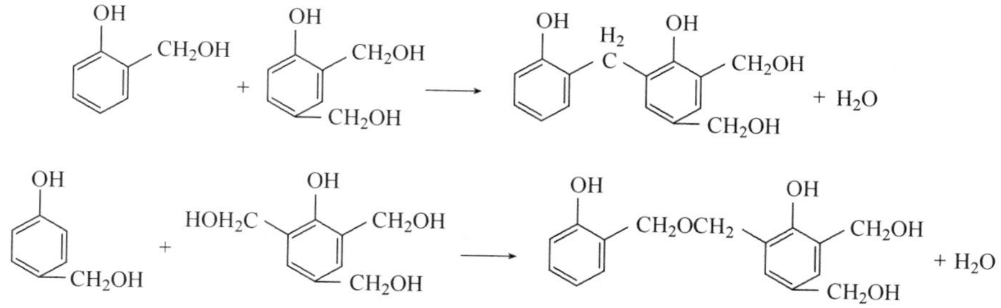

图 7-21 次亚甲基桥与醚键桥生成反应示意图

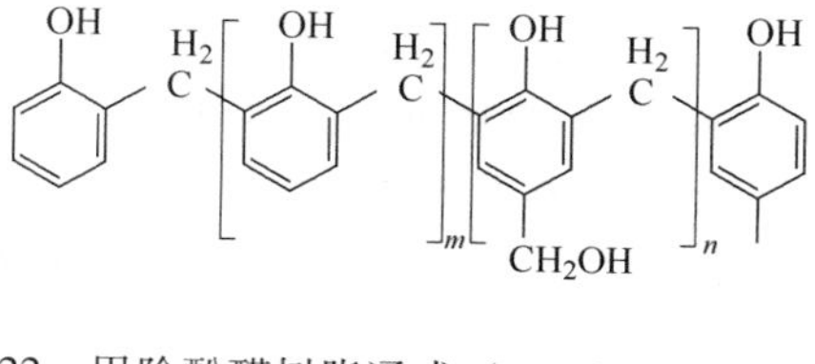

图 7-22 甲阶酚醛树脂通式 ($m = 0 \sim 2$, $n = 1 \sim 2$)

综上所述，采用不同的苯酚甲醛摩尔比及不同的催化剂，可获得两种酚醛树脂，通过不同固化方法会得到高度交联的体型结构大分子，如图 7-23 所示。两种酚醛树脂特性对比如表 7-2 所示。

表 7-2    两种酚醛树脂的特点比较

| 树脂种类 | 甲阶酚醛树脂 | 酚醛清漆（含六胺） |
| --- | --- | --- |
| F/P 摩尔比 | 1 ~ 3 | 0.6 ~ 0.9 |
| 催化剂 | 碱 | 酸 |
| 相对分子质量 | 150 ~ 500 | 400 ~ 1000 |
| 形态 | 液体为主 | 固体为主 |
| 润湿剂 | 良好 | 良好 |
| 硬化性 | 良好 | 良好 |
| 臭味 | 甲醛臭 | 氨臭 |
| 保存方法 | 低温 | 防吸湿 |

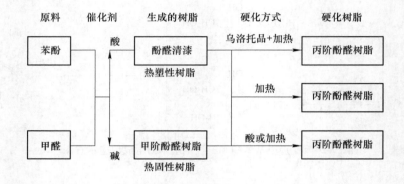

图 7-23    两种酚醛树脂生产、固化方式比较

有固体块状、粉末状和液态状，但大部分以液态状供应。液态酚醛树脂可分为以下几类：

（1）完全水溶性。是由于分子中含有的亲水性羟甲基（—CH$_2$OH）所致，相对分子质量低的树脂含羟甲基很多，水溶性较好，而相对分子质量高的树脂水溶性较差。

（2）水溶性。羟甲基很少，水溶性不佳，游离酚较多，而且不挥发分也高得多。

（3）溶剂型。是将经过脱水后的甲阶酚醛树脂溶于各种溶剂中而制成的，标准型产品是将甲阶酚醛树脂溶于甲醇、乙醇、甘醇和丙酮等溶剂之中。

液态甲阶酚醛树脂的黏度与树脂相对分子质量的大小、溶剂种类和树脂的含量有关。常温下的黏度为 0.02 ~ 100Pa·s，随温度升高黏度下降，如图 7-24 所示，同时黏度也随存放时间延长而升高，存放时间过长会凝固而无法使用。

酚醛树脂的碳化是指约在 200 ~ 800℃ 加热过程中分解，放出 H$_2$O、CO$_2$、CO、CH$_4$、H$_2$ 及 N$_2$O 等气体，留下残余碳的过程。酚醛树脂碳化过程中不同气体释放速度随温度的变化如图 7-25 所示，碳化过程可分为以下三个阶段：

第一阶段：至 300℃ 为止，气体排出 1% ~ 2%，放出 H$_2$O、酚、甲醛等；

第二阶段：300 ~ 600℃，几乎排出所有气体成分，如 H$_2$O、CO$_2$、CO、CH$_4$、酚、甲醛、二甲苯酚等；

第三阶段：600℃ 以上，产生 H$_2$、CO、CH$_4$ 等气体，体积收缩，密度增大。

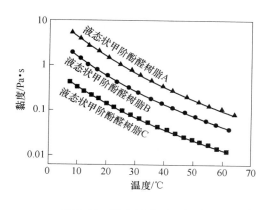

图 7-24　液态甲阶酚醛树脂
黏度随温度的变化

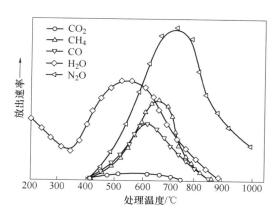

图 7-25　酚醛树脂碳化过程中不同气体
释放速度随温度的变化

酚醛树脂的碳化率明显高于其他树脂，酚醛树脂碳化率的高低与很多因素有关，如生产时的 F/P 摩尔比，催化剂的种类和数量、反应时间和温度以及使用时硬化剂的种类和加入量、硬化温度等。

含碳耐火材料酚醛树脂结合剂的改性主要集中于以下两方面：

（1）通过改性使其不含游离水，还要在固化时少放出缩合水，这对于含 CaO 的耐火材料尤为重要。一般的热塑性酚醛树脂由于采用亲水性乙醇系溶剂，游离水含量在 5% 左右，最高可达 13%，再加上固化过程产生的缩合水，会使含 CaO 耐火材料水化。市场上虽有无水酚醛树脂，尽管游离水含量在 0.5% 以下，但不能避免固化过程中放出的缩合水。选择合适的反应条件，提高酚羟基的反应活性，引入其他基团将其替换。例如，在酸性条件下，用脂肪醇、异氰酸酯、环氧、乙酰基化合物进行改性；用碳酸亚烯酯在碱金属碳酸盐催化剂作用下对酚醛清漆改性是一种较好的方法，游离水含量可降低到 0.2% ~ 0.4%，并且几乎没有其他负面作用。

（2）酚醛树脂的碳化过程是典型的固相碳化（热解碳的结构模型如图 7-5(b) 所示）属于难石墨化碳，很大程度上限制了含碳耐火材料的抗氧化性。在配料时直接添加金属粉末是提高含碳耐火材料常用的方法。但是混炼过程中金属粉末难以分散均匀。通过金属有机化合物与酚醛树脂反应，将金属结合于酚醛树脂中，则不存在分散问题。用 $Ti(CH_3O)_4$、$Si(CH_3O)_4$、$Cr(CH_3O)_4$ 等烷基金属化合物通过酯化反应对酚醛树脂改性，金属可起架桥剂的作用，可实现金属元素在酚醛树脂中的均匀分散。最近的研究表明，在酚醛树脂中掺入过渡金属或其化合物作为催化剂，不仅可明显提高碳的石墨化程度，还可以在空隙内生成碳纳米管、碳纳米纤维等纳米相，可明显改善含碳耐火材料的抗氧化性能及高温力学性能。

冶金行业标准对耐火材料用酚醛树脂的型号、理化技术指标规定如表 7-3 ~ 表 7-5 所示。除常用的酚醛树脂、沥青之外，可作为含碳耐火材料结合剂的还有煤焦油、蒽油和洗油。

表 7-3　耐火材料用热固性液体酚醛树脂技术指标

| 型　号 | 外观 | 黏度（25℃）/Pa·s | 水分/% | 固体含量/% | 残炭量/% | 游离酚/% | pH 值 | 游离醛/% |
|---|---|---|---|---|---|---|---|---|
| PFn-5300 | 棕黄棕褐色透明 | 0.1～1 | ≤6 | ≥60 | ≥30 | ≤14 | 6.5～7.5 | 由供需双方协商 |
| PFn-5301 | | 1～3 | | ≥65 | ≥35 | | | |
| PFn-5303 | | 3～6 | ≤4 | ≥70 | ≥40 | 7～12 | | |
| PFn-5306 | | 6～9 | | | | | | |
| PFn-5309 | | 9～15 | | | | | | |
| PFn-5315 | | 15～19 | | | | | | |
| PFn-5319 | | 19～25 | | ≥75 | ≥42 | | | |
| PFn-5325 | | 25～30 | | | | | | |

表 7-4　耐火材料用热塑性液体酚醛树脂技术指标

| 型　号 | 外观 | 黏度（25℃）/Pa·s | 水分/% | 固体含量/% | 残炭量/% | 游离酚/% | pH 值 |
|---|---|---|---|---|---|---|---|
| PFn-54W | 棕黑色透明 | 6～30 | ≤0.5 | ≥70 | ≥30 | ≤5 | 6.5～7.5 |
| PFn-5401 | | 1～5 | | | | | |
| PFn-5405 | | 5～10 | ≤6.5 | ≥75 | ≥40 | ≤12 | 4～7.5 |
| PFn-5410 | | 10～15 | | | | | |
| PFn-5415 | | 15～20 | | | | | |
| PFn-5420 | | 20～25 | | | | | |
| PFn-5425 | | 25～30 | | | | | |

注：型号中带 W 表示无水树脂。

表 7-5　耐火材料用热塑性固体酚醛树脂技术指标

| 型　号 | 外观 | 水分/% | 流动度/mm | 聚速/s | 游离酚/% | 软化点/℃ | 细度（0.106mm 筛网） | 残炭量/% |
|---|---|---|---|---|---|---|---|---|
| PFn-4401 | 白色至黄色粉末 | ≤2.0 | 20～40 | 50～90 | 2.0～4.5 | 95～105 | 80%以上通过 | 37～40 |
| PFn-4402 | | | | | | 105～120 | | |
| PFn-4403L | | | | 45～90 | 2.0～4.0 | — | 95%以上通过 | 50～58 |
| PFn-4404L | | ≤1.5 | | 40～65 | ≤2.5 | — | | |

注：型号中带"L"表示已加入六次甲基四胺。

# 7.2　镁碳质耐火材料

## 7.2.1　镁碳质的性能及应用

镁碳质耐火材料以 MgO-C 砖为主，镁碳砖是以高熔点碱性氧化物氧化镁（熔点2800℃）和难以被炉渣侵润的高熔点炭素材料作为原料，添加各种非氧化物添加剂。用炭质结合剂结合而成的不烧炭复合耐火材料。

由于氧化镁与石墨的高熔点，且无低共熔点，MgO-C 砖具有优良耐高温性能；镁砂对碱性渣与高铁渣具有很强的抗侵蚀能力，加上石墨对渣的润湿角大，MgO-C 砖抗渣能力强；石墨较高的热导率、低的热膨胀系数、低的弹性模量使 MgO-C 砖具有好的热膨胀性能。MgO-C 砖照片如图 7-26 所示。

MgO-C 砖最早是由日本 20 世纪 70 年代开发的，首先在电炉（见图 7-27）上进行应用试验，然后推广到钢包（见图 7-28）和铁水罐车。1977 年，树脂结合不烧 MgO-C 系列耐火材料在日本川崎钢铁公司转炉炉底及风口的应用获得成功。我国于 20 世纪 80 年代开始在鞍钢三炼钢厂转炉（见图 7-29）上试用 MgO-C 砖后，仅用一年时间就超额完成了"七五"转炉炉龄达千次的攻关目标。20 世纪 80 年代后期，在全国各大中小钢厂普遍推广使用 MgO-C 质耐火材料作为转炉和电炉的炉衬。

图 7-26　MgO-C 砖照片

图 7-27　电弧炉衬模型图

图 7-28　钢包衬模型图

图 7-29　BOF 炉炉衬示意图

转炉炉帽及炉口出工作环境是氧化气氛，在锥体上部去除渣皮时存在机械损毁，且在锥体下部和炉身与锥体之间过渡区有热机械力，对 MgO-C 砖的要求包括：添加最佳数量的防氧化剂；选用含碳约 13% 的树脂结合 MgO-C 砖；使锥体部较易挂上渣皮；锥体下部选 $w(C) = 15\%$ 左右的 MgO-C 砖。对于装料侧，装料时有机械冲击、磨损及热冲出，对 MgO-C 砖的要求：以适当的镁砂原料（配入一定数量的高纯烧结砂）和鳞片石墨，选用最佳的铝粉添加剂，$w(C) = 15\%$ 左右，利用 Al 的反应改进砖的组织结构和高温强度。而渣线部位熔渣侵蚀严重、操作温度高。对 MgO-C 砖的要求：以大结晶电熔镁砂和高纯鳞片石墨为主要原料，$w(C) = 17\%$ 左右；强化基质，添加适当抗氧化剂；使镁砂颗粒细化。

以石墨为基质的 MgO-C 砖具有导电性，且随着石墨含量的增加，导电率上升，但因此造成导热率增加，因此一般炉底用导电耐火材料中石墨含量（质量分数）为 12% ~ 18%。2008 年修订的冶金行业标准 YB 4074—91 对炼钢转炉、电炉、精炼炉用镁碳砖的分类与理化指标规定如表 7-6 所示。

**表 7-6　镁碳砖的牌号与理化指标**

| 牌号 | 显气孔率/% (≤) | 体积密度 /g·cm⁻³ | 指　标 | | w(MgO)/% (≥) | w(C)/% (≥) |
| --- | --- | --- | --- | --- | --- | --- |
| | | | 常温耐压强度/MPa (≥) | 高温抗折强度 (1400℃,30min)/MPa (≥) | | |
| MT-5A | 5.0 | 3.15 ±0.08 | 50 | — | 85 | 5 |
| MT-5B | 6.0 | 3.10 ±0.08 | 50 | — | 84 | 5 |
| MT-5C | 7.0 | 3.00 ±0.08 | 45 | — | 82 | 5 |
| MT-8A | 4.5 | 3.12 ±0.08 | 45 | — | 82 | 8 |
| MT-8B | 5.0 | 3.08 ±0.08 | 45 | — | 81 | 8 |
| MT-8C | 6.0 | 2.98 ±0.08 | 40 | — | 79 | 8 |
| MT-10A | 4.0 | 3.10 ±0.08 | 40 | 6 | 80 | 10 |
| MT-10B | 4.5 | 3.05 ±0.08 | 40 | — | 79 | 10 |
| MT-10C | 5.0 | 3.00 ±0.08 | 35 | — | 77 | 10 |
| MT-12A | 4.0 | 3.05 ±0.08 | 40 | 6 | 78 | 12 |
| MT-12B | 4.0 | 3.02 ±0.08 | 35 | — | 77 | 12 |
| MT-12C | 4.5 | 3.00 ±0.08 | 35 | — | 75 | 12 |
| MT-14A | 3.5 | 3.03 ±0.08 | 40 | 10 | 76 | 14 |
| MT-14B | 3.5 | 2.89 ±0.08 | 35 | — | 74 | 14 |
| MT-14C | 4.0 | 2.95 ±0.08 | 35 | — | 72 | 14 |
| MT-16A | 3.5 | 3.00 ±0.08 | 35 | 8 | 74 | 16 |
| MT-16B | 3.5 | 2.95 ±0.08 | 35 | — | 72 | 16 |
| MT-16C | 4.0 | 2.90 ±0.08 | 35 | — | 70 | 16 |
| MT-18A | 3.0 | 2.97 ±0.08 | 35 | 10 | 72 | 18 |
| MT-18B | 3.5 | 2.92 ±0.08 | 30 | — | 70 | 18 |
| MT-18C | 4.0 | 2.87 ±0.08 | 30 | — | 69 | 18 |

## 7.2.2　镁碳质耐火材料的原料

### 7.2.2.1　镁砂

生产 MgO-C 质耐火材料的原料有：镁砂、石墨、结合剂和添加剂。原料的质量直接影响 MgO-C 砖的性能和使用效果。镁砂是生产 MgO-C 质耐火材料的主要原料，镁砂质量的优劣对 MgO-C 质耐火材料的性能有着极为重要的影响，如何合理地选择镁砂是生产 MgO-C 质耐火材料的关键。镁砂主要有海水镁砂、烧结镁砂、电熔镁砂（详见第 2 章）。MgO 含量（纯度）、杂质的种类与含量、镁砂的体积密度（气孔率）以及方镁石晶粒尺寸是生产 MgO-C 砖选用镁砂应考虑的重要指标。

镁砂中杂质主要有以下几个方面的不利影响：降低方镁石的直接结合程度；高温下与 MgO 形成低熔物；$Fe_2O_3$、$SiO_2$ 等杂质在 1500~1800℃时，先于 MgO 与 C 反应，留下气孔使制品的抗渣性变差。

镁碳质耐火材料在使用过程中，镁砂熔损的重要过程之一是熔渣通过气孔与方镁石晶界渗入，从而促进 MgO 与熔渣的反应。当熔渣和 $SiO_2$、CaO 等杂质反应之后，方镁石晶体不断剥落进入熔渣中。体积密度高的镁砂可以减少镁砂的侵入，从而提高 MgO-C 砖的耐侵蚀能力。所以生产 MgO-C 砖的镁砂一般要求体积密度不小于 $3.34g/cm^3$，最好大于 $3.45g/cm^3$。同时，如果方镁石晶粒越大，则晶粒间直接结合程度越高、晶界越少、晶界面积越小，因而熔渣向晶界处渗透越难。一般情况下，电熔镁砂的抗侵蚀性比烧结镁砂好。原因就在于电熔镁砂的晶粒尺寸大、晶粒间直接结合程度比烧结镁砂要高。要生产高质量的 MgO-C 砖，须选择高纯、高体积密度镁砂。要求纯度不小于 97%，$CaO/SiO_2$ 不小于 2，杂质含量低，体积密度不小于 $3.34g/cm^3$，结晶发育良好，气孔率不大于 3%，甚至小于 1%。

### 7.2.2.2 石墨

一般认为，采用结晶度高的鳞片石墨比采用非结晶碳制造的 MgO-C 砖的抗氧化能力要强得多。有研究表明，鳞片石墨在 800℃以上才出现氧化反应峰值，而非晶石墨在 680℃时就出现氧化反应峰值，细粒炭黑仅在 600℃下出现较低的氧化峰值。因此，含碳耐火材料碳源一般主要选择鳞片石墨，为了保证碳的分散性，适当用非晶碳部分置换鳞片石墨。

石墨是一种非金属矿物，一般以石墨片岩、石墨片麻岩、含石墨片岩及变质页岩。依据结晶状态可分为晶质石墨和土状石墨两类。工业上把石墨晶体直径大于 $1\mu m$ 的鳞片状和块状石墨称为晶质石墨。我国鳞片石墨矿资源丰富，是世界石墨主要生产和出口国之一。鳞片石墨主要产地有黑龙江鸡西、山东南野、内蒙古兴和等。按照固定碳含量的不同，鳞片石墨可分为四类：高纯石墨（LC，$w(C) \geqslant 99.9\%$）、高碳石墨（LG，$94.0\% \leqslant w(C) < 99.9\%$）、中碳石墨（LZ，$80.0\% \leqslant w(C) < 94.0\%$）和低碳石墨（LD，$50.0\% \leqslant w(C) < 80.0\%$）。常用石墨牌号及意义如表 7-7 所示。

表 7-7 石墨的牌号及意义

| 牌 号 | 意 义 |
|---|---|
| LC300-99.9 | 高纯石墨，粒径 $300\mu m$，筛余量≥80.0%，固定碳 99.9% |
| LG180-95 | 高碳石墨，粒径 $180\mu m$，筛余量≥75.0%，固定碳 95% |
| LZ(-)150-90 | 中碳石墨，粒径 $150\mu m$，筛余量≤20.0%，固定碳 90% |
| LD(-)75-70 | 低碳石墨，粒径 $75\mu m$，筛余量≤25.0%，固定碳 70% |

生产 Mg-O 砖需要考虑的石墨指标包括固定碳含量、粒度、灰分组成及其含量、颗粒形状、挥发分及水分等。固定碳（fix carbon）含量是指石墨中除去挥发分、灰分以外的组成部分，石墨的固定碳含量越高，则灰分及挥发分越少，生产的 Mg-O 砖在高温下使用过程中组织结构越好，制品的高温抗折强度越大，如图 7-30 所示。

石墨纯度越高，生产出的 MgO-C 砖耐侵蚀性越好；挥发分在 MgO-C 砖热处理过程中会产生较多的挥发物，使制品的气孔率变大，对制品的使用性能不利。石墨的粒度对制品的热震稳定性和抗氧化性能有影响。对于鳞片石墨，若鳞片越大，则制品的耐剥落性和抗氧化性越好。大鳞片石墨具有高的导热系数和小的比表面积。作为生产 MgO-C 砖用的鳞片石墨一般要求其粒度 >0.125mm；鳞片石墨的厚度对制品的性能也有影响，一般要求要小于等于 0.02mm，最好小于 0.01mm。鳞片石墨的厚度越小，其端部表面发生氧化的有效面积越小，所以制品的抗氧化性能越好；鳞片石墨边缘的氧化速度比其表面要快 4 ~ 100 倍。灰分是石墨经氧化处理后的残留物。一般情况下，鳞片石墨的灰分主要成分为 $SiO_2$、$Al_2O_3$、$Fe_2O_3$，占灰分的 82.9% ~88.6%，其中 $SiO_2$ 在灰分中占 33% ~59% 之多。石墨中灰分越多，MgO-C 砖的抗渣性能越低，杂质对石墨的抗氧化性也由一定的影响，一方面是某些夹杂氧化物对于石墨的氧化有催化作用；另一方面，石墨的灰分对氧化后形成的脱碳层的厚度有影响。图 7-31 所示为蚀损指数与 $SiO_2$ 含量的关系。可根据产品类别及具体使用环境，参照标准 GB/T 3518—95 选用不同牌号的石墨。

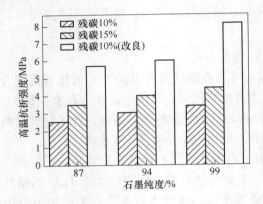

图 7-30   石墨纯度对镁碳质耐火
材料高温抗折强度的影响

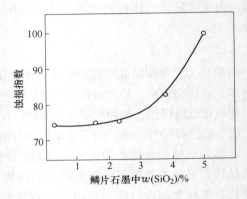

图 7-31   蚀损指数与 $SiO_2$ 含量的关系

### 7.2.2.3 炭黑

炭黑（carbon black），又名炭黑，是一种工业生产的无定形炭素材料。轻、松而极细的黑色粉末，表面积非常大，范围从 10 ~ 3000$m^2$/g，是含碳物质（煤、天然气、重油、燃料油等）在空气不足的条件下经不完全燃烧或受热分解而得的产物。炭黑的特征是乱层堆积结构，图 7-32 所示是炭黑的结构模型图与透射电子显微镜照片。据记载，我国是世界上最早生产炭黑的国家之一。在古时候，人们焚烧动植物油、松树枝，收集火烟凝成的黑灰，用来调制墨和黑色颜料。这种被称之为"炱"的黑灰就是最早的炭黑。

根据生产工艺的不同，炭黑分为灯黑、气黑、炉黑和槽黑。灯黑的最早的生产工艺，原料在直径约 1.5m 的平坦的铁

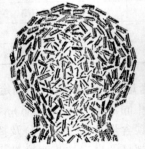

图 7-32   炭黑结构模型图与透射电子显微镜照片

盘上燃烧，含有炭黑的燃烧气体由内铺有砖块的排气罩收集，然后通过弯管和通火管到达沉积的装置。为了控制所产炭黑的特性，应当保证在燃烧盘和排气罩之间的间隙附近，原料主要作不完全燃烧。而在稍进管道里面，燃烧在氧气不足下发生热烈解，因而形成较大的炭黑颗粒。灯黑的粒径分布范围较宽、颗粒粗大、炭黑表面氧化物少，pH 值呈中性，并且灰分、挥发分极少。

气黑是烃类原料加热时先气化，然后由可自燃的气体（供以能量）作为载体带到燃烧器内，炭黑在这些蝙蝠形的燃烧器所发出的大量扇形的火焰中生成。由于每束火焰都较小且在空气中燃烧，炭黑的形成，与灯黑生产工艺很不同（不完全燃烧）。在此炭黑颗粒很细，根据不同种类，平均粒径在 10 ~ 30nm 之间，气黑平均粒径为 13nm。燃烧的火焰上，是一个缓慢旋转的充水转鼓，炭黑在转鼓上沉积，在经刮到把炭黑刮走，当温度仍高时，新生成炭黑与空气中的氧接触，于是发生部分氧化，形成了大量的酸性基团，相应气黑 pH 值介于酸性范围。并可得到约 6% 的挥发分，代表其表面氧化物含量。

炉黑是在缺氧的密闭炉中以油类作原料，并加入可燃气体使之达到炉内所需温度。不同条件下，炭黑可达到广阔的平均粒径范围，从 80nm 到小至 15nm，更直到细小至气黑那样小的颗粒。但对于同一粒径，气黑和炉黑还是有区别的，主要是表面化学不同。炉黑产品较为粗糙，平均粒径为 40nm。此外，当采用炉黑生产工艺时，可加入少量的碱性化合物或其他添加剂以改变聚集体的聚集度和类型，由此可得到高结构或低结构的炭黑。

槽黑天然气作原料，槽黑的工艺与气黑生产工艺的气体燃烧过程相似，天然气燃烧，发出许多扇形火焰，得到的产品与气黑类似，而不同的是这里采用了平坦的水冷 U 形槽作为炭黑的沉积槽。由于生态和经济原因，许多年前就停止了这种方法的使用。

炭黑作为含碳耐火材料原料具有颗粒细、吸附力强，能够增加砖的吸油量，在欧洲被用来生产含碳白云石砖。近年来，炭黑部分替换石墨作为 MgO-C 砖或者 $Al_2O_3$-C 质耐火材料碳源受到重视。研究发现，纳米炭黑的使用可使 MgO-C 砖中形成纳米结构基体，导致抗剥落性能改善，并且具有优越的抗氧化性能；纳米炭黑的使用使总碳含量降低，使热损耗减少，并可缓解与钢炉体的热应力；添加纳米炭黑还可以改善低碳镁碳耐火材料焦化前后的抗压与抗折强度、抗氧化性能及抗热冲击性能；并且由于纳米炭黑细小并且体积分数较大，在耐火材料基体中分散更均匀，可抑制 MgO 晶粒烧结，可降低弹性模量改善热剥落性。

### 7.2.2.4　膨胀石墨

膨胀石墨（Expanded Graphite，简称 EG）是由天然石墨鳞片经插层、水洗、干燥、高温膨化得到的一种疏松多孔的蠕虫状物质。EG 除了具备天然石墨本身的耐冷热、耐腐蚀、自润滑等优良性能以外，还具有天然石墨所没有的柔软、压缩回弹性、吸附性、生态环境协调性、生物相容性、耐辐射性等特性。图 7-33 所示为鳞片石墨与膨胀石墨的 XRD 图谱，与鳞片石墨对比发现，膨胀石墨的（002）峰位置没有明显变化，但强度明显

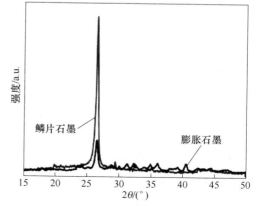

图 7-33　鳞片石墨与膨胀石墨的 XRD 图谱

较低，说明层间距没有明显变化，但是石墨层很薄。图 7-34 所示为鳞片石墨与膨胀石墨扫描电镜照片，可以看出，与鳞片石墨典型的板片状结构不同，膨胀石墨由大量极薄的石墨烯片堆叠而成，更为多孔，比表面积更大。

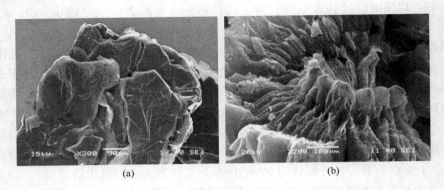

(a)　　　　　　　　　　　　　　　　　(b)

图 7-34　鳞片石墨（a）与膨胀石墨（b）扫描电镜照片

Zhu 等将膨胀石墨加入 MgO-C 砖，对比了分别添加膨胀石墨、鳞片石墨、氧化石墨纳米片耐火材料的显微结构与力学性能，发现膨胀石墨的高活性有利于金属铝粉抗氧化剂生成交错分布的碳化铝或氮化铝陶瓷相的生成，添加膨胀石墨耐火材料室温抗折强度与韧性明显优于其他试样。最近，印度 Subham Mahato 等人制备了石墨含量（质量分数）为 5% 的低碳 MgO-C 砖，用膨胀石墨分别替换 0.2%、0.5%、0.8% 的石墨，发现膨胀石墨有利于提高耐火材料的体积密度，常温抗压强度提高 25%～30%，抗热冲击次数从 9 次提高到 12 次，高温强度提高 100%，氧化减少 40%，性能的改善归因于细集料的有效紧密堆积以及显微结构中陶瓷相的均匀生成。

### 7.2.3　镁碳质耐火材料生产工艺

#### 7.2.3.1　镁碳砖的生产工艺流程

MgO-C 砖生产工艺流程因结合剂的不同而略有不同，当选用酚醛树脂作结合剂时，MgO-C 砖的生产工艺流程如图 7-35 所示。如以酚醛清漆为结合剂，需要加六次甲基四胺作固化剂，如以热固性酚醛树脂为结合剂，则不需要加固化剂。在室温下混练、成型即可，工艺较为简单。选用煤沥青作结合剂 MgO-C 砖的生产工艺流程如图 7-36 所示，特点是在配料、混练及成型过程中需要对混合料进行加热处理，工艺稍复杂，如果沥青被破碎成细粉，并加入一定量的蒽油或洗油做溶剂，也可以采用冷成型工艺混练成型。

#### 7.2.3.2　镁碳砖的生产工艺要点

A　镁砂临界粒度的选择

通常 MgO-C 砖的熔损是通过工作面上的镁砂同熔渣反应进行的，熔损速度的大小除与镁砂本身的性质有关外，还取决于镁砂颗粒的大小。较大的颗粒会有较高的耐蚀性能，但其脱离 MgO-C 砖工作面浮游至熔渣中去的可能性也大，一旦发生这种情况，就会加快 MgO-C 砖的损毁速度。

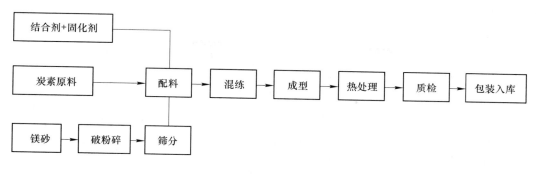

图 7-35　树脂作为结合剂 MgO-C 砖生产工艺流程图

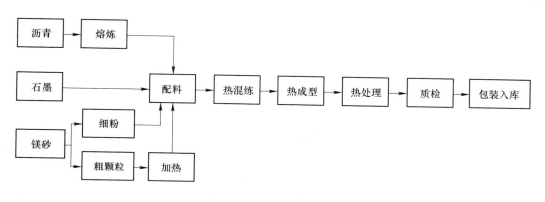

图 7-36　沥青作为结合剂 MgO-C 砖生产工艺流程图

镁砂大颗粒的绝对膨胀量比小颗粒要大，再加上镁砂膨胀系数比石墨大得多，所以在 MgO-C 砖中镁砂大颗粒与石墨界面比镁砂小颗粒与石墨界面产生的应力大，因而产生的裂纹也大，这说明 MgO-C 砖中的镁砂临界粒度尺寸小时，会具有缓解热应力的作用。

从制品性能方面考虑，临界粒度变小，制品的开口气孔下降，气孔孔径变小，有利于制品抗氧化性的提高，同时物料间的内摩擦力增大，成型困难，造成密度下降。

因此，在生产 MgO-C 砖时，要概括地确定镁砂的临界粒度是非常困难的。通常需要根据 MgO-C 砖的特定使用条件来确定镁砂的临界粒度尺寸。一般而言，在温度梯度大、热冲击激烈的部位使用的 MgO-C 砖需选择较小的临界粒度；而要求耐蚀性高的部位，则需要的临界粒度尺寸要大。例如，风眼砖、转炉耳轴、渣线用 MgO-C 砖，镁砂的临界粒度选用 1mm，而一般转炉、电炉用 MgO-C 砖的临界粒度选用 3mm；另外转炉不同部位的 MgO-C，由于使用条件的不同，临界粒度尺寸也有所区别。为了提高制品的体积密度，对于成型设备吨位小的生产厂家，临界粒度可选大些。

为使 MgO-C 砖中颗粒与基质部分的热膨胀能保持整体均匀性，基质部分需配入一定数量的镁砂细粉；另外也有利于基质部分氧化后结构保持一定的完整性。但若配入的镁砂细粉太细，则会加快 MgO 的还原速度，从而加快 MgO-C 砖的损毁。小于 0.01mm 的镁砂很易石墨反应，所以在生产 MgO-C 砖时最好不配入这种太细的镁砂。为了获得性能优良的 MgO-C 砖，MgO-C 砖中不大于 0.074mm 的镁砂与石墨的比值应小于 0.5，而超过 1 时，则会使基质部分的气孔率急剧增大。

### B　石墨加入量

石墨的加入量应与不同砖种及不同的使用部位结合在一起考虑。一般情况下，若石墨加入量小于 10%，则制品中难于形成连续的碳网，不能有效地发挥碳的优势；石墨加入量大于 20%，生产时成型困难，易产生裂纹，制品易氧化，所以石墨的加入量一般在 10% ~ 20% 之间，根据不同的部位，选择不同的石墨加入量。MgO-C 砖的熔损受石墨的氧化和 MgO 向熔渣中的溶解这两个过程的支配，增加石墨量虽能减轻熔渣的侵蚀速度，但却增大了气相和液相氧化造成的损毁。因此当两者平衡时的石墨加入量可显示出最小的熔损值。MgO-C 砖的熔损深度与碳含量的关系如图 7-37 所示。

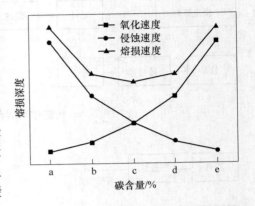

图 7-37　MgO-C 砖的熔损深度
与碳含量的关系

钢铁工业中某些特定钢种，如低碳钢与超低碳钢中的碳含量很低，传统含碳耐火材料碳含量（质量分数）在 10% ~ 20% 范围内，会增加钢中的碳含量，对钢产品性能有不利影响。低碳镁碳质耐火材料总碳含量（质量分数）不超过 8%，远低于传统镁碳质耐火材料。随着碳含量的降低，碳颗粒不能形成连续相结构，使 MgO-C 砖的抗热震性、抗渣性都受到影响，在相同质量的情况下，粒度越小，体积越大，为了能在碳含量少的情况下形成碳连续相结构，可选用细颗粒石墨，可保证在碳质量分数较少的情况下仍能保持石墨在 MgO-C 砖中占有足够的体积分数，从而保证其性能。

### C　混练

石墨密度小，混练时易浮于混合料的顶部，使之不完全与配方中的其他组分接触。一般采用高速搅拌机或行星式混料机。

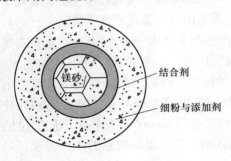

图 7-38　理想的泥料模型

混练时正确的加料次序：镁砂（粗、中）→结合剂→石墨→镁砂细粉和添加剂的混合粉。视不同的混练设备，混练时间略有差异。若在行星式混练机中混练，首先将粗、中颗粒混合 3 ~ 5min，然后加入树脂混碾 3 ~ 5 min，再加入石墨，混碾 4 ~ 5min，再加入镁砂粉及添加剂的混合粉，混合 3 ~ 5min，使总的混合时间在 20 ~ 30min。若混合时间太长，则易使镁砂周围的石墨与细粉脱落，且泥料因结合剂中的溶剂大量挥发而发干；若太短，混合料不均匀，且可塑性差，不利于成型。理想的泥料模型如图 7-38 所示。

### D　成型

成型是提高填充密度，使制品组织结构致密化的重要途径，因此需要高压成型，同时严格按照先轻后重、多次加压的操作规程进行压制，由于 MgO-C 砖的膨胀，模具需要缩尺（一般为1%）。生产 MgO-C 砖时，常用砖时常用砖坯密度来控制成型工艺，一般压力机的吨位越高，则砖坯的密度越高。同时混合料所需的结合剂越少，否则因颗粒间距离的缩短，液膜变薄使结合剂局部集中，造成制品结构不均匀，影响制品的性能同时也会产生弹性后效而造成砖坯开裂。

成型设备的选择应根据实际生产的制品尺寸加以具体选择，一般情况下成型设备的选择规则可参照表7-8。

表7-8 成型设备吨位选择参考表

| 加压面积/mm × mm | 115 × 230 | 300 × 160 | 400 × 200 | 600 × 200 | 700 × 200 | 900 × 200 |
| --- | --- | --- | --- | --- | --- | --- |
| 摩擦机 | 300 | 400 | 600 | 800 | 1000 | 1500 |
| 液压机 | 600 | 800 | 1200 | 1600 | 2000 | 3000 |

E 固化处理

用酚醛树脂结合的 MgO-C 砖，可在 150 ~ 250 ℃ 的温度下进行热处理，树脂可直接或间接地硬化，使制品具有较高的强度。不同温度下树脂结合剂的状态变化如表7-9所示。

表7-9 MgO-C 砖固化处理过程中结合剂的状态变化

| 温度/℃ | 结合剂状态 | 温度/℃ | 结合剂状态 |
| --- | --- | --- | --- |
| 50 ~ 60 | 树脂软化 | 200 或 250 | 结合剂缩合硬化 |
| 100 ~ 110 | 溶剂大量挥发 | | |

# 7.3 镁钙碳质耐火材料

## 7.3.1 镁钙碳质耐火材料的性能与应用

MgO-CaO-C 质耐火材料是由高熔点的碱性氧化镁和碱性氧化钙与难以被炉渣浸润的高熔点炭素材料为原料，添加各种添加剂，用无水树脂结合剂而成的不烧含碳耐火材料。由 7.1.3 节图 7-11 可以看出，CaO 与碳的共存温度较高。

CaO 又具有独特的化学稳定性，并具有净化钢液的作用，在冶炼不锈钢、纯净钢及低硫钢等优质钢种领域的作用日益受到人们的重视外，随着吹炼技术和操作条件的更新，耐火材料的损毁形态和程度也发生着变化，而且迫切需要性能更好的耐火砖种以适应这种技术及操作条件的更新。如冶炼不锈钢与冶炼一般钢种不同，在低碱度（$CaO/SiO_2$）渣存在的条件下，耐火材料暴露于高温且长时间的操作环境中。由于低碱度渣能提高 MgO 的溶解度，同时容易向方镁石晶界浸润，并促进结晶晶粒的分离和溶出，因此在这样的条件下使用 MgO-C 砖，镁砂损毁很大。冶炼不锈钢时由于操作温度高，炉渣中 $CaO/SiO_2$ 低、总铁含量少，在工作面附近难于形成致密 MgO 层，所以砖内易于发生 MgO + C 的反应，造成组织劣化。因此，MgO-C 砖的损毁可以认为同时受到炉渣引起的镁砂的溶解与溶出及由 MgO 造成的碳的氧化产生的组织劣化两者的综合作用，砖的损毁速度显著增大。

用 MgO-CaO-C 砖取代上述操作条件和吹炼方法中使用的 MgO-C 砖，具有如下优点：

砖中的 CaO 溶解于炉渣中，在工作面形成高熔点和高黏度的渣层，具有炉渣保护层的机能；由于 CaO 比 MgO 更能稳定地与 C 共存，所以由砖内部反应引起的组织劣化小。

MgO-CaO-C 砖与 MgO-C 砖相比，具有以下独特的性能：

（1）在低 $CaO/SiO_2$、低的铁渣的情况下，MgO-CaO-C 砖比 MgO-C 砖具有更为优异的抗渣性。这种情况下的 $w(CaO)$ 为 10% ~ 15%。

（2）对于高 $CaO/SiO_2$、高 Fe 渣，若 MgO-CaO-C 砖中 $w(CaO)$ 不大于 15% 时，MgO-CaO-C 砖的抗渣性能与 MgO-C 砖相比无大的差异，或略有下降。

（3）若在 MgO-CaO-C 砖中细粉部分配入电熔镁砂，则对于各种组成的 MgO-CaO-C 砖都具有良好的抗渣性能。

日本千叶钢铁厂的 85t 顶底复吹炼转炉，由于冶炼不锈钢的比率较高、处于 1700℃ 高温时间较长及炉渣碱度较低，投产时使用的是烧成镁白云石砖，但剥落损坏严重，因而开发了 MgO-CaO-C 砖，在炉底部使用，与镁白云石相比，蚀损率降低约 40%，在出钢侧炉腹使用；蚀损率降低约 20% ~ 40%，在同一转炉使用，MgO-CaO-C 与 MgO-C 砖相比，蚀损率降低约 5%。目前，MgO-CaO-C 砖在 VOD 炉、AOD 炉和 LF 炉等炉外精炼装置应用较为广泛。

## 7.3.2 镁钙碳质耐火材料的生产工艺

### 7.3.2.1 镁钙碳砖的生产工艺流程

与 MgO-C 类似，MgO-CaO-C 砖生产工艺流程随结合剂的不同而有所差异。沥青结合剂当用沥青作为 MgO-CaO-C 砖的结合剂时，其生产工艺流程如图 7-39 所示，当用无水树脂结合剂时生产工艺流程同 MgO-C 砖。

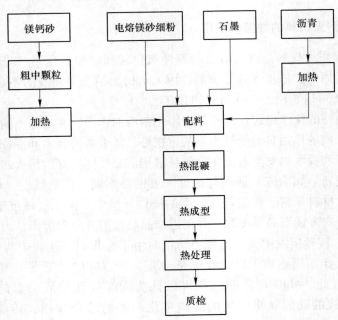

图 7-39 沥青作结合剂时 MgO-CaO-C 砖的生产工艺流程图

7.3.2.2 镁钙碳砖的生产工艺要点

A 骨料与基质

MgO-CaO-C 砖是不烧耐火制品，由于组成中含有游离氧化钙，如何防止游离 CaO 水化是生产及使用所需考虑的首要问题，为了提高 MgO-CaO-C 制品的抗水化性，基质部分为电熔镁砂和石墨，这样可提高制品的抗渣性能和抗水化性能。

B 结合剂

由于 CaO 易水化，因此所用结合剂应尽量少含结合水或游离水，可用的结合剂：煤沥青、石油重质沥青、高碳结合剂、无水树脂。

C 石墨加入量

根据实际用途及操作条件来确定石墨的加入量。对于低 $CaO/SiO_2$ 比、高总铁渣，石墨的加入量不宜太多。这是由于除 CaO 与铁的氧化物反应生成低熔物外，渣中铁的氧化物和石墨反应，使砖的损毁增大；对于低 $CaO/SiO_2$ 比、低总铁渣，石墨加入量越高，则 MgO-CaO-C 砖的抗渣性越好，但这类砖的耐磨性变差，不适应于钢不流动剧烈的部位；对于高 $CaO/SiO_2$ 比、高总铁渣，石墨含量增大，有利于制品熔损量的降低。

D 混练与成型

当用无水树脂时与 MgO-C 砖相同；当用沥青作为结合剂时，通常采用热态混练与热态成型。另外为了提高制品的体积密度，增强碳结合，对已压好的砖进一步经焦化处理后再用焦油沥青浸渍，可明显提高制品的性能。为了制得高体积密度的砖坯，需要采用高的成型压力。但在高成型压力下的砖坯密实过程中，颗粒尤其是粗颗粒会被破碎，产生许多没有被结合剂膜包覆的新生表面。这些新生表面在通常的大气环境下极易水化，因此不能存放。为了避免这一问题，可以对砖坯进行热处理，使沥青重新分布，从而使断裂的白云石颗粒表面重新被沥青覆盖，还可以采用低压振动成型，在较低压力下成型，避免白云石颗粒破碎。

E 泥料配制

典型的 MgO-CaO-C 质耐火材料泥料配制可参考表 7-10。

对于成型好的砖坯，为了防止 CaO 的水化，同时为了防滑，一般要进行表面处，表面处理剂为稀释后的无水树脂。MgO-CaO-C 砖的热处理同 MgO-C 砖。

**表 7-10 MgO-CaO-C 砖泥料配制** （%）

| 含游离 CaO 原料 | | | 电熔镁砂 | 石墨 | 添加剂 | 结合剂 |
|---|---|---|---|---|---|---|
| 5～8mm | 1～5mm | <1mm | <0.088mm | LG100-96 | <0.074mm | — |
| 25～33 | 25～35 | 10～15 | 15～25 | 10～20 | 2～3 | 2.5～6 |

# 7.4 铝碳质耐火材料

## 7.4.1 铝碳质耐火材料的性能及应用

很早以前，人们利用结合黏土来黏结天然石墨原料，如鳞片石墨，并在配料中加入一定量的黏土熟料、蜡石或硅石，制成石墨黏土质制品。由于石墨具有良好的导热性、耐高温、热膨胀小及与熔渣不浸润等优点，这类含碳材料曾广泛地应用于制造熔炼有色金属或炼钢的坩埚。在铸钢用的黏土质塞头砖、水口砖及盛钢桶衬砖的制造中，也曾引入石墨来提高抗热震稳定性和抗侵蚀性。

随着冶金技术的进步，特别是连续铸钢技术和铁水预处理技术的发展，对耐火材料抗侵蚀性和抗热震稳定性的要求越来越高，高铝原料和炭素原料复合的铝碳质耐火材料得到迅速发展。铝碳质耐火材料是指将氧化铝原料和炭素原料，同时加入 SiC、金属 Si 等添加剂，用沥青或树脂等有机结合剂黏结而成的碳复合耐火材料。按生产工艺来分，可将铝碳质耐火材料分为两大类：不烧铝碳质和烧成铝碳质耐火材料。不烧铝碳质耐火材料（铝碳砖）属于碳结合材料，抗氧化性能明显优于镁炭砖，抗 $Na_2O$ 系渣的侵蚀性能优良，因此在铁水预处理设备中得到了广泛的应用。烧成铝碳质耐火材料（烧成铝碳砖）属于陶瓷 – 碳复合结合型，具有高强度、高侵蚀性能及高的抗热震稳定性，大量应用于连铸中间包（见图 7-40）、滑动水口、滑板（见图 7-41）、长水口、浸入式水口、整体塞棒、上下水口砖等，其中的长水口、浸入式水口、整体塞棒称为连铸三大件（见图 7-42），是重要的连铸功能耐火材料。它们在连铸中间包的位置如图 7-43 所示。

图 7-40　中间包模型图

图 7-41　某国外公司生产的滑板

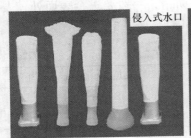

图 7-42　濮耐公司生产的连铸三大件

连铸技术自 20 世纪 60 年代引入后，使得模铸→脱模→均热炉→开坯这一工序过程简化为一步将钢液变成热轧钢坯的过程，并具有节能、节省基建投资、降低生产成本、提高效率的优点，是一种高产、低耗的生产方法。连铸工序在钢铁生产工序中占有重要的地位。近年来，由于对钢材质量要求的提高，对连铸用耐火材料的质量也不断提高。连铸对耐火材料的要求如下：耐高温、不与钢液或合金发生反应、抗渣性强、抗高速钢流冲刷、低气孔率、防止空气进入钢液、高的抗热冲击能力、精确的几何尺寸。连铸用耐火材料如图 7-43 所示，其中用到碳复合耐火材料的部位有：钢包的渣线，各种水口砖、各种滑板及整体塞棒。装置和使用简单，质量稳定，价格不能太高。

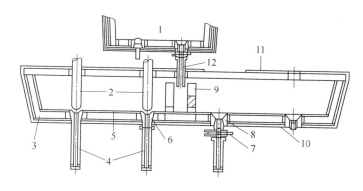

图 7-43　连铸结构及功能耐火材料的应用示意图

1—钢包；2—塞棒；3—永久层；4—浸入水口；5—工作层；6—中间包水口；7—中间包滑板；8—座砖；
9—挡渣堰；10—保温层；11—中间包盖；12—长水口

注钢用耐火材料，20 世纪 60 年代以前使用套筒塞棒，60 年代开发了滑动水口，从钢包往中间包以及从中间包往结晶器中注钢，是连铸用耐火材料的一大变革。作为钢水流量的控制方式，最早提出滑动水口方案的是 1885 年美国专利，1964 年、1968 年德国和日本分别开始使用滑动水口，我国 70 年代开始推广使用。滑动水口系统（包括上下水口、上下滑板）作为钢包和中间包的钢水流量控制系统，因可控性好，能提高生产率而得到迅速发展。滑动水口系统优于传统的塞头水口控制系统，它促进了钢包精炼工艺和连铸技术的发展，同时，随着钢产量的上升和钢质量的提高，与此同时多炉连铸技术的发展必须要求滑动水口系统增加使用寿命，减少操作费用。于滑板（Sliding Plate）直接控制钢水的流量，所以被认为是滑动水口系统中最重要的部分。为了获得较长的使用寿命和稳定的操作，滑板砖作为滑动水口系统的耐火材料和机械部件都要求具有优良的性能。从结构上可以将滑板分为往复式和旋转式，组成的层数上可以分为两层式和三层式，从用途上可以分为钢包滑板和中间包滑板。

使用条件对滑板材料的要求如下：滑板与高温钢液最初接触容易产生微小裂纹和损伤，因此提高滑板材料的热震稳定性极为重要，钢液的侵蚀冲刷也明显影响其寿命。此外滑板材料在滑动中的磨损要求滑板强度足够高，并且表面平滑。目前国内外大中型钢包一般用烧成铝碳质滑板为主，小型钢包多使用不烧铝碳滑板，而中间包滑板基本上以铝锆碳滑板为主。英国通过等静压成型生产的旋转式 $Al_2O_3$-C 滑板，滑动面采用 MgO 或 $ZrO_2$ 加强，使用寿命达 14h。

滑动水口系统发展初期，滑板砖使用的是陶瓷结合高铝或镁质耐火材料，为增强其基质耐蚀性，防止渣的渗透，采用焦油浸渍，工作地点受到焦油的严重污染。镁质滑板用在钢渣量多或含氧量高的腐蚀钢种场合，$w(MgO)$ 为 85% ~ 95%，另加一些 $Al_2O_3$ 或尖晶石以提高其热震稳定性。随着多炉连铸要求的提高，碳结合铝碳质滑板解决了陶瓷结合滑板存在的问题。添加石墨的铝碳质滑板比高铝质滑板使用寿命要高得多，特别适用于电炉和中间包的小型滑板上，但在大型钢包滑板上还不令人满意。这是因为滑板面的损毁随着气孔率的降低或常温耐压的提高而减轻，但因此也增大了弹性模量，从而降低了热震稳定性。冶金行业标准 YB/T 5049—1999 根据化学组成，把滑板分为 7 个牌号，具体理化指标如表 7-11 所示。

**表 7-11　铝碳滑板牌号与性能指标**

| 项　　目 | | 指　标 | | | | | | |
|---|---|---|---|---|---|---|---|---|
| | | HBL-55 | HBLT-65 | HBLT-70 | HBLT-75 | HBLTG-65 | HBLTG-70 | HBLTG-75 |
| $w(Al_2O_3)/\%$ ≥ | | 55 | 65 | 70 | 75 | 65 | 70 | 75 |
| $w(C)/\%$ ≥ | | — | 7(6) | 7(6) | 7 | 7 | 7 | 7 |
| $w(ZrO_2)/\%$ ≥ | | — | — | — | — | 5 | 6 | 6 |
| 常温耐压强度/MPa（≥） | 浸渍后 | 80 | 70 | 75 | 80 | — | — | — |
| | 干馏后 | 70 | 60 | 65 | 70 | 90 | 110 | 115 |
| | 不浸渍 | — | 50 | 50 | — | — | — | — |
| 显气孔率/%（≤） | 浸渍后 | 8 | 8 | 8 | 8 | — | — | — |
| | 干馏后 | 14 | 13 | 13 | 13 | 12 | 11 | 10 |
| | 不浸渍 | — | 14 | 14 | — | — | — | — |
| 体积密度/g·cm$^{-3}$　≥ | | | | | | 2.85 | 3.00 | 3.05 |

注：1. 括号内的数值为不烧不浸渍滑板砖的指标；
　　2. 常温耐压强度和显气孔率多项指标中只取其中的一个指标。

连铸用水口的使用目的是为了保证钢包→中间包之间或中间包→结晶器之间的钢水顺利通过，同时具有重要的气密功能以防钢水的二次氧化和渣的卷入。这些连铸用水口的使用寿命和稳定性对连铸机的生产率以及板坯的质量有很大的影响。水口安装在滑板或整体塞棒下方，上部用夹持器固定，下部自然下垂，用于控制钢水的流量。连铸用水口承受注钢初期的强烈热震和由钢水流动所造成的振动机械力。因此在长水口夹持器夹持部分部位（颈部）易造成折损及裂纹。

中间包和结晶器的钢水被流出的渣的保护渣所覆盖，连铸用水口的外壁被渣蚀损，特别是浸入式水口由于浸渍在碱和氟成分高的蚀损性强的保护渣中，所以保护渣线的蚀损是影响浸入式水口寿命的主要因素。

连铸用长水口和浸入式水口一般是在较大的热震条件下使用，所以过去用熔融 $SiO_2$ 材质，但随着连铸技术的发展，长水口和浸入式水口的使用条件变得日益苛刻，因此耐蚀性和热震性更好的等静压成型的铝碳质和锆碳质水口已成为主体。整体塞棒的使用条件与长水口相似，但它在使用前与浸入式水口一起预热，所以一般不易崩裂，其制造工艺和所用材质与长水口相似。

### 7.4.2　铝碳质滑板的生产工艺

烧成铝碳质（$Al_2O_3$-C）滑板的生产工艺流程如图 7-44 所示。铝碳质滑板中的氧化铝成分主要选用烧结刚玉、电熔刚玉，电熔或烧结氧化铝原料刚玉抗侵蚀性能好，但价格昂贵，硬度大，生产的滑板加工磨平难，且膨胀系数比莫来石高；一定数量的莫来石有利于提高滑板的热震稳定性，但随着 $SiO_2$ 含量的提高，滑板的抗侵蚀性能下降。因此烧成铝碳滑板中 $w(SiO_2)$ 一般控制在 5% ~12% 内，合成莫来石加入量最多不超过 30%。根据我国资源特点，也可选用特级或一级铝矾土作为颗粒料，刚玉作为细粉生产 $Al_2O_3$-C 质滑板，不仅可以降低成本，而且可以一定程度上提高制品的抗热震性和耐侵蚀性，对于连铸时间长、温度高等苛刻条件使用的耐火制品，必须提高制品的氧化铝含量，一般选用刚玉或锆刚玉等原料。

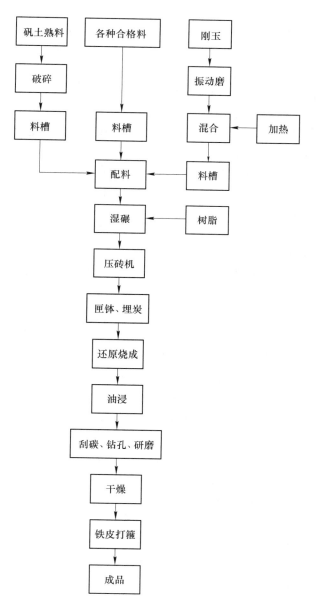

图 7-44　烧成 $Al_2O_3$-C 质滑板的生产工艺流程图

$Al_2O_3$-C 滑板炭素原料一般以鳞片石墨为主，也可采用热解高纯石墨，有时还加入炭黑。炭素原料对滑板的抗侵蚀性能和热震稳定性有重大的影响。碳含量（质量分数）在 10% 时，抗侵蚀性能最好；随着碳量的增加，抗热震性明显提高；炭黑属非晶质炭素，易于 Si 反应，在钢中难于溶解，可改善砖体显微结构，提高机械性能和抗侵蚀性能。一般采用两种或两种以上炭素原料，滑板中总碳含量（质量分数）波动在 5% ~ 15%。结合剂一般选用硬质沥青或酚醛树脂。为了延缓含碳层氧化，提高制品的使用寿命，一般添加 Al、Si 及 SiC 粉等抗氧化剂。

为提高滑板铸孔边缘的抗侵蚀和耐冲刷性，滑板砖应整块成型，烧成后用金刚石钻头钻出所需大小的铸孔，使铸孔周边密度均匀。钻孔后进行浸渍处理，也可以再铸孔上套上 $ZrO_2$ 或 $ZrO_2$-C 环来提高其抗侵蚀性能，以满足特殊钢种的需要。也可以再滑板的铸口部位与周边区域使用不同的材料一次成型，以提高寿命，降低成本。

成型后的坯体经 1300℃ 埋炭还原烧成，在烧成铝碳滑板中，有机结合剂在烧成中碳化结焦，形成碳结合；加入物 Si，在 1300℃ 还原烧成时，与炭素生成 β-SiC，在砖体内形成陶瓷结合。所以烧成铝碳滑板中存在着两种结合系统，它使滑板的强度明显提高，而且就是在使用中炭素燃尽之后，由于陶瓷结合系统的作用也能保持足够的残余强度。

烧成后一般采用立式或卧式真空 – 加压的油浸装置进行一次或多次油浸。具体过成为：滑板预热后放入油浸罐内，抽真空使压力低于 650mmHg（1mmHg = 133.322Pa）以上，引入加热了的焦油或沥青，焦油或沥青被吸入滑板的开气孔中。为让焦油或沥青更多进入气孔，继而对油加压。油浸使滑板开口气孔率减少，残碳量增加，所以可显著提高滑板的强度、抗热震性和侵蚀性。油浸使滑板的开气孔率减少，残碳量增加，能显著提高滑板的强度、抗热震性和抗侵蚀性。滑板中焦油或沥青中的挥发分在使用时会挥发出来，可以缓解滑板的热冲击，并润湿滑板表面，使滑板之间有较好的滑动层。但是会污染环境，为了减少环境污染，浸渍后进行热处理，焦油或沥青的浸渍方式和热处理条件对滑板寿命有很大影响。

滑板中的铸孔可以是成型时就制成，也可以是先成型为无孔的整体板，以后再钻孔得到，多数人认为钻孔对滑板质量有利。在滑板周围用铁皮包扎打箍是保证滑板安全使用的重要措施，可以预防滑板在使用过程中的碎裂，限制裂纹扩展张开。

不烧 $Al_2O_3$-C 滑板所用原料与烧成 $Al_2O_3$-C 滑板类似，特点是只需油浸及干馏热处理，不用烧成、工艺简单，但相对于烧成铝碳滑板而言，强度偏低，气孔率稍高。

影响滑板使用寿命的主要原因是形成各种裂纹（热应力作用），为了提高滑板的使用寿命，采用低的膨胀系数的材料是最有效的途径。如提高碳含量，但随着碳量的增加，滑板被氧化的危险性增大，一旦制品被氧化，制品的抗冲刷和抗侵蚀能力降低；在配料中提高莫来石含量也能提高制品的抗热震稳定性，但随着莫来石含量的提高，$SiO_2$ 也相应提高，滑板的抗侵蚀能力下降。而最理想的方法是在配料中加入锆莫来石。在生产滑板时加入锆莫来石，可起到莫来石的作用，另外，制品中含有 $ZrO_2$，低温下的单斜氧化锆在 1000 ~ 1200℃ 时转变为四方氧化锆，伴有 7% ~ 9% 的体积收缩，所以含 $ZrO_2$ 的制品在高温下的膨胀系数低，抗热震性强。

另外，$ZrO_2$ 具有优良的抗侵蚀性。因此含锆莫来石的滑板的抗侵蚀性和抗热震性优于含莫来石的铝碳滑板。铝锆碳质滑板制造工艺与烧成铝碳滑板相比主要的区别在于用锆莫来石代替莫来石，锆莫来石的配入量一般在 7% ~ 45% ，< 7% 显示不出优良的热震性和抗渣性，超过 45% ，抗渣性也不理想。

### 7.4.3 铝碳质"连铸三大件"的生产工艺

"连铸三大件"的生产流程如图 7-45 所示，现将工艺要点介绍如下：

#### 7.4.3.1 原料

"连铸三大件"所用原料可分为如下几类：主体耐火原料，石墨原料，功能添加剂和有机结合剂等。原料的选择对产品的品质、使用效果有很大的影响。因此生产三大件产品对原料的纯度、粒度、乃至结构都有较严格的要求。主体耐火原料涉及多种高档氧化物原料，如各种类型的刚玉原料、电熔氧化镁、尖晶石、电熔氧化锆、熔融石英，电熔锆莫来石等，依产品之不同和部位之不同而选择不同原料为主体耐火原料。三大件产品本体用刚玉原料或高铝原料，渣线采用部分稳定的电熔氧化锆原料，塞棒棒头、水口碗部处依浇注钢种不同而选用刚玉、电熔氧化镁、尖晶石等材质。熔融石英，锆莫来石常作为改善抗热震性原料部分引入。主体原料的种类、品质、粒度配比与产品抗热震性、抗侵蚀性、冲刷性密切相关。一般骨料粒度不大于 1mm，产品关键部位选用高纯度电熔原料。

"连铸三大件"产品中均大量采用天然鳞片石墨，石墨组分对产品的最重要贡献是赋予其高抗热震性以适应使用时高温钢液的强烈热冲击。但其致命缺点是氧化问题，石墨的氧化和连铸操作条件、石墨的品位、粒度大小等都有关系。多数观点认为石墨的纯度越高，抗侵蚀性和抗氧化性越好，有些厂家对石墨原料还进行精制处理以进一步减少杂质含量。抗氧化添加剂与其他含碳耐火材料类似。结合剂都选择酚醛树脂作为结合剂，添加量引石墨含量不同而异，一般在 6% ~ 12% 。

坯料的质量是影响后续工艺和最终产品性能好坏的非常关键的因素，是保证产品具有均匀一致组织结构和性能的前提条件。对坯料的要求是合适的树脂加入量、各组分分别均匀、有造粒效果、流动性好。常用混料设备为高速混练机，烘干设备可采用耐火材料常规干燥设备，也可采用流化干燥床，操作中要严格控制干燥温度和坯料的干燥程度，保证有良好的成型性能和坯体强度，一般干燥温度不超过 80℃。

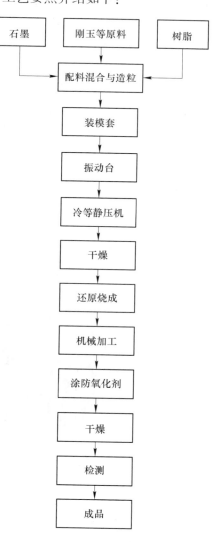

图 7-45 "连铸三大件"的生产
工艺流程图

#### 7.4.3.2　成型

根据连铸三大件的外型细长、中间有流钢通道的结构特点和使用时高可靠性、高重现性的要求，并且三大件所用原料结合剂含量低、石墨含量高、塑性差，双面压制时容易使含石墨原料分层、取向，生产中采用冷等静压成型是当前最合适的成型方式，能保证细长中控结构的水口在整个长度方向上具有相同的品质。所需设备为冷等静压机（见图7-46）、液体介质、橡胶模套、钢质模芯。较合适的工艺参数是压力取 120~200MPa，一定的升压、保压和卸压曲线。

#### 7.4.3.3　热处理

热处理作用在于使树脂分解炭化，形成碳结合，赋予制品一定的强度和性能。在热处理过程中，为防止石墨氧化，控制热处理气氛为惰性气氛或还原气氛，热处理制度的制度参照树脂在加热过程中的挥发分的排出和分解反应温度而制定，热处理温度常取 900~1250℃，热处理设备多为梭式窑。

#### 7.4.3.4　无损探伤

连铸三大件在使用上的不可重复性，要求产品杜绝任何内部损伤，产品检测需 X 光无损探伤仪（见图7-47）。

图 7-46　冷等静压机照片　　　　　图 7-47　X 光无损探伤仪照片

#### 7.4.3.5　加工和表面涂层

等静压成型品的外观尺寸，特别是配合尺寸尚达不到要求精度，三大件产品局部或全部外观尺寸需进行加工。同时，为防止在现场烘烤和使用时免遭氧化，产品表面要涂保护涂料，所配制的涂料在较低温度下能熔化，并能在产品表面铺展和能在较宽的温度范围内维持黏度无大的变化，起到保护石墨不氧化作用。

虽然连铸三大件在原料选用、生产工艺、性能要求有诸多相同之处，但由于使用位置不同、使用条件不同、所起功能不完全相同，在材质、结构方面有其各自的特点。

近年来，研究人员在改善 $Al_2O_3$-C 力学性能方面做了大量工作，其中在 $Al_2O_3$-C 质耐火材料中原位形成纤维状、板片陶瓷相的研究受到重视。例如，Fan 等人发现金属硅在 $Al_2O_3$-C 质耐火材料可以形成 SiC 颗粒和 SiC 晶须，SiC 颗粒是由金属硅与炭黑反应生成，

SiC 晶须是由硅粉与鳞片石墨或酚醛树脂热解碳反应生成，形成的大量弯曲 SiC 晶须可提高 Al$_2$O$_3$-C 质耐火材料的高温强度；Roungos 等人也在 Al$_2$O$_3$-C 质耐火材料中发现了晶体 β-SiC 晶须可以在 1400℃ 生成；Yamaguchi 等人认为金属铝在 Al$_2$O$_3$-C 质耐火材料中可以形成 Al$_4$C$_3$ 晶须，比添加金属硅的耐火材料弯曲强度高。与其陶瓷晶须相比，β-SiAlON 具有更为优良的抗热冲击性能、抗金属熔体侵蚀、高温力学性能，β-SiAlON 晶须陶瓷结合相能够明显改善 Al$_2$O$_3$-C 质耐火材料的高温性能；Li 等人的研究表明，在 1500℃ 原位的 O-SiAlON 晶须将颗粒与基体紧密结合，可明显提高 Al$_2$O$_3$-C 质耐火材料的高温力学强度；Zhu 等人的研究表明，在 Al$_2$O$_3$-C 质耐火材料中同时添加金属 Al、Si 粉，在催化剂的作用下可生成片状 β-SiAlON 陶瓷相（见图 7-48），可明显改善 Al$_2$O$_3$-C 质耐火材料的高温力学强度与抗热冲击性能。

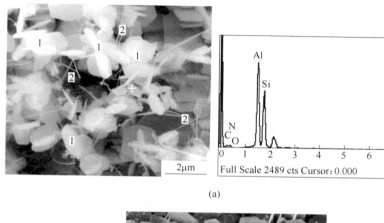

(a)

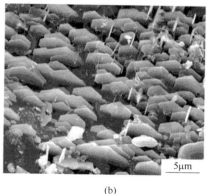

(b)

图 7-48　Al$_2$O$_3$-C 质耐火材料中原位生成的片状 β-SiAlON 陶瓷相显微结构
（a）SEM；（b）EDS

# 7.5　Al$_2$O$_3$-SiC-C 质耐火材料

　　Al$_2$O$_3$-SiC-C 质耐火材料是铝碳质的两类衍生含碳耐火材料。Al$_2$O$_3$-SiC-C 质耐火材料是用以 Al$_2$O$_3$、SiC 和炭素原料为主要成分，用有机结合剂或水化结合剂制得的定形或不定形含碳耐火材料，本章主要介绍定形制品。$Al_2O_3$-SiC-C 间无共熔关系，同炉渣的润湿角相当大，能够阻止渣向制品内渗透，同时 SiC 是一种很好的耐火材料，具有耐高温、化学稳定性好的特点，导热系数比 $Al_2O_3$ 高，热膨胀系数只有 $Al_2O_3$ 的一半，耐磨性好，同时还可一定程度防止碳氧化。

$Al_2O_3$-SiC-C 质定形制品主要应用于鱼雷混铁车（见图 7-49）、铁水罐等铁水预处理设备的内衬。20 世纪 80 年代中期以前，铁水罐只用作储存铁水的容器，其内衬大多采用黏土质、叶蜡石质耐火材料。但自采用铁水预处理技术后，铁水包及鱼类式混铁车内衬的使用寿命大幅度下降。原因是耐火材料受到各种脱硫、脱磷剂的严重侵蚀，一般情况下，脱硫剂用 CaO 与 $CaC_2$，脱磷剂为CaO-铁氧化物-$CaF_2$ 系物质，而且处理时这些粉剂喷吹速度很高，所以要求鱼类混铁车、铁水罐内

图 7-49　鱼雷混铁车模型图

衬具有优良的抗渣侵蚀性、抗热震性和良好的抗冲刷性与耐磨性。高铝质耐火材料受石灰质熔剂侵蚀并不很快，但易剥落，添加石墨和 SiC 可改善其抗剥落性。因此 $Al_2O_3$-SiC-C 质耐火材料具有很好的抗冲刷、耐磨损性能，是目前为止在铁水预处理容器上最理想的内衬材料。表 7-12 所示为冶金行业标准 YB/T 164—1999 对适用于鱼雷式混铁车和铁水罐等铁水预处理设备内衬用 $Al_2O_3$-SiC-C 砖的理化指标规定，根据 SiC 含量的不同，可分为ASC-12 和 ASC-14 两个牌号。

表 7-12　铁水预处理用 $Al_2O_3$-SiC-C 砖的理化指标

| 项　目 | | 指　　标 | |
| --- | --- | --- | --- |
| | | ASC-12 | ASC-14 |
| $w(Al_2O_3)/\%$ | ≥ | 58 | 65 |
| $w(SiO_2)/\%$ | ≥ | 12 | 14 |
| 游离碳 C/% | ≥ | 10 | 4.5 |
| 显气孔率/% | ≤ | 12 | 12 |
| 体积密度/g·cm$^{-3}$ | ≥ | 2.75 | 2.88 |
| 常温耐压强度/MPa | ≥ | 40 | 50 |
| 高温抗折强度(1400℃×0.5h)/MPa | | 提供实测数据,不作为供货条件 | |

$Al_2O_3$-SiC-C 质耐火材料原料包括刚玉、矾土熟料、红柱石、鳞片石墨、酚醛树脂结合剂。用刚玉料作骨料和细粉时，砖中 $Al_2O_3$ 含量高（80%），故其抗侵蚀性能强，适合于作渣线材料；用矾土时，抗侵蚀性能随 $SiO_2$ 含量的增加而下降，故应选 $Al_2O_3$ 含量高、杂质量低的致密烧结矾土熟料；用红柱石时由于其结晶晶体均匀、致密、杂质量低，加热过程中的膨胀可抵消烧结收缩，故用红柱石制作 $Al_2O_3$-SiC-C 砖体积稳定性、高温强度、抗热震性和抗渣性能优良。因所用 $Al_2O_3$ 原料的不同，砖中 $Al_2O_3$ 量波动于 50%～80%之间；SiC 是一种优良的耐火材料，具有耐高温、耐侵蚀、高强度、耐磨、膨胀系数小和高

导热性的优点。与烧成铝碳制品相比较，铁水预处理用 $Al_2O_3$-SiC-C 砖中加入数量较多的 SiC 细粉，以加强基质，同时起着防止石墨氧化的作用，SiC 含量在 5% ~ 10%。加入石墨可使砖的导热性、抗热震性显著提高，石墨含量一般控制在 10% ~ 15% 之间。典型 $Al_2O_3$-SiC-C 质耐火材料原料配比如表 7-13 所示。

表 7-13  $Al_2O_3$-SiC-C 质耐火材料原料配比 　　　　　　　　（%）

| 矾土熟料 | 刚玉 | 鳞片石墨 | SiC | 结合剂（外加） |
|---|---|---|---|---|
| 粗 50 ~ 60<br>中 10 ~ 12 | 细 12 ~ 15 | 10 ~ 15 | 5 ~ 10 | 2.5 ~ 5 |

为了保证连铸工艺对多炉连铸用滑板的要求，在铝碳质耐火材料的基础之上，通过添加具有低膨胀系数的锆莫来石以及具有优良抗侵蚀性能的锆刚玉而制成铝锆碳质耐火材料。铝锆碳质耐火材料以烧结刚玉、锆莫来石或锆刚玉等含锆原料、石墨、添加剂为原料，酚醛树脂作为结合剂经烧成（或不烧）加工而成的含碳耐火材料，它的强度高并具有优良的抗侵蚀性能和抗热震性能。

# 7.6　铝镁碳质耐火材料

## 7.6.1　铝镁碳质耐火材料性能及应用

铝镁碳质耐火材料是指以高铝矾土熟料（或各种刚玉）、镁砂（或镁铝尖晶石）和石墨为主要原料，用沥青或酚醛树脂等有机结合剂黏结而成的不烧含碳耐火材料。广义上讲，以氧化铝、氧化镁和炭为主要成分的耐火材料均称为铝镁碳系耐火材料。铝镁碳系耐火材料按其主成分的不同可分为两类，一类是以氧化铝为主成分的制品，常用 AMC 表示；另一类是以氧化镁为主成分的制品，常用 MAC 来表示。

镁碳质耐火材料在高温使用过程中，由于基质中的镁砂细粉与高铝细粉发生化学反应，生成镁铝尖晶石，造成体积膨胀，利于制品致密性和抗渣性能的提高。但过分膨胀易造成开裂及钢包变形，因此一般可在基质中引入适量的预合成尖晶石，减少镁砂与高铝粉的反应，可达到控制其膨胀的目的。铝镁碳质耐火材料的优点包括如下几个方面：

（1）高的钢水渗透能力。由于在使用过程中氧化铝和氧化镁之间发生反应，原位生成尖晶石产生膨胀，可有效地阻止钢水从衬砖间的接缝处往砖内部的渗透。

（2）优良的抗渣性能。除了石墨的作用以外，由于使用过程中形成的尖晶石能吸收渣中的 FeO 形成固溶体。氧化铝则与渣中的 CaO 反应形成高熔点 $CaO$-$Al_2O_3$ 系化合物，起到堵塞气孔并增大熔体黏度作用，达到抑制渣渗透的目的。

（3）具有较高的机械强度。相当于 MgO-C 和 $Al_2O_3$-C 耐火材料而言，铝镁碳质耐火材料含石墨的量最少，一般在 6% ~ 12%，因此其体积密度大，气孔率低，强度高。

冶金行业标准 YB/T 165—1999 按照 MgO + $Al_2O_3$ 含量对用于砌筑炼钢转炉和电炉钢包、炉外精炼钢包包壁、包底用的树脂结合铝镁碳砖分为三个牌号，具体理化技术指标如表 7-14 所示。

表 7-14　典型铝镁碳制品理化指标

| 项　目 | | 指　标 | | |
|---|---|---|---|---|
| | | LMT-76 | LMT-74 | LMT-72 |
| 显气孔率/% | ≤ | 8 | 9 | 10 |
| 体积密度/g·cm$^{-3}$ | ≥ | 2.90 | 2.85 | 2.80 |
| 常温耐压强度/MPa | ≥ | 55 | 45 | 40 |
| 0.2MPa 荷重软化开始温度/℃ | ≥ | 1670 | 1630 | 1600 |
| $w(Al_2O_3 + MgO)$/% | ≥ | 76 | 74 | 72 |
| $w(MgO)$/% | ≥ | 14 | 12 | 10 |
| $w(C)$/% | ≥ | 8 | 8 | 7 |

## 7.6.2　铝镁碳质耐火材料生产工艺

　　铝镁碳质耐火材料的生产工艺与镁碳质材料相似，仅仅是原料有所区别。含氧化铝原料可用特级高铝矾土熟料、一等高铝熟料、电熔刚玉、烧结刚玉及棕刚玉等。含 MgO 原料可用电熔镁砂、烧结镁砂。炭素原料主要用天然鳞片石墨，结合剂一般用合成酚醛树脂，另外还加入一定量的 SiC、Al 粉等作为防氧化剂。

　　尽管特级高铝矾土熟料、一等高铝熟料、电熔刚玉、烧结刚玉及棕刚玉等都可以作为制备铝镁碳质耐火材料的氧化铝原料，但由于矾土中含有较高的氧化硅，对制品的抗渣性不利。烧结刚玉与电熔刚玉相比，结晶细小，存在的晶界较多，用其制得的铝镁碳质耐火材料抗渣性不如相同条件下用电熔刚玉制得的制品。在铝镁碳质耐火材料中，含氧化铝原料一般占配料组分的 80% ~85%，在配料中以颗粒状和粉状形式存在。

　　含氧化镁原料主要有电熔镁砂和烧结镁砂，与烧结镁砂相比，电熔镁砂结晶粗大，体积密度大，抗渣侵蚀能力强，因此在不烧铝镁质耐火材料中一般加入电熔镁砂，且主要以细粉形式加入，加入量一般在 15% 以内。加入量太多，制品在使用过程中形成的尖晶石量太多，制品内部会产生过大的应力和裂纹，削弱制品的强度。镁砂加入量适量时，生成尖晶石化的体积效应不但不会形成裂纹，还有利于堵塞气孔。

　　炭素原料一般以天然鳞片石墨为主，为避免实际使用过程中炭素材料的低温氧化及因石墨的热导率大而引起的钢水热损耗过大，石墨的加入量一般在 10% 以内。结合剂与其他含碳材料一样，一般用合成酚醛树脂，加入量根据成型设备的不同有一定的差异，一般在 4% ~5% 范围内。

### 复习思考题

7-1　含碳耐火材料的优点有哪些？

7-2　如何评价碳材料的结晶有序度？

7-3　含碳耐火材料的碳源有哪些？

7-4　含碳耐火材料为何较多地选用鳞片石墨作为碳源？

7-5 为何要发展低碳耐火材料？

7-6 有铬碳耐火制品吗？为什么？

7-7 为何 SiC 在 $Al_2O_3$-C 质侵入式水口起不到保护碳的作用，但在铁水预处理的 $Al_2O_3$-C 砖中则能抑制碳的氧化？

7-8 查阅文献资料，说明膨胀石墨在含碳耐火材料中的应用情况，并说明其对含碳耐火材料性能有何影响？

7-9 $Al_2O_3$-C 质"连铸三大件"的生产要点有哪些？

7-10 含碳耐火材料对结合剂有何要求？

# 8 特种耐火材料

**【本章主要内容及学习要点】** 本章介绍主要的特种耐火材料，包括纯氧化物、碳化物、氮化物、硅化物和硼化物等主要种类；并详细介绍各种类中代表性的具体耐火材料，如氧化铝、碳化硅、氮化硅、硅化钼、硼化锆等。重点掌握其中典型的特种耐火材料的性质和制备工艺，熟悉其具体应用。

## 8.1 概　　述

除前几章所述的主要耐火材料外，还有一大类耐火材料，其使用特殊原料和特殊工艺，或者具有特殊性质和特殊用途，称为特种耐火材料。特种耐火材料采用的原料基本都是人工合成的高纯度材料，其制造方法包括等静压法、热等静压法、热压法、各种喷涂方法以及溶胶凝胶法、流延法、注浆法、热压铸法等，其具有特殊的热学、力学、化学乃至电学性质，其应用也从传统的耐火材料扩展到航空航天、电子、机械、化工等更广阔的领域。

特种耐火材料按材质可分为：高熔点氧化物、难熔化合物、金属陶瓷、高温涂层，高温纤维保温材料等。其中，金属陶瓷及高温涂层具有较独立的制备工艺和应用，本章不进行介绍；高温纤维保温材料将在第 10 章进行详细阐述。特种耐火材料的成分大多数已超出硅酸盐范围，主要包括了本章分别阐述的高纯氧化物、碳化物、氮化物、硅化物和硼化物。

### 8.1.1　特种耐火材料的性质

不同的特种耐火材料，化学组成和显微结构不同，其性能存在一定差异，但总体而言，特种耐火材料与传统耐火材料相比具有许多优良的性能和特点。

#### 8.1.1.1　显微结构

特种耐火材料是一种多晶体材料，由许多被无序晶界分隔开的结晶取向不同的单晶体晶粒组成，如图 8-1 所示。绝大多数特种耐火材料的显微结构由晶相组成，玻璃相极少，个别特种耐火材料含有微量杂质，在一定温度下形成低熔相。对于由微小晶粒（如纳米晶）组成的多晶体来说，晶界的体积几乎占到一半以上，对晶体的性质有显著的影响。当晶粒很小时，材料具有较高的机械强度，而粗大晶粒容易造成裂纹和缺陷，使材料的机械强度下降。特种耐火材料结构中的气孔，对性能有不利影响。所以一般要求特种耐火材料的晶粒小，玻璃相少，组织结构均匀。

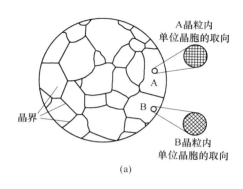
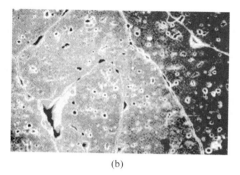

图 8-1 多晶体结构

（a）多晶体显微结构示意图；（b）烧结氧化铝典型的显微形貌

### 8.1.1.2 热学性能

**A 热膨胀性**

常见的特种耐火材料的膨胀系数如表 8-1 所示。可以看出，大多数特种耐火材料的线膨胀系数较大，但熔融石英、BN 和 $Si_3N_4$ 的线膨胀系数很小。

表 8-1 某些特种耐火材料的线膨胀系数

| 材料 | 线膨胀系数/$\times 10^{-6}℃^{-1}$ | 材料 | 线膨胀系数/$\times 10^{-6}℃^{-1}$ |
| --- | --- | --- | --- |
| MgO | 13.5(20~1000℃) | BN | 7.5($/\!/$)(20~1000℃) |
| TiC | 10.2(20~1000℃) | | 0.7($\perp$)(20~1000℃) |
| 稳定 $ZrO_2$ | 10.0(20~1000℃) | SiC | 5.9(20~2000℃) |
| TiN | 10.0 | AlN | 5.6(20~1000℃) |
| BeO | 9.3(20~1000℃) | $3Al_2O_3 \cdot 2SiO_2$ | 5.3 |
| $Al_2O_3$ | 8.6(20~1000℃) | $B_4C$ | 4.5(20~900℃) |
| $MgAlO_4$ | 7.6 | $Si_3N_4$ | 2.5(20~1000℃) |
| $ZrB_2$ | 7.5(20~1350℃) | $SiO_2$(熔融石英) | 0.5(20~1000℃) |

注：$/\!/$ 为平行于热压方向；$\perp$ 为垂直于热压方向。

**B 导热性**

特种耐火材料的导热系数相差较大，BeO 与金属的导热系数相当，硼化物也有较高的导热系数，氮化物、碳化物次之。

**C 高熔点**

特种耐火材料的熔点都在 1728℃ 以上，最高的 HfC 和 TaC，分别为 3887℃ 和 3877℃（见表 8-2）。特种耐火材料都具有很高的使用温度，而且耐火度都很高，甚至可使用到接近熔点。不过这样高的使用温度需要相应的气氛条件。氧化物可以在氧化气氛中稳定地使用，而难熔化合物通常在中性或还原性气氛中可使用到比氧化物更高的温度。例如，TaC 在 $N_2$ 气氛中可用到 3000℃，BN 在 Ar 气氛中可使用到 2800℃。

表 8-2 典型难熔材料的熔点

| 材料 | 熔点/℃ | 材料 | 熔点/℃ | 材料 | 熔点/℃ | 材料 | 熔点/℃ |
|---|---|---|---|---|---|---|---|
| B | 2300 | MgO | 2800 | BN | 3000↑ | $B_4C$ | 2350 |
| C | 3500 | $Al_2O_3$ | 2050 | AlN | 2450↑ | $Al_4C_3$ | 2100 |
| Si | 1420 | $SiO_2$ | 1728 | $Si_3N_4$ | 1900↑ | SiC | 2800 |
| W | 3370 | $WO_3$ | 1473 | WN | — | WC | 2870 |
| Mo | 2620 | BeO | 2530 | $Be_3N_2$ | 2200 | MoC | 2570 |
| Ti | 1800 | $TiO_2$ | 1840 | TiN | 2950 | TiC | 3160 |
| Cr | 1860 | $Cr_2O_3$ | 2265 | CrN | 1400 | $Cr_3C_2$ | 1800 |
| Zr | 1700 | $ZrO_2$ | 2715 | ZrN | 2980 | ZrC | 3530 |
| V | 1710 | $V_2O_3$ | 1977 | VN | 2320 | VC | 2830 |
| Hf | 2207 | $HfO_2$ | 2777 | HfN | 3310 | HfC | 3800 |
| Ta | 2850 | $Ta_2O_3$ | 1890 | TaN | 3360 | TaC | 3880 |
| $TiB_2$ | 2600 | $ZrB_2$ | 2920 | $TaB_2$ | 3000 | $TaSi_2$ | 2400 |
| WB | 2922 | HfB | 3060 | $WSi_2$ | 2150 | $MoSi_2$ | 2030 |

### D 抗热震性

抗热震性是一个很重要的性能，它直接关系到材料的使用安全可靠性和使用寿命。在特种耐火材料中，BeO 的导热系数特别高，熔融石英的线膨胀系数特别低，大多数硼化物有较高的导热系数。某些纤维制品及纤维复合材料有较高的气孔率或抗张强度，因而具有很好的抗热震性。其他诸如碳化硅、氮化硅、氮化硼、二硅化钼等耐火材料，抗热震性也很好。

### 8.1.1.3 力学性能

当特种耐火材料作为工程材料使用时，还需考虑其力学性能，较重要的力学性能是弹性模量、机械强度、硬度、高温蠕变。特种耐火材料的弹性模量都较大，多数具有较高的机械强度，但与金属材料相比，其脆性导致抗冲击强度甚低；绝大多数特种耐火材料具有较高的硬度，因此耐磨、耐气流冲刷性较好；大多数特种耐火材料的高温蠕变都较小，蠕变值的大小与晶粒尺寸、晶界物质、气孔率等因素有关。表 8-3 所示为几种特种耐火材料的力学性能。

表 8-3 特种耐火材料的力学性能

| 材质 | 耐压强度/MPa | 抗折强度/MPa | 莫氏硬度 | 弹性模量/GPa |
|---|---|---|---|---|
| $Al_2O_3$ | 2900(25℃) | 210(25℃) | 9 | 363 |
| | 790(1000℃) | 154(1000℃) | | |
| $ZrO_2$ | 2100(25℃) | 140(25℃) | 7.5 | 147 |
| | 1197(1000℃) | 105(1000℃) | | |
| TiC | 1380(25℃) | 860(25℃) | 8~9 | 451 |
| | 875(1000℃) | 280(1000℃) | | |

| 材　质 | 耐压强度/MPa | 抗折强度/MPa | 莫氏硬度 | 弹性模量/GPa |
|---|---|---|---|---|
| $B_4C$ | 1800(25℃) | 350(25℃) | 9.3 | 137 |
|  | — | 160(1400℃) |  |  |
| AlN | 2100(25℃) | 266(25℃) | 7~9 | 46.1 |
|  | — | 126(1400℃) |  |  |
| $Si_3N_4$ | 530-700(25℃) | 140(25℃) | 9 | 46.1 |
|  | — | 110(1400℃) |  |  |
| $ZrB_2$ | 1580(25℃) | 200(25℃) | 8 | 343 |
|  | 306(1000℃) | — |  |  |
| SiC | 1500(25℃) |  | 9.2 | 382 |

#### 8.1.1.4　电学性能

普通耐火材料对于电学性能无特殊要求，但特种耐火材料在一定使用条件下电学性能十分重要，如高温炉用电热材料的电阻率。就导电能力而言，可以按电阻率的大小把所有的材料分为超导体（电阻率为零）、导体（电阻率为 $10^{-6}~10^{-3}\Omega\cdot cm$）、半导体（电阻率为 $10^{-3}~10^8\Omega\cdot cm$）、绝缘体（电阻率为 $10^8~10^{20}\Omega\cdot cm$）。特种耐火材料中的大多数高熔点氧化物属绝缘体，但氧化钍（$ThO_2$）和稳定氧化锆（$ZrO_2$）等在高温时具有导电性（见表 8-4）；碳化物、硼化物的电阻都很小；氮化物中有些是电的良导体，而有些则是典型的绝缘体，如氮化钛（TiN）和氮化硼（BN）；所有硅化物都是电的良导体。

表 8-4　一些特种耐火材料的电学性能

| 材　质 | 电阻率/$\Omega\cdot cm$ | 介电常数 | 介电损耗 | 绝缘强度/$kV\cdot mm^{-1}$ |
|---|---|---|---|---|
| $Al_2O_3$ | $10^{14}$(25℃) | 8~10 | $2\times10^{-3}$ | 10~16 |
|  | $10^5$(1000℃) |  |  |  |
| $ZrO_2$ | $3\times10^8$(25℃) | 20~30 | — | — |
|  | $3\times10^3$(1000℃) |  |  |  |
|  | 1.6(1970℃) |  |  |  |
| $SiO_2$ | $10^{15}$(25℃) | 3.3~4.0 | $2\times10^{-3}$ | 16 |
| SiC | $10^{-3}~10^{-1}$(25℃) | <10 | — | — |
| $Si_3N_4$ | $1.1\times10^{14}$(20℃) | 8.3 | 0.001~0.1 | — |
| $B_4C$ | $0.8\times10^{-5}$(20℃) | — | — | — |
| $ZrB_2$ | $(9~16)\times10^{-6}$(25℃) | — | — | — |
| $MoSi_2$ | $20\times10^{-6}$(20℃) | — | — | — |

### 8.1.2　特种耐火材料的应用

特种耐火材料作为高温工程结构材料和功能材料，应用领域十分广泛，如表 8-5 所示。在冶金工业中，特种耐火材料应用于耐高温、抗氧化、还原或化学腐蚀的部件；熔炼稀有金属、贵金属、难熔金属、超纯金属、特殊合金等的坩埚、舟皿；水平连铸分离环、熔融金属的过滤装置和输送管道等。在航天航空技术中，用于火箭导弹的头部保护罩、燃烧室内衬、尾喷管衬套、喷气式飞机的喷嘴、涡轮叶片、排气管、机身、机翼的结构部件、航天器进入大气层的被动热防护系统等。在电子工业中，用作熔制高纯半导体材料和单晶材料的容器，半导体固体扩散源；电子仪器设备中的各种高温绝缘散热部件；集成电路的基板，蒸发涂膜用的导电舟皿等。高温工业中，用作特种电炉的高温发热元件、炉管、炉膛结构材料和保温隔热材料，各种测温电偶的内外保护管等。

表 8-5 特种耐火材料的应用

| 应 用 领 域 | 用 途 | 使用温度/℃ | 应 用 材 料 |
|---|---|---|---|
| 特种冶炼 | 熔炼 U 的坩埚 | 1700 | BeO，CaO，ThO$_2$ |
| | 钢水连续测温套管 | 1700 | ZrB$_2$，MgO，MoSi$_2$ |
| | 钢水快速测氧探头 | >1500 | ZrO$_2$ |
| | 单晶坩埚 | 1200 | AlN，BN |
| 航空航天 | 导弹的头部保护罩 | >1000 | Al$_2$O$_3$，ZrO$_2$，HfO$_2$ |
| | 火箭发动机、喷嘴 | 2000~3000 | SiC，Si$_3$N$_4$，BeO |
| | 涡轮叶片 | ≥850 | Si$_3$N$_4$，TiC |
| | 飞机机翼 | 300~500 | 复合材料 |
| 原子反应堆 | 吸收中子控制棒 | ≥1000 | HfO$_2$，BN，B$_4$C |
| | 中子减速剂 | 1000 | BeO，BN |
| | 反应堆反射材料 | 1000 | BeO，WC，石墨 |
| 新能源 | 高温燃料电池固体介质 | >1000 | ZrO$_2$ |
| | 磁流体发电通道材料 | 2000~3000 | Al$_2$O$_3$，MgO，BeO |
| | 高温发热元件 | 1500~3000 | ZrO$_2$，MoSi$_2$，SiC，ZrB$_2$ |
| 特种电炉 | 炉衬 | 1500~2200 | Al$_2$O$_3$，ZrO$_2$ |
| | 观察孔 | 1000~1500 | 透明 Al$_2$O$_3$ |

# 8.2 纯氧化物制品

特种耐火材料中的纯氧化物制品主要包括 Al$_2$O$_3$，ZrO$_2$，BeO，MgO，CaO，SiO$_2$，ThO$_2$ 等。氧化物耐火材料除了具有耐高温性能外，还具有优良的高温机械强度，且要具有耐磨、耐冲刷、耐热冲击、耐化学腐蚀等性能。氧化物耐火材料与熔融金属接触具有相当好的稳定性，适用于作为冶炼有色金属的耐火材料。大多数氧化物耐火材料具有很好的电绝缘性。由于氧化物耐火材料具有许多优良性能，并且原料丰富，工艺成熟，所以氧化物特种耐火材料发展很快，成为一类应用范围极广的耐火材料。

## 8.2.1 氧化铝

### 8.2.1.1 概述

氧化铝耐火材料是指 $w(Al_2O_3)$ 大于 98% 的耐火材料。其主晶相为 α-Al$_2$O$_3$，故又称刚玉质耐火材料，是开发最早、用途最广、价格最低的一种特种耐火材料。

$Al_2O_3$ 的熔点为 2050℃，有许多同质异晶体，它们的晶体结构和物理性能各不相同。$Al_2O_3$ 的晶型有 α、γ、η、δ、θ、κ、χ、ρ 等。外界条件改变时，晶型可以发生转变。$Al_2O_3$ 相变过程如图 8-2 所示。在 $Al_2O_3$ 的变体中，只有 α-$Al_2O_3$（刚玉）是最稳定的，其余晶型都不稳定，加热时都将转变成 α-$Al_2O_3$。α-$Al_2O_3$ 中的 O 是最紧密堆集，因此 α-$Al_2O_3$ 密度大，一般在 $3.96 \sim 4.01 g/cm^3$ 之间，莫氏硬度为 9。α-$Al_2O_3$ 为六方晶型结构，相当于天然刚玉，晶体形状呈柱状、粒状或板状。其晶体结构如图 8-3 所示。

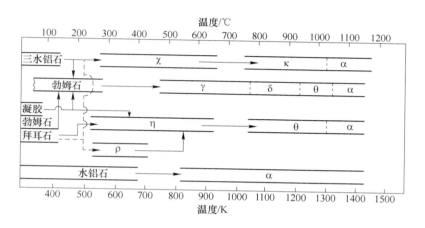

图 8-2 氢氧化铝加热过程中的相变

### 8.2.1.2 氧化铝原料

不同的 $Al_2O_3$ 陶瓷制品选用不同规格和类型的 $Al_2O_3$ 原料。工业生产 $Al_2O_3$ 制品的原料大致有工业纯 $Al_2O_3$、高纯度 $Al_2O_3$、烧结 $Al_2O_3$ 和电熔 $Al_2O_3$ 等。

工业纯 $Al_2O_3$ 是用碱法从高铝矾土原料中分离提纯出来的。从铝矾土矿中提取 $Al_2O_3$ 的方法之一为拜耳法。但该法只适合于铝硅比大于 8 的矾土，而对于铝硅比较低（$8 \sim 5$）的矾土则可采用烧结法。在实际生产中，常常两种方法联合使用，称为联合法。联合法又分为并联法、串联法与海联法等。工业 $Al_2O_3$ 呈 γ 结晶形态，$w(Al_2O_3)$ 约 98.5%，另外 $w(Na_2O) = 0.5\% \sim 0.6\%$。将此种 $Al_2O_3$ 再用高纯度的浓盐酸进一步加热处理，可使其中 $w(Na_2O)$ 降低到 0.2% 左右。

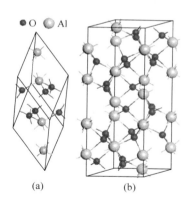

图 8-3 α-$Al_2O_3$（刚玉）晶体结构
（a）三方晶胞；（b）六方晶胞

高纯 $Al_2O_3$ 是人工合成料，以 $NH_4Al(SO_4)_2$ 为原料，首先合成 $NH_4Al(SO_4)_2$，然后进行焙烧，得到 $Al_2O_3$。原料为化学纯 $Al_2(SO_4)_3$ 和 $(NH_4)_2SO_4$ 时，将两者按适当比例混合，加入适量的蒸馏水煮沸。等完全溶解后，趁热过滤，去除杂质，让滤液冷却析晶，析出 $NH_4Al(SO_4)_2$。然后倒去母液，将晶块表面冲洗干净，再加蒸馏水煮沸、过滤、冷却析晶。如此反复进行 $5 \sim 6$ 次，得到相当纯净的含水 $NH_4Al(SO_4)_2$ 结晶块。再在 180 ～

200℃烘箱中进行脱水处理，最后在 800 ~ 1000℃电炉中加热分解，得粒径 1 ~ 5μm、纯度高达 99% ~ 99.99% 的 γ 结构的高纯 $Al_2O_3$。

电熔 $Al_2O_3$ 是指以高铝矾土或工业 $Al_2O_3$ 为原料在电弧炉内熔融并除去杂质冷却后而得的熔块；其特点是 $Al_2O_3$ 含量高，刚玉晶粒完整粗大，化学稳定性高。根据所用原料及工艺的不同，电熔刚玉可分为白刚玉、致密刚玉、亚白刚玉（矾土基刚玉）和各种复合刚玉等。

### 8.2.1.3　氧化铝制品的制备工艺

$Al_2O_3$ 耐火材料的生产工艺要点如下：

（1）原料预处理。将工业氧化铝原料经 1300 ~ 1600℃预烧，使 $\gamma$-$Al_2O_3$ 转变为稳定的 $\alpha$-$Al_2O_3$ 以减少制品收缩，防止开裂。

（2）制粉。预处理的原料磨到小于 5μm 占 90% 以上，如果用铁质球或内衬的磨机，要进行除铁。

（3）坯体成型。可采用特种耐火材料的各种成型方法。采用注浆法成型时，一般多采用中性泥浆浇注，即泥浆的 pH 值为 6 ~ 7，水分为 20% ~ 30%，小于 2μm 的细粉大于 80%，最大粒径不得超过 5μm。该方法多用来成型坩埚，管子及其他中空制品。采用机压法时，在细粉中加入一定比例的粗颗粒（烧结或电熔刚玉），并加入结合剂（如糊精，羧甲基纤维素，聚乙烯醇，磷酸等），在金属模具内机压成型，压力一般为 80 ~ 100MPa。也可以采用冷等静压法或挤泥法生产管状或棒状制品。除热压成型外，其他方法成型的坯体均需干燥，要求水分小于 1% ~ 1.5%。

（4）烧成。烧成温度为 1600 ~ 1800℃，纯氧化铝制品烧成温度不低于 1800℃，加入助烧结剂（如 $TiO_2$ 等）可降低制品烧成温度。

### 8.2.1.4　氧化铝制品及其应用

$Al_2O_3$ 制品具有很高的机械强度，常温抗折强度可达 250MPa 左右，在 1000℃时仍有 150MPa 左右，常温耐压强度可高达 2000MPa 以上。$Al_2O_3$ 制品的耐火度大于 1900℃，0.2MPa 荷重软化开始点为 1850℃左右，常用温度为 1800℃。$Al_2O_3$ 在 20 ~ 1000℃的平均线膨胀系数为 $8.6 \times 10^{-6}℃^{-1}$。$Al_2O_3$ 制品化学稳定性很好，高纯度致密制品能抵抗 Be、Sc、Ni、Al、V、Ta、Mn、Fe、Co 等熔融金属的侵蚀。惰性气氛中，$Al_2O_3$ 与 Si、P、Sb、Bi 等金属以及硫化物、磷化物、砷化物、氯化物、氟化物、硫酸、盐酸、硝酸、氢氟酸等均不作用，但高温下，Si、C、Ti、Zr、NaF、浓 $H_2SO_4$ 等对 $Al_2O_3$ 有一定的侵蚀。$Al_2O_3$ 对 NaOH、玻璃、炉渣抗侵蚀能力很强。$Al_2O_3$ 耐火材料应用极为广泛，主要用途有：

（1）利用其耐高温、耐腐蚀、高强度等性能。用作冶炼高纯金属或生长单晶用的坩埚、各种高温窑炉的结构件（炉墙和炉管）、理化分析用器皿、航空火花塞、耐热抗氧化涂层及玻璃拉丝用坩埚等。

（2）利用其硬度大、强度高的特点，用作机械零部件、各种模具（如拔丝模等）、刀具、磨具磨料、装甲防护材料、人体关节等。

（3）利用其高温绝缘性，作热电偶保护管、原子反应堆用的绝缘瓷，及其他各种高温绝缘部件。

（4）许多 $Al_2O_3$ 特殊制品，如 $Al_2O_3$ 中空球和 $Al_2O_3$ 纤维，可作为高温隔热材料和增强材料。

$Al_2O_3$ 制品主要有砖类制品、异形制品、隔热制品、空心球制品、纤维制品、熔铸制品、透明薄壁制品等。$Al_2O_3$ 砖制品种类的规格和形状有多种。如标准砖、直形砖、斧头砖、刀口砖、香蕉砖、拱脚砖、拱顶砖、烧嘴砖，以及各种类型砖等。按化学成分分有纯刚玉砖、含铬刚玉砖、含钛刚玉砖、含莫来石刚玉砖、含碳刚玉砖等，对同的质量指标也有一定的差别。

### 8.2.2 氧化锆

#### 8.2.2.1 概述

氧化锆（$ZrO_2$）在不同温度和压力下至少有 10 种不同结构，目前有 5 种已被证实。通常出现的 $ZrO_2$ 有三种晶型，即单斜 $ZrO_2$（Monoclinic Zirconia，m-$ZrO_2$）、四方 $ZrO_2$（Tetragonal Zirconia，t-$ZrO_2$）和立方 $ZrO_2$（Cubic Zirconia，c-$ZrO_2$）。它们的晶体结构、晶格参数和基本性质如图8-4 和表8-6 所示。高纯 $ZrO_2$ 为白色，较纯的呈黄色或灰色。$ZrO_2$ 化学性能稳定，除硫酸和氢氟酸外，对酸、碱及其熔体、玻璃熔体和熔融金属具有很好的稳定性。其热导率很低（$1.6 \sim 2.03 W/(m \cdot K)$）、高温蠕变小，且具有很好的耐磨性。

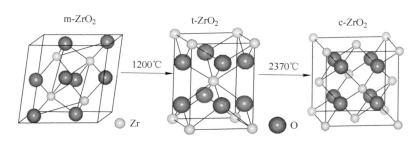

图 8-4　$ZrO_2$ 三种主要晶型及其相变关系

**表 8-6　$ZrO_2$ 各晶型的基本性质**

| $ZrO_2$ 晶型 | 单斜 | 四方 | 立方 |
|---|---|---|---|
| 稳定范围/℃ | <1170 | 1170 ~ 2370 | 2370 ~ 2680 |
| 密度/g·cm$^{-3}$ | 5.68 | 6.10 | 6.27 |
| 晶格参数/Å | $a = 5.194$ | $a = 5.074$ | $a = 5.135$ |
|  | $b = 5.266$ | $b = 5.074$ |  |
|  | $c = 5.308$ | $c = 5.160$ |  |
|  | $\beta = 80°48'$ | $\beta = 90°$ |  |

注：1Å = 0.1nm。

如第 6 章所述，这三种晶型之间存在相互转变关系，伴随着晶型转化和相应的晶格参数变化会导致约有 9% 的体积变化。加热时由单斜结晶转变为四方结晶，体积收缩；冷却时由四方结晶转变为单斜结晶，体积膨胀。而且加热与冷却过程中发生的体积变化不是在同一温度，这是一个可逆的无扩散马氏体的相变。

### 8.2.2.2　氧化锆原料

氧化锆（$ZrO_2$）原料绝大多数都是斜锆石和锆英石经工业提炼而成的，前者是一种以氧化物形式存在的含锆矿物，其 $w(ZrO_2)=80\%\sim90\%$，后者是以硅酸盐形式存在的含锆矿物，其 $ZrO_2$ 理论含量为 67.2%。工业提炼 $ZrO_2$ 的方法通常有电熔法和化学法。

电熔法也称还原熔融脱硅法，该法是在锆英石精矿粉（以 $ZrSiO_4$ 为主要组成）中加入焦炭，混合物在电弧炉中熔融发生热解和碳热还原。在配料中还须加入铁屑以生成硅铁合金沉淀以达到脱硅的目的，此外还须加入石灰石（$CaCO_3$）等稳定剂以促使单斜 $ZrO_2$ 转变为稳定的立方型固溶体。该法制造出 $ZrO_2$ 含量（质量分数）高达 98% 并含 2% 的 CaO 稳定剂的 $ZrO_2$ 原料。

化学法是将锆英石（$ZrSiO_4$）与苛性钠（NaOH）或纯碱（$NaCO_3$）熔融得到 $Na_2ZrO_3$，随后加水浸析并除去溶液，将含 $Na_2ZrO_3$、$Zr(OH)_4$、$ZrTiO_4$ 与未分解物等的沉淀加盐酸或硫酸胶凝剂进行浸析，再除去沉淀物，随后加入 $NH_4OH$ 及水生成 $ZrOCl_2$ 而制得 $Zr(OH)_4$，最后加热脱水制得单斜 $ZrO_2$。其化学反应过程：

$$ZrSiO_4 + NaOH \longrightarrow Zr_2SiO_3 + Na_2ZrO_3 + 2H_2O \tag{8-1}$$

$$Na_2ZrO_3 + 4HCl \longrightarrow ZrOCl_2 + 2NaCl + 2H_2O \tag{8-2}$$

$$ZrOCl_2 + 2NH_4OH + H_2O \longrightarrow Zr(OH)_4 \downarrow + NH_4Cl \tag{8-3}$$

### 8.2.2.3　氧化锆制品制备工艺

$ZrO_2$ 制品以 $ZrO_2$ 等为主要原料，经压制或泥浆浇注或振动法成型后，经高温烧成得到的一种优质耐火材料。$ZrO_2$ 制品的生产工艺大致如下所述。

**A　原料稳定化预处理**

由于 $ZrO_2$ 有晶型转变和体积突变的特点，只用纯 $ZrO_2$ 很难制造出烧结良好又不开裂的制品。因此常向 $Al_2O_3$ 中加入适量的氧化物稳定剂（CaO、MgO、$Y_2O_3$、$CeO_2$ 等），再经高温处理后就可以得到从室温至 2000℃ 以上都稳定的四方或立方晶型的 $ZrO_2$ 固溶体，从而消除了在加热或冷却过程中的体积变化，这种固溶体 $ZrO_2$ 就称为稳定 $ZrO_2$。如在 $ZrO_2$ 中加入 $Y_2O_3$ 作为稳定剂，当 $Y_2O_3$ 含量约 3% 时，可制备出全部由四方 $ZrO_2(t)$ 组成的 $Y_2O_3$ 稳定的 t-$ZrO_2$ 多晶材料（Y-TZ）。Y-TZ 中的 t-$ZrO_2$ 在应力诱导下可以转变为 m-$ZrO_2$ 而使陶瓷增韧。这是一种力学性能优良的结构材料。稳定剂可以单独用一种或同时添加几种。

制备稳定 $ZrO_2$ 时，一般用 $ZrO_2$ 含量大于 96% 的 $ZrO_2$ 原料与稳定剂一起在瓷球磨筒内混合研磨 $8\sim24h$ 获得小于 $2\mu m$ 的细粉，经干燥，再加入少量结合剂制成团块，在 $60\sim100MPa$ 压力下压成坯块。压块的目的是使颗粒紧密接触，促进固相反应，有利于均匀稳定。根据具体要求，坯块可在 $1450\sim1800℃$ 的温度范围内进行煅烧稳定化，形成稳定型或半稳定型 $ZrO_2$，最后将其料粉碎至各种粒度备用。1800℃ 下稳定的坯块不易细磨，一般用作模压成型时的骨料或等离子喷涂用的颗粒料。

**B　制粉**

将稳定化处理后的 $ZrO_2$ 原料破碎和磨细，使 $ZrO_2$ 细粉中粒径小于 $5\mu m$ 占 90% 以上，

小于 $2\mu m$ 的细粉占 60% ~ 70%。

C  成型

成型方法有多种，在 $ZrO_2$ 陶瓷中多采用泥浆浇注法。将磨细的 $ZrO_2$ 原料用浓度 10% 的盐酸处理 48h，然后用蒸馏水清洗到 pH 值为 6 ~ 7，再脱水、干燥，配成中性泥浆，在石膏模中浇注成型，也可用 pH 值为 2 的酸性泥浆浇注。机压成型时将颗粒料和细粉料按一定比例配合，加入结合剂（磷酸，糊精，接甲基纤维素等）混练制成泥料，在压砖机上压制成型（压力为 80 ~ 100MPa），或用等静压成型（压力为 100 ~ 250MPa），还可以将粉料与石蜡和油酸搅拌均匀，在热压铸机上成型，并在 110℃ 左右脱去石蜡等有机物。

D  烧成

干燥后的坯体可在中性或氧化气氛中烧成，一般烧成温度为 1800 ~ 1950℃。也可以采用热压法，即将粉料装入石墨模内，在热压机上同时加热加压，一般压力为 20 ~ 50MPa，最终温度为 1400 ~ 1800℃。

#### 8.2.2.4  氧化锆制品及其应用

$ZrO_2$ 制品具有荷重软化点高、抗热震性与耐磨性好、抗渣性强的优点，且对碱性炉渣、玻璃溶液以及钢水等具有很高的耐侵蚀性能，广泛用于玻璃、化工、冶金工业等高温领域。

A  氧化锆固体电解质

$ZrO_2$ 陶瓷是一种高温型固体电解质（高温下具有离子导电能力的物质）。它是氧离子导体，具有传导氧离子的性质，同时还具有不渗透氧气等气体和铁一类液体金属的良好特性，因此用来制造高温燃料电池和测氧头等。

$ZrO_2$ 是一种离子晶体，它的离解能（或迁移能）很大，所以在室温或低温时表现出很好的电绝缘性。当在 $ZrO_2$ 中添加某些阳离子半径与锆离子半径相差在 12% 以内的低价氧化物，如 MgO、CaO 和 $Y_2O_3$ 等。经高温处理以后，低价离子部分地置换了高价的锆离子（$Zr^{4+}$），为保持系统的电中性，该结构中就形成了氧空位。氧离子的空位以及在氧空位附近的氧离子的迁移能的降低，使这种 $ZrO_2$ 具备了传递氧离子的能力。如果在 $ZrO_2$ 两侧涂上电极，在一定温度下，当在其两侧存在不同氧浓度时，在阴极一侧产生反应式（8-4）。于是激活了 $ZrO_2$ 中的氧离子，与氧空位相邻的氧离子就移位填补到空位上。这样，原来的空位消失了，而新的空位又产生了，新空位附近的氧离子又移来补充，这种空位的迁移称离子空穴传导，实际上是氧离子由阴极一侧到阳极一侧的连续迁移。在阳极产生的反应是式（8-5）。于是在电极上产生电动势，在回路中就产生了电流。如果一侧的氧浓度（氧分压）已知，则根据测得的温度和电动势值按照奈斯特公式就可算出另一侧的未知的氧浓度（氧分压）。这就是浓差电池测氧的原理，如图 8-5 所示。

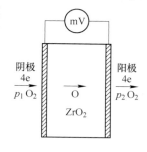

图 8-5  浓差电池测氧原理图

$$O_2 + 4e \longrightarrow 2O^{2-} \tag{8-4}$$

$$2O^{2-} \longrightarrow O_2 + 4e \tag{8-5}$$

$ZrO_2$ 固体电解质还要求有高的离子迁移率。离子迁移率除与制造工艺过程有关外，还与添加剂种类、数量等有关。因为在与 $ZrO_2$ 形成的固溶体中，所形成的氧空位的数目不同，氧空位附近氧离子激活能的大小也不同，从而使电解质的离子迁移数也不同。因此，为了提高 $ZrO_2$ 固体电解质的离子迁移数，同时充分考虑在制造和使用时的抗热震性，选择适合的、适量的氧化物添加剂很重要。

以氧化锆固体电解质为核心组装而成的烟气定氧和钢液定氧测头已投入工业生产，在冶金、电力、机械、化工等领域得到满意的应用，为控制工艺操作、节约能源、节省原材料等发挥了重要作用。$ZrO_2$ 气体测氧头主要由 $ZrO_2$ 固体电解质、电极、过滤式保护套、测温热电偶、外壳和接线盒等组成。组装结构示意图如图 8-6 所示。

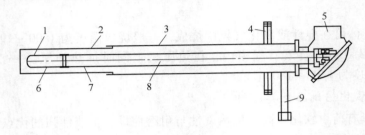

图 8-6    $ZrO_2$ 气体测氧头组装示意图

1—$ZrO_2$ 管；2—过滤器；3—不锈钢外壳；4—法兰；5—接线盒；6—电机；

7—$Al_2O_3$ 管；8—热电偶；9—取气管

$ZrO_2$ 固体电解质可用泥浆浇注法、挤压法、模压法、等静压法、等离子喷涂法等不同工艺制成片状、柱状、管状、针状。$ZrO_2$ 气体测氧头固体电解质呈管状。采用含量（质量分数）大于 99% 的工业 $ZrO_2$ 和含量 99.5% 试剂级 $Y_2O_3$ 按一定比例称量混合，在刚玉质球磨筒中进行干式混合，并在混合料中加入 7%～8% 的临时结合剂经搅和均匀后，在压机上压制成坯。然后在 1600～1700℃ 高温下煅烧成稳定的 $ZrO_2$。将稳定的块状 $ZrO_2$ 先在颚式破碎机中粗碎成小于 3mm 的粗颗粒，再在振动球磨机或旋转式球磨机中细磨至小于 5μm 者占 98% 的细粉料。球磨料用盐酸浸泡 48～72h，除去其中铁质，再用水清洗至 pH 值为 6～7，脱水干燥。干燥料块与水、树胶等在刚玉球磨筒中混合，配制成含水量为 26%～30% 的浇注用泥浆。用石膏模浇注成一头封闭的管子，注件在 60℃ 以下干燥。素坯经加工修正后，在 1800℃ 进行烧成。烧结管子的尺寸步 1 外径 $\phi10mm$，壁厚 1mm，长 100～170mm。其具有密度为 5.80～5.95g/cm³、气孔率小于 1%、无毛细裂纹、不透气、耐 1000℃ 热震等性能。管子的化学成分为 $w(ZrO_2)=90\%～95\%$，$w(Y_2O_3)=5\%～10\%$，$w(Fe_2O_3)<0.2\%$，$w(Al_2O_3)<1\%$；晶体结构以立方晶体为主，含有少量单斜相。

    B    氧化锆发热体

目前已知的 1800℃ 以上的高温发热元件，如石墨、金属钼和金属钨的丝或棒等，均需要在还原性气氛、惰性气氛或真空环境保护下才能使用，这样就限制了元件的使用范围，同时又可能给被加热物体带来一定程度的污染。其他如氢氧火焰炉或感应电炉等高温炉，则由于结构系统庞大、热效率低、不易严格控制温度，以及对人体健康有一定的影响等缺点，所以使用也不完全令人满意。$ZrO_2$ 陶瓷材料具有高的熔点，在氧化性气氛中的稳定性好，以及到一定温度范围可由绝缘体转变为导电体的特点，因此，用 $ZrO_2$ 制成的发热元件，不需要保护气氛就可直接在空气中间歇或连续使用，在1800℃以上（最高温度可达2400℃）可连续使用1000h以上，在2000℃到室温之间间歇使用可达数百次，所以是一种优良的高温发热元件。

$ZrO_2$ 在空气中加热到1000℃左右时，离子电导已占其全部电导的95%以上，因此，此时的电导形式为离子电导。影响 $ZrO_2$ 电导能力的主要因素有：稳定剂的种类及其加入量、$ZrO_2$ 晶粒尺寸的大小、气孔率高低，以及所处的温度环境等在1500~2000℃的温度随围内，用各种稳定剂稳定的 $ZrO_2$ 发热元件的电阻变化值在4~190Ω之间。

$ZrO_2$ 发热元件可制成棒状或管状，两端用铂金或铬酸镧制系材料作电极引体。因为 $ZrO_2$ 发热元件的温度达到1100℃左右时才能明显导电，所以 $ZrO_2$ 电炉是以 $ZrO_2$ 为发热元件，用SiC棒或 $MoSi_2$ 棒发热体作为 $ZrO_2$ 发热元件的辅助加热装置。当使用 $ZrO_2$ 电炉时，先使辅助加热元件通电，逐步加热 $ZrO_2$ 发热体到1000℃左右，然后给 $ZrO_2$ 发热元件通电。开始时只产生微小电流，随着温度的持续上升，$ZrO_2$ 元件的电流不断增加，同时电阻显著降低。当在一定电压下，主回路的电流迅速上升时就可以逐步降低辅助加热元件的功率，直至切断电源。同时，通过调节 $ZrO_2$ 发热元件的电流值，使炉内温度按升温制度上升。

### 8.2.3 氧化铍

#### 8.2.3.1 概述

氧化铍（BeO）的晶体结构在常压下为六方晶系的纤锌矿结构，如图8-7所示，晶格参数为 $a = 0.2698nm$，$c = 0.4376nm$。晶体为无色，熔化温度范围2530~2570℃，为六方晶结构，密度为 $3.03g/cm^3$，莫氏硬度9，具有较强的共价键性，但其平均原子量很低，这就决定了其具有极高的热导率，它是陶瓷材料中热导率最高的，纯度99%以上、密度达理论密度99%的BeO陶瓷，室温热导率达到 $3.1W/(cm \cdot K)$。同时，BeO陶瓷的高温绝缘性能好，600~1000℃下其电阻率为 $4 \times 10^{10} ~ 10^9 \Omega \cdot m$。BeO陶瓷耐碱性强，能抵抗碱性物质侵蚀（除苛性碱外）。

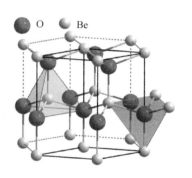

图8-7 BeO的晶体结构

BeO粉末及其蒸汽毒性强，对人体危害较大，操作中应加强防护。然后经过烧结后的BeO陶瓷无毒。

#### 8.2.3.2 氧化铍原料

工业BeO原料的制备方法主要有硫酸法、硫酸萃取法和氟化法。硫酸法以绿柱石（或铍精矿）和石灰石经电弧炉高温熔炼后水淬，随后加热到100℃以上，快速加入浓硫酸，酸化后的块料用水溶出得到 $BeSO_4$，进一步水解便可析出 $Be(OH)_2$。随后在1000℃下煅烧，最终获得无水BeO粉末。

#### 8.2.3.3 氧化铍制备工艺

杂质会严重降低BeO陶瓷的热导率，因此BeO陶瓷中BeO含量越高越好；但另一方面，BeO共价键性较强，纯BeO陶瓷的烧结温度高达1900℃以上。为了降低烧成温度，通常需要加入一定量的烧结助剂，因而通常 BeO 陶瓷中的 $w(BeO)$ 为 95% 以上。为了降低其烧结温度，常采用 $Al_2O_3$、MgO 和 CaO 等作为烧结剂，BeO 陶瓷的 95 瓷和 99 瓷的配方中分别添加 2% 的 $Al_2O_3$、3% 的 MgO 和 0.5% 的 $Al_2O_3$、0.5% 的 MgO。

同时，BeO 原料粉末颗粒的大小对 BeO 陶瓷的性能影响也很大，粒径 1~2μm 的粉末活性高，但干燥和收缩大，容易造成变形和开裂。粒径 20~100μm 的粉末活性低，难以烧结。通常粒径 10~20μm 的粉末具有良好的成型和烧结性能，气孔率低，所制备的 BeO 陶瓷性能良好。

对于不同要求的 BeO 陶瓷制品，其成型方法不同。通常采用的成型方法模压成型和注浆成型，后者的一般工艺为球磨制浆、浇注、干燥、修坯、烧成等工序，获得片、管、棒和坩埚等制品。为了提高坯体的致密度，减少气孔率，最好采用等静压成型和热压烧结。

BeO 陶瓷制品的烧成一般是在煤气窑和油窑中烧成，烧成温度约 1800℃。烧成时，为避免 BeO 和某些氧化物形成低共熔物，以及与水蒸气形成 $Be(OH)_2$ 而挥发，不宜与炉衬材料和火焰直接接触，一般采用 $Al_2O_3$ 或 MgO 匣钵封装烧成。

### 8.2.3.4　氧化铍制品及应用

利用 BeO 陶瓷的高热导性质，可以用来做散热期间。但在 BeO 陶瓷应用中要注意，随着使用温度的升高，BeO 陶瓷的热导率会显著下降，1000℃附近，其热导率降低到室温热导率的 1/10 左右。因此，BeO 陶瓷适合于室温附近的电子装置的陶瓷散热部件。利用它的高体积电阻性质，可以作为高温绝缘材料。利用其耐碱性，可以用来作为冶炼稀有金属和高纯金属 Be、Pt、V 以及稀有金属 Th 和 U 的坩埚；利用它的核性能，可以用来作为原子反应堆中的中子减速剂和防辐射材料。

# 8.3　碳化物耐火材料

碳化物是金属元素和碳的化合物，一般分子式表示为 $M_xC_y$。碳化物是一组熔点很高的材料，很多碳化物的熔点（或升华）都在 3000℃以上，其中碳化铪（HfC）和碳化钽（TaC）的熔点最高，分别为 3887℃和 3877℃。碳化物的抗氧化性较差，一般在红热温度即开始氧化，不过多数的抗氧化能力比高熔点的金属强，比石墨和碳略好一些。大多数碳化物都有良好的导电及导热性。很多碳化物具有很高的硬度，如碳化硼（$B_4C$）的硬度仅次于金刚石。制造碳化物制品的原料多数是人工合成的。碳化物原料的合成方法有三种：

（1）金属与碳粉直接化合。反应温度因物而异，约在 1200~2200℃。

（2）金属与含碳气体作用。如 $CH_4$ 与金属 W 的反应，950℃即开始碳化，当温度达 1900℃时，含 10% 甲烷的气相在 30s 之内就能将直径为 0.3mm 的钨丝的整个表面碳化成 WC。

（3）金属氧化物与碳作用。此法也称碳还原法，即将金属氧化物与碳的、混合物在电弧炉中熔融反应合成或在真空、氢气、惰性气体或其他还原性气氛中，在低于金属氧化物熔点温度下，通过碳还原金属氧化物并与之进行固相反应合成碳化物。其中具有工业生产意义的有碳化硅、碳化硼、碳化铬等。

### 8.3.1 碳化硅

#### 8.3.1.1 概述

碳化硅（SiC）又称金刚砂，有低温形态的 $\beta$-SiC 和高温形态的 $\alpha$-SiC 两种晶型，其基本单元为［Si-4C］或［C-4Si］四面体形成的层。$\beta$-SiC 只有一种晶体结构，属于立方晶系（Cubic）的闪锌矿结构（Zinc blend），以 Si-C 四面体堆垛次序为 ABCABC，常标记为 3C-SiC，其中 3 表示堆垛层数，C 表示立方晶系。然而，$\alpha$-SiC 呈六方晶系（Hexagonal）的纤锌矿结构（Wurtzite），其存在超过 200 种多型（polytype），依 Si-C 四面体堆垛次序不同而不同。最常见的有四种，如图 8-8 所示，以最小周期的 Si-C 四面体堆垛次序的可分为 AB（2H-SiC）、ABAC（4H-SiC）、ABCACB（6H）和 ABCACBABACABCB（15R），其中 2、4、6 和 15 表示堆垛层数，H 表示六方晶系，R 表示菱方结构（Rhombohedral）。在加热升温到 2000℃ 左右时会发生 $\beta$-SiC→$\alpha$-SiC 的相变。相应的晶格参数如表 8-7 所示。

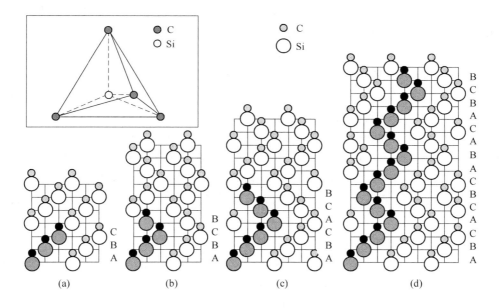

图 8-8　SiC 晶体结构

（a）3C-SiC（$\beta$-SiC）；（b）4H-SiC（$\alpha$-SiC）；（c）6H-SiC（$\alpha$-SiC）；（d）15R-SiC（$\alpha$-SiC）

表 8-7　SiC 的晶格参数

| 多型 | 密度 /g·cm$^{-3}$ | 晶格参数/nm | | 多型 | 密度 /g·cm$^{-3}$ | 晶格参数/nm | |
| --- | --- | --- | --- | --- | --- | --- | --- |
| | | $a$ | $c$ | | | $a$ | $c$ |
| C（$\beta$-SiC） | 3.214 | 0.4360 | — | 6H | 3.211 | 0.3080 | 1.5117 |
| 2H（$\alpha$-SiC） | 3.214 | 0.3076 | 0.5048 | 15R | 3.274 | 0.3073 | 0.3730 |
| 4H | 3.235 | 0.3076 | 1.0046 | | | | |

纯净的 SiC 是无色透明的，但工业生产的 SiC 由于其中存在游离 C、Fe、Si 等杂质，产

品有黄、黑、绿、浅绿等不同色泽，常见的为浅绿和黑色。碳化硅的真密度为 $3.21\mathrm{g/cm^3}$，熔点为 $2600\,^{\circ}\mathrm{C}$。结晶结构中由于电子亲和力的不同，除主要的共价键外，尚有部分离子键存在。SiC 是一种硬质材料，莫氏硬度达 9.2。在低温下，SiC 的化学性质比较稳定，耐腐蚀性能优良，在煮沸的盐酸、硫酸及氢氟酸中也不受侵蚀。但在高温下可与某些金属、盐类、气体发生反应。SiC 在还原性气氛中直至 $1600\,^{\circ}\mathrm{C}$ 仍然稳定，在高温氧化气氛中则会发生式（8-6）所示氧化作用。

$$SiC + 2O_2 \longrightarrow SiO_2 + CO_2 \tag{8-6}$$

在温度 $800 \sim 1140\,^{\circ}\mathrm{C}$ 的范围内，它的抗氧化能力反而不如在 $1300 \sim 1500\,^{\circ}\mathrm{C}$ 之间，这是因为在 $800 \sim 1140\,^{\circ}\mathrm{C}$ 范围内，氧化生成的氧化膜（$SiO_2$）结构较疏松，起不到充分保护底材的作用。而在 $1140\,^{\circ}\mathrm{C}$ 以上，尤其在 $1300 \sim 1500\,^{\circ}\mathrm{C}$ 之间，氧化生成的氧化层薄膜覆盖在 SiC 基体的表面，阻碍了氧对 SiC 的进一步接触，所以抗氧化能力反而加强，称为自保护作用。但到更高温度时，其氧化保护层被破坏，使 SiC 遭受强烈氧化而分解破坏。

### 8.3.1.2　碳化硅原料

SiC 传统的工业制造方法是用天然硅石、碳、木屑、工业盐（NaCl）作基本合成原料，在电阻炉中加热反应合成。其中加入木屑是为了使块状混合物在高温下形成多孔性，便于反应中产生的大量气体及挥发物从中排出，避免发生爆炸。因为合成 1t SiC 材料，将会生产约 1.4t 的 CO 气体。NaCl 的作用是除去料中存在的 $Al_2O_3$、$Fe_2O_3$ 等杂质。

$$SiO_2 + 3C \longrightarrow SiC + 2CO \uparrow \tag{8-7}$$

式（8-7）是一个强吸热的碳热还原反应，$\Delta H^{\ominus} = 618.5\mathrm{kJ/mol}$。反应的开始温度约在 $1400\,^{\circ}\mathrm{C}$，产物为低温型的 $\beta\text{-SiC}$，其结晶非常细小，它可以稳定到 $2100\,^{\circ}\mathrm{C}$，此后慢慢向高温型的 $\alpha\text{-SiC}$ 转化。$\alpha\text{-SiC}$ 可以稳定到 $2400\,^{\circ}\mathrm{C}$ 而不发生显著的分解，至 $2600\,^{\circ}\mathrm{C}$ 以上时升华分解，挥发出硅蒸气，残留下石墨，所以一般选择反应的最终温度为 $1900 \sim 2200\,^{\circ}\mathrm{C}$。反应合成的产物为块状结晶聚合体，需粉碎成不同粒度的颗粒或粉料，同时除去其中的杂质。

### 8.3.1.3　碳化硅制备工艺

SiC 制品按结合方式不同主要分为黏土结合制品、氧化物结合制品、氮化硅结合制品、氧氮化硅结合制品及自结合制品等。在工业生产时，常在 $\alpha\text{-SiC}$ 中加入少量的颗粒呈球形的 $\beta\text{-SiC}$ 细粉和其他添加剂的办法以获得致密制品。常用的添加剂有黏土、氧化铝、锆英石、莫来石、石灰、玻璃、氧化硅、氧氮化硅和石墨等。生产用结合剂可用羧甲基纤维素、聚乙烯醇、木质素、淀粉、氧化铝溶胶、二氧化硅溶胶等。依添加剂的种类和加入量的不同，坯体的烧成温度也不同。其温度范围在 $1400 \sim 2300\,^{\circ}\mathrm{C}$。例如，粒度大于 $44\mu\mathrm{m}$ 的 $\alpha\text{-SiC}$ 70%，粒度小于 $10\mu\mathrm{m}$ 的 $\beta\text{-SiC}$ 20%，黏土 10%，外加质量分数 4.5% 的木质素水溶液 8%。均匀混合后，用 50MPa 的压力成型。在空气中 $1400\,^{\circ}\mathrm{C}$，4h 烧成，获得黏土结合碳化硅制品，其体积密度为 $2.53\mathrm{g/cm^3}$，显气孔率 12.3%，抗折强度 $30 \sim 33\mathrm{MPa}$。

结合方式的不同直接影响到碳化硅制品的抗氧化能力，最早的黏土（包括氧化物）结合 SiC 制品，利用普通陶瓷方法成型，然后在 $1400\,^{\circ}\mathrm{C}$ 左右温度下烧成，黏土将 SiC 颗粒结合在一起，虽然工艺简单，但杂质含量较高，制品的高温性能和抗氧化性能都不是很好。后来人们采用纯度较高的 $SiO_2$ 微粉，或 $SiO_2$ 与 $Al_2O_3$ 的混合物为结合剂，制得氧化物结合 SiC 耐火材料，性能大大改善。氧化物结合 SiC 广泛使用在作为陶瓷窑具及其他工业中，取得了较好的使用效果。采用氮化法制备的 $Si_3N_4$ 结合 SiC 制品，其抗氧化性优于黏土结合及氧化物结合的制品，但仍有氧化的可能性，随后又出现了 SiAlON 结合及氧氮化硅结合碳化硅耐火材料，比 $Si_3N_4$ 结合的 SiC 制品具有更好的抗氧化性能及其他高温性能。这一部分将在氮化硅耐火材料部分进行介绍。

为最大限度地利用 SiC 本身的特性及获得纯 SiC 的特种耐火制品，研制成了自结合 SiC，包含 β-SiC 结合及重结晶结合。所谓 β-SiC 结合 SiC，就是以低温型的 β-SiC 结合高温型的 α-SiC，其生产方法是：在 SiC 中加入单质硅粉和碳（石墨、炭黑、石油焦或煤粉等），在 1450℃ 的温度下埋碳烧成，使硅粉和碳反应生成低温型 β-SiC，将原 SiC 颗粒结合起来；还可由碳与单质硅直接反应生成 SiC 制品，用碳或碳与 SiC 成型，埋 Si 烧成。重结晶 SiC 制品是利用泥浆浇注法制成高密度的坯体后，在隔绝空气、高温（大于 2100℃）状态下产生蒸发和凝聚（再结晶）作用形成自结合 SiC 制品，此类制品 $w(SiC)$ 达 99% 以上，其他 SiC 制品相比，具有更高的热态机械强度、热导率、抗热震性及抗氧化性，是一种优质的 SiC 耐火材料。

SiC 是共价键材料，为了获得高密度制品需采用热压法，即将坯料置于耐高温的模具中，在带有加压装置的高温炉中以高温与压力同时作用烧结，可以缩短制造时间，降低烧结温度，改善制品的显微结构，增加制品的致密度，提高材料的性能。然而，热压法的最大缺点是制品形状受到限制，且制造效率低，所以此法不如反应烧结法应用得广泛。

### 8.3.1.4　碳化硅制品及应用

由于 SiC 具有优良的物理化学性能，因此其作为重要的工业原料而得到广泛的应用。它的主要用途有三个方面：用于制造磨料磨具；用于制造硅碳棒、硅碳管等 SiC 电阻发热元件；用于制造耐火材料制品。作为特种耐火材料，SiC 在钢铁冶炼中用于高炉、化铁炉等冲刷、腐蚀严重部位；在 Zn、Al、Cu 等有色金属冶炼中用于冶炼炉炉衬、熔融金属的输送管道、过滤器、坩埚等；在空间技术上可用于火箭发动机尾喷管、高温燃气透平叶片；在陶瓷与电子工业中，大量用于各种稳炉的棚板、马弗炉炉衬、匣钵；在化学工业中用于石油汽化器、脱硫炉炉衬等。

SiC 发热体是一种常用的加热元件。由于它具有安装方便、使用寿命长、使用范围广等优点，广泛使用于试验与工业用电阻炉中。SiC 发热体通常制成直棒形（SiC 棒，常称硅碳棒），中间部分直径细，为发热部分，称热端，两头直径粗，称冷端。普通 SiC 发热体的使用温度为 1400℃，当采用添加特殊物质等技术特制的 SiC 发热体的使用温度可提高到 1600～1650℃ 甚至更高。碳化硅的电阻率为 $50\Omega \cdot cm(20℃)$，$27\Omega \cdot cm(300℃)$，$2\Omega \cdot cm(1000℃)$。

SiC 在空气中使用时会发生氧化反应，使用温度一般限制在 1600℃ 以下，普通型的 SiC 棒的安全使用温度为 1350℃。SiC 棒在 CO 气氛中可使用到 1600℃ 左右；但含有 CO 的气体入炉时，在 700℃ 以下因发生 $2CO \rightarrow C + CO_2$ 反应而产生碳质沉积，可能短路而使变压器烧坏。在 $H_2$ 气氛中使用时，硅碳棒会变脆，因此寿命比在空气气氛中短。水蒸气、$Cl_2$ 气、$SO_3$ 气对硅碳棒的使用是不利的。硅碳棒发热体在各种气氛中的使用温度如表 8-8 所示。

表 8-8 优质硅碳棒在各种气氛中的使用温度

| 气 氛 | 空气 | $H_2$ | $N_2$ | CO | Ar | 真空 |
|---|---|---|---|---|---|---|
| 使用温度/℃ | 1600 | 1400 | 1400 | 1600 | 1800 | 1200 |

　　硅碳棒发热体的电阻随温度而变化，当温度在 500~700℃ 以下时，电阻随温度升高而下降，具有负的电阻温度系数。因此，在初期升温加热时，应控制电压，以免电流超载。温度进一步提高电阻值增加。另一方面由于空气的氧化作用，随使用时间的延长，氧化产物增加，硅碳棒电阻增加。当电阻值为初始电阻的 3~4 倍时达寿命限度。硅碳棒发热体在氧化性气氛中使用时，随 $SiO_2$ 膜的生成，氧化作用有所减弱。但反复加热和冷却会使二氧化硅薄膜破坏加剧氧化，降低使用寿命。

### 8.3.2 碳化硼

#### 8.3.2.1 概述

　　碳化硼（$B_4C$）的晶体结构中的基本单元为 12 个 B 原子形成的二十面体，这些单元位于三角晶系的菱方格子元胞的顶点位置，三个 C 原子形成的线性链将这些基本单元沿菱方格子的（111）轴方向联接起来，如图 8-9 中左边菱形区域所示。这种结构也可以采用六方格子单胞来表示，如图 8-9 中右边柱状区域所示，六方格子的 [0001] 方向与菱方格子的 [111] 方向一致。对菱方格子的情况，晶胞参数 $a = 0.5160nm$，对六方格子的情况，晶胞参数 $a = 0.5600nm$，$c = 1.2070nm$。属于六方晶系，暗灰色至黑色，密度为 2.52g/cm³，莫氏硬度 9.36，显微硬度 5500~6700GPa，是最硬的人工合成材料，仅次于金刚石和立方 BN，熔点（分解温度）为 2450℃，20~1000℃ 线膨胀系数为 $4.5 \times 10^{-6}℃^{-1}$；平均温度 100℃ 时热导率为 12.18W/(m·K)，平均温度 700℃ 热导率为 6.30W/(m·K)；20℃ 电阻率为 0.44Ω·cm，500℃ 电阻率为 0.02Ω·cm。$B_4C$ 化学稳定性很好，耐酸、碱腐蚀，与很多金属不润湿。在 1000℃ 以下能抵抗空气的氧化。

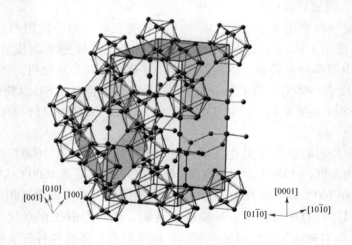

图 8-9　$B_4C$ 的晶体结构

### 8.3.2.2 碳化硼原料

通常采用硼酐还原法合成 $B_4C$，其反应如式：

$$2B_2O_3 + 7C \longrightarrow B_4C + 6CO \tag{8-8}$$

采用硼酸（含量大于 92%）、人造石墨（$w(C) > 95\%$）和石油焦（$w(C) > 85\%$）为原料，配料时硼酸加入量要比计算值高 2%，人造石墨和石油焦按照各 50% 加入，加入量比计算值高 3%～4%。三种原料在球磨机中混合，在单相电弧炉内进行碳化反应，温度 1700～2300℃。采用埋弧法熔炼，分批加料，待熔满炉后停电。冷却后进行粗碎、手选、除掉生料（白色或灰色）和不合格产品（石墨片状或多空熔块状）。合格产品要用热水或蒸汽冲洗，以除掉残留硼酸和其他杂质。

还可采用镁热法制备 $B_4C$，如式（8-9）所示。由于反应物中残存 MgO，因此必须有附加的工序将其洗除。镁热法制备的 $B_4C$ 粉末粒度很细。

$$2B_2O_3 + 5Mg + 2C \longrightarrow B_4C + CO\uparrow + 5MgO \tag{8-9}$$

此外，还可以采用式（8-10）所示多种气相合成方法制备 $B_4C$，其粉料粒度细、纯度高。

$$4BCl_3 + CH_4 + 4H_2 \longrightarrow B_4C + 12HCl\uparrow \tag{8-10}$$

### 8.3.2.3 制备工艺

通常采用热压法加工制造 $B_4C$ 制品，因为模压法或浇注法制造的 $B_4C$ 制品难以烧结。热压成型 $B_4C$ 制品采用工业 $B_4C$ 粉料，在其中加入适量有机结合剂，经过预压后制成假颗粒，然后在热压炉中热压成型。热压炉内同 Ar 气保护，热压温度 2050～2150℃，压力 30MPa，保温 30min。制品体积密度在 2.46～2.51g/cm³，显气孔率 0.46%～0.62%，常温耐压强度为 2250MPa。

### 8.3.2.4 制品及应用

由于 $B_4C$ 硬度高，可以用作磨料和磨具，其研磨能力超过 SiC 的 50%，比刚玉粉高 1～2 倍，$B_4C$ 制品可做耐磨耐热部件，如陀螺仪的气浮轴承材料。它具有很好的化学稳定性，能抵抗酸、碱腐蚀，并且不与大多数熔融金属润湿和反应，因此可做耐酸碱和金属熔体腐蚀的部件。可做原子反应堆控制剂、减速剂及核燃料覆盖剂。此外，它还是制造各种硼化物的重要原料。

# 8.4 氮化物耐火材料

氮化物的熔点仅次于碳化物，一些化合物熔点在 2500℃ 以上的，属脆性材料。大多数氮化物不溶于碱、硝酸和硫酸。氮化物对金属及氧化物等熔体润湿性差，与这些熔体接触时相当稳定。金属氮化物合成的方法有：

（1）用氮气或氨直接与金属或金属氧化物作用。反应温度在 1200℃ 左右，如果用氧化物代替金属，反应温度就需要高于 2000℃。

（2）用氮气或氨与加有碳的金属氧化物反应。在氮气中形成氮化物的温度远低于形成碳化物的温度，一般在 1250℃ 左右，但在产物中往往会出现碳化物。

（3）用氨与金属的卤化物反应。此法可获得纯度极高的氮化物。作为特种耐火材料的难熔化合物，比较成熟和重要和具有工业生产意义的有氮化硅、氮化硼和氧化铝等。

### 8.4.1    氮化硅

#### 8.4.1.1    概述

氮化硅（$Si_3N_4$）是一种共价键化合物，呈灰白色，常压下有两种稳定的晶型，如图 8-10 所示的 $\alpha\text{-}Si_3N_4$ 和 $\beta\text{-}Si_3N_4$，均属六方晶系，都由 $[SiN_4]$ 四面体基本单元共用顶角构成的三维空间网络。此外，还有一种高压下合成的尖晶石结构的 $\gamma\text{-}Si_3N_4$。$\alpha\text{-}Si_3N_4$ 的晶格常数为：$a = 0.7749 \sim 0.7757nm$，$c = 0.5616 \sim 0.5622nm$，原子层堆垛次序为 ABCD。$\beta\text{-}Si_3N_4$ 的晶格常数为：$a = 0.7608nm$，$c = 0.2911nm$，原子层堆垛次序为 ABAB。在 $1200 \sim 1300℃$ 氮化得到的是 $\alpha\text{-}Si_3N_4$；在 $1455℃$ 左右氮化得到的是 $\beta\text{-}Si_3N_4$。$\alpha\text{-}Si_3N_4$ 在 $1550℃$ 可以转变成稳定相 $\beta\text{-}Si_3N_4$，这种转变不可逆，而 $\alpha\text{-}Si_3N_4$ 是一种亚稳相。$\beta$ 相是由几乎完全对称的六个 $[SiN_4]$ 组成的六方环层在 $c$ 轴方向重叠而成，而 $\alpha$ 相是由两层不同且有变形的非六方环层重叠而成。$\alpha$ 相结构对称性低，内部应变比 $\beta$ 相大，故自由能比 $\beta$ 相高。$\alpha$ 相的密度为 $3.1884g/cm^3$，$\beta$ 相的密度为 $3.187g/cm^3$。$\alpha$ 相的平均线膨胀系数为 $3.0 \times 10^{-6}℃^{-1}$，$\beta$ 相则为 $3.6 \times 10^{-6}℃^{-1}$；$\alpha$ 相的显微硬度为 $10 \sim 16GPa$，而 $\beta$ 相则为 $24.5 \sim 32.6GPa$。

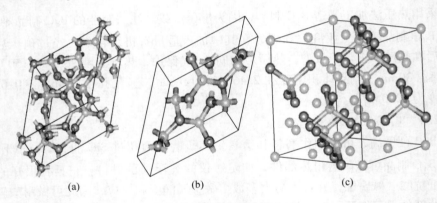

(a)                    (b)                    (c)

图 8-10    $Si_3N_4$ 晶体结构

（a）$\alpha\text{-}Si_3N_4$；（b）$\beta\text{-}Si_3N_4$；（c）$\gamma\text{-}Si_3N_4$

$Si_3N_4$ 材料兼有多方面优良性能：

（1）反应烧结 $Si_3N_4$ 线膨胀系数很低，为 $2.53 \times 10^{-6}℃^{-1}$，热导率为 $18.42W/(m \cdot K)$，抗热震性优良，在 $1200 \sim 20℃$ 循环上千次也不破坏。

（2）$Si_3N_4$ 的显微硬度值为 $33GPa$，其摩擦系数小且有自润滑性，因此它是出色的耐磨材料。

（3）$Si_3N_4$ 具有较高的机械强度，热压制品的抗折强度为 $500 \sim 700MPa$，高者可达 $1000 \sim 1200MPa$。

（4）$Si_3N_4$ 具有优良的化学性能，能耐除氢氟酸以外的所有无机酸和某些碱液的腐蚀，对金属尤其对非铁金属不润湿。

（5）$Si_3N_4$ 具有很好的电绝缘性，室温电阻率为 $1.1 \times 10^{14}\Omega \cdot cm$，$900℃$ 时为 $5.7 \times$

$10^6\Omega \cdot cm$，介电常数为 8.3，介质损耗为 0.001 ~ 0.1。

$Si_3N_4$ 粉料可通过氮和硅两种元素的直接反应合成，其反应如式（8-11），也可以使 $SiO_2$ 还原氮化反应式（8-12）方法和化学气相反应式（8-13）来合成。

$$3Si + 2N_2 \longrightarrow Si_3N_4 \tag{8-11}$$

$$3SiO_2 + 6C + 2N_2 \longrightarrow Si_3N_4 + 6CO \tag{8-12}$$

$$3SiCl_4 + 4NH_3 \longrightarrow Si_3N_4 + 12HCl \tag{8-13}$$

$Si_3N_4$ 制品可采用多种制备工艺，如反应烧结法、热压烧结法、重烧烧结法、无压烧结法、气氛加压烧结法和热等静压法等。反应烧结法适用于大量生产形状复杂的制品，但密度和强度都较低。热压烧结法可制得高致密度、高强度的制品，但形状受到限制。

### 8.4.1.2 反应烧结氮化硅

#### A 概述

制备 $Si_3N_4$ 的反应烧结法又可称氮化烧结法，就是将 Si 粉以适当方式成型后，在氮化炉中通氮气加热进行氮化，氮化反应与烧结同时进行，产品为 α 相和 β 相的混合物。反应过程中伴随 22% 的体积膨胀，主要是坯体内部的膨胀，使素坯致密化并获得机械强度，而其外观尺寸基本不变，这是该工艺一大特点。该工艺可方便地制造形状复杂的产品，不需要昂贵的机械加工，尺寸精度易控制，所以才获得了广泛应用。另一个优点是不需要添加助烧结剂，因此材料的高温强度没有明显下降。

#### B 工艺

##### a 原料

常用小于 0.074mm 的化学纯或工业纯 Si 粉作原料，Si 粉可用一级结晶硅块经破碎球磨制得，球磨时用乙醇作介质湿磨较好。

##### b 成型

可以用各种传统的成型方法将 Si 粉成型为素坯。各种成型方法的要点如下：

（1）干压法。Si 粉加 2% 聚乙烯醇黏结剂（固体聚乙烯醇先需解在水或酒精中，浓度为 5%），均匀混合，在 1200℃ 干燥 4h，再过 0.408mm（40 目）筛，然后在钢模中用 50 ~ 100MPa 的成型压力成型，素坯密度在 1.30 ~ 1.36g/cm³。

（2）等静压法。Si 粉等静压成型时，一般不需要黏结剂，成型压力常为 200MPa，素坯密度为 1.62 ~ 1.67g/cm³，比模压成型的密度大大提高。

（3）热压注法。Si 细粉加 60% 的水和 1% 的羧甲基纤维素，在刚玉球磨筒中球磨 5h，料：球：油酸比为 1:6:0.006，然后在 40℃ 干燥 1h，再外加 25% 石蜡，在 120 ~ 140℃ 温度下制成蜡浆，最后在热压注机上成型。在坯体氮化反应前，须排除坯体中的蜡。素坯埋在 $Al_2O_3$ 粉里约 700℃ 排蜡 72h。

##### c 预氮化

预氮化的目的是使已定型的坯体具有一定的机械加工的强度，以便在机床上将其加工到最后的制品尺寸，避免完全氮化的坚硬氮化硅的加工困难。氮化在氮化炉中进行，Si 和氮气在 970 ~ 1000℃ 开始反应，并随着温度的升高反应速度加快，为了使坯体充分氮化又不致使 Si 熔融，必须在远低于 Si 熔点的温度下预先氮化。在 95% 氮气和 5% 氢气的混合气氛中，于 1180 ~ 1210℃ 氮化 1 ~ 1.5h，使坯体氮化程度约为 9%。

d　机械加工

预氮化后的坯体虽有一定的强度，但不太高，而且又脆，因此在加工时最好用硬质合金刀具，进刀和车速都不宜太快，夹头也不能太紧。另外还需注意坯体不可与水接触。制品的最终形状和尺寸多在预氮化后加工完成。

e　最终氮化烧成

最终氮化烧成是把经过机械加工至所需制品尺寸的坯体（烧成没有体积变化）置于氮化炉中进一步完全氮化烧结成最终制品，通常无需再机械加工。掌握好氮化的温度、气氛、时间等氮化制度，对制品最终烧结好坏是极其重要的。

（1）氮化温度可采用低于 Si 熔点（1420℃）和高于 Si 熔点的分阶段氮化方法。如在 1250℃、1350℃、1450℃几个阶段保温。氮化反应首先在 Si 粉颗粒表面开始，氮向颗粒内部扩散而逐步完成。

（2）氮化气氛可用高纯 $N_2$ 气、$NH_3$ 气或 $H_2$ 和 $N_2$ 的混合气体。比较好的是混合气体，其比例为95%的 $N_2$ 气和5%的 $H_2$ 气。气体的流量视反应炉炉膛的容积及制品的尺寸大小而定。气体在通入反应炉之前要进行严格的脱水和脱氧处理，因为水和氧会与硅反应形成二氧化硅，从而影响坯体的氧化。

由于 $N_2$ 与 Si 的反应大量放热且在氮化初期反应速率很快，坯体内部局部温度超过 Si 熔点而使部分 Si 熔融渗出（流硅），导致制品的性能降低或报废。为此，可在氮化初期的气氛中通入适量 Ar 气以降低反应速度，Ar 气的通入量约为氮气的2/3。

（3）氮化时间。氮化初期的反应速率很快，如在 1250℃ 氮化 4h 和在 1350℃ 氮化 8h 后，坯体的氮化程度可达到51%。但如果继续在 1350℃ 氮化 8h，氮化程度只增加10%。如果在高于 Si 熔点的 1450℃ 氮化，则只需2h 就可达到完全氮化。不过由于高于熔点，往往会出现坯体流硅现象。因此，要求在硅熔化温度以下的氮化时间多于熔点以上的氮化时间，对于大厚度坯体尤为如此。除了温度、时间、气氛等因素外，Si 粉的纯度、细度、素坯密度、坯体大小等也是影响反应烧结的重要因素。

C　反应烧结制品的特点

以上是最基本的反应烧结工艺，这个方法的特点是适宜制造形状复杂的制品。其缺点是制造周期长。由于氮化反应中体积膨胀，阻止氮气向坯体内部扩散，因而大尺寸厚壁坯体内部较难达到充分氮化。制品的体积密度较低，最高在 $2.6 \sim 2.8\text{g/cm}^3$，仅为理论值（$3.18\text{g/cm}^3$）的 80%～90%。其机械强度和高温蠕变性能不太理想。可在 Si 粉中加入一部分 $Si_3N_4$、$Al_2O_3$、SiC、C、$Y_2O_3$、$Al_2O_3$-$Fe_2O_3$、$Al_2O_3$-MgO-$SiO_2$ 等物质，而不单纯用硅粉反应烧结。这样，不仅可缩短氮化时间而且制品的性能也可得到提高。

### 8.4.1.3　氮化硅结合碳化硅

A　概述

氮化物结合耐火材料是以 $Si_3N_4$、$Si_2N_2O$ 和 SiAlON 等氮化物为结合相（基质）、以 SiC、$Al_2O_3$ 等为骨料结合成的高级耐火材料。其中最典型的是 $Si_3N_4$ 结合 SiC 制品，它是指以 Si 粉和不同粒度级配的 SiC 为主要原料，经混练成型在 $N_2$ 气氛中通过氮化反应原位形成 $Si_3N_4$ 结合相的 SiC 制品。

B　原料

制备 $Si_3N_4$ 结合 SiC 耐火材料的原理主要有 Si 粉和 SiC 颗粒，其中 Si 粉纯度通常大于

97%，其粒度常为 $74\mu m$（200目）或 $44\mu m$（325目）以下；SiC 颗粒纯度也为 97% 以上，其粒度根据具体产品和工艺选择不同，进行多粒度级配，可采用间断粒度级配也可采用连续粒度级配。此外，根据成型工艺要求，还需加入木质素、聚乙烯醇结合剂以及羧甲基纤维素塑化剂等，但一般不需要加入烧结助剂。

C 工艺

$Si_3N_4$ 结合 SiC 耐火材料可采用干压、等静压、浇注等成型方法。采用干压法成型时，先按照不同粒度级配进行 SiC 颗粒配料，总的 SiC 用量为 75%～85%，随后加入 7% 左右的结合剂溶液，待结合剂润湿颗粒表面后，再加入 15%～25% 的 Si 细粉，采用湿碾机混料，随后困料待用。混好的粉料充填入模具后在压力机上成型，成型压力通常小于 100MPa。成型后坯体进行干燥排除水分，从而获得一定强度的待烧坯体。$Si_3N_4$ 结合 SiC 耐火材料采用气氛氮化窑炉进行烧成，其氮化烧成制度与反应烧结 $Si_3N_4$ 制品类似，但 $Si_3N_4$ 结合 SiC 耐火材料中因使用了大量的 SiC 粗颗粒，坯体中 $N_2$ 气更容易渗透；同时，由于其坯体中 Si 粉用量比纯反应烧结 $Si_3N_4$ 少得多，流硅的现象也容易得到控制。因而，$Si_3N_4$ 结合 SiC 耐火材料的氮化烧结更容易完成，且残余 Si 量少。

D 氮化硅结合碳化硅制品的特点

$Si_3N_4$ 结合 SiC 制品主晶相为 SiC，次晶相为 $\alpha$-$Si_3N_4$ 和 $\beta$-$Si_3N_4$，通常含有少量或微量的 $Si_2N_2O$ 和未反应游离 Si。与黏土、氧化硅等氧化物结合 SiC 耐火材料相比，$Si_3N_4$ 结合 SiC 耐火材料具有高温强度高、抗高温蠕变能力和抗渣侵蚀能力强的特点，广泛应用于大型炼铁高炉、铝电解槽、有色金属铸造用金属液体容器和管材、陶瓷窑具和锅炉等行业。

### 8.4.1.4 致密氮化硅

反应烧结 $Si_3N_4$ 及其结合的耐火材料的气孔率一般都高达 15% 以上，不能完全发挥 $Si_3N_4$ 材料的强度、耐磨、耐高温等优异性能。因此，高致密度的氮化硅是人们所追求的理想氮化硅材料，致密氮化硅包括热压烧结氮化硅、无压烧结氮化硅和无压重烧结氮化硅。

A 热压烧结氮化硅

用热压法可制造出接近理论密度的高强度制品。热压用的 $Si_3N_4$ 粉是用 Si 粉氮化反应合成的，$Si_3N_4$ 粉在热压时，必须引入添加剂，以提高制品密度和性能。普遍使用的添加剂有 MgO 和 $Y_2O_3$ 等，这些添加剂有的起着矿化剂、助熔剂等作用，加入量一般在 5% 左右，添加剂加入 $Si_3N_4$ 物料中，通常用酒精作介质在球磨筒中湿混充分混合。热压用的模具是用石墨做的，使用前在模腔壁上涂一层 BN 粉，以防污染制品并容易脱棋。$Si_3N_4$ 混合料装在石墨模中在感应加热或辐射加热的热压炉中热压烧结。热压烧结的温度范围为 1750～1850℃，热压压力为 25～50MPa。

B 无压烧结氮化硅

无压烧结 $Si_3N_4$ 是以高纯、超细、高 $\alpha$ 相的 $Si_3N_4$ 粉与少量添加物经混合、干燥、过筛、成型和烧成等过程制备而成的。工艺过程与传统陶瓷相类似，不同的是它的烧结在 $N_2$ 气氛中进行，炉内充以 101kPa 的 $N_2$。该工艺兼有热压和反应烧结法的优点，能获得形状复杂、性能优良的 $Si_3N_4$ 制品。其缺点是烧成收缩较大，为 16%～26%，易使制品开裂、变形，增加冷加工成本。

**C 无压重烧结氮化硅**

重烧结 $Si_3N_4$ 是以反应烧结 $Si_3N_4$ 等（RSN）为起始材料，成型后置于含 $Si_3N_4$ 粉末的石墨坩埚中，在高温下再次烧结使之致密。

**D 致密氮化硅制品的特点**

致密 $Si_3N_4$ 是高级耐火材料，其气孔率通常很小，体积密度能达到 $Si_3N_4$ 理论密度的 98% 以上，因此其具有极高的强度、韧性、硬度、耐高温和抗腐蚀等优异性能，并且通过加工可以制备出精密的零件，因此其应用已远远超出耐火材料，在机械、电子、半导体、航空航天等领域获得了很好的应用。

**8.4.1.5 氮化硅制品及其应用**

$Si_3N_4$ 材料是兼有抗热震、高温蠕变小、结构稳定、电绝缘与化学性能稳定等特性。为一种新型的有前途的材料，在冶金、航空、化工、阀门、半导体等工业部门中应用日益广泛。在钢铁冶金中可作为铸造容器、输送液态金属的管道、阀门、泵、热电偶测温套管以及冶炼用的坩埚、舟皿。在水平连铸技术中，作为连接中间包和结晶器的耐火部件。它对保持稳定的凝固点，提高铸坯表面质量有重要作用。在航天上，氮化硅用作火箭喷嘴和导弹尾喷管的衬垫以及其他部位的高温结构部件。在机械工业中，用作涡轮叶片、汽车发动机叶片和翼面、高温轴承、金属切削刀具、挤压模等。在化工工业上用作各种化工泵的机械密封件以及在腐蚀性介质中工作的阀门，比金属、塑料、石墨具有更好的耐磨、耐腐蚀能力。在半导体工业中，用作熔化、区域提纯、晶体生长的坩埚、舟皿等盛器；也可作半导体器件的掩蔽层。

## 8.4.2 氮化硼

**8.4.2.1 概述**

氮化硼（BN）有四种晶体结构，分别是类似石墨的六方 BN、类似于金刚石的立方 BN、菱方 BN、纤锌矿结构的 BN，其晶体结构如图 8-11 所示。其中最常见的是前两种，因晶体结构不同，两者的性质存在巨大差异。前者的晶胞参数 $a = 0.2504nm$，$b = 0.6661nm$；后者 $c = 0.3620nm$。类石墨六方 BN 理论密度 $2.27g/cm^3$，其粉末显白色，其结构和性能与石墨极为相似，因此又称白石墨。具有松散、润滑、质轻和易吸潮等性质。无明显熔点，只有在高于 3atm 的氮气中，3000℃ 发生升华。BN 在 1390℃ 时稳定性好，分解压仅 0.0133Pa，温度升高到 2045℃ 时分压达到 21.014kPa，至 2727℃ 时其分解压几乎达 0.101MPa。立方 BN 通常为黑色、棕色或暗红色晶体，也有白色、灰色或黄色等，取决于合成时所采用催化剂种类。立方 BN 同样具有良好的导热性、耐热性能和热稳定性。其耐热性高达 1400~1500℃，比金刚石耐热性（700~800℃）高得多，因而在高温下仍能保持足够的强度和硬度。其导热性仅次于金刚石，不受酸侵蚀，但会被碱液腐蚀，受潮或过热水蒸气会发生分解。

**8.4.2.2 原料**

工业合成六方 BN 的主要方法有以下几方面。

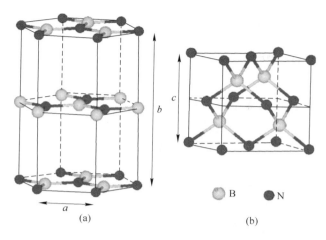

图 8-11　BN 的晶体结构

（a）六方 BN；（b）立方 BN

A　硼砂－氯化铵法

该方法过程如式（8-14），其反应温度在 900～1000℃ 生成 BN，反应物经酸洗、干燥、粉碎可获得含量（质量分数）为 96%～98% 的 BN，粒度为 0.1～0.3μm 的 BN 粉末。

$$Na_2B_4O_7 + 2NH_4Cl + 2NH_3 \longrightarrow 4BN + 2NaCl + 7H_2O \tag{8-14}$$

B　硼酐法

用硼酐（$B_2O_3$）合成 BN 是工业生产 BN 的重要方法之一，如式（8-15）所示。由于 $B_2O_3$ 熔点低，在氮化温度下易变成高黏度熔体而阻碍 $NH_3$ 的流通，使化学反应减缓和不完全。为克服这一缺点，常用一种高熔点的物质分散其中作为填充料，以减少 $B_2O_3$ 熔体的黏度，最后再将其除掉。将 $B_2O_3$ 与 $Ca_3(PO_4)_2$（填充料）混合干燥后通过氨气于 900～1000℃ 进行氮化反应，保温 4～24h，此温度反应得到含有游离 $B_2O_3$ 的 BN，其性能较差。若将此粉末在 1400℃ 的 $NH_3$ 气氛中连续氮化或在 1800℃ 的 $N_2$ 和 Ar 气氛中处理后，可获得纯度高、结晶度好的 BN 粉。反应结束后，用盐酸洗去上述高熔点化合物，用 70℃ 乙醇洗去残存 $B_2O_3$，所制得的 BN 纯度为 80%～90%，所含杂质主要是中间化合物。

$$B_2O_3 + 2NH_3 \longrightarrow 2BN + 3H_2O \tag{8-15}$$

C　硼酸法

以硼酸为原料，在一定条件下与含氮化合物如 NaCN、$CO(NH_2)_2$、$N_2$、有机胺或 $NH_3$ 与 $Ca_3(PO_4)_2$ 反应可以制得 BN。其中，硼酸－尿素法和硼酸、氨、磷酸三钙法已在工业中投入生产。硼酸与尿素在 $NH_3$ 气流中 300～400℃ 生成 BN，其反应为式（8-16）：

$$3CO(NH_2)_2 + 6H_3BO_3 \longrightarrow 6BN + 3CO_2 + 15H_2O \tag{8-16}$$

硼酸与磷酸三钙在氨气中进行反应过程中加入载体的作用是增大气、固反应的接触面积，但需要先将 $B_2O_3$ 沉积在磷酸三钙载体上，反应后再除去载体。除尿素价格低以外，该方法产物容易提纯和分离，因为尿素和硼酸都易溶于水和乙醇，且尿素在高温下可分解排除。

D　硼砂－尿素法

用硼砂和尿素为原料，先将硼砂在 200～400℃ 脱水处理，尿素用 35℃ 温水溶解成饱和溶液，然后过滤以提高纯度。硼砂与尿素按 1 : (1.5 ~ 2) 比例混合，在炉内氮化，温度 900 ~ 1000℃，发生式（8-17）反应。

$$Na_2B_4O_7 + 2CO(NH_2)_2 \longrightarrow 4BN + Na_2O + 4H_2O + 2CO_2 \uparrow \qquad (8-17)$$

### 8.4.2.3　制备工艺

选用 BN 粉作为原料，加入结合剂和 $B_2O_3$、$Si_3N_4$、$ZrO_2$、$SiO_2$、$AlPO_4$、$BaCO_3$ 等烧结助剂，制备成粉料。随后将粉料充填于钢模中半干压成型，或橡皮或塑料囊中置于高压液缸中等静压成型，或加入临时塑化剂采用挤压法成型，或用液体介质做成悬浮液后用浇注法成型。

BN 产品可采用反应烧结法、常压烧结法和热压法制得。反应烧结法制备的 BN 材料过程中出现体积膨胀，而且样品中存在裂纹和气孔，抗压强度较低（10MPa），因此一般不采用。常压烧结很难制得致密制件，BN 的绝大部分制品都采用热压法制造。

采用热压法时，首先在等静压机中预压 100 ~ 150MPa，然后破碎通过 0.300mm（50目）筛，装在干燥容器中待用。对加入添加剂的配料，在预压前要将配料充分混合。把上述配好的原料放在预制的模型内，在高频炉或碳管炉内通入保护气体，在高温、高压下成型并烧结。制品在 1600 ~ 1900℃，分别在 20 ~ 35MPa 压力下热压烧结数分钟到几个小时。采用高强石墨做模具，在使用前先经过清洁处理。卸模后的陶瓷件可以重新在 1300℃ 左右的炉中进行退火处理，以消除在冷却过程中产生的应力。热压制品最终体积密度可达 2.08 ~ 2.19g/cm³。热压后制品再经过冷加工处理。

### 8.4.2.4　氮化硼制品及其应用

BN 材料具有耐高温、耐腐蚀、高热导、高绝缘、线膨胀系数小、可机械加工、质轻、润滑、无毒透波等优良性能，在冶金、化工、机械、电子、核能、航空航天领域都有应用。

六方 BN 的粉状是一种很好的固体润滑剂，比 $MoSi_2$、ZnO 和石墨的性能更佳，例如钟表行业的无油润滑剂，机械行业中利用 BN 制品的自润滑性制备出高温炉的输送链条、滚珠轴承等，以及在冶金行业中可用作防黏剂和脱模剂。热压六方 BN 制品可用于等离子焊接工具的高温绝缘密封材料、煤矿井下防爆电机的绝缘散热器的衬套、火箭燃烧室等的内衬、飞船的热屏蔽材料、高温热电偶保护管、熔化金属的坩埚、输送液态金属的管道、蒸发金属的容器、铸铜和玻璃的模具、炼硼单晶的舟皿、制备砷化镓、磷化镓等半导体的容器、半导体器件密封的散热基板，行波管收集散热管、微波窗口、高频电缆的绝缘和介电材料，反应堆控制棒、红外光滤光片等。立方 BN 是一种优良的研磨材料，可做成砂轮、纱布、研磨膏、刀具、钻头等，可以显著提高研磨和钻削效率。

## 8.4.3　氮化铝

### 8.4.3.1　概述

氮化铝（AlN）是共价键化合物，具有稳定的六方晶体结构（或称纤锌矿结构 wurzite AlN）和亚稳的立方结构（包括闪锌矿结构 zinc-blende AlN 和岩盐结构 rocksalt AlN），如图 8-12 所示。常见的 AlN 为六方结构，其晶格常数为 $a = 0.3110 ~ 0.3113nm$，$c = 0.4978 ~ 0.4982nm$。Al 原子与相邻的 N 原子形成畸变的 [AlN₄] 四面体，沿 c 轴方向 Al-N 键长为

0.1917nm，另外三个方向 Al-N 键长为 0.1885nm。灰白色，莫氏硬度 7 ~ 8，理论密度 3.26g/cm³，升华分解温度为 2450℃，理论热导率为 3.19W/（m·K），线膨胀系数（20 ~ 1350℃）为 $6.09 \times 10^{-6}℃^{-1}$，电阻率 $2 \times 10^{11}\Omega \cdot cm$，抗热震性好，能耐 2200℃ 到 20℃ 的急冷急热。

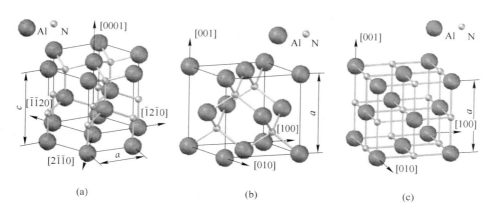

图 8-12 AlN 晶体结构

（a）纤锌矿结构 AlN；（b）闪锌矿结构 AlN；（c）岩盐矿结构 AlN

AlN 在 800℃ 可以被氧化，但在 1300℃ 左右有较好的抗氧化性能。不被高温 Cu、Al、Pb 液体润湿。它与氧化铝非常相容，在 1600℃ 温度下可形成 γ-AlON，其化学式为 3AlN·7Al₂O₃。氧氮化铝抗侵蚀能力优于 AlN、SiC 和 Si₃N₄。AlN 介电常数为 8.5，电阻率为 $2 \times 10^{11}\Omega \cdot cm$，是良好的绝缘体。

### 8.4.3.2 原料

AlN 粉的合成方法通常有碳热还原氮化法、直接氮化法和化学气相合成法。

碳热还原氮化法是将 Al₂O₃ 粉和碳粉的混合粉体置于流动 N₂ 气氛中，在 1400 ~ 1800℃ 的高温下进行还原氮化反应而合成的，其反应如式（8-18）所示。碳热还原氮化法是 AlN 粉末商业化生产的主要方法，目前制备的 AlN 陶瓷和基板几乎都采用该方法生产的 AlN 粉末。然而，碳还原剂的使用和排碳工艺造成显著的 C 和 O 杂质，致使其陶瓷和基板的热导率下降，这始终是难以避免的问题。

$$Al_2O_3(s) + 3C(s) + N_2(g) \longrightarrow 2AlN(s) + 3CO(g) \tag{8-18}$$

直接氮化法的基本过程是以金属 Al 粉在 N₂ 气氛中于 800 ~ 1200℃ 进行氮化反应，生成 AlN 粉，其反应式如式（8-19）所示。直接氮化法合成 AlN 粉的原料丰富、工艺简单且不存在 C 杂质污染，具有低成本、节能和环保等优势。然而，直接氮化法制备的 AlN 粉存在氮化不彻底、形貌和粒度难控制、烧结性差等问题，尤其是导热率较差，这是其目前未能广泛地用于商业化生产的关键原因。

$$2Al(s) + N_2(g) \longrightarrow 2AlN(s) \tag{8-19}$$

化学气相沉积法是采用 Al 的挥发性化合物与 NH₃ 在气相中发生反应制备 AlN，最常见的挥发性化合物是 AlCl₃ 和金属有机物 Al（C₂H₅），其与 NH₃ 分别在 1200 ~ 1500℃ 和 500 ~ 1200℃ 反应合成 AlN 粉末的反应式见式（8-20）式（8-21）。该方法制备 AlN 粉成本高且产率低，决定了其无法进行批量生产和应用。然而，它所制备的高纯度和粒度均匀的 AlN 纳米粉可用于有更高要求的部位。

$$AlCl_3(g) + NH_3(g) \longrightarrow AlN(s) + 3HCl(g) \tag{8-20}$$

$$Al(C_2H_5)_3(g) + NH_3(g) \longrightarrow AlN(s) + 3C_2H_6(g) \tag{8-21}$$

### 8.4.3.3　制备工艺

AlN 粉易发生水解反应，特别是破碎和研磨中新暴露的表面更容易水解，水解反应如式（8-22）所示。

$$2AlN + 3H_2O \longrightarrow Al_2O_3 + 2NH_3 \tag{8-22}$$

AlN 粉进行细磨之前，要采用高温烧结处理的方法，使其达到稳定。传统的处理方法是将 AlN 团块破碎后通过 0.150mm（100 目）筛，然后装入石墨坩埚中，在碳管炉中，通入 0.1MPa 的 Ar 气，加热到 2000 ~ 2050℃ 保温 1.5h 即可。目前常采用有机物或者磷酸盐对其表面进行热化学处理，从而获得抗水化的 AlN 粉。

经过稳定处理的粒径小于 20μm 乃至亚微米的 AlN 中加入有机结合剂和 $Y_2O_3$ 和 $CaF_2$ 等烧结助剂进行均匀混合后，即可压制成型。制品可采用半干压、等静压、热压法成型，电子工业用的 AlN 基板则采用流延法成型。采用等静压成型坩埚制品时，首先将 AlN 粉放在金属模内成型，将预压好的坯体放入橡皮套内，将两端密封，放入等静压机内加压成型，压力不低于 250MPa，脱模后进行修坯。成型好的坯体进行烧结于烧结炉内 Ar 气氛中在 1750 ~ 2050℃ 保温 1 ~ 2h 烧成。

### 8.4.3.4　制品及其应用

AlN 耐火材料属于精细陶瓷的范畴，它在导热、电绝缘、介电特性和强度方面性能优异，并且与 Si 线膨胀系数匹配，适合作为半导体基板材料，在大功率、高频率的固体发光器件、电力电路、晶体管、可控硅整流器、固体继电器和开关电源上具有诱人的潜力，因此在电子工业特别是微电子行业中应用广泛。它可作为它是优异的热交换材料，也用作红外线、雷达透波材料，透明 AlN 可作为光和电磁波的高温窗口。AlN 具有耐高温、抗腐蚀、高温稳定性，并且不为融融金属和熔盐所润湿的特点，可作为熔炼各种贵金属和稀有金属的坩埚。此外，利用 AlN 的高声速特性，可以作为表面声波器件。

## 8.4.4　赛隆（SiAlON）

### 8.4.4.1　概述

赛隆（SiAlON）由 Si、Al、O、N 四种元素的字母组合而成，是 Al、O 固溶到 $Si_3N_4$ 中形成的固溶体的通称，当组成中没有 Al 时，可形成氮氧化硅 $Si_2N_2O$。SiAlON 可分为 β-SiAlON、O′-SiAlON 和 SiAlON 多形体等四种类型，前两者可分别简写为 β′ 和 O′。此外，还有一种 α-SiAlON（α′），该固溶体内还存在某些碱金属或碱土金属离子。β-SiAlON 晶体结构是由 ［$SiN_4$］ 四面体通过顶角相连在空间三个方向连成网状结构，类似于 $SiO_2$ 结构。由于 Si—N 键和 Al—O 键的键长分别为 0.1740nm 和 0.1750nm，从结晶化学角度来说，键长相近容易取代。因此，在 $Si_3N_4$ 晶格中，［$SiN_4$］ 四面体中的 Si 被 Al 取代的同时，N 能被 O 取代，即 $Si^{4+} + N^{3-} \longrightarrow Al^{3+} + O^{2-}$。从另一角度，SiAlON 又可视为硅酸铝中的 O 被部分 N 取代。

Si-Al-O-N 系可用等边四面体来表示，四种元素位于四个顶点上，四个二元化合物 $SiO_2$、$Al_2O_3$、AlN、$Si_3N_4$ 位于相应的四条棱上，四个元素中全部可能的组合都分布在由 $Si_3N_4$-$SiO_2$-$Al_2O_3$-AlN 构成的面上，如图 8-13 所示。

### 8.4.4.2 赛隆的基本性质

#### A β-SiAlON

β-SiAlON 分子式可表示为：$Si_{6-z}Al_zO_zN_{8-z}$。式中，$z$ 为 β-$Si_3N_4$ 中 Si 原子被 Al 原子取代的数目，在常压下 $0 < z \leqslant 4.2$，大多数情况下 $z$ 都小于 3，即真正的 β-SiAlON 单相固溶体应该是当 $Al_2O_3$ 和 AlN

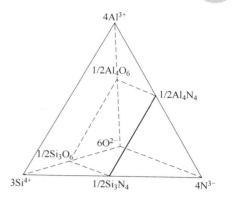

图 8-13 Al-Si-O-N 系相图

以摩尔比为 1:1 形式同时加入到 $Si_3N_4$ 中（金属离子与非金属离子之比为 3:4 时），实现 Al—N 键 Al—O 键对 Si—N 键的取代后才形成的，如图 8-14 所示。

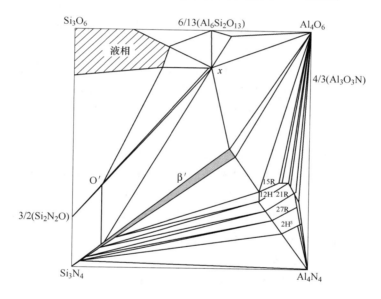

图 8-14 Si-Al-O-N 系相图（1750℃）

β-SiAlON 是 β-$Si_3N_4$ 的固溶体，因此它们具有非常相似的性质，凡是 $Si_3N_4$ 具备的优点，β-SiAlON 都具备。β-SiAlON 的膨胀系数低于 β-$Si_3N_4$，更容易烧结，导热系数比 β-$Si_3N_4$ 低得多，抗热震性优于 β-$Si_3N_4$，但其随着组分中 AlN、$Al_2O_3$ 量的增加而降低；其抗氧化性能也优于 β-$Si_3N_4$。β-SiAlON 的烧结是通过液相进行的。烧结结束时，部分液相组分可固溶进入氮化硅晶格。同时可减少氮化硅正常制备条件下的挥发分解及晶粒长大，使 β-SiAlON 具有细晶粒结构。β-SiAlON 的性质与 $z$ 值有关，$z$ 值增大则晶胞尺寸增大，致使键强减弱、结构疏松，密度、杨氏模量、抗折强度及热膨胀系数都下降。例如，当 $z$ 值从 0 增加到 4.2 时，密度从 3.2g/cm³ 降到 3.05g/cm³，杨氏模量从 300GPa 降到 200GPa，抗折强度从 450GPa 降到 400GPa，膨胀系数从 $3.4 \times 10^{-6}$℃$^{-1}$ 降到 $2.4 \times$

$10^{-6}℃^{-1}$。β-SiAlON 的抗氧化性通常优于 $Si_3N_4$，与热压 SiC 接近；其对于铝、铁、铜、锌等熔融金属及硫酸盐和碱，β-SiAlON 显示出了优良的抗侵蚀能力。

B   α-SiAlON

α-SiAlON 的分子式可表示为：$M_x(Si，Al)_{12}(O，N)_{16}$。式中，M 为填隙的金属离子，x 为填隙量，$x≤2$。如 $Y^{3+}$ 填隙的 Y-SiAlON 中，其 x 值为 $0.33 \sim 0.67$。α-SiAlON 的分子式也可以写为：$M_xSi_{12-(m+n)}Al_{m+n}O_nN_{16}$，表示 $m(Si—N)$ 键被 $m(Al—N)$ 键取代，$n(Si—N)$ 键被 $n(Al—O)$ 键取代。取代后引起价态不平衡，则由大离子的填隙来补偿，以维持晶胞的电中性。式中，$0≤m≤12$，$1≤n≤16$，$m=kx$，k 为填隙金属原子的化学价。无氧 α-SiAlON 分子式为 $M_xSi_{12-m}Al_mN_{16}$（即 $n=0$）。

β-SiAlON 可视为 α-SiAlON 中 $x=0$ 的特例。α-SiAlON 材料最大特点是它的硬度高，比一般 $β-Si_3N_4$ 或 β-SiAlON 材料的 HRA（洛氏硬度）要高 $1\sim2$ 度。例如 $β-Si_3N_4$ 或 β-SiAlON 的 HRA 为 $91\sim92$，而 α-SiAlON 则可达到 $93\sim94$；且抗热震性较好；另外还具有良好的抗氧化性和高温性能。但由于晶粒接近等轴状，强度要比 β-SiAlON 材料低。

C   O-SiAlON

O-SiAlON 是 $Si_2N_2O$ 与 $Al_2O_3$ 固溶体。它的形成区域如图 8-14 所示。分子式为 $Si_{2-z}Al_zO_{1+z}N_{2-z}$。研究表明，$Al_2O_3$ 在 $Si_2N_2O$ 中的固溶量为 $10\% \sim 15\%$（摩尔分数），几乎不引起结构上改变。用 $Y_2O_3$ 作 $Si_2N_2O$ 材料的助烧结剂时，能在较低温度下，通过无压烧结得到致密的 O-SiAlON 材料。由于结构上的特点及含有较多的氧，所以该材料热膨胀系数低，抗氧化性良好。在三种 SiAlON 材料中，O-SiAlON 材料的抗氧化性最佳。

D   SiAlON 多型体

当 SiAlON 组成位于 β′ 和 AlN 之间区域如图 8-14 所示，有 6 种不同的相，用 Ramsdell 记号描述：15R，12H，21R，27R 和 $2H^δ$（还有图中未标的 8H）称为 SiAlON 多型体。它们具有纤锌矿型的 AlN 结构，故也称为 AlN 多型体。它们具有两种晶系，一种是六方，用 H 表示；另一种是斜方，用 R 表示。这些 AlN 多型体在材料的显微结构中往往呈长柱状晶粒出现，有利于提高材料的强度和增加韧性。

### 8.4.4.3   塞隆制品的制备与应用

制备 SiAlON 制品的主要原料是 $Si_3N_4$、AlN、$Al_2O_3$。根据产品要求，可用常压烧结法和热压法。常压烧结法适用于大量生产形状复杂的制品，制品的体积密度约为理论密度的 90% 以上，比热压烧结制品的气孔率高而强度低。

SiAlON 材料在工业生产中最成功的应用是作切削金属的刀具，已应用于铸铁和银基合金的车、铣、削。SiAlON 比 Co 结合的 WC 硬质合金和 $Al_2O_3$ 陶瓷具有更高的红硬性（是指外部受热升温时材料仍能维持高硬度的功能）。所制刀具可进行更高速度的切削，刀尖处最高承受温度可达 1000℃。优良的耐热冲击性、高的高温强度和好的电绝缘性三者的结合使 SiAlON 材料很适合制作焊接工具，其高的耐磨性又适合制作车辆底盘上的定位销。常用的淬硬钢销可进行的操作次数为 7000 次，相当于用一个工作日，而用 SiAlON 销操作次数可超过 $5×10^7$ 次，即使用寿命为一年，也无磨损痕迹。在冷态或热态的金属挤压模中，用 SiAlON 材料作模具的内衬，可明显改进挤出成品的光洁度、尺寸精度，并可采用更高挤出速度。应用 SiAlON 材料可以挤压铜、黄铜、青铜棒。无论有无润滑剂，

SiAlON 材料均可与许多金属材料配对组成摩擦副。还可以用作拉管子的模子和心棒，比用 WC 的生产效率高。由于该材料具有抗熔融金属腐蚀能力，故可用于金属浇铸和金属喷雾设备中的部件，也可作拉磷化镓单晶舟。用 SiAlON 材料制作的汽车部件，如燃料针形阀和挺柱的填片经过 60000km 运转，挺柱的磨损小于 $0.75\mu m$。

# 8.5 硅化物和硼化物耐火材料

## 8.5.1 硅化物耐火材料

### 8.5.1.1 概述

绝大多数金属可与硅生成具有金属外观的金属间化合物，已知的二元金属硅化物以及硅金属间化合物（所谓金属间化合物是指由不同金属元素或类金属元素按一定的原子比例所组成的化合物）已有 119 种之多。金属硅化物的熔点一般都比较高，如 $Ta_5Si_3$ 的熔点为 2505℃、$W_5Si_3$ 的熔点为 2370℃、$TaSi_2$ 的熔点为 2220℃。金属硅化物往往具有较低的电阻率，其值一般都低于 $100\mu\Omega\cdot cm$，如 $TiSi_2$ 为 $13.16\mu\Omega\cdot cm$，$VSi_2$ 为 $50\sim55\mu\Omega\cdot cm$，$ZrSi_2$ 为 $35\sim40\mu\Omega\cdot cm$，$TaSi_2$ 为 $35\sim55\mu\Omega\cdot cm$，$WSi_2$ 为 $30\sim70\mu\Omega\cdot cm$。

过渡金属硅化物一般都具有较好的化学稳定性，在碱和无机酸（除氢氟酸）的溶液中一般不溶解。一些金属硅化物还具有超导性，如 $ThSi_2$ 是一种超导体，其超导临界转变温度 $T_c$ 为 2.41K。硅化钒（$V_3Si$）也是一种重要的超导材料，其超导临界转变温度 $T_c$ 约为 17K。抗氧化性好是金属硅化物的重要性质。这是由于在使用时，其表面能形成一薄层熔融状氧化硅或耐氧化的难熔硅酸盐薄膜。如硅化钼（$MoSi_2$），在空气中 1700℃ 可连续使用数千小时。因此金属硅化物以其优异的高温抗氧化性和较好的导电性、传热性，在电热元件、高温结构材料、电子材料等方面得到了广泛的应用。

### 8.5.1.2 硅化钼

二硅化钼（$MoSi_2$）是硅化物系中最稳定的材料，四面体或八面体的棱柱状晶体，呈灰色，有金属光泽。$MoSi_2$ 为金属间化合物，其两种结构，如图 8-15 所示，稳定的四方 $MoSi_2(\alpha)$ 的晶格常数为 $a=0.3206nm$，$c=0.7845nm$，其 Mo-Si$_2$ 层堆垛次序为 ABAB；介稳的六方 $MoSi_2(\beta)$ 的晶格常数 $a=0.4590nm$，$c=0.6550nm$，其 Mo-Si$_2$ 层堆垛次序为 ABCABC。熔点 2030℃，显微硬度 12GPa，抗压强度 2310MPa，室温电阻率 $721\mu\Omega\cdot cm$，$20\sim100℃$ 的热导率为 $3.15W/(m\cdot K)$。$MoSi_2$ 还具有较好的抗氧化性，还能抗熔融金属和炉渣的侵蚀，但易与熔融的碱起作用。

#### A 原料

$MoSi_2$ 是用金属 Mo 粉，在保护气氛中，通过加热直接合成 [式(8-23)]。采用纯度 99.9% 的金属 Mo 粉和 99.0% 金属 Si 粉，平均粒径 $3\mu m$ 左右，按理论比例为 63.07：36.97，均匀混合后，装在 SiC 质炉管内，在 $H_2$ 气中 $1000\sim1500℃$ 温度下反应合成。最后经过粉碎、净化处理后，可制得 $MoSi_2$ 粉料。

$$Mo + 2Si \longrightarrow MoSi_2 \tag{8-23}$$

#### B 制备工艺

用烧结法或热压法可以生产 $MoSi_2$ 制品。目前主要用于生产 $MoSi_2$ 发热元件的生产工

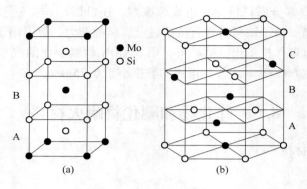

图 8-15　MoSi₂ 晶体结构

(a) α-MoSi₂；(b) β-MoSi₂

艺中，在 $MoSi_2$ 粉中加入 2% ~4% 的糊精及适量黏土等结合剂，制成可塑状泥料，在真空挤泥机中采用加压法成型。在坯体具有良好塑性状态下，利用模具定型成一定形状（棒形、U 形、W 形、O 形），坯体再经过自然干燥盒加热干燥后于氢气炉中经 1950℃ 烧成。如果在配料中加入适量 $SiO_2$，可在制品表面出现一层氧化物保护膜，虽稍增加发热元件的电阻系数，但也增强制品的抗氧化性能，使用温度可达 1750℃。

C　制品及其应用

在 $MoSi_2$ 制品中最重要和应用最广泛的是 $MoSi_2$ 发热元件，常称为硅钼棒。$MoSi_2$ 发热元件有各种形状，如图 8-16 所示。$MoSi_2$ 发热元件的电阻率随着温度的升高而迅速增加，其在室温时电阻很小，开始通电升温时电流很大，对元件冲击很大，因而在加热初期应采用低电压操作的方法。随着炉温的升高，其电阻值增加再逐步增加电压。

$MoSi_2$ 发热元件与其他非金属发热元件相比，抗折强度大、密度大，特别是当温度高于 1350℃ 时，便会发生塑性变形，约有 5% 的伸长率。因此，在安装 $MoSi_2$ 发热元件时需要注意留下足够的伸缩空间。此外，$MoSi_2$ 发热元件表面有一层 $SiO_2$ 玻璃质保护膜，可以有效防止在使用过程中的氧化。所以凡能在高温下与 $SiO_2$ 产生反应的各种气体，都能降低发热元件的抗氧化性能。发热元件在各种气体中最高使用温度如表 8-9 所示。同时，$MoSi_2$ 在真空下会发生升华，真空度越高其使用温度越低。

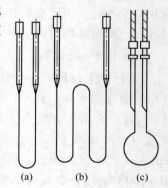

图 8-16　硅化钼发热元件的种类

(a) U 型；(b) W 型；(c) O 型

表 8-9　硅钼棒在各种气氛中最高使用温度

| 气　氛 | 元件最高使用温度/℃ | | 气　氛 | 元件最高使用温度/℃ | |
| --- | --- | --- | --- | --- | --- |
| | 1700 型 | 1800 型 | | 1700 型 | 1800 型 |
| NO₂、CO₂、O₂、空气 | 1700 | 1800 | CO、N₂ | 1500 | 1600 |
| Ar、He、Ne | 1650 | 1750 | 湿 H₂ | 1400 | 1500 |
| SO₂ | 1600 | 1700 | 干 H₂ | 1350 | 1450 |

### 8.5.2 硼化物耐火材料

#### 8.5.2.1 概述

硼化物的熔点在 $2000 \sim 3000℃$，并且有较高的强度、良好的导电和导热性，硬且耐磨。因其在高温下氧化所生成的含氧化硼的玻璃态物质层可阻碍进一步氧化，故它的抗氧化性尚可。但在 $1250℃$ 时，由于这层氧化膜变成多孔或是以 $B_2O_3$ 形态挥发掉而失去了抗氧化能力。硼化物材料的弱点是高温抗氧化性差。在 $1000℃$ 以上的空气中，硼化物氧化后生成金属氧化物和液相 $B_2O_3$，并发生增重现象。例如，纯 $ZrB_2$ 陶瓷在 $1300℃$ 空气中 $12h$ 增重近 $30mg/cm^2$。

几乎所有的硼化物都具有金属的外观特征和一些类似金属的性质，如具有金属光泽，碰击时有金属声，有高的电导和正的电阻温度系数，甚至有些金属硼化物的导电性比相应的金属还好。硼化物具有较低的膨胀系数，加上好的热传导性，因此，也有比较好的抗热震性。合成硼化物的方法归纳有下面几种：

（1）元素之间直接合成。

（2）用碳还原金属氧化物和硼酐的混合物。

（3）用铝热还原硼化法。

（4）用碳化硼还原氧化物。

（5）用硼还原氧化物。工业和实验室中较常采用的是碳热还原法，其成本较低，工艺技术成熟。作为特种耐火材料的难熔硼化物，一般为硼和过渡金属形成的二硼化物（如 $TiB_2$、$ZrB_2$、$VB_2$、$CrB_2$、$MnB_2$ 等），其中比较成熟和具有重要工业生产意义的硅化物和硼化物有硼化钛（$TiB_2$）和硼化锆（$ZrB_2$）等。

#### 8.5.2.2 硼化锆

硼化锆是一种常见的硼化物，在 Zr-B 系统中有 3 种硼化物，分别是 $ZrB$、$ZrB_2$ 和 $ZrB_{12}$，其中 $ZrB_2$ 在很大温度范围内是最稳定的硼化物。$ZrB_2$ 属六方晶系，其晶体结构如图 8-17 所示，晶格参数 $a = 0.3168nm$，$c = 0.3523nm$，$\alpha = \beta = 90°$，$\gamma = 120°$。密度 $6.12g/cm^3$，熔点高达 $3040℃$，具有很高的硬度、耐热冲击性、热导率（$2.436W/(m \cdot K)$）强度（抗折强度 $460MPa$），以及

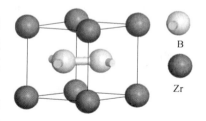

图 8-17 $ZrB_2$ 晶体结构

良好的导电性（电阻率 $16.6 \times 10^{-5}\Omega \cdot cm$）和化学稳定性，难被 Al、Ca、Mg、Si、Pb、Sn 等金属和熔渣润湿，抗侵蚀性强，尤其对熔融铁的抗侵蚀性特别强，是一种高级超耐热材料。

A　原料

$ZrB_2$ 粉的合成有两种常用方法，分别是 $ZrO_2$ 还原法和硼酐（$B_2O_3$）法。$ZrO_2$ 还原法中，在工业上主要采用 C 和 $B_4C$ 还原 $ZrO_2$ 的方法制取 $ZrB_2$，在工艺上可以采用电弧炉或碳管炉生产。采用电弧炉电熔法容易伴生大量的 $ZrC$，难以生产出纯度较高的 $ZrB_2$。以 $B_4C$ 作还原剂在碳管炉中可以合成单相的 $ZrB_2$。其反应如式（8-24）：

$$3ZrO_2 + B_4C + 8C + B_2O_3 \longrightarrow 3ZrB_2 + 9CO$$

$$(8-24)$$

配料时可采用工业纯的 $ZrO_2$（97.5%），平均粒径小于 $5\mu m$；工业纯的 $B_2O_3$（>98%），平均粒径小于 $10\mu m$；工业纯的 $B_4C$（97.5%），平均粒径 $30\mu m$，以及软质炭黑（$w(C)>99\%$），配料比例为 $w(ZrO_2)=73\%$、$w(B_4C)=16.4\%$、$w(C)=10.6\%$、$w(B_2O_3)=3\%$，在橡皮衬里瓷球磨机中用 $ZrO_2$ 球湿混 24h，至料中无白点。随后在混合料中加入 5% 的浓度为 10% 的汽油橡胶液，再混匀后再钢模中以 40~50MPa 压力成型。经 80~100℃烘干后装在石墨舟中，直接在氢气保护下的碳管炉中经 2000~2100℃保温 1h 烧制合成。冷却后将合成料粗碎，装入橡皮衬加入碳化钨的球磨机中研磨 48h，可制成粒径小于 $5\mu m$，其中小于 $3\mu m$ 占 60% 的 $ZrB_2$ 细粉。

### B　制备工艺

以制备 $ZrB_2$ 套管为例，可用挤压法或等静压法成型。采用挤压法成型时，在细粉中加入（8%~10%）的糖浆、淀粉、糊精、油酸等混合物做结合剂，经搅拌、练泥、困料后在挤泥机中成型一头封闭的套管坯体，经室温干燥后再经烘箱干燥、干燥温度低于 80℃。然后埋入石墨粉或 $ZrB_2$ 粉中，先在 400℃进行素烧，排除有机结合剂，最后放在石墨舟中放入通有 $H_2$ 气的碳管炉中，在 2200℃保温 1~2h 烧成。如采用等静压成型时，先将粉料制成颗粒，装入橡胶模套中，在等静压机上 200MPa 成型，脱模后坯体经过加工后装在石墨舟中，周围用 0.5~1mm 的 $ZrB_2$ 颗粒填充，在 $H_2$ 气保护的卧式碳管炉中经 2080℃保温 1h 烧成。升温速度在 500℃以下，每小时 100℃，高于 500℃以上每小时 100~250℃。

由于 $ZrB_2$ 等硼化物熔点高，烧结较困难，采用常压烧结时致密度一般只能达到 90% 左右，选择适当添加剂和工艺参数，可提高到 95% 以上，而采用热压法致密度可达 99% 以上。由于碳热还原法是释放大量能量的放热反应，故可用自蔓延反应烧结法，一经引燃便无需外部加热，粉末合成和坯体烧结同时完成，此法常与热压法同时进行。

### C　制品及其应用

$ZrB_2$ 耐火材料因其具有较高的硬度，良好的导电性、导热性以及化学稳定性，可做超音速飞机、火箭、导弹的喷嘴管和内燃机喷嘴，冶炼 Fe、Al、Cu 和 Zn 等各种金属的铸模、坩埚等，可用做高温热电偶套管、钢铁冶炼中 Fe 液的测温热电偶的保护管、中间包开式喷嘴、吹气管等，在铝业中可制作熔融铝液位传感器、模铸体用模型材料。可作为电阻发热元件和特殊用途的电极材料。此外，由于 $ZrB_2$ 陶器的导电性，可采用电火花加工方法，如同金属电火花加工一样，可将 $ZrB_2$ 材料加工成复杂形状的部件（如螺钉和螺母），其表面粗糙度最小可达 $1.0\mu m$，因此其应用可扩展到精密零件等应用领域。

特种耐火材料具有优异的物理和化学性能，已经在众多领域尤其是一些关键部位获得极为重要的应用，同时还有大量重要的潜在应用有待开发。特种耐火材料相比普通耐火材料成本和价格高，应根据实际应用环境要求兼顾经济性作出选择。

## 复习思考题

8-1　什么是特种耐火材料？简述其特性。

8-2 设计并简述一种采用浇注成型制备 $Al_2O_3$ 含量 98% 的耐火材料的工艺。

8-3 简述反应烧结 $Si_3N_4$ 的生产工艺。

8-4 合成 BN 粉的方法有哪些?

8-5 能制备加热器的特种耐火材料有哪些,其相应的使用条件是什么?

8-6 在工业 Al 合金生产中需要大量的衬砖、管道和坩埚;在电子和微电子工业中也需要蒸发高纯 Al 的坩埚。请在特种耐火材料中选择相应材质并阐述选择依据。

# **9** 不定形耐火材料

**【本章主要内容及学习要点】** 本章主要介绍不定形耐火材料的分类、性能、原材料以及不同种类的不定形耐火材料。重点掌握不定形耐火材料的基本概念、主要原料与添加剂以及不同种类不定形耐火材料的分类与特点。

## 9.1　不定形耐火材料概述

不定形形耐火材料（unshaped refractories），由一定级配的骨料、粉料、结合剂及外加剂组成不定形状的不经烧成可供直接使用的耐火材料。这类材料无固定的外形，呈松散状、浆状或泥膏状，因而也称为散状耐火材料，也可以制成预制块使用或构成无接缝的整体构筑物，也称为整体耐火材料。

同烧成耐火制品相比，不定形耐火材料具有如下优点：

（1）制备工艺简单，生产周期短，不需庞大的压砖机和烧成热工设备，工厂占地面积小，因此设备费用和基建投资均比较低。

（2）适应性强，能源消耗少，无需预烧成，使用时不受工业窑炉结构形状限制，可制成任意形状。

（3）整体性好，气密性好，热阻大，可降低工业炉热损失、省能源。

（4）劳动强度低，操作简单，生产效率高，便于机械化施工，省工省时。

（5）对于损坏的工业炉内衬易于用不定形耐火材料进行修补，延长衬体使用寿命、降低耐火材料消耗。

（6）成品便于储存和运输，能实现机械化筑炉，施工效率高。

（7）能任意造型，热震稳定性好，强度高，抗剥落性强，可提高其使用寿命等。

因此，不定形耐火材料的发展速度很快。目前，美国、日本、德国等发达国家其不定形耐火材料产量占本国耐火材料总量的比例已达到50%～60%以上。

### 9.1.1　不定形耐火材料的组成

不定形耐火材料是由耐火骨料和粉料、结合剂或另掺外加剂以一定比例组成的混合料，能直接使用或加适当的液体调配后使用。即该料是一种不经过煅烧的新型耐火材料，其耐火度不低于1580℃。

不定形耐火材料的原料有以下几个方面组成：

（1）骨料。骨料是指粒径大于0.088mm的颗粒料，它是不定形耐火材料组织结构中的主要材料，起骨架作用，它决定了不定形耐火材料的物理力学和高温性能，也是决定材料属性及应用范围的重要依据。

（2）粉料。粉料也称细粉，指粒径小于 0.088mm 的颗粒料，它是不定形耐火材料组织结构中的基质之一，在高温下起连接骨料的作用，使之获得物理力学和使用性能。细粉能填充骨料的孔隙，赋予或改散不定形耐火材料的作业性能及致密度。粒径中小于 $5\mu m$ 的是微粉；粒径中小于 $1\mu m$ 的是超微粉。

（3）结合剂。结合剂指能使耐火骨料和粉料胶结起来显示一定强度的材料。结合剂是不定形耐火材料的重要组分，可用无机、有机及其复合物等材料，其主要品种有水泥、水玻璃、磷酸、溶胶、树脂、软质黏土和某些超微粉等。

（4）添加剂。添加剂是强化结合剂作用和提高基质相性能的材料。它是耐火骨料、耐火粉料和结合剂构成的基本组分之外的材料，故也称外加剂。如增塑剂、促凝剂、缓凝剂、助烧结剂、膨胀剂等。

（5）对粉料中很细的部分分别规定。骨料和细粉可以是一种材质的，也可以是两种或多种材质的，有的甚至不是耐火材料的，但能改善或赋予不定形耐火材料的某些性能。

具体应用中，不定形耐火材料不一定包含上述每种材料，某些不定形耐火材料不用结合剂，如干式捣打料和填充料等；某型不定形耐火材料无颗粒料，如火泥和泥浆等；还有一些不定形耐火材料仅有骨料饵无需细粉或结合剂，如填充料。

## 9.1.2　不定形耐火材料分类

不定形耐火材料已经发展成为耐火材料的一个大类，品种繁多。其分类方法也多种多样，与定形耐火材料分类方法也有很多类似之处。例如：按其化学性质分为酸性、中性和碱性三大类；按交货状态可分为预制件和散状材料两大类；按耐火材料的骨料的种类可以与定形耐火材料一样分类；按密度可以分为重质和轻质两大类；按材质可以分为高铝质、黏土质、半硅质、硅质、镁质和其他材质不定形耐火材料。

但是，不定形耐火材料也有一些特殊的分类方法，这些方法更能反映不定形耐火材料的特性和实质，因而具有较大的实用性，这就是按不定形耐火材料所使用的结合剂（见表9-1）、按不定形耐火材料所使用的施工方法（见表9-2）和按不定形耐火材料的骨料品种（见表9-3）进行的分类。

**表 9-1　不定形耐火材料按结合剂品种的分类**

| 结合剂 | | | 不定形耐火材料 | |
| --- | --- | --- | --- | --- |
| 种　类 | | 结合剂举例 | 胶结形式 | 硬化条件 |
| 无机 | 水泥 | 硅酸盐水泥、高铝水泥、铝-60水泥、纯铝酸钙水泥、钡水泥、白云石水泥等 | 水合 | 水硬性 |
| | 化合物 | 水玻璃、磷酸、磷酸盐、卤水等 | 化学聚合 | 气硬、热硬 |
| | 黏土 | 软质黏土 | 凝聚水合 | 气硬、热硬 |
| | 超微粉 | 活性氧化硅、氧化铝 | 凝聚水合 | 气硬、热硬 |
| 有机 | | 纸浆废液、焦油沥青、酚醛树脂 | 化学黏附 | 气硬性 |
| 复合 | | 软质黏土与高铝水泥等 | 水合凝聚 | 气硬性 |

**表 9-2　按施工制作方法的分类**

| 名　称 | 特　性 | 施工方法 | 施工设备 |
|---|---|---|---|
| 浇注料 | 具有较好的振动流动性 | 浇注 | 振动台、振动器、人工 |
| 可塑料 | 具有较好的可塑性 | 捣打 | 捣固机、风镐、人工 |
| 捣打料 | 半干性 | 捣打 | 捣固机、风镐、人工 |
| 喷涂料 | 流动性、黏附性、快凝性 | 喷射 | 喷射（火法、湿法、半干法） |
| 涂抹料 | 流动性、黏附性 | 涂抹 | 涂抹机、人工 |
| 投射料 | 黏附性、快速凝固性 | 甩砂、抛砂 | 甩砂机、抛砂机、人工 |
| 压入料 | 流动性、泵送性 | 压入 | 泥浆泵 |
| 火泥 | 流动性、黏结性 | 涂抹 | 人工 |

**表 9-3　按耐火骨料的品种分类**

| 耐 火 骨 料 | | 不定形耐火材料 | |
|---|---|---|---|
| 品种 | 材料举例 | 主要化学成分 | 主要矿物 |
| 高铝质 | 矾土熟料、刚玉 | $w(Al_2O_3) = 50\% \sim 95\%$ | 莫来石、刚玉 |
| 黏土质 | 黏土熟料、废砖 | $w(Al_2O_3) = 30\% \sim 55\%$ | 莫来石、刚玉 |
| 半硅质 | 硅质黏土、腊石 | $w(SiO_2) > 65\%$，$w(Al_2O_3) < 30\%$ | 方石英、莫来石 |
| 硅质 | 硅石、废硅砖 | $w(SiO_2) > 90\%$ | 鳞石英、方石英 |
| 镁质 | 镁砂 | $w(MgO) > 87\%$ | 方镁石 |
| 其他 | 碳化硅 | $w(SiC) > 50\%$ | 碳化硅 |
| | 铬渣 | $w(Al_2O_3) > 75\%$，$w(Cr_2O_3) > 8\%$ | 铝铬尖晶石 |
| | 多孔熟料 | $w(Al_2O_3) > 35\%$ | 莫来石、方石英 |
| | 页岩、陶粒 | $w(SiO_2) > 90\%$ | 方石英 |

### 9.1.3　不定形耐火材料的应用

不定形耐火材料的应用，几乎遍及各个领域的窑炉及热工设备和构筑物，并获得显著的经济效果。

#### 9.1.3.1　炼铁系统

炼铁系统包括烧结、炼焦和高铝及其附属设备。带式烧结机点火炉用耐火可塑料和黏土结合耐火浇注料现场制作，或用磷酸耐火浇注料预制块吊装，其使用寿命为 3~6 年。当采用线式点火装置时，炉顶压下较多，炉膛工作条件变好，可用轻质高强耐火浇注料或耐火纤维及其制品作衬，也获得较好效果；焦炉炉顶隔热层、覆面层和炉门等部位用耐火浇注料浇灌，炉头损坏时，则用喷涂料修补。另外，干熄焦设备也用重质或轻质耐火浇注料；高炉是连续生产的炼铁设备。小型高炉曾用铝酸盐水泥和磷酸高铝质耐火浇注料预制块吊装砌筑，现在普遍用树脂结合剂铝碳不烧砖砌筑。大型高炉水冷壁用碳化硅浇注料导致、炉底垫层和周围砖缝则用耐火浇注料和氮化硅质填料，炉衬损毁时则用耐火压入料和耐火喷涂料修补，以便延长使用寿命，使炉龄达到 10 年甚至 15 年。高炉出铁口一般用散状的 $Al_2O_3$-SiC-C 质炮泥堵塞，可保证铁口出铁稳定，操作正常。高炉出铁钩原用耐火捣打料捣制，沟料吨铁单耗约为 1.1kg。现在用低气孔致密质耐火浇注料浇注，一次通铁量达到 10 万吨左右，一代沟龄累计通铁量约 90 万吨，耐材吨铁单耗小于 0.38kg。同时，自流耐火浇注料和免烘烤耐火浇注料，在高炉出铁钩上也得到了应用。

热风炉是炼铁高炉的关键附属设备。中、小型高炉热风炉内衬，有用耐火浇注料预制块砌筑的。热风炉燃烧器可用耐火浇注料预制块砌筑或现场浇灌，其球顶则用耐火浇注料浇灌工作衬。大型热风炉炉身靠炉壳第一层体积密度约为 1.3g/cm³ 的轻质喷涂料，球顶则喷一层耐酸喷涂料，形成整体内衬，采用刚玉质耐火浇注料等材料，现场浇灌，获得了较好的使用效果；鱼雷式铁水罐和混铁炉一般局部或全部使用耐火浇注料，也可用耐火喷涂料修补，使用效果较好。

### 9.1.3.2 炼钢系统

炼钢系统包括转炉、电炉、炉外精炼炉、钢包和中间包等设备。在电炉中，干式振动料、预制或现浇炉盖或炉盖，三角区等部位，均获得较好使用效果；在转炉和电炉中，损毁时一般采用耐火喷涂料进行修补，其方法有手工投补，湿式、干式或火焰喷涂和溅渣护炉等。在转炉中，普遍采用溅渣护炉技术，炉龄能达到一万次以上；炉外精炼炉种类较多，RH 法和 DH 法脱气装置的插入管衬体，一般用高铝质耐火浇注料浇成整体，使用寿命为 20~80 次。

钢包和中间包是炼钢炉的重要附属设备，也是消耗耐火材料最多的热工设备。过去钢包一般用黏土砖、高铝砖、半硅砖和蜡石砖等烧成砖砌筑，使用寿命为 10~70 次。当采用钢包吹炼或连续铸锭时，因出钢温度高和停留时间长等原因，致使包龄急剧下降。所以，各国对包衬材质开发十分重视，也取得了显著进展。鞍钢转炉用 200t 钢包，用铝镁浇注料和自流料筑衬，包龄分别为 95 次和 80 次左右；宝钢转炉用 300t 钢包，用高纯铝镁浇注料筑衬，经过修补后包龄一般在 260 次左右，耐火材料单耗 1.78kg 以下；全国不少钢厂不大于 100t 的钢包，用新技术铝镁耐火浇注料，其包龄为 90 次左右，浇钢成本每吨钢为 5.50~7.50 元。中间包包衬用绝热板或镁质类涂料、挡渣堰用莫来石质、铝镁质和镁质耐火浇注料制作，可满足连续铸钢的技术要求。

炉外精炼用整体喷枪，用于钢包吹氩或钢包喷粉等。其渣线以上部位用高铝质耐火浇注料，渣线至喷嘴部位用低水泥刚玉质耐火浇注料，振动成型为整体包裹衬。上海宝钢用该枪吹氩，每炉吹氩时间为 3~5min，每根喷枪寿命约为 50 炉，即为 150~250min；首钢用于喷粉，其寿命为 30~55min。

### 9.1.3.3 轧钢系统

轧钢系统工业炉种类多、数量大，使用温度一般在 1400℃以下，均为火焰炉。该系统窑炉均可用不定形耐火材料作内衬，并取得良好的经济效果。轧钢加热炉用耐火可塑料作内衬，使用寿命很长，如武钢大型步进梁式加热炉已用 25 年多，现仍在使用中。用黏土结合耐火浇注料整体浇灌炉衬，使用寿命一般为 4~10 年。对于蓄热式加热炉来说，应选用微膨胀耐火浇注料作炉衬，现已使用 2 年多，完好无损。锻钢加热炉一般为间歇操作、炉温变动大和有振动等，用砖砌衬，使用 2~5 个月，用黏土结合耐火浇注料的能用 2 年以上。

众所周知，轧钢加热炉的使用温度小于 1400℃并间歇操作，国内外生产实践证明，

其炉衬材料应选用 $w(Al_2O_3) \leqslant 65\%$、烘干和1400℃烧后耐压强度分别为 20~25MPa 和不小于 60MPa，即可达到长寿的目的。因为，铝含量高和强度大的耐火浇注料，其抗热震性差，使用时易剥落和开裂，影响其寿命。

#### 9.1.3.4 建材系统

建材系统包括水泥、玻璃和陶瓷等工业部门。水泥窑衬用磷酸高铝质或镁质和镁铬质不烧砖，使用寿命 6~18 个月，局部也用不定形耐火材料。冀东和柳州等大型水泥厂回转窑，耐火浇注料使用量为 19%~35%，其主要品种为低水泥耐火浇注料、铝酸盐水泥耐火浇注料、碳化硅质耐火浇注料和隔热浇注料等；在玻璃行业中，浮法玻璃生产线上的锡槽，是用耐火浇注料制作的。另外，玻璃池窑损毁时，则用硅质修补料进行补修。新建池窑保温时，一般用硅质隔热浇注料；陶瓷行业用窑，有时用碳化硅质耐火浇注料和轻质耐火浇注料。

#### 9.1.3.5 其他工业系统

在石化工业中，管式加热炉用体积密度为 0.5~1.0g/cm³ 的轻质耐火浇注料，用手工涂抹或喷涂等方法施工，使用寿命 5 年左右。采用耐火材料喷涂料筑衬，也获得了较好的使用效果。铂重整装置和乙烯装置等，也大量应用不定形耐火材料。特别是耐磨耐火浇注料在铂重整装置中得到了应用，可取消耐热钢龟甲网系统，其寿命也有所提高。各种转化炉内衬，使用温度为 600~1500℃，一般用铝酸盐水泥耐火浇注料、低水泥耐火浇注料和刚玉浇注料等，使用寿命 3~6 年；在有色冶金工业中，铅锌密闭鼓风炉、闪速炉、电解槽和轧制加热炉等热工设备，其局部用不定形耐火衬料。最近，铝电解槽上广泛采用防渗透耐火浇注料，取得了满意的使用效果；在蒸汽锅炉的内衬上，使用不定形耐火材料最早，也最普遍。一般用铝酸盐水泥重质或轻质耐火浇注料，使用寿命 10 年左右。流化床发电锅炉用高铝质、刚玉质和 SiC 质耐火浇注料和耐火可塑料，其强度高、耐磨性好，满足了设计和使用要求。另外，在机械、耐火和垃圾焚烧等行业中，也使用不定形耐火材料，并取得良好的效果。

### 9.1.4 不定形耐火材料的施工性质

不定形耐火材料的施工性质目前还没有明确的、适合于所有不定形耐火材料的定义和检测方法，只有不同品种的不定形耐火材料适用的定义和检测方法。

#### 9.1.4.1 堆积密度和湿度

不定形耐火材料的堆积密度是指干料自身堆积的密度。它是在一标准容积的容器中的质量除以容器的体积计算出来的。

不定形耐火材料的湿度一般用其含水量表示。而测定含水量的方法是简单的。即用烘干和称重的办法即可测定出来。为了运输等的方便，不定形耐火材料干料的含水量越低越好，一般要求含水量小于 0.5%。而可塑料如因存放和运输中蒸发失水，会降低施工性能，因此测定后应补充到规定的水量。

#### 9.1.4.2 可塑性

可塑性是指泥团在外力作用下易变形但不发生裂纹，在外力撤除后仍保持其新的形状而不恢复原形的性能。不定形耐火材料的可塑性的测定方法有两种，一是塑性指数法，二是塑性指标法。

### 9.1.4.3 稠度和加水量

耐火泥浆的稠度是用标准圆锥体沉入耐火泥浆的深度来表示的。耐火浇注料的稠度是试验料加水或结合液体后在重力或其他外力的作用下流出一定容积的容器所需时间，它的单位为秒。加水量指在浇注料获得优良的流动性能时所加入的最少的水的重量。

### 9.1.4.4 工作性质

不定形耐火材料的工作性质是和易性及工艺性能的总称，不定形耐火材料的工作性要求搅拌时应保持均匀性，运输过程中不离析，施工时有塑性，流动性，密实性和体积稳定性。耐火浇注料的工作性用塌落度、流动值和工作度表示。

### 9.1.4.5 黏附性质和黏结性质

不定形耐火材料的黏附性能是一个很重要的指标，它是耐火泥、喷补料和喷涂料的关键性能。目前主要有泥浆的黏结时间，不定形耐火材料的黏结强度和黏结抗剪切强度等指标可以实验测定。

### 9.1.4.6 施工时间和凝结性能

通过测定耐火浇注料的初凝和终凝时间，以确定施工时间，同时也表明材料的硬化性能。

# 9.2　主要原材料及其要求

不定形耐火材料的原材料同定形耐火材料一样，分为耐火骨料、耐火粉料、结合剂和外加剂，但由于施工工艺及使用条件不同，不能照搬定形耐火材料的制备工艺。采用不同性质的原材料，可配制成不同的性能、使用温度和使用范围的不定形耐火材料。现代的不定形耐火材料，一般采用复合的原材料，充分发挥其各自的特性，以便获得最佳的理化性能，提高窑炉和热工设备的使用寿命。为了正确和合理地选用其原材料，必须了解各种原材料的性质及其技术要求。

## 9.2.1　耐火骨料和粉料

### 9.2.1.1　作用与要求

在不定形耐火材料中，耐火骨料用量一般为 63% ~ 73%，耐火粉料用量为 15% ~ 37%。对于不定形耐火材料一般颗粒尺寸大于 5mm 的为粗骨料；5 ~ 0.088mm 的颗粒称为细骨料。骨料临界粒度根据施工制作方法不同而制定，一般为 10mm 或 15mm，大型构筑物如高炉基墩和钢包浇筑料等，可采用 20mm 或 25mm 的颗粒。另外，施工制作方法不同，耐火骨料的临界粒径也不同，如表 9-4 所示。目前，耐火骨料临界粒径有增大的倾向，应当指出，在配制不定形耐火材料时，其耐火骨料颗粒级配应符合表中的技术要求，即使用粉料，也应筛分检验达其要求，方可使用。

耐火粉料是不定形耐火材料的基质材料，其品级应高于或相当于耐火骨料，细度要求为小于 0.09mm 或 0.088mm 的应大于 85%。对于超微粉来说，5μm 以下的应占 80% 以上。

现代不定形耐火材料，采用刚玉、合成莫来石、尖晶石和氧化铝等高档材料作为耐火骨料和粉料较多。由于在破粉碎过程中会带入部分铁，为保证产品质量，应进行除铁处理，进行质量检验，合格后方可作为不定形耐火材料的耐火骨料和粉料。

**表9-4　耐火骨料的临界粒度**

| 成型方法 | 颗粒尺寸/mm | | | |
| --- | --- | --- | --- | --- |
| | 15~10 | 10~5 | 5~3 | 3~0.15 |
| 振动 | 25~30 | 20~25 | 45~55 | |
| 振动、振动加压 | | 40~50 | 25~30 | 25~30 |
| 喷涂 | | 25~35 | 30~40 | 25~45 |
| 喷涂、捣打 | | | 40~50 | 50~60 |
| 捣打 | | 35~45 | 25~30 | 20~35 |
| 机压 | | 20~25 | 30~40 | 35~45 |
| 自流、机压 | | | 40~50 | 50~60 |

### 9.2.1.2　氧化铝质耐火原料

表9-5列出了几种氧化铝质骨料的主要性能。其中刚玉的成分为 $\alpha$-$Al_2O_3$，硬度为9，熔点为2050℃。刚玉具有高的热导性和电绝缘性、优良的化学稳定性和抵抗还原剂作用的能力。它是用工业氧化铝或铝土矿经烧结或电熔后而制成的。当用工业氧化铝电熔时，得到的是白色刚玉，$w(Al_2O_3)$ 大于98.5%；当用铝土矿作原料时，则获得普通刚玉，$w(Al_2O_3)$ 为91%~93%，经处理后，$w(Al_2O_3)$ 大于97%；当添加铁屑时，可生产棕刚玉；当添加锆英石时，则得到锆刚玉。即刚玉可分为烧结刚玉和电熔刚玉两大品种，又可分为白刚玉、棕刚玉、锆刚玉和铬钢玉。

**表9-5　几种氧化铝质骨料的主要性能**

| 组成　　骨料 | $w(Al_2O_3)$ /% | $w(Fe_2O_3)$ /% | $w(TiO_2)$ /% | $w(CaO)$ /% | $w(SiO_2)$ /% | $w(Na_2O+K_2O)$/% | 体积密度 /$g \cdot cm^{-3}$ | 总气孔率 /% |
| --- | --- | --- | --- | --- | --- | --- | --- | --- |
| 烧结刚玉 | 99.5 | 0.1 | 0.09 | 0.08 | 0.05 | 0.13 | 3.6 | 10 |
| 板状刚玉 | 99.8 | 0.05 | — | 0.05 | 0.1 | 0.42 | 3.58 | 8 |
| 棕刚玉 | 93.8 | 1.4 | 0.9 | 0.5 | 2.7 | — | 3.5 | 8 |
| 电熔棕刚玉 | 93.2 | 1.0 | 3.0 | 1.3 | 1.1 | 0.35 | 3.7 | 5 |
| 白刚玉 | 99.3 | 0.16 | 0.14 | — | 0.08 | 0.25 | 3.6 | 8 |
| 矾土熟料 | 88.5 | 1.6 | 4.0 | 0.4 | 5.5 | 0.30 | 3.4 | 9 |
| 烧结莫来石 | 72.1 | 0.5 | 0.03 | 0.03 | 23.4 | 0.28 | 2.75 | 12 |

矾土基电熔刚玉以矾土为原料，通过电熔还原脱出 $SiO_2$、$Fe_2O_3$、$TiO_2$ 等杂质制得，较电熔白刚玉成本低。组织结构致密，体积密度高，骨料吸水量少，且成型时骨料间移动阻力小，故表现出良好的流动性能。

采用电冶矾土刚玉和白刚玉制得的浇注料均有较好的微膨胀性能。高温阶段，以电冶矾土刚玉制得的浇注料体积密度重新增大，显气孔率下降，强度明显增大，表明同白刚玉相比，电冶矾土刚玉能促进高温烧结，主要是由于电冶矾土刚玉熔制过程中会残留有少量杂质。

骨料组织结构和杂质成分所形成的玻璃相对热震稳定性有较大影响。采用电熔白刚玉为骨料时，热震后浇注料抗折强度降低率最小，显气孔率变化较小，表明热震后，材料中形成的裂纹较少，热震稳定性较好。以电冶矾土刚玉为骨料时，浇注料热震稳定性有所下降。

与电熔白刚玉相比，电冶矾土刚玉结构致密，晶粒粗大、晶界少，且晶界处分布着一定量的含钛碳氮化合物，这类非氧化物的存在有利于阻止 CaO-SiO$_2$-FeO 系熔渣的渗透及渣的反应。用该材料制备的浇注料在高碱度熔渣环境下，采用电冶矾土刚玉制得的浇注料表现出优良的抗渣侵蚀和渗透性能。

**A 棕色板状刚玉**

棕色板状刚玉一种介于高纯白色板状刚玉和低纯烧结矾土之间的棕色板状刚玉（BTA），它是通过高温液相烧结控制构成莫来石基质显微结构所研制的唯一产品。与电熔棕刚玉相比，该骨料具有高化学纯度、高抗侵蚀性、低气孔率、高抗热震性及很好的体积稳定性，而且可以极好地控制其显微结构，具有良好的抗渣及化学侵蚀性能，如表 9-6 所示。

表 9-6 棕色板刚玉与棕色电熔氧化铝的性能比较

| 名称 | 体积密度 /g·cm$^{-3}$ | 显气孔率/% | 熔锥比值（标准） | 重烧线变化（1580℃×1h）/% | $w(Al_2O_3)$ /% | $w(SiO_2)$ /% | $w(Fe_2O_3)$ /% | 光学显微分析 | 颗粒大小 /μm |
|---|---|---|---|---|---|---|---|---|---|
| 棕色板状刚玉 | ≥3.5 | ≤3.0 | ≥+38 | +1.5 | ≥94 | 1.6 | ≤1.3 | 主要为中等棕色刚玉晶体及微量玻璃 | 25 |
| 棕色电熔氧化铝 | ≥3.6 | ≤2.0 | ≥+38 | -0.5 | ≥95 | 1.3 | ≤0.8 | 大刚玉晶体及大量空隙，玻璃相和内部颗粒之间有空隙 | >100 |

**B 板状刚玉**

板片状晶体结构，气孔小且闭气孔较多而气孔率与电熔刚玉大体相当，纯度高，体积稳定性好，极小的重烧收缩，用以生产的耐材或浇注料高温处理后具有良好的热震稳定性和抗弯强度，但价格较其他氧化铝高。

**C 烧结刚玉**

就是氧化铝在 1750~1800℃ 下烧结，使其转化为刚玉。其纯度比板状刚玉略低，具有体积密度大、气孔率低、高温下有极好的抗热震性和抗炉渣侵蚀性，晶粒强度高，烧结刚玉强度的变化取决于 Al$_2$O$_3$ 的含量、烧结温度和显微结构，并且这些相的变化给气孔率及烧结晶体杨氏模量带来影响。

**D 电熔刚玉**

其颗粒（晶体）结构均匀，刚玉晶体发育良好，具有高熔点和高的耐火度，高温下化学性质稳定，耐磨性良好，但是有较高的缩孔。由于外部作用等问题，玻璃物质通过起始晶胚晶化后产生显微结构不均匀。BFA 的玻璃矩阵使得晶体脆化，所以，要求热震性能高的应用范围不适用。

    E  烧结棕刚玉

    实际上就是烧结刚玉的一种变体，即通过液相烧结控制微观结构而生成的一种刚玉。它硬度非常大，并且具有较高的热导性。抗炉渣侵蚀性能比烧结刚玉差一些。由于气孔率低，使横向弯曲断裂强度得到了提高。晶体在烧结后强度也有所提高，烧结后强度增大是由于细小晶粒的晶体内气孔存在所致，这种微观结构不均匀的缺陷使得抗热震性能提高。重新加热改变这些晶粒是有益的，使得在高温下具有很好的体积稳定性。

    F  矾土熟料

    天然铝矾土在 1400~1800℃ 温度范围内煅烧后而得到的，对高铝矾土熟料的质量要求如表 9-7 所示。铝矾土原料丰富、价格低廉；铝矾土中碱性物质、$TiO_2$ 和铁的含量不同地影响着其烧结性能，影响着最终制品的可缩性和抗渣侵蚀性。莫来石的含量和低玻璃相组成对矾土有着良好的抗热震性。玻璃相和莫来石相百分比对制品的膨胀和收缩有影响，杂质含量高，抗炉渣侵蚀性就差，因此，在炉渣、金属交界面上剥落程度严重。

表 9-7  高铝矾土熟料质量要求（YB/T 5179—2005）

| 代号 | 化学成分（质量分数）/% | | | | | 体积密度 /g·cm⁻³ | 吸水率/% |
| --- | --- | --- | --- | --- | --- | --- | --- |
| | $Al_2O_3$ | $Fe_2O_3$ | $TiO_2$ | CaO + MgO | $K_2O + Na_2O$ | | |
| GL-90 | ≥89.5 | ≤1.5 | ≤4.0 | ≤0.35 | ≤0.35 | ≥3.35 | ≤2.5 |
| GL-88A | ≥87.5 | ≤1.5 | ≤4.0 | ≤0.4 | ≤0.4 | ≥3.20 | ≤3.0 |
| GL-88B | ≥87.5 | ≤2.0 | ≤4.0 | ≤0.4 | ≤0.4 | ≥3.25 | ≤3.0 |
| GL-85A | ≥85 | ≤1.8 | ≤4.0 | ≤0.4 | ≤0.4 | ≥3.10 | ≤3.0 |
| GL-85B | ≥85 | ≤2.0 | ≤4.5 | ≤0.4 | ≤0.4 | ≥2.90 | ≤5.0 |
| GL-80 | >80 | ≤2.0 | ≤4.0 | ≤0.5 | ≤0.5 | ≥2.90 | ≤5.0 |
| GL-70 | 70~80 | ≤2.0 | | ≤0.6 | ≤0.6 | ≥2.75 | ≤5.0 |
| GL-60 | 60~70 | ≤2.0 | | ≤0.6 | ≤0.6 | ≥2.65 | ≤5.0 |
| GL-50 | 50~60 | ≤2.5 | | ≤0.6 | ≤0.6 | ≥2.65 | ≤5.0 |

    随着热处理温度的提高，用矾土骨料制得的浇注料，体积密度明显增大，显气孔率迅速下降，呈现较大的收缩。主要由于矾土熟料中杂质成分 $SiO_2$、$Fe_2O_3$、$TiO_2$ 等在高温阶段液相生成量增大，对浇注料的高温性能有较大影响。

    G  莫来石

    莫来石一般由人工合成，它具有纯度高、密度大、组织结构好、蠕变率低、热膨胀小和抗化学侵蚀性强等优点。在不定形耐火材料中，期望有二次莫来石化，以改善或提高其高温性能。

    莫来石合成生产工艺有烧结法和电熔法。烧结莫来石是在高温 1600~1700℃ 下烧结矾土熟料和铝硅酸盐而形成的。由于内部交错的斜方晶体存在，使其具有极小的热膨胀。此种材料应在要求热震性良好和体积稳定性好的部位使用。

    9.2.1.3  黏土质耐火原料

    黏土质原料按铝含量的高低，可分为高岭土和膨润土。蒙脱石（$Al_2O_3 \cdot 4SiO_2 \cdot 6H_2O$）

是膨润土的主要组分，对于可塑料，可使用蒙脱石含量较高的黏土，因其可塑性较好；而对于喷补料和捣打料，生产厂现在使用蒙脱石含量较低的黏土。黏土原料在可塑料、捣打料、喷补料和耐火泥浆的配方中起着重要作用。这些黏土提供作业性、黏附性并通过形成莫来石来提高耐火度。有时用蓝晶石或硅线石原料调整配料的组成，以弥补黏土烧成时产生的收缩。

根据黏土在水中的分散性和可塑性的不同，分为硬质黏土和软质黏土两大类，介于二者之间的称为半软质黏土。

（1）硬质黏土在水中不易分散，可塑性较低。一般需经煅烧成黏土熟料后，方可使用。

（2）黏土熟料，又称焦宝石熟料，由高岭土与低档铝矾土混合并煅烧成高档致密颗粒，这些颗粒致密、气孔率低、耐火度高，氧化铝含量（质量分数）为47%～70%，气孔率为3%～6%。产品中严禁混入石灰石、黄土及其他高钙、高铁等外来夹杂物，同时也不得含有欠烧料。

（3）软质黏土在水中易分散，有较高的可塑性和黏结性，在高温下具有良好的烧结性。软质黏土一般不经煅烧，烘干粉磨后即可使用，它是生产硅酸铝质砖的结合剂，也是不定形耐火材料的良好结合剂之一，因此称为结合黏土。

（4）半软质黏土，也是高岭石型的，与软质黏土相比，其 $Al_2O_3$ 含量较高，颗粒较粗，分散性和可塑性差些。它主要用作黏土熟料或细磨后作结合剂。

### 9.2.1.4　硅质原料

不定形耐火材料中的二氧化硅包括石英、硅砂、硅藻土和熔融石英玻璃。硅砂最初用于盛铁水和钢水的容器，现在，二氧化硅常常用于钢包引流砂、耐火泥浆和某些特殊的可塑料，如出铁口炮泥。熔融石英主要使用于焦炉用的浇注料和泵送料。含熔融石英的低水泥浇注料预制件也用于焦炉的修补。可泵送的熔融石英有优于硅砖的物理性能和热力学性能，它们具有较高的强度、低的热膨胀和优于硅砖的荷重变形能力。

#### A　碳化硅

碳化硅俗称金刚砂，是用焦炭和硅砂 $[w(SiO_2) > 99.4\%]$ 的混合物在电弧炉中生成的，有时也加入锯末和盐或者其他结合剂。另外一种生产方法是将硅气相沉积在加热的石墨或碳的表面上生成碳化硅。其相对分子质量为40.1，相对密度为3.2，分解温度约为2500℃，具有高熔点，高硬度，高强度，高热导性，低膨胀性和抗中性到酸性渣，是良好的耐火材料原料。

商品碳化硅的组成范围为 $w(SiC) = 90\%～99.5\%$，因杂质而呈现绿、黑和黄等颜色。浅绿色碳化硅纯度为99.8%，随着纯度降到99%，其颜色变为深绿色，纯度降到98.5%时为黑色。纯度大于99.5%的原料多用于磨料和耐火材料领域。高纯的绿色碳化硅用于高性能陶瓷和加热元件。

在不定形耐火材料中，根据应用领域不同所使用的碳化硅纯度也不同。碳化硅最常使用的领域是高炉出铁场，这里使用低纯度（90%）碳化硅。较高纯度的碳化硅（97%～98%）用于热电厂使用的捣打料、喷补料和可塑料。在浇注料和泵送料中，所遇到的主要问题是碳化硅中金属杂质在使用时放出气体。因而，在用于浇注料和泵送料前，通常测试碳化硅中的金属杂质。

B　硅灰

硅灰是生产硅铁和硅产品的副产品。硅和硅铁是在大的电炉内于2000℃以上的温度下还原生成。所用原料包括石英和碳（如煤、焦炭和木屑）。生产硅铁时还要添加铁原料。

生产硅铁所发生的化学反应如下：

$$SiO_2 + 2C + xFe \longrightarrow Fe_xSi + 2CO \uparrow \tag{9-1}$$

然而，化学反应过程远比上述反应复杂并包括许多副反应。其中发生的两个重要反应如下：

$$SiO_2 + 2C \longrightarrow Si + 2CO \uparrow \qquad (T > 1520℃) \tag{9-2}$$

$$2SiO_2 + SiC \longrightarrow 3SiO \uparrow + CO \uparrow \qquad (T > 1800℃) \tag{9-3}$$

$$2SiO_2 + SiC \longrightarrow 3SiO \uparrow + CO \uparrow \qquad (T > 1800℃) \tag{9-4}$$

也就是说，在生产过程中，碳化硅和不稳定的一氧化硅起着重要的中间产物作用。

$$2SiO + O_2 \longrightarrow 2SiO_2 \tag{9-5}$$

这就是所谓的硅灰和硅微粉。所添加的10%～20%的石英最终挥发形成二氧化硅，即硅灰，化学组成如表9-8所示。

表9-8　硅灰的化学组成（质量分数）　　　　　　　　　　（%）

| 元素/化合物 | 由硅金属生产 | 由75%硅铁生产 |
|---|---|---|
| $SiO_2$ | 94～98 | 85～95 |
| C | 0.2～1.5 | 0.8～2.5 |
| K | 0.2～0.7 | 0.5～3.5 |
| Na | 0.1～0.3 | 0.2～1.5 |
| Mg | 0.1～0.4 | 0.5～2.5 |
| Ca | 0.05～0.3 | 0.1～0.5 |
| Al | 0.05～0.2 | 0.1～1.0 |
| Fe | 0.01～0.3 | 0.1～2.5 |
| Ti | 0.00～0.01 | 0.03～0.1 |
| P | 0.01～0.1 | 0.02～0.1 |
| S | 0.1～0.2 | 0.05～0.5 |

用肉眼观察，硅灰为带有颜色的细粉，颜色从白色到深灰色，这与硅灰中的碳含量有关，碳有几种不同形式，如焦炭或煤、碳化硅、焦油和炭黑（可能是原料中挥发出的碳氢化合物的裂解产物）。

硅灰的颗粒呈圆形，平均颗粒直径为0.15μm，尺寸范围从0.02～0.45μm，比表面积为15～20m²/g。

普通硅灰的体积密度为150～250kg/m³，也有的硅灰体积密度为500～700kg/m³。致密硅灰有利于降低运输费用，而且占用的储存空间较小。但是这种硅灰在应用时也易出现问题，由于致密化的团块在混练过程中不易分散成单个颗粒，因此降低了预期的流变性能。

近十年来，由于市场上硅灰的需求猛增，有些硅灰已作为主导产品生产，而不再是副产品。硅灰的颜色为白色，它的纯度较高且成分比较稳定。当然，其成本明显高于普通硅灰。由于表面没有杂质，这种硅灰显示出良好的流变性能，特别是在自流浇注料的配方中。

### 9.2.1.5  镁质耐火原料

镁质类原料有镁砂、白云石、镁橄榄石和蛇纹石等，均属碱性，故称碱性耐火原料。

镁砂分为烧结镁砂和电熔镁砂两大类，又分为普通镁砂和优质镁砂；根据原料不同，分为镁石镁砂、海水镁砂和盐湖镁砂。

镁砂由精选后的菱镁石矿物（$MgCO_3$）煅烧来生产，或从海水或卤水中提取合成。天然存在的菱镁石常常伴有白云石、滑石、氯化物、蛇纹石、云母、黄铁矿和磁铁矿。从海水和卤水中合成镁砂最重要的过程是在镁盐溶液中添加强碱物质（烧结石灰石和烧结白云石）从而析出氢氧化镁沉淀。析出的氢氧化镁沉淀再经水洗、浓缩、过滤和烧结生产出镁砂。在另外一种实用的方法中，将浓缩后的氯化镁（$MgCl_2$）喷进热反应容器中，在这里热气体将它转化成氧化镁和盐酸。水洗氧化镁形成氢氧化镁泥浆，经过滤和烧结再生产出镁砂。

烧结镁砂按煅烧程度分为轻烧镁砂和死烧镁砂。在耐火材料应用领域中，主要使用死烧镁砂。天然死烧镁砂通常含有较高的二氧化硅和三氧化二铁，而合成镁砂可通过化学反应控制二氧化硅和氧化钙的含量，并可获得较高致密度。

电熔镁砂是在电弧炉中于 2750℃ 以上的温度下熔融镁砂而生成。与烧结镁砂相比，主晶相方镁石晶粒粗大且直接接触，纯度高，结构致密，抗渣性强，热震稳定性好，是高级含碳不烧砖和不定形耐火材料的良好原料。

使用镁砂最多的不定形耐火材料是用于碱氧转炉和电炉的喷补料。近年来，中间包工作衬使用镁砂越来越普遍。但它不需要使用高档镁砂，因为镁砂是与硅酸盐和黏土矿物混合来获得所需性能，并且它相对于其他应用场合可容许有较高含量杂质。

镁橄榄石依其颜色为橄榄绿而得名，它的最终矿物为镁橄榄石（$2MgO \cdot SiO_2$）和铁橄榄石（$2FeO \cdot SiO_2$），蛇纹石（$3MgO \cdot 2SiO_2 \cdot 2H_2O$）是橄榄石不同含量的变体。橄榄石的天然特性使它可用于不同场合，其熔点为 1800℃、热导率低、隔热性良好（比菱镁石低 60% ~80%）、耐火度高（1760℃）、不水化（使用前不需烧结）、无反应性、莫氏硬度 6.5~7.0、相对密度为 3.27~3.37 和体积密度为 1.5~2.0g/cm³。并且它有利于保护环境（不含游离硅）、高的化学和矿物学稳定性（由于镁橄榄石矿物结合强）和良好的抗金属溶液渗透性（碱性和酸性的富氧化铁渣、碱性氧化物、硫酸盐、碳酸盐和氯化物）。

橄榄石价格便宜，它可与化学组成类似的高价格原料竞争。橄榄石和镁砂竞争作为浇注料和中间包内衬用耐火原料。作为焚烧炉用耐火材料，橄榄石在技术性能方面比其他耐火材料更具有优势，包括渣、温度和剥落对耐火材料的作用。

### 9.2.1.6  碳质耐火原料

天然石墨是自然界中发现的一种碳。石墨通常为灰黑色，带有黑色光泽。晶体具有菱形六面体对称性的六方晶系。天然石墨通常有三种形式：无定形态、鳞片石墨和纯结晶体。石墨一般发现在类似于煤矿的地区，它的碳含量在 75% ~ 90% 之间。根据化学分析确定无定形态石墨的基础原料是普通煤。无定形态石墨主要产于墨西哥、韩国、中国和澳大利亚。

天然鳞片石墨也是一种天然存在的石墨矿物，它均匀分布于主矿之中。鳞片状的结晶结构很容易与无定形态石墨区别。天然鳞片石墨不同于无定形态石墨，由于它的结晶度高因而具有较高的取向性。天然鳞片石墨的石墨化程度达 99.3%。纯结晶石墨的基础材料是原油矿，随着时间的推进，在一定的温度和压力下，原油矿转化成大量固体石墨。纯结晶石墨结发现于斯里兰卡，X 射线衍射分析时，它通常用作与所有其他形式的石墨进行比较的标准样。

人造石墨是用石油焦烧结（加热到高于 2800℃）生成的。这些材料含石墨 99.3%，实际碳含量为 99.9%。另一种人造石墨是用石墨电极的工艺生产的，石墨含量为 85% ~ 95%，碳含量为 98% ~ 99.5%。表 9-9 所示为石墨的物理和化学性能。

表 9-9　石墨的物理和化学性能

|  | 无定形态 | 鳞片石墨 | 高结晶 | 人造鳞片 |
|---|---|---|---|---|
| 碳/% | 81.0 | 90.0 | 96.7 | 97.0 |
| 硫/% | 0.1 | 0.1 | 0.7 | 0.07 |
| 真密度/g·cm$^{-3}$ | 2.31 | 2.29 | 2.26 | 2.24 |
| 矿物形态 | 粒状 | 鳞片 | 片状、针状 | 鳞片 |

由于结晶石墨和鳞片石墨对流动性不利，因此无定形石墨和人造石墨较多地用于浇注料和泵送料中，其他不定形耐火材料使用何种石墨取决于它的应用和成本。

沥青分为煤焦油沥青和石油沥青，都可用于不定形耐火材料中。虽然煤焦油沥青比石油沥青具有较高的残碳量，但是它们都能有效地给耐火材料提供碳组分。来自于煤焦油或石油的残碳就是自然界的无定形碳。根据配方它们可以以细粉和颗粒形式使用。使用沥青优于其他形式的碳（如石墨），沥青熔化温度低，并可包敷颗粒，因而可提供良好的抵抗渣侵蚀的保护层。

煤焦油主要使用于高炉出铁口可塑料。它的特性有利于满足这种应用所需的特殊性能。煤焦油能使可塑料在长时间内保持作业性。用于这种场合的煤焦油通常有严格的技术要求，如不同温度下的挥发物含量、残存沥青含量、含水量、二硫化碳的溶解性和残碳量。不同生产厂所制定的技术要求也不同。

### 9.2.1.7　尖晶石质耐火原料

尖晶石指所有属于尖晶石族的矿物，分为铝尖晶石、铁尖晶石和铬尖晶石系列，狭义的尖晶石指镁铝尖晶石。

镁铝尖晶石的化学式为 $MgO \cdot Al_2O_3$，其中，$w(MgO) = 28.2\%$，$w(Al_2O_3) = 71.8\%$。过去 10 年中，铝-镁尖晶石主要用于高温耐火材料。定形和不定形耐火材料用铝-镁尖晶石的技术优势为：

（1）抗热应力、机械应力性高；

（2）热膨胀率低；

（3）在环境中抗变化性高；

（4）次要的氧化物相含量低，从而具有高的耐火度；

（5）材料纯度高，可生成无杂质的耐火材料。

铝-镁尖晶石中氧化镁含量千差万别，低于或高于理论化学组成：$w（MgO）=28.2\%$。MgO 含量高于理论化学组成的尖晶石通常用于制造耐火砖。但是这种尖晶石不被推荐用于不定形耐火材料配方中，因为它可能产生两个问题：首先，过量 MgO 在加热期间有可能水化，从而产生裂纹；其次，过量 MgO 在高温下也可生成尖晶石，将产生不需要的体积膨胀。目前，市场上销售的尖晶石含 MgO 的量在 10% ~ 33%。表 9-10 所示为常用铝-镁尖晶石的性能。

表 9-10　铝-镁尖晶石的性能

| 性　　能 | | 1 | 2 | 3 | 4 | 5 |
|---|---|---|---|---|---|---|
| 化学成分 $w$ /% | $Al_2O_3$ | 66.0 | 70.4 | 74.3 | 23.0 | 90.0 |
| | MgO | 33.0 | 28.5 | 25.0 | 76.0 | 9.0 |
| | $Fe_2O_3$ | <0.1 | 0.23 | <0.1 | <0.1 | <0.1 |
| | CaO | 0.4 | 0.1 | 0.28 | 0.3 | 0.25 |
| | $SiO_2$ | 0.09 | 0.22 | 0.25 | 0.06 | 0.05 |
| 体积密度/g·cm$^{-3}$ | | 3.270 | 3.400 | 3.300 | 3.250 | 3.300 |
| 显气孔率/% | | 2.0 | 3.9 | 7.5 | 2.0 | 2.5 |
| 存在相 XRD | 主矿相 | 尖晶石 | 尖晶石 | 尖晶石 | 尖晶石 | 尖晶石 |
| | 次矿相 | 方镁石 | 方镁石 | 刚玉 | 无 | 刚玉 |

铝-镁尖晶石是在电弧炉中通过烧结或熔融拜耳氧化铝和氧化镁而生成的。这些尖晶石纯度极高，不含二氧化硅，但通常成本较高。尖晶石也可通过熔融或烧结铝矾土和镁砂生成，它含少量二氧化硅。尖晶石的成分主要取决于铝矾土中的二氧化硅含量。

#### 9.2.1.8　轻骨料

轻骨料可分为空心球、多孔熟料、陶粒、膨胀珍珠岩和膨胀蛭石。空心球又分为氧化铝、氧化锆空心球和漂珠。

（1）氧化铝空心球是用工业氧化铝经高温电熔吹制而成的。空心球颗粒为白色、空心、薄壁的球状体，长期使用温度为 1800℃。

（2）氧化锆空心球是用氧化锆经高温电熔吹制而成的。其主晶相为 $ZrO_2$，含量不小于 80%，其最高使用温度为 2200℃。

（3）漂珠是从热电厂粉煤灰中漂选出来的硅酸铝质玻璃珠体，呈白色、壁薄、中空，表面封闭而光滑。漂珠因煤质、燃烧条件等的情况不同，性能也有较大的差异。其耐火度不低于 1610℃，粒径小于 200μm，特点是体轻、壳坚，热导率小，是轻质耐火材料的良好原料。

（4）多孔熟料是用硬质黏土矿石或铝土矿石经加工处理后煅烧而成的。首先，将矿石粉磨并加烧失物，用水玻璃溶液或硫酸铝溶液做结合剂，在成球盘上成球；其次，将有一定强度的料球装进窑内，经 1350 ~ 1460℃ 的煅烧，便获得多孔熟料。该料分为黏土质和高铝质两种，均作为耐火骨料，称为黏土质多孔耐火骨料和高铝质多孔耐火骨料。多孔熟料可直接使用，也可破碎分级后使用。其耐火度大于 1670℃。

（5）陶粒是用易熔黏土、页岩、粉煤灰和煤矸石等原料，经过煅烧而制成的球形状多孔颗粒，其表面粗糙而坚硬，类似陶瓷化，内部呈蜂窝状，有互不连通的微细气孔。陶粒的特点是容重小，热导率低，强度高，是一种优良的人造轻骨料。

陶粒品种分为黏土陶粒、页岩陶粒、粉煤灰陶粒和煤矸石陶粒等。按其颗粒形状和大小分为粗陶粒（粒径大于 5mm）和陶粒砂（粒径等于或小于 5mm）两种。在不定形耐火材料中优先采用页岩陶粒。

（6）膨胀珍珠岩是用珍珠岩经煅烧后制得的。它呈白色、多孔状颗粒，即表面光滑、壁薄，内为蜂窝状结构。因此，膨胀珍珠岩容重小，热导率低，耐火度为 1280 ~ 1360℃。

（7）膨胀蛭石是用蛭石经煅烧而成。其容重为 80 ~ 300kg/cm³。当煅烧不好，杂质多，则容重大；颗粒组成中，大颗粒多，容重小，反之容重大；其颗粒是由极薄的薄片组成，各薄片间充满空气，因此热导率低而吸水率大。其耐火度为 1300 ~ 1370℃。

## 9.2.2 不定形耐火材料用的结合剂

### 9.2.2.1 概述

为使不定形耐火材料即使在常温下也能产生结合并获得初期强度而添加的物质称为不定形耐火材料的结合剂。

由于不定形耐火材料在使用前未经高温烧成，颗粒之间无普通烧结制品那样具有陶瓷结合或直接结合，它们之间只能靠结合剂的作用使其黏结为整体，并使构筑物或制品具有一定的初期强度。颗粒之间在不定形耐火材料中基本上仍保持其原有特性，但由于结合剂将其黏结为构筑物或制品后，产品的性能在很大程度上受结合剂的影响。因此结合剂是不定形耐火材料中的重要组分。在不定形耐火材料中，应充分发挥和利用结合剂的黏结性能和其他有利作用，而尽量减少和避免结合剂对材料的高温性能带来的不利影响。

因此，并不是所有物质都能作为不定形耐火材料的结合剂。作为不定形耐火材料的结合剂必须满足下列条件：

（1）能常温硬化，并使构筑物或制品产生足够的强度，一般要求 110℃ 烘干后抗压强度大于 15MPa；

（2）硬化时的体积变化小，体积变化率小于 1%；

（3）直到高温也能保证一定的强度；

（4）不明显地降低不定形耐火材料的性能；

（5）对人体和环境无危害；

（6）成本低；

（7）从市场上可以稳定地购货。

满足上述条件的物质按化学性质可作如下分类，如表 9-11 所示。

按照 Sychev 的分类方法，不定形耐火材料的结合剂又可分为凝聚结合、反应结合、水合结合和黏着结合等四大类。衡量结合剂结合性能的主要性质是制品的强度，即各个温度处理后的抗折强度和抗压强度。其他如施工性能等也是很重要的。

根据结合剂黏结作用的温度范围，又可将不定形耐火材料的结合剂分为暂时性结合剂与永久性结合剂两大类。

**表 9-11　不定形耐火材料结合剂按化学性质的分类**

| 分　类 | | 举　例 |
|---|---|---|
| 无机 | 水泥类 | 高铝水泥、氧化铝水泥、铝酸钡水泥、白云石水泥、镁质水泥、ρ-氧化铝、锆酸盐水泥 |
| | 硅酸盐 | 水玻璃（硅酸钾，硅酸钠）、硅酸乙酯 |
| | 磷酸（盐） | 磷酸、磷酸二氢铝、磷酸铝、磷酸镁、聚磷酸钠 |
| | 硫酸盐 | 硫酸铝、硫酸镁 |
| | 氯化物 | 氯化镁、聚合氯化铝 |
| | 硼酸（盐） | 硼酸、硼砂、硼酸铵 |
| | 铝酸盐 | 铝酸钠、铝酸钙 |
| | 溶胶 | 硅溶胶、铝溶胶 |
| | 天然料 | 软质黏土、氧化物超微粉 $SiO_2$、$Al_2O_3$、$Cr_2O_3$、$TiO_2$、$ZrO_2$ |
| | 树脂 | 酚醛树脂、聚丙烯 |
| 有机 | 天然黏结剂 | 糊精、淀粉、阿拉伯胶、糖蜜 |
| | 黏着剂、活化剂 | CMC、PVAC、PVA、木质素、聚丙烯酸 |
| | 石油和煤分离物 | 焦油沥青、蒽油沥青 |

### 9.2.2.2　暂时性结合剂

暂时性结合剂是指仅在常温下或较低温度下起结合作用的一类结合剂。其多为在高温下不能转化为炭素结合的有机物，在高温下因发生分解、挥发和燃烧而失去结合作用。因此，它们多作为不定形耐火材料的辅助性结合剂。暂时性结合剂按使用分为水溶性结合剂和非水溶性结合剂。

#### A　水溶性结合剂

这是一类具有大分子结构的可溶于水的有机物，它们之间的组成和结构不尽相同，但都有极性基，可吸附带极性的水分子而形成水化膜，溶于水或某些有机溶剂形成黏性溶液。对于耐火物料颗粒有良好的润湿性和相当高的黏着力，而将颗粒黏结为整体。经干燥后，结合剂因水的蒸发而使水合物的黏度提高，构筑物的结合强度也随之提高。最常用的有机高分子化合物结合剂有糊精、CMC、木质素磺酸盐类、PVAC、PVA、聚丙烯酸和异丁烯二酸。

这类结合剂一般不与耐火材料产生化学反应，并具有相当好的保水性，因而也不会使混合物的工艺性质随时间而波动。这类结合剂中有些是良好的表面活性物质，具有稀释或改善混合料可塑性的作用，使施工方便，使制品获得密实的结构。

由水溶性结合剂制成的不定形耐火材料混合料，结合剂多数只占混合料的 2%～3%，数量较少，颗粒间不会因结合剂的加入而拉大间隙，在干燥、烧结和使用过程中，一般不会产生严重的收缩或裂纹。另外，由于这类结合剂主要是由碳、氢、氧元素组成的，在加热过程中发生分解、挥发或燃烧，除有些有机盐可能残留少量灰分外，一般不会产生对耐火材料高温性能有害的影响。

### B　非水溶性结合剂

非水溶性结合剂包括油熔性和热塑性有机物，它们不溶于水，当需要结合易水化的耐火物料如白云石骨料时，为避免物料的水化，常常使用这类结合剂。

非水溶性结合剂主要是硬沥青类、石蜡、聚丙烯类和热塑性树脂，使用时或加热软化成液态或溶于有机溶剂而呈液态进行施工，有时也以高度分散的细粉直接使用。当以加热软化的方式使用时，结合剂与耐火材料在热态下混拌，并在热态下成型。软化成液态的结合剂能润湿颗粒的表面，形成吸附薄膜，从而使耐火物料间黏结为整体。当冷却到常温时，结合剂硬化，制品即具有相当高的强度。当以溶剂溶解的方式使用时，一般在常温下混拌和成型，成型后，特别是在加热时溶剂挥发，结合剂随之硬化。若以细粉状直接使用时，也多在热态下混拌和成型。其中在室温下能流动的结合剂，也可以在常温下干压成形。表 9-12 所示为几种常见的非水溶性结合剂的基本性质。

**表 9-12　几种常见的非水溶性结合剂**

| 化学名称 | 聚乙烯类 | 沥青类 | 聚异丙烯 | 古马隆树脂 | 石油树脂 | 氨基甲酸乙酯树脂（液态硬化型） |
|---|---|---|---|---|---|---|
| 形态 | 固态 | 半固态 | 液态半固体固体 | 固体 | 固体 | 液态 |

### 9.2.2.3　炭素结合剂

炭素结合剂是永久性结合剂的一种。

永久性结合剂是在常温下和高温下均有结合作用的一类结合剂，在不定形耐火材料中使用最为广泛。常用的有炭素结合剂、水泥结合剂、硅酸盐结合剂、磷酸盐结合剂、氯化盐结合剂和硫酸盐结合剂等。

炭素结合剂是一些由含碳较多的、特别是残碳较多的有机物组成的整体，使其具有一定的强度，在高温下由于有大量炭素残留于其中而仍能起着结合作用。

由于炭素结合剂有许多优点，所以在不定形耐火材料中已有很长的使用历史，如焦油沥青已长期用于制造白云石质捣打料。虽然焦油沥青在使用中对环境有严重的污染，但近年仍在使用。另外，有机高分子材料的发展使炭素结合剂的品种和数量也日益增多，如酚醛树脂在耐火材料中已普遍应用。

炭素结合剂在常温下多呈固态或半固态，但在加热过程中于一定的温度范围内具有热塑性。利用此种热塑性可使其与不定形耐火物料混拌均匀制成混合料，并可采用适当的施工方法将混合料制成密度相当高的构筑物或制品。随着温度的提高，结合剂发生分解作用、架桥作用、脱水和缩聚作用，最终变为炭素结合，使构筑物或制品变硬而具有相当高的冷态和热态强度。

炭素结合剂在加热过程中的强度变化不同于一般热塑性树脂，而且结合剂的品种不同，保持热塑性的温度范围和硬化特性也不尽相同。一般而论，结合剂中炭素含量越高，在耐火物料表面上结合的炭素浓度和在孔隙中残留的炭素就越多，使构筑物或制品的结构越密实，强度也越高。焦油沥青、酚醛树脂和其他有机物的理论残碳率如表 9-13 所示。

表9-13　几种有机物的理论残碳率结合剂

| 结合剂种类 | 残碳率/% | 结合剂种类 | 残碳率/% |
|---|---|---|---|
| 焦油沥青 | 52.5 | 硬沥青 | 16.4 |
| 酚醛树脂 | 52.1 | 聚丁二烯树脂 | 12.1 |
| 呋喃树脂 | 49.1 | ABS | 11.6 |
| 聚丙烯腈 | 44.3 | PVAC | 11.7 |
| 天然松香 | 28.1 | 密胺树脂 | 10.2 |
| 部分碱化聚丙烯腈 | 21.5 | 尿素树脂 | 8.2 |

一般热塑性树脂的炭素含量低，在常温下有一定的强度，但随着温度的提高而软化，温度较高，强度越低。这类材料不能作为永久性结合剂。

焦油沥青的炭素含量较高，在常温下有一定的强度，加热后软化并在相当宽的温度范围内保持塑性，随着温度的提高，沥青进行缩聚、焦化，约到500℃时强度达到最高值。

酚醛树脂的碳含量较多，常温下的强度与煤焦油沥青和一般热塑性树脂相近，当加热后也可软化。但保持塑性的温度范围很窄，在此后的升温过程中，在远较煤焦油沥青硬化温度低的情况下即迅速硬化，而具有较高的热态结合强度。酚醛树脂硬化快、强度高的特性是因其在加热过程中分解生成的 $CO$、$CO_2$、$H_2$、$CH_4$ 和 $H_2O$ 气体较少，因而结构比较致密。由于酚醛树脂的这些特点，这类结合剂不仅在定形制品中使用，而且在不定形耐火材料中已广泛使用。

因此不定形耐火材料，尤其是含碳不定形耐火材料，用酚醛树脂类结合剂是完全可以制造出来的，其中，捣打料用酚醛树脂配制的途径也很多。

### 9.2.2.4　铝酸盐水泥

#### A　铝酸钙水泥

铝酸钙是由烧结法或熔融法生产的铝酸钙熟料经细磨而制成的水硬性胶凝材料。它具有快硬高强、耐火、抗硫酸盐侵蚀的特点。

铝酸盐水泥的结合性能主要是由于铝酸钙的水化而实现的。水泥的化学成分不同，其矿物组成是不同的。在铝酸钙水泥中，可能出现的矿物及其耐火性能与水化性能如表9-14所示。

表9-14　铝酸盐水泥中各矿物的性质

| 名　称 | 化　学　式 | 简写 | 熔点/℃ | 水化速度 | 限量 |
|---|---|---|---|---|---|
| 铝酸一钙 | $CaO \cdot Al_2O_3$ | CA | 1608 | 快 | |
| 二铝酸钙 | $CaO \cdot 2Al_2O_3$ | $CA_2$ | 1770 | 慢 | |
| 七铝酸十二钙 | $12CaO \cdot 7Al_2O_3$ | $C_{12}A_7$ | 1455 | 很快 | |
| 铁铝酸四钙 | $4CaO \cdot Al_2O_3 \cdot Fe_2O_3$ | $C_4AF$ | 1415 | 弱，早强 | |
| 钙黄长石 | $2CaO \cdot Al_2O_3 \cdot SiO_2$ | $C_2AS$ | 1590 | 不水化 | ≤7% |
| $\alpha\text{-}Al_2O_3$ | $Al_2O_3$ | A | 2050 | 凝聚 | |
| 镁铝尖晶石 | $MgO \cdot Al_2O_3$ | MA | 2135 | 不水化 | |
| 硅酸二钙 | $2CaO \cdot SiO_2$ | $C_2S$ | 2130 | 很慢 | |

铝酸盐水泥水化建立强度是因为片、针状水化产物与胶态 $AH_3$ 交织在一起，将耐火物料紧密地联系在一起，从而成为一个坚强的整体。显然，从表 9-15 可以看出，几种水化矿物对建立强度的贡献大小有如下顺序：

$$CAH_{10} > C_2AH_8 > C_3AH_6$$

$CA_2$ 的水化反应中每一个步骤都有胶态 $AH_3$ 生成，产物的形成容易阻碍水泥的进一步水化，因而其水化过程是缓慢的。$C_{12}A_7$ 具有较大的结构空洞，活性很大，因而容易水化，且在水化过程中产生大量的热量加速水化进程，因此含 $C_{12}A_7$ 的水泥易速凝。尤其是与水中的 $Cl^-$、$F^-$、$OH^-$ 离子反应，将导致快速凝固，使制品疏松，强度很低。

在水合物的加热过程中，各水合物要相互转化，相继脱水。相互转化过程中，由于密度的差异，会产生体积变化；尤其是脱水过程中将产生很大的体积收缩。这些体积效应将导致不定形耐火材料的强度下降。降低水化产物转化的体积变化和脱水收缩的主要方法是降低水泥用量，这也是出现低水泥和超低水泥浇注料的原因之一。

表 9-15 铝酸盐水泥水化产物的性质

| 水化产物 | 结晶状态 | 结晶形状 | 稳定性质 | 密 度 |
|---|---|---|---|---|
| $CAH_{10}$ | 六方 | 片状针状 | 亚稳 | 1.72 |
| $C_2AH_8$ | 六方 | 片状针状 | 亚稳 | 1.95 |
| $C_3AH_6$ | 立方 | 颗粒 | 稳定相 | 2.52 |
| $AH_3$ | 胶体 | 无定形 | 亚稳 | 2.42 |

B    $\rho\text{-}Al_2O_3$

$\rho\text{-}Al_2O_3$ 是最近十年开发的新型结合剂。制取的原料为 $Al(OH)_3$，其主要晶形为三水铝石，拜耳石和一水硬铝石等；煅烧工艺有真空加热分解、悬浮加热分解和回转窑加热分解等，加热温度为 $450 \sim 900℃$，物料接触时间为 $5 \sim 30s$，然后骤然冷却，便可制得 $\rho\text{-}Al_2O_3$。

$\rho\text{-}Al_2O_3$ 的特性是遇水后能发生水化并生成三羟基铝石和勃姆石溶胶。其水化反应如下：

$$\rho\text{-}Al_2O_3 + H_2O \Longrightarrow Al(OH)_3 + AlOOH \tag{9-6}$$

也就是说，$\rho\text{-}Al_2O_3$ 水化反应产物具有胶结和硬化的作用。在一定的工艺条件下能使耐火浇注料获得强度。因此，$\rho\text{-}Al_2O_3$ 作为结合剂的凝结硬化机理是水化结合。

$\rho\text{-}Al_2O_3$ 虽然是水硬性结合剂，但其水化作用不强。其水化程度与养护温度和水灰比等因素有关。当结合剂组成和性能一定时，在 5℃ 下养护，反应很慢，在 30℃ 下养护，反应很快；掺加碱金属盐能加快水化速度；掺加有机羧酸的试样在 30℃ 下养护，能抑制三羟基铝石的形成，但可极大地促进勃姆石凝胶的生成，显著地增加强度。即用 $\rho\text{-}Al_2O_3$ 作为结合剂时，为了加快反应，提高强度，加入外加剂和助结合剂是必要的。

$\rho\text{-}Al_2O_3$ 适宜作刚玉和莫来石等浇注料的结合剂。

C    铝酸钡水泥和白云石水泥

铝酸钡和水反应具有水泥的作用。铝酸钡的理论组成是 $w(BaO) = 62\%$，$w(Al_2O_3) = 38\%$，熔点为 1815℃。罗马尼亚生产的铝酸钡水泥的化学组成如表 9-16 所示。

表 9-16　铝酸钡水泥的化学组成

| $w(BaO)/\%$ | $w(Al_2O_3)/\%$ | $w(SiO_2)/\%$ | $w(Fe_2O_3)/\%$ |
|---|---|---|---|
| 58 ~ 63 | 29 ~ 39 | 0.7 ~ 6 | 0.3 |

其高温性能接近于纯铝酸钡，适宜于碱性骨料，在原子反应堆中有重要的应用。铝酸钡水泥结合的制品在施工中和烘干后容易出现变形与开裂，当加水量增多时尤为明显，如表 9-17 所示。

表 9-17　铝酸钡水泥制品脱水对结构性能的影响

| 水＼水泥 | 反应产物 | 产物性质 | 脱水对制品结构性能的影响 | 结　果 |
|---|---|---|---|---|
| >0.6 | BAH$_6$-5 | 单斜晶系 | 急剧变化为非晶质，体积收缩 | 变形，开裂 |
| <0.6 | BAH$_4$ | 等轴晶系 | 无上述现象 | 无大的变化 |

白云石水泥是由白云石和氧化铝粉末烧结所制熟料细磨而得的。主要矿物是 CA，CA$_2$，MA。其化学组成是：$w(Al_2O_3) = 66\% \sim 76\%$；$w(CaO) = 14\% \sim 19.5\%$；$w(MgO) = 8.5\% \sim 13\%$。这种水泥能很好地抗碱性渣、铁鳞和碱的侵蚀性，具有很高的荷重软化点。

### 9.2.2.5　硅酸盐结合剂

#### A　水玻璃

锂、钠、钾的硅酸盐的各种混合物通称水玻璃。其中，钾和钠的硅酸盐易降低耐火材料的高温性能，但由于其黏结性能良好，价廉易得，无毒无害，又有利于耐火材料的高温烧结，因而在不定形耐火材料中得到了广泛的应用。用钾水玻璃作结合剂时，其特点是耐火材料的收缩较小，强度较大，稳定性高，风化现象少。锂的硅酸盐作结合剂时，其所结合的耐火材料的收缩性小，密实性高，但因锂硅酸盐的价格昂贵，只能用于一些特种场合。

水玻璃本身的凝结硬化在常温下是很缓慢的，当有外加剂存在时，常由于水玻璃与外加剂的反应而发生常温硬化。可以作为水玻璃硬化剂的物质有 Si、Na$_2$SiF$_6$、CaO、Al(H$_2$PO$_4$)$_3$、2CaO·SiO$_2$、RCOOR、CHC、AlCl$_3$、H$_3$PO$_4$、Zn、Pb、Fe、Mg 等的磷酸盐，均可作为水玻璃的促硬剂。其原理是与水玻璃中的碱中和，加速硅酸钠的水解，使硅酸凝胶不断析出并凝聚。

#### B　硅酸乙酯

硅酸乙酯是清澈水白色溶液，无悬浮物，沸点为 165℃。它本身并不能使耐火材料颗粒之间形成良好的结合。必须预先对其进行有效的水解，生成络合硅酸盐和乙醇，然后经缩合作用形成凝胶体，才具有黏结耐火材料颗粒料的性能。硅酸乙酯的水解速度和形成凝胶的速度，在酸性介质中进行较慢。在碱性介质中凝胶速度可用改变加入物浓度的方法来调节。常用的加入物有氧化镁，氨水和强有机碱。用氧化镁时，要取得均匀的混合物是很困难的，因为凝胶的速度不易控制，将氧化镁分散在甘油和水的混合液中可以克服这一困难，调节氧化镁的数量或甘油的数量就可调节凝胶的速度。

可加入的有机碱有脂肪族的胺或杂环胺如单乙醇胺，环乙胺；二环乙基胺，对氧氮乙环，氧杂环己烷等。因为胺与硅酸乙酯可混溶，可将少量的一种或几种胺预先加入硅酸乙酯中混拌均匀。这种溶液又称为改性硅酸乙酯。这种改性硅酸乙酯与水或水蒸气接触就会迅速凝结，但与硅酸乙酯只有在使用前才能与水混合。调节凝胶时间可以有如下三种方法：

（1）调节水／乙醇溶液的比例；

（2）改变胺的加入量；

（3）把稀释剂如异丙醇加入到改性硅酸乙酯中。

在不定形耐火材料混合料的制备过程中，若硅酸乙酯迅速地完全水解和凝聚，则不易形成密实的结构，从而难以获得良好的结合强度。所以应采取逐步水解的办法，在制备混合料以前，仅加入一部分完全水解所需的水分，不足的水分在制成构筑物或制品以后，从养护时所处的潮湿的大气中得到补充。

在干燥中，当温度达到 200℃ 时，乙醇等挥发物被排除，制品即获得相当高的强度。在升温过程中，因挥发物的逸出，制品会产生一定的收缩，但不明显降低制品的强度。在高温下，由于无溶剂作用，又能形成大量的陶瓷结合，使制品的高温强度高，抗热震性能也好。

硅酸乙酯可用于生产刚玉质、硅线石质、莫来石质、氧化锆质、锆英石质及碳化硅质不定形耐火材料，可以进行浇注，捣打或振动成型，泥浆浇注时需要用石蜡或硅酮作脱模剂。

**C　硅溶胶**

硅溶胶即硅酸溶胶，呈乳白色溶胶，带负电性，制备方法主要有酸法、离子交换法和电渗析法。作为结合剂，硅溶胶有如下特点：

（1）胶粒细小，凝胶后氧化硅有很高的活性，可与无机盐和氧化物反应生成硅酸盐，具有极大的黏结性能；

（2）渗透能力强，能与表面层下的物质发生反应；

（3）可与高分子聚合物混溶，分散性和润湿性好；

（4）钠离子含量低，冷态和热态强度均较高；

（5）与铝溶胶混溶，可制成莫来石溶胶，可以作为与铝硅系同材质的结合剂。

**9.2.2.6　磷酸及磷酸盐结合剂**

**A　磷酸**

磷酸中只有正磷酸是最稳定的，可以和水以任意比例混合。低浓度时为单一磷酸，高浓度时是各种聚磷酸的混合物。当浓度达到 100% 时，有 12.7% 的 $P_2O_5$ 结合成焦磷酸。

正磷酸本身无粘结性能，当它与耐火材料接触后，由于两者之间的反应，才使其表现出良好的黏结性能。使用磷酸作不定形耐火材料的结合剂时，耐火材料的性质对黏结作用的形成速度和形成整体强度有较大的影响。

在常温下，磷酸与下列氧化物作用，发生剧烈反应，凝结速度太快而不能形成有效的结合：CaO、SrO、BaO、MnO。

在常温下，磷酸与下列死烧的氧化物可以反应，形成较好地结合：$Nb_2O_3$、$La_2O_3$、$MgO$、$ZnO$、$CdO$。

与下列轻烧的氧化物作用可以形成胶结：$V_2O_5$、$Fe_2O_3$、$Mn_2O_3$、$NiO$、$CuO$。

正磷酸可用于黏结硅质、半硅质、莫来石质、刚玉质、$SiC$质、$ZrO_2$质和锆英石质不定形耐火材料及其复合耐火材料。正磷酸结合剂主要的两个参数是浓度和加入量，在大多数情况下浓度以 30%～60% 为宜，加入量 7.0%～15%。加入量的大小主要取决于骨料的气孔率和物料的堆积密度。

B　磷酸铝

磷酸铝是不定形耐火材料中应用较为广泛的一种磷酸盐结合剂。磷酸铝是与氢氧化铝与正磷酸反应而制得的，反应时由于中和程度不同分别有磷酸二氢铝，磷酸氢铝和正磷酸铝等三种不同产物。

磷酸二氢铝的主要成分为 $Al(H_2PO_4)_3$，它在常温下溶于水，与耐火材料混合后只要不存在促凝剂，这种混合料即可在长时间内保持塑性，做成的制品一般不硬化。

当成型后的制品加热到一定温度后，磷酸二氢铝即变成焦磷酸二氢铝和偏磷酸铝，并随之发生聚合反应。正是在 400～500℃ 以上的温度下形成的偏磷酸铝聚合物 $[Al(PO_3)_3]_n$，随着聚合程度的提高，使得不定形耐火材料形成较强的黏结，获得强度，偏磷酸铝发生聚合的同时也分解出部分 $P_2O_5$ 还与耐火材料中的 $Al_2O_3$ 反应形成 $AlPO_4$，这种 $AlPO_4$ 的生成同样有利于不定形耐火材料强度的提高。

当磷酸铝硬化中的 $P_2O_5$ 全部挥发后，耐火材料的高温性质已无磷酸铝的影响，而主要取决于物料本身的性质。但是由于 $P_2O_5$ 挥发所形成的活性 $Al_2O_3$ 的分布，对于制品的烧结有促进作用，从而对制品的强度有积极的作用。

总结起来，磷酸铝结合不定形耐火材料有如下一些特点：

（1）中温强度高，但高温下的热态强度低；

（2）耐火度高；

（3）耐侵蚀性强；

（4）抗熔蚀性强；

（5）磷酸钠和聚磷酸钠。

这是在碱性不定形耐火材料中经常使用的一类结合剂，尤其是聚合磷酸盐，它对 $MgO$ 具有良好的结合性能，在水中有一定的溶解度，便于施工。

由表 9-18 可见，除了三聚磷酸钠和六偏磷酸钠有正常的硬化速度外，其余都不正常。然而改变条件也会改变各磷酸盐的硬化速度，对于硬化过速的磷酸盐，可以用增加加水量，降低水温等方法予以调整，而硬化过慢的磷酸盐可通过提高水温，增加碱性材料的活性或加入部分活性物的办法给以调整。

磷酸钠结合的碱性耐火材料一般具有较好的高温性能。尤其值得注意的是磷酸钠与 $CaO$ 反应产物中，有许多优异的性能，使耐火材料牢固结合，约 800℃ 左右，这种牢固的结合一直可以持续到高温范围。

表 9-18　磷酸盐结合镁质材料的凝固速度化学

| 结合剂 | 硬化时间/min | 硬化状态 | 结合剂 | 硬化时间/min | 硬化状态 |
|---|---|---|---|---|---|
| $NaH_2PO_4$（结晶） | 31.3 | 软 | $KH_2PO_4$ | — | 硬化 |
| $NaH_2PO_4$（无水） | 9.20 | 软 | $NH_4H_2PO_4$ | 4.20 | 快速硬化 |
| 无水磷酸钠 | 41.3 | 软 | $CaHPO_4$（无水） | >10 | 软 |
| 无水磷酸三钠 | <10 | 快速硬化 | $Ca(H_2PO_4)_2$ | 12.10 | 不硬化 |
| 酸性焦磷酸钠 | 6.35 | 软 | 酸性焦磷酸钠 | — | 不硬化 |
| 三聚磷酸钠 | 25.5 | 硬化 | 焦磷酸钙 | — | 不硬化 |
| 六偏磷酸钠 | 3.40 | 硬化 | $MgHPO_4$（结晶） | — | 快速硬化 |
| 四聚磷酸钠 | 30.20 | 透 | $MgHPO_4$（无水） | <10 | 快速硬化 |
| 焦磷酸钠 | 29.0 | 软 | 磷酸镁（无水） | <10 | 不硬化 |

# 9.3　耐火浇注料

浇注料是一种由耐火物料制成的粒状和粉状材料。这种耐火材料形成时要加入一定量结合剂和水分。它具有较高流动性，适用于以浇注方法施工的不定形耐火材料。

为提高其流动性或减少其加水量，还可另加塑化剂或减水剂。为促进其凝结和硬化，可加促硬剂。由于其基本组成和施工、硬化过程与土建工程中常用的混凝土相同，因此也常称此种材料为耐火混凝土。

## 9.3.1　浇注料用的瘠性耐火原料

### 9.3.1.1　粒状料

粒状料可由各种材质的耐火原料制成，以硅酸铝质熟料和刚玉材料用得最多。其他如硅质、镁质、铬质、锆质和碳化硅质材料也常用，根据需要而定。

当采用硅酸铝质原料时常用蜡石、黏土熟料和高铝矾土熟料。硅线石类天然矿物可不经煅烧直接使用。但是蓝晶石不宜直接用作粒状材料，由于此种矿物在 1200～1400℃ 范围内形成莫来石时可急剧发生体积膨胀。若将其制成粉状料，适当加入不定形耐火材料之中，可防止烧缩。红柱石在莫来石化时的膨胀性介于硅线石和蓝晶石之间，直接使用效果不及硅线石。烧结和熔融的合成莫来石，可用作浇注料的优质原料。烧结和熔融刚玉制成的各级粒状料可制成高温性能良好，耐磨和宜于在强还原气氛下使用的不定形耐火材料。

硅质材料中的硅石由于在中温下体积膨胀较大，高温下与碱性结合剂的反应强烈，体积稳定性和耐热震性都很低，因此用者极少。在硅质材料中的熔融石英，由于其热膨胀系数极小，耐热震性很好，并耐酸性介质的侵蚀，可作为在中温下使用而且要求耐热震性很高的化学工业的一些窑炉所用浇注料的原料。

镁质材料是制造耐碱性熔渣侵蚀的镁碳浇注料和铺加热炉炉底浇注料的主要原料。当采用此种材料配制浇注料时，不应使用含水的结合剂。

铬质材料的质量因产地而异，可用于加热炉中气氛变化不大的部位。在制造碱性同酸性材料间隔层的浇注料中，应用此种原料较适宜。

尖晶石材料耐高温性能良好，是制造尖晶石浇注料的主要原料。

锆质材料，如锆英石，可作为配制锆英石浇注料的主要原料。

碳化硅是配制浇注料的优良材料。它很适宜于用作耐高温、耐磨或要求高导热之处的浇注料原料。

一般认为，以烧结良好的吸水率为 1%～5% 的烧结材料作为粒状料，可获得较高的强度。以熔融材料作为粒状料，因其表面不吸水，易使浇注料中粗颗粒的下部集水较多，使颗粒与结合剂之间结合强度降低，而且在使用过程中也不易烧结为密实的整体。但若以超细粉的形式加入，则不仅对强度无不利的影响，而且可提高耐侵蚀性。

若欲生产体积稳定性较高和耐热震性很好的不定形耐火材料，可选用热膨胀系数小的材料作为粒状料。如在中温下使用的浇注料，除可使用熔融石英外，利用 $SiO_2$-$Al_2O_3$-$MgO$ 系的堇青石和 $SiO_2$-$Al_2O_3$-$Li_2O$ 系的锂辉石作为粒状料，就具有此种效果。

浇注料的粒状料也可用轻质多孔的材料制成。另外，也可使用纤维质的耐火材料。

### 9.3.1.2 粉状料

浇注料中的粉状料，对实现瘠性料的紧密堆积，避免粒度偏析，保证混合料的流动性、提高浇注料的致密性与结合强度，保证其体积稳定性，促进其在服役中的烧结和提高其耐侵蚀性都是极重要的。因此粉状料的质量必须得到保证。

在浇注料中，由于结合剂的加入，往往产生助熔作用，使浇注料基质部分的高温强度和耐侵蚀性有所减弱。为提高基质的量，避免基质部分可能带来的不利影响，常采用与粒状料的材质相同但质地更优的作为粉状料，以使浇注料中的基质与粒状料的品质相当。

浇注料中粉状料的粒度必须合理，其中应含一定数量粒度为数微米甚至小于 $1\mu m$ 的超细粉。

浇注料的基质部分在高温下一般要发生收缩。而由体积稳定的熟料所制成的粒状料却因受热而膨胀。两者间产生较大的变形差，并因此而引起内应力，甚至在结合层之间产生裂纹，降低耐侵蚀性。为避免此种现象，除应尽量选用热膨胀系数较小的耐火材料作为粒状料以外，在构成基质的组分中应加入适量膨胀剂。

通常，依瘠性料材质的不同对浇注料分类，并分别生产和使用。

## 9.3.2 浇注料用结合剂

结合剂是浇注料中不可缺少的重要组分。在浇注料中用的结合剂多为具有自硬性或加少量促硬剂即可硬化的无机结合剂。最广泛使用的为铝酸钙水泥、水玻璃和磷酸盐。另外，制造含碳浇注料或由易水化的碱性原料制造浇注料，也常用含残碳较高的有机结合剂。

浇注料浇注于模型中和震捣密实后，要求结合剂应及时凝结硬化，在短期内即具有相当高的强度。但是，为保证混合料便于施工，以获得组分分布均匀和结构密实的结合体，结合剂的凝结速度又不宜太快。另外，结合剂不得对不定形耐火材料的高温性能带来不利的影响。故结合剂的性质和用量必须适当。

可作为不定形耐火材料结合剂的物质很多。根据其化学组成，可分为无机结合剂和有机结合剂。根据其硬化特点，可分为气硬性结合剂、水硬性结合剂、热硬性结合剂和陶瓷结合剂。浇注料所用的结合剂多为具有自硬性或加少量外加剂即可硬化的无机结合剂。最广泛使用的是铝酸钙水泥（高铝水泥）、水玻璃和磷酸盐。其基本性质见 9.2.2 节。较为常见的还有氯化镁结合剂、硫酸铝和微粉结合。

### 9.3.2.1 氯化镁结合剂

氯化镁 $MgCl_2 \cdot H_2O$ 结合剂主要用于生产镁质、镁铬质和铬镁质耐火材料，其凝结硬化作用主要是由于 $MgCl_2$ 与 $H_2O$ 反应生成氧氯化镁，以及由于氯化镁的存在使氧化镁快速持续地水化生成 $Mg(OH)_2$ 而引起的，其反应式为：

$$x MgO + y MgCl_2 + 2H_2O \longrightarrow x MgO \cdot y MgCl_2 \cdot 2H_2O \tag{9-7}$$

$$MgO + H_2O \longrightarrow Mg(OH)_2 \tag{9-8}$$

$MgO$ 水化反应本来是较慢的，但当水溶液中有 $MgCl_2$ 存在时，增大了 $Mg(OH)_2$ 晶体的溶解度，从而促进 $MgO$ 的持续水化，使 $Mg(OH)_2$ 得以大量形成，成为连续的结晶体骨架结构，使结合体的强度提高。$Mg(OH)_2$ 在 400℃ 左右分解，成为高度分散的具有相当高活性的 $MgO$，促进固相反应，有利于烧结。通常控制 $MgCl_2$ 水溶液的相对密度在 1.24 左右，加入量约 3% 。

### 9.3.2.2 硫酸铝

受水解生成碱式盐，然后生成氢氧化铝，最后逐渐形成氢氧化铝凝胶体而凝结硬化。

$$Al_2(SO_4)_3 + 2H_2O \longrightarrow Al_2(SO_4)_2(OH)_2 + H_2SO_4 \tag{9-9}$$

$$Al_2(SO_4)_2(OH)_2 + 2H_2O \longrightarrow Al_2(SO_4)(OH)_4 + H_2SO_4 \tag{9-10}$$

$$Al_2(SO_4)(OH)_4 + 2H_2O \longrightarrow Al(OH)_3 \downarrow + H_2SO_4 \tag{9-11}$$

常温下硫酸铝的水解作用较慢，甚至在 200~700℃ 温度下水解不超过 5% ，因此可以加入其他金属盐促凝。

### 9.3.2.3 微粉结合

高技术浇注料的配制几乎都涉及微粉的使用。20 世纪 80 年代以后，在陶瓷和耐火材料的使用中，人们发现提高细粉的粒度可以促进烧结过程、降低水的用量、提高材料的强度、提高坯体的致密度。微粉的作用机理较复杂，一般认为是填充作用和凝聚结合的共同作用。

$SiO_2$ 微粉（硅灰）为铁合金厂、金属硅厂的副产品（气相沉淀而成），粒度在 0.1~0.5μm，球形颗粒，活性适宜，能在颗粒表面形成硅胶薄膜，起到低温结合作用。

近年来，无水泥浇注料结合体系的一个新的结合方式是由无定形 $SiO_2$ 微粉与 $MgO$ 和 $H_2O$ 作用产生的 $MgO\text{-}SiO_2\text{-}H_2O$ 凝聚结合。其凝结机理为它们生成含结构水少的凝胶，同时降低 $MgO$ 的水化率和加热过程中的失重，且在较宽温度范围内逐渐脱水，因而快速升温对结构的破坏作用不大。$SiO_2$ 微粉水化后，表面形成类似硅胶结构并存在大量羟基的 $Si\text{—}OH$ 键，烘干脱水后形成 $Si\text{—}O\text{—}Si$ 键。

使用微粉所带来的主要优点是：

（1）不生成大量含结构水的水化产物，挥发和分解成分少，有利于材料受热后结构和强度的保持；

（2）微粉的表面活性高，有利于提高低、中温的结合强度，降低烧结温度；

（3）微粉分散后可填充更细小的空间，有利于减水，改善流动性和提高致密度及改善抗熔渣渗透性。

但微粉的用量不宜太多也不宜太少。一方面，多余的微粉会发生团聚，烧结过程中会发生收缩，影响材料的整体性能；另一方面，微粉过少，尚有孔隙未被填充，试样致密度不高。

### 9.3.3 浇注料的配制与施工

浇注料的各种原料确定以后，首先要经过合理的配合，再经搅拌制成混合料，有的混合料还需困料。根据混合料的性质采取适当方法浇注成型并养护。最后将已硬化的构筑物，经正确烘烤处理后投入使用。

#### 9.3.3.1 浇注料的配制

A 瘠性料的配制

对各级粒度的颗粒料，根据最紧密堆积原则进行配制。

由于浇注料多用于构成各种断面较大的构筑物和制成大型砌块，粒状料的极限粒度可相应增大。但是，为避免粗颗粒与水泥石之间在加热过程中产生的胀缩差值过大，而破坏两者的结合，除应选用低膨胀性的粒状料以外，也应适当控制极限粒度。一般认为，振动成型者应控制在 10~15mm 以下；机压成型者应小于 10mm；对大型制品或整体构筑物不应大于 25mm；皆应小于断面最小尺寸的五分之一。

各级颗粒料的配比，一般为 3~4 级，颗粒料的总量约占 60%~70%。

在高温下体积稳定且细度很高的粉状掺合料，特别是其中还有一部分超细粉的掺合料，对浇注料的常温和高温性质都有积极作用，应配以适当数量，一般认为细粉用量在 30%~40% 为宜。

B 结合剂及促凝剂的确定

结合剂的品种取决于对构筑物或制品性质的要求，应与所选粒状和粉状料的材质相对应，也与施工条件有关。

当制造由非碱性粒状料组成的浇注料时，一般多采用水泥作结合剂。采用水泥作结合剂，应兼顾对硬化体的常温和高温性质的要求，尽量选用快硬高强而含易熔物较低的水泥，其用量应适当，一般认为不宜超过 12%~15%。为避免硬化体的中温强度降低和提高其耐高温的性能，水泥用量应尽量减少，而代以超细粉的掺合料。

若采用磷酸或磷酸盐作结合剂，则应视对浇注料硬化体性质的要求和施工特点，采用相应浓度的稀释磷酸或磷酸盐溶液。以浓度为 50% 左右的磷酸计，其外加用量一般控制在 11%~14%。若以磷酸铝为结合剂，当 $Al_2O_3/P_2O_5$ 的摩尔比为 1:3.2，相对密度为 1.4 时，外加用量宜控制在 13% 左右。由于此种结合剂配制的浇注料硬化体在未热处理前凝结硬化慢，强度很低，故常外加少量碱性材料以促进凝固。若以普通高铝水泥作促凝剂，一般外加量为 2%~3%。

若采用水玻璃，应控制其模数及密度。当用模数为 2.4~3.0，密度为 1.30~1.40 者时，一般用量为 13%~15%。若用硅氟酸钠促硬剂，其用量一般占水玻璃的 10%~12%。

其他结合剂及其用量，也依瘠性料的特性、对硬化体的性质要求及施工要求而定。

C 用水量

各种浇注料一般皆含有与结合剂用量相应的水分。这些水分可以在结合剂与瘠性料组成混合料后再加入，如对易水化且凝结速度较快的铝酸钙水泥就常以此种形式进行。也可以预先与结合剂混合制成一定浓度的水溶液或溶胶的形式加入，如对需预先水解才可具有黏结性的结合剂则主要以此种形式进行。当结合剂与水反应后不变质时，为使结合剂在浇注料中分布均匀，或为控制凝结硬化速度，也往往预先同水混合，如前述磷酸和水玻璃等就是如此处理的。另外，应该指出，一些干震式浇注料呈粉粒状，其中不含水分，可直接以干式震动法施工，为防止粉尘，可混入少量煤油。此种浇注料可快速烘烤而不易爆裂。

如前所述，以水泥结合剂而论，水泥的凝结硬化速度与硬化后的强度除与水泥特性有关外，主要由水灰比决定。最适当的水灰比应依水泥品种而相应地在其水灰比－强度曲线上选取，并以近于最高峰者为宜。水灰比－强度曲线的峰值，不仅依水泥品种而异，因颗粒料的吸水率、形状、表面特征不同和施工时密实化的手段不同，也有所改变。在生产上，为保证浇注料的强度，在选用适当的水灰比时，应全面考虑以上各个方面。一般对由普通高铝水泥结合的硅酸铝质熟料制成的普通浇注料采用的水灰比多在 0.40 ~ 0.65。其中以震动成型者常取 0.50 ~ 0.65，混合料的水分在 8% ~ 10%；机压成型者常取 0.4 左右，混合料水分约在 5.5% ~ 6.5% 应该指出，随着普通高水泥浇注料向低水泥、超低水泥浇注料的发展，由于超微粉的引入、震动成型的浇注料的用水量也相应降低到 4% ~ 5%，机压成型更低。另外，为了减少浇注料中的水分，提高硬化体的密度，在浇注料中应加适当增塑减水剂。

#### 9.3.3.2  浇注料的困料

以水泥结合的浇注料制成混合料后，不久即凝固硬化，不应困料。水玻璃加促硬剂后制成者，在空气中久存也自硬，也不困料。磷酸盐制成者，因制成混合料后，瘠性料中的金属铁等杂质与酸反应，形成气体，使混合料鼓胀、结构疏松，使硬化体强度降低，故需困料，即加入部分酸混成混合料后，在 15 ~ 28℃ 以上的温度下，静置一段时间，使气体充分逸出后，然后再加余酸混合。若在混合料制备过程中加入适当抑制剂，可不需困料。

#### 9.3.3.3  浇注料的浇注与成型

多数浇注料仅经浇注或再经振动，即可使混合料中的组分互相排列紧密和充满模型。

#### 9.3.3.4  养护

浇注料成型后，必须根据结合剂的硬化特性，采取适当的措施进行养护，促其硬化。铝酸钙水泥要在适当的温度及潮湿条件下养护，其中普通高铝水泥应首先在较低（<35℃）温度下养护，凝固后浇水或浸水养护 3d；低钙高铝水泥养护 7d，或蒸气养护 24h。对某些金属无机盐要经干燥和烘烤。如水玻璃结合者要在 15 ~ 25℃ 下空气中存放 3 ~ 5d，不许受潮，也可再经 300℃ 以下烘烤。但绝不可在潮湿条件下养护，更不许浇水，因硅酸凝胶吸水膨胀，失去黏结性，水溶出后，强度更急剧降低。磷酸盐制成者，可先在 20℃ 以上的空气中养护 3d 以上，然后再经 350 ~ 450℃ 烘烤。未烘烤前，也不许受潮和浸水。

#### 9.3.3.5  烘烤

制订烘烤制度的基本原则是升温速度与可能产生的脱水及其他物相变化和变形要相适应。在急剧产生上述变化的某些温度阶段内，应缓慢升温甚至保温相当时间。若烘烤不当或不经烘烤立即快速升温投入使用，极易产生严重裂纹，甚至松散倒塌，在特大特厚部位甚至可能发生爆炸。硬化体的烘烤速度依结合剂及构筑物断面尺寸不同而异。以水泥浇注料而论，可大致分为三个阶段：

（1）排除游离水。以 10~20℃/h 的速度升温到 110~115℃ 后保温 24~48h；

（2）排除结晶水。以 15~30℃/h 的速度升温到 350℃，保温 24~48h；

（3）均热阶段。以 15~20℃/h 升温到 600℃，保温 16~32h。然后以 20~40℃/h 升温到工作温度。构筑物断面大者升温速度取下限，保温取上限。小者相反。

### 9.3.4 浇注料的性质及应用

浇注料的许多性质不仅受粒状和粉状料的材质和配比支配，在相当大程度上取决于结合剂的品种和数量。另外，也在一定程度上受施工技术控制。

浇注料的常温强度因其粒状料的强度一般高于结合剂硬化体的强度和其同颗粒之间的结合强度，实际上取决于结合剂硬化体的强度。中温和高温下强度的变化，也主要发生于或首先发生于结合剂硬化体中。故可认为高温强度也受结合剂控制。由于硬化体的强度受温度影响而变化，故在服役中变成具有不同强度层的层状结构。这种因水泥石分解脱水使结构疏松和因形成层状结构使其易于剥落的状况，往往是水泥制成的浇注料损毁的主要因素之一。若所用粒状和粉状料的材质一定，则浇注料的耐高温性能在相当大程度上受结合剂所控制。如在一般铝酸钙水泥所配制的浇注料中，多数或绝大多数易熔组分总是包含在水泥石中，所以水泥的用量对浇注料的耐火度和软化温度等高温性质的影响也十分显著。

浇注料是目前生产与使用最广泛的一种不定形耐火材料。主要用于构筑各种加热炉内衬等整体构筑物。某些由优质粒状和粉状料组成的品种也可用于冶炼炉。如铝酸钙水泥浇注料，可广泛用于各种加热炉和其他无渣侵蚀的热工设备中。磷酸盐浇注料，根据耐火粉粒料的性质既可广泛用于加热金属的均热炉中，也可用于出铁槽、出钢槽以及炼焦炉、水泥窑中直接同熔融金属和高温热处理物料接触的部位。冶金炉和其他容器中的一些部位，使用优质磷酸盐浇注料进行修补也有良好效果。在一些工作温度不甚高，而需要耐磨损的部位，使用以耐磨的瘠性料和磷酸盐结合剂制成浇注料更为适宜。若选用刚玉质或碳化硅耐火物料制成浇注料，在还原气氛下使用，一般皆有较好的效果。若在浇注料中加入适当钢纤维构成钢纤维浇注料，耐撞击和耐磨损，使用效果很好。镁碳质浇注料主要用于受碱性熔渣侵蚀的冶炼炉中。

## 9.4 耐火可塑料

耐火可塑料是一种在较长时间内具有较高可塑性、呈硬泥膏状的不定形耐火材料，它由一定级配的耐火骨料、细粉、适量的结合剂、增塑剂、保存剂和水组成。

近十几年来，我国大中型钢铁企业在轧钢加热炉的炉顶、炉墙工作衬上整体采用或者部分采用耐火可塑料，提高了加热炉的使用寿命，取得了良好的经济效益。最初开发的耐火可塑料大量使用到锅炉等热工设备的内衬上，使用温度一般在 1200℃ 以下，主要采用磷酸或磷酸盐热硬性结合剂。到了 20 世纪 70 年代中期，我国开发出了冶金工业炉用耐火可塑料，在推钢式和步进式加热炉上使用寿命达 7 年以上，使用寿命高于普通浇注料，从而有力地推进了耐火可塑料的发展。到 20 世纪 80 年代，黏土结合和低水泥系列耐火浇注料的迅速发展，其性能优于耐火可塑料，且有较高的常温强度，振动成型，施工方便，故不断地取代了耐火可塑料。但到了 20 世纪 90 年代，耐火可塑料的品种、质量、生产工艺和施工设备等各个方面取得了突飞猛进的进展，广泛用于钢铁、有色冶炼、石化等行业的工业窑炉上，作为轧钢加热炉工作衬的使用寿命是同材质水泥结合浇注料的 30 倍，使用寿命高达 15 年，从而取得了良好使用效果和可观的经济效益。由于耐火可塑料具有众多的优点，并且随着工业窑炉对耐火材料寿命的要求日益提高，以及工业窑炉设计单位对可塑料的认可程度逐步加深，耐火可塑料的应用范围和用量将会进一步提高。

　　我国在使用耐火可塑料的初期阶段，一般为热硬性耐火可塑料，结合剂主要采用液态的磷酸或磷酸铝，此类耐火可塑料具有较高的常温、高温强度，但保存期较短，价格也偏高。由于热硬性耐火可塑料的成本高，保存期短，耐火材料科研人员在 20 世纪 70 年代后期，开发出以硫酸铝为结合剂的气硬性耐火可塑料。由于气硬性耐火可塑料的性能良好，成本相对低，在 20 世纪 90 年代得到了大力推广。热硬性和气硬性耐火可塑料各有优点与缺陷，但两者的优缺点却可以互相弥补，在 20 世纪 90 年代末技术成熟的气硬、热硬性复合结合剂耐火可塑料开发成功，经实际应用，也取得了良好的使用效果。表 9-19 所示为黏土质不同硬化性质的耐火可塑料典型物理性能。

**表 9-19　黏土质耐火可塑料的部分典型性能**

| 常温硬化分类 | | 热硬性 | 气硬性 | 热硬、气硬性复合 |
|---|---|---|---|---|
| 结合剂 | | 磷酸铝 | 硫酸铝 | 磷酸铝和硫酸铝 |
| 体积密度/g·cm⁻³ | 110℃ | 2.31 | 2.28 | 2.30 |
| 显气孔率/% | 110℃ | 35.6 | 15.2 | 25.5 |
| 冷态耐压强度/MPa | 1000℃ | 43.8 | 20.5 | 34.2 |
| | 1350℃ | 70.5 | 40.6 | 62.6 |
| 永久线变化率/% | 110℃ | -0.30 | -0.50 | -0.35 |
| | 1350℃ | +0.80 | +0.23 | +0.45 |
| 保存期/月 | | 3~6 | >12 | 10~12 |

### 9.4.1　耐火可塑料的分类

　　耐火可塑料有多种不同的分类：按骨料的材质可分为黏土质、高铝质、莫来石 - 刚玉质、刚玉质、含铬质、铝 - 碳化硅质、含锆质耐火可塑料等；按常温硬化性质可分为热硬性、气硬性耐火可塑料，现在市场上出现了热硬性、气硬性结合剂复合使用的耐火可塑料。暂且就称为热硬、气硬性复合结合剂耐火可塑料；按化学结合剂种类可分为磷酸、磷酸盐、硫酸铝、水玻璃、树脂结合耐火可塑料；按施工方法也可分为捣打、喷涂式耐火可塑料等多种不同的分类。

#### 9.4.1.1　热硬性耐火可塑料

　　热硬性耐火可塑料主要采用浓度为 85% 的磷酸或磷酸铝作结合剂，在使用前，用水稀释成密度为 $1.2 \sim 1.39 \mathrm{g/cm^3}$ 的溶液。由于溶液易与细粉中的铁起反应使可塑料的硬化速度加快、可塑性降低，并且捣打后衬体易鼓胀，因此，必须加入一定量的抑制剂、保存剂等外加剂。外加剂品种主要有草酸、酒石酸、糖蜜、柠檬酸、NH - 66、木质素磺酸盐等，其中以草酸和酒石酸效果较好，用量适当时，耐火可塑料的保存期可达 3 ~ 6 个月。

在生产时，先用结合剂溶液总量的 60% 与耐火骨料和细粉混练，然后困料 24h，二次混练时加入余下的结合剂和外加剂，混合均匀后进入下一道生产工序。

热硬性耐火可塑料具有较高的常温和高温强度、中温强度不下降、抗热震性好、抗剥落性强的优点，特别是对强度要求高的使用部位尤为合适。如循环流化床锅炉用高强耐磨可塑料，一般是采用磷酸铝作结合剂的热硬性耐火可塑料。下面为循环流化床锅炉（炉膛上部、旋风分离器部位）用高铝耐磨可塑料的理化性能指标：

试样化学成分：$w(Al_2O_3) = 61.13\%$，$w(SiO_2) = 26.25\%$，$w(Fe_2O_3) = 3.43\%$，$w(P_2O_5) = 1.87\%$，$w(Na_2O) = 2.09\%$，$w(K_2O) = 0.31\%$，$w(TiO_2) = 1.76\%$。显气孔率 12.68%，体积密度 2.639g/cm³，900℃热面导热系数 1.35W/(m·K)，耐火度 > 1750℃，荷重软化温度开始点 1612℃、4% 为 1655℃。其他性能如表 9-20 所示。

表 9-20 耐磨可塑料试样物理性能

| 处理温度/℃ | 线变化率/% | 耐压强度/MPa | 抗折强度/MPa |
|---|---|---|---|
| 110 | - 0.16 | 41.04 | 14.16 |
| 815 | - 0.18 | 18.60 | 18.60 |
| 1100 | - 0.15 | 84.81 | 24.98 |
| 1500 | - 0.21 | 93.62 | 21.57 |

由于磷酸和磷酸铝的价格偏高，也使热硬性耐火可塑料的材料成本较高。热硬性耐火可塑料中虽然加入外加剂后保存期得到了改善，但 3 ~ 6 个月的保存期还不能完全满足储存要求。如果耐火可塑料出口到国外，由于运输时间较长，其保存划不易满足要求。热硬性耐火可塑料对储存环境要求严格，需在阴凉、潮湿的库房内储存，特别在夏季温度偏高时，硬化速度会加快从而缩短保存期。磷酸和磷酸铝酸性相对较强，易与细粉中的铁起反应而发生鼓胀现象，因此，需要困料，其生产工艺较为复杂。

### 9.4.1.2 气硬性耐火可塑料

到了 20 世纪 70 年代末，研制出了气硬性耐火可塑料，并且其技术也不断进步。到了 20 世纪 90 年代，不断改进后的气硬性耐火可塑料技术已十分成熟，其性能良好、价格低廉，得到了大力推广。以宝钢、武钢等为代表的大中型钢厂在新建的加热炉炉项、炉墙 T 作衬上采用气硬性耐火可塑料，提高了加热炉的使用寿命，取得了良好的经济效益。

气硬性耐火可塑料一般采用硫酸铝作结合剂。由于硫酸铝的售价大约只有磷酸铝的 15%，所以气硬性耐火可塑料成本相对较低，其较低的售价为市场推广打下一定的基础；气硬性耐火可塑料保存期长，保存期超过 12 个月，完全可以满足运输及施工时间的要求；在生产中不需要困料，结合剂溶液可直接加入到材料中搅拌均匀即可。

气硬性耐火可塑料的缺点是常温、高温强度都比热硬性耐火可塑料低。

气硬性耐火可塑料采取的技术改进措施：

（1）对原料的要求更加严格。气硬性耐火可塑料对原材料的要求更加严格，特别是对软质黏土提出了更高的性能要求，因为耐火可塑料的主要性能特性来源于软质黏土。软质黏土不但起到结合剂的作用，同时也是增塑剂，其对耐火可塑料的可塑性、保存期、施工性能、高温耐火性能有很大的影响。因为不同产地软质黏土的性能特点各不相同，而有几种软质黏土的优缺点却可互补。所以，为了使耐火可塑料具有良好的综合性能，往往复合使用两种或两种以上的软质黏土。

（2）补偿耐火可塑料收缩技术。由于在耐火可塑料中，软质黏土脱水、烧结收缩导致耐火可塑料收缩，在气硬性耐火可塑料中采取了一些技术措施来补偿收缩：1）引入蓝晶石族矿物，利用其在 1300 ~ 1500℃ 莫来石化产生的体积膨胀来弥补收缩；2）引入 $Al_2O_3$ 原料，利用其与 $SiO_2$ 反应生成莫来石产生的体积膨胀来弥补收缩；3）优选软质黏土的种类、加入量和粒度组成，并选用小于 $1\mu m$ 的超细粉（如 $Al_2O_3$ 微粉）来代替部分软质黏土，可降低耐火可塑料的烧成收缩；4）精选原材料，严格控制原材料中的 $Fe_2O_3$、$Na_2O$ 和 $K_2O$ 等杂质和低熔物。

（3）采取均匀膨胀技术，保证施工衬体的整体性。在防止耐火可塑料收缩的基础上，精心搭配原材料，精确地设计配方，使耐火可塑料随着温度的提高均匀膨胀，不在某一个温度段内产生过大膨胀，保证施工衬体的整体性。

### 9.4.1.3 热硬、气硬性复合结合剂耐火可塑料

热硬性和气硬性耐火可塑料各有优、缺点，但两种可塑料的优、缺点可以互相弥补，所以，耐火材料科研人员开发出了性能优良的热硬、气硬性复合结合剂耐火可塑料。其复合使用磷酸铝和硫酸铝结合剂，充分发挥热硬性和气硬性耐火可塑料的优点，并尽可能克服缺点，此种耐火可塑料在实际应用中也取得了良好的使用效果。

热硬、气硬性复合结合剂耐火可塑料具有适宜的常温、高温强度；保存期长，达 10 个月以上，完全可以满足运输时间及施工时间的要求；由于采用复合结合剂，材料成本适中，市场价格适宜，利于市场推广；在生产时，直接加入结合剂和外加剂到材料中混练均匀即可，不需困料，生产工艺简便。

热硬、气硬性复合结合剂耐火可塑料采取的技术改进措施：

（1）使用多种有效的外加剂。此类耐火可塑料显著的技术改进措施之一就是使用多种有效的高效保存剂、增塑剂等微量添加剂，使材料具有较长的保存期、可塑性等性能。

（2）对配方的设计更加合理、精确，更注重综合性能。如大量地采用优质焦宝石、轻质莫来石等低热导率的原料，保证可塑料的低热导率，从而提高窑炉的保温性能。

（3）更加注重耐火可塑料生产设备的革新。不断提高生产设备的技术指标，来满足不同材质耐火可塑料对机具不同性能的要求。

从科研单位和市场上了解到，特别是近十年来国内轧钢加热炉上使用的热硬、气硬性复合结合剂耐火可塑料性能良好，也受到了用户的认可。

### 9.4.1.4 喷涂式耐火可塑料

随着耐火可塑料技术和施工机具的发展，市场上出现了耐火可塑料喷涂新工艺。耐火可塑料喷涂是将耐火可塑料以喷涂方式进行施工的新工艺，区别于传统的捣打施工方法。有资料显示，喷涂式耐火可塑料在宝钢已经成功试用，并取得了良好的使用效果。

## 9.4.2 耐火可塑料的应用

### 9.4.2.1 耐火可塑料在加热炉炉顶的应用

加热炉炉顶是加热炉温度最高、气流冲刷最为严重的地方，不管是预热段、加热段还是均热段，加热炉炉顶从早期的耐火砖吊挂炉到前几年的耐火浇注料炉顶，都存在着不同的缺陷。如耐火砖的吊挂炉顶，气密性能差，热量损失较大；砖表面凸凹不平，增加气流流动阻力，且不利于热辐射，热利用较低；耐火砖吊挂炉顶整体性能差，极易出现局部坠砖现象；耐高温性能差，均热段高温区，使用周期一年都较难达到。基于上述缺点，现在加热炉炉顶一般采用了耐火浇注料，或耐火可塑料。耐火浇注料虽然克服了耐火砖的许多缺点，但浇注料存在着一严重的弱点，就是它的抗热震性能差。加热炉内的剥蚀现象较为严重，尤其是加热炉炉顶，有时会造成大面积层状坍塌，究其原因：其一是浇注料本身抗热震性能较差，它的耐急冷、急热次数不如黏土砖；原因之二是由于浇注料施工是水平层状浇注，有时会因为施工设备出现故障或其他原因，造成浇注间隔时间过长，人为地造成了层状间隙，破坏了浇注的整体性能。而可塑料在施工方法上就完全可避免上述问题的发生，可塑料与浇注料相比的一个最大优点就是它的抗热震性能好，这也是它应用到加热炉炉顶的一个重要原因。

但是，可塑料应用在加热炉顶仍存在的不足：

（1）从施工角度讲，如所述，可塑料的施工比较繁琐，从锚固砖木模的捣打，到拆模后的刮毛，扎透气孔，修锚砖底面，直至打胀缝线，远不如浇注施工那样方便易行、技术含量低、人员素质要求也不是很高。

（2）可塑料施工完成烘炉前的养护阶段，也至关重要，由于可塑料怕水，所以绝对不能雨淋水湿，因此在各种水管打压或厂房漏雨时，都要认真做好防护。

（3）由于可塑料的特性所至，可塑料在烘炉后必须要停下来，处理收缩缝，在收缩缝较大的地方用可塑料进行填充，达到密封的要求。这是它区别于其他耐火材料之处。

### 9.4.2.2 喷涂可塑料在水泥窑上的应用

作为水泥窑窑壁内衬耐火材料，不定形耐火材料以其优点在各部位得到了有效使用。就耐火材料的种类而言，除使用一般浇注料之外，主要使用干式喷涂料、湿式喷涂料等浇注料。与此相反，可塑料具有施工后不用养生、不发生爆裂等突出优点，但由于施工效率和操作人员劳动强度等方面的原因，其使用受到了限制。现在，由于克服了这些施工上的缺点，开发出了可塑料喷涂施工法，故在钢铁工业的各种窑炉和焚烧炉上得到了应用。

### 9.4.2.3 耐火纤维可塑料的应用

耐火纤维制品是一种良好的轻质耐火材料，具有耐高温、密度小、热导率低、蓄热小，抗热震性好等特点，在高温工业中广泛应用。普通的纤维制品，如纤维毡、毯等采用层铺法施工，其施工速度缓慢，制品与制品之间易形成贯通缝隙，形成热短路，影响窑炉的使用寿命。耐火纤维喷涂是近年来出现的一种新型施工工艺，它克服了以前的施工方法的一些缺陷，得到了较为广泛的应用。但是由于喷涂施工时纤维的反弹，施工作业环境十分恶劣，并造成大气污染，严重危害施工人员的身体健康。因此研制一种纤维可塑料，不仅能保证衬体均匀，体现了耐火纤维的各项优点，而且使用方便，无污染，是一种良好的高温隔热材料，具有广阔的应用前景。

由于热硬性耐火可塑料具有强度高的优势，应用到对材料的强度、耐磨性要求高的使用部位比较合适，所以热硬性耐火可塑料在如石化等行业的锅炉上能取得良好的发展；热硬、气硬性复合结合剂耐火可塑料具有良好的性能和适宜的价格，在冶金工业炉上的使用范围和用量将会进一步扩大；喷涂式耐火可塑料具有施工效率高、劳动强度低等多种独特的优点，这类可塑料在今后也一定能得到大力推广。

现在，冶金、石化等行业大力提倡节能降耗，降低生产成本从而提高经济效益，因此，对耐火材料寿命的要求也日益提高。耐火可塑料使用到工业窑炉的工作衬上，使炉子的寿命以及材料的性能价格比大大提高，耐火可塑料也越来越受到重视。在 21 世纪，随着耐火可塑料的技术和施工机具不断进步，耐火可塑料的使用范围和用量将会进一步提高。可塑料具有众多的优点：采用喷涂方法施工，不需要支设模具，可直接喷涂到施工面上，对结构复杂、不易支设模具的施工部位更为适合；由于喷射时不产生粉尘，可改善作业环境；施工衬体均匀，不易分层，整体性较好；施工效率高，省时、省力。为了使喷涂式耐火可塑料的施工效果良好，对喷涂机具的性能和操作人员的技能要求严格。

在国外，喷涂式耐火可塑料已经成功应用到加热炉、垃圾焚烧炉等工业窑炉上，并取得了良好的使用效果。在我国随着耐火可塑料技术和施工机具的不断进步，喷涂式耐火可塑料定能得到大力推广，也是耐火可塑料技术的一个发展方向。

# 9.5  耐火捣打料

捣打料是指用捣打（人工或机械）方法施工并在高于常温的加热作用下硬化的不定形耐火材料。由具有一定级配的耐火骨料、粉料、结合剂、外加剂加水或其他液体经过混炼而成。按材质分类有高铝质、黏土质、镁质、白云石质、锆质及碳化硅－碳质耐火捣打料等。

## 9.5.1  耐火捣打料的组成

捣打料根据使用需要可由各种材质的耐火骨料与粉料配制，同时依据耐火骨料材质和使用要求选用合适的结合剂。某些捣打料不加结合剂而仅加少量助溶剂以促进其烧结。在酸性捣打料中常用硅酸钠、硅酸乙酯和硅胶等作结合剂。碱性捣打料使用镁的氯化物和硫酸盐等水溶液以及磷酸盐以及聚合物作结合剂，也常使用含碳较高的，在高温下形成碳结合的有机物和暂时性的结合剂。高铝质和刚玉质捣打料常用磷酸和磷酸铝、硫酸盐等无机物作结合剂。当选用磷酸作结合剂时，在存放过程中由于磷酸与捣打料中活性氧化铝发生反应，生成不溶于水的正磷酸铝沉淀而凝结硬化，失去塑性难于施工。因此，要延长捣打料的保存期，必须加入适当的保存剂以阻止或延缓凝结硬化的发生，通常选用草酸作保存剂。含碳质捣打料主要使用可以形成碳结合的沥青焦油或树脂做结合剂，碳可以防止熔融金属湿润，提高耐侵蚀性和抗热震性，在白云石质捣打料中还可起到防止白云石熟料水化的作用。

## 9.5.2  耐火捣打料的性能

捣打料用于高温窑炉，要求耐火材料必须具有良好的体积稳定性、致密性和耐侵蚀性，所以一般选用高温烧成或电熔原料。捣打料的最大粒径与使用部位和施工方法有关，一般临界粒度为8mm，也可以放大至10mm。颗粒料用量为60%～70%；耐火粉料用量为30%～40%；胶结剂或水的用量为6%～10%，当采用结合黏土作胶结剂时，其用量为5%～10%；外加剂应根据热工设备和施工的要求，酌情选定和掺加。多数捣打料未烧结前其常温强度较低，有的中温强度也不高，只有在加热时达到烧结或结合剂中的含碳化合物焦化后才获得良好的结合强度。捣打料的耐火性能和耐熔融物侵蚀能力，可以通过优质原料的选择、调整合理配比以及精心施工而获得。在高温下捣打料除具有较高的稳定性和耐侵蚀性外，其使用寿命在很大程度上还取决于使用前的烘烤或第一次使用时的烧结质量。若加热面烧结为整体、无龟裂并与底层不分离，则使用寿命可以得到提高。

### 9.5.3　耐火捣打料的应用

耐火捣打料的施工十分重要，其质量优劣与使用效果密切相关。捣打料通常采用气锤捣打或捣打机捣打，捣打一次加料厚度约为50～150mm。耐火捣打料可在常温下进行施工，如采用可形成碳结合的热塑性有机材料作结合剂，多数采用热态搅拌均匀后立即施工，成型后依据混合料的硬化特点采取不同的加热方法促进硬化或烧结。对含有无机质化学结合剂的捣打料，当自行硬化达到一定强度后即可拆模烘烤；含有热塑性炭素结合剂的材料，待冷却至具有适当强度后再脱模，在脱模后使用前应迅速加热使其碳化。耐火捣打料炉衬的烧结，即可在使用前预先进行，也可在第一次使用时采用合适的热工制度的热处理来完成。捣打料的烘烤升温制度，根据材质不同而异。捣打料的主要用途为铸造与熔融物直接接触的冶炼炉炉衬，如高炉出铁钩、炼钢炉炉底、感应炉内衬、电炉顶以及回转窑落料部位等，除用以构成整体炉衬外，也可以制造大型预制构建。

# 9.6　耐火喷涂料

耐火喷涂料就是利用气动工具以机械喷射方法施工的不定形耐火材料。由耐火骨料、粉料、结合剂（或加外加剂）组成。由于在喷涂过程中水泥与骨料等组成材料反复连续冲击促使喷射出的物料压实，因而喷涂层具有较好的致密度和力学强度。喷涂施工实际上是把运输、浇注或捣固合为一个工序，不需或只需单面模板、工序简单、效率高、有广泛的适应性。

耐火喷涂料分类是按材料体积密度分有轻质喷涂料（$0.5～1.3g/cm^3$）、中重质喷涂料（$1.3～1.8g/cm^3$）和重质喷涂料（$>1.8g/cm^3$）。轻质喷涂料用作保温和隔热衬，中重质喷涂料既可作隔热衬里，又可作低、中温气氛炉工作衬里，而重质喷涂料主要作工作衬里。又根据加水（或溶液）的顺序和用水量分为湿法、半干法和干法喷涂料3种。湿法是先将喷涂材料拌成泥浆后再喷涂；半干法是先将喷涂材料湿润、压送到喷嘴处再加剩余的水（或溶液）、干法的用水量（或溶液）全部在喷嘴处加入，其中以半干法应用最为普遍。

### 9.6.1　耐火喷涂料的工艺特性

耐火喷涂料以喷涂方法施工，材料配合比、喷涂作业、回弹率及修整工艺特性如下所述。

#### 9.6.1.1 配合比选择

喷涂料配合比需满足以下条件：达到所需强度、回弹量少、喷涂粉尘少、黏附性好以及不导致输送管道堵塞等。采用水泥结合剂以干法或半干法喷涂时，水泥用量约占全部材料的 20% ~25%。水泥过多，喷涂时粉尘量增加，硬化后的喷涂层收缩也随之增大。

#### 9.6.1.2 喷涂作业

对于保证喷涂料的质量和回弹量有重要影响。喷嘴至受喷面的距离一般为 0.8 ~1m，通常喷嘴应垂直于受喷面，按螺旋形轨迹移动，喷涂风压一般为 0.1 ~0.6MPa，一次喷涂厚度以喷涂料不滑移或不坠落为准，但每次喷涂层也不宜太薄以免增加回弹率，以铝酸盐水泥耐火喷涂料为例：向上喷涂时 20 ~50mm；水平喷涂时 30 ~60mm；向下喷涂时 50 ~100mm。

#### 9.6.1.3 回弹率

回弹失落（未黏附）的料量与喷射出的总料量之比。回弹率根据喷涂位置、送气压力、水泥用量、骨料最大粒径和级配、受喷面设置的钢筋数量及喷涂层厚度等因素而异。同时，在开始喷涂时回弹率较大，当已附着喷涂料形成塑性层后，粗骨料易于嵌入，回弹率逐渐减少，一次喷涂厚度不宜小于 20mm。回弹物中水泥含量很少，主要为粗骨料，因此回弹物料不能再使用。

#### 9.6.1.4 修整

喷涂后保持喷涂层的自然平整对喷涂料的强度和耐久性都是有利的，因为喷后再整平既损害耐火喷涂料与钢筋之间或喷涂料与附着物表面之间的黏结，而且又易导致喷涂层内部裂缝。然而喷涂层自然形成的表面一般比较粗糙，当需要表面光滑、外形美观的层面或喷涂层内壁需砌砖时，喷涂层表面必须加以修整。当喷涂料初凝后，用刮刀将模板或基线以外多余物料刮掉，然后再喷浆或抹灰整平。

### 9.6.2 耐火喷涂料的喷补施工

#### 9.6.2.1 喷补施工喷补料附着过程

喷补料实际上由一定比例的颗粒料和细粉组成的，加入适量的水进行混合搅拌后形成"稀释系统"并以高压风为载体喷射到施工体表面，喷补料与施工体表面的接触分初始阶段和嵌入阶段喷补料附着过程：初始阶段包括喷补料对施工体表面的润湿、黏附等，此时喷补料与施工体之间不存在流体故是弹性碰撞，只有在流体达到一定厚度且在撞击过程中有流体挤出才能由弹性撞击变成塑性撞击，但两者很难加以区别。嵌入阶段主要是指喷补料中细粉的变形堆积及颗粒的嵌入过程。若喷补料颗粒半径太大，会使颗粒嵌入阻力增大、嵌入深度不够、颗粒间距离相对较大，对喷补料的使用会产生不利的影响，通常取临界粒度为 3mm。

#### 9.6.2.2 喷补施工影响附着性的因素

附着性是喷补料的最重要性能，没有良好的附着性，喷补料就谈不上使用。影响喷补料黏附性的主要因素是原料的粒度组成和流变特性。另外，固化速度及方式（固化剂的选择）、钢包内衬温度、水量及风压大小、喷补操作时喷枪与钢包内衬的角度及距离等也对材料的附着率起一定作用。可见，影响喷补料附着率的因素很多，是多种因素共同作用的结果。

（1）粒度组成。喷补料的粒度组成对附着性和耐用性都有很大影响。细粒度能改善黏附性能、可塑性好、喷补料附着率高，但喷补时用水量较大使材料体积密度低、气孔率高、抗剥落性差且耐侵蚀性不好；粗颗粒可使喷补层稳定、喷补料密度高、耐用性好，但粗颗粒过多时喷枪容易堵、回弹率高、损耗大，严重时影响喷补效率，使用效果也不理想。喷补料的粗颗粒所占比例一般不应过大，且临界粒度以 3mm 左右为宜，否则喷补料的回弹率会明显上升。在回弹的喷补料中主要是粗颗粒，这也使附着在钢包内衬上的材料性能因细粉过多而下降。

（2）结合剂和固化剂的使用。在粒度组成确定的条件下，喷补料中结合剂和固化剂对喷补料黏附性有很大影响。结合剂能保证喷涂时喷补料的结合强度，而固化剂可使材料能及时稠化、凝固，保持一定的流动性以填充受喷面，并有足够的保持强度。但固化剂用量应适中，用量过少时，喷补料与受喷面接触时虽经润湿，但无法做到瞬间定型，喷补料流淌距离过大，附着率低；固化剂用量过大时，喷补料经喷枪口喷出后，在高温下迅速硬结成型。在与内衬接触时已基本丧失了流动特性，无法润湿受喷面，附着困难。一般而言。固化剂的用量对附着率有一个峰值，适宜的范围很小，固化剂用量若不在这个范围内，喷补料的附着率会大幅下降。

（3）加水量和风压选择。喷补操作时，用水量和风压的选择控制对黏附性影响很大。水量过小会引起"发烟"现象，喷补料与受喷面因水量小而无法润湿，发生弹性碰撞，材料无法附着；水量过大，喷补料流淌严重，亦无法附着。喷补时水量应在保证附着率的前提下尽可能减少用量，以免影响喷补料的使用性能。喷补操作时高压风是输送喷补料的载体，风压过大会导致材料与水在枪口处的混合不够充分、润湿不理想，且与内衬弹性碰撞过大，附着性差；风压不够时，喷补料与受喷面的接触不充分，附着率也不理想。

### 9.6.2.3 喷补施工方法

（1）湿法喷补。湿法喷涂是指耐火喷涂料添加水或液体结合剂后喷射到受喷面上的。根据加水（或液体结合剂）的顺序及其用量，又划分为泥浆法、半干法和假干法三种。其中，每两种方法混合使用的，则称为混合法。泥浆法是先将耐火混合料搅拌成泥浆后再喷涂，主要用于热喷补炉衬；半干法是先将耐火混合料加少量的水搅拌润湿均匀，输送到喷嘴处再加余下的水后进行喷补；假干法是将耐火混合料通过搅拌机混匀，再输送到喷嘴处加水后进行喷涂。后两种方法适用于喷补筑炉或喷补炉衬。

（2）干法喷补。干法喷涂是指混好的耐火喷涂料通过喷嘴直接喷射到受喷面上，主要用于补炉。

（3）火焰法喷涂。火焰法喷涂是用氧气将混好的耐火喷涂料输送到喷嘴处与可燃气体相遇一起喷出，可燃气体燃烧，物料在火焰中行进并熔融成塑态射到受喷面上。该法主要用于热喷补炉衬，对原衬损伤少，喷涂层易烧结，使用寿命长，但成本较高。

## 9.6.3 耐火喷涂料的技术性能

技术性能按照不同窑炉的使用部位有高炉与热风炉用喷涂料、烟囱用喷涂料、催化裂化装置用喷涂料等，所要求的技术性能分述如下：

（1）高炉和热风炉用耐火喷涂料高炉炉腹中部以上炉身铁皮内侧等部位均可采用喷涂料。其作用为提高炉体的气密性，保护炉体铁皮。耐火喷涂料在热风炉应用比较普遍，例如，燃烧室、蓄热室、混合室以及各种热风管道内壁均可采用不同品种的耐火喷涂料，其作用是隔热保温，提高炉体的气密性，保护炉体铁皮等。高炉和热风炉用耐火喷涂料普遍采用铝酸盐水泥或水玻璃为结合剂，以黏土熟料或高铝矾土熟料为骨料组成基本材料。隔热用耐火喷涂料的骨料采用多孔耐火熟料、陶粒、蛭石、珍珠岩、漂珠等隔热轻质材料。

（2）烟囱内衬用耐火喷涂料。由于烟囱向高耸化、集束化发展，往往采用耐火喷涂料制作内衬，一般以硅酸盐水泥或铝酸盐水泥为结合剂，在具有防腐蚀要求时则以水玻璃为结合剂。根据使用要求，分别采用隔热轻质骨料，耐火致密骨料（或耐火耐酸骨料）。催化裂化装置用耐火喷涂料以火山灰硅酸盐水泥为结合剂，以轻质黏土砖颗粒和膨胀蛭石为骨料配制的喷涂料，其技术性能指标如下：耐压强度 $3 \sim 4MPa$；体积密度 $1.0 \sim 1.1g/cm^3$；$600℃$ 加热线变化：$-0.6\%$，$300℃$；热导率 $0.4W/(m \cdot K)$。

## 9.7　耐火涂抹料

以手工或机械涂抹于其他耐火材料表面的不定形耐火材料。由一定颗粒级配的耐火骨料、粉料、加入适当的结合剂、外加剂（如促凝剂、增塑剂、膨胀剂等）组成，用水或其他液体结合剂调和使用。这种材料具有一定可塑性，呈膏状。通常要求这类材料具有较高的强度、优良的抗熔体或气体的侵蚀性，良好的涂抹性和与被保护材料的附着性，良好的抗热震性和化学稳定性，使用中不开裂、不剥落、不与母体材料起化学反应等特点。

耐火涂抹料可由各种耐火原料组成，按材质可分为：

（1）刚玉质涂抹料。即以刚玉作原料，其 $w(Al_2O_3)$ 一般大于 $90\%$；

（2）铝硅质涂抹料。视铝含量和所用原料不同又可分为莫来石质涂抹料（用电熔或烧结莫来石作原料），高铝质涂抹料（用矾土熟料作原料），黏土质涂抹料（用焦宝石作主要原料）；

（3）硅质涂抹料。用硅石作原料，其 $w(SiO_2)$ 在 $90\%$ 以上；

（4）镁质涂抹料。采用烧结或电熔镁砂作原料，其 $w(MgO)$ 通常大于 $80\%$。

此外，若以镁砂作骨料、用镁砂粉和铬矿粉为基质配制成的涂抹料，则为镁铬质涂抹料；若基质由镁砂粉和矾土粉组成的涂抹料，则为镁铝质涂抹料。以矾土熟料，或莫来石，或刚玉为骨料，基质中（或小颗粒部分）加入适量锆英石粉配制的涂抹料，则称为铝锆质涂抹料。还有碳化硅涂抹料、尖晶石质涂抹料等。所用的结合剂有：铝酸盐水泥、磷酸盐、聚磷酸盐、偏磷酸盐、硫酸镁、氯化镁、硫酸钠、硅酸钠等材料。为了获得良好的施工性能，通常加入适量的可塑黏土。与其他不定形耐火材料相比，主要差异在颗粒配比、微量添加剂和加水量。

涂抹料种类很多，性能差别很大，如石油化工催化裂化装置用刚玉质涂抹料、连铸中间罐用的镁质和镁铬质涂抹料，其性能如表 9-21 所示。

表 9-21　镁质、镁铬质和刚玉质耐火涂抹料性能

| 指　标 | | 镁质涂抹料 | 镁铬质涂抹料 | 刚玉质涂抹料 |
|---|---|---|---|---|
| $w(MgO)/\%$ | | >80 | >65 | |
| $w(Cr_2O_3)/\%$ | | | 5~8 | |
| $w(Al_2O_3)/\%$ | | | | >92 |
| 体积密度/$g \cdot cm^{-3}$ | 110℃，24h | 1.8~2.5 | 2.4~2.7 | >3.0 |
| 耐压强度/MPa | 110℃，24h | >8 | >10 | >80（815℃） |
| | 1500℃，3h | >10 | >15 | >120 |
| 最大粒度/mm | | 3 | 3.5 | 2.5 |

　　涂抹料在高温工业中应用很广，大致可分为 3 种情况：（1）制作衬体；（2）作保护层；（3）作密封涂料。在某些特定使用场合，有时仅一种材质的涂层是不够的，需要由多种材料制成复合涂层，使用中尽可能发挥每一种涂层的特长，以达到最佳使用效果。调整涂抹料的加水量可改变其施工方法，如：增大加水量用于喷射施工，减少加水量用于捣打施工。涂抹料的性质取决于所用的材质以及结合剂的种类和配比。根据使用要求选配，用以涂抹各种工业窑炉的衬体表面、管道内衬以及盛钢桶、中间罐等的工作面和某些耐火材料元件的工作面。石油化工工业催化裂化装置中的送风管道内衬，可用刚玉质涂抹料作耐磨工作层。用于金属保护方面，通常先在金属的工作面上焊上金属锚固件或锚固网，然后涂抹施工，以增强接触面的黏附性，这样既可提高工作温度，又可隔热。为了防止氧化，连铸使用的铝碳质长水口上涂抹防氧化涂料，可延长使用寿命。连铸中间罐也大多采用镁质涂抹料作工作层。

　　另外，要求在涂抹前必须把被保护的基面清理干净，并保持相适宜的温度。某些部位还要先在基面上刷一层特定的泥浆，然后将配制好的涂抹料按顺序均匀涂抹在基面上。使用前施工体须自然干燥一定时间，然后烘烤到一定温度再投入使用。

## 复习思考题

9-1　请简述不定形耐火材料的定义与主要特点。

9-2　简述不定形耐火材料的主要原料与相应要求。

9-3　什么是添加剂，什么是结合剂，不定形耐火材料常用有哪些结合剂？简述这些结合剂的适用范围。

9-4　什么是耐火浇注料，耐火浇注料中的常用结合剂有哪些？

9-5　简述耐火可塑料、耐火捣打料的特性与应用。

9-6　辨析耐火涂抹料与耐火喷涂料，并简述其性能与使用范围。

# 10　隔热耐火材料

【本章主要内容及学习要点】本章主要从隔热耐火材料的分类、隔热原理及影响因素、制造方法等方面，对隔热耐火材料进行介绍。重点掌握隔热耐火材料的隔热原理和不同种类隔热耐火材料的主要制备方法。

## 10.1　隔热耐火材料概述

隔热耐火材料（insulating refractory）是指低热导率与低热容的耐火材料，其气孔率高，体积密度小，对热可起屏蔽作用，具有隔热性能。隔热耐火材料既保温又耐热，可作为各种热工设备的隔热层，有的也可作为工作层，是构筑各种窑炉的节能材料。以隔热耐火制品替代一般致密耐火材料做筑炉材料，能够减少蓄热和散热损失 40%~90%，特别是对不连续性的热工设备更有效。

随着耐火材料工业的发展，其品种以及制造方法逐渐增多，继可塑法之后，出现了半干法制造轻质耐火材料。20 世纪 40 年代的后期，出现了一系列耐火纤维材料，如硅酸铝质、莫来石质、氧化铝质、氧化锆质纤维及其制品以及氧化铝、氧化锆空心球及其制品，除此之外还有轻质耐火砖、绝热板、轻质浇注料等定形与不定形的轻质耐火材料。

### 10.1.1　隔热耐火材料分类

隔热耐火材料的品种繁多，可按照化学矿物组成或生产用原料、使用温度、使用方式、体积密度、材料的形态、固相与气相的存在方式和分布状态对其进行分类。

（1）按化学矿物组成分类。最常用的一种分类方法是根据材料的化学矿物组成或生产用原料进行分类和命名，如采用黏土原料、硅质或高铝质原料制成的轻质隔热耐火制品称为轻质黏土砖、轻质硅砖或轻质高铝砖。常见的还有硅藻土隔热耐火材料、蛭石隔热耐火材料、氧化铝隔热耐火材料与莫来石隔热耐火材料等。

（2）按使用温度分类。隔热耐火材料的使用温度通常是指重烧收缩不大于 1% 或 2% 的温度。常见各种隔热耐火材料的使用温度如图 10-1 所示。按使用温度隔热耐火材料可分为 3 种：

1）低温隔热材料：使用温度小于 900℃，例如硅藻土砖、石棉砖；

2）中温隔热材料：使用温度范围在 900~1200℃，例如蛭石、轻质黏土砖；

3）高温隔热材料：使用温度大于 1200℃，这是工业炉窑最常用的隔热材料，例如轻质刚玉砖。

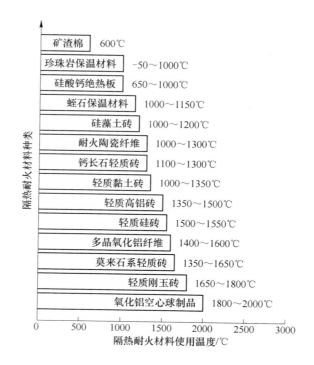

图 10-1　常见隔热耐火材料的使用温度

（3）按使用方式分类。按使用方式可分为直接向火和非直接向火。

（4）按体积密度分类。

1）轻质隔热耐火材料的体积密度一般不大于 $1.3g/cm^3$；

2）常用的轻质隔热耐火材料的体积密度为 $0.6 \sim 1.0g/cm^3$；

3）若体积密度为 $0.3 \sim 0.4g/cm^3$ 或更低，则称为超轻质隔热耐火材料。

（5）根据材料的形态分类。如表 10-1 所示为隔热耐火材料按形态分类举例。根据材料形态的不同，可分为粉粒状隔热材料、定形隔热材料、纤维状隔热材料和复合隔热材料等。

1）粉粒状隔热材料有不含结合剂的直接利用耐火粉末或颗粒料作填充隔热层的粉粒散落状材料；与含有结合剂的粉粒散落状轻质不定形隔热耐火材料。粉粒状隔热材料使用方便，容易施工，在现场填充和制作即可成为高温窑炉和设备的有效的绝热层。

2）定形隔热材料是指具有多孔组织结构的、形状一定的隔热材料，其中以砖形制品最为普遍，因而一般又称为轻质隔热砖。轻质隔热砖的特点是性能稳定，使用、运输和保管都很方便。

3）纤维状隔热材料系棉状和纤维制品状隔热材料。纤维材料易形成多孔组织，因此，纤维状隔热材料的特点是重量轻、绝热性能好、富有弹性，并有良好的吸声和防震等性能。

4）复合隔热材料，主要指纤维材料与期货材料配制而成的绝热材料，如绝热板、绝热涂层等隔热材料。

表 10-1　隔热耐火材料按形态分类举例

| 类　别 | 特　征 | 举　例 |
|---|---|---|
| 粉粒状隔热材料 | 粉粒散状隔热填料<br>粉粒散状不定形隔热材料 | 膨胀珍珠岩、膨胀蛭石、硅藻土等，氧化物空心球 |
| 定形隔热材料 | 多孔、泡沫隔热制品 | 轻质耐火混凝土、轻质浇注料 |
| 纤维状隔热材料 | 棉状和纤维隔热材料 | 石棉、玻璃纤维、岩棉、陶瓷纤维、氧化物纤维及制品 |
| 复合隔热材料 | 纤维和纤维复合材料 | 绝热板、绝热涂料、硅钙板 |

（6）按组织结构分类。普通致密耐火材料属于完全烧结的耐火制品，其气孔率小于 20%，气孔孔径较小。例如：黏土砖的孔径约为 $2 \sim 60 \mu m$；硅砖的孔径约为 $19 \sim 21 \mu m$；而镁砖的孔径约为 $8 \mu m$。与普通致密耐火材料相比轻质隔热耐火材料的气孔率在 45% 以上，其气孔的孔径较为粗大。例如：可燃物加入物法制造的轻质砖的孔径约为 $0.1 \sim 1 mm$，用泡沫法生产的轻质氧化铝制品的孔径约为 $0.1 \sim 0.5 mm$，氧化铝空心球轻质制品的孔径约为 $0.5 \sim 5 mm$。

如图 10-2 所示在显微镜下观察时，无论耐火材料的成分如何，隔热耐火材料的组织结构可明显地分为三种：

1）气相连续结构型或开放气孔结构型。这种隔热耐火材料固相（固态物质）被气相（气孔）分割，成为断断续续的非连续相。由于结构中开口气孔占优势，气孔相互连通，成为气相（气孔）连续的结构。轻质耐火粉粒填充的隔热耐火层，采用可燃物加入物法生产的大多数轻质隔热制品属于此类结构。

2）固相连续结构型或封闭气孔结构型。这种隔热耐火材料中大部分气孔以封闭气孔的形式存在。气相（气孔）被连续的固相（固态物质）包围，形成固相连续而气相（气孔）被分割孤立存在的结构特征。其中连续相为固相，气相（气孔）为非连续相。用泡沫法生产的轻质耐火制品以及各种氧化物空心球隔热制品属于此类结构类型。

3）固相和气相都为连续相的混合结构型。这种隔热耐火材料中固相和气相都以连续相的形式存在。固态物质以纤维形式存在，构成连续固相骨架，而气相（气孔）则连续存在于纤维材料的骨架间隙之中。各种矿棉、耐火纤维隔热材料以及纤维复合材料具有此类结构。

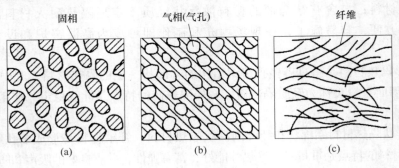

图 10-2　隔热耐火材料的组织结构示意图
（a）气相连续结构型；（b）固相连续结构型；（c）固相与气相都为连续结构型

隔热耐火材料的组织结构对传热有很大的影响。例如：可燃物法生产的轻质砖的显微结构是松散的多孔结构，近似于气相为连续相的显微结构，固相断断续续，被气相分隔，空气可起很好的热阻作用，但它的热导率较小。而泡沫法轻质砖的热导率要比可燃物法轻质砖的热导率大得多。泡沫轻质砖的组织结构特点为气相（气孔）被连续的固相包围，形成蜂窝状封闭气孔型结构。在这种封闭气孔型结构的传热过程中，固相的热导率起主导作用。表 10-2 所示为隔热耐火材料按组织结构分类举例。

表 10-2　隔热耐火材料按组织结构分类举例

| 类　别 | 特　征 | 举　例 |
|---|---|---|
| 气相连续的隔热材料 | 固相为孤立分散相 | 粉粒料填充隔热层，以可燃物法制造的轻质耐火砖 |
| 固相连续的隔热材料 | 气相为孤立分散相 | 氧化物空心球制品，粉煤灰漂珠隔热制品，泡沫法轻质砖，泡沫玻璃 |
| 混合结构的隔热材料 | 气相和固相都为连续相 | 纤维、棉状隔热材料，耐火纤维毡，岩棉、玻璃棉保温材料 |

### 10.1.2　影响耐火材料热导率的因素

#### 10.1.2.1　温度、物质晶相

构成耐火材料的多数氧化物晶体在室温以上时，随温度升高 $\lambda$ 值下降。玻璃相的 $\lambda$ 值随温度升高而增大。由玻璃相和晶体的混合物组成的耐火材料的 $\lambda$ 值，则随温度升高而上升或下降。

由于许多硅酸盐玻璃和氧化物晶体在高温时能透过光子而导热（热辐射导热），会使耐火材料高温下的有效 $\lambda$ 值有所提高。材料的 $\lambda$ 值大小主要由其化学组成、物相组成和显微结构所决定。不同组成的晶体的 $\lambda$ 值有很大差异。

材料的化学成分越复杂，杂质含量越多，尤其是形成固溶体时，$\lambda$ 值下降越明显。例如，镁铝尖晶石的 $\lambda$ 值比 $Al_2O_3$ 和 $MgO$ 的都小。晶界，尤其是晶界上的杂质和畸变，会使 $\lambda$ 值有所降低，因为气体的 $\lambda$ 值比固体要小得多，所以材料中的气孔能显著降低材料的 $\lambda$ 值。

常见的耐火材料的热导率随温度变化的规律如图 10-3 所示。由于成分、结构的差异，各种耐火材料 $\lambda$ 值差别很大。碳化硅制品是高热导率的品种。随着制品中 SiC 含量减少，$\lambda$ 值显著降低。石墨是高导热的，含碳耐火材

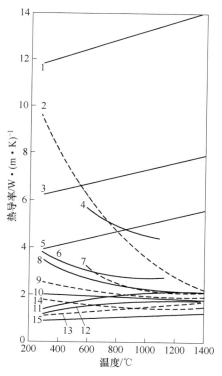

图 10-3　常见耐火材料的热导率

1—碳化硅砖；2—镁砖；3—碳化硅砖（$w(SiC) = 70\%$）；4—刚玉砖；5—碳化硅砖（$w(SiC) = 50\%$）；
6—烧结白云石砖；7—氧化锆砖；8—铬镁砖；
9—刚玉砖（$w(\alpha\text{-}Al_2O_3) = 90\%$）；10—硅线石砖；
11—橄榄石砖；12—铬砖；13—硅砖；
14—致密黏土砖；15—黏土砖

料也具有高 $\lambda$ 值，且与石墨种类、碳含量密切相关。其值易于用石墨加入量进行调节。镁砖的 $\lambda$ 值随温度升高而显著下降。高纯刚玉砖、烧结白云石砖、氧化锆砖和镁铬砖的 $\lambda$ 值随温度升高而缓慢降低。碳化硅砖、硅砖、橄榄石砖的 $\lambda$ 值则随温度升高而增大。多数耐火材料的 $\lambda$ 值在 $1 \sim 6W/(m \cdot K)$ 之间。隔热材料的 $\lambda$ 值在 $0.02 \sim 0.35W/(m \cdot K)$ 之间，且随温度升高而增大。表10-3 中也列出了几种保温、耐火材料的热导率和温度的关系。

**表10-3　几种保温、耐火材料的热导率和温度的关系**

| 材料名称 | 材料最高允许温度 $T/℃$ | 密度 $\rho$ /kg·m$^{-3}$ | 热导率 $\lambda/W·(m·K)^{-1}$ |
|---|---|---|---|
| 超细玻璃棉毡、管 | 400 | 18 ~ 20 | $0.033 + 0.00023T$ |
| 矿渣棉 | 550 ~ 600 | 350 | $0.0674 + 0.000215T$ |
| 水泥蛭石制品 | 800 | 420 ~ 450 | $0.103 + 0.000198T$ |
| 水泥珍珠岩制品 | 600 | 300 ~ 400 | $0.065 + 0.000105T$ |
| 粉煤灰泡沫砖 | 300 | 500 | $0.099 + 0.0002T$ |
| 水泥泡沫砖 | 250 | 450 | $0.1 + 0.0002T$ |
| A 级硅藻土制品 | 900 | 500 | $0.0395 + 0.00019T$ |
| B 级硅藻土制品 | 900 | 550 | $0.0477 + 0.0002T$ |
| 膨胀珍珠岩 | 1000 | 55 | $0.0424 + 0.000137T$ |
| 微孔硅酸钙制品 | 650 | ≤250 | $0.041 + 0.0002T$ |
| 耐火黏土砖 | 1350 ~ 1450 | 1800 ~ 2040 | $(0.7 \sim 0.84) + 0.00058T$ |
| 轻质耐火黏土砖 | 1250 ~ 1300 | 800 ~ 1300 | $(0.29 \sim 0.41) + 0.00026T$ |
| 超轻质耐火黏土砖 | 1150 ~ 1300 | 240 ~ 610 | $0.093 + 0.00016T$ |
| 超轻质耐火黏土砖 | 1100 | 270 ~ 330 | $0.058 + 0.00017T$ |
| 硅砖 | 1700 | 1900 ~ 1950 | $0.93 + 0.0007T$ |
| 镁砖 | 1600 ~ 1700 | 2300 ~ 2600 | $2.1 + 0.00019T$ |
| 铬砖 | 1600 ~ 1700 | 2600 ~ 2800 | $4.7 + 0.00017T$ |

注：$T$ 表示材料的平均摄氏温度。

#### 10.1.2.2　材料类型

隔热材料（绝热材料）类型不同，热导率不同。隔热材料的物质构成不同，其物理热性能也就不同；隔热机理存有区别，其导热性能或热导率也就各有差异。

即使对于同一物质构成的隔热材料，内部结构不同，或生产的控制工艺不同，热导率的差别有时也很大。对于孔隙率较低的固体隔热材料，结晶结构的热导率最大，微晶体结构的次之，玻璃体结构的最小。

#### 10.1.2.3　热流方向

热导率与热流方向的关系，仅仅存在于各向异性的材料中，即在各个方向上构造不同的材料中。

纤维质材料从排列状态看，分为方向与热流向垂直和纤维方向与热流向平行两种情况。传热方向和纤维方向垂直时的绝热性能比传热方向和纤维方向平行时要好一些。

一般情况下纤维保温材料的纤维排列是后者或接近后者，同样密度条件下，其热导率要比其他形态的多孔质保温材料的热导率小得多。

对于各向异性的材料（如耐火纤维等），当热流平行于纤维方向时，受到阻力较小；而垂直于纤维方向时，受到的阻力较大。

### 10.1.2.4 热导率与温度的关系

温度对各类绝热材料热导率均有直接影响，温度提高，材料热导率上升。因为温度升高时，材料固体分子的热运动增强，同时材料孔隙中空气的导热和孔壁间的辐射作用也有所增加。但这种影响，在温度为 0~50℃ 范围内并不显著，只有对处于高温或负温下的材料，才要考虑温度的影响。

### 10.1.2.5 热导率与体积密度的关系

容重（即表观密度）是材料气孔率的直接反映，由于气相的热导率通常均小于固相热导率，所以保温隔热材料往往都具有很高的气孔率，也即具有较小的容重。一般情况下，增大气孔率或减少容重都将导致热导率的下降。

但对于表观密度很小的材料，特别是纤维状材料，当其表观密度低于某一极限值时，热导率反而会增大，这是由于孔隙率增大时互相连通的孔隙大大增多，从而使对流作用得以加强。因此这类材料存在一个最佳表观密度，即在这个表观密度时热导率最小。

### 10.1.2.6 热导率与气孔的关系

气孔质材料分为气泡类固体材料和粒子相互轻微接触类固体材料两种。具有大量或无数多开口气孔的隔热材料，由于气孔连通方向更接近于与传热方向平行，因而比具有大量封闭气孔材料的绝热性能要差一些。

对于孔隙率高的隔热材料，由于气体（空气）对热导率的影响起主要作用，固体部分无论是晶态结构还是玻璃态结构，对热导率的影响都不大。

在孔隙率相同的条件下，孔隙尺寸越大，热导率越大；互相连通型的孔隙比封闭型孔隙的热导率高，封闭孔隙率越高，则热导率越低。

## 10.1.3 隔热材料的选择与设计原则

高温工艺所需的能量通常仅有少部分是真正得到有效利用的，其能量损失比理论所需能量要超出数倍。例如生产 1kg 陶瓷，从原料到成品，理论上只需要能量 558.21kJ，但实际烧成需耗能 15~35MJ，即能量利用率仅为 15%~35%，其余耗能是通过炉壁等散失到大气中。

随着社会的不断进步，窑炉行业的节能减排问题日益受到重视。为了防止热能的损失，在窑炉设计和建设的过程中一定要正确选择高温隔热材料，在隔热材料的生产过程中，要正确设计材料的组成与结构。

高温隔热材料的选取和设计原则应包括：

（1）为尽量降低材料的有效热导率 $\lambda$，首先应选择热导率较小的材料。由于气体的热导率远远小于固体的热导率，因此，材料的体积密度应尽可能小，以增加气体的含量；又由于不同矿物相的热导率不同，因此应尽量选用热导率低的材料矿物组成。

（2）气孔不连续型高温隔热材料的孔径越小，其隔热效果越好。因为孔径越小，材料内部的总反射界面就越大，而且散射微粒也就越多，因而也就能大幅度降低热辐射吸收能力，使材料具有优良的绝热性能。尤其是尺寸小于气体自由程的纳米级微孔，有利于材料具有接近真空状态时的热导率，从而获得优异的隔热保温性能。

（3）分析有效热导率计算模型可以看出，气孔率对材料的热导率有决定性的影响，而不同温度下材料的传热机理又有所不同，因此不同温度下隔热材料的最佳气孔率不同。

目前超级绝热材料正在成为研究开发的热点。超级绝热材料是指在预定的使用条件下，其热导率低于"无对流空气"的绝热材料。如纳米孔超级绝热材料获得超级绝热性能的原因有 3 方面：

（1）材料内几乎所有的孔隙都在 100nm 以下，因而材料内部的反射界面和散射微粒大大增加，从而大幅度地降低了热辐射吸收能力，使材料具有优良的绝热性能。

（2）材料内大部分（80%以上）的气孔尺寸都小于 50nm，使材料处于近似真空的状态，空气中主要成分（氮气和氧气）的热运动平均自由程都在 70nm 左右，当材料中的气孔直径小于 50nm 时，孔内的气体分子就失去了自由流动的能力，而相对地附着在孔壁上，这时材料所处的状态近似于真空状态，使材料无论是在高温还是常温下均有低于静止空气的热导率。

（3）材料应具有很低的体积密度，因为低的体积密度能使材料内部气体的体积较大，有利于提高材料的绝热性能。

## 10.2　多孔隔热耐火制品主要制造方法

多孔隔热耐火制品也称为轻质耐火制品、轻质耐火砖。它是当前最重要的隔热耐火材料之一，通常是指总气孔率不低于 45% 的耐火制品。多孔隔热耐火制品的制法与一般致密耐火材料有所不同，隔热耐火制品是通过在材料内形成大量的气孔而实现其隔热性能的，气孔的形成是隔热耐火制品生产过程中最重要的环节。气孔的大小、形状、生成量以及其分布情况都影响制品的性能。形成数量与大小合适及分布均匀的气孔是隔热耐火制品制造技术的关键。隔热耐火制品的主要制造方法有烧尽物加入法、泡沫法、化学法等，其他一切多孔陶瓷的制造方法都可以应用来制造隔热耐火材料。虽然方法很多，但以前面两种为主。

### 10.2.1　烧尽物加入法

这是最古老的、但现在仍然最广泛采用的方法。这种方法可燃或可升华添加物应放入泥料中，均匀混合，然后用挤坯法、半干法或泥浆浇注法成型，干燥后烧成。可燃或可升华添加物在烧成过程中烧掉，留下空孔，成为隔热耐火制品，此法是隔热耐火材料最常见的生产方法。作为一个实例，图 10-4 给出了用烧尽物添加法生产硅藻土隔热砖的工艺流程图。原料换成其他材料也可以用类似的方法生产其他品种的轻质耐火制品。

在烧成过程中可被烧尽的物质都可以作为烧尽物加入到制造隔热耐火材料的泥料中，实际生产中需综合评估成本、工艺生产因素与材料性能选取适当的可烧尽添加物。随着多孔陶瓷的发展，许多新的烧尽物质不断出现，最近有用罂粟种子作为可烧尽物制造多孔陶瓷的报道，其优点是它的密度与水很接近。种子尺寸分布集中，最大尺寸与最小尺寸相差不大，用它作为赋孔物质，可以较容易制得性能稳定的浇注泥浆与气孔尺寸分布窄的多孔陶瓷材料。

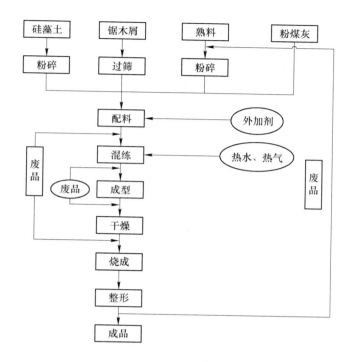

图 10-4　烧尽物添加法制造硅藻土隔热砖流程图

为提高烧尽加入物法生产的产品质量，以黏土质隔热耐火砖制砖工艺为例，可采取的措施：

（1）黏土的选择应考虑结合性能、可塑性和烧成收缩，并注意有足够的耐火度。硅质或高铝黏土材料的这些性能各异，可以数种不同性质的黏土混用，取长补短。

（2）为提高黏土的结合性和坯料的塑性；可以采用各种方法处理，加以改善。如细磨、风化、困泥、加入电解质或结合剂等。

（3）添加塑化剂，如膨润土等无机或有机物质。

（4）可燃添加物颗粒不宜太细；不同类型添加物由于其颗粒形状和性质不同。颗粒大小的选取应有不同，可以数种添加物混合使用。

## 10.2.2　泡沫法

泡沫是聚在一起的许多小泡。由不溶性气体分散在液体或熔融固体中所形成的分散物系。泡沫法也称发泡法，是将发泡剂及稳定剂与一定比例的水混合，先制成泡沫液，与泥浆混合，经浇注成型、养护、干燥、烧成而得到制品。图 10-5 所示为一个用泡沫法制造轻质高铝砖的流程图，不同材质隔热耐火制品的泡沫法生产过程基本相同。图 10-5 所示的流程也适合其他材质的隔热耐火制品的生产。与加入烧尽物法相比，泡沫法的优点是它可以生产体积密度小的隔热制品，多用于生产超轻质隔热耐火制品。泡沫法的缺点是：生产过程较复杂，生产控制较困难，生产效率较低。泡沫法的生产过程如图 10-5 所示。

### 10.2.2.1　泡沫体的制备

泡沫泥浆的制备与稳定是泡沫法制造隔热制品的关键。泡沫体的形成与稳定对泡沫泥

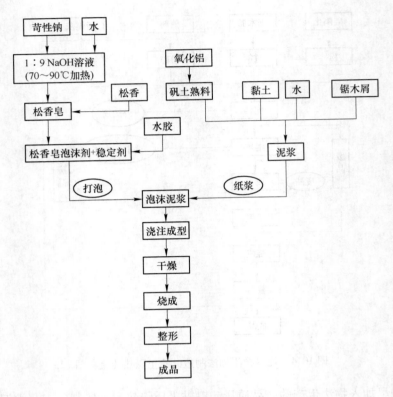

图 10-5　泡沫法制造轻质高铝砖流程图

浆的形成与稳定起重要作用。起泡剂大致可分为表面活性剂、蛋白质与非蛋白质高分子化合物三类。表面活性剂为最常见的起泡剂。此类泡沫形成剂很多，大多洗涤剂中都含有此类物质。常见的有松香皂、油酸钠、十二烷基硫酸钠、十二烷基苯磺酸钠等。蛋白质类起泡剂降低表面张力的作用有限，但是分子中的羧酸基（—COOH）与氨基（—NH$_2$）之间有形成氢键的能力，可以形成牢固的液膜与稳定的泡沫。这类起泡剂的起泡能力受 pH 值的影响较大，并有老化现象，常见的这类起泡剂有明胶、骨胶及蛋白质等。非蛋白质类高分子化合物起泡剂的作用与蛋白质相似，但受 pH 值的影响较小，也没有老化现象，常见的这类发泡剂有聚乙烯醇、甲基纤维素与皂素等。

### 10.2.2.2　泡沫的形成

从气球模型得知，大气压力与固体胶皮表面张力平衡气球内气压，构成稳定体系。

### 10.2.2.3　泡沫的稳定

很多因素影响泡沫的形成和稳定，其中有以下方面：搅拌和使用过程、温度、pH 值和媒介的黏性。因此需要使用一种可以降低表面张力和泡沫形成的机械抵抗性能的助剂，它能使气泡破裂和阻止气泡形成。

#### A　影响泡沫稳定性的因素

除了膜的强度和膜的弹性外，影响泡沫稳定性因素还有体相黏度和表面黏度。体相黏度和表面黏度大，则排液速度慢，泡沫稳定。另外，泡沫总是由大小不均的气泡组成，根据拉普拉斯方程，小泡中气体压力比大泡中的大，于是气体从小泡穿过液膜扩散到大泡中，小泡消失，大泡变大，最终泡沫破坏。如果起泡剂分子吸附膜排列紧密，表面黏度大，则气体分子不易透过，泡沫稳定。

**B　增加泡沫稳定性的措施**

为了增加泡沫稳定性，常加入极少量稳泡剂（碳链较长的极性有机物，如月桂醇），稳泡剂和起泡剂不仅可在表面形成紧密的混合膜，而且还可降低起泡剂的胶团临界形成浓度和降低起泡剂的吸附速度，因而可增加膜的弹性，增加泡沫稳定性。

**a　泡沫泥浆的制备**

按照生产材质的要求将原料磨成细粉，制成泥浆。在图 10-5 所示的例子中，选用氧化铝粉或矾土粉，加少量的黏土粉，为了提高坯体的强度而引入了少量纸浆。为了进一步提高气孔率，降低体积密度，配粉中还引入了一定的可烧尽物——锯木屑。

将泥浆与泡沫体混合即可得到泡沫泥浆。泥浆的混入将大大地改变气泡之间液膜的结构。固体颗粒将收附在液膜的表面，形成一部分固 – 气界面替代气 – 液界面，从而降低整个体系的自由能，有利于泡沫的稳定。泥浆中颗粒的尺寸以及它与液体的润湿作对颗粒在气 – 液界面吸附有较大的影响。颗粒越小，它与液体的润根性越差，它越容易吸附于气 – 液界面上。

泥浆中的固含量、泥浆与泡沫体的比例对烧结后得到的隔热制品的体积密度有很大影响。通常，泥浆中固含量越小，泥浆与泡沫体的比例越小，所得到隔热制品的体积密度越小，在实际生产中应根据情况调整、控制。

**b　成型**

泡沫法生产轻质耐火制品的成型方法基本上是采用浇注法。砖模可采用木模或金属模，砖模工作面要求光滑并涂润滑剂。将砖模放在有垫纸的干燥板上，注入泡沫泥浆。为了防止制品产生大气泡而影响组织结构，注浆应缓慢进行并在模内将泥浆翻拌或振动以便排气。然后用木板刮掉余浆。

**c　干燥**

成型后的坯体连同模具在 40℃ 左右下燥 18～20h 待砖模周边拉开 3～5mm 缝隙时脱模，继续进行干燥，这时温度可以提高到 80～90℃ 如果在隧道干燥窑中干燥。入口温度不应超过 40℃ 出口温度不应超过 150℃。砖坯残余水分：标准型的不大于 3%，大砖不大于 1%。干燥是关键工序，如果控制不当，将会出现裂纹、底酥、凹心、黏膜、掉棱角等废品。

**d　烧成**

泡沫砖坯在烧成时应搭架或放在致密制品砖坯的上部。密度大的砖坯装在下部，密度小的装在上部，相互之间应尽可能不受挤压。砖垛不应太高，否则上下部制品的体积密度相差较大，甚至造成下部制品严重变形。对于直接接触火焰的部分的砖峰成设置覆盖保护物通常烧成后的制品的外形和尺寸的精确度不够，因此出窑后的制品要进行机械或手工加工除了上述的两种方法以外，任何制造多孔陶瓷的方法都可以用来制造隔热耐火制品如模板法、溶胶 – 凝胶法、机械法等。

### 10.2.3  挤压法

挤压法是指在制砖的泥料中加入造孔剂，经挤压成型，烧成后获得多孔的制品。其优点是可以根据需要对孔形状和孔大小进行精确设计，其缺点是不能形成复杂孔道结构和孔尺寸较小的材料。如图10-6所示为挤压法制备氧化铝多孔圆柱体隔热材料的示意图。

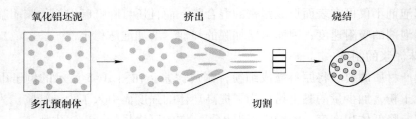

图 10-6　挤压法制备氧化铝多孔圆柱体隔热材料

### 10.2.4  颗粒堆积法

颗粒堆积法是指凭借骨料颗粒按一定堆积方式堆积而成，颗粒靠黏结剂或自身黏合成型，颗粒间的孔隙形成相互贯通的微孔。图10-7所示为颗粒堆积法形成气孔结构示意图。

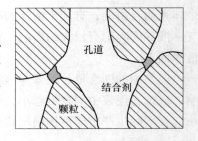

图 10-7　颗粒堆积法形成
气孔结构

颗粒堆积形成气孔结构的优点是通过控制颗粒尺寸，能控制孔径大小，其缺点是对颗粒尺寸范围要求严格，不能形成闭气孔。

### 10.2.5  原位分解合成技术

利用原料矿物在一定温度分解出气体的特性，将此原料和其他原料混合均匀，加热到一定温度，即会在试样内部留下气孔，分解后的产物与其他原料原位反应，生成所需的多孔结构，也称为化学法。这种方法在制砖工艺中利用化学反应产生气体而获得一种多孔砖坯的方法。通常利用的化学反应如碳酸盐和酸、金属粉末加酸、苛性碱和铝粉等。可以利用的化学反应必须是气体的发生比较缓慢而能控制，否则在倾注入模时受机械扰动气泡即行消失。如反应太快，可加抑制剂如过氧化氢与二氧化锰。在细粉原料泥浆中混入发生气泡的反应物获得稳定的泡沫泥浆，注入模型，干燥后烧成。此法制造纯氧化物隔热耐火制品，其气孔率可达到55%～75%。

### 10.2.6  多孔材料法

利用膨胀珍珠岩、膨胀蛭石和硅藻土等天然轻质原料；通过人工制造的各种空心球（如氧化铝空心球）；热电厂粉煤灰中空心微珠等为原料，加一定的结合剂，通过混合、成型、干燥和烧成等工序而制成隔热耐火制品。用天然的硅藻土或人造的黏土泡沫熟料、氧化铝或氧化铝空心球等多孔原料制取轻质耐火砖。或者将纤维制成定形制品，即直接将多孔、轻质骨料引入耐火材料。

# 10.3  耐 火 纤 维

## 10.3.1  工业耐火纤维及纤维制品的制备工艺及应用

耐火纤维，通常是指使用温度为 1260℃ 以上的纤维材料。耐火纤维是纤维状的新型隔热耐火材料，它既具有一般纤维的特性，如柔软、有弹性、有一定的抗拉强度，可以进一步把它加工成各种带、线、绳、毯、毡、板、席、纸、织物等制品超过 50 种；又具有普通纤维所没有的耐高温，耐腐蚀，并且大部分纤维都具有抗氧化性。作为耐火隔热材料，已被广泛应用于冶金、化工、机械、建材、造船、航空、航天等工业部门，但由于是纤维材料，不能砌铺炉底，不能承受负荷，对高温、高速炉气的冲刷性能差。目前用量最大的是硅酸铝纤维。

耐火纤维的生产方法很多，主要有熔融喷吹法、熔融提炼法和回转法、高速离心法、胶体法等。由于纤维状隔热材料具有重量轻，热导率小，热容量小，抗热震性能好，以及施工方便等许多优点，在工业炉窑和热工设备中的应用日益广泛，节能效果显著。我国热工窑炉方面的能源利用率仅为发达国家的 50%～60%，节能材料的研究开发已成为材料领域面临的紧迫任务，耐火纤维由于其具有优异的保温隔热性能而成为节能材料的开发热点。

## 10.3.2  耐火纤维的分类

耐火纤维可分为非晶质（玻璃态）和多晶质（结晶态）两大类。非晶质耐火纤维，包括硅酸铝质、高纯硅酸铝质、含铬硅酸铝质和高铝质耐火纤维。多晶质耐火纤维，包括莫来石纤维、氧化铝纤维和氧化锆纤维。美国、日本和西欧的一些国家，通常按耐火纤维的最高允许使用温度进行分类，其方法是把耐火纤维样品加热保温 24h，其线收缩接近并小于 2.5% 时的温度作为分类温度。实际允许最高长期使用温度要比分类温度低，在氧化气氛下允许最高长期使用温度应比分类温度低 100～150℃，在还原气氛下应低 200～250℃，在真空气氛下应低 400～450℃。如多晶耐火纤维是 20 世纪 70 年代初继非晶质耐火纤维之后发展起来的新型高温隔热材料，主要用在工作温度高于 1400℃ 的高温窑炉，可节能 25%～40%。多晶耐火纤维还可作为复合增强材料和催化剂载体，应用效果良好。多晶耐火纤维也可应用于宇航导弹和原子能领域。目前，国际上已工业化生产和应用的多晶耐火纤维主要有多晶氧化铝纤维（$w(Al_2O_3)=80\%～90\%$，$w(SiO_2)=21\%～20\%$）、多晶莫来石纤维（$w(Al_2O_3)=72\%～79\%$，$w(SiO_2)=21\%～28\%$）和多晶氧化锆纤维（$w(ZrO_2)=92\%$，$w(Y_2O_3)=8\%$）等。

表 10-4 所示为按耐火纤维最高允许使用温度分类。

**表 10-4  纤维隔热材料分类**

| 类　型 | 纤维隔热材料 | 使用温度/℃ |
|---|---|---|
| 天然 | 石棉 | ≤600 |
| | 玻璃纤维 | ≤600 |
| | 矿渣棉 | ≤600 |
| | 玻璃质氧化硅纤维 | ≤1200 |
| | 硅酸铝纤维 | — |

| 类　型 | 纤维隔热材料 | 使用温度/℃ |
|---|---|---|
| 非晶质 | 普通硅酸铝纤维 | ≤1000 |
| | 高纯硅酸铝纤维 | ≤1100 |
| | 高铝硅酸铝纤维（$w(Al_2O_3) = 52\% \sim 53\%$） | ≤1200 |
| | 含铬硅酸铝纤维（$w(Cr_2O_3) = 3\% \sim 5\%$） | ≤1200 |
| | 含锆硅酸铝纤维（$w(ZrO_2) = 15\% \sim 17\%$） | ≤1350 |
| 多晶质 | 氧化铝纤维 | ≤1500 |
| | 莫来石纤维 | ≤1400 |
| | 氧化锆纤维 | ≤1600 |
| | 氮化硼纤维 | ≤1500 |
| | 碳化硅纤维 | ≤1800 |
| | 碳纤维 | ≤2500 |

### 10.3.3　耐火纤维生产工艺与理化性能

我国制造多晶氧化铝纤维主要采用胶体工艺法，将铝盐制成溶液，加热收缩，制成纺丝胶体，然后在特定条件下成纤和热处理，获得多晶氧化铝纤维。与国外相比，国内多晶耐火纤维在技术水平和产品质量上都还存在一定差距，生产工艺和装备也相对落后。

以多晶氧化铝纤维的制备工艺为例，喷吹工艺国内炉型和美国 B&W 公司炉型采用压缩空气喷吹成纤，国内炉型多采用 V 型一次喷头，美国 B&W 公司炉型采用二次喷吹方法。一次喷吹气压低，成纤率约为 40% ~ 70%，纤维直径为 3 ~ 5μm，纤维渣球含量大，并且多数为片状渣球，直接影响产品质量。二次喷吹有喷头和喷管组成，并且喷头和喷管之间的距离根据需要可以调整，直到得到理想的成纤状况为止。二次喷吹成纤率约为80% ~ 95%，纤维直径为 2 ~ 3μm，纤维渣球含量低。由于喷头和喷管之间的距离可以调整，这样不同的产品就有不同的调整距离，从而保证产品质量的稳定。甩丝工艺而言，美国 CE 公司炉型采用三辊甩丝机，借助三辊离心甩丝机的高速旋转辊的离心力，完成电阻炉流口排放高温熔融流股的分散、牵伸成纤。纤维粗而均匀，直径为 3 ~ 5μm，渣球含量低，纤维长。电阻熔融炉流股流量的大小、流量温度的高低将直接影响耐火纤维产品的质量，这是因为纤维的形成取决于流股熔融液的黏度和表面张力，熔融液黏度小或表面张力大，均不能成纤维；而黏度大，则纤维粗、渣球多。熔融液的黏度取决于其熔池的温度。不同产品的原料熔融，都有一个最佳的熔融温度范围，其次电阻炉流口排放熔融液流量必须与成纤装置的能力相匹配。目前，由于熔融工艺、成纤工艺的不同，耐火陶瓷纤维产品的质量有很大的区别。

#### 10.3.3.1　耐火纤维制造方法

玻璃态耐火纤维成纤工艺方法就是采用高温熔融喷吹和离心甩丝法。连续纤维和多晶质耐火纤维其制取方法及工艺比较多，目前各种新的制作方法及工艺仍在试验中，已应用的工艺方法如下所述。

A 拉丝法

拉丝法可获取连续纤维，其方法是将熔体或纺丝溶胶放入白金或其他材质的坩埚内，利用加热或其他方法，使它具有拉丝时所需的熟度。该液料从坩埚漏板上的小孔中拉出，再经高速拉伸即可获得所需直径的纤维。通过调整黏度、漏板孔的直径和拉丝速度可获得不同直径的纤维。

B 挤压－拉丝法

挤压－拉丝法也是获取连续纤维的一种方法。这种方法是将纺丝溶胶放入坩埚内，并施加一定的压力，使溶胶挤过漏板上的小孔，再经高速拉伸可获所需直径的纤维。该法适合制备各种连续耐火纤维的前驱体纤维。

C 喷吹法

喷吹法可获取短纤维。这种方法是将垂直流下的熔体流股，用从水平或成一定角度的喷嘴中，喷射出高速气流或过热蒸汽流，使熔体分裂，牵伸成纤维的工艺方法。一般用于熔点不高的耐火纤维或溶胶制耐火纤维前驱体的制造中。适合制造各种短纤维。

D 离心甩丝法，亦称为多辊离心法

离心甩丝法，亦称为多辊离心法，也是获取短纤维的方法。这种方法采用 3 根或 4 根不同转速和直径的高速旋转辊，借其产生离心力，将落在辊外缘的熔体或溶胶逐级分离、加速甩成纤维。适合于制备短纤维。

E 晶体生长法

利用晶体生长法可获得单晶纤维、晶须等。将所需组分的原料熔融，再从小孔上引出的方法（通过保温进行缓冷，允许结晶过程发生、长大和稳定晶相形成），形成连续的单晶纤维或利用晶体的生长机制形成所需的单晶晶须。用此法生长的纤维强度高，但可绕性差，制造过程的控制非常困难，产品的价格较高，产量低。

F 前驱体法

前驱体法是制备多晶耐火纤维的主要工艺方法之一。由于许多陶瓷成分的熔点高，难以用熔融法直接拉成纤维，只能采用前驱体纤维，经过加热处理后，使其转化为陶瓷体的一种工艺方法。目前以其制备前驱体的原料形式不同，可分为有机纤维浸渍法、无机盐法、溶胶、凝胶法、无机聚合物前驱体法及泥浆溶液法等。

（1）有机纤维浸渍法。该方法是前驱体法制陶瓷纤维的方法之一。以有机纤维（人工合成或天然有机纤维）作为前驱体，将它放在稀盐酸或乙二胺等溶液中浸泡、膨胀，使有机纤维的非晶态区域膨胀，再置于金属盐的水溶液中，使它进入非晶态的空穴中，经特定条件处理后，盐类分解为氧化物而获得稳定的耐火纤维的工艺方法。

（2）无机盐法是前驱体法制陶瓷纤维的方法之一。将无机盐与有机聚合物混合，调配至合适黏度后，再用拉丝或喷吹工艺制成前驱体纤维，在一定的工艺条件下热处理即可制成耐火纤维。

（3）无机聚合物前驱体。聚合物前驱体法是由聚硼氮烷熔融纺丝制成纤维后，进行交联。生产不熔化的纤维，再经裂解制成纤维。

（4）泥浆溶液法。前驱体法制陶瓷纤维的方法之一。将陶瓷组分的细颗粒，加入所需的化合物溶液中，制成泥浆，经干法拉丝，热处理后成为陶瓷纤维。

### 10.3.3.2　玻璃态耐火纤维的生产工艺及理化性能

玻璃态耐火纤维的制取采用高温熔融法，其方法是用电阻炉（早期用电弧炉）将原料熔化成液体，同时，液体以细流股流出，并被压缩空气喷吹成纤维。但现已大都采用离心甩丝法制取纤维，即将熔融料的高温液体浇注在高速旋转的辊子上，靠离心力将液体甩成纤维。采用离心甩丝法生产的纤维，质量要高于喷吹法。其丝长、渣球含量少。制成的纤维叫做纤维原棉，可制成各种纤维制品，如毯、毡、板、绳、真空成型制品及各种预制组件。玻璃态纤维制取工艺流程如图 10-8 所示。

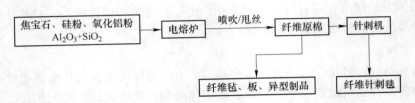

图 10-8　玻璃态纤维制取工艺

玻璃态耐火纤根据氧化铝含量的不同，主要可分为四种：普通硅酸铝纤维、高纯硅酸铝纤维、高铝纤维、含锆纤维。其主要理化性能指标如表 10-5 所示。

表 10-5　玻璃态纤维的理化性能

| 纤维类别 | $w(Al_2O_3)$ /% | $w(SiO_2)$ /% | $w(ZrO_2)$ /% | 高温收缩率（1150℃×6h）/% | 长期使用温度/℃ | 析晶量（1100℃×500h）/% | | |
|---|---|---|---|---|---|---|---|---|
| | | | | | | 莫来石 | 方石英 | 玻璃相 |
| 普通硅酸铝 | 45 | 50 | | 3.6 | 1000 | 50 | 16 | 34 |
| 高纯硅酸铝 | 48 | 51 | | 2.6 | 1100 | 50 | 10 | 40 |
| 高铝型 | 58 | 41 | | 2 | 1150 | 40 | 13 | 37 |
| 含锆型 | 35 | 50 | 15 | 2 | 1150 | 60 | 5 | 35 |

玻璃态纤维最初是用高岭土之类的天然原料制成的，这种原料的氧化铝含量（质量分数）为 40%～45%。由于玻璃态纤维的耐火性能及抗收缩性能随着 $Al_2O_3$ 含量的增加而提高，因此，为提高玻璃态纤维的使用温度，后来采用了配合料的方法以提高原料的 $Al_2O_3$ 含量。但氧化铝含量提高到 60% 以上时，由于配合料熔体枯度的温度系数太高，导致在高温下熔体黏度太低，而无法生成纤维，故用熔融法生产的玻璃态纤维其 $Al_2O_3$ 含量只能在 60% 以下，从而限制了纤维的使用温度。

同时，由于高温液体在通过喷吹或甩丝成纤的瞬间，迅速冷凝，其冷却的速度远大于物体微观组织内原子的扩散速度，因此晶格的排列与形成的过程没能够进行，这样在物体内就形成了一种非稳定结构，即物体呈介稳定状态。这种介稳定状态的物体内保持着一定的势能，在一定的条件下（如温度升高给原子扩散创造了条件），它就会向稳定态转变，其转变过程中在玻璃相内开始析晶，即先析出方石英，而后开始析出莫来石晶体。开始析晶的温度是 900～1200℃，温度的继续升高析晶量将迅速增加，晶粒开始长大，晶粒的长大将造成纤维的收缩，纤维的收缩会造成纤维杆在长度方向上出现不均匀的"缩径"，最后纤维将断折、粉化。因此，玻璃态纤维的长期使用温度不能超过 1200℃。另外，熔融液体杂质含量高也是影响玻璃态纤维使用温度的一个主要原因。

### 10.3.3.3　晶体纤维的生产工艺及理化性能

$Al_2O_3$-$SiO_2$ 系多晶体纤维的生产是采用"胶体法"工艺制取。首选将金属铝粉加入氯化铝水溶液中，反应生成碱式氯化铝溶液，再加入硅胶溶液和有机酸，经加温浓缩后制成可成纤维的胶体溶液，通过高速离心甩丝成纤维原坯体，再经高温热处理成进行晶相转变，制成晶体纤维原棉。晶体态纤维制取工艺流程如图 10-9 所示。

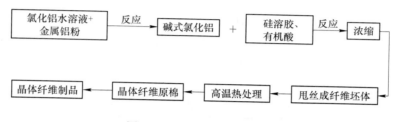

图 10-9　晶态纤维制取工艺

多晶纤维主要有三种：A72 多晶莫来石纤维、A80 和 A95 多晶氧化铝纤维。国内生产的主要以多晶莫来石纤维为主，其理化性能指标如表 10-6 所示。

表 10-6　多晶莫来石纤维理化性能指标

| 纤维名称 | $w(Al_2O_3)$ /% | $w(SiO_2)$ /% | 使用温度 /℃ | 二次线变化 /% | 晶相 | 热导率 /W·(m·K)$^{-1}$ | 熔点 /℃ |
|---|---|---|---|---|---|---|---|
| 多晶莫来石纤维 | 72~75 | 25~28 | 1650 | <1 (1500℃×24h) | 莫来石相 | 1300℃，3.37 1500℃，3.87 | 1840 |

晶体纤维是一种在低温下制取纤维的原坯体的，而最终是在高温煅烧结晶后形成的。在制造过程中纤维的内部原子就呈有序排列，物体内部微观组织已逐渐晶体化，这样就消除了处于介稳定态的玻璃相，因此它在高温应用过程中基本消除了析晶现象，从而使其使用温度比玻璃态纤维提高了近 450℃。

### 10.3.3.4　陶瓷纤维的使用温度

陶瓷纤维作为继传统重质耐火砖及不定形耐火材料之后的第三代耐火材料，它不仅具有一般低热导率材料所具有的优良的绝热性能，并具有高温下持续工作的优良耐热性能。由于玻璃质纤维的结晶和晶粒生长；多晶晶体纤维的晶型转变和晶粒生长；纤维中有害杂质及纤维使用中腐蚀性物质促进纤维结晶、聚晶及纤维接触处的烧结；高温蠕变等因素，造成纤维结构的变化收缩变形、纤维失弹、脆化折断、纤维强度降低、致密化，直至发生烧结丧失纤维状结构。因此，各类陶瓷纤维的使用温度都有一个极限温度称为最高使用温度，又称为"分类温度"或"等级温度"，它是指陶瓷纤维短时间内能承受的极限温度，用以表征陶瓷纤维产品的耐热性的指标。国际上习惯把陶瓷纤维产品分为 4 个等级温度，即 1000℃型、1260℃型、1400℃型和 1600℃型。

陶瓷纤维产品允许长期使用温度一般比最高使用温度低 200℃左右。以国产 1260℃型纤维制品为例，其长期使用温度是 1000℃左右。因此，最高使用温度这个概念很重要，它与长期使用温度有着密切的关系，是纤维应用过程中主要的参考依据。过去有些使用单位把最高使用温度当成长期使用温度，这是错误的，会造成不必要的损失。

除此之外，同一种陶瓷纤维产品在不同条件下使用，其长期使用温度也有差异。如工业窑炉操作制度（连续或间歇式窑炉）、燃料种类、炉内气氛等工艺条件，都是影响陶瓷纤维使用温度和使用寿命的因素。

目前还没有测定陶瓷纤维耐热性指标的理想方法。一般是将陶瓷纤维产品加热到一定温度，根据试样加热线收缩变化和结晶程度来评定陶瓷纤维产品的耐热。

耐火纤维在高温（超过它的使用温度）下使用会很快损坏，而在它的允许使用温度范围下就可长期使用。对耐火纤维长期使用温度及时间，到目前为止没有一个严格的说法，更没有权威的定义和标准可循。但有一点可以肯定，耐火纤维在允许的长期使用温度下，其析晶及晶体发育是缓慢的。考虑到炉窑气氛的影响，国外对耐火纤维的分类温度和最高使用温度的规定如表 10-7 所示。

表 10-7　耐火纤维分类温度及最高使用温度

| 分类温度/℃ | 纤 维 类 型 | 最高使用温度/℃ | | |
| --- | --- | --- | --- | --- |
| | | 氧化气氛 | | 还原气氛 |
| | | 连续 | 短时 | |
| 1260 | 高纯耐火纤维 $Al_2O_3$ 45% ~50% | 1100 | 1260 | 有条件的可用到1100 |
| 1400 | 高铝耐火纤维 $Al_2O_3$ 55% ~60% | 1150 | 1300 | |
| 1400 | 含铬耐火纤维 $Al_2O_3$ 55% 、$Cr_2O_3$ 3.5% | 1200 | 1400 | |
| 1500 | 高纯氧化铝多晶混合纤维 | 1300 | 1500 | 比氧化气氛低 100 ~200 |
| 1500 | 高铝氧化铝多晶混合纤维 | 1350 | 1500 | |
| 1600 | 多晶氧化铝耐火纤维 $Al_2O_3$ 95% | 1400 | 1600 | |

在耐火纤维分类温度和最高使用温度中，要注意在氧化气氛的炉窑，耐火纤维的最高使用温度要比分类温度低 100 ~150℃。在还原性气氛的炉窑中，耐火纤维的最高使用温度比分类温度低 200 ~250℃。在真空气氛的炉窑，耐火纤维的最高使用温度要比分类温度低 400 ~450℃。

## 10.3.4　耐火纤维的应用

用耐火纤维做骨料和填充料，用化学结合剂配制成可浇注的材料。浇注或手工涂抹施工，也可做预制块使用。耐火纤维原棉亦可以直接用做高温隔热的填充材料。耐火纤维隔热泡沫料是以水和磷酸混合液做结合剂，通过专用喷枪，喷涂于耐火砖或金属壁面，凝结和养护时间随陶瓷泡沫料材质不同而不同，凝结时间波动于 30min ~2h 之间，养护时间波动于 4 ~24h 之间。由于其固有的冷硬性能，在凝结和养护过程中不需要加热，并与被喷涂表面具有优良的附着性能。其密度、热导率、强度、使用温度及化学性质，可根据要求通过改变原料成分和配比而变化。在这一方面由许多研究人员利用耐火纤维喷涂技术来对工业炉等进行研究，如杜恺等人和潘晓苇分别将耐火纤维用喷涂技术用于工业加热炉中的炉衬构筑工业炉炉墙衬、顶衬，以及在原炉衬里加筑耐火纤维表衬。实践表明采用耐火纤维喷涂技术不仅能大大缩短施工周期，而且能够提高加热炉的热效率，节能效果和综合经济效益身份显著。司兆平和陈文有在减压炉上所做的试验显示耐火纤维喷涂施工简便、周期短、整体性好、无接缝、强度高、节能显著，可防炉壁产生"露点腐蚀"，其各项性能均优于粘贴法衬里。马鞍山钢铁设计研究院的丁力，对耐火纤维对锻造炉、连续式加热炉、焦炉、炉盖的密封材料以及其他方面进行了研究，得出在钢铁行业中耐火纤维在1100℃炉窑以下的温度有助于贝氏体钢组织的细化和性能的提高。

耐火纤维在高温工业窑炉的应用与传统的耐火砖砌筑及浇注料炉衬相比，具有较大的优越性：（1）减少了炉衬厚度，降低了炉体重量，实现了窑炉的轻型化结构。（2）由于升温速率高降温速度快，提高了炉子的生产效率。（3）抗震性好，耐急冷急热，炉体使用寿命长。（4）由于耐火纤维的热导率非常小是一种低蓄热材料，因此提高了炉子的热效率，其节能效果十分明显，节能率达30%以上。

根据窑炉的不同使用要求，采用耐火纤维原棉可制作成纤维粘贴块、纤维折叠块、纤维板、纤维异型制品。

（1）纤维粘贴块。如图10-10所示为炉墙粘贴纤维结构示意图。纤维粘贴块主要适用于耐火砖砌筑、浇注料炉体结构的高温窑炉作内衬绝热，如钢厂的轧钢加热炉、陶瓷烧成窑等。纤维粘贴块不含任何有机添加剂，具有较大的弹性。粘贴厚度为50～80mm。施工时只要在炉体表面和纤维被贴表面各涂上一层高温黏结剂即可。

（2）纤维折叠块。纤维折叠块，如图10-11所示，是采用纤维针刺毯折叠经压缩而成的纤维模块，其内部金属杆用于安装锚固。主要可应用于热处理炉、石化裂解炉、陶瓷烧成窑及其他各种工业窑炉。安装时只要将纤维折叠块吊挂在炉子外壳钢板上就行，施工极为方便。

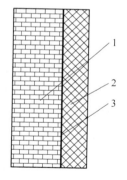

图10-10　炉墙粘贴纤维结构示意图
1—耐火砖或浇注料；2—纤维粘贴块；3—高温黏结剂

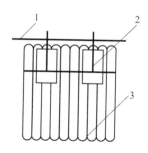

图10-11　纤维折叠块安装结构示意图
1—炉子外壳钢板；2—锚固杆；3—纤维折叠块

（3）纤维针刺毯。除用于制作纤维折叠块外，纤维针刺毯还可用于窑炉内衬及窑车底部平铺，窑门等特殊部位的密封，窑炉膨胀缝的填充等。

（4）纤维板。纤维板采用耐火纤维原棉加有机添加剂经湿法真空成型而成。主要可应用于各窑炉炉衬的砌筑、层铺、吊挂等。

（5）纤维的异型制品。纤维的异型制品是属不定形耐火纤维制品，可根据用户需要制作成不同规格、不同形状纤维异型制品。如箱式电炉炉衬、镶嵌式电阻丝组块、高温特殊部位的异型件等。

### 10.3.5　耐火纤维制品的制备

耐火纤维制品的种类很多，如硅酸铝耐火纤维纸、耐火纤维绳、氧化铝纤维制品、耐火纤维砖、耐火纤维板、混合纤维制品等，有干法和湿法两种生产方法。

（1）湿法。首先用水槽漂洗分离渣球后的纤维棉浆中加入0.5%左右的有机结合剂，用压力100t的塑料液压机成型。常用的有机结合剂有甲基纤维素和聚乙烯醇。也可采用无机结合剂，如磷酸铝、硫酸铝等。用无机结合剂成型后的制品一般强度较大，但发脆，故加入量不易过多。水溶液结合剂有利于去除非纤维料和杂质，以改进制品的性能。但是这种工艺同时又会导致纤维长度的缩短及强度降低，抗热流冲蚀性能也降低。硅酸铝耐火纤维毡成型后的湿毡整形后，用无机结合剂浸渍，然后装入塑料袋中保存，根据需要剪成或切割成各种不同形状使用。由于湿毡有柔软的成形性，对炉衬的拐角处及各种复杂的炉型都适用。

（2）干法。为了解决湿法的不足，发展了干法成毡工艺。干法生产是沿用纺织工艺方法，采用制毯方法相同的针冲机进行生产。将散状纤维棉由带式给料机送入针冲击的压入辊，通过针梁上的毡针"针冲"毡坯，实现毡制品的锁紧，底板和导卫板使纤维料在冲压和针冲过程中保持在受压条件下进行控制，用改变针梁上下运动和带式给料机的速度来增加或减少单位面积冲孔数量。一般要求密度越大，单位面积的冲孔数量就越多。针冲毡制品具有较高的抗张强度和优良的延伸性能，因而在使用时，受力产生弯曲和拉伸而不被撕裂。

耐火纤维材料作为隔热节能材料在现实中的应用非常的广泛，纤维行业的技术发展主要集中在应用技术的开发以及由应用而提出的产品开发方面。如轧钢加热炉的全纤维炉顶、全纤维衬钢包盖、全纤维衬陶瓷梭式窑、全纤维台面窑车、石化行业的全纤维衬裂解炉以及应用于炼铝工业、工业锅炉、汽车散热部件的隔热等。

耐火纤维作为一种新型的节能耐火材料，广泛应用于钢铁、冶金、锻造、铸造、石油化工、机械、电子、交通运输、造船、宇航、原子能等工业生产的各个部门，而且有些应用是其他材料不能取代的。随着科学的发展，耐火纤维应用领域和规模将不断扩大。

# 10.4　氧化物空心球及其制品

随着科学技术的发展，新型的空心球材料在国内外已经引起了各方面的注意，在国外已经有玻璃、陶瓷及炭素材质的空心球，其明显的结构特征就是具有很大的内部空间及厚度在纳米尺度范围内的壳层。此种特殊结构使它的应用范畴不断扩大，已扩展到材料科学、染料工业等众多领域。可作为轻质结构材料、隔热、隔声和电绝缘材料、颜料、催化剂载体等。

用此种空心球制成的砖或制品，除了耐高温、保温性能好以外，还具有较好的热震稳定性和较高的强度。因空心球材料的体积密度小、热容小，可以提高高温炉的热效率，缩短生产周期，还能大大减小炉体质量。它可直接作为高温窑炉的绝热填充料，也可以进一步加工制成氧化物空心球制品，或配制轻质浇注料。

耐火氧化物空心球包括：氧化铝、氧化镁、氧化锆、莫来石、铬尖晶石、铝尖晶石等材料的空心球状颗粒隔热材料。它们通常是以纯氧化物为主要原料，于电弧炉中高温熔化，待熔体流出时以高压气流喷吹冷却凝固后形成的直径为 0.2～0.5mm 的人造轻质球形颗粒料。表 10-8 所示为各种氧化物空心球料的性能，在工业上应用最多的是氧化铝空心球和氧化锆空心球。

表 10-8　各种氧化物空心球料的性能

| 空心球分类 | | 氧化铝空心球 | 氧化锆空心球 | 尖晶石空心球 |
|---|---|---|---|---|
| 化学组成（质量分数）/% | $Al_2O_3$ | 99.2 | 0.4～0.7 | 60～80 |
| | $SiO_2$ | 0.7 | 0.5～0.8 | <0.1 |
| | CaO | — | 3～6 | <0.5 |
| | $ZrO_2 + HfO_2$ | — | 92～97 | — |
| | MgO | — | — | 20～40 |
| 相组成 | | $\alpha\text{-}Al_2O_3$ | 主要为立方 $ZrO_2$ | |
| 填充密度/$g \cdot cm^{-3}$ | | 0.5～0.8 | 1.6～3.0 | 0.8～1.2 |
| 真密度/$g \cdot cm^{-3}$ | | 3.94 | 5.6～5.7 | 3.55～3.60 |
| 熔点/℃ | | 2040 | 2550 | 2300 |
| 热导率/$W \cdot (m \cdot K)^{-1}$ | | <0.465（1100℃） | 0.3（1000℃） | |
| 最高使用温度/℃ | | <2000 | 2430 | 1900 |

在制造氧化物空心球制品时，先将直径不同的空心球按一定比例配合，加入适量的结合剂，如磷酸或硫酸铝，混匀后再加入经预烧的细粉充分混匀，使结合剂和细粉均匀分布在球粒表面上，经振动成型和干燥后，约于 1500℃ 烧成。由于直径大的球的强度较低，成型时极易压碎，最大球径一般小于 5mm 为宜。但直径小的空心球和细粉的比例也不宜过多，因为它们会使制品的体积密度和热导率明显增大。

烧成温度对制品的隔热性能也有很大的影响，随着烧成温度的提高，由于烧结程度改善，导致热导率增大。

氧化铝空心球制品，从组成和结构上看，有 $Al_2O_3$ 自结合制品和莫来石结合制品、纯氧化铝空心球制品，莫来石结合制品和塞隆（SiAlON）结合制品等不同品种。$ZrO_2$ 空心球及其制品有高纯和脱硅锆空心球及其制品。氧化铝空心球制品和 $ZrO_2$ 空心球制品具有良好的耐火性能和较高的强度及其隔热性能，可用作高温或超高温热工设备的工作衬，也可用作保温材料，这些空心球可以用来生产定形制品，也可作浇注料用，用于高温窑衬，可节能 30% 左右。氧化铝空心球砖长期使用温度在 1650～1800℃，$ZrO_2$ 空心球砖长期使用温度 2000～2300℃，常用于石化工业的气化炉、造气炉、炭黑反应炉、冶金工业的加热炉、耐火材料和陶瓷工业的烧结炉以及高温硬质合金的中频感应炉、石英玻璃熔融炉等。

莫来石结合的氧化铝空心球制品，是在配料的细粉部分加入适量的 $SiO_2$ 成分，在烧结过程中，基质中形成一定数量的莫来石替代刚玉相，从而提高制品的热稳定性。塞隆结合氧化铝空心球制品，是在高温氮化烧结过程中，基质中发生氮化反应，形成硅铝氧氮化物（SiAlON）结合基质相。塞隆结合的氧化铝空心球制品具有机械强度高、热稳定性高、耐侵蚀性强等特点。如表 10-9 所示各类氧化铝空心球制品和氧化锆空心球制品的性能。

氧化铝空心球及其制品除用作高温保温材料外，也有的作为耐火混凝土的轻质骨料、填料与化工生产中的触媒载体等。氧化铝空心球制品可以直接作为一般高温窑炉、热处理炉及高温电炉的内衬材料。近年来，有的铝丝炉、二硅化铝炉等高温电炉也开始采用氧化铝空心球制品作为内衬材料。

表 10-9  各种空心球砖的性能

| 空心球砖分类 | | 自结合 $Al_2O_3$ 空心球砖 | L-88 $Al_2O_3$ 空心球砖 | L-99 $Al_2O_3$ 空心球砖 | 莫来石结合 $Al_2O_3$ 空心球砖 | SiAlON 结合 $Al_2O_3$ 空心球砖 | $ZrO_2$ 空心球砖 |
|---|---|---|---|---|---|---|---|
| 化学组成 $w/\%$ | $Al_2O_3$ | 99.2 ~ 99.5 | ≥88 | ≥99 | 85 ~ 95 | ≥70 | — |
| | $ZrO_2$ | — | — | — | — | — | ≥98 |
| | $SiO_2$ | 0.1 ~ 0.2 | — | ≤0.2 | 4 ~ 13 | — | ≤0.2 |
| | $Fe_2O_3$ | 0.10 ~ 0.15 | ≤0.3 | ≤0.15 | ≤0.3 | — | ≤0.2 |
| | $R_2O$ | 0.2 ~ 0.25 | — | — | ≤0.3 | N≥5 | — |
| 体积密度/ $g \cdot cm^{-3}$ | | 1.35 ~ 1.60 | 1.3 ~ 1.45 | 1.45 ~ 1.65 | 1.35 ~ 1.6 | ≤1.5 | ≤3.0 |
| 常温耐压强度/MPa | | 8 ~ 16 | 10 | 9 | 9 ~ 16 | 15 | 8 |
| 荷重软化开始温度/℃ | | >1700 | 1650 | 1700 | 1650 ~ 1700 | 1700 | 1700 |
| 加热线变化(1600℃×3h)/% | | 0 ~ ±0.2 | ±0.3 | ±0.3 | 0 ~ ±0.2 | — | ±0.2 |
| 热膨胀系数 / $\times 10^6 ℃^{-1}$ | 1300℃ | 8.5 ~ 8.7 | 约8.0 | 约8.6 | 6.0 ~ 7.8 | ≥5 | |
| | 1550℃ | — | | | 4.5 ~ 7.1 | | |
| 导热系数 / $W \cdot (m \cdot K)^{-1}$ | 600℃ | 2.64 | | | | | |
| | 800℃ | | <0.9 | <1.0 | | | <0.5 |
| | 1000℃ | | | | | <1.1 | |
| | 1200℃ | 2.02 | | | 1.5 ~ 2.0 | | |
| 抗热振性/次 (1100℃，空冷) | | >20 | | | 15 ~ 40 | | |
| 最高使用温度/℃ | | — | 1650 | 1800 | — | 1600 | 2000 ~ 2200 |

与其他轻质隔热材料相比，氧化物空心球隔热材料的特点是安全使用温度高、强度大和热导率小。它们的体积密度比同成分的致密制品低 50% ~ 60%，可承受高温火焰的冲击，直接作为高温窑炉的内衬，现已推广应用于硅化铝电炉、铝丝炉、钨棒炉、高温燃气间歇窑和隧道窑等许多炉窑上，可节约 20% 以上能耗。

由于氧化铝空心球制品在氢气等还原性气氛中非常稳定，国外已经将其使用在石油化工生产上，作为气体分辩炉的内衬。

我国某地合成氨的二次气体塔内衬是用氧化铝空心球作为轻质骨料与铝钙水泥浇灌而成。塔内压力为 3.43MPa，反应温度为 1200℃，氧化铝空心球的用量为数十立方米。另外氧化铝空心球制品也可用作不锈钢光亮炉内衬砖料。

### 10.4.1  $Al_2O_3$ 空心球及其制品

由于氧化铝含量很高，因此其具有较高的耐火度及优良的化学稳定性和较好的高温强度，且由于空心球作骨料，故热导率较小，在高温下有很好的隔热效果。它是一种新型的高温隔热材料，是用工业氧化铝在电炉中熔炼吹制而成的，晶型为 α-$Al_2O_3$ 微晶体。以氧化铝空心球为主体，可制成各种形状制品，最高使用温度 1800℃，制品机械强度高，为一般轻质制品的数倍，是一种耐高温、节能优异的轻质耐火材料，其体积密度仅为刚玉制品的二分之一。在石化工业气化炉、炭黑工业反应炉、冶金工业感应电炉等高温、超高温窑炉上得到广泛应用，取得了十分满意的节能效果。

我国于 20 世纪 70 年代初期，进行了氧化铝空心球及其制品的研制，目前已有几家耐火厂进行了小批量生产。所制得的氧化铝空心球的化学成分举例如下：$w(Al_2O_3)=$99.76%，$w(SiO_2)=0.22\%$，$w(Fe_2O_3)=0.05\%$。筛分、滚选以前，0.5mm 以上的空心球的自然堆积密度为 $0.7\sim0.8g/cm^3$。制造氧化铝空心球制品，通常采用70%的氧化铝空心球与30%的烧结氧化铝细粉，以硫酸铝结合，用木模加压振动成型。坯体经干燥后，根据不同情况，采用高温烧成或轻烧成为制品。其中某种制品的性能指标如表 10-10 所示。

**表 10-10　氧化铝空心球制品性能**

| 氧化铝空心球 /% | 细分 /% | 烧成温度 /℃ | 气孔率 /% | 体积密度 /g·cm$^{-3}$ | 耐压强度 /MPa | 热导率 /W·(m·K)$^{-1}$ |
| --- | --- | --- | --- | --- | --- | --- |
| 68 | 32 | 1500 | 66.9 | 1.18 | 375 | 0.78 |

日本生产的空心球体积密度为 $0.7g/cm^3$ 左右。化学成分为：$w(Al_2O_3)=99.12\%$，$w(SiO_2)=0.66\%$，$w(Fe_2O_3)=0.02\%$，$w(Na_2O)=0.14\%$。粒度为 $50\sim8000\mu m$。其中 $4000\mu m$ 以上的为4%左右，$2000\mu m$ 以上的为 30%~50%。在制造氧化铝空心球砖及制品方面，日本有耐火隔热砖及注型浇灌制品等生产方法。在制砖结合剂方面也做了一些研究。此外在制球时还进行添加少量的碱金属化合物以使细颗粒比例增大的试验。

### 10.4.1.1　Al$_2$O$_3$ 空心球的制备

氧化铝空心球及其制品能在 1800℃ 以下长时间使用。在高温下也具有较好的化学稳定性和耐腐蚀性。在氢气气氛下使用非常稳定。

将氧化铝原料用电弧炉熔融至 2000℃ 左右，将溶液倾倒出，与此同时，用高压空气吹散液流，使溶液分散成小液滴，在空中冷却的过程中，因表面张力的作用即成氧化铝空心球。图 10-12 所示为氧化铝空心球的吹制方法。

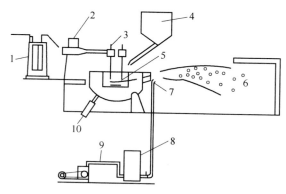

图 10-12　氧化铝空心球的吹制方法

1—变压器；2—升降装置；3—电极；4—Al$_2$O$_3$ 料；5—熔融 Al$_2$O$_3$；6—空心球；7—喷嘴；

8—空气罐；9—空气压缩机；10—倾动装置

**A　原料质量**

$Al_2O_3$ 空心球是以工业 $Al_2O_3$ 作原料，在三相电弧炉内熔融吹制制成的。高纯 $Al_2O_3$ 空心球要求采用低碱工业 $Al_2O_3$，其 $w(Al_2O_3) > 98.5\%$，$w(R_2O) < 0.3\%$，入炉粒度通常不大于 0.5mm。

**B　影响 $Al_2O_3$ 空心球质量的因素**

决定 $Al_2O_3$ 空心球质量的因素首先是工业 $Al_2O_3$ 的质量，当工业 $Al_2O_3$ 质量确定后，操作工艺则是影响其质量的关键因素，主要是熔融温度、吹球压力和喷嘴形状。

**C　熔融温度**

熔融温度对 $Al_2O_3$ 空心球质量的影响，主要是球壁的厚薄度，具体体现在相同粒度混合球的自然堆积密度上。球壁厚的球自然堆积密度大，反之则小，由此而引起的 $Al_2O_3$ 空心球制品的体积密度也有所异。熔融温度低、球壁厚，甚至会出现两端厚中部薄橄榄形的球。温度过高，球壁过薄，强度低，易碎。因此，球壁厚薄度直接影响到制品的质量。倘若用户根据使用环境要求提供体积密度低的制品，采用壁厚球生产该制品就很难达到或根本达不到用户要求。可见，熔融温度对产品质量有重要影响。

纯 $Al_2O_3$ 的熔点是 2050℃，因采用的工业 $Al_2O_3$ 中往往含有少量 $Na_2O$、$K_2O$、$SiO_2$ 等杂质，因此工业 $Al_2O_3$ 的熔点（准确地说应该是熔融温度）要比 2050℃ 低。考虑杂质的存在，生产 $Al_2O_3$ 空心球时的熔融温度应该在 2050℃ 以上，使其工业 $Al_2O_3$ 呈熔融且具有良好的流动状态，应为黏度很小的熔体，其熔融温度应该达到 2100～2150℃。然而，国内目前测定 2150℃ 或以上的测温仪表尚缺，因此熔融温度只能靠操作工人长期积累的操作经验进行判断。其依据是熔液开始冒泡时，即可进行吹制，判断准确，$Al_2O_3$ 空心球壁的厚薄度较均匀，质量较好且较稳定，否则质量必有波动。长期生产经验证明，生产壁厚度均匀的 $Al_2O_3$ 空心球是难以实现的，因此，常用范围值来判断 $Al_2O_3$ 空心球的质量，例如，$\phi 5\sim 3mm$ 球的自然堆积密度 0.5～0.7$g/cm^3$ 等。这表明，球壁厚度允许在一定范围内波动。由此看来，用这种球生产的制品，其体积密度也应允许有波动范围。当然制品的体积密度也可以通过调整各段球的比例或球与基质间的比例等方法达到。

目前，国内生产的 $Al_2O_3$ 空心球各段球的自然堆积密度大概是：$\phi 5\sim 3mm$，0.5～0.7$g/cm^3$；$\phi 3\sim 2mm$，0.6～0.8$g/cm^3$；$\phi 2\sim 1mm$，0.7～0.9$g/cm^3$；$\phi 1\sim 0.2mm$，0.9～1.0$g/cm^3$；$\phi 3\sim 0.2mm$，0.85～0.95$g/cm^3$。

**D　吹球压力**

空心球是在高温熔体突然受到高速气流冲散和急速冷却作用下形成的，球粒的尺寸与熔体的性质和操作条件有着密切的关系。吹球压力对 $Al_2O_3$ 空心球质量的影响主要是段球间的比例，压力越大，小球比例越高，出球率就越高。因此通过调整吹球压力来获得所需不同比例的段球的数量。在化学组成相同的情况下，喷吹空气的速度越高（即压缩空气的压力越大）及熔体的表面张力越小（即熔体的温度越高），空心球的粒径越小。图 10-13 所示为氧化铝空心球的粒径分布与喷吹空气压力的关系。

为确保 $Al_2O_3$ 空心球质量，吹球压力必须稳定。为此，在空压机与吹球喷嘴之间，没有高压稳压装置，以保证吹球过程，压力恒定或在很小范围内波动，吹球压力一般在 0.6～0.8MPa 范围内，这一压力范围可便于调节制得球径大小不同的空心球。

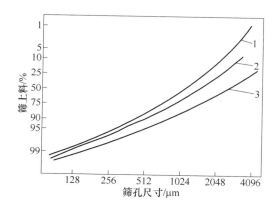

图 10-13　氧化铝空心球的粒径分布与喷吹空气压力的关系

1—0.5MPa；2—0.3MPa；3—0.15MPa

将所得的空心球过筛，除去细粉和大的碎片、颗粒等，再经磁力除铁，用选球机除掉破球，将成品氧化铝空心球包装，作为成品出厂。

E　喷嘴形状

吹制 $Al_2O_3$ 空心球是通过高压空气流经喷嘴喷射 $Al_2O_3$ 熔液来实现的，因此，喷嘴的形状对成球率起非常重要的作用。喷嘴通常设计成宽扁形，喷嘴出口的合理尺寸决定于宽度，长度可变，其尺寸与电炉的功率有关，宽度合理尺寸应为 2mm 左右，比如：1250kV·A 电炉，其喷嘴出口合理尺寸为长约 70~80mm，宽 2mm 左右。用这种喷嘴生产的 $Al_2O_3$ 空心球产量大，小球出球率也高，成品球收得率也就高。若其出口尺寸增大（尤其宽度），大球比例增大，成品球收得率相应降低，球壁厚度也增大。

### 10.4.1.2　$Al_2O_3$ 空心球质量指标

目前，$Al_2O_3$ 空心球质量指标如表 10-11 所示。

**表 10-11　$Al_2O_3$ 空心球质量指标**

| 化学成分（质量分数）/% | | | | 自然堆积密度/$g \cdot cm^{-3}$ | |
|---|---|---|---|---|---|
| $Al_2O_3$ | $SiO_2$ | $Fe_2O_3$ | $R_2O$ | $\phi 5~0.2mm$ | $\phi 3~0.2mm$ |
| 99.3 | 0.15 | 0.15 | ≤2.5 | 0.8~0.9 | 0.85~0.95 |

### 10.4.1.3　生产工艺要点

生产 $Al_2O_3$ 空心球的主要设备是倾斜式三相电弧炉，炉体及流槽内衬用石墨材料砌筑，在该槽出口下部安装用普通钢制成的喷嘴。将工业 $Al_2O_3$ 原料加入到炉底部一定数量后，用石墨棒将三相电极相连，然后送电起弧，将电极周围 $Al_2O_3$ 原料熔化，随后间断往熔化料内加料，直至规定数量并熔化到要求温度后，将熔液从流槽中倒出。与此同时，打开阀门，高压空气通过流槽下部喷嘴吹散液流，使熔液分散成大小不等的液滴，在空气中冷却过程中，这些大小不等的液滴因表面张力的作用形成球体，即成 $Al_2O_3$ 空心球。吹制后的 $Al_2O_3$ 空心球，经检选和筛分得到成品，拣选一般采用螺旋式选球机，将破球、残料除去，然后筛分获得要求球径尺寸的成品球。

#### 10.4.1.4　空心球断面结构

空心球的断面结构大体上有 3 种类型（见图 10-14）：薄壳中空球；多孔蜂窝球；厚壁中空球。空心球的结构类型主要取决于化学组成，并对空心球的物理性能有很大影响（见表 10-12）。如氧化铝空心球，用高纯氧化铝原料制造时，喷吹的空心球的壁很薄，它的热导率小，但单球的强度低，在混合和成型空心球制品时，容易发生破裂。如在配料中适当提高 $SiO_2$、$TiO_2$ 和 $Fe_2O_3$ 含量，则可制得壁厚和强度适中的空心球。图 10-15 所示为氧化铝空心球的耐压强度与 $SiO_2$ 含量的关系，$w(SiO_2)$ 为 0.1% ~ 0.3% 时，空心球的强度最低，增加一些 $SiO_2$ 含量，可大大提高空心球的强度。

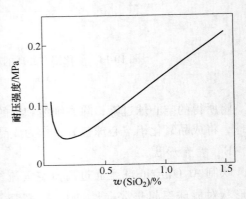

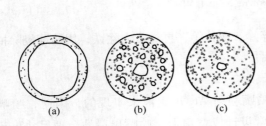

图 10-14　空心球的断面结构类型

（a）薄壳中空球；（b）多孔蜂窝球；

（c）厚壁中空球

图 10-15　氧化铝空心球的耐压强度

与 $w(SiO_2)$ 的关系

（空心球的粒度 2000 ~ 2380μm，数量 $n=200$ 粒）

表 10-12　空心球的结构类型与化学组成及物理性能的关系

| 结构类型 | | a | | b | | | c | | |
|---|---|---|---|---|---|---|---|---|---|
| | | 1 | 2 | 3 | 4 | 5 | 6 | 7 | 8 |
| 化学组成 w/% | $Al_2O_3$ | 99.0 | 98.4 | 98.4 | 76.2 | 16.6 | 86.3 | 82.3 | 44.8 |
| | $SiO_2$ | 0.8 | 1.3 | 0.1 | 0.7 | 0.3 | 4.4 | 17.2 | 16.6 |
| | MgO | 0.01 | 0.01 | 1.10 | 23.20 | — | 0.12 | 0.01 | — |
| | $ZrO_2$ | — | — | — | — | 90.9 | — | — | 38.2 |
| | CaO | 0.03 | 0.03 | 0.03 | 0.23 | 8.10 | 0.06 | 0.03 | — |
| 真密度/g·cm⁻³ | | 3.96 | 3.80 | 3.53 | 3.56 | 5.60 | 3.91 | 3.61 | 3.77 |
| 振动填充体积密度/g·cm⁻³ | | 0.45 | 0.51 | 0.60 | 1.13 | 2.15 | 2.06 | 1.82 | 2.15 |
| 载荷能力（100 个）/N | | 11.8 | 18.6 | 7.9 | 66.7 | 93.2 | 272.6 | 172.6 | 268.1 |
| 热导率/W·(m·K)⁻¹ | 40℃ | 0.27 | 0.24 | 0.24 | 0.27 | 0.20 | 0.40 | 0.33 | 0.27 |
| | 400℃ | 0.43 | — | 0.40 | 0.42 | — | — | 0.72 | — |
| | 800℃ | 0.57 | — | 0.65 | 0.65 | — | — | 0.93 | — |

为节约能源和控制产品的质量，英国开发了一种用烧结法制造的氧化物空心球的生产

工艺，以直径 $0.5 \sim 5 \mu m$ 的有机物小球为球核，表面用氧化物泥浆涂裹，干燥后经热处理而制得粒度均匀和强度较高的空心球。表 10-13 所示为用烧结法制造的莫来石空心球与电熔喷吹法生产的氧化铝空心球的性能比较，从性能上看，烧结法空心球优于电熔喷吹法空心球。

表 10-13　烧结法空心球与电熔喷吹法空心球的性能比较

| 空心球 | 粒径/mm | 3.0 ~ 5.0 | | 1.5 ~ 3.0 | | 0.5 ~ 1.5 | |
|---|---|---|---|---|---|---|---|
| | 制造法 | 烧结 | 熔吹 | 烧结 | 熔吹 | 烧结 | 熔吹 |
| 有缺陷的球/% | | 13 | 40 | 17 | 25 | 25 | 30 |
| 球形度/% | | 93 | 55 | 87 | 61 | 81 | 56 |
| 堆积密度/% | | 0.64 | 0.73 | 0.72 | 0.83 | 0.78 | 0.82 |
| 总气孔率/% | | 61 | 63 | 59 | 61 | 53 | 64 |
| 耐冲击性[①]/% | | 80 | 78 | 83 | 75 | 89 | 68 |

① 在模子中放入一定体积的空心球，盖上模头，重物从一定的高度落下冲击，耐冲击性 = 残存好球数/总球数 ×100% 。

### 10.4.1.5　氧化铝空心球制品及其生产工艺

常见的 $Al_2O_3$ 空心球制品有自结合和莫来石结合。两种制品的生产工艺基本相似，不同点仅是基质部分的配料和烧成温度。

#### A　自结合 $Al_2O_3$ 空心球制品

自结合 $Al_2O_3$ 空心球砖是以 $Al_2O_3$ 空心球为骨料，烧结 $Al_2O_3$ 或烧结 $Al_2O_3$ 与电熔 $Al_2O_3$ 混合料为细粉生产而成的高纯产品，其结合相为 $Al_2O_3$ 自身。

（1）配料和混料。生产自结合 $Al_2O_3$ 空心球砖，通常采用 $Al_2O_3$ 空心球为骨料，$Al_2O_3$ 为细粉的粒度配比生产，$Al_2O_3$ 细粉粒度小于 $42 \mu m$，以便于制品的烧结。根据制品的不同体积密度，可适当调整球与细粉间的比例。若砖体积较大而无法通过调整粒度比例来实现时，可在球骨料中引入适量密度稍大的 $Al_2O_3$ 料，但其粒度不宜过大。结合剂采用无机或有机的均可。无机结合剂如硫酸铝、磷酸及磷酸盐、多聚磷酸盐等，有机结合剂如甲基纤维素类、聚乙烯醇等。配制结合剂时，务必注意其浓度，在中温或低温分解的结合剂，其浓度过高，在结合剂的分解温度区会引起坯体强度的急速下降，从而降低烧成成品率。泥料混练采用低转速无舵轮的泥料机，这种混料机可获得混合均匀且不起团的高质量泥料。混好后的泥料不需困料即可成型。

（2）成型和干燥。坯体的成型是采用木质或钢木结构模具于加压震动成型机上进行的。这种成型方法，可获得上下密度均匀的坯体。成型后坯体在烘房或隧道干燥器内进行干燥，由于成型水分较大，需较长的干燥时间，但因这种制品显气孔率较高，装窑残余水分允许大于致密制品。

（3）烧成。$Al_2O_3$ 空心球制品的装窑高度不宜过大，合适高度应该在 $1000 \sim 1200mm$ 之间，否则收缩过大。烧成可在隧道窑或梭式窑或倒焰窑内进行。烧成温度一般较同材质致密砖的低。烧成温度太高，因其为轻质制品，收缩必然较大。

（4）产品性能。自结合 $Al_2O_3$ 空心球砖的主要性能如表 10-9 所示。

**B　莫来石结合 $Al_2O_3$ 空心球制品**

莫来石结合 $Al_2O_3$ 空心球砖是以 $Al_2O_3$ 空心球为骨料，烧结 $Al_2O_3$ 与含 $SiO_2$ 材料混合料为细粉制得的。这种制品的基质部分的主要矿物为莫来石，其次为刚玉，最好不含游离 $SiO_2$。其特点是强度高，抗热震性好，常用于温度变化较频繁的场合，长期使用温度 1650℃或以下，若 $Al_2O_3$ 含量提高，也可在 1700℃下使用。

（1）原料。莫来石结合 $Al_2O_3$ 空心球砖所用原料为 $Al_2O_3$ 空心球和 $Al_2O_3$ 以及含 $SiO_2$ 的材料。$Al_2O_3$ 空心球为骨料，细粉为：烧结 $Al_2O_3$ + 朔州土；烧结 $Al_2O_3$ + 苏州土；烧结 $Al_2O_3$ + 高岭土。

最常用的细粉混合料为第一、二类，尤其是第一类。因为朔州土成分稳定，杂质含量少，价格便宜。第三类的高岭土，$Na_2O + K_2O$ 含量较高，$Al_2O_3$ 含量低，制砖的相对成本高。

（2）生产工艺要点。配料前，按制品的 $Al_2O_3$ 含量的不同准确计算细粉部分的 $Al_2O_3$ 与含 $SiO_2$ 料的比例，使其制品在烧成过程中，$SiO_2$ 全部转变成莫来石相，无游离 $SiO_2$ 存在，游离 $SiO_2$ 的存在将会降低制品的耐火性能和抗热震性。

按照泥料混练的基本原则，将 $Al_2O_3$ 空心球、结合剂和混合粉在低转速无碾轮的混料机中进行混料，泥料经成型、干燥、装窑和烧成，即可制得莫来石结合 $Al_2O_3$ 空心球制品。

莫来石结合 $Al_2O_3$ 空心球制品的烧成曲线，主要考虑两个因素：一是结合剂的分解温度段；二是莫来石形成温度段。在两个温度段，由于结合剂的分解引起颗粒间结合强度减弱和莫来石形成时的体积效应，升温速度应适当减慢，否则将可能导致烧成制品成品率的降低。

（3）制品的理化性能。莫来石结合 $Al_2O_3$ 空心球砖的理化性能与自结合 $Al_2O_3$ 空心球砖的性能如表 10-9 所示。

## 10.4.2　氧化锆空心球及其制品

氧化锆空心球及其制品能在更高的温度下使用，且能在 2200℃下长时间使用。氧化锆的热导率约为氧化铝的一半，其隔热性能更好，作为高温保温材料，氧化锆空心球及其制品，将有很大的发展前途。

氧化锆的熔点为 2700℃，是一种高级耐火材料，但在一定的温度下，会发生晶型转变，不能稳定的使用。对于稳定化的研究在 1950 年前后就已开始，以后又继续对氧化锆空心球进行了研究。

### 10.4.2.1　$ZrO_2$ 原料及其稳定

$ZrO_2$ 熔点高达 2690℃，是一种高级耐火材料，但它是一种多晶型氧化物，有单斜、四方和立方三种晶型，其理论密度分别为 $5.56g/cm^3$、$6.10g/cm^3$ 和 $6.27g/cm^3$。它们之间会发生晶型转变，从而产生体积效应：

$$ZrO_2（单斜）\underset{}{\overset{1000℃}{\rightleftharpoons}} ZrO_2（四方）\underset{}{\overset{2300℃}{\rightleftharpoons}} ZrO_2（立方）$$

单斜和四方的这种可逆转变伴随 7% 的体积变化，加热时单斜型转变为四方型产生体积收缩，反之体积膨胀，从而使 $ZrO_2$ 制品生产或使用过程产生开裂。因此，生产 $ZrO_2$ 制品时，必须加入 CaO、MgO、$Y_2O_3$、$CeO_2$、$Sc_2O$ 等阳离子半径与 $Zr^{4+}$ 离子半径相差在 12% 以内的氧化物稳定剂，以消除制品在加热或冷却过程因相变引起的体积效应，避免 $ZrO_2$ 制品的开裂。

$ZrO_2$ 原料有工业 $ZrO_2$ 和脱硅锆及斜锆石。工业 $ZrO_2$ 是一种用化学方法从锆英石中提取的高纯 $ZrO_2$，其后 $ZrO_2 + HfO$ 含量大于 99%，属单斜型。脱硅锆则是用电熔还原法，还原锆英石而得的 $ZrO_2$，其含量约为 98%，它可以是单斜型，也可以是稳定型（电熔还原前在锆英石中按比例加入含 CaO 料）。斜锆石为天然矿，$ZrO_2$ 含量可达 98% 左右。

在这些稳定剂中，CaO、MgO、$Y_2O_3$ 用得较多，其中 CaO、MgO 及其混合物为最普遍。CaO、MgO 稳定剂通常以其化合物的形式加入，CaO 加入量为 3% ~ 8% 或更多。$ZrO_2$-MgO 系（即用 MgO 稳定的 $ZrO_2$）的立方固溶体经长时间加热（1000 ~ 1400℃）后会发生分解，导致制品的破裂。$ZrO_2$-CaO 系（即用 CaO 稳定的 $ZrO_2$）的立方固溶体虽较稳定，但经长时间加热也会发生部分分解，而使 $ZrO_2$ 失去稳定作用。$ZrO_2$-$Y_2O_3$ 系（即用 $Y_2O_3$ 稳定的 $ZrO_2$）的立方固溶体与其他 $ZrO_2$ 固溶体相比最主要的优点是在 1100 ~ 1400℃ 长时间加热不发生分解，但这类氧化物稀少，价格昂贵，仅用于某些特殊要求的场合。近来，研究了多种复合稳定剂，在 CaO 或 MgO 稳定的 $ZrO_2$ 中，加入 1% ~ 2% 的 $Y_2O_3$，即可显著提高其抗热震性，加入 3% ~ 5% 的 $Y_2O_3$ 可使 $ZrO_2$ 固溶体完全不分解，且可以提高其机械强度和降低热膨胀系数。

全稳定 $ZrO_2$ 工艺是一种传统的生产工艺，采用这种工艺生产的 $ZrO_2$ 产品与部分稳定 $ZrO_2$ 比，存在着热膨胀系数大抗热震差的缺点。在 1100℃ 时的热膨胀系数几乎是部分稳定 $ZrO_2$ 的两倍左右（c-$ZrO_2$ 为 (8.8 ~ 11.8)×$10^{-6}$℃$^{-1}$，t-$ZrO_2$ 为 (4.4 ~ 6.0)× $10^{-6}$℃$^{-1}$）。同时，部分稳定存在的相变可改善 $ZrO_2$ 制品的韧性，因此，部分稳定 $ZrO_2$ 可克服全稳定 $ZrO_2$ 制品热膨胀系数大抗热震性差的缺点。

### 10.4.2.2　制备

#### A　生产工艺

将工业 $ZrO_2$（单斜），按不同稳定剂（如 CaO）含量进行配制，然后将两种不同的比例的料在非铁质的球磨机中进行研混。经充分混合后，进入电炉中进行熔融，熔融温度应在 2700℃ 以上。待全部熔融并呈流动性好的熔液后，将炉体倾倒，熔液流经流槽，在经喷嘴的高压空气作用下，熔液呈液滴状，冷却过程受其自身表面张力的作用成为 $ZrO_2$ 空心球。冷却后的空心球经选球分级即可制得 $ZrO_2$ 空心球。

脱硅锆空心球的生产工艺与上述高纯空心球不同，其混合料是由锆英石按要求比例加入还原剂（通常用焦炭或石油焦）和含 CaO 化合物（如 $CaCO_3$ 等）组成。将这些混合物经充分混合后，于电弧炉中进行熔融脱 $SiO_2$，达到要求温度后，将熔液倒出，吹制成 CaO 稳定的脱硅锆空心球，再经拣选分级制得脱硅锆空心球成品。

#### B　$ZrO_2$ 空心球质量指标

目前我国生产的 $ZrO_2$ 空心球质量指标如表 10-14 所示。

表 10-14　ZrO$_2$ 空心球质量指标

| 品　　种 | 纯 ZrO$_2$ 空心球 | 脱硅锆空心球 |
|---|---|---|
| $w(\text{ZrO}_2 + \text{HfO}_2)/\%$ | 94.5 ~ 96 | 93 ~ 95 |
| $w(\text{CaO})/\%$ | 3.2 ~ 4.8 | 3.4 ~ 4.0 |
| $w(\text{SiO}_2)/\%$ | < 0.2 | < 0.5 |
| $w(\text{Al}_2\text{O}_3)/\%$ | — | < 0.6 |
| $w(\text{Fe}_2\text{O}_3)/\%$ | < 0.15 | < 0.2 |
| 堆积密度 ($\phi 3 \sim 0.2\text{mm})/\text{g} \cdot \text{cm}^{-3}$ | 1.6 ~ 1.8 | 1.5 ~ 1.7 |

将锆英石砂与一定量的焦炭、铁屑及稳定剂石灰石在电弧炉中熔融，使氧化锆分离。由于有 1/3 左右的二氧化硅挥发，用于使 SiO$_2$ 还原的炭，只有还原全部 SiO$_2$ 需用量的 2/3，再加上使 ZrO$_2$ 以外的氧化物还原成金属所需的炭量。在操作中尚有部分炭被氧化，所以在上述用量以外还需再添加上述总量的 40%。

铁屑是用来使被还原的硅形成含铁量为 75% ~ 85% 的硅铁。其用量为使 2/3 的硅形成硅铁所需的数量，除掉使矿石中氧化铁还原成铁的数量。

作为稳定剂的氧化钙的用量为矿石中氧化锆含量的 3% ~ 6%，这样就能使得 50% 以上的氧化锆成为立方晶型。将冷却后的熔块粉碎、磁选及筛分，所得稳定化氧化锆有如下组成：$w(\text{ZrO}_2 + \text{CaO}) = 97\% \sim 99\%$，$w(\text{SiO}_2) = 0.1\% \sim 0.70\%$，$w(\text{Fe}_2\text{O}_3) = 0.20\% \sim 0.70\%$，$w(\text{TiO}_2) = 0.30\% \sim 1.00\%$。

再将稳定化氧化锆于倾注式电弧炉中熔融，熔至一定程度时倾倒熔液，同时用流速为 30m/s，压力约为 0.45MPa 的水流冲散熔液，获得氧化锆空心球。再经磁选、选球等工序，制取制品。

对于氧化锆空心球的研究试制工作，我国还刚刚开始。一般将氧化锆粉碎并与氧化钙混合，再用三相电弧炉熔融至一定温度，在高压空气喷吹制得质量较好的氧化锆空心球。其堆积密度为 1.2g/cm$^3$ 左右，$w(\text{ZrO}_2) = 95.39\%$；$w(\text{CaO}) = 3.91\%$。

基本上为立方晶型，少量为单斜型。

日本采用上述工艺制得氧化锆空心球的堆积密度为 1.6 ~ 3.0g/cm$^3$，粒度为 0.15 ~ 1.6mm，其化学成分如表 10-15 所示。

表 10-15　日本产氧化锆空心球化学成分

| 成　分 | 质量分数/% | 成　分 | 质量分数/% |
|---|---|---|---|
| ZrO$_2$ + HfO$_2$ | 92 ~ 97 | Al$_2$O$_3$ | 0.4 ~ 0.7 |
| CaO | 3 ~ 6 | Fe$_2$O$_3$ | 0.2 ~ 0.4 |
| SiO$_2$ | 0.5 ~ 08 | TiO$_2$ | 0.2 ~ 0.4 |

将稳定的氧化锆细粉与氧化锆空心球配合，加入结合剂，压制成型，经高温烧成可制得氧化锆空心球制品。

C　应用

氧化锆空心球及其制品可以直接作为 2200 ~ 2400℃ 高温炉的内衬。国外氧化锆空心球及其制品主要用作超高温炉的炉衬材料以及真空感应炉的充填材料。除此以外还用在连续铸钢用的水口，在电子工业上用作制造陶瓷电容器，彩色电视机用的耐高压电容器的烧成用耐火架子砖。

### 10.4.2.3 高纯 $ZrO_2$ 空心球制品

高纯 $ZrO_2$ 空心球制品的生产工艺与脱硅锆空心球制品基本相同，本节仅述高纯空心球制品。

**A 原料**

$ZrO_2$ 空心球制品所用原料为 $ZrO_2$ 空心球，电熔 $ZrO_2$ 或烧结 $ZrO_2$ 和部分助烧结剂。

**B 配料与混练**

$ZrO_2$ 空心球为骨料，电熔料 $ZrO_2$ 为细粉，或者在细粉中引入部分烧结 $ZrO_2$ 粉，或者引入少量单斜 $ZrO_2$ 细粉配料生产。在配料中，通常加入微量添加剂以促进 $ZrO_2$ 空心球制品的烧结。该添加剂预先按要求比例将其溶解，然后与结合剂一同，按一般混练顺序加入到低转速无碾轮的混练机中进行混练。结合剂通常采用亚硫酸废纸浆液，也可用多聚磷酸钠，但不可采用含 $Al_2O_3$ 的结合剂，否则将会显著降低制品的耐火性能。若泥料塑性差，也可加入少量可烧失的增塑性物质，如糊精等。

**C 成型与干燥**

混好泥料，称其质量置于木制或钢木结构的模具中，在振动加压成型机上成型。脱模后置于干燥板上进入烘房或隧道干燥器中进行干燥，干燥温度一般在 $45 \sim 80$ ℃，干燥时间视制品大小而定。

**D 烧成**

在制定烧成制度时，要同时考虑物理水的排出、结合剂的性质和有无晶型转变等因素。300℃以前考虑到坯体中物理水的排出，升温速度略慢些。若采用的结合剂为分解型的，应在分解温度段升温速度应放慢些。若配料中引入有晶型转变的 m-$ZrO_2$ 则应在 m→t 温度范围升温速度减慢。若温度升至1700℃以上时，升温速度可放慢些，以便使制品里外温度趋向均匀，并利于制品的烧结。

两种 $ZrO_2$ 空心球制品的理化指标如表10-16所示。

**表 10-16 两种 $ZrO_2$ 空心球砖的理化指标**

| 氧化锆空心球砖分类 | | 1 | 2[①] |
|---|---|---|---|
| 化学组成 $w$/% | $ZrO_2$ | ≥99（$ZrO_2$ + $HfO_2$ + 稳定剂） | ≥98 |
| | $SiO_2$ | ≤0.2 | ≤0.2 |
| | $Fe_2O_3$ | ≤0.15 | ≤0.2 |
| 体积密度/g·cm$^{-3}$ | | 2.6～3.0 | ≤3.0 |
| 常温耐压强度/MPa | | 15～40 | 8 |
| 荷重软化开始温度/℃ | | >1700 | 1700 |
| 加热线变化（1600℃×3h）/% | | 0～±0.15 | ±0.2 |
| 热膨胀系数（1300℃）/×$10^6$℃$^{-1}$ | | 5～12 | — |
| 导热系数/W·(m·K)$^{-1}$ | 800℃ | — | <0.5 |
| | 1200℃ | 0.91 | — |
| 最高使用温度/℃ | | — | 2000～2200 |

① 洛阳耐火材料研究院制备的 $ZrO_2$ 空心球砖。

## 复习思考题

10-1　隔热耐火材料的定义是什么，分类有哪些？

10-2　耐火材料总热传递的方式有哪些，隔热原理是什么？

10-3　在隔热耐火材料的制备中，简述泡沫的形成与稳定。

10-4　影响耐火材料的导热因素有哪些？

10-5　请列举三种隔热耐火材料的制备方法及原理。

10-6　纤维隔热耐火材料存在的问题有哪些？

10-7　隔热耐火材料中，常见的空心球及其制品有哪些，其使用范围都有哪些？

10-8　研制高效隔热耐火材料的原则有哪些？

# 参 考 文 献

［1］ 王诚训. MgO-C 质耐火材料［M］. 北京：冶金工业出版社，1995.

［2］ 宋希文，安胜利. 耐火材料概论［M］. 2 版. 北京：化学工业出版社，2015.

［3］ 林彬荫，胡龙. 耐火材料原料［M］. 北京：冶金工业出版社，2015.

［4］ 孙宇飞. 镁质和镁基复相耐火材料［M］. 北京：冶金工业出版社，2010.

［5］ 张文杰，李楠. 碳复合耐火材料［M］. 北京：科学出版社，1990.

［6］ 李楠，顾华志，赵惠忠. 耐火材料学［M］. 北京：冶金工业出版社，2010.

［7］ Ewais EMM. Carbon based refractories［J］. Journal of the Ceramic Society of Japan，2004，112（10）：517～532.

［8］ 王增辉，高晋生. 碳素材料［M］. 上海：华东化工学院出版社，1991.

［9］ Michio Inagaki，Feiyu Kang. Materials Science and Engineering of Carbon Fundamentals（Second Edition）［M］. Elsewier，2013：219～525.

［10］ 郭海珠，余森. 特种耐火原料手册［M］. 北京：中国建材工业出版社，2000.

［11］ 王诚训，张义先，于青，等. $ZrO_2$ 复合耐火材料［M］. 2 版. 北京：冶金工业出版社，2003.

［12］ 高振昕，平增福，张战营，等. 耐火材料显微结构［M］. 北京：冶金工业出版社，2002.

［13］ 高振昕，王天仇，刘百宽，等. 滑板组成与显微结构［M］. 北京：冶金工业出版社，2007.

［14］ 全国耐火材料标准化技术委员会. 耐火材料标准汇编［G］. 北京：中国标准出版社，2015.

［15］ Baudína C，Criadoa E，Bakalib J J，Pena P. Dynamic corrosion of $Al_2O_3$-$ZrO_2$-$SiO_2$ and $Cr_2O_3$-containing refractories by molten frits. Part Ⅰ: Macroscopic analysis［J］. Journal of the European Ceramic Society，2011，31（5）：697～703.

［16］ Asokan T. Microstructural features of fusion cast $Al_2O_3$-$ZrO_2$-$SiO_2$ refractories［J］. Journal of Materials Science Letters，1994，13（5）：343～345.

［17］ 袁菲. 熔铸锆刚玉材料冷却过程模拟研究［D］. 郑州：郑州大学，2013.

［18］ 郁国城. 碱性耐火材料理论基础［M］. 上海：科学技术出版社，1982.

［19］ 石井章生，后藤潔，三袁级义，等. 添加 Fe-Cr 的高温耐用性直接结合 MK 砖［J］. 耐火物，1993，45（2）：83～92

［20］ 王维邦. 耐火材料工艺学［M］. 2 版. 北京：冶金工业出版社，2006.

［21］ 李红霞. 耐火材料手册［M］. 北京：冶金工业出版社，2007.

［22］ 李楠. 团聚氧化镁粉料压块的烧结机理与动力学模型［J］. 硅酸盐学报，1994，22（1）：77～82.

［23］ 熊兆贤. 材料物理导论［M］. 北京：科学出版社，2001.

［24］ 关振铎，张中太，焦金生，等. 无机材料物理性能［M］. 2 版. 北京：清华大学出版社，2011.

［25］ 穆柏春. 陶瓷材料的强韧化［M］. 北京：冶金工业出版社，2002.

［26］ 宋希文. 耐火材料工艺学［M］. 北京：化学工业出版社，2008.

［27］ 杜恺，李长江. 耐火纤维喷涂复合炉衬技术及应用［J］. 石油化工，2001，30（2）：134～137.

［28］ 潘晓苇. 耐火纤维喷涂技术在管式加热炉中的应用［J］. 能源工程，1998（2）：31～32.

［29］ 司兆平，陈文有. 耐火纤维喷涂在减压炉上的应用［J］. 石油化工腐蚀与防护，2004，21（3）：57～59.

［30］ 丁力. 耐火纤维在钢铁工业中的应用［J］. 钢铁，1988，23（10）：62～65.

［31］ 梁智林. 耐火纤维制品的发展与应用［J］. 耐火材料，1998，32（4）：231～233.

［32］ 曲通馨. 绝热材料与绝热工程使用手册［M］. 北京：中国建材工业出版社，1998.

［33］ 费子文. 中国冶金百科全书（耐火材料）［M］. 北京：冶金工业出版社，1999.

［34］ 任国斌. $Al_2O_3$-$SiO_2$ 系实用耐火材料［M］. 北京：冶金工业出版社，1988.

[35] W. D. 金格瑞. 陶瓷导论 [M]. 北京：中国建筑工业出版社，2010.

[36] 杨兴华. 耐火材料岩相分析 [M]. 北京：冶金工业出版社，1980.

[37] 翁臻培. 无机非金属材料显微结构图册 [M]. 武汉：武汉工业大学出版社，1994.

[38] 尹衍生，李嘉. 氧化锆陶瓷及其复合材料 [M]. 北京：化学工业出版社，2004.

[39] 郭海珠，余森. 实用耐火原料手册 [M]. 北京：中国建材工业出版社，2000.

[40] 宝玉，延庆，宏达，等. 特种耐火材料实用技术手册 [M]. 北京：冶金工业出版社，2004.

[41] 李世普. 特种陶瓷工艺学 [M]. 武汉：武汉工业大学出版社，1990.

[42] 江东亮. 中国材料工程大典（第 8 卷）- 无机非金属材料（上）[M]. 北京：化学工业出版社，2006.

[43] 王零森. 特种陶瓷 [M]. 2 版. 长沙：中南工业大学出版社，2005.

[44] 宋希文. 特种耐火材料 [M]. 北京：化学工业出版社，2011.

[45] Liu M Q, Nemat-Nasser S. The microstructure and boundary phases of in-situ reinforced silicon nitride [J]. Materials Science and Engineering A, 1998, 254 (1 - 2)：242 ~ 252.

[46] Haneda H. A study of defect structures in oxide materials by secondary ion mass spectrometry [J]. Applied Surface Science, 2003 (203 - 204)：625 ~ 629.

[47] 胡宝玉. 特种耐火材料实用技术手册 [M]. 北京：冶金工业出版社，2004.

[48] Deng X, Li X C, Zhu B Q, Chen P A. In-situ synthesis mechanism of plate-shaped β-SiAlON and its effect on $Al_2O_3$-C refractory properties [J]. Ceramics International, 2015, 41 (10)：14376 ~ 14382.

[49] 孙宇飞，王雪梅，王成训，等. 镁质和镁基复相耐火材料 [M]. 北京：冶金工业出版社，2010.

# 冶金工业出版社部分图书推荐

| 书　名 | 作　者 | 定价(元) |
|---|---|---|
| 物理化学(第4版)(本科国规教材) | 王淑兰　主编 | 45.00 |
| 冶金与材料热力学(本科教材) | 李文超　等编著 | 65.00 |
| 热工测量仪表(第2版)(本科教材) | 张　华　等编著 | 46.00 |
| 钢铁冶金用耐火材料(本科教材) | 游杰刚　主编 | 28.00 |
| 耐火材料(第2版)(本科教材) | 薛群虎　等主编 | 35.00 |
| 传热学(本科教材) | 任世铮　编著 | 20.00 |
| 热工实验原理和技术(本科教材) | 邢桂菊　等编 | 25.00 |
| 冶金原理(本科教材) | 韩明荣　主编 | 40.00 |
| 传输原理(本科教材) | 朱光俊　主编 | 42.00 |
| 物理化学(高职高专规划教材) | 邓基芹　主编 | 28.00 |
| 物理化学实验(高职高专规划教材) | 邓基芹　主编 | 19.00 |
| 无机化学(高职高专规划教材) | 邓基芹　主编 | 33.00 |
| 无机化学实验(高职高专规划教材) | 邓基芹　主编 | 18.00 |
| 无机材料工艺学 | 宋晓岚　等编著 | 69.00 |
| 耐火材料手册 | 李红霞　主编 | 188.00 |
| 镁质材料生产与应用 | 全　跃　主编 | 160.00 |
| 金属陶瓷的制备与应用 | 刘开琪　等编著 | 42.00 |
| 耐火纤维应用技术 | 张克铭　编著 | 30.00 |
| 化学热力学与耐火材料 | 陈肇友　编著 | 66.00 |
| 耐火材料厂工艺设计概论 | 薛群虎　等主编 | 35.00 |
| 刚玉耐火材料(第2版) | 徐平坤　编著 | 59.00 |
| 特种耐火材料实用技术手册 | 胡宝玉　等编著 | 70.00 |
| 筑炉工程手册 | 谢朝晖　主编 | 168.00 |
| 非氧化物复合耐火材料 | 洪彦若　等著 | 36.00 |
| 滑板组成与显微结构 | 高振昕　等著 | 99.00 |
| 耐火材料新工艺技术 | 徐平坤　等编著 | 69.00 |
| 无机非金属实验技术 | 高里存　等编著 | 28.00 |
| 新型耐火材料 | 侯　谨　等编著 | 20.00 |
| 耐火材料显微结构 | 高振昕　等编著 | 88.00 |
| 复合不定形耐火材料 | 王诚训　等编著 | 21.00 |
| 耐火材料技术与应用 | 王诚训　等编著 | 20.00 |
| 钢铁工业用节能降耗耐火材料 | 李庭寿　等编著 | 15.00 |
| 工业窑炉用耐火材料手册 | 刘鳞瑞　等主编 | 118.00 |
| 短流程炼钢用耐火材料 | 胡世平　等编著 | 49.50 |